数字图像处理与机器视觉

——Visual C++与Matlab实现

（第2版）

■ 张铮 徐超 任淑霞 韩海玲 编著

U0196107

人民邮电出版社

北京

图书在版编目（CIP）数据

数字图像处理与机器视觉：Visual C++与Matlab实现 / 张铮等编著. -- 2版. -- 北京：人民邮电出版社，2014.5（2024.1重印）
ISBN 978-7-115-34668-1

Ⅰ. ①数… Ⅱ. ①张… Ⅲ. ①C语言－程序设计②数字图像处理③计算机视觉 Ⅳ. ①TP312②TN911.73③TP302.7

中国版本图书馆CIP数据核字(2014)第038575号

内 容 提 要

本书将理论知识、科学研究和工程实践有机结合起来，内容涉及数字图像处理和识别技术的方方面面，包括图像的点运算、几何变换、空域和频域滤波、小波变换、图像复原、彩色图像处理、形态学处理、图像分割、图像压缩以及图像特征提取等；同时对机器视觉进行了前导性的探究，重点介绍了 3 种目前在工程技术领域非常流行的分类技术——人工神经网络（ANN）、支持向量机（SVM）和 AdaBoost，并在配套给出的识别案例中直击光学字符识别（OCR）、人脸识别和性别分类等热点问题。

全书结构紧凑，内容深入浅出，讲解图文并茂，适合于计算机、通信和自动化等相关专业的本科生、研究生，以及工作在图像处理和识别领域一线的广大工程技术人员阅读参考。

◆ 编　著　张　铮　徐　超　任淑霞　韩海玲
　　责任编辑　张　涛
　　责任印制　彭志环　杨林杰
◆ 人民邮电出版社出版发行　　北京市丰台区成寿寺路 11 号
　　邮编　100164　　电子邮件　315@ptpress.com.cn
　　网址　https://www.ptpress.com.cn
　　涿州市般润文化传播有限公司印刷
◆ 开本：787×1092　1/16
　　印张：37.25　　　　　　　　2014 年 5 月第 2 版
　　字数：1 058 千字　　　　　2024 年 1 月河北第 37 次印刷

定价：109.80 元（附光盘）

读者服务热线：(010)81055410　印装质量热线：(010)81055316
反盗版热线：(010)81055315

前　言

图像处理与机器视觉是当今计算机科学中的一个热门研究方向，应用广泛，发展前景乐观。近年来，伴随着人工智能、模式识别学科以及人机智能接口技术的飞速发展，机器视觉的研究正在不断升温——从日常生活中与人类息息相关的光学字符识别（OCR）和汽车自动驾驶，到医学应用中的病灶检测与分析，再到未来人机智能交互领域中的人脸识别、情感计算等，图像处理作为机器视觉研究中必不可少的图像预处理环节是读者需要掌握的首要技术。

和图像相关的东西往往容易引起计算机初学者的兴趣，笔者在读本科的时候就觉得能让计算机理解所"看"到的东西是一件非常神秘和令人兴奋的事情；但同时它的理论性较强，门槛较高，在各个高校中，这门课程大多也是作为计算机专业研究生的选修课程。要理解该领域的知识，读者需要具有一定的数学基础，除此之外还涉及信号处理、统计分析、模式识别和机器学习等专业领域知识，因此令很多人望而却步。

其实"难以理解"的关键在于缺乏必要的先序知识，造成了读者在相关知识上难以跨越的鸿沟。在撰写本书过程中，对于可能造成读者理解困难的地方，均尽可能地给出了必要的基本知识，深入浅出，尽量定性地去描述，对于那些并不一目了然的结论均给出了思路和解释，必要的还提供了证明，对于某些非常专业已经超过本书讨论范围的相关知识在最后给出了参考文献，供有兴趣的读者进一步学习和研究。

本书的宗旨是在向读者介绍知识的同时，培养读者的思维方法，使读者知其然还要知其所以然，并在解决实际问题中能有自己的想法。

1.　内容安排

本书在第一版的基础上，根据技术的发展和应用的需求进行改版，主要内容介绍如下。

第0～2章介绍了数字图像处理的基础知识和编程基础，使读者第一步能够建立起对于数字图像本质的正确认识，了解和掌握必要的术语和预备知识，并且熟悉本书自始至终需要使用的两大工具MATLAB和Visual C++，给出了功能强大的C++数字图像处理基类CImg及其派生类CImgProcess的框架。

第3～4章分别介绍了图像的灰度变换和几何变换。通过灰度变换可以有效改善图像的外观，并在一定程度上实现图像的灰度归一化；几何变换则主要应用在图像的几何归一化和图像校准当中。总体而言，这些内容大多作为图像的前期预处理工作的一部分，是图像处理中相对固定和程式化的内容。

第5～6章分别从空间域和频率域两个角度去考量图像增强的各个主要方面。图像增强作为数字图像处理中相对简单却最具艺术性的领域之一，可理解为根据特定的需要突出一幅图像中的某些信息，同时，削弱或去除某些不需要的信息的处理方法。其主要目的是使处理后的图像对某种特定的应用来说，比原始图像更适用。

第7章小波变换继第6章之后继续在频率域中研究图像。傅里叶变换一直是频率域图像处理的基石，它能用正余弦函数之和表示任何分析函数，而小波变换则基于一些有限宽度的基小波，这些小波不仅在频率上是变化的，而且具有有限的持续时间。比如对于一个乐谱，小波变换不仅能提供要演奏的音符，而且说明了何时演奏等细节信息，但是傅里叶变换只提供了音符，局部信息在变换中丢失。

第 8 章图像复原与图像增强相似，其目的也是改善图像质量。但是图像复原是试图利用退化过程的先验知识使已被退化的图像恢复本来面目，而图像增强是用某种试探的方式改善图像质量，以适应人眼的视觉与心理。引起图像退化的因素包括由光学系统、运动等造成的图像模糊，以及源自电路和光学因素的噪声等。图像复原是基于图像退化的数学模型，复原的方法也建立在比较严格的数学推导上。

第 9 章是本书中相对独立的一章，以介绍色彩模型之间的相互转换以及彩色图像处理方面的基本概念和基本方法为主。随着基于互联网的图像处理应用在不断增长，彩色图像处理已经成为一个重要领域。

第 10 章图像压缩旨在减少表示数字图像时需要的数据量。主要介绍了图像压缩的基本原理、DCT 变换、预测编码、霍夫曼编解码，以及算术编码和游程编码等知识，并给出了有关 JPEG 和 JPEG2000 压缩标准的内容。

第 11～13 章（形态学图像处理、图像分割、特征提取）是从单纯图像处理向图像识别（机器视觉）过渡，这一阶段的特点是输入是图像，输出则是在识别意义上读者感兴趣的图像元素。形态学处理是提取图像元素的有力技术，它在表现和描述形状方面非常有用；分割过程则将一幅图像划分为组成部分或目标对象；研究特征提取则是要将前面提取出来的图像元素或目标对象表示为适合计算机后续处理的数值形式，最终形成能够直接供分类器使用的特征。

第 14 章在前面知识的基础之上，引出了机器视觉的前导性内容，给出了解决识别问题的一般思路。

最后 3 章（人工神经网络、支持向量机和 AdaBoost）介绍了 3 种十分强大的分类技术，并在手写数字字符识别、人脸识别和性别分类这样的经典案例中进行讲解。

2. 读者对象

- 大学二年级以上（具备必要的数学基础）的相关专业的本科生、研究生。
- 工作在图像处理和识别领域一线的工程技术人员。
- 对于数字图像处理和机器视觉感兴趣的并且具备必要预备知识的所有读者。

3. 在阅读本书之前，读者最好具有如下的预备知识

- 读者应该熟悉 C++编程语言和面向对象的基本思想。书中的相当一部分示例是以 C++语言描述的。
- 读者应具备一定的数学基础，主要的高等数学知识、少量的线性代数基本概念加上对于概率理论主要思想的理解（识别部分）。

4. 附书光盘和读者反馈

本书所有 Visual C++实例的源代码和大部分 Matlab 实例的源代码均可在随书附赠的光盘中找到。为了尽可能满足所有读者的需要，同时提供了 C++代码的 Visual C++ 6.0 版本和 Visual Studio 2010/2012 版本。虽然本书中的所有例子都已经在 Windows XP、Windows 2003 和 Windows7 下测试通过，但由于许多算法比较复杂且笔者水平局限，也有存在缺陷的可能，即便正确也很可能存在更加优化的算法或更加合理的程序结构，如发现任何上述问题，欢迎读者通过邮箱联系（zhangtao@ptpress.com.cn），以便做出改进。

5. 致谢

首先要感谢我的授业恩师——南开大学的白刚教授和天津大学的赵政教授，是他们引导我进入了图像处理与机器视觉的研究领域。同时，他们在我写作过程中的指点和教诲确保了本书的权威性

和严谨性。

感谢我的好友王烨阳提供并调试了许多实例代码；感谢徐超、陈明、张阳、李广鹏、马惠来、马宏、卞长迪、郑琦、王命达、杜强、陈香凝、苑春苗、宁升、李鸿鹏、李明剑等参与了本书部分章节的编写和修改；感谢罗小科先生为本书制作了很多插图；感谢我的兄长张钊为本书提供了部分照片；还要感谢朱毅、丁宗尧、刘群忠、贾万宏等为本书的编写提出了很多的宝贵意见和建议。

最后感谢我的妻子马宏、儿子张垚淼及我的父母家人，没有你们的鼓励和支持就不会有我的这部作品。

编　著

目　录

第0章　初识数字图像处理与机器视觉

图像是指能在人的视觉系统中产生视觉印象的客观对象，包括自然景物、拍摄到的图片、用数学方法描述的图形等。图像的要素有几何要素（刻画对象的轮廓、形状等）和非几何要素（刻画对象的颜色、材质等）。

本章中，主要讲解数字图像和数字图像处理的实质内容和一般步骤，以及一些后面会经常使用到的基本概念。

0.1　数字图像

自然界中的图像都是模拟量，在计算机普遍应用之前，电视、电影、照相机等图像记录与传输设备都是使用模拟信号对图像进行处理。但是，计算机只能处理数字量，而不能直接处理模拟图像。所以要在使用计算机处理图像之前进行图像数字化。

0.1.1　什么是数字图像

简单地说，数字图像就是能够在计算机上显示和处理的图像，可根据其特性分为两大类——位图和矢量图。位图通常使用数字阵列来表示，常见格式有 BMP、JPG、GIF 等；矢量图由矢量数据库表示，接触最多的就是 PNG 图形。

> **提示**　本书只涉及数字图像中位图图像的处理与识别，如无特别说明，后文提到的"图像"和"数字图像"都仅仅是指位图图像。一般而言，使用数字摄像机或数字照相机得到的图像都是位图图像。

将一幅图像视为一个二维函数 $f(x, y)$，其中 x 和 y 是空间坐标，而在 $x - y$ 平面中的任意一对空间坐标 (x, y) 上的**幅值** f 称为该点图像的**灰度、亮度**或**强度**。此时，如果 f、x、y 均为非负有限离散，则称该图像为**数字图像**（位图）。

一个大小为 $M \times N$ 数字图像是由 M 行 N 列的有限元素组成的，每个元素都有特定的位置和幅值，代表了其所在行列位置上的图像物理信息，如灰度和色彩等。这些元素称为**图像元素**或**像素**。

图 0.1　位图图像示例

0.1.2　数字图像的显示

不论是 CRT 显示器还是 LCD 显示器，都是由许多点构成的，显示图像时这些点对应着图像的像素，称显示器为位映像设备。所谓位映像，就是一个二维的像素矩阵，而位图也就是采用位映像方法显示和存储的图像。当一幅数字图像被放大后就可以明显地看出图像是由很多方格形状的像素构成的，如图 0.1 所示。

0.1.3　数字图像的分类

根据每个像素所代表信息的不同，可将图像分为二值图像、灰度图像、RGB 图像以及索引图像等。

1．二值图像

每个像素只有黑、白两种颜色的图像称为**二值图像**。在二值图像中，像素只有 0 和 1 两种取值，一般用 0 来表示黑色，用 1 表示白色。

2．灰度图像

在二值图像中进一步加入许多介于黑色与白色之间的颜色深度，就构成了**灰度图像**。这类图像通常显示为从最暗黑色到最亮的白色的灰度，每种灰度（颜色深度）称为一个**灰度级**，通常用 L 表示。在灰度图像中，像素可以取 $0 \sim L\text{-}1$ 之间的整数值，根据保存灰度数值所使用的数据类型不同，可能有 256 种取值或者说 2^k 种取值，当 $k=1$ 时即退化为二值图像。

3．RGB 图像

众所周知，自然界中几乎所有颜色都可以由红（Red, R）、绿（Green, G）、蓝（Blue, B）3 种颜色组合而成，通常称它们为 RGB 三原色。计算机显示彩色图像时采用最多的就是 RGB 模型，对于每个像素，通过控制 R、G、B 三原色的合成比例决定该像素的最终显示颜色。

对于三原色 RGB 中的每一种颜色，可以像灰度图那样使用 L 个等级来表示含有这种颜色成分的多少。例如对于含有 256 个等级的红色，0 表示不含红色成分，255 表示含有 100% 的红色成分。同样，绿色和蓝色也可以划分为 256 个等级。这样每种原色可以用 8 位二进制数据表示，于是 3 原色总共需要 24 位二进制数，这样能够表示出的颜色种类数目为 $256 \times 256 \times \times 256 = 2^{24}$，大约有 1600 万种，已经远远超过普通人所能分辨出的颜色数目。

RGB 颜色代码可以使用十六进制数减少书写长度，按照两位一组的方式依次书写 R、G、B 三种颜色的级别。例如：0xFF0000 代表纯红色，0x00FF00 代表纯绿色，而 0x00FFFF 是青色（这是绿色和蓝色的加和）。当 RGB 三种颜色的浓度一致时，所表示的颜色就退化为灰度，比如 0x808080 就是 50% 的灰色，0x000000 为黑色，而 0xFFFFFF 为白色。常见颜色的 RGB 组合值如表 0.1 所示。

表 0.1　　　　　　　　　　　　　常见颜色的 RGB 组合值

颜　　色	R	G	B
红（0xFF0000）	255	0	0
蓝（0x00FF00）	0	255	0
绿（0x0000FF）	0	0	255
黄（0xFFFF00）	255	255	0
紫（0xFF00FF）	255	0	255
青（0x00FFFF）	0	255	255
白（0xFFFFFF）	255	255	255
黑（0x000000）	0	0	0
灰（0x808080）	128	128	128

未经压缩的原始 BMP 文件就是使用 RGB 标准给出的 3 个数值来存储图像数据的，称为 **RGB 图像**。在 RGB 图像中每个像素都用 24 位二进制数表示，故也称为 24 位真彩色图像。

4. 索引图像

如果对每个像素都直接使用 24 位二进制数表示，图像文件的体积将变得十分庞大。来看一个例子，对一个长、宽各为 200 像素，颜色数为 16 的彩色图像，每个像素都用 RGB 三个分量表示。这样每个像素由 3 个字节表示，整个图像就是 200×200×3=120kB。这种完全未经压缩的表示方式，浪费了大量的存储空间，下面简单介绍另一种更节省空间的存储方式：**索引图像**。

同样还是对 200×200 像素的 16 色图像，由于这张图片中最多只有 16 种颜色，那么可以用一张颜色表（16×3 的二维数组）保存这 16 种颜色对应的 RGB 值，在表示图像的矩阵中使用那 16 种颜色在颜色表中的索引（偏移量）作为数据写入相应的行列位置。例如，颜色表中第 3 个元素为 0xAA1111，那么在图像中所有颜色为 0xAA1111 的像素均可以由 3-1=2 表示（颜色表索引下标从 0 开始）。这样一来，每一个像素所需要使用的二进制数就仅仅为 4 位（0.5 字节），从而整个图像只需要 200×200×0.5=20kB 就可以存储，而不会影响显示质量。

上文所指的颜色表就是常说的**调色板**（**Palette**），另一种说法叫作**颜色查找表**（**Look Up Table**，**LUT**）。Windows 位图中应用到了调色板技术。其实不仅是 Windows 位图，许多其他的图像文件格式比如 PCX、TIF、GIF 都应用了这种技术。

在实际应用中，调色板中通常只有少于 256 种的颜色。在使用许多图像编辑工具生成或者编辑 GIF 文件的时候，常常会提示用户选择文件包含的颜色数目。当选择较低的颜色数目时，将会有效地降低图像文件的体积，但也会一定程度上降低图像的质量。

使用调色板技术可以减小图像文件体积的条件是图像的像素数目相对较多，而颜色种类相对较少。如果一个图像中用到了全部的 24 位真彩色，对其使用颜色查找表技术是完全没有意义的，单纯从颜色角度对其进行压缩是不可能的。

0.1.4 数字图像的实质

实际上，0.1.1 小节中对于数字图像 $f(x, y)$ 的定义仅适用于最为一般的情况，即静态的灰度图像。更严格地说，数字图像可以是 2 个变量（对于静止图像，Static Image）或 3 个变量（对于动态画面，Video Sequence）的离散函数。在静态图像的情况下是 $f(x, y)$，而如果是动态画面，则还需要时间参数 t，即 $f(x, y, t)$。函数值可能是一个数值（对于灰度图像），也可能是一个向量（对于彩色图像）。

> 提示　静态的灰度图像是本书研究的主要对象，对于函数值为向量的情况会在第 9 章彩色图像处理中阐述。

图像处理是一个涉及诸多研究领域的交叉学科，下面就从不同的角度来审视数字图像。

（1）从线性代数和矩阵论的角度，数字图像就是一个由图像信息组成的二维矩阵，矩阵的每个元素代表对应位置上的图像亮度和/或色彩信息。当然，这个二维矩阵在数据表示和存储上可能不是二维的，这是因为每个单位位置的图像信息可能需要不只一个数值来表示，这样可能需要一个三维矩阵来对其进行表示（参见 1.2 节关于 Matlab 中 RGB 图像表示的介绍）。

（2）由于随机变化和噪声的原因，图像在本质上是统计性的。因而有时将图像函数作为随机过程的实现来观察其存在的优越性。这时有关图像信息量和冗余的问题可以用概率分布和相关函数来描述和考虑。例如，如果知道概率分布，可以用熵（Entropy）H[①] 来度量图像的信息量，这是信息论中一个重要的思想。

（3）从线性系统的角度考虑，图像及其处理也可以表示为用狄拉克冲激公式表达的点展开函数

---

① 熵（Entropy）：熵是信息论中用于度量信息量的一个概念。一个系统越是有序，信息熵就越低；反之，一个系统越是混乱，信息熵就越高。所以，信息熵也可以说是系统有序化程度的一个度量。

的叠加，在使用这种方式对图像进行表示时，可以采用成熟的线性系统理论研究。在大多数时候，都考虑使用线性系统近似的方式对图像进行近似处理以简化算法。虽然实际的图像并不是线性的，但是图像坐标和图像函数的取值都是有限的和非连续的。

0.1.5　数字图像的表示

为了表述像素之间的相对和绝对位置，通常还需要对像素的位置进行坐标约定。本书中所使用的坐标约定如图 0.2 所示。但在 MATLAB 中坐标的约定会有变化，具体请参见 1.1.5 小节。

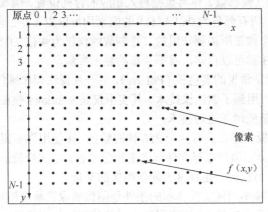

图 0.2　数字图像的坐标约定

在这之后，一幅物理图像就被转化成了数字矩阵，从而成为计算机能够处理的对象了。数字图像 f 的矩阵表示如下所示。

$$f(y,x) = \begin{bmatrix} f(0,0) & \cdots & f(0,N-1) \\ \vdots & \ddots & \vdots \\ f(M-1,0) & \cdots & f(M-1,N-1) \end{bmatrix} \tag{0-1}$$

有时也可以使用传统矩阵表示法来表示数字图像和像素，如下式所示。

$$A = \begin{bmatrix} a_{0,0} & \cdots & a_{0,N-1} \\ \vdots & \ddots & \vdots \\ a_{M-1,0} & \cdots & a_{M-1,N-1} \end{bmatrix} \tag{0-2}$$

其中行列（M 行 N 列）必须为正整数，而离散灰度级数目 L 一般为 2 的 k 次幂，k 为整数（因为使用二进制整数值表示灰度值），图像的动态范围为[0, L-1]，那么图像存储所需的比特数为 $b = M \times N \times k$。注意到在矩阵 $f(y,x)$ 中，一般习惯于先行下标，后列下标的表示方法，因此这里先是纵坐标 y（对应行），然后才是横坐标 x（对应列）。

而有些图像矩阵中，很多像素的值都是相同的。例如在一个纯黑背景上使用不同灰度勾勒的图像，大多数像素的值都会是 0。这种矩阵称为稀疏矩阵（Sparse Matrix），可以通过简单描述非零元素的值和位置来代替，大量地写入 0 元素。这时存储图像需要的比特数可能会大大减少。

0.1.6　图像的空间和灰度级分辨率

1. 图像的空间分辨率（Spatial Resolution）

图像的空间分辨率是指图像中每单位长度所包含的像素或点的数目，常以像素/英寸（pixels per inch, ppi）为单位来表示。如 72ppi 表示图像中每英寸包含 72 个像素或点。分辨率越高，图像将越清晰，图像文件所需的磁盘空间也越大，编辑和处理所需的时间也越长。

像素越小，单位长度所包含的像素数据就越多，分辨率也就越高，但同样物理大小范围内所对应图像的尺寸也会越大，存储图像所需要的字节数也越多。因而，在图像的放大缩小算法中，放大就是对图像的过采样，缩小是对图像的欠采样，这些会在 4.5 节图像缩放中进一步介绍。

一般在没有必要对涉及像素的物理分辨率进行实际度量时，通常会称一幅大小为 $M \times N$ 的数字图像的空间分辨率为 $M \times N$ 像素。

图 0.3 给出了同一幅图像在不同的空间分辨率下呈现出的不同效果。当高分辨率下的图像以低分辨率表示时，在同等的显示或者打印输出条件下，图像的尺寸变小，细节变得不明显；而当将低分辨率下的图像放大时，则会导致图像的细节仍然模糊，只是尺寸变大。这是因为缩小的图像已经丢失了大量的信息，在放大图像时只能通过复制行列的插值的方法来确定新增像素的取值。

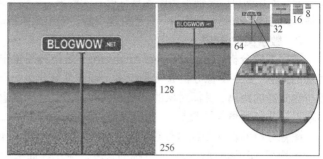

图 0.3　图像的空间分辨率——幅分辨率为 1024×1024 的图像逐次减少至 32×32 的分辨率

2. 图像的灰度级/辐射计量分辨率（Radiometric Resolution）

在数字图像处理中，**灰度级分辨率**又叫**色阶**，是指图像中可分辨的灰度级数目，即前文提到的灰度级数目 L，它与存储灰度级别所使用的数据类型有关。由于灰度级度量的是投射到传感器上光辐射值的强度，所以灰度级分辨率也叫**辐射计量分辨率**。

随着图像的灰度级分辨率逐渐降低，图像中包含的颜色数目变少，从而在颜色的角度造成图像信息受损，同样使图像细节表达受到了一定的影响，如图 0.4 所示。

图 0.4　图像的灰度级分辨率——分别具有 256、32、16、8、4 和 2 个灰度级的一幅图像

0.2　数字图像处理与机器视觉

0.2.1　从图像处理到图像识别

图像处理、图像分析和图像识别是认知科学与计算机科学中的一个令人兴奋的活跃分支。从 1970 年这个领域经历了人们对其兴趣的爆炸性增长以来，到 20 世纪末逐渐步入成熟。其中遥感、技术诊断、智能车自主导航、医学平面和立体成像以及自动监视领域是发展最快的一些方向。这种进展最集中地体现在市场上多种应用这类技术的产品的纷纷涌现。事实上，从数字图像处理到数字图像分析，再发展到最前沿的图像识别技术，其核心都是对数字图像中所含有的信息的提取及与其

相关的各种辅助过程。

1．数字图像处理

数字图像处理（Digital Image Processing）就是指使用电子计算机对量化的数字图像进行处理，具体地说就是通过对图像进行各种加工来改善图像的外观，是对图像的修改和增强。

图像处理的输入是从传感器或其他来源获取的原始的数字图像，输出是经过处理后的输出图像。处理的目的可能是使输出图像具有更好的效果，以便于人的观察；也可能是为图像分析和识别做准备，此时的图像处理是作为一种**预处理**步骤，输出图像将进一步供其他图像进行分析、识别算法。

2．数字图像分析

数字图像分析（Digital Image Analyzing）**是指对图像中感兴趣的目标进行检测和测量，以获得客观的信息**。数字图像分析通常是指将一幅图像转化为另一种非图像的抽象形式，例如图像中某物体与测量者的距离、目标对象的计数或其尺寸等。这一概念的外延包括边缘检测和图像分割、特征提取以及几何测量与计数等。

图像分析的输入是经过处理的数字图像，其输出通常不再是数字图像，而是一系列与目标相关的图像特征（目标的描述），如目标的长度、颜色、曲率和个数等。

3．数字图像识别

数字图像识别（Digital Image Recognition）主要是研究图像中各目标的性质和相互关系，识别出目标对象的类别，从而理解图像的含义。这往往囊括了使用数字图像处理技术的很多应用项目，例如光学字符识别（OCR）、产品质量检验、人脸识别、自动驾驶、医学图像和地貌图像的自动判读理解等。

图像识别是图像分析的延伸，它根据从图像分析中得到的相关描述（特征）对目标进行归类，输出使用者感兴趣的目标类别标号信息（符号）。

总而言之，从图像处理到图像分析再到图像识别这个过程，是一个将所含信息抽象化，尝试降低信息熵，提炼有效数据的过程，如图 0.5 所示。

从信息论的角度上说，图像应当是物体所含信息的一个概括，而数字图像处理侧重于将这些概括的信息进行变换，例如升高或降低熵值，数

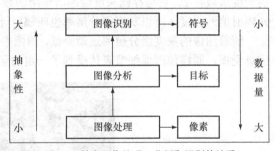

图 0.5　数字图像处理、分析和识别的关系

字图像分析则是将这些信息抽取出来以供其他过程调用。当然，在不太严格时，数字图像处理也可以兼指图像处理和分析。

读者或许也听过另一个概念，**计算机图形学**（**Computer Graphics**）。此概念与数字图像分析大致相反，它是一个对由概念或数学表述的物体图像进行处理和显示的过程。

0.2.2　什么是机器视觉

机器视觉（Machine Vision），**又称计算机视觉**（Computer Vision）。它是将数字图像处理和数字图像分析、图像识别结合起来，试图开发出一种能与人脑的部分机能比拟，能够理解自然景物和环境的系统，在机器人领域中为机器人提供类似人类视觉的功能。计算机视觉是数字成像领域的尖端方向，具有最综合的内容和最广泛的涵盖面。

> 💡**提示**　后文中，如无特别说明，文章通常使用广义的图像处理概念，即用数字图像处理这个词涵盖上文所提到的图像处理和数字图像分析；而对于图像识别和机器视觉的概念常常不加区分，尽管严格地说识别只对应于高级视觉的范畴。

0.2.3 数字图像处理和识别的应用实例

如今，数字图像处理与机器视觉的应用越来越广泛，已经渗透到国家安全、航空航天、工业控制、医疗保健等各个领域乃至人们的日常生活和娱乐当中，在国民经济中发挥着举足轻重的作用。一些典型的应用如表 0.2 所示。

表 0.2   图像处理与识别的典型应用

相关领域	典型应用
安全监控	指纹验证、基于人脸识别的门禁系统
工业控制	产品无损检测、商品自动分类
医疗保健	X 光照片增强、CT、核磁共振、病灶自动检测
生活娱乐	基于表情识别的笑脸自动检测、汽车自动驾驶、手写字符识别

下面结合两个典型的应用来说明。

1. 图像处理的典型案例——X 光照片的增强

图 0.6 中的两幅图片，图 0.6（a）是一幅直接拍摄未经处理的 X 光照片，对比度较低，图像细节难以辨识；图 0.6（b）中呈现了图 0.6（a）经过简单的增强处理后的效果，图像较为清晰，可以有效地指导诊断和治疗。从中读者应该可以看出图像处理技术在辅助医学成像上的重要作用。

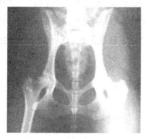 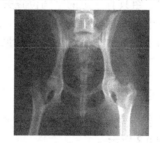

（a）未经处理的 X 光照片   （b）经过图像增强的 X 光照片

图 0.6 图像处理前后的效果对比

2. 图像识别的典型案例——ALVINN 汽车自动驾驶系统

著名的自动驾驶系统 ALVINN 是人工神经网络（关于人工神经网络的介绍详见第 15 章）的一个典型的应用。该系统使用一个经过训练的神经网络以正常速度在高速公路上驾驶汽车。如图 0.7

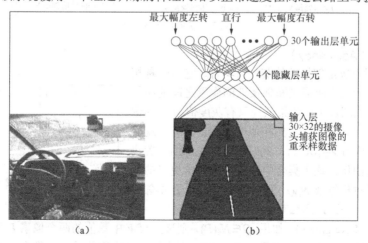

图 0.7 学习汽车自动驾驶的 ALVINN 系统

（b）所示，ALVINN 具有一个典型的 3 层结构，网络的输入层共有 30×32 个单元，对应于一个 30×32 的像素点阵，是由一个安装在车辆上的前向摄像机获取的图像经过重采样得到的。输出层共有 30 个单元，输出情况指出了车辆行进的方向。

在训练阶段，ALVINN 以人类驾驶时摄像机所捕获的前方交通状况作为输入，以人类通过操作方向盘给出的前进方向作为目标输出，整个训练过程大约 5 分钟；在测试阶段，ALVINN 用学习到的网络在高速公路上以 70 英里的时速成功地驾驶了 90 英里。

> **注** （a）为车内的摄像头和前方的实际情况；（b）为 ALVINN 的网络结构，摄像头捕获图像的 30×32 的重采样图像被作为网络的输入，对应于 960 个输入层单元，这些输入又连接至 4 个隐藏单元，再连接到 30 个输出单元，输出为一个 30 维向量，相当于把整个方向盘的控制范围分成 30 份，每个输出单元对应一个特定的驾驶方向，决策结果为输出值最大的单元对应的行驶方向。

0.3 数字图像处理的预备知识

数字图像是由一组具有一定的空间位置关系的像素组成的，因而具有一些度量和拓扑性质。理解像素间的关系是学习图像处理的必要准备，这主要包括相邻像素，邻接性、连通性，区域、边界的概念，以及今后要用到的一些常见距离度量方法。另外 0.3.3 小节还将简单介绍几种基本的图像操作。

0.3.1 邻接性、连通性、区域和边界

为理解这些概念，需要首先了解相邻像素的概念。依据标准的不同，可以关注像素 P 的 4 邻域和 8 邻域，如图 0.8 所示。

  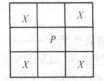

（a）P的4邻域$N_4(P)$　　　（b）P的8邻域$N_8(P)$　　　（c）P的对角邻域$N_D(P)$

图 0.8　P 的各种邻域

1. 邻接性（Adjacency）

定义 V 是用于决定邻接性的灰度值集合，它是一种相似性的度量，用于确定所需判断邻接性的像素之间的相似程度。比如在二值图像中，如果认为只有灰度值为 1 的像素是相似的，则即 $V=\{1\}$，当然相似性的规定具有主观标准，因此也可以认为 $V=\{0,1\}$，此时邻接性完全由位置决定；而对于灰度图像，这个集合中则很可能包含更多的元素。此外，定义对角邻域 $N_D(P)$ 为 8-邻域中不属于 4-邻域的部分（见图 0.8（c）），那么有如下的规定。

 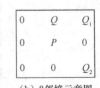

（a）4邻接示意图　　　（b）8邻接示意图

图 0.9　邻接示意图

（1）4 邻接（4-Neighbor）：如果 $Q \in N_4(P)$，则称具有 V 中数值的两个像素 P 和 Q 是 4 邻接的。

（2）8 邻接（8-Neighbor）：如果 $Q \in N_8(P)$，则称具有 V 中数值的两个像素 P 和 Q 是 8 邻接的。

举例来说，图 0.9（a）、图 0.9（b）分别是像素和 Q、Q_1、Q_2 的 4 邻接和 8 邻接示意图。而对于两个图像子集 S_1 和 S_2，如果 S_1 中的某些像素和 S_2 中的某些像素相邻，则称这两个子集是邻接的。

2. 连通性

为了定义像素的连通性，首先需要定义像素 P 到像素 Q 的通路（Path）。这也是建立在邻接性的基础上的。

像素 P 到像素 Q 的通路（Path） 指的是一个特定的像素序列 (x_0, y_0), (x_1, y_1), ..., (x_n, y_n)，其中 $(x_0, y_0) = (x_p, y_p)$，$(x_n, y_n) = (x_q, y_q)$。并且像素 (x_i, y_i) 和 (x_{i-1}, y_{i-1}) 在满足 $1 \leq i \leq n$ 时是邻接的。在上面的定义中，n 是通路的长度，若 $(x_0, y_0) = (x_n, y_n)$，则这条通路是闭合通路。相对应于邻接的概念，在这里有 4 通路和 8 通路。这个定义和图论中的通路定义是基本相同的，只是由于邻接概念的加入而变得更加复杂。

像素的连通性（Contiguous）：令 S 代表一幅图像中的像素子集，如果在 S 中全部像素之间存在一个通路，则可以称 2 个像素 P 和 Q 在 S 中是连通的。此外，对于 S 中的任何像素 P，S 中连通到该像素的像素集叫作 S 的 **连通分量**。如果 S 中仅有一个连通分量，则集合 S 叫做 **连通集**。

3. 区域和边界

区域的定义是建立在连通集的基础上的。令 R 是图像中的一个像素子集，如果 R 同时是连通集，则称 R 为一个区域（Region）。

边界（Boundary） 的概念是相对于区域而言的。一个区域的边界（或边缘、轮廓）是区域中所有有一个或多个不在区域 R 中的邻接像素的像素所组成的集合。显然，如果区域 R 是整幅图像，那么边界就由图像的首行、首列、末行和末列定义。因而，通常情况下，区域指一幅图像的子集，并包括区域的边缘。而区域的 **边缘（Edge）** 由具有某些导数值的像素组成，是一个像素及其直接邻域的局部性质，是一个有大小和方向属性的矢量。

边界和边缘是不同的。边界是和区域有关的全局概念，而边缘表示图像函数的局部性质。

0.3.2 距离度量的几种方法

基于上一小节提到的相关知识，来理解距离度量的概念。假设对于像素 $P(x_p, y_p)$、$Q(x_q, y_q)$、$R(x_r, y_r)$ 而言，有函数 D 满足如下 3 个条件，则函数 D 可被称为距离函数或度量。

① $D(P, Q) \geq 0$，当且仅当 $P = Q$ 时，有 $D(P, Q) = 0$

② $D(P, Q) = D(Q, P)$

③ $D(P, Q) \leq D(P, R) + D(R, Q)$

常见的几种距离函数如下所示。

① 欧氏距离

$$D_e(P, Q) = \sqrt{(x_p - x_q)^2 + (y_p - y_q)^2} \qquad (0\text{-}3)$$

即距离等于 r 的像素形成的以 P 为圆心的圆。

② D_4 距离（街区距离）

$$D_4(P, Q) = |x_p - x_q| + |y_p - y_q| \qquad (0\text{-}4)$$

即距离等于 r 的像素形成的以 P 为中心的菱形。

③ D_8 距离（棋盘距离）

$$D_8(P, Q) = \max\left(|x_p - x_q|, |y_p - y_q|\right) \qquad (0\text{-}5)$$

即距离等于 r 的像素形成的以 P 为中心的方形。

距离度量参数可以用于对图像特征进行比较和分类或者进行某些像素级操作。最常用的距离度量是欧氏距离，然而在形态学中，也可能使用街区距离和棋盘距离。

0.3.3　基本的图像操作

在后续章节中，将涉及各种各样的图像操作，这里就几种最为典型和常用的图像操作着重说明。按照处理图像的数量分类，可以分为对单幅图像操作（如滤波）和对多幅图像操作（如求和、求差和逻辑运算等）；按照参与操作的像素范围的不同，可以分为点运算和邻域运算；而根据操作的数学性质，又可以分为线性操作和非线性操作。

1.　点运算和邻域运算

点运算指的是对图像中的每一个像素逐个进行同样的灰度变换运算。设 r 和 s 分别是输入图像 $f(x, y)$ 和输出图像 $g(x, y)$ 在任一点 (x, y) 的灰度值，则点运算可以使用下式定义。

$$s = T(r) \tag{0-6}$$

而如果将点运算扩展，对图像中每一个小范围（邻域）内的像素进行灰度变换运算，即称为邻域运算或邻域滤波。这可以使用下式定义。

$$g(x, y) = T[f(x, y)] \tag{0-7}$$

文章将分别在第 3 章和第 5 章介绍点运算和邻域运算。

2.　线性和非线性操作

令 H 是一种算子，其输入输出都是图像。若对于任意两幅（或两组）图像 F_1 和 F_2 及任意两个标量 a 和 b 都有如下关系成立，

$$H(aF_1 + bF_1) = aH(F_1) + bH(F_2) \tag{0-8}$$

则称 H 为线性算子。也即对两幅图像的线性组合应用该算子与分别应用该算子后的图像在进行同样的线性组合所得到的结果相同，也即算子 H 满足线性性质。同样的，不符合上述定义的算子即为非线性算子，对应的是非线性图像操作。举例来说，滤波中的平均平滑、高斯平滑、梯度锐化等都是线性运算，而中值滤波（详见第 5 章空间域图像增强）则是非线性的。

线性操作由于其稳定性的特点而在图像处理中占有非常重要的地位。尽管非线性算子常常也能够提供较好的性能，但它的不可预测性使其在一些如军事图像处理和医学图像处理等严格的应用领域中难以获得广泛的应用。

第1章　MATLAB 数字图像
处理编程基础

MATLAB 是 Mathworks 公司开发的一款工程数学计算软件。不同于 C++、Java、FORTRAN 等高级编程语言，它们是对机器行为进行描述，而 MATLAB 是对数学操作进行更直接的描述。MATLAB 图像处理工具箱（Image Processing Toolbox，IPT）封装了一系列针对不同图像处理需求的标准算法，它们都是通过直接或间接地调用 MATLAB 中的矩阵运算和数值运算函数来完成图像处理任务的。

1.1　MATLAB R2011a 简介

本节将介绍一些 MATLAB R2011a 中与图像处理密切相关的数据结构及基本操作，如基本文件操作、变量使用、程序流程控制、打开和关闭图像以及图像格式转换和存储方式等。这些都是后续将要学习的图像处理算法的基础。

1.1.1　MATLAB 软件环境

1. 软件界面

图 1.1 所示是运行于 32-bit Windows 操作系统上的 MATLAB R2011a 截图。软件主界面由 3 个子窗口组成，左上为当前工作目录的文件列表，右上方为当前工作区的变量，右下为当前和最近会话的命令历史记录，而中间的主窗口则是命令输入和结果输出区，>>为提示符。

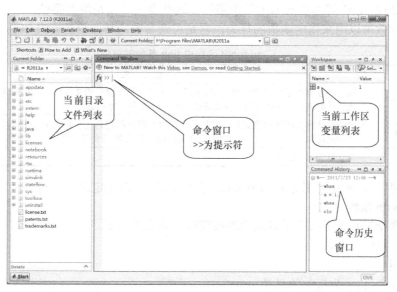

图 1.1　MATLAB 界面

2．MATLAB 命令与程序

可以在>>提示符后面输入简单的算式（例如 5*3-2）或带有函数的算式（例如 sin(pi/2)*sqrt(3)/2）并回车，会提示 ans=0.8660，这就是 MATLAB 最基本的计算功能。

这样的输入形式实际上是 **MATLAB 命令**，而如果在每行命令的结尾输入半角分号，命令窗口不会立即显示命令执行的结果，而会将结果保存在工作区中。例如下面的命令。

```
>> res = sin(pi/2)*sqrt(3)/2;          % 将计算结果保存至变量 res 当中
```

此时，变量 res 已经存在于工作区中，但是命令窗口不会回显它的值。

另外，也可以在文件菜单下执行 "New" → "M-Files" 命令来创建一个新的 MATLAB 文件，在里面输入命令（以半角分号结尾），从而得到一个 **MATLAB 程序**。在 MATLAB 程序中，使用 "%" 表示注释，其用法和 C/C++中的 "//" 注释符类似。

3．跨行语句

MATLAB 允许在同一行中输入多条语句，之间用分号隔开。同时，MATLAB 还允许将同一条语句分割在多行中书写以方便较长语句的阅读，方法是在行末使用 3 个半角圆点。例如下面的语句。

```
>> z = 2 .* x +exp( x .^ 2 + y .^ 2 - sqrt(1 - log(x) - log (y) ) )...
     - y .* sqrt(t)  - x .* sqrt(t);
```

1.1.2　文件操作

默认情况下，MATLAB 可以自动搜索到当前目录（Current Directory）和 MATLAB 的路径变量 path 中所含有目录下面的文件。对处在这些位置可由 MATLAB 执行的文件，直接在命令窗口中输入文件名即可运行。如果需要直接运行其他目录下的文件，就要使用 addpath 和 genpath 等命令向路径列表中添加路径。

1．addpath 函数

向 path 变量中加入指定的目录路径，其原型如下。

```
addpath('dir','dir2','dir3' ...'-flag')
```

该函数可以接受任意数目的参数。

参数说明：

- dir、dir2、dir3 等为要加入的目录路径，这些变量必须是绝对路径；
- flag 参数可以用来指定函数的行为，它是可选参数，其取值的含义如表 1.1 所示。

表 1.1　　　　　　　　　　　　　　　addpath 函数中 flag 参数的取值

合法取值	含　义
0 或者 begin	这些路径将被添加到搜索列表的最前面，这些目录中含有的文件将先于原列表中的同名文件被找到从而执行。这往往用于需要修改系统某一命令行为的场合
1 或者 end	这些路径将被添加到搜索列表的最后面，原列表中的同名文件将先于这些目录中含有的文件被找到从而执行。这样可以避免用户 M 文件覆盖系统 M 文件的功能
省略	与 0 或 begin 相同

可以在使用 addpath 函数前后查看 path 变量的内容，以确定添加成功。

2．genpath 函数

生成包含指定目录下所有子目录的路径变量，其原型如下。

```
p = genpath('directory');
```

参数说明：

- 参数 directory 为指定的目录。

返回值：

• 函数返回包含指定目录本身和其全部子目录的数据。返回值也可以直接提供给 addpath，从而直接添加一个目录及其全部子目录到当前路径列表中。通过这样的方式可以方便地调用自己的程序工具箱，例如使用下面的命令将目录 "F:\doctor research\Matlab Work\FaceRec" 添加到系统当前路径列表后，就可以直接调用人脸识别工具箱 FaceRec 中的任何函数了。

```
>> addpath(genpath('F:\doctor research\Matlab Work\FaceRec'))   %注意这里要使用绝对路径
```

也可以在运行 M 文件时使用完整的文件路径，从而避免同名文件的冲突问题，或是从资源管理器中将 M 文件拖动到 MATLAB 的命令窗口中直接运行。

3. 打开与编辑 M 文件

如果需要编辑某个 M 文件，可以使用 open 命令和 edit 命令，它们的调用形式如下。

```
open filename
edit filename
```

参数 filename 为需要打开的文件名。edit 命令只能编辑 M 文件，而 open 命令可以使用 Windows 默认操作打开一系列其他类型的文件。

1.1.3 在线帮助的使用

在 MATLAB 中，有以下 4 种方法获取软件的在线帮助。

1. help 命令

help 命令可以用于查看 MATLAB 系统或 M 文件中内置的在线帮助信息。命令格式如下。

```
help command-name
```

command-name 为需要查看在线帮助的命令或函数的名称。例如，想要查看 doc 命令的使用方法，可在命令提示符下直接输入 "help doc"，如图 1.2 所示。

```
>> help doc
   DOC Reference page in Help browser.

      DOC opens the Help browser, if it is not already running, and
      otherwise brings the Help browser to the top.

      DOC FUNCTIONNAME displays the reference page for FUNCTIONNAME in
      the Help browser. FUNCTIONNAME can be a function or block in an
      installed MathWorks product.

      DOC METHODNAME displays the reference page for the method
      METHODNAME. You may need to run DOC CLASSNAME and use links on the
      CLASSNAME reference page to view the METHODNAME reference page.

      DOC CLASSNAME displays the reference page for the class CLASSNAME.
      You may need to qualify CLASSNAME by including its package: DOC
      PACKAGENAME.CLASSNAME.

      DOC CLASSNAME.METHODNAME displays the reference page for the method
      METHODNAME in the class CLASSNAME. You may need to qualify
      CLASSNAME by including its package: DOC PACKAGENAME.CLASSNAME.

      DOC PRODUCTTOOLBOXNAME displays the documentation roadmap page for
      PRODUCTTOOLBOXNAME in the Help browser. PRODUCTTOOLBOXNAME is the
      folder name for a product in matlabroot/toolbox. To get
      PRODUCTTOOLBOXNAME for a product, run WHICH FUNCTIONNAME, where
      FUNCTIONNAME is the name of a function in that product: MATLAB
      returns the full path to FUNCTIONNAME, and PRODUCTTOOLBOXNAME is
      the folder following matlabroot/toolbox/.
```

图 1.2　help 命令界面

2. doc 命令

doc 命令可以用于查看命令或函数的 HTML 帮助，这种帮助信息可以在帮助浏览器窗口中打开。其调用格式如下。

```
doc function-name
```

doc 命令可提供比 help 命令更多的信息，还可能包含图片或视频等的多媒体例子，对图像处理工具箱中的函数更是如此。

图 1.3 所示为在命令行中输入 doc imhist 命令后出现的帮助示例界面。

3. lookfor 命令

当忘记命令或函数的完整拼写时，可以使用 lookfor 命令查找当前目录和自动搜索列表下所有名字中含有所查内容的函数或命令。其调用格式如下。

```
lookfor keyword
```

keyword 为指定要查找的关键字。此命令可以给出一个包含指定字符串的函数列表，其中的函数名称为超链接，点击即可查看该函数的在线帮助，如图 1.4 所示。

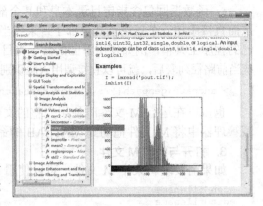

图 1.3　doc 命令结果

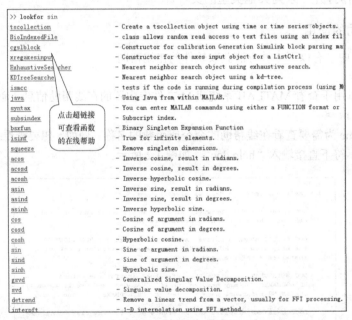

图 1.4　lookfor 命令界面

4. F1 命令打开帮助浏览器

在 MATLAB R2011a 的主界面中按键盘的"F1"键，弹出如图 1.5 所示的对话框。

单击左下角的"Open Help Browser"链接打开如图 1.6 所示的帮助浏览器窗口。在左上角的编辑框中输入感兴趣的关键字，单击回车进行查询，右侧会出现相应的帮助信息。

在后面的章节中，如果忘记了曾经提到的命令的含义，建议首先通过在线帮助寻求相关信息，以此增强自学能力。

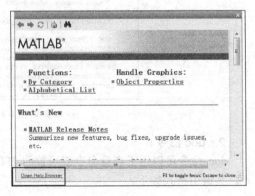

图 1.5　F1 命令界面

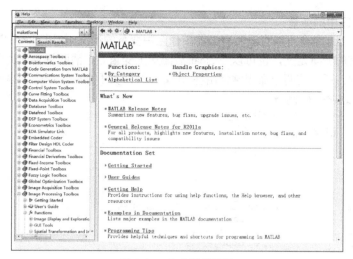

图 1.6　Help 浏览器界面

1.1.4　变量的使用

变量可以保存中间结果和输出数值等信息，MATLAB 中变量的命名规则和 C/C++等常见的编程语言很类似，同时也对大小写是敏感的。另外，MATLAB 中的变量不需要先行定义，但在使用前一定要赋值。

1. 变量的赋值

可以通过赋值语句来给变量赋值。赋值操作使用等号"="，例如 a=5 是给 a（注意不是 A）这个变量赋值 5，如果未定义变量 a，会自动定义。在 MATLAB 中，变量定义时不需要显式地指明类型，Matlab 会根据等号右边的值自动确定变量的类型。默认的对数字的存储类型为 double 型或 double 型数组，而字符的存储类型为 char 型，字符串的存储类型为 char 型数组。

对字符串赋值时，需要用半角单引号"'"括起来（注意不是双引号，也不是任何的全角字符），例如 msg='Hello world'。

2. 内部变量

MATLAB 有某些内部变量名和保留字，如表 1.2 所示。变量命名时不要与它们重名。

表 1.2　　　　　　　　　　　　　　MATLAB 内部变量列表

特殊变量	说　　明
ans	默认的结果输出变量
pi	圆周率
Inf 或 inf	无穷大值，如 1/0
i 和 j	单位虚数值
eps	浮点运算的相对精度
realmax	最大的正浮点数
realmin	最小的正浮点数
NaN 或 nan	不定量，如 0/0
nargin	函数输入参数个数
nargout	函数输出参数个数
lasterr	最近的错误信息
lastwarning	最近的警告信息
computer	计算机类型
version	MATLAB 版本

3. 查看工作区中的变量

使用 who 和 whos 命令可以查看所有当前工作区中变量的情况。使用 clear 或 clear all 命令可以清除工作区中所有的变量定义，也可以在 clear 后面加上变量名，清除特定的变量定义。另外，clc 命令可以用来清屏，所以这两个命令常常用在 M 文件的开头用来构造一个干净的工作区。

```
>> a = 1; %定义一个数值型变量 a
>> str = 'hello'; %定义一个字符串变量（字符数组）
>> v = [3 2 1] %定义一个数值型向量

v =
      3    2    1

>> whos
  Name      Size            Bytes  Class     Attributes
  a         1x1                 8  double
  str       1x5                10  char
  v         1x3                24  double

>> clear all
>> whos
>>
```

4. 数据类型及其转换

MATLAB 中的数据类型列表如表 1.3 所示。

表 1.3　　　　　　　　　　　　　　　　　MATLAB 数据类型

数据类型	说　　明
double	MATLAB 中最常见也是默认的数据类型，双精度方式存储的浮点数。有效范围是-10^{308} 到 10^{308}。这同时也是 MATLAB 所能直接给出的最大数值范围。此种类型占用的内存空间为 8 字节
uint8	8 位无符号整数，范围是 0 到 255。此种类型占用的内存空间为 1 字节
uint16	16 位无符号整数，范围是 0 到 65 535。此种类型占用的内存空间为 2 字节
uint32	32 位无符号整数，范围是 0 到 4 294 967 295。此种类型占用的内存空间为 4 字节
uint64	64 位无符号整数，范围是 0 到 18 446 744 073 709 551 615。此种类型占用的内存空间为 8 字节
int8	8 位有符号整数，范围是-128 到 127。此种类型占用的内存空间为 1 字节
int16	16 位有符号整数，范围是-32 768 到 32 767。此种类型占用的内存空间为 2 字节
int32	32 位有符号整数，范围是-2 147 483 648 到 2 147 483 647。此种类型占用的内存空间为 4 字节
int64	64 位有符号整数，范围是-9 223 372 036 854 775 808 到 9 223 372 036 854 775 807。此种类型占用的内存空间为 8 字节
single	单精度浮点数，范围是-10^{38} 到 10^{38}。此种类型占用的内存空间为 4 字节
char	字符型变量，占用空间为 2 字节
logical	布尔型变量，占用空间为 1 字节。此种类型的转换函数也可以使用 boolean，与 logical 等效

默认情况下，MATLAB 将变量存储为双精度浮点数（double），而 MATLAB 中的很多函数也只接受这种类型的数据。然而，图像处理操作中经常使用到 uint8 等类型的数据，这就需要执行数据类型的强制转换操作。这种操作很简单，调用格式统一如下。

```
Destination_Var = type_name(Source_Var)
```

其中，type_name 即数据的存储类型，Destination_Var 和 Source_Var 分别为目标变量和原始变量。例如下面的命令将 double 原始变量 a 转换为 uint8 变量 b。

```
>> a = 1;
>> b = uint8(a);
```

5. 读取与保存工作区中的变量

save 命令可以将当前工作区的变量以二进制的方式保存到扩展名为 MAT 的文件中；load 命令

可以读出这样的文件。它们的调用格式如下。

```
save filename arg1 arg2 arg3, …
load filename arg1 arg2 arg3, …
```

- filename 参数指定保存或读取变量所使用的文件名。如果不指定文件名，默认使用的文件是 matlab.mat。
- arg1、arg2、arg3 等参数是需要从文件中存储或读出的变量名。这两个命令分别可以存储或读取一个或一组变量。

下面的命令将 price、age 和 number 三个变量保存到文件 MyData.mat 中。

```
>> save('MyData.mat', 'price', 'age', 'number')
```

> **提示** 也可以不指定变量名，从而将当前工作区中所有的变量一起储存到 mat 文件或将文件中保存的所有变量一起读入工作区，这个批量保存和读取功能在运行非常耗时的程序时显得十分有用——由于 MATLAB 执行效率并不高（和 Visual C++相比），所以对于一个计算量很大的程序而言，运行几个小时并不稀奇。这时，可以根据需要在希望中断程序时保存程序的所有上下文变量，以备之后随时从中断点开始执行。

1.1.5 矩阵的使用

1. 矩阵的定义

在 MATLAB 中定义矩阵很简单。可以使用半角分号分隔行与行，使用半角逗号（或者空格）分隔列与列来直接定义矩阵，比如下面的命令就定义了一个 3 行 3 列的二维矩阵 A。

```
A=[1, 2, 3; 4, 5, 6; 7, 8, 9]
A =
    1    2    3
    4    5    6
    7    8    9
```

还有另一种方式可以生成行向量，[begin:inc:end]会生成从 begin 开始到 end 结束，增量为 incre 的一系列数字组成的向量。如 v=[2:1:10]表示生成从 2 到 10 的间隔为 1 的向量（一维矩阵），即：

```
v= [2:1:10]
v=
    2    3    4    5    6    7    8    9    10
```

如果间隔为 1，也可以忽略中间的参数，直接输入 I=[2:10]即可。

2. 生成特殊矩阵

除直接定义外，可以通过函数生成特定的矩阵，比如 eye(n)生成 N 阶单位阵，zeros(n)生成 N 阶每个元素均为 0 的方阵，magic(n)生成 N 阶幻方阵等。常见的用于生成矩阵的函数列表如表 1.4 所示。

表 1.4　　　　　　　　　　　　生成矩阵的函数

函数名称	用　　途
eye	产生单位矩阵
zeros	产生全部元素为 0 的矩阵
ones	产生全部元素为 1 的矩阵
true	产生全部元素为真的逻辑矩阵
false	产生全部元素为假的逻辑矩阵
rand	产生均匀分布随机矩阵
randn	产生正态分布随机矩阵
randperm	产生随机排列

续表

函数名称	用　　途
Linspace	产生线性等分的矩阵
Logspace	产生对数等分向量
Company	产生伴随矩阵
Hadamarb	产生 Hadamarb 矩阵
Magic	产生幻方矩阵
Hilb	产生 Hilbert 矩阵
Invhilb	产生逆 Hilbert 矩阵

3. 获得矩阵大小和维度

size 函数可以获得指定数组某一维的大小，可以用来查看图像的高度和宽度以及动态图像的帧数等。其调用方法如下。

```
size(A,dim)
```

* A 为需要查看大小的数组；
* dim 为指定的要查看的维数，这是一个可选参数，若不指定此参数，返回值为一个包含数组从第一维到最后一维大小的数组。

例如，对于一个 3 行 5 列的矩阵 B，有 size(B, 1)=3，size(B, 2) = 5，size(B) = [3 5]。

函数 ndims 可以查看数组的维数。调用方式如下。

```
ndims(A)
```

其中 A 为需要查看维数的数组。

4. 访问矩阵元素

访问矩阵的一个元素的方式是在矩阵名字的后面注明行列序号，例如访问 A 的第 3 行第 2 列元素就是 A(3,2)。提取矩阵的一整行元素，如要提出 A 的第 2 行使用 A(2,:)，如果是第 2 列则是 A(:,2)；而 A(:)表示将矩阵按列存储得到一个长列向量。示例如下。

```
>> A=[1, 2, 3; 4, 5, 6; 7, 8, 9] ; %定义矩阵 A
>> A(1, :) %提取第 1 行
ans =
    1    2    3
>> A(:, 3) %提取第 3 列
ans =
    3
    6
    9
>> A(:)' 
ans =
    1    4    7    2    5    8    3    6    9
```

> **注意**　　MATLAB 中的矩阵下标是从 1 开始的。对图像矩阵也是一样，所以一个 $m \times n$ 的矩阵实际的下标范围为[1:m]和[1:n]。

对于矩阵 A，提取矩阵元素或子块的方法如表 1.5 所示。

表 1.5　　　　　　　　　　　　提取矩阵元素或子块的方法

命令片断	用　　途
$A(m,n)$	提取 m 行 n 列位置的一个元素
$A(:,n)$	提出第 n 列
$A(m,:)$	提出第 m 行

命令片断	用　途
$A(m_1:m_2, n_1:n_2)$	提出 m_1 到 m_2 行，n_1 到 n_2 列的一个子块
$A(m:end, n)$	提出 m 行到最后一行，第 n 列的一个子块
$A(:)$	将矩阵按列存储得到一个长列向量

5. 进行矩阵运算

可以像对数字操作一样对矩阵进行操作，常见算术运算符的使用方法如表 1.6 所示。

表 1.6　　　　　　　　　　　　　　常见的算术运算符

运　算	符号	对应函数	说　明
加	+	plus(A,B)	
减	-	minus(A,B)	
乘	*	mtimes(A,B)	即通常意义上的矩阵乘法
点乘	.*	times(A,B)	矩阵的对应元素相乘。参与运算的两个矩阵必须拥有同样的大小
乘方	.^	mpower(A,B)	对矩阵的每一个元素进行指定幂次的乘方
矩阵乘方	^	power(A,B)	
矩阵左除	\	mldevide(A,B)	左除 A\B 相当于 inv(A) * B
矩阵右除	/	mrdevide(A,B)	右除 A/B 相当于 B * inv(A)
左除	.\	ldevide(A,B)	矩阵中对应位置的元素的左除
右除	./	rdevide(A,B)	矩阵中对应位置的元素的右除
矩阵与向量转置	.'	transpose(A,B)	这里的转置不对复数进行共轭操作
复数矩阵转置（共轭）	'	ctranspose(A,B)	应用于复数数值时的含义是取共轭，应用于实数矩阵时的含义与普通转置相同，应用于复数矩阵时首先对所有元素取共轭再求矩阵转置

矩阵运算的求值顺序和一般的数学求值顺序相同：表达式是从左向右执行的，幂运算的优先级最高，乘除次之，最后是加减。如果有括号，那么括号的优先级最高。

对于图像矩阵，还有一系列 MATLAB 函数可以进行专门针对图像的像素级操作。如图像叠加——imadd，图像相减——imsubtract 等。

1.1.6　细胞数组（Cell Array）和结构体（Structure）

1. 细胞数组

在处理函数返回值和示波器部件输出时，常常会遇到不同维度的返回值同时被一个函数返回的情况。同时，通常也希望能使函数的输入参数尽可能少。MATLAB 提供了允许这样做的方式。

细胞数组是 MATLAB 特有的一种数据结构，它的各个元素可以是不同的数据类型。细胞数组可采用下标访问。

例如，一个细胞数组可以采用如下方式定义。

```
Cell = {'Harry', 15, [1 0; 15 2]};
```

也可以通过{}加上索引来直接定义细胞数组的某个元素，如下所示。

```
%定义细胞数组的另一种方式
>>Cell {1}= 'Harry';
>>Cell{2}= 15;
>>Cell{3}= [1 0; 15 2];
```

注意使用花括号{}而不是方括号[]来定义细胞数组。对细胞数组的访问方式也很简单，同样使用花括号{}来给定索引值。

```
%访问细胞数组
>> Cell{1}
ans =
Harry
>> Cell{2}
ans =
    15
>> Cell{3}
ans =
     1     0
    15     2
```

而使用圆括号形式的索引可以得到变量的描述，如下所示。

```
>> Cell(3)
ans =
    [2x2 double]
```

> **注意**　细胞数组中存储的是建立该对象时所使用的其他对象（矩阵或字符串、数字等）的复制而不是引用或指针，即使其他对象的值被改变，细胞数组中的值也不变。

2. 结构体

结构体是另一种形式的聚合类型，它与 C/C++中的结构体或类很相似，拥有多个不同类型的字段，通过圆点运算符"."引用内部字段，字段必须具有独特的名字以便区分。访问结构体的方式与定义的方式相同。上面的例子如果用结构体表示，则如下所示。

```
% 定义结构体
Struct.Name = 'Harry';
Struct.Age = 15;
Struct.SalaryMatrix = [1 0; 15 2];
>>
>> Struct %显示结构体的内容
Struct =
        Name: 'Harry'
         Age: 15
   SalaryMatrix: [2x2 double]
>>
% 访问结构体的内部字段
>>name = Struct.Name;
```

而访问结构体内容时，使用相同的语法即可，例如 Struct.Name 的值仍然是"Harry"。

这两种复合类型在保存用户输入和使用 Simulink 仿真输出时尤为常用。

1.1.7　关系运算与逻辑运算

关系运算符的运算结果是布尔量（0 或 1），具体说明如表 1.7 所示。

表 1.7　　　　　　　　　　　　　　关系运算符的使用

运　　算	符　　号	运　　算	符　　号
大于	>	小于	<
大于等于	>=	小于等于	<=
等于	==	不等于	~=

MATLAB 同样支持逻辑运算，常见的逻辑运算符如表 1.8 所示。

表 1.8　　　　　　　　　　　　　　逻辑运算符的使用

运　算	符　号	运　算	符　号
与	&	或	|
非	～	异或	Xor

1.1.8　常用图像处理数学函数

　　MATLAB 最为强大的功能是依靠函数实现的，这些函数可能是 MATLAB 内置的，也可能是由 M 文件提供的。常见的有 sin、cos、tan、log、log2 这样的数值函数和 trace 这样的矩阵函数，还有逻辑函数等。逻辑函数和矩阵函数在图像处理中应用较多，表 1.9 所示为其中较常用的一部分函数。关于这些函数更详细的用法描述，可以通过 help 或 open 命令获得。

表 1.9　　　　　　　　　　　　常用的逻辑函数和矩阵函数

函　数	用　途
all	是否所有元素非零
any	是否至少有一元素非零
isempty	是否空矩阵
isequal	是否两矩阵相同
isinf	判断有无 inf 元素
isnan	判断有无 nan 元素
isreal	判断是否实矩阵
find	返回一个由非零元素下标组成的矩阵
det	计算方阵对应的行列式值
diag	抽取对角线元素
eig	求特征值和特征向量
fliplr	左右翻转
flipud	上下翻转
inv	求逆矩阵
lu	三角分解
norm	求范数
orth	正交化
poly	求特征多项式
qr	正交三角分解
rank	求矩阵的秩
svd	奇异值分解
trace	求矩阵的迹
Tril	抽取上三角阵
Tnu	抽取下三角阵

　　调用 MATLAB 函数的方法为：函数名后使用一对圆括号括住提供给函数的参数，如 sin(t)。如果函数有返回值，但调用者没有指定接收返回值的变量，系统会使用默认的 ans 变量存储返回值。如果函数返回多个值，则 ans 中只保留第一个返回值，因此对于这种情况应显式地使用向量来接收返回值，如下所示。

```
[V D] = eigs(A) ; %计算矩阵 A 的特征值和特征向量，返回值中 V 为特征向量，D 为特征值
```

使用函数还应当注意以下几点。

（1）函数只能出现在等式的右边。

（2）每个函数依原型不同，对自变量的个数和类型有一定的要求，如 sin 和 sind 函数。

（3）函数允许按照规则嵌套，比如 sin(acos(0.5))。

1.1.9　MATLAB 程序流程控制

MATLAB 提供了程序流程分支控制的语句，它们的用法和 C/C++中几乎完全一致，如表 1.10 所示。

表 1.10　　　　　　　　　　　　　　程序流程控制方法

语　句	规范写法	备　注
if…elseif…else	if expression1 　　statements1 elseif expression2 　　statements2 else expression3 　　statements3 end	如果 elseif 使用的层次较多，可以考虑转而使用 switch
for	for index=start:increment:end 　　statements end	increment 指定步进值，省略则默认为 1。可以嵌套使用
while	while expression 　　statements end	同样可以嵌套使用
break	-	终止 while 或 for 循环的执行
continue	-	直接跳到下一个循环
switch	switch expression 　　case expression1 statements1 　　case expression2 　　　statements2 　　otherwise statements_other end	没有默认的 fall-through，因而不需要使用配套的 break 语句
return	-	返回调用函数

1．简要示例

在后面，将多次使用这些语句，因而，在此给出几个简单的例子。读者可以在程序 chapter1/code 目录下找到示例 1.1～示例 1.3 所对应的 M 文件，也可以通过菜单 "File" → "New" → "M-Files" 新建一个 M 文件，在出现的窗口中粘贴这些代码，然后运行。在非注释行处按下 F12 可以设置断点，按下 F5 键可以运行程序。

【例 1.1】if 语句和 for 循环及其嵌套。

```
%ex1_1.m

arg=input('Input argument:');        % 提示输入 arg 变量
total = 0; detail = 0;
% if 语句开始
if(arg==1)
```

```
    % 外层 for 语句开始
    for i=1:1:5
        total = total + 1;
        % 内层 for 语句开始
        for j=1:0.1:2
            detail = detail + total;
        % 内层 for 语句结束
        end
    % 外层 for 语句结束
    end
% if 语句的另一分支
elseif (arg==2)
    total = 0;
    detail = total;
% if 语句的其他所有分支
else
    error('Invalid arguments!');
%if 语句结束
end
detail              % 显示 detail 变量
```

请注意本例中分号的使用。

【例 1.2】与例 1.1 类似的功能，使用 switch 分支和 while 循环。

```
%ex1_2.m

arg=input('Input argument:');
total = 0; detail = 0;
% switch 语句开始
switch arg
        % 分支 1
        case 1
            i=1;
            % 外层 while 语句开始
            while (i<=5)
                total = total + 1;
                i = i + 1;
                j = 1;
                % 内层 while 语句开始
                while (j<=2);
                    detail = detail + total;
                    j = j + 0.1;
                % 内层 while 语句结束
                end
            % 外层 while 语句结束
            end
        % 分支 2
        case 2
            total = 0;
            detail = total;
        % 分支其他
        case others
            error('Invalid arguments');
% switch 语句结束
end
detail
```

总结这两个例子，可以发现，在分支较多时使用 switch 是合算的，而 for 和 while 用于循环控制，这一点与 C/C++ 是完全相同的。但是，相对于 C/C++，MATLAB 有一个突出的优点，就是可以自动生成元素之间具有特定间隔的矩阵，从而避免使用某些循环，这里仅仅使用二维的情况举例。

【例 1.3】产生一幅亮度按对角线方向的余弦规律变化的灰度图，比较一维方法和二维方法所需的时间。

```
A = rand(3000, 3000);
f = zeros(3000, 3000);
u0 = 100; v0 = 100;

tic;     % 开始计时

% 一维方法
% 外层 for 循环开始
for r=1:3000
    u0x=u0*(r-1);
    % 内层 for 循环开始
    for c=1:3000
        v0y=v0*(c-1);
        f(r,c) = A(r,c) * cos(u0x+v0y);
    % 内层 for 循环结束
    end
% 外层 for 循环结束
end
t1=toc      % 停止计时并记录时间到 t1

tic;     % 重新开始计时
% 二维方法
r = 0:3000-1;
c = 0:3000-1;
[C, R] = meshgrid(c, r);
% meshgrid 是生成网格坐标的函数，实际就是生成需要的二维像素点的坐标拟合表示
% 建议读者在这里中断，观察一下 C 和 R 矩阵的内容。

g = A .* cos(u0 .* R + v0 .* C);
%系统将自动执行"循环"操作，实质是对 R 和 C 中每个数据按照指定公式操作

t2 = toc    % 停止计时并将计时值保存到 t2
```

在运行之后，结果发现，t2 远小于 t1。因此，在用 MATLAB 对数字图像按像素进行操作时，需要尽可能地避免使用笨拙的多层嵌套循环。

2. meshgrid()函数

例 1.3 中用到的 meshgrid()函数用于根据给定的横纵坐标点生成坐标网格，以便计算二元函数的取值，在绘制三维曲面时常常会用到它。其调用方式如下。

```
[X,Y] = meshgrid(x, y)
```

参数说明：
- x 为输入的横坐标；
- y 为输入的纵坐标。

返回值：
- X 和 Y 为输出采样点的横坐标矩阵和纵坐标矩阵，X 阵和 Y 阵的元素分别为对应位置点的横坐标和纵坐标。

下面以绘制二维高斯函数曲面为例说明 meshgrid 的用法。

中心在原点的二维高斯函数表达式为：

$$H(u,v) = e^{-[u^2+v^2]/2\sigma^2}$$

下面的程序分别为 u 和 v 赋值[-10:0.1:10]，令 σ=3，使用 meshgrid 函数生成网格，并计算函数值，（注意这里使用的是.^和./，而不是^和/，因为计算的对象是矩阵中的元素），然后再使用 mesh

函数将其显示到绘图窗口中。

```
u = [-10:0.1:10];
v = [-10:0.1:10];
[U,V] = meshgrid(u,v);
H = exp(-(U.^2 + V.^2)./2/3^2);
mesh(u, v, H);
% mesh 函数是绘制三维曲面的函数，第一个和第二个参数分别为 x 轴和 y 轴的坐标点序列，第三个参数为在由坐标
点序列确定的每一个方格点上的函数值
```

生成的图像如图 1.7 所示。

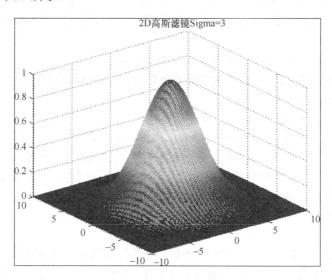

图 1.7　高斯函数曲面

✓　**优化小技巧：提前分配矩阵内存**

这个技巧与动态内存的使用有关。在 C/C++里，使用大块动态内存往往意味着堆操作，而当分配的动态内存零散无序时，会产生大量内存碎片，进而导致内存分配和回收效率降低。所以，可以事先分配一块足够大的空间（当然，不是过大）以尽量减少内存碎片的产生。事实上，MATLAB 中分配动态内存远没有 C/C++那样麻烦，只需要类似如下一条语句即可。

```
memo = zeros(1024, 128);
```

这条语句本来是用于构造一个元素全部为零的矩阵，但同时很自然地也就分配了一块足够大的空间。

1.1.10　M 文件编写

M 文件和 C/C++中 c/cpp 文件类似，就是存储 MATLAB 代码并可以执行的文件。MATLAB 的源代码文件可以直接执行而不需编译（也可以通过编译来使代码运行得更快）。很多情况下，M 文件用于封装一个功能函数从而提供某些特定功能。一般来说，M 文件以文本格式存储，执行顺序从第 1 行开始向下遇到终止语句结束，用户可以在 M 文件中定义函数和过程。

M 文件可以使用任何文本编辑器编写，但最常使用的还是 MATLAB 自带的 M 文件编辑器。如果是编写函数，最好将它放在 MATLAB 的搜索路径列表中的某个目录下，并与系统自带的 M 文件分开，以便管理。

对于位于当前工作目录中的 M 文件，可以直接在命令行输入其文件名来运行它。作为函数时，M 文件也可以接受参数。

稍后将提供一个 MATLAB 自带 M 文件的例子，并给予简单分析。

1.1.11　MATLAB 函数编写

1. 函数语法

MATLAB 函数通常在 M 文件中定义，一个文件可以定义多个函数。一个 MATLAB 函数通常包含以下组成部分。

◆ 函数定义行

```
function [outputs] = name(inputs)
```

MATLAB 允许返回多个参数（outputs），如果只返回一个参数，可以省略方括号。需要注意的是，输入参数是使用圆括号括起来的。例如，如果要定义一个用于平滑图像的函数 imsmooth，可以将定义行书写如下。

```
function [imgOut, retCode] = imsmooth(imgIn, args)
```

某些函数可能没有输出参数，那么就需要在省略方括号及其中内容的同时，省略等号。于是无返回值的函数就需要定义如下。

```
function imsmooth(imgIn, args)
```

MATLAB 允许区分函数名的前 63 个字母，多出的字母将被忽略。函数的命名规则与 C/C++ 类似，必须以字母开头，可以包含字母、数字和下划线，但不能包含空格。

函数可以在其他的 M 函数中被调用，也可以在命令行直接调用。调用函数的方法很简单，只需要写出函数定义中除了 function 之外的部分即可。例如：

```
[a,b] = imsmooth(I,arg);
```

◆ "H1" 行

"H1" 行是 M 文件中的第一个注释行（即以百分号开始的行），它必须紧跟着函数定义行，中间不能有空行，这一行的百分号前也不能有空白字符或缩进。这一行的内容将在使用 help 命令时显示在第一行，而 lookfor 命令查找 H1 行中的指定关键词，并在结果的右侧列显示 H1 行。一个典型的 H1 行的例子如下。

```
% IMSMOOTH Perform smooth operation on specified image with certain arguments.
```

这样，smooth 函数在 lookfor 命令查找的时候就会显示如下。

```
IMSMOOTH SMOOTH Perform smooth operation on specified image with certain arguments.
```

◆ 帮助文本

帮助文本的位置和约定同 H1 行类似，只能紧跟 H1 行，中间不能有任何空行或者缩进。同样，帮助文本的本质就是注释行，因而需要以%开头。

MATLAB 通过判断是否紧跟函数定义来判断一个注释行究竟是 H1 行、帮助文本，还是普通注释。因此可以在加入一个或多个空行后加入普通注释，使用 Help 命令将不会显示普通注释的内容。

◆ 函数体和备注

这些部分的编写方式和普通的 MATLAB 程序类似，如果有返回值，应在函数体中为输出变量赋值。

2. 一个 M 文件的例子片断

可以在命令行输入 edit imfinfo 查看完整源文件。

```
function info = imfinfo(filename, format)          %函数定义
%IMFINFO Information about graphics file.           %H1 行
%  INFO = IMFINFO(FILENAME,FMT) returns a structure whose    %帮助文本
%  fields contain information about an image in a graphics
%  file.  FILENAME is a string that specifies the name of the
%  graphics file, and FMT is a string that specifies the format
%  of the file.  The file must be in the current directory or in
%  a directory on the MATLAB path.  If IMFINFO cannot find a
%  file named FILENAME, it looks for a file named FILENAME.FMT.
%
```

```
%    The possible values for FMT are contained in the file format
%    registry, which is accessed via the IMFORMATS command.
%
%    If FILENAME is a TIFF, HDF, ICO, GIF, or CUR file containing more
%    than one image, INFO is a structure array with one element for
%    each image in the file.  For example, INFO(3) would contain
%    information about the third image in the file.
%
%    INFO = IMFINFO(FILENAME) attempts to infer the format of the
%    file from its content.
%
%    INFO = IMFINFO(URL,...) reads the image from an Internet URL.
%    The URL must include the protocol type (e.g., "http://").
%
%    The set of fields in INFO depends on the individual file and
%    its format.  However, the first nine fields are always the
%    same.  These common fields are:
%
%    Filename       A string containing the name of the file
%
%    FileModDate    A string containing the modification date of
%                   the file
%
%    FileSize       An integer indicating the size of the file in
%                   bytes
%
%    Format         A string containing the file format, as
%                   specified by FMT; for formats with more than one
%                   possible extension (e.g., JPEG and TIFF files),
%                   the first variant in the registry is returned
%
%    FormatVersion  A string or number specifying the file format
%                   version
%
%    Width          An integer indicating the width of the image
%                   in pixels
%
%    Height         An integer indicating the height of the image
%                   in pixels
%
%    BitDepth       An integer indicating the number of bits per
%                   pixel
%
%    ColorType      A string indicating the type of image; this could
%                   include, but is not limited to, 'truecolor' for a
%                   truecolor (RGB) image, 'grayscale', for a grayscale
%                   intensity image, or 'indexed' for an indexed image.
%
%    If FILENAME contains Exif tags (JPEG and TIFF only), then the INFO
%    struct may also contain 'DigitalCamera' or 'GPSInfo' (global
%    positioning system information) fields.
%
%    The value of the GIF format's 'DelayTime' field is given in hundredths
%    of seconds.
%
%    Example:
%
%       info = imfinfo('ngc6543a.jpg');
%
%    See also IMREAD, IMWRITE, IMFORMATS.

%    Copyright 1984-2008 The MathWorks, Inc.
%    $Revision: 1.1.6.14 $  $Date: 2009/11/09 16:27:13 $

error(nargchk(1, 2, nargin, 'struct'));          %函数体和注释
…（函数体）
% Delete temporary file from Internet download.
if (isUrl)
```

```
    deleteDownload(filename);
end
```

1.2 MATLAB 图像类型及其存储方式

在 0.1.3 小节介绍数字图像的分类时，曾接触到一些主要的图像类型。本节就来看一看这些主要的图像类型在 MATLAB 中是如何存储和表示的，主要包括亮度图像、RGB 图像、索引图像、二值图像和多帧图像。

1. 亮度图像（Intensity Image）

亮度图像即灰度图像。MATLAB 使用二维矩阵存储亮度图像，矩阵中的每个元素直接表示一个像素的亮度（灰度）信息。例如，一个 200×300 像素的图像被存储为一个 200 行 300 列的矩阵，可以使用 1.1.5 小节介绍的选取矩阵元素（或子块）的方式来选择图像中的一个像素或一个区域。

如果矩阵元素的类型是双精度的，则元素的取值范围是从 0 到 1；如果是 8 位无符号整数，则取值范围从 0 到 255。数据 0 表示黑色，而 1（或 255）表示最大亮度（通常为白色）。

图 1.8 所示是一个使用双精度矩阵存储亮度图像的例子。

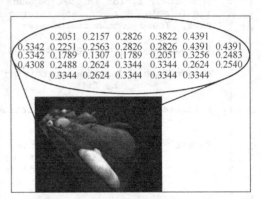

图 1.8　MATLAB 中亮度图像的表示方法

2. RGB 图像（RGB Image）

RGB 图像使用 3 个一组的数据表达每个像素的颜色，即其中的红色、绿色和蓝色分量。在 MATLAB 中，RGB 图像被存储在一个 $m×n×3$ 的三维数组中。对于图像中的每个像素，存储的 3 个颜色分量合成像素的最终颜色。例如，RGB 图像 I 中位置在 11 行 40 列的像素的 RGB 值为 I(11,40,1:3)或 I(11,40,:)，该像素的红色分量为 I(11,40,1)，蓝色分量为 I(11,40,3)。而 I(:,:,1)则表示整个的红色分量图像。

RGB 图像同样可以由双精度数组或 8 位无符号整数数组存储。图 1.9 所示是一个使用双精度数组存储 RGB 图像的例子。

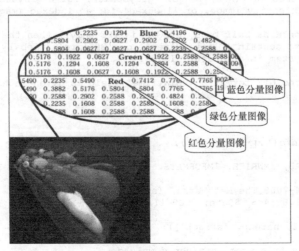

图 1.9　MATLAB 中 RGB 图像的表示方式

3.　索引图像（Indexed Image）

索引图像往往包含两个数组，一个图像数据矩阵（Image Matrix）和一个颜色索引表（Colormap）。对应于图像中的每一个像素，图像数据数组都包含一个指向颜色索引表的索引值。

颜色索引表是一个 $m\times3$ 的双精度型矩阵，每一行指定一种颜色的 3 个 RGB 分量，即 color = [R G B]。其中 R、G、B 是实数类型的双精度数，取值 0～1。0 表示全黑，1 表示最大亮度。图 1.10 给出一个索引图像的实例，注意图像中的每个像素都用整数表示，其含义为颜色索引表中对应颜色的索引。

图像数据矩阵和颜色索引表的关系取决于图像数据矩阵中存储的数据类型是双精度类型还是 8 位无符号整数。

如果图像数据使用双精度类型存储，像素数据 1 表示颜色索引表中的第一行，像素数据 2 表示颜色索引表中的第二行，依此类推。而如果图像数据使用 8 位无符号整数存储，则存在一个额外的偏移量-1，像素数据 0 表示颜色索引表中的第一行，而 1 表示索引表中的第二行，以此类推。

8 位方式存储的图像可以支持 256 种颜色（或 256 级灰度）。图 1.10 中，数据矩阵使用的是双精度类型，所以没有偏移量，数据 5 表示颜色表中的第 5 种颜色。

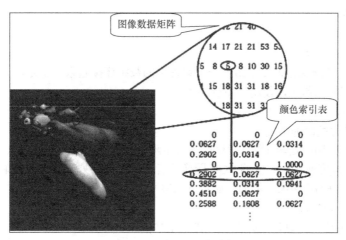

图 1.10　MATLAB 中索引图像的表示方法

4.　二值图像（Binary Image）

在二值图像中，像素的颜色只有两种可能取值：黑或白。MATLAB 将二值图像存储为一个二维矩阵，每个元素的取值只有 0 和 1 两种情况，0 表示黑色，而 1 表示白色。

二值图像可以被看作是一种特殊的只存在黑和白两种颜色的亮度图像，当然，也可以将二值图像看作是颜色索引表中只存在两种颜色（黑和白）的索引图像。

MATLAB 中使用 uint8 型的逻辑数组存储二值图像，通过一个逻辑标志表示数据有效范围是 0 到 1，而如果逻辑标志未被置位，则有效范围为 0 到 255。

二值图像的表示方法如图 1.11 所示。

5.　多帧图像（Multiframe Image Array）

对于某些应用，可能要处理多幅按时间或视角方式连续排列的图像，称之为**多帧图像**（所谓"**帧**"就是影像动画中最小单位的单幅影像画面）。例如核磁共振成像数据或视频片断。Matlab 提供了在同一个矩阵中存储多帧图像的方法，实际上就是在图像矩阵中增加一个维度来代表时间或视角信息。例如，一个拥有 5 张连续的 400×300 像素的 RGB 图像的多帧连续片断的存储方式是一个 400×300×3×5 的矩阵，一组同样大小的灰度图像则可以使用一个 400×300×1×5 的矩阵来存储。

如果多帧图像使用索引图像的方式存储，只有图像数据矩阵被按多帧形式存储，而颜色索引表

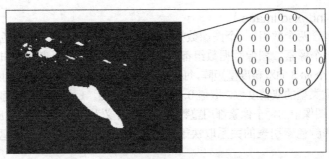

图 1.11　MATLAB 中二值图像的表示方法

只能公用。因此，在多帧索引图像中，所有的索引图像公用一个颜色索引表，进而只能使用相同的颜色组合。

◆　cat 函数

cat 函数可以在指定维度上连接数组，其调用方式如下。

```
CAT(DIM, A, B);
```

或

```
CAT(DIM, A1, A2, …);
```

此函数在第 DIM 维度将第 2 至第 *n* 个参数提供的数组连接起来。于是，若要构造一个由 5 幅 RGB 图像构成的多帧图像组，使用的命令如下。

```
ANIM=CAT(4, A1, A2, A3, A4, A5);
```

◆　选择存储方式时的限制

图像处理工具箱中的某些函数只能处理图像矩阵中的前 2 维或前 3 维信息。当然，也可以使用它们处理拥有 4 个维度或 5 个维度的 RGB 图像或者连续图像序列，但这需要单独处理每帧符合要求的亮度/二值/索引/RGB 图像。例如，显示 ANIM 中的第 3 帧图像需要使用如下方式。

```
imshow(ANIM(:,:,:,3));
```

函数 imshow 的作用是显示一帧图像，详见 1.5 节。

> 注意　如果向一个函数传递了超过其所能够处理的维度的图像矩阵，那么结果可能是不确定的。某些函数的行为可能是处理图像的第一帧或第一个颜色维度，但某些函数可能带来不确定的行为和处理结果。

默认情况下，MATLAB 将绝大多数数据存储为双精度类型（64 位浮点数）以保证运算的精确性。而对于图像而言，这种数据类型在图像尺寸较大时可能并不理想。例如，一张 1000 像素见方的图像拥有 100 万个像素，如果每个像素用 64 位二进制数表示，总共需要大约 8MB 的内存空间。

为了减小图像信息的空间开销，可以将图像信息存为 8 位无符号整型数（uint8）或 16 位无符号整型数（uint16）的数组，这样只需要双精度浮点数 1/8 或 1/4 的空间。在上述 3 种存储类型中以双精度和 uint8 使用最多，uint16 的情况与 uint8 大致类似。

1.3　MATLAB 的图像转换

1. 图像存储格式的互相转换

有时必须将图像存储格式加以转换才能使用某些图像处理函数。例如，当使用某些 MATLAB

内置的滤镜时，需要将索引图像转换为 RGB 图像或者灰度图像，MATLAB 才会将图像滤镜应用于图像数据本身，而不是索引图像中的颜色索引值表（这将产生无意义的结果）。

MATLAB 提供了一系列存储格式转换函数，如表 1.11 所示。它们的名字都很便于记忆，例如 ind2gray 可以将索引图像转化为灰度图像。

表 1.11 图像格式转换函数

函　　数	描　　述
dither	使用抖动的方式创建较小颜色信息量的图像。例如从灰度图转换成黑白图，或者从 RGB 图转换成索引图。多数时候返回 uint8 类型的图像，如果输出图像是包含大于 256 色颜色表的索引图，则使用 uint16 类型
gray2ind	从灰度图转换成索引图。多数时候返回 uint8 类型的图像，如果输出图像是包含大于 256 色颜色表的索引图，则使用 uint16 类型。例如： [X,MAP] = gray2ind(I,N)，输出 X 为图像数据，MAP 为颜色表；输入 I 为原始图像，N 为索引颜色数目
grayslice	使用阈值法从灰度图创建索引图。多数时候返回 uint8 类型的图像，例如：如果输出图像是包含大于 256 色颜色表的索引图，则使用 uint16 类型。 X=grayslice(I,N) X=grayslice(I,V) X 为输出的索引图像，N 为需要均匀划分的阈值个数，V 为给定的阈值向量
im2bw	使用阈值法从灰度图、索引图或 RGB 图创建二值图。返回逻辑型矩阵存储的图像。 BW = im2bw(I,LEVEL) 或 BW = im2bw(X,MAP,LEVEL)，LEVEL 为指定的阈值。关于计算与确定阈值的方法，在后面的章节中介绍
ind2gray	从索引图创建灰度图。返回的图像与原图像存储类型相同。例如： I = ind2gray(X,MAP)
ind2rgb	从索引图创建 RGB 图，返回 double 类型存储的图像。例如： RGB = ind2rgb(X,MAP)
mat2gray	使用归一化方法将一个矩阵中的数据扩展成对应的灰度图，返回图像使用 double 类型存储。例如： I = mat2gray(A,[AMIN AMAX])，AMIN 和 AMAX 指定了函数在转换时使用的下限和上限。A 中低于 AMIN 和高于 AMAX 的数据将被截取到 0 和 1
rgb2gray	从 RGB 图创建灰度图，返回图像与原图像存储类型相同。例如： I = rgb2gray(RGB) 也可以处理颜色表，调用方式为： NEWMAP = rgb2gray(MAP)，此时输入输出类型均为 double
rgb2ind	从 RGB 图创建索引图。多数时候返回 uint8 类型的图像，如果输出图像是包含大于 256 色颜色表的索引图，则使用 uint16 类型。例如： [X,MAP] = rgb2ind(RGB,N) 　　X = rgb2ind(RGB,MAP) N 为颜色表中颜色的数目，MAP 为输出或给定的颜色表

也可以使用一些矩阵操作函数实现某些格式的转换。例如，下面的语句可以将一幅灰度图像转换为 RGB 图像。

```
RGBIMAGE = CAT(3, GRAY, GRAY, GRAY);
```

2. 图像数据类型转换

MATLAB 图像处理工具箱中支持的默认图像数据类型是 uint8，使用 imread 函数读取图像文件一般都为 uint8 类型。然而，很多数学函数如 sin 等并不支持 double 以外的类型，例如当试图对 uint8 类型直接使用 sin 函数进行操作时，MATLAB 会提示如下的错误信息。

```
I = imread('coins.png'); %读入一幅 unit8 图像
sin(I);
??? Undefined function or method 'sin' for input arguments of type 'uint8'
```

针对这种情况，除了使用 1.1.4 小节介绍的强制类型转换方法外，还可利用图像处理工具箱中的内置图像数据类型转换函数。内置转换函数的优势在于它们可以帮助处理数据偏移量和归一化变换，从而简化了使用者的编程工作。

一些常用的图像类型转换函数如表 1.12 所示。

表 1.12　　　　　　　　　　　　　图像数据类型转换函数

im2uint8	将图像转换为 uint8 类型
im2uint16	将图像转换为 uint16 类型
im2double	将图像转换为 double 类型

可以在使用 MATLAB 数学函数前将图像转换为 double 类型，而在准备将图像写入文件时再将其转换为 uint8 类型，如下所示。

```
I_d = im2double(I_uint8); %将 uint8 图像转换为 double 类型，灰度范围也相应从[0, 255]归一化至[0, 1]
Iout_d = sin(I_d); %进行数学计算
Iout_uint8= im2uint8(Iout_d);        %转换回 uint8（灰度范围也重新扩展到[0, 255]），准备写入文件
```

1.4　读取和写入图像文件

MATLAB 可以处理以下的图像文件类型：BMP、HDF、JPEG、PCX、TIFF、XWD、ICO、GIF、CUR。可以使用 imread 和 imwrite 函数对图像文件进行读写操作，使用 imfinfo 函数来获得数字图像的相关信息。

1. imread()函数
imread()函数可以将指定位置的图像文件读入工作区。对于除索引图像以外的情况，其原型如下。

```
A = imread(FILENAME, FMT);
```

参数说明：

• FILENAME 指定图像文件的完整路径和文件名。如果要读入的文件在当前工作目录中或者自动搜索列表中给出的路径下，则只需提供文件名；

• FMT 参数指定图像文件的格式所对应的标准扩展名，例如 GIF 等，如果 imread 没有找到 FILENAME 所指定的文件，它会尝试 FILENAME.FMT。

返回值：

• A 是一个包含图像数据的矩阵。对于灰度图，它是一个 m 行 n 列的矩阵；对于 RGB 真彩图，则是一个 $m×n×3$ 的矩阵。对于大多数图像文件，A 的类型为 uint8；而对于某些 TIFF 和 PNG 图像，A 的类型为 uint16。

对于索引图像，情况有所不同，此时 imread 的调用形式如下。

```
[X, MAP] = imread(FILENAME, FMT);
```

此时的返回值中，X 为图像数据矩阵，MAP 则是颜色索引表。图像中的颜色索引数据会被归一化到 0 到 1 的范围内。因为，对于索引图像，不论图像文件本身使用何种数据类型，imread 函数都会使用双精度类型存储图像数据。

imread 函数还可以处理 RGBA 等格式存储的图像，可以通过在命令窗口中输入 help imread 来查看 MATLAB 中有关 imread 的在线帮助信息。

2. imwrite 函数
imwrite()将指定的图像数据写入文件中，通过指定不同的保存文件扩展名，可以起到图像格式

转换的作用（参见例 1.4）。其调用格式如下。

```
imwrite(A, FILENAME, FMT);
```

- FILENAME 参数指定文件名（不必包含扩展名）。
- FMT 参数指定保存文件所采用的格式。

存储索引图像时，还需要一并存储颜色索引表，则此时 imwrite 函数的使用方法应如下。

```
imwrite(A, MAP, FILENAME, FMT);
```

MAP 是合法的 MATLAB 颜色索引表。

imwrite 函数还可以控制图像文件的很多属性，例如 TIFF 文件格式所选择的彩色空间、GIF 格式中的透明色以及图像文件的作者、版权信息、解析度和创建软件等。

【例 1.4】读入一幅 tif 图像文件，并在写入磁盘时将 tif 图像转换为 bmp 图像。

```
>>I=imread('pout.tif'); %读入图像
>>whos I %查看图像变量信息
  Name      Size                     Bytes  Class
  I        291x240                   69840  uint8 array
Grand total is 69840 elements using 69840 bytes
%通过 whos 命令可以看到读入的高为 291、宽为 240 的灰度图像 I 就是一个 291*240 的二维矩阵

>>imwrite(I, 'pout.bmp'); %将图像写入文件 pout.bmp，同时起到了转换文件类型的作用
```

例 1.4 中的程序在"Chapter1/Code"目录下的"ex1_4.m"文件内。

3. imfinfo()函数

imfinfo()函数可以读取图像文件中的某些属性信息，比如修改日期、大小、格式、高度、宽度、色深、颜色空间、存储方式等。使用方法如下。

```
imfinfo(FILENAME, FMT);
```

- FILENAME 参数指定文件名；
- FMT 参数是可选参数，指定文件格式。

【例 1.5】查看图像文件信息。

```
>>imfinfo('pout.tjf') %查看图像文件信息
ans =Filename: 'F:\Program Files\MATLAB\R2011a\toolbox\images\imdemos\pout.tif'
              FileModDate: '04-十二月-2000 13:57:50'
                 FileSize: 69004
                   Format: 'tif'
            FormatVersion: []
                    Width: 240
                   Height: 291
                 BitDepth: 8
                ColorType: 'grayscale'
          FormatSignature: [73 73 42 0]
                ByteOrder: 'little-endian'
           NewSubFileType: 0
            BitsPerSample: 8
              Compression: 'PackBits'
PhotometricInterpretation: 'BlackIsZero'
              StripOffsets: [9x1 double]
           SamplesPerPixel: 1
              RowsPerStrip: 34
           StripByteCounts: [9x1 double]
               XResolution: 72
```

```
        YResolution: 72
     ResolutionUnit: 'None'
           Colormap: []
 PlanarConfiguration: 'Chunky'
          TileWidth: []
         TileLength: []
        TileOffsets: []
     TileByteCounts: []
        Orientation: 1
          FillOrder: 1
   GrayResponseUnit: 0.0100
     MaxSampleValue: 255
     MinSampleValue: 0
       Thresholding: 1
             Offset: 68754
```

1.5　图像的显示

一般使用 imshow 函数来显示图像，该函数可以创建一个图像对象，并可以自动设置图像的诸多属性，从而简化编程操作。这里介绍 imshow 函数的几种常见调用方式。

1. imshow 函数

imshow 函数用于显示工作区或图像文件中的图像，在显示的同时可控制部分效果，常用的调用形式如下。

```
imshow(I, [low high], param1, value1, param2, value2, …)
imshow(I, MAP)
imshow(filename)
```

- I 为要显示的图像矩阵。
- 可选参数[low high]指定显示灰度图像时的灰度范围,灰度值低于low 的像素被显示为黑色,高于 high 的像素被显示为白色,介于 low 和 high 之间的像素被按比例显示为各种等级的灰色。如果将此参数指定为空矩阵[ ]，则函数会将图像矩阵中的最小值指定为 low、最大值指定为 high，从而达到灰度拉伸的显示效果。这个参数常常用于改善灰度图像的显示效果。
- 可选参数 param1、value1、param2、value2 等可以用来指定显示图像的特定方法。
- MAP 为颜色索引表，除了显示索引图像，这在显示伪彩色图像时也可用到。
- filename 参数指定图像文件名，这样可以不必将图像文件首先读入工作区。

【例 1.6】图像文件的读取、显示、回写。

```
% ex1_6.m
% 读取图像文件
>>I = imread('gantrycrane.png');
% 显示图像
>>imshow(I);
% 写回到文件
>>imwrite(I, 'gantrycrane.tif', 'TIFF');
```

2. 多幅图像的显示

有时需要将多幅图像一起显示以比较它们之间的异同,这在考察不同算法对同一幅图像的处理效果时尤为有用。

可以在同一窗口或者不同的窗口显示多幅图像，这两种方式的实现如例 1.7 所示。

【例 1.7】显示多幅图像。

```
% ex1_7.m
```

```
I = imread('pout.tif'); % 读取图像

% 在不同窗口显示
figure; %创建一个新的窗口
imshow(I);
figure;
imshow(I, [ ]);
% 在相同窗口显示
figure;
subplot(1, 2,1);
imshow(I);
subplot(1,2,2);
imshow(I, [ ]);
```

上述程序中 figure 函数用于新创建一个显示窗口，从而避免新图像的显示覆盖原图像；subplot(*m,n,p*)函数的含义是，打开一个有 *m* 行 *n* 列图像位置的窗口，并将焦点位于第 *p* 个位置上。

> **注意** 在多幅索引图像的显示中存在着潜在的问题。由于索引图像使用的颜色表可能不同，而系统的全局颜色表在默认情况下是 8 位的，最多只能存储 256 种颜色，这样一来，如果所有图像总颜色种类超过 256 种，则超出的部分将不会被正确显示。所以，通常先使用 ind2rgb(I)将图像转换为 RGB 模式。此外，也可以使用 subimage(I,map)，这个函数在显示图像之前会自动将其转换为 RGB 格式。

3. 多帧图像的显示

在显示多帧图像时，可以显示多帧中的一帧，或者将它们显示在同一个窗口内，也可以将多帧图像转化成电影播放出来。这 3 种方式的实现分别如例 1.8 所示。

【例 1.8】多幅图像 D，存储了一组索引图像，**MAP** 为颜色索引表。分别以上述的 3 种方式显示它们。

```
>>load mri %载入 Matlab 自带的核磁共振图像
>>imshow(D(:,:,7), map); % 显示多幅中的一幅

% 同一窗口显示
>>figure, montage(D, map);

% 转化成为电影
>>figure
>>mov=immovie(D, map);
>>colormap(map); %设定颜色表
>>movie(mov); %播放电影
```

程序中"chapter1/code"目录下的"ex1_8.m"文件封装了例 1.8 中的功能。

4. 图像的放缩

有时需要将图像的某一部分放大以查看局部的详细情况。只需输入 zoom on 命令即可实现图像的放缩，zoom off 可以关闭图像放缩功能。打开图像放缩功能之后，就可以通过简单的鼠标操作观察图像细部了。

5. 像素值查看工具

使用 imshow 函数显示一幅图像之后，可以通过输入 impixelinfo 命令在最后显示的图像窗口的左下角，随鼠标光标的移动显示鼠标指针所指位置处的像素值，如图 1.12 所示。

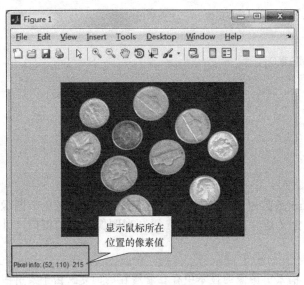

图 1.12 像素查看器

还可以通过 imdistline 命令以交互的方式查看图像中两点之间的距离，如图 1.13 所示。

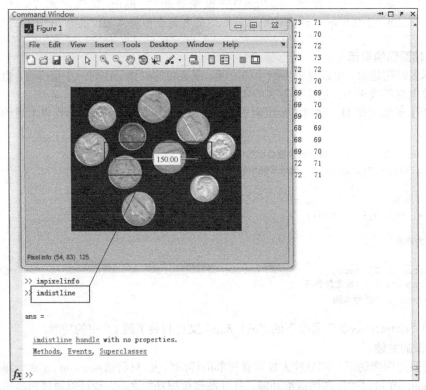

图 1.13 使用 imdistline 命令查看距离

第 2 章 Visual C++图像处理编程基础

Visual C++是 Windows 下的 C++集成设计环境，随着 Windows 操作系统的普及，在 Visual C++下实现图像处理就成为了在普通 PC 上进行数字图像处理的最佳途径。

2.1 位图文件及其 C++操作

Windows 操作系统中使用最多的图形文件格式就是位图格式，最常见的位图文件的扩展名为 BMP。BMP 是英文 Bitmap（位图）的简写，这种格式的特点是包含的图像信息较丰富，几乎不进行压缩，因此它占用的磁盘空间较大。下面主要介绍使用 Visual C++对 BMP 文件的操作。

2.1.1 设备无关位图

Windows 3.0 以后的 BMP 位图文件格式与显示设备无关，因此把这种 BMP 位图文件称为**设备无关位图**（Device Independent Bitmap，DIB）。DIB 自带颜色信息，因此调色板管理非常简单。现在，任何 Windows 操作系统的计算机都能够显示和处理 DIB，它通常以 BMP 文件的形式被保存在磁盘中。

2.1.2 BMP 图像文件数据结构

典型的 BMP 图像文件由以下 4 部分组成，如图 2.1 所示。

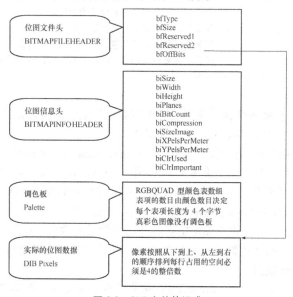

图 2.1 BMP 文件的组成

　　（1）位图文件头（BITMAPFILEHEADER）数据结构，包含 BMP 图像文件的类型、显示内容等信息。

　　（2）位图信息头（BITMAPINFOHEADER）数据结构，包含有 BMP 图像的宽、高、压缩方法以及定义颜色等信息。

　　（3）调色板，即颜色索引表。

　　（4）实际的位图数据。

　　下面分别介绍 BMP 图像文件的这 4 个部分。

1. 位图文件头（BITMAPFILEHEADER）结构

　　位图文件头（BITMAPFILEHEADER）的定义可以在微软公司提供的类库（Microsoft Foundation Classes，MFC）Library 中找到，这部分文件头包含了位图文件的类型、大小和包含设备无关位图的图像文件布局。

　　BITMAPFILEHEADER 结构体具有固定的长度 14 字节，其定义和描述如下。

```
typedef struct      tagBITMAPFILEHEADER {
  WORD bfType;                  // 指定文件类型，必须是 "BM"（0x4D42）
  DWORD    bfSize;              // 指定位图文件的大小，以字节表示
  WORD bfReserved1;             // 保留字，必须为 0
  WORD bfReserved2;             // 保留字，必须为 0
  DWORD    bfOffBits;           // 指定从实际图像数据到文件头起始的偏移量，以字节为单位
} BITMAPFILEHEADER, *PBITMAPFILEHEADER;
```

2. 位图信息头（BITMAPINFOHEADER）结构

　　BITMAPINFOHEADER 结构体中包含了设备无关位图关于颜色维度和色彩格式的信息，其定义和描述如下。

```
typedef struct tagBITMAPINFOHEADER{
  DWORD     biSize;             // 本结构体占用的大小，单位为字节
  LONG biWidth;                 // 位图图像的宽度，单位为像素
  LONG biHeight;                // 位图图像的高度，单位为像素
  WORD biPlanes;                // 设备上颜色平面数目，必须为 1
  WORD biBitCount;              // 存储每个像素所使用的二进制位数
  DWORD     biCompression;      // 是否压缩存储图像数据
  DWORD     biSizeImage;        // 指定图像的大小（以字节为单位）
  LONG biXPelsPerMeter;         // 图像的水平分辨率，单位是像素每米
  LONG biYPelsPerMeter;         // 图像的垂直分辨率，单位是像素每米
  DWORD     biClrUsed;          // 图像中实际使用了颜色索引表中的多少种颜色
  DWORD     biClrImportant;     // 图象中重要的颜色数,如果该值为 0,则认为所有的颜色都是重要的
} BITMAPINFOHEADER, *PBITMAPINFOHEADER;
```

　　重要成员参数解释如下。

　　● biBitCount 指定存储每个像素使用的二进制数据位数，间接确定图像中可能存在的最大颜色数目。可取：1、4、8、16、24、32，其含义见下文讲解。

　　● biSizeImage 指定图像大小（以字节为单位）。biSizeImage=biWidth' × biHeight。其中 biWidth' 是图像每行占用的字节数，与实际宽度 biWidth 不同，biWidth' 必须是 4 的整数倍，即大于或等于 biWidth 的，最接近 4 的整倍数。例如，biWidth=400，则 biWidth'=400，如果 biWidth=401，则 biWidth'=404。如果 biCompression 为 BI_RGB，该项可能为零。

　　● biClrUsed 成员指定了在位图图像中实际使用到的颜色数目。如果 biClrUsed 成员被设置为零，那么图像中实际使用的颜色数目是和 biBitCount 成员中规定的值相同的最大数目。

　　小技巧：biBitCount 成员

　　BITMAPINFOHEADER 结构的 biBitCount 成员可用于确定位图图像中每个像素所占用的数据

长度（单位是位）和图像中所包含的最多颜色数目。这个成员的取值可以有 6 种，分别对应 BMP 图像允许的 6 种颜色模式。

BMP 文件的色深也就是存储每个像素使用的位数有 1（单色）、4（16 色）、8（256 色）、16（64×1024 色，高彩色）、24（16×1024^{2}色，真彩色）、32（4096×1024^{2}色，增强型真彩色）6 种。它们与 biBitCount 之间的对应关系如下。

（1）biBitCount=1，位图图像是单色的，并且成员 bmiColor 索引表包含两个条目。位图图像数组中的每一个数据位代表一个像素。如果这个数据位是 0，那么此像素在显示时使用 bmiColors 索引表中的第一种颜色；如果这个数据位是 1，那么此像素在显示时使用 bmiColors 索引表中的第二种颜色。

（2）biBitCount=4，位图图像包含最多 16 种颜色，并且成员 bmiColors 索引表中包含至多 16 个条目。此时位图图像数据区中的每一个像素条目长度是 4 位（0.5 字节）。例如，如果位图图像数据区的第一个字节数值是 0x1F，这一字节表示 2 个像素的颜色，第一个像素是在索引表中的第二种颜色，第二个像素是在索引表中的第 16 种颜色。

（3）biBitCount=8，位图图像包含最多 256 种颜色，并且成员 bmiColors 索引表中包含至多 256 种颜色。在这种情况下，位图图像数据区中的每个字节代表一个像素的图像数据。

（4）biBitCount=16，位图图像包含最多 2^{16} 种颜色，并且 BITMAPINFOHEADER 的 biCompression 成员取值必须为 BI_BITFIELDS。此时 bmiColors 成员包含 3 个 DWORD 类型的颜色掩码分别用以指定每个像素的红、绿、蓝的颜色成分。

（5）biBitCount=24，位图图像包含最多 2^{24} 种颜色，并且成员 bmiColors 索引表为空（NULL）。在位图图像数据区中的每个三比特组中的数据表示某个像素中的红、绿、蓝颜色成分的相对强度。

（6）biBitCount=32，位图图像包含最多 2^{32} 种颜色，BITMAPINFOHEADER 的 biCompression 成员必须是 BI_BITFIELDS，bmiColors 成员包含三个 DWORD 类型的颜色掩码用以指定每个像素颜色中的红色、绿色和蓝色成分。

3. 调色板结构

有些位图（如索引图像）需要调色板（Palette），有些（像真彩色图）则不需要，它们的 BITMAPINFOHEADER 后面直接是位图数据。

调色板实际上是一个 RGBQUAD 型的数组，该数组总共有 biClrUsed 个元素（如果 biClrUsed 等于 0，则有 2 的 biBitCount 次幂个元素）。RGBQUAD 是一个用于存储 RGB 颜色数据的 4 个字节的结构体，其定义如下。

```
typedef struct tagRGBQUAD {
    BYTE    rgbBlue;        //该颜色的蓝色分量
    BYTE    rgbGreen;       //该颜色的绿色分量
    BYTE    rgbRed;         //该颜色的红色分量
    BYTE    rgbReserved;    //保留值
} RGBQUAD;
```

> **注意** 除位图调色板外，还有逻辑调色板和系统调色板的概念。有时，在更新了位图调色板后需要更新逻辑调色板和系统调色板，才能将颜色的变换正确地反映出来。但仅当系统处于 256 色显示模式时才需要用到系统调色板，而目前的系统已经很少使用 256 色的显示模式了，因此一般不会涉及相关的操作，本书也对此不加讨论，仅在 DIPDemo 程序中实现了该逻辑。

4. 实际位图数据

实际位图数据是一片连续的存储区域，其中保存着图像中每个像素的灰度（颜色）信息。对于 256 色灰度图像，图像数据就是该像素的实际灰度，1 个像素需要 1 字节来表示；对于索引图像，图像数据就是该像素颜色在调色板中的索引值；而对于真彩色图，图像数据就是实际的 RGB 值，1 个像素需要 3 字节来表示。

> **注意**　　一般来说，BMP 文件的实际位图数据是从下到上、从左到右的。即从文件中最先读到的是图像最后一行左边第 1 个像素，然后是左边第 2 个像素，…，接下来是倒数第 2 行的最左边第 1 个，左边第 2 个，…，最后是第 1 行的左侧第 1 个像素，第 2 个像素，…，第 1 行最右侧的像素。
>
> 位图数据每一行占用的字节数必须是 4 的整数倍，如果不是，则需要补齐。

2.2　认识 CImg 类

在 Visual C++的早期版本（6.0 之前）中，程序员只能通过 API 函数对位图进行访问和操作；高版本的 Visual C++和 Visual C#中，微软提供了 CImage 类封装了更多的绘图功能和图像操作功能，但仍然没有提供完整的图像处理能力。为此，本书在配套光盘 DIPDemo 工程中提供了 CImg 类以实现对位图的访问及其他一些基本操作，并在此基础上派生了能够胜任大多数图像处理任务的 CImgProcess 类。

下面介绍 CImg 类，借此来让读者了解一些算法的基础实现。如果尝试编写自己的图像处理类，本节内容也可以作为参考。有关 CImgProcess 类的相关知识，将在后面的章节中根据需要来阐述。

2.2.1　主要成员函数列表

CImg 类的主要成员如表 2.1 所示。

表 2.1　　　　　　　　　　　　　　　　CImg 类的主要成员函数

函数原型	功　　能
CImg();	构造函数
BOOL IsValidate();	判断位图是否有效
void InitPixels(BYTE color);	将所有像素的值初始化为灰度值 color
BOOL AttachFromFile(LPCTSTR lpcPathName); BOOL AttachFromFile(CFile &file);	从文件加载位图
BOOL SaveToFile(LPCTSTR lpcPathName); BOOL SaveToFile(CFile &file);	将位图保存到文件
BOOL Draw(CDC* pDC);	将位图绘制到设备平面
void SetPixel(int x, int y, COLORREF color);	设置指定位置像素的值
COLORREF GetPixel(int x, int y);	获取指定位置像素的颜色值
BYTE GetGray(int x, int y);	获取指定位置像素的灰度值
int GetWidthByte();	获取图像数据矩阵一行的字节数
int GetWidthPixel();	获取图像数据矩阵一行的像素数
int GetHeight();	获取图像数据矩阵的高度（行数）
void ImResize(int nHeight, int nWidth);	改变位图的尺寸
BOOL IsBinaryImg();	判断当前对象中存储的是否为二值图像
BOOL IsIndexedImg(void);	判断当前对象中存储的是否为索引图像
bool Index2Gray();	256 色索引图像转灰度图像
LPVOID GetColorTable();	取得颜色索引表数据
int GetColorTableEntriesNum();	取得颜色索引表的条目数

如果要在应用程序中使用 CImg 类，请在项目中包含 Img.h 头文件和 Img.cpp 源文件。这里将逐段给出 CImg 类的重要代码片断并加以说明。在此之前，先介绍 CImg 类的公有成员以及其所提供的常用的成员函数和重载的运算符。

在 Visual C++的类视图中可以看到 CImg 类作为一个基类，提供了对位图图像的一些基础图像操作，如从文件打开图像、保存图像至文件、读取和设置某个位置像素的灰度值等，此外还重载了常用的图像操作运算符，如按位加（+）、按位减（-）、反色（!）、按位与（&）、按位或（|），赋值（=）和相等（==），等等。

下面对 CImg 类的代码的实现展开详细分析，读者可以根据需要选择性地阅读下面的内容，不一定非要将注意力都集中在这些方法的细节实现上，不妨先熟悉函数的功能和调用方法，这对于理解本书后面的图像处理算法是没有影响的。

2.2.2 公有成员

CImg 类拥有如下两个公有成员。

```
BITMAPINFOHEADER *m_pBMIH;
LPBYTE  *m_lpData;
```

其中，m_pBMIH 中保存的是图像的信息头，而 m_lpData 中保存实际的图像数据。在此，再次提示 BITMAPINFOHEADER 结构的定义如下。

```
typedef struct tagBITMAPINFOHEADER{
DWORD    biSize;              // 本结构体占用的大小，单位为字节
LONG biWidth;                 // 位图图像的宽度，单位为像素
LONG biHeight;                // 位图图像的高度，单位为像素
WORD biPlanes;                // 设备上颜色平面数目，必须为 1
WORD biBitCount;              // 存储每个像素所使用的二进制位数
DWORD    biCompression;       // 是否压缩存储图像数据
DWORD    biSizeImage;         // 指定图像的尺寸
LONG biXPelsPerMeter;         // 图像的水平分辨率，单位是像素每米
LONG biYPelsPerMeter;         // 图像的垂直分辨率，单位是像素每米
DWORD    biClrUsed;           // 图像中实际使用了颜色索引表中的多少种颜色
DWORD    biClrImportant;      // 图象中重要的颜色数,如果该值为 0,则认为所有的颜色都是重要的
} BITMAPINFOHEADER, *PBITMAPINFOHEADER;
```

可以很容易地从 m_pBMIH 结构中得到位图图像的基本信息。而图像数据存储变量 m_lpData 按照 MFC 规定的标准方式存储图像信息（按照 4-byte 整倍数的行长度和规定的顺序，以图像的左上角为坐标原点），因而也可以直接从图像文件中按顺序读取到内存。在后面的方法中，将常常使用这两个成员。而在 CImg 类的私有成员中，保存了颜色索引表的相关信息，以免这些信息被除了 CImg 类之外的代码错误修改。

2.3 CImg 类基础操作

2.3.1 加载和写入图像

CImg 类首先提供了加载和写入图像所需要的方法 AttachFromFile 和 SaveToFile，这两个方法分别提供了从文件路径中加载和写入与从文件对象中加载和写入的接口。它们实际上是对 MFC 库相关功能的进一步封装，定义原型如下。

```
// 从文件加载位图
BOOL AttachFromFile(LPCTSTR lpcPathName);
```

```
BOOL AttachFromFile(CFile &file);

// 将位图保存到文件
BOOL SaveToFile(LPCTSTR lpcPathName);
BOOL SaveToFile(CFile &file);
```

1. AttachFromFile 函数

使用 LPCTSTR 参数的函数接口只是进一步封装了使用 CFile 对象参数的函数接口，将 LPCTSTR 类型的文件路径读入变成 CFile，而后调用使用 CFile 接口的相同方法。这里仅以 AttachFromFile 函数的 LPCTSTR 类型参数的实现形式为例进行简要的说明。

```
/****************************************************
BOOL CImg::AttachFromFile(LPCTSTR lpcPathName)
功能:     打开指定的图像文件并附加到 CImg 对象上
限制:     只能处理位图图像
参数:     LPCTSTR lpcPathName:      欲打开文件的完整路径
返回值:   BOOL 类型:                TRUE 为成功，FALSE 为失败
****************************************************/
BOOL CImg::AttachFromFile(LPCTSTR lpcPathName)
{
    // 使用 CFile 对象简化操作
    CFile file;
    if(!file.Open(lpcPathName, CFile::modeRead|CFile::shareDenyWrite))
        return FALSE;

    BOOL bSuc = AttachFromFile(file);

    file.Close();
    return bSuc;
}
```

上述程序中首先读取文件头，而后提取文件头中的图像信息头部分，并分析信息头中所含有的颜色表和图像的其他相关属性，初始化 CImg 对象中的相关成员，最后读取图像数据。操作中使用了 MFC 直接提供的位图信息头 BITMAPINFOHEADER 对象。

参数为 CFile 对象的 AttachFromFile 函数的实现如下。

```
/****************************************************
BOOL CImg::AttachFromFile(CFile &file)
功能:     打开指定的图像文件并附加到 CImg 对象上
参数:     CFile &file:              欲打开的 CFile 对象
返回值:   BOOL 类型:                TRUE 为成功，FALSE 为失败
****************************************************/
BOOL CImg::AttachFromFile(CFile &file)
{
    // 文件数据
    LPBYTE *lpData;
    // 位图信息头
    BITMAPINFOHEADER *pBMIH;
    // 颜色表指针
    LPVOID lpvColorTable = NULL;
    // 颜色表颜色数目
    int nColorTableEntries;

    BITMAPFILEHEADER bmfHeader;

    // 读取文件头
    if(!file.Read(&bmfHeader, sizeof(bmfHeader)))
    {
        return FALSE;
    }
```

```
    // 检查开头两字节是否为 BM
    if(bmfHeader.bfType != MAKEWORD('B', 'M'))
    {
        return FALSE;
    }

    // 读取信息头
    pBMIH = (BITMAPINFOHEADER*)new BYTE[bmfHeader.bfOffBits - sizeof(bmfHeader)];
    if(!file.Read(pBMIH, bmfHeader.bfOffBits - sizeof(bmfHeader)))
    {
        delete pBMIH;
        return FALSE;
    }

    // 定位到颜色表
    nColorTableEntries =
        (bmfHeader.bfOffBits - sizeof(bmfHeader) - sizeof(BITMAPINFOHEADER))/
sizeof(RGBQUAD);
    if(nColorTableEntries > 0)
    {
        lpvColorTable = pBMIH + 1;
    }

    pBMIH->biHeight = abs(pBMIH->biHeight);

    // 读取图像数据,WIDTHBYTES 宏用于生成每行字节数
    int nWidthBytes = WIDTHBYTES((pBMIH->biWidth)*pBMIH->biBitCount);

    // 申请 biHeight 个长度为 biWidthBytes 的数组,用他们来保存位图数据
    lpData = new LPBYTE[(pBMIH->biHeight)];
    for(int i=0; i<(pBMIH->biHeight); i++)
    {
        lpData[i] = new BYTE[nWidthBytes];
        file.Read(lpData[i], nWidthBytes);

    }

    // 更新数据
    CleanUp();

    m_lpData = lpData;
    m_pBMIH = pBMIH;
    m_lpvColorTable = lpvColorTable;
    m_nColorTableEntries = nColorTableEntries;

    return TRUE;
}
```

2. SaveToFile 函数

与 AttachFromFile 大致相反，SaveToFile 中首先判断位图对象是否有效，而后根据当前颜色表（如果是索引位图）和图像的相关属性信息构造图像信息头和文件信息头，并将文件头和图像数据写入文件。这期间的操作也大量地使用了 MFC 库提供的位图信息头和文件信息头对象。

参数为 CFile 对象的 SaveToFile 函数的实现如下。

```
/***************************************************
BOOL CImg::SaveToFile(CFile &file)
功能:        把 CImg 实例中的图像数据保存到指定的图像文件
参数:        CFile &file:        欲保存到的 CFile 对象
返回值:      BOOL 类型:          TRUE 为成功，FALSE 为失败
***************************************************/
BOOL CImg::SaveToFile(CFile &file)
{
```

```
    // 判断是否有效
    if(!IsValidate())
        return FALSE;

    // 构建BITMAPFILEHEADER结构
    BITMAPFILEHEADER bmfHeader = { 0 };
    int nWidthBytes = WIDTHBYTES((m_pBMIH->biWidth)*m_pBMIH->biBitCount);

    bmfHeader.bfType = MAKEWORD('B', 'M');
    bmfHeader.bfOffBits = sizeof(BITMAPFILEHEADER)
                + sizeof(BITMAPINFOHEADER) + m_nColorTableEntries*4;

    bmfHeader.bfSize = bmfHeader.bfOffBits + m_pBMIH->biHeight * nWidthBytes;

    // 向文件中写入数据
    file.Write(&bmfHeader, sizeof(bmfHeader));
    file.Write(m_pBMIH, sizeof(BITMAPINFOHEADER) + m_nColorTableEntries*4);

    for(int i=0; i<m_pBMIH->biHeight; i++)
    {
        file.Write(m_lpData[i], nWidthBytes);
    }

    return TRUE;
}
```

2.3.2　获得图像基本信息

在得到了一个 CImg 对象后，可以通过下面的方法来获得位图的相关信息（高度、宽度、有效性等），这些方法包括以下几种。

```
int CImg::GetHeight(); //获得图像高度
int CImg::GetWidthPixel();//获得图像宽度
int CImg::GetWidthByte();//获得每行字节数
```

这 3 个方法都是内联函数，它们都是通过直接返回 CImg 对象的相关私有成员属性来得到所需的信息。其中 GetHeight()和 GetWidthPixel()返回值都是以像素为单位的，是实际的图像大小；而 GetWidthByte()返回的是以字节为单位的图像每行宽度（4 的整数倍），用于对图像数据进行补齐操作。下面分别给出其实现细节。

1. GetHeight 函数

```
/*****************************************
inline int CImg::GetHeight()
功能:       返回 CImg 实例中的图像每列的像素数目，即纵向分辨率或高度
参数:       无
返回值:     int 类型：图像每列的像素数目
*****************************************/
inline int CImg::GetHeight()
{
  return m_pBMIH->biHeight;
}
```

2. GetWidthPixel 函数

```
/*****************************************
inline int CImg::GetWidthPixel()
功能:       返回 CImg 实例中的图像每行的像素数目，即横向分辨率或宽度
参数:       无
返回值:     int 类型：图像每行的像素数目
*****************************************/
inline int CImg::GetWidthPixel()
```

```
{
    return m_pBMIH->biWidth;
}
```

3. GetWidthByte 函数

```
/*************************************************
inline int CImg::GetWidthByte()
功能:        返回 CImg 实例中的图像每行占用的字节数
参数:        无
返回值:      int 类型: 图像每行占用的字节数, 必须是 4 的整数倍
*************************************************/
inline int CImg::GetWidthByte()
{
    return WIDTHBYTES((m_pBMIH->biWidth)*m_pBMIH->biBitCount);
}
```

其中宏 WIDTHBYTES 的定义是如下。

```
#define    WIDTHBYTES(bits)    (((bits) + 31) / 32 * 4) //保证每行数据占用的空间是 4 的整数倍
```

m_pBMIH->biWidth 的值就是以像素为单位表示的图像宽度，而将此值与图像每像素使用的字节长度相乘，理应得出图像每行占用的字节数。但是，对位图图像而言，每行像素占用的字节数和图像中每行所需使用的字节数并不一定相等。前文提到，需要将定义中每行所占用的空间补齐到 **4 的整数倍字节**，WIDTHBYTES 宏正是为了实现这一功能。

2.3.3　检验有效性

按照程序的健壮性原则，不论是从图像文件读取而后得到 CImg 对象，还是在新建对象后使用绘图函数构造一幅图像，都需要在真正使用该对象之前检验它的有效性。可以通过检查公有成员 m_pBMIH 是否有效来达到这一目的。有效性检验函数 IsValidate 的实现如下。

```
/*************************************************
BOOL CImg::IsValidate ()
功能:        检验图像的有效性
参数:        无
返回值:      TRUE: 表示图像有效
            FALSE: 表示图像无效
*************************************************/
BOOL  IsValidate() { return m_pBMIH != NULL; }
```

很显然，不存在的图像信息块意味着图像对象是无效的，使用时就会出现错误。此时，用户程序可以选择返回一条错误信息或者重新进行之前的初始化操作。

2.3.4　按像素操作

在得到了图像的高宽信息后，就知道了图像数据的有效坐标范围，从而可以对图像进行逐像素遍历。很多数字图像处理的算法中都需要提取指定位置或区域内的像素值，加以处理后再写入到指定位置。

CImg 实例中保存的可能是二值图像、灰度图像，也可能是彩色图像。为此可以再次读取 m_pBMIH 中的内容来确定图像类型。图像信息头结构中的 biBitCount 成员保存了存储每个像素使用的比特数，由此可以推测图像的类型。例如，灰度图像的 biBitCount=8，RGB 图像则为 24，二值图像的每个像素只需要一位来保存，因此 biBitCount=1。

1. 提取指定位置的像素值——GetPixel()函数

像素操作算法的第一步一定是需要提取指定位置像素的数值。CImg 类中提取像素值的方法为 GetPixel，这个方法可以自动确定 CImg 类中保存的图像的类型，并根据不同类型返回图像数据矩阵中的对应元素。其中返回类型 COLORREF 是 DWORD 的一个别名，用于保存颜色数据。函数的

输入参数应当指定像素的 x, y 坐标，而输出量是（x, y）位置像素的颜色。由于要兼容多种类型的图像，所以使用了兼容性最强的返回类型，即 COLORREF，对于灰度图像，将返回一个在 R、G、B 三个分量上相等的 COLORREF 数据。

GetPixel 函数的原型如下。

```
/***************************************************
inline COLORREF CImg::GetPixel(int x, int y)
功能:       返回指定坐标位置像素的颜色值
参数:       int x, int y: 指定的像素横、纵坐标值
返回值:     COLERREF 类型: 返回用 RGB 形式表示的指定位置的颜色值
***************************************************/
inline COLORREF CImg::GetPixel(int x, int y)
```

2. 设置指定位置的像素值——SetPixel()函数

在使用 GetPixel 方法得到像素值，并经算法处理后，算法输出仍然需要写回到图像数据区中。为此，也需要一个按像素绘图的方法。CImg 类中实现这一功能的算法是 SetPixel，调用时除了应提供(x, y)位置的参数外，还应当包括欲写入指定像素位置的 COLORREF 型数据。同样，当欲将灰度值 gray 写入灰度图像时，第 3 个参数可设置为 RGB(gray, gray, gray)。

SetPixel 方法的原型如下。

```
/***************************************************
void CImg::SetPixel(int x, int y, COLORREF color)
功能:       设定指定坐标位置像素的颜色值
参数:       int x, int y: 指定的像素横、纵坐标值
            COLORREF: 欲设定的指定位置的颜色值, RGB 形式给出
返回值:     无
***************************************************/
void CImg::SetPixel(int x, int y, COLORREF color)
```

3. 提取指定位置的灰度值——GetGray()函数

由于更多的时候是在处理灰度图像，为方便调用，CImg 类还提供了 GetGray 方法用于直接读入图像中(x, y) 坐标位置的灰度值，实现如下。

```
/***************************************************
inline BYTE CImg::GetGray(int x, int y)
功能:       返回指定坐标位置像素的灰度值
限制:       无
参数:       int x, int y: 指定的像素横、纵坐标值
返回值:     BYTE 类型: 给定像素位置的灰度值
***************************************************/
inline BYTE CImg::GetGray(int x, int y)
{
    COLORREF ref = GetPixel(x, y);
    BYTE r, g, b, byte;
    // 分别获取三基色亮度
    r = GetRValue(ref);
    g = GetGValue(ref);
    b = GetBValue(ref);

    if(r == g && r == b)
        return r;
    float ff = (0.30*r + 0.59*g + 0.11*b);
    // 灰度化
    byte = (int)ff;
    return byte;
}
```

> **注意**
>
> CImg 中的一系列像素存取方法，如 GetGray，SetPixel 等要求的参数 x，y 分别为像素位置的横、纵坐标。而横坐标对应于图像的列索引 j，纵坐标对应着图像的行索引 i，因此在逐行遍历图像的程序段中的调用方式为：SetPixel(j, i,…)，具体方法读者可参考稍后介绍的 InitPixels 方法。

2.3.5　改变图像大小

有时需要改变已经存在的 CImg 对象的大小。此时，除了要对图像信息头进行相应更新外，还要重新分配一个合适大小的数据存储区，当然在此之前应释放旧的存储区。ImResize 方法用于实现这一功能。请注意，ImResize 函数在改变图像大小的同时会擦除图像中所有的数据，与第 4 章几何变换中将要学习的按比例缩放的 Scale 函数不同！

```
/***********************************************
void CImg::ImResize(int nHeight, int nWidth)
功能:       用给定的大小重新初始化 CImg 对象
限制:       CImg 对象必须已经包含有效的图像数据，否则将出错
参数:       int nHeight: 重新初始化成的宽度
           int nWidth: 重新初始化成的高度
返回值:     无
***********************************************/
void CImg::ImResize(int nHeight, int nWidth)
{
    int i; //循环变量
    //释放图像数据空间
    for(i=0; i<m_pBMIH->biHeight; i++)
    {
        delete[] m_lpData[i];
    }
    delete[] m_lpData;

    //更新信息头中的相应内容
    m_pBMIH->biHeight = nHeight; //更新高度
    m_pBMIH->biWidth = nWidth; //更新宽度

    //重新分配数据空间
    m_lpData = new LPBYTE [nHeight];
    int nWidthBytes = WIDTHBYTES((m_pBMIH->biWidth)*m_pBMIH->biBitCount);
    for(i=0; i<nHeight; i++)
    {
        m_lpData[i] = new BYTE [nWidthBytes];
    }
}
```

2.3.6　重载的运算符

和 MATLAB 不同，C++不是专门为了科学计算或者图像处理设计的语言，因而 C++中的运算符在没有重载时是无法接受图像矩阵作为运算参数的。为了后面操作的方便，对一些图像处理中常用的运算符进行了重载。目前已经提供重载的运算符如下。

```
void operator = (CImg& gray); //图像赋值
bool operator = = (CImg& gray); //判断 2 幅图像是否相同
CImg operator & (CImg& gray); //图像按位与
CImg operator | (CImg& gray); //图像按位或
CImg operator + (CImg gray); //图像相加
```

```
CImg operator - (CImg& gray); //图像减法
CImg operator ! (); //图像反色
```

提供了赋值，判断相等，按像素与、或和按像素求和、求差，及图像反色等运算符的重载功能。在这个基础上，就可以方便地使用类似 MATLAB 中的语法对 CImg 类的实例进行像素级操作。运算符重载的实现过程是根据图像操作的需要进行的，其实质就是对图像数据矩阵中的元素（与像素一一对应）进行操作。

2.3.7　在屏幕上绘制位图图像

将经过算法处理的图像输出到屏幕上，可以观察处理后的效果。在 MFC 中，如果需要向屏幕输出图像，就需要将图像绘制到 DC 平面上。下面的 Draw 方法可以将 CImg 图像对象绘制到 pDC 指定的平面上，实现如下。

```
/*******************************************************
BOOL CImg::Draw(CDC* pDC)
功能：       在给定的设备上下文环境中将 CImg 对象中存储的图像绘制到屏幕上
限制：       无
参数：       CDC * pDC    ：指定的设备上下文环境的指针
返回值：     BOOL 类型：TRUE 为成功，FALSE 为失败
*******************************************************/
BOOL CImg::Draw(CDC* pDC)
{
    if(m_pBMIH == NULL)
        return FALSE;

    for(int i=0; i<m_pBMIH->biHeight; i++)
    {

        ::SetDIBitsToDevice(*pDC, 0, 0, m_pBMIH->biWidth,
            m_pBMIH->biHeight, 0, 0, i, 1, m_lpData[i], (BITMAPINFO*)m_pBMIH,
DIB_RGB_COLORS);
    }

    return TRUE;
}
```

上述程序中调用了 API 函数 SetDIBitsToDevice，该函数使用 DIB 位图和颜色数据对与目标设备环境相关的设备上的指定矩形中的像素进行设置。

2.3.8　新建图像

新建图像的实质是新建一个 CImg 类的实例、初始化图像信息头和图像存储区中的每个像素。

> 提示　在免费提供的版本中，CImg 类的构造函数不接受任何参数，而是仅仅构造一个空的 CImg 实例，其中的所有成员指针都指向 NULL，因此，务必在构造函数初始化之后加入其成员的构造与初始化，以免引用无效内存。一种简便的做法是通过 AttachFromFile()函数将空 CImg 对象和一个读入的图像文件联系在一起。

1．构造空的 CImg 对象

CImg 类的构造函数很简单，其实现的功能仅仅是将图像信息头、图像数据区和颜色索引表的指针指向 NULL，从而构造一个空的 CImg 对象。其实现代码如下。

```
CImg::CImg()
{
    m_pBMIH = NULL;
    m_lpvColorTable = NULL;
```

```
    m_lpData = NULL;
}
```

2．构造位图信息头

在得到一个空的 **CImg** 实例后，首先构造位图信息头，并按要求设置图像的宽度和高度以及像素位数等属性。其实现代码如下。

```
m_pBMIH = new BITMAPINFOHEADER;

// 也可以在这里设置其他的图像信息属性
m_pBMIH->biBitCount = imgBitCount;
m_pBMIH->biHeight = imgHeight;
m_pBMIH->biWidth = imgWidth;
```

得到了完整的图像信息头之后，图像存储区的大小就确定下来，也就可以据此构造图像数据存储区。

3．分配图像数据存储区

图像存储区是一个 **BYTE** 型的数组，可以使用如下的方式手动分配空间。

```
m_lpData = new LPBYTE [imgHeight];
int imgWidthBytes = WIDTHBYTES((m_pBMIH->biWidth)*m_pBMIH->biBitCount);
int i;
for(i=0; i<imgHeight; i++)
{
    m_lpData[i] = new BYTE [imgWidthBytes];
}
```

4．初始化图像数据——InitPixels()函数

上一步中得到的图像数据区属于新分配的动态内存，其内容并不确定。为了得到有意义的图像数据，就需要使用 InitPixels 函数来初始化每个像素为一个特定的值。为安全起见，在真正对像素矩阵执行初始化操作之前，还需要检查这个矩阵的有效性，即判断数据指针是否为 NULL。

```
/******************************************************
void CImg::InitPixels(BYTE color)
功能：      用给定的颜色值初始化图像的所有像素
限制：      只能使用灰度值提供颜色值，即只能初始化为某种灰色
参数：      BYTE color   ：指定的用来初始化图像的灰度值
返回值：    无
******************************************************/
void CImg::InitPixels(BYTE color)
{
    //获得图像高、宽
    int nHeight = GetHeight();
    int nWidth = GetWidthPixel();

    int i, j;//行、列循环变量

    //逐行扫描图像，依次对每个像素设置 color 灰度
    if(m_lpData != NULL)
    {
        for(int i=0; i<GetHeight(); i++)
        {
            for(int j=0; j<GetWidthPixel(); j++)
            {
                SetPixel(j, i, RGB(color, color, color));
            }//for j
        }//for i
    }
}
```

2.3.9　图像类型的判断与转化

很多情况下，图像处理算法只能处理某一类型的图像，因此经常需要在处理之前对图像的类型进行判断，并在必要时进行类型的转换。下面给出 3 个常用的类型判断和转换函数。

```
// 判断是否是二值图像
BOOL IsBinaryImg();
// 判断是否是索引图像
BOOL IsIndexedImg();
// 索引图像转灰度图像
bool Index2Gray();
```

1. 判断是否为二值图像——IsBinaryImg()函数

IsBinaryImg()函数通过二重循环对图像进行逐行扫描，如果发现任何一个像素存在 0 和 255 之外的灰度值，则返回 FALSE，表示不是二值图像；而如果所有像素的灰度都是 0 或 255，则返回 TRUE，表示是二值图像。具体实现如下。

```
inline BOOL CImg::IsBinaryImg()
{
    int i,j;

    for(i = 0; i < m_pBMIH->biHeight; i++)
    {
        for(j = 0; j < m_pBMIH->biWidth; j++)
        {
            if( (GetGray(j, i) != 0) && (GetGray(j, i) != 255) ) //存在 0 和 255 之外的灰度值
                return FALSE;
        }//for j
    }//for i

    return TRUE;
}
```

2. 判断是否为索引图像——IsIndexedImg()函数

IsIndexedImg()函数通过检查颜色索引表数据存在并且表条目不为 0 来判断图像是否为索引图像，具体实现如下。

```
inline BOOL CImg::IsIndexedImg()
{
    if ((m_lpvColorTable != NULL)&&(m_nColorTableEntries!=0)) {
        return true;
    }
    else {
        return false;
    }
}
```

3. 索引图像转灰度图像——Index2Gray()函数

由于大多数图像处理算法都是针对灰度图像的，因此常常需要将彩色图像转化为灰度图像，下面要介绍的 Index2Gray()函数可将 256 色索引图像转化为 256 级灰度图像，将真彩色 RGB 图像转化为灰度图的方法将在第 9 章中介绍。

Index2Gray()函数的具体实现如下。

```
// 索引图像转灰度图像
bool CImg::Index2Gray()
{
    int i;

    if (!IsIndexedImg()) return false;
    RGBQUAD *table = (RGBQUAD*)m_lpvColorTable;

    m_pBMIH->biBitCount = 8;
```

```
    // 更新颜色数据
    for (i=0; i<GetHeight(); i++)
    {
        for (int j=0; j<GetWidthPixel(); j++)
        {
            RGBQUAD rgb = *(table+GetGray(j, i));
            BYTE gray = rgb.rgbBlue * 0.114 + rgb.rgbGreen * 0.587 + rgb.rgbRed * 0.299
+ 0.5;

            SetPixel(j, i, RGB(gray, gray, gray));
        }
    }

    // 更新颜色表
    for (i=0; i<256; i++)
    {
        (table + i)->rgbBlue = i;
        (table + i)->rgbGreen = i;
        (table + i)->rgbRed = i;
        (table + i)->rgbReserved = 0;
    }

    m_nColorTableEntries = 256;
    return true;
}
```

打开一幅 256 色索引图像，通过菜单命令"文件→256 色索引图像转为灰度图"可以将它转化为灰度图。

2.4　DIPDemo 工程

DIPDemo 工程位于本书配套光盘中的根目录下的同名文件夹中，它是本书中涉及的所有 Visual C++数字图像处理算法的一个综合测试平台。通过它读者可以方便地查看多幅图像，通过菜单命令处理图像并观察效果，还可以对同一幅图像处理前后的效果进行对比。本节主要介绍 DIPDemo 工程的界面、主要框架结构和一些最常用的基本功能，更多其他的内容将分散在本书后面各章节中随需要来阐述。

2.4.1　DIPDemo 主界面

DIPDemo 是一个基于多文档的 Visual C++程序，运行后主界面如图 2.2 所示。

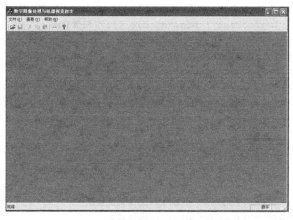

图 2.2　DIPDemo 程序主界面

　　通过菜单命令"文件→打开",打开一幅或多幅图像后,将会出现如图 2.3 所示的程序界面,此时便可以通过相应处理菜单下的命令对当前选中的图像进行需要的处理。

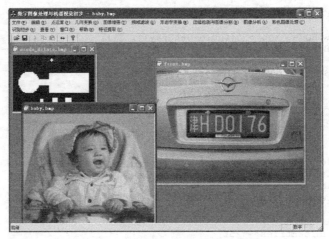

图 2.3　打开图像后的 DIPDemo 程序主界面

2.4.2　图像操作和处理类——CImg 和 CImgProcess

　　CImg 和 CImgProcess 是 DIPDemo 中的两大核心类,它们肩负着几乎所有的图像操作和处理大任。2.3 节已经对 CImg 类进行了比较全面的介绍,这里对其派生类 CImgProcess 做一个简要的说明。CImgProcess 的类定义片断如下,可以看到其中封装了本书中将要出现的绝大部分图像处理算法,本书将在随后各章中给出这些算法的原理和实现。

```
// CImgProcess 封装了各种图像处理的标准算法
class CImgProcess : public CImg
{
public:
    CImgProcess();
    virtual~CImgProcess();

    //***************第 3 章 图像的点运算*****************
    BOOL GenHist(double * hist, int n = 256);// 生成灰度直方图
    BOOL ParLinTran(CImgProcess * pTo, BYTE x1, BYTE x2, BYTE y1, BYTE y2);//分段线性
变换
    BOOL LinTran(CImgProcess * pTo, double dFa, double dFb);//线性变换
    BOOL LogTran(CImgProcess * pTo, double C);//对数变换
    BOOL GammaTran(CImgProcess * pTo, double gamma, double comp=0);//伽玛变换
    BOOL WindowTran(CImgProcess * pTo, BYTE lowThre, BYTE highThre);//窗口变换
    BOOL Histeq(CImgProcess * pTo);//灰度均衡化
    BOOL Histst(CImgProcess * pTo, double* pdStdHist);//直方图规定化,直接匹配直方图
    BOOL Histst(CImgProcess * pTo, CImgProcess* pStd);//直方图规定化,匹配标准图像的直方图


    //***************第 4 章 图像的几何变换*****************
    void ImMove(CImgProcess* pTo, int x, int y);//图像平移
    void HorMirror(CImgProcess* pTo);//图像水平镜象
    void VerMirror(CImgProcess* pTo);//图像垂直镜象
    void Transpose(CImgProcess* pTo);//图像转置
    void Scale(CImgProcess* pTo,double times);//图像缩放
```

```
            void Rotate(CImgProcess* pTo,float ang);//图像旋转

            ……
            ……

}; //class CImgProcess
```

2.4.3　文档类——CDIPDemoDoc

　　DIPDemo 使用了文档和视图分离的结构,文档类中保存了两个 CImgProcess 类的实例 m_Image 和 m_OImage,分别用于保存当前显示的前台图像和后台备份的图像;此外还提供了对图像读、写的有力支持,将在 2.5 节中随示例一起介绍。

　　以下是 DIPDemoDoc 类定义中的一段相关代码。

```
……
public:
  // 对应的 CImgProcess 对象（前台显示）
  CImgProcess m_Image;
  // 对应的 CImgProcess 对象（后台备份）
  CImgProcess m_OImage;
……
```

> **提示**　　打开一幅图像并显示后,它就成为当前图像,在经过算法处理后,输出图像将成为前台图像显示出来,但此时原图像并没有被丢弃,而是将它保存在文档类的后台对象 m_OImage 中。用户可以使用文件菜单下面的 "与后台图像交换" 功能或工具栏中的 ↔ 按钮随时切换这两幅图像,对图像处理前后的效果进行对比。

2.4.4　视图类——CDIPDemoView

　　视图类提供了对全部图像处理菜单命令的响应功能、客户重绘功能,以及交换前、后台图像的功能。下面给出重绘事件 OnDraw 和前后台图像交换函数 OnFileRotate 的实现细节,在 2.5 节中将给出一个图像清空操作的视图类响应函数实例。

1. 重绘事件的响应代码

```
void CDIPDemoView::OnDraw(CDC* pDC)
{
    // 显示等待光标
    BeginWaitCursor();

    // 获取文档
    CDIPDemoDoc* pDoc = GetDocument();
    ASSERT_VALID(pDoc);

    if(pDoc->m_Image.IsValidate())
    {
        CPalette* pOldPalette;
        CPalette* pPalette = pDoc->GetDocPalette();

        if(pPalette!=NULL)
        {
            pOldPalette = pDC->SelectPalette(pPalette, FALSE);
            pDC->RealizePalette(); //更新系统调色板
        }

        pDoc->m_Image.Draw(pDC); //绘制图像

        if(pPalette!=NULL)
```

```
                pDC->SelectPalette(pOldPalette, FALSE);
        }
        // 恢复正常光标
        EndWaitCursor();
}
```

　　每次客户区需要重绘时，**OnDraw** 函数都会调用文档类中 m_Image 对象的 Draw 方法将 m_Image 对象绘制到 pDC 指定的平面上。

　　2. 交换前、后台图像的响应代码

　　文件菜单下面的"与后台图像交换"功能的响应函数实现如下。

```
void CDIPDemoView::OnFileRotate()
{
    // 切换前、后台图像
    CDIPDemoDoc * pdoc = GetDocument();

    std::swap(pdoc->m_Image, pdoc->m_OImage); //交换前、后台图像

    pdoc->SetModifiedFlag(true);
    pdoc->UpdateAllViews(NULL);
}
```

2.5　CImg 应用示例

　　本节提供一个使用示例程序 DIPDemo 进行简单图像处理操作的范例，对一张示例图像进行简单的清空操作（置白）。这可以通过以参数 255 调用 CImg 类中的图像数据初始化方法 InitPixels() 来实现。读者在阅读过程中，除注意程序框架结构的基本使用方法外，还应对 2.5.3 小节 InitPixels() 函数基于逐行扫描像素的图像处理算法的实现方式建立一个基本的认识。

2.5.1　打开图像

　　可以通过菜单命令"文件→打开"来打开需要清空的图像，如图 2.4 所示。

　　文档类的 OnOpenDocument()方法用于响应打开文件的菜单消息，该方法调用了 CImg 的图像文件读取方法 AttachFromFile()。下面给出 OnOpenDocument()方法的实现代码。

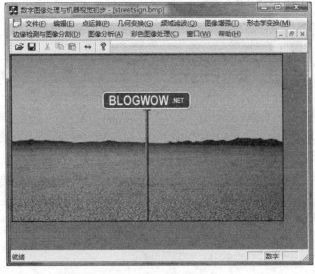

图 2.4　打开文件

```
BOOL CDIPDemoDoc::OnOpenDocument(LPCTSTR lpszPathName)
{
    DeleteContents();

    // 更改光标形状
    BeginWaitCursor();

    // 读取图像并附加到 m_Image 上
    if(!m_Image.AttachFromFile(lpszPathName))
    {
        EndWaitCursor();
        AfxMessageBox("打开文件时出错!请确保正确的位图(*.bmp)文件类型。");
        return FALSE;
    }

    // 恢复光标形状
    EndWaitCursor();

    // 判断读取成功否
    if (!m_Image.m_lpData)
    {
        // 失败，可能非 BMP 格式
        CString strMsg;
        strMsg = "读取图像时出错！可能是不支持该类型的图像文件！";

        // 提示出错
        MessageBox(NULL, strMsg, "系统提示", MB_ICONINFORMATION | MB_OK);

        // 返回 FALSE
        return FALSE;
    }

    Init(); //对图像的尺寸和调色板信息进行初始化

    // 设置文件名称
    SetPathName(lpszPathName);

    // 复制当前 m_Image 到 m_OImage
    m_OImage = m_Image;

    // 初始化脏标记为 FALSE
    SetModifiedFlag(FALSE);

    // 返回 TRUE
    return TRUE;
}
```

2.5.2 清空图像

接下来，通过菜单命令"文件→清空图像"对图像执行清空操作，清空后效果如图 2.5 所示。

在"清空图像"菜单响应函数 OnFileClean()中，首先要取得 2.5.1 小节中读入的图像对象，并将它保存在 CImgProcess 类的临时对象 imgInput 中；接着需通过检查 imgInput.m_pBMIH->biBitCount 的值以确保图像是程序可以处理的 8-bpp 图像；而后以参数 255 调用 CImg 类的 InitPixels() 函数来完成实际的图像清空操作；最后再将处理后的图像返回给文档类，从而更新了实际的图像对象。

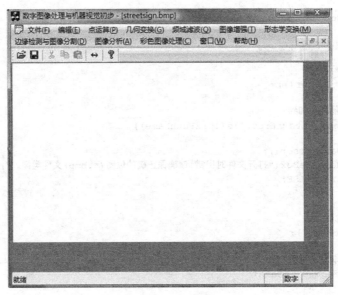

图 2.5　清空后的图像

OnFileClean()函数的实现代码如下。

```
void CDIPDemoView::OnFileClean()
{
    // 获取文档对象
    CDIPDemoDoc* pDoc = GetDocument();

    // 输入对象
    CImgProcess imgInput = pDoc->m_Image;

    // 检查图像是灰度图
    if (imgInput.m_pBMIH->biBitCount!=8)
    {
        AfxMessageBox("不是 8-bpp 灰度图像，无法处理！");
        return;
    }

    imgInput.InitPixels(255);// 清空图像（置白）

    // 将结果返回给文档类
    pDoc->m_Image = imgInput;

    // 设置脏标志
    pDoc->SetModifiedFlag(true);

    // 设置客户区域无效，激发重绘事件
    pDoc->UpdateAllViews(NULL);
}
```

2.5.3　像素初始化方法

初始化方法 InitPixels()是清空操作的核心，相当于一个简单的图像处理算法。程序中以逐行扫描的方式，依次对每个像素的灰度进行设置，这对应于代码中的二重 for 循环部分。今后将要学习的很多图像处理算法都是基于这种逐行扫描的基本结构。

InitPixels()函数的实现代码如下。

```
/******************************************************
```

```
void CImg::InitPixels(BYTE color)
功能:       用给定的颜色值初始化图像的所有像素
限制:       只能使用灰度值提供颜色值,即只能初始化为某种灰色
参数:       BYTE color: 指定的用来初始化图像的灰度值
返回值:     无
***************************************************/
void CImg::InitPixels(BYTE color)
{
    //获得图像高、宽
    int nHeight = GetHeight();
    int nWidth = GetWidthPixel();

    int i, j; //行、列循环变量

    if(m_lpData != NULL)
    {
        //逐行扫描图像,依次对每个像素设置 color 灰度
        for(int i=0; i<GetHeight(); i++)
        {
            for(int j=0; j<GetWidthPixel(); j++)
            {
                SetPixel(j, i, RGB(color, color, color));
            }//for j
        }//for i
    }
}
```

2.5.4 保存图像

最后通过菜单命令"文件→保存"将处理后的图像保存到磁盘。

保存文件的菜单的响应函数 OnSaveDocument()的实现代码如下。

```
BOOL CDIPDemoDoc::OnSaveDocument(LPCTSTR lpszPathName)
{
    if(!m_Image.SaveToFile(lpszPathName))
    {
        CString strMsg;
        strMsg = "无法保存 BMP 图像! ";

        // 提示出错
        MessageBox(NULL, strMsg, "系统提示", MB_ICONINFORMATION | MB_OK);
        return FALSE;
    }


    // 恢复光标形状
    EndWaitCursor();

    // 重置脏标志为 FALSE
    SetModifiedFlag(FALSE);

        return TRUE;
}
```

第3章 图像的点运算

对于一个数字图像处理系统来说，一般可以将处理流程分为3个阶段。在获取原始图像后，首先是图像预处理阶段，第二是特征抽取阶段，最后才是识别分析阶段。预处理阶段尤为重要，这个阶段处理不好则后面的工作根本无法展开。

点运算指的是对图像中的每个像素依次进行同样的灰度变换运算。设 r 和 s 分别是输入图像 $f(x,y)$ 和输出图像 $g(x,y)$ 在任一点 (x,y) 的灰度值，则点运算可以使用下式定义。

$$s=T(r) \tag{3-1}$$

其中，T 为采用的点运算算子，表示了在原始图像和输出图像之间的某种灰度级映射关系。

点运算常常用于改变图像的灰度范围及分布，是图像数字化及图像显示时常常需要的工具。点运算因其作用的性质有时也被称为对比度①增强、对比度拉伸或灰度变换。

本章的知识和技术热点

（1）最基本的图像分析工具——灰度直方图

（2）利用直方图辅助实现的各种灰度变换，包括灰度线性变换、灰度对数变换、伽玛变换、阈值变换和窗口变换等

（3）两种实用的直方图修正技术——直方图均衡化和直方图规定化

本章的典型案例分析

（1）基于直方图均衡化的图像灰度归一化

（2）直方图匹配

3.1 灰度直方图

灰度直方图描述了一幅图像的灰度级统计信息，主要应用于图像分割和图像灰度变换等处理过程中。

3.1.1 理论基础

从数学上来说，图像直方图描述的是图像的各个灰度级的统计特性，它是图像灰度值的函数，统计一幅图像中各个灰度级出现的次数或概率。有一种特殊的直方图叫作归一化直方图，可以直接反映不同灰度级出现的比率。

从图形上来说，灰度直方图是一个二维图，横坐标为图像中各个像素点的灰度级别，纵坐标表示具有各个灰度级别的像素在图像中出现的次数或概率。

---

① 对比度：灰度图像最大亮度与最小亮度的比值。

> **提示**　　如不特别说明，本书中的直方图的纵坐标都对应着该灰度级别在图像中出现的次数，而归一化直方图的纵坐标则对应着该灰度级别在图像中出现的概率。

灰度直方图的计算是根据其统计定义进行的。图像的灰度直方图是一个离散函数，它表示图像每一灰度级与该灰度级出现频率的对应关系。假设一幅图像的像素总数为 N，灰度级总数为 L，其中灰度级为 g 的像素总数为 N_g，则这幅数字图像的灰度直方图横坐标即为灰度 g（$0 \leqslant g \leqslant L-1$），纵坐标则为灰度值出现的次数 N_g。实际上，用像素总数 N 去除以各个灰度值出现的次数 N_g 即得到各个灰度级出现的概率 $P_g = N_g/N = N_g/\sum N_g$，从而得到归一化的灰度直方图，其纵坐标为概率 P_g。

3.1.2　MATLAB 实现

MATLAB 中的 imhist 函数可以进行图像的灰度直方图运算，调用语法如下。

```
imhist(I)
imhist(I, n)
[counts,x] = imhist(...)
```

参数说明：

- I 为需要计算灰度直方图的图像；
- n 为指定的灰度级数目，如果指定参数 n，则会将所有的灰度级均匀分布在 n 个小区间内，而不是将所有的灰度级全部分开。

返回值：

- counts 为直方图数据向量，counts(i)表示第 i 个灰度区间中的像素数目；
- x 是保存了对应的灰度小区间的向量。

若调用时不接收这个函数的返回值，则直接显示直方图；在得到这些返回数据之后，也可以使用 stem(x, counts)来手工绘制直方图。

1. 一般直方图

下面使用了 MATLAB 中的一张内置示例图片演示灰度直方图的生成与显示，程序如下。

```
I = imread('pout.tif');          % 读取图像 pout.tif
figure;                          % 打开一个新窗口
```

　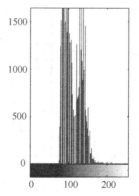

（a）示例图片 pout.tif　　　　　（b）灰度直方图

图 3.1　灰度直方图的生成

图 3.1（b）中未经归一化的灰度直方图的纵轴表示图像中所有像素取到某一特定灰度值的次数；横轴对应从 0 到 255 的所有灰度值，覆盖了 uint8 存储格式的灰度图像中的所有可能取值。

因为相近的灰度值所具有的含义往往是相似的，所以常常没有必要在每个灰度值上都进行统计。下面的命令将 0~255 总共 256 个灰度级平均划分为 64 个长度为 4 的灰度区间，此时纵轴分别统计每个灰度区间中的像素在图像中的出现次数。其编程代码如下。

```
imshow(I); title('Source');        % 显示原图像
figure;                            % 打开一个新窗口
imhist(I); title('Graph');         % 显示直方图
```

上述程序的运行结果如图 3.1 所示。

```
imhist(I, 64);        % 生成有 64 个小区间的灰度直方图
```

上述命令执行后效果如图 3.2 所示。

由于要统计落入每个灰度区间内的像素数目，灰度区间常常被形象地称为"收集箱"。在图 3.2 所示的直方图中，由于减少了收集箱的数目，使得落入每个收集箱的像素数目有所增加，从而使直方图更具统计特性。收集箱的数目一般设为 2 的整数次幂，以保证可以无需圆整。

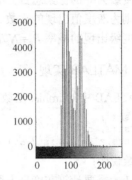

图 3.2 分为 64 段小区间的灰度直方图

2. 归一化直方图

在 imhist 函数的返回值中，counts 保存了落入每个区间的像素的个数，通过计算 counts 与图像中像素总数的商可以得到归一化的直方图。

绘制有 32 个灰度区间的归一化直方图的 MATLAB 程序如下。

```
I = imread('pout.tif');            % 读入原图像
figure;                            % 打开新窗口
[M,N] = size(I);                   % 计算图像大小
[counts, x] = imhist(I, 32);       % 计算有 32 个小区间的灰度直方图
counts = counts / M / N;           % 计算归一化灰度直方图各区间的值
stem(x, counts);                   % 绘制归一化直方图
```

上述程序的运行结果如图 3.3 所示。

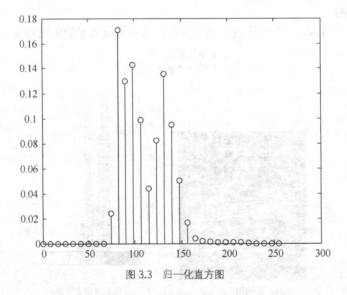

图 3.3 归一化直方图

分析图像的灰度直方图往往可以得到很多有效的信息。例如，从图 3.4 的一系列灰度直方图上，可以很直观地看出图像的亮度和对比度特征。实际上，直方图的峰值位置说明了图像总体上的亮暗：如果图像较亮，则直方图的峰值出现在直方图的较右部分；如果图像较暗，则直方图的峰值出现在直方图的较左部分，从而造成暗部细节难以分辨。如果直方图中只有中间某一小段非

零值,则这张图像的对比度较低;反之,如果直方图的非零值分布很宽而且比较均匀,则图像的对比度较高。

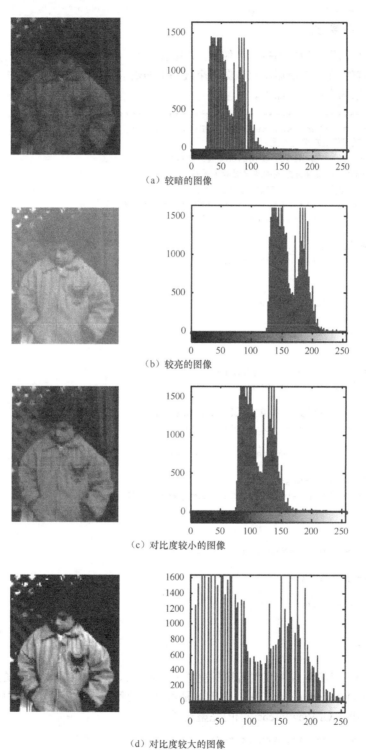

（a）较暗的图像

（b）较亮的图像

（c）对比度较小的图像

（d）对比度较大的图像

图 3.4　图像的灰度直方图与其亮度、对比度的关系

上面列举的情况，均可以通过以直方图为依据的图像增强方法进行处理，这些方法的具体介绍详见 3.7 节。

3.1.3　Visual C++实现

可以利用循环遍历图像中的每一个像素，并按灰度值分类，以此为依据累加灰度值计数器。为了得到归一化的直方图，在最后将直方图各个级别上的数值除以图像的总面积即可。

GenHist()方法的实现代码如下。

```
/*****************************************************
BOOL CImgProcess::GenHist(double * pdHist, int n)
功能:         生成图像的灰度直方图
参数:         double * pdHist: 输出的灰度直方图数组
              BYTE n: 灰度直方图的灰度级数 (段数)
返回值:       BOOL 类型, true 为成功, false 为失败
*****************************************************/
BOOL CImgProcess::GenHist(double * pdHist, int n)
{
    // 首先检查图像的类型
    if (m_pBMIH->biBitCount!=8) return false;

    // 检查 n 范围
    if ((n<=0)||(n>256)) return false;

    // 计算分段因子
    double dDivider;

    memset(pdHist, 0, n * sizeof(double));
    dDivider = 256.0 / (double)n;

    BYTE bGray;   // 临时变量,存储当前光标像素的灰度值
    for (int i=0; i<m_pBMIH->biHeight; i++)
    {
        for (int j=0; j<m_pBMIH->biWidth; j++)
        {
            bGray = GetGray(j, i);
            pdHist[(int)(bGray / dDivider)]++; // 指定的灰度区间自加
        }
    }

    UINT square = m_pBMIH->biWidth * m_pBMIH->biHeight;

    for (int k=0; k<n; k++)
    {
        pdHist[k]=pdHist[k]/square;
    }

    return true;
}
```

利用 GenHist()函数生成灰度直方图的完整示例被封装在 DIPDemo 工程的视图类函数 void CDIPDemoView::OnViewIntensity()中，由于这是本书中的第一个利用我们的程序包进行编程的例子，所以下面给出了 OnViewIntensity()的完整实现。

```
void CDIPDemoView::OnViewIntensity()
{
    // 查看当前图像灰度直方图
```

```
// 获取文档
CDIPDemoDoc* pDoc = GetDocument();

// 输入对象
CImgProcess imgInput = pDoc->m_Image;

// 直方图数组
double hist[256];

// 设置忙状态
BeginWaitCursor();

// 求取直方图数组
imgInput.GenHist(hist);

CDlgHist dlg;
dlg.m_pdHist = hist;

if (dlg.DoModal() != IDOK)
{
    // 返回
    return;
}

// 更新视图
pDoc->UpdateAllViews(NULL);

// 恢复光标
EndWaitCursor();

}
```

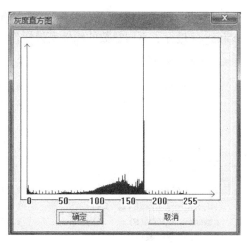

图 3.5　灰度直方图变换效果

读者可以通过光盘示例程序 **DIPDemo** 中的菜单命令 "点运算→灰度直方图"来观察处理效果，如 3.5 所示。

3.2　灰度的线性变换

3.2.1　理论基础

线性灰度变换函数 $f(x)$ 是一个一维线性函数。

$$D_B = f(D_A) = f_A D_A + f_B \tag{3-2}$$

式中，参数 f_A 为线性函数的斜率，f_B 为线性函数在 y 轴的截距，D_A 表示输入图像的灰度，D_B 表示输出图像的灰度。

- 当 $f_A > 1$ 时，输出图像的对比度将增大；当 $f_A < 1$ 时，输出图像的对比度将减小。
- 当 $f_A = 1$ 且 $f_B \neq 0$ 时，操作仅使所有的像素的灰度值上移或下移，其效果是使整个图像更暗或更亮；如 $f_A < 0$，暗区域将变亮，亮区域将变暗。这种线性改变亮度的变换可能由于像素亮度达到饱和（小于 0 或超过 255）从而丢失一部分细节。
- 特殊情况下，当 $f_A = 1$，$f_B = 0$ 时，输出图像与输入图像相同；当 $f_A = -1$，$f_B = 255$ 时，输出图像的灰度正好反转。灰度反转处理适用于增强暗色图像中的亮度较大的细节部分，这也是由人的视觉特性决定的。

线性变换的示意图如图 3.6 所示。

稍后的 MATLAB 实现中将分别给出对应于上述这些情况的变换实例。

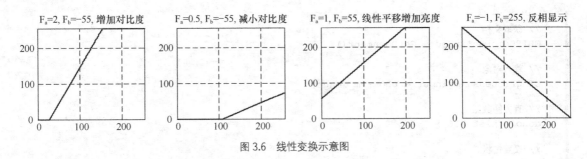

图 3.6　线性变换示意图

3.2.2　MATLAB 程序的实现

使用 MATLAB 对图像执行线性变换无需专门的函数，下面的程序对 MATLAB 示例图像 coins.jpg 进行了不同参数的线性变换操作。其编程代码如下。

```matlab
I = imread('coins.png');        % 读入原图像

I = im2double(I);               % 转换数据类型为 double
[M,N] = size(I);                % 计算图像面积

figure(1);                      % 打开新窗口
imshow(I);                      % 显示原图像
title('原图像');

figure(2);                      % 打开新窗口
[H,x] = imhist(I, 64);          % 计算 64 个小区间的灰度直方图
stem(x, (H/M/N), '.');          % 显示原图像的直方图
title('原图像');

% 增加对比度
Fa = 2; Fb = -55;
O = Fa .* I + Fb/255;

figure(3);
subplot(2,2,1);
imshow(O);
title('Fa = 2 Fb = -55 增加对比度');

figure(4);
subplot(2,2,1);
[H,x] = imhist(O, 64);
stem(x, (H/M/N), '.');
title('Fa = 2 Fb = -55 增加对比度');

% 减小对比度
Fa = 0.5; Fb = -55;
O = Fa .* I + Fb/255;

figure(3);
subplot(2,2,2);
imshow(O);
title('Fa = 0.5 Fb = -55 减小对比度');

figure(4);
subplot(2,2,2);
[H,x] = imhist(O, 64);
stem(x, (H/M/N), '.');
title('Fa = 0.5 Fb = -55 减小对比度');
```

```
% 线性增加亮度
Fa = 1; Fb = 55;
O = Fa .* I + Fb/255;

figure(3);
subplot(2,2,3);
imshow(O);
title('Fa = 1 Fb = 55 线性平移增加亮度');

figure(4);
subplot(2,2,3);
[H,x] = imhist(O, 64);
stem(x, (H/M/N), '.');
title('Fa = 1 Fb = 55 线性平移增加亮度');

% 反相显示
Fa = -1; Fb = 255;
O = Fa .* I + Fb/255;

figure(3);
subplot(2,2,4);
imshow(O);
title('Fa = -1 Fb = 255 反相显示');

figure(4);
subplot(2,2,4);
[H,x] = imhist(O, 64);
stem(x, (H/M/N), '.');
title('Fa = -1 Fb = 255 反相显示');
```

上述程序存放在 c3s1.m 文件中，其运行结果如图 3.7 所示。

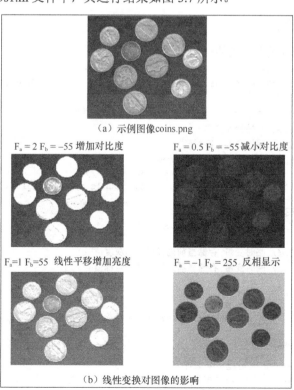

（a）示例图像coins.png

$F_a = 2$ $F_b = -55$ 增加对比度　　　　　$F_a = 0.5$ $F_b = -55$ 减小对比度

$F_a=1$ $F_b=55$ 线性平移增加亮度　　　　　$F_a = -1$ $F_b = 255$ 反相显示

（b）线性变换对图像的影响

图 3.7　线性变换实例说明

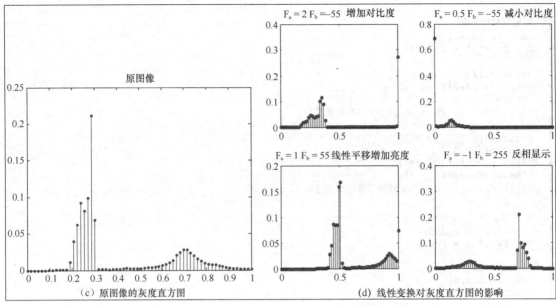

图 3.7　线性变换实例说明（续）

　　从图 3.7 可以看出：改变图像的对比度是对直方图的缩放与平移，改变图像的亮度则只是平移直方图在横轴上的位置，而反相则是将直方图水平镜像。

　　单纯的线性灰度变换可以在一定程度上解决视觉上的图像整体对比度问题，但是对图像细节部分的增强则较为有限，结合后面将要介绍的非线性变换技术可以解决这一问题。

3.2.3　Visual C++实现

　　使用 Visual C++实现线性变换的代码如下。

```
/***********************************************
BOOL CImgProcess::LinTran(CImgProcess* pTo, double dFa, double dFb)
功能:      图像的线性变换方法
参数:      CImgProcess * pTo: 输出 CImgProcess 对象的指针
           double dFa: 线性变换斜率
           double dFb: 线性变换截距
返回值:    BOOL 类型, true 为成功, false 为失败
***********************************************/
BOOL CImgProcess::LinTran(CImgProcess* pTo, double dFa, double dFb)
{
// 首先检查图像是否是 8 位灰度图像
if (m_pBMIH->biBitCount!=8) return false;

BYTE gray;        // 临时变量,存储当前光标像素的灰度值
int target;       // 临时变量,存储当前光标像素的目标值

for (int i=0; i<m_pBMIH->biHeight; i++)
{
    for (int j=0; j<m_pBMIH->biWidth; j++)
    {
        gray = GetGray(j, i);

        target = dFa * gray + dFb;
        if (target < 0) target = 0;
        if (target > 255) target = 255;
```

```
            // 写入目标图像
            pTo->SetPixel(j, i, RGB(target, target, target));
        }
    };

    return true;
}
```

利用 LinTran()函数实现灰度线性变换的完整示例被封装在 DIPDemo 工程中的视图类函数 void CDIPDemoView::OnPointLiner()中，其中调用 LinTran()函数的代码片断如下所示。

```
// 输出的临时对象
CImgProcess imgOutput = imgInput;

// 调用 LinTran()函数进行线性变换
imgInput.LinTran(&imgOutput, fA, fB);
// 其中 fA 和 fB 为线性变换的斜率和截距

// 将结果返回给文档类
pDoc->m_Image = imgOutput;
```

上述程序运行时会弹出对话框，要求用户设置线性变换参数。读者可以通过光盘中示例程序 DIPDemo 中的菜单命令 "点运算→线性变换" 来观察处理效果。

3.3　灰度对数变换

本节介绍一种灰度的非线性变换——对数变换，并介绍它在傅里叶频谱显示中的应用。

3.3.1　理论基础

对数变换的一般表达式如下。

$$t = c \log(1+s) \tag{3-3}$$

其中，c 为尺度比例常数，s 为源灰度值，t 为变换后的目标灰度值。

在如图 3.8 所示的对数曲线上，函数自变量为低值时，曲线的斜率很高；自变量为高值时，曲线斜率变小。

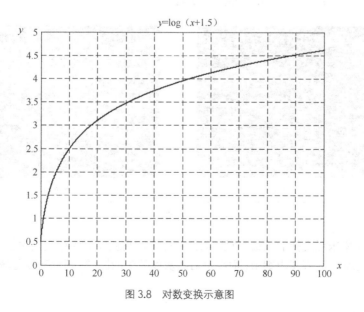

图 3.8　对数变换示意图

由对数函数曲线可知，这种变换可以增强一幅图像中较暗部分的细节，从而可用来扩展被压缩的高值图像中的较暗像素，因此对数变换被广泛地应用于频谱图像的显示中。一个典型的应用是傅里叶频谱（参见第 6 章），其动态范围可能宽达 $0 \sim 10^6$。直接显示频谱时，图像显示设备的动态范围往往不能满足要求，从而丢失了大量的暗部细节。而在使用对数变换之后，图像的动态范围被合理地非线性压缩，从而可以清晰地显示。本节的 MATLAB 实现中就提供了一个这样的示例。

3.3.2　MATLAB 实现

对数变换不需要专门的图像处理函数，可以使用如下数学函数实现对图像 I 的对数变换。

```
T = log(I + 1);
```

> **注意**　log 函数会对输入图像矩阵 I 中的每个元素进行操作，但是却仅能处理 double 类型的矩阵。从图像文件中得到的图像矩阵则大多数是 uint8 类型的，因此需要首先使用 im2double 函数来执行数据类型的转换。

下面的程序比较了对傅里叶频谱图像进行对数变换前后的效果（不必关注代码中生成傅里叶频谱的部分）。结果如图 3.9 所示。

```
I=imread('coins.png');          % 读取图像
F = fft2(im2double(I));         % 计算频谱
F = fftshift(F);
F = abs(F);
T = log(F + 1);                 % 对数变换

subplot(1,2,1);
imshow(F, []);
title('未经变换的频谱');

subplot(1,2,2);
imshow(T, []);
title('对数变换后');            % 显示原图和变换结果
```

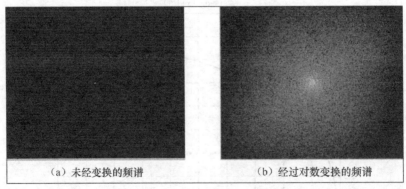

（a）未经变换的频谱　　　　　　　　（b）经过对数变换的频谱

图 3.9　对数变换效果示意图

在图 3.5（a）中未经变换的频谱可见，图像中心绝对高灰度值的存在压缩了低灰度部分的动态范围，从而无法在显示时表现出细节；而经过对数灰度处理的图像，其低灰度区域对比度将会增加，暗部细节被增强。

3.3.3 Visual C++实现

利用 Visual C++实现灰度对数变换的代码如下。

```
/****************************************************
BOOL CImgProcess::LogTran(CImgProcess* pTo, double dC)
功能:        图像的灰度对数变换
参数:        CImgProcess * pTo: 输出 CImgProcess 对象的指针
             double dC: 灰度对数变换所需的参数
返回值:      BOOL 类型, 0 为成功, 其他值为失败
****************************************************/
BOOL CImgProcess::LogTran(CImgProcess* pTo, double dC)
{
    // 首先检查图像是否是 8 位灰度图像
    if (m_pBMIH->biBitCount!=8) return false;

    BYTE gray;                // 临时变量,存储当前光标像素的灰度值
    int target;           // 临时变量,存储当前光标像素的目标值

    for (int i=0; i<m_pBMIH->biHeight; i++)
    {
        for (int j=0; j<m_pBMIH->biWidth; j++)
        {
            gray = GetGray(j, i);

            // 按公式运算
            target = dC * log( (double)(gray + 1) );

            if (target < 0) target = 0;
            if (target > 255) target = 255;

            // 写入目标图像
            pTo->SetPixel(j, i, RGB(target, target, target));
        }
    };

    return 0;
}
```

利用 LogTran()函数实现对数变换的完整示例被封装在 DIPDemo 工程中的视图类函数 void CDIPDemoView::OnPointLog()中,其中调用 LogTran()函数的代码片断如下所示。

```
// 输出的临时对象
CImgProcess imgOutput = imgInput;

// 使用对数变换方法
imgInput.LogTran(&imgOutput, dlg.m_dC);
// 其中 dlg.m_dC 是对数变换的系数

// 将结果返回给文档类
pDoc->m_Image = imgOutput;
```

上述程序运行时会弹出对话框要求用户设置对数变换参数。读者可以通过光盘中示例程序 DIPDemo 中的菜单命令"点运算→对数变换"来观察处理效果。

3.4　伽玛变换

伽玛变换又名指数变换或幂次变换，是另一种常用的灰度非线性变换。

3.4.1　理论基础

伽玛变换的一般表达式如下。

$$y = (x + esp)^{\gamma} \tag{3-4}$$

其中，x 与 y 的取值范围均为[0，1]，esp 为补偿系数，γ 则为伽玛系数。

与对数变换不同，伽玛变换可以根据 γ 的不同取值选择性地增强低灰度区域的对比度或是高灰度区域的对比度。

γ 是图像灰度校正中非常重要的一个参数，其取值决定了输入图像和输出图像之间的灰度映射方式，即决定了是增强低灰度（阴影区域）还是增强高灰度（高亮区域）。

- $\gamma > 1$ 时，图像的高灰度区域对比得到增强。
- $\gamma < 1$ 时，图像的低灰度区域对比度得到增强。
- $\gamma = 1$ 时，这一灰度变换是线性的，即不改变原图像。

伽玛变换的映射关系如图 3.10 所示。在进行变换时，通常需要将 0～255 的灰度动态范围首先变换到 0～1 的动态范围，执行伽玛变换后再恢复原动态范围。

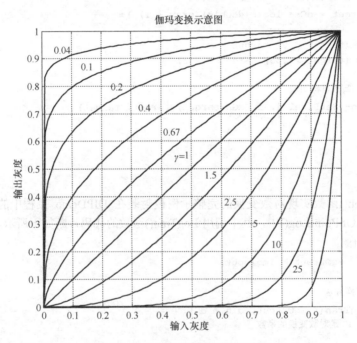

图 3.10　0～1 范围上的伽玛变换示意图

3.4.2　MATLAB 编程实现

MATLAB 中为使用者提供了实现灰度变换的基本工具 imadjust，它有着非常广泛的用途，其调用的一般语法如下。

```
J = imadjust(I, [low_in, high_in], [low_out, high_out], gamma);
```

该函数将输入图像 I 中从 low_in 至 high_in 之间的值映射到输出图像 J 的 low_out 和 high_out 之间的值，low_in 以下和 high_in 以上的值则被裁减掉。

参数说明：

● [low_in，high_in]和[low_out, high_out]确定源灰度范围到目标灰度范围的映射，在给定[low_in，high_in]和[low_out, high_out]时，需要按照 double 类型给定，即取值范围在 0～1 之间；

使[low_in，high_in]和[low_out, high_out]为空（[ ]），相当于默认值[0 1]，若 high_out 小于 low_out，则输出图像 J 的亮度将会反转；

● 参数 gamma 指定了变换曲线的形状（类似于图 3.10 中的形状），其默认值为 1，表示线性映射。若 gamma<1，则映射被加权至更高的输出值；若 gamma>1，则映射被加权至更低的输出值；

> 提示　当 gamma 取 1 时，通过设定合适的[low_in，high_in]和[low_out，high_out]的取值，imadjust 函数可以实现 3.2 节中的灰度线性变换；而当[low_in,high_in]和[low_out, high_out]的取值均为[0, 1]时，以不同的 gamma 调用 imadjust 函数则可以实现图 3.10 中所示的各种伽玛变换。

● I 为输入图像，可以是 uint8，uint16 或者 double 类型。

返回值：

● J 为经过处理的图像，与 I 具有同样的类型。

将 imadjust 函数用于 Gamma 变换的调用语法如下。

```
J = imadjust(I,[ ],[ ],gamma)
```

下面给出了 gamma 分别取不同值时的伽玛变换的程序实现。

```
I = imread('pout.tif'); %读入原图像

% Gamma 取 0.75
subplot(1,3,1);
imshow(imadjust(I, [ ], [ ], 0.75));
title('Gamma 0.75');

% Gamma 取 1
subplot(1,3,2);
imshow(imadjust(I, [ ], [ ], 1));
title('Gamma 1');

% Gamma 取 1.5
subplot(1,3,3);
imshow(imadjust(I, [ ], [ ], 1.5));
title('Gamma 1.5');
```

上述程序的运行结果如图 3.11 所示，可以看出不同伽玛因子给图像的整体明暗程度带来的变化，以及对图像暗部和亮部细节清晰度的影响。当伽玛因子取 1 的时候，图像没有任何改变。

图 3.11 伽玛变换效果

下面的程序生成了图 3.12 中 3 幅图像的灰度直方图。

```
% Gamma 取 0.75
subplot(1,3,1);
imhist(imadjust(I, [ ], [ ], 0.75));
title('Gamma 0.75');

% Gamma 取 1
subplot(1,3,2);
imhist(imadjust(I, [ ], [ ], 1));
title('Gamma 1');

% Gamma 取 1.5
subplot(1,3,3);
imhist(imadjust(I, [ ], [ ], 1.5));
title('Gamma 1.5');
```

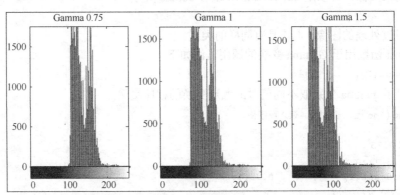

图 3.12 伽玛变换对灰度直方图的影响

注意图 3.12 中直方图非零区间位置的变化，以及这些变化给图像带来的影响。由于伽玛变换并不是线性变换，所以它不仅可以改变图像的对比度，还能够增强细节，从而带来整体图像效果的增强和改善。

3.4.3 Visual C++实现

利用 Visual C++实现伽玛变换的代码如下。

```
/****************************************************
BOOL CImgProcess::GammaTran(CImgProcess* pTo, double gamma, double comp)
功能：    图像的伽玛变换方法
参数：    CImgProcess * pTo：输出 CImgProcess 对象的指针
          double gamma：伽玛系数
```

```
              double comp: 补偿系数,默认为 0
返回值:       BOOL 类型, true 为成功, false 为失败
****************************************************/
BOOL CImgProcess::GammaTran(CImgProcess* pTo, double gamma, double comp)
{
        // 首先检查图像是否是 8 位灰度图像
        if (m_pBMIH->biBitCount!=8) return false;

        BYTE gray;          // 临时变量,存储当前光标像素的灰度值
        int target;         // 临时变量,存储当前光标像素的目标值

        for (int i=0; i<m_pBMIH->biHeight; i++)
        {
                for (int j=0; j<m_pBMIH->biWidth; j++)
                {
                        gray = GetGray(j, i);
                        target = pow( (gray+comp)/255.0, gamma ) * 255; //伽马变换

                        if (target < 0) target = 0;
                        if (target > 255) target = 255;

                        // 写入目标图像
                        pTo->SetPixel(j, i, RGB(target, target, target));
                }
        }
        return 0;
}
```

利用 GammaTran()函数实现伽玛变换的完整示例被封装在 DIPDemo 工程中的视图类函数 void CDIPDemoView::OnPointGamma()中，其中调用 GammaTran()函数的代码片断如下所示。

```
// 输出的临时对象
CImgProcess imgOutput = imgInput;

// 调用 GammaTran 方法执行伽玛变换
imgInput.GammaTran(&imgOutput, dlg.m_dGamma, dlg.m_dEsp);
//其中 dlg.m_dGamma 和 dlg.m_dEsp 为伽玛变换所需的参数

// 将结果返回给文档类
pDoc->m_Image = imgOutput;
```

上述程序运行时，会弹出对话框要求用户设置伽玛变换参数。读者可以通过光盘中示例程序 DIPDemo 中的菜单命令"点运算→伽玛变换"来观察处理效果。

3.5 灰度阈值变换

灰度阈值变换可以将一幅灰度图像转换成黑白的二值图像。用户指定一个起到分界线作用的灰度值，如果图像中某像素的灰度值小于该灰度值，则将该像素的灰度值设置为 0，否则设置为 255，这个起到分界线作用的灰度值称为**阈值**，灰度的阈值变换也常被称为阈值化或二值化。

3.5.1 理论基础

灰度阈值变换的函数表达式如下。

$$f(x) = \begin{cases} 0 & x < T \\ 255 & x \geq T \end{cases} \tag{3-5}$$

其中，T 为指定的阈值。

图 3.13 给出了灰度阈值变换的示意图。

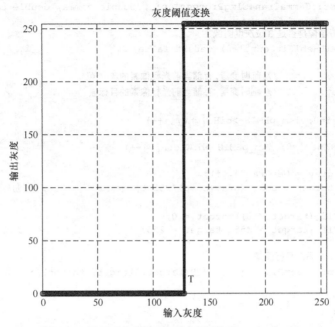

图 3.13　灰度阈值变换示意图

灰度阈值变换的用途和可扩展性都非常广泛。通过将一幅灰度图像转为二值图像，可以将图像内容直接划分为读者关心的和不关心的两个部分，从而在复杂背景中直接提取出感兴趣的目标。因此它是图像分割的重要手段之一，这一点在第 12 章中还将进一步阐述。

3.5.2　MATLAB 编程实现

MATLAB 中和阈值变换有关的函数主要有两个——im2bw 和 graythresh，下面分别介绍。

1. 函数 im2bw 可用于实现阈值变换，调用语法如下。

```
BW = im2bw(I, level)
```

参数说明：

- 参数 I 为需要二值化的输入图像；

- 参数 level 给出了具体的变换阈值，它是一个 0~1 之间的双精度浮点数，例如输入图像 I 为灰度范围在 0~255 之间的 uint8 图像，如果 level=0.5 则对应于分割阈值为 128。

返回值：

- BW 为二值化后的图像。

2. 函数 graythresh 可以自适应地确定变换所用的"最优"阈值，调用形式如下。

```
thresh = graythresh(I)
```

参数说明：

- 参数 I 为需要计算阈值的输入图像。

返回值：

- thresh 是计算得到的最优化阈值。

灰度阈值 level 既可以由经验确定，也可以使用 graythresh()函数来自适应地确定。下面的程序分别展示了如何利用 graythresh 函数获得的阈值和自行设定的阈值进行阈值变换。

```
>> I = imread('rice.png')              % 使用 Matlab 自带的 rice.png 图像
>> thresh = graythresh(I)              % 自适应确定阈值
thresh =
    0.5137
>> bw1 = im2bw(I, thresh);             % 二值化
>>
>> bw2 = im2bw(I, 130/255);            % 以 130 为阈值实现二值化，注意要将此阈值转换至[0, 1]区间
>> subplot(1,3,1);imshow(I);title('原图像');
>> subplot(1,3,2);imshow(bw1);title('自动选择阈值');
>> subplot(1,3,3);imshow(bw2);title('阈值130');
```

上述程序的运行结果如图 3.14 所示。

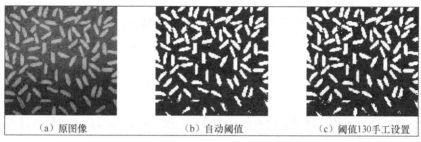

（a）原图像　　　　　　　　（b）自动阈值　　　　　　　（c）阈值130手工设置

图 3.14　灰度阈值变换效果

由图 3.14（b）和图 3.14（c）可见，单纯的灰度阈值化无法很好地处理灰度变化较为复杂的图像，常常给物体的边缘带来误差，或者给整个画面带来噪点。这就需要通过其他的图像处理手段予以弥补，本书将在 11.4 节介绍相关的内容。

3.5.3　Visual C++实现

对于使用 Visual C++软件，要实现阈值化只需逐行扫描图像，根据指定点的像素值与阈值的大小关系对其进行赋值即可。其编码如下。

```
/*********************************************
void CImgProcess::Threshold(CImgProcess *pTo, BYTE nThres)
功能:        图像的阈值变换
参数:        CImgProcess * pTo: 输出 CImgProcess 对象的指针
             BYTE nThres: 设置的基准阈值
返回值:      无
*********************************************/
void CImgProcess::Threshold(CImgProcess *pTo, BYTE nThres)
{
    int i, j;
    BYTE bt;
    for(i = 0; i < m_pBMIH->biHeight; i ++)
    {
        for(j=0; j<m_pBMIH->biWidth; j++)
        {
            // 核心部分算法，小于 nThres 的设为 0，其它设为 255，从而得到二值图像
            bt = GetGray(j, i);
            if(bt<nThres)
                bt = 0;
            else
                bt = 255;
            pTo->SetPixel(j, i, RGB(bt, bt, bt));
```

```
            }
        }
    }
```

利用 Threshold()函数实现阈值化变换的完整示例被封装在 DIPDemo 工程中的视图类函数 void CDIPDemoView::OnPointThre()中，其中调用 Threshold()函数的代码片断如下所示。

```
// 输出的临时对象
CImgProcess imgOutput = imgInput;

// 调用 Threshold 方法进行阈值变换
imgInput.Threshold(&imgOutput, bThre);
// bThre 为变换的阈值

// 将结果返回给文档类
pDoc->m_Image = imgOutput;
```

上述程序运行时，会弹出对话框要求用户设置阈值参数。读者可以通过光盘中示例程序 DIPDemo 中的菜单命令"点运算→阈值变换"来观察处理效果。

3.6　分段线性变换

分段线性变换有很多种，包括灰度拉伸、灰度窗口变换等，本节仅讲述最为常用的灰度拉伸。

3.6.1　理论基础

利用分段线性变换函数来增强图像对比度的方法实际上是增强原图各部分的反差，即增强输入图像中感兴趣的灰度区域，相对抑制那些不感兴趣的灰度区域。分段线性函数的主要优势在于它的形式可任意合成，而其缺点是需要更多的用户输入。

分段线性变换的函数形式如下。

$$f(x) = \begin{cases} \dfrac{y_1}{x_1}x & x < x_1 \\[2ex] \dfrac{y_2 - y_1}{x_2 - x_1}(x - x_1) + y_1 & x_1 \leqslant x \leqslant x_2 \\[2ex] \dfrac{255 - y_2}{255 - x_2}(x - x_2) + y_2 & x < x_2 \end{cases} \tag{3-6}$$

式（3-6）中最重要的参数是$[x_1, x_2]$和$[y_1, y_2]$。根据算法函数的描述，读者可以发现，其中 x_1 和 x_2 是给出需要转换的灰度范围，y_1 和 y_2 参数决定线性变换的斜率。

当 x_1，x_2，y_1，y_2 分别取不同的值的组合时，可得到不同的变换效果。例如以下情况。

- 如果 $x_1=y_1$，$x_2=y_2$，则 $f(x)$ 为 1 条斜率为 1 的直线，增强图像将和原图像相同。
- 如果 $x_1=x_2$，$y_1=0$，$y_2=255$，则增强图像只剩下 2 个灰度等级，分段线性变换起到了阈值化的效果，此时的对比度最大，但是细节丢失最多。
- x_1、x_2、y_1、y_2 取一般值时的分段线性变换函数的图形如图 3.15 所示。

分段的灰度拉伸可以更加灵活地控制输出灰度直方图的分布，可以有选择地拉伸某段灰度区间，以改善输出图像。如果一幅图像灰度集中在较暗的区域而导致图像偏暗，可以用灰度拉伸功能来扩展（斜率>1）物体的灰度区间以改善图像；同样，如果图像灰度集中在较亮的区域而导致图像偏亮，也可以用灰度拉伸功能来压缩（斜率<1）物体灰度区间以改善图像质量。

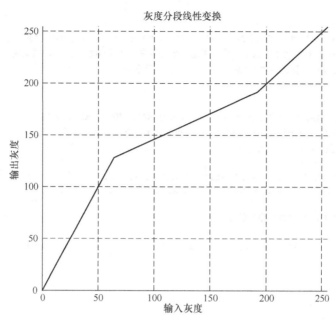

图 3.15　灰度的分段线性变换

灰度拉伸是通过控制输出图像中灰度级的展开程度来达到控制对比度的效果的。一般情况下都限制 $x_1<x_2$，$y_1<y_2$，从而保证函数是单调递增的，以避免造成处理过的图像中灰度级发生颠倒。

3.6.2　MATLAB 编程实现

文章编写了 imgrayscaling() 函数来实现灰度线性变换，它位于配套光盘"chapter3/code/"路径下的 imgrayscaling.m 文件中。

> **💡提示**　作为本书的第 1 个由作者自己编写的 MATLAB 图像处理函数，imgrayscaling() 具有很好的兼容性，它可以处理灰度、彩色、索引等不同类型，以及 double、uint8 等不同存储方式的图像。出于篇幅考虑，本书后面的所有的 MATLAB 函数都只将注意力集中在算法本身，不再考虑对各种类型图像的兼容性问题。如果读者需要处理多种类型的图像，可以参考 imgrayscaling() 函数的编写方法和技巧。

1. 输入的处理

为了可以使用可变个数的参数，imgrayscaling() 函数中使用了细胞数组（参见 1.1.6 小节），将函数的输入参数整体看作一个细胞数组。为此需要编写一个 parse_inputs() 函数来解析该细胞数组的内容，该函数的返回值为 imgrayscaling() 中所有可能由用户初始化的参数值。

parse_inputs() 函数的完整实现如下，其中对未知个数的输入使用了参数 varargin 来表示。

```
function [A, map, x1, x2, y1, y2] = parse_inputs(varargin)
% 这就是用来分析输入参数个数和有效性的函数 parse_inputs
% A         输入图像，RGB 图 (3D)，灰度图 (2D)，或者索引图 (X)
% map       索引图调色板 (:,3)
% [x1,x2]   参数组 1，曲线中两个转折点的横坐标
% [y1,y2]   参数组 2，曲线中两个转折点的纵坐标
% 首先建立一个空的 map 变量，以免后面调用 isempty(map) 时出错
map = [];
```

```
%    IPTCHECKNARGIN(LOW,HIGH,NUM_INPUTS,FUNC_NAME) 检查输入参数的个数是否
%    符合要求，即 NUM_INPUTS 中包含的输入变量个数是否在 LOW 和 HIGH 所指定的范围
%    内。如果不在范围内，则此函数给出一个格式化的错误信息。
iptchecknargin(3,4,nargin,mfilename);


%    IPTCHECKINPUT(A,CLASSES,ATTRIBUTES,FUNC_NAME,VAR_NAME, ARG_POS) 检查给定
%    矩阵 A 中的元素是否属于给定的类型列表。如果存在元素不属于给定的类型，则给出
%    一个格式化的错误信息。
iptcheckinput(varargin{1},...
            {'uint8','uint16','int16','double'}, ...
            {'real', 'nonsparse'},mfilename,'I, X or RGB',1);

% 根据参数个数的不同，分别确定相应的返回值
switch nargin
 case 3 %              可能是 imgrayscaling(I, [x1,x2], [y1,y2]) 或 imgrayscaling(RGB, [x1,x2],
[y1,y2])
  A = varargin{1};
  x1 = varargin{2}(1);
  x2 = varargin{2}(2);
  y1 = varargin{3}(1);
  y2 = varargin{3}(2);
 case 4
  A = varargin{1};%              imgrayscaling(X, map, [x1,x2], [y1,y2])
  map = varargin{2};
  x1 = varargin{2}(1);
  x2 = varargin{2}(2);
  y1 = varargin{3}(1);
  y2 = varargin{3}(2);
end

% 检测输入参数的有效性
% 检查 RGB 数组
if (ndims(A)= =3) && (size(A,3) ~=3)
    msg = sprintf('%s: 真彩色图像应当使用一个 M-N-3 维度的数组', ...
                upper(mfilename));
    eid = sprintf('Images:%s:trueColorRgbImageMustBeMbyNby3',mfilename);
    error(eid,'%s',msg);
end


if ~isempty(map)
% 检查调色板
  if (size(map,2)  ~= 3) || ndims(map)>2
    msg1 = sprintf('%s: 输入的调色板应当是一个矩阵', ...
                upper(mfilename));
    msg2 = '并拥有三列';
    eid = sprintf('Images:%s:inColormapMustBe2Dwith3Cols',mfilename);
    error(eid,'%s %s',msg1,msg2);

  elseif (min(map(:))<0) || (max(map(:))>1)
    msg1 = sprintf('%s: 调色板中各个分量的强度 ',upper(mfilename));
    msg2 = '应当在 0 和 1 之间';
    eid = sprintf('Images:%s:colormapValsMustBe0to1',mfilename);
    error(eid,'%s %s',msg1,msg2);
  end
end
```

```
% 将 int16 类型的矩阵转换成 uint16 类型
if isa(A,'int16')
  A = int16touint16(A);
end
```

2. 输出的处理

可以直接通过 nargout 这个参数判断用于接收结果的参数个数。参数 nargout 是由 MATLAB 自动赋值的，如果调用 imgrayscaling()时没有使用变量接收返回值，则函数直接将结果通过 imshow 命令显示出来。

```
% 输出
if nargout= =0 % 显示结果
  imshow(out);
  return;
end
```

3. 函数的实现

imgrayscaling()函数的完整实现如下。

```
function out = imgrayscaling(varargin)
% IMGRAYSCALING      执行灰度拉伸功能
%   语法:
%       out = imgrayscaling(I, [x1,x2], [y1,y2]);
%       out = imgrayscaling(X, map, [x1,x2], [y1,y2]);
%       out = imgrayscaling(RGB, [x1,x2], [y1,y2]);
%   这个函数提供灰度拉伸功能，输入图像应当是灰度图像，但如果提供的不是灰度
%   图像的话，函数会自动将图像转化为灰度形式。x1, x2, y1, y2 应当使用双精度
%   类型存储，图像矩阵可以使用任何 MATLAB 支持的类型存储。

[A, map, x1 , x2, y1, y2] = parse_inputs(varargin{:});

% 计算输入图像 A 中数据类型对应的取值范围
range = getrangefromclass(A);
range = range(2);

% 如果输入图像不是灰度图，则需要执行转换
if ndims(A)= =3,% A 矩阵为 3 维，RGB 图像
  A = rgb2gray(A);
elseif ~isempty(map),% MAP 变量为非空，索引图像
  A = ind2gray(A,map);
end % 对灰度图像则不需要转换

% 读取原始图像的大小并初始化输出图像
[M,N] = size(A);
I = im2double(A);           % 将输入图像转换为双精度类型
out = zeros(M,N);

% 主体部分，双级嵌套循环和选择结构
for i=1:M
    for j=1:N
        if I(i,j)<x1
            out(i,j) = y1 * I(i,j) / x1;
        elseif I(i,j)>x2
            out(i,j) = (I(i,j)-x2)*(range-y2)/(range-x2) + y2;
        else
            out(i,j) = (I(i,j)-x1)*(y2-y1)/(x2-x1) + y1;
        end
    end
  end
```

```
end

% 将输出图像的格式转化为与输入图像相同
if isa(A, 'uint8') % uint8
    out = im2uint8(out);
elseif isa(A, 'uint16')
    out = im2uint16(out);
% 其他情况，输出双精度类型的图像
end

  % 输出:
if nargout= =0 % 如果没有提供参数接受返回值
  imshow(out);
  return;
end
```

下面给出使用 imgrayscaling()函数实现灰度线性变换的调用示例，程序实现中分别使用了两组不同的变换参数。代码如下。

```
>> I = imread('coins.png'); %读入原图像
>> J1 = imgrayscaling(I, [0.3 0.7], [0.15 0.85]);
>> figure, imshow(J1, []);%得到图 3.16 左图
>> J2 = imgrayscaling(I, [0.15 0.85], [0.3 0.7]);
>> figure, imshow(J2, []); %得到图 3.16 右图
```

上述程序的运行结果如图 3.16 和图 3.17 所示。

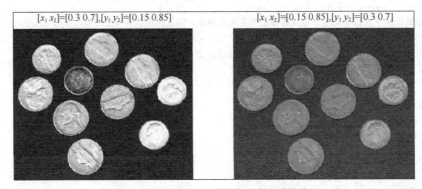

图 3.16　对图 3.7（a）的分段灰度变换的效果

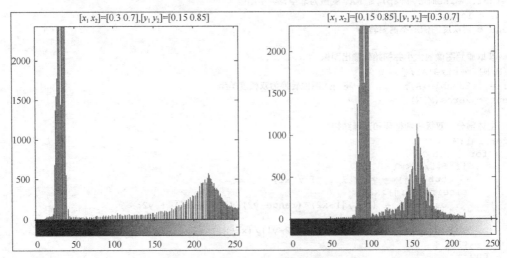

图 3.17　分段灰度变换对直方图的影响

从图 3.16 和图 3.17 可以看到第一组参数让图像灰度直方图上的非零区域扩展，而第二组参数让图像的灰度直方图非零区域压缩，这给目标图像带来了截然不同的效果。第一幅图像中的细节更加清晰，而第二幅图像更加柔和。

3.6.3 Visual C++编程实现

利用 Visual C++实现图像的灰度分段线性变换的代码如下。

```
/*****************************************************
BOOL CImgProcess::ParLinTran(CImg * pTo, BYTE x1, BYTE x2, BYTE y1, BYTE y2)
功能:       图像的灰度分段线性变换
限制:       x1 < x2
参数:       CImg * pTo: 输出 CImg 对象的指针
            BYTE x1: 分段线性变换第一点的横坐标
            BYTE x2: 分段线性变换第二点的横坐标
            BYTE y1: 分段线性变换第一点的纵坐标
            BYTE y2: 分段线性变换第二点的纵坐标
返回值:     BOOL 类型, TRUE 为成功, FALSE 为失败
*****************************************************/
BOOL CImgProcess::ParLinTran(CImg * pTo, BYTE x1, BYTE x2, BYTE y1, BYTE y2)
{
    // 首先检查图像的类型
    if(m_pBMIH->biBitCount != 8) return FALSE;  // 不是 8-bpp 灰度图像,返回错误

    // 检查参数范围
    if (x1>x2) return FALSE;                 // 参数关系错误,返回错误

    BYTE gray;         // 临时变量,存储当前光标像素的灰度值
    int target;        // 临时变量,存储当前光标像素的目标值

    for (int i=0; i<m_pBMIH->biHeight; i++)
    {
        for (int j=0; j<m_pBMIH->biWidth; j++)
        {
            gray = GetGray(j, i);

            // 按公式运算
            if (gray<=x1)
            {
                target = y1 * gray / x1;
            }
            else if (gray<=x2)
            {
                target = (y2-y1)*(gray-x1)/(x2-x1) + y1;
            }
            else
            {
                target = (255-y2)*(gray-x2)/(255-x2) + y2;
            };

            if (target < 0) target = 0;
            if (target > 255) target = 255;

            // 写入目标图像
            pTo->SetPixel(j, i, RGB(target, target, target));
        }
    }

    return TRUE;
}
```

利用 ParLinTran()函数实现分段线性变换的完整示例被封装在 DIPDemo 工程中的视图类函数 void CDIPDemoView::OnPointStdlin()中，其中调用 ParLinTran()函数的代码片断如下所示。

```
// 输出的临时对象
CImgProcess imgOutput = imgInput;

// 分段线性变换
imgInput.ParLinTran(&imgOutput, dlg.m_bS1, dlg.m_bS2, dlg.m_bT1, dlg.m_bT2);

// 将结果返回给文档类
pDoc->m_Image = imgOutput;
```

上述程序运行时会弹出对话框，要求用户设置变换参数。读者可以通过光盘中示例程序 DIPDemo 中的菜单命令 "点运算→分段线性变换" 来观察处理效果。

3.7　直方图均衡化

本节将介绍一种实用性极高的直方图修正技术——直方图均衡化。

3.7.1　理论基础

直方图均衡化又称为灰度均衡化，是指通过某种灰度映射使输入图像转换为在每一灰度级上都有近似相同的像素点数的输出图像（即输出的直方图是均匀的）。在经过均衡化处理后的图像中，像素将占有尽可能多的灰度级并且分布均匀。因此，这样的图像将具有较高的对比度和较大的动态范围。

为了便于分析，让读者首先考虑灰度范围为 0～1 且连续的情况。此时图像的归一化直方图即为概率密度函数（PDF）。

$$p(x), 0 \leqslant x \leqslant 1 \tag{3-7}$$

由概率密度函数的性质，有以下关系。

$$\int_{x=0}^{1} p(x)\mathrm{d}x = 1 \tag{3-8}$$

设转换前图像的概率密度函数为 $p_r(r)$，转换后图像的概率密度函数为 $p_s(s)$，转换函数（灰度映射关系）为 $s = f(r)$。由概率论知识可得下式。

$$p_s(s) = p_r(r) \cdot \frac{\mathrm{d}r}{\mathrm{d}s} \tag{3-9}$$

这样，如果想使转换后图像的概率密度函数：$p_s(S)=1$，$0 \leqslant S \leqslant 1$（即直方图为均匀的），则必须满足下式。

$$p_r(r) = \frac{\mathrm{d}s}{\mathrm{d}r} \tag{3-10}$$

等式两边对 r 积分，可得下式。

$$s = f(r) = \int_{0}^{r} p_r(\mu)\mathrm{d}\mu \tag{3-11}$$

式（3-11）被称为图像的累积分布函数（CDF）。

式（3-11）是在灰度取值在[0, 1]范围内的情况下推导出来的，对于[0, 255]的情况，只要乘以最大灰度值 $D_{\max}$（对于灰度图就是 255）即可。此时灰度均衡的转换公式如下。

$$D_B = f(D_A) = D_{max} \int_0^{D_A} p_{D_A}(\mu)\mathrm{d}\mu \qquad (3\text{-}12)$$

其中，D_B 为转换后的灰度值，D_A 为转换前的灰度值。

而对于离散灰度级，相应的转换公式应如下。

$$D_B = f(D_A) = \frac{D_{max}}{A_0} \sum_{i=0}^{D_A} H_i \qquad (3\text{-}13)$$

式中 H_i 为第 i 级灰度的像素个数，A_0 为图像的面积，即像素总数。

式（3-13）中的变换函数 f 是一个单调增加的函数，这保证了在输出图像中不会出现灰度反转的情况（变换后相对灰度不变），从而能够防止在变换中改变图像的实质，以至于影响对图像的识别和判读。

这里还需要说明一点，对于式（3-13）的离散变换，通常无法再像连续变换时那样可以得到严格的均匀概率密度函数（$p_s(S)=1$，$0 \leqslant S \leqslant 1$）。但无论如何，式（3-13）的应用有展开输入图像直方图的一般趋势，可使得均衡化过的图像灰度级具有更大的范围，从而得到近似均匀的直方图。

3.7.2 MATLAB 编程实现

MATLAB 图像处理工具箱提供了用于直方图均衡化的函数 histeq()，调用语法如下。

```
[J, T] = histeq(I)
```

参数说明：

- I 是原始图像。

返回值：

- J 是经过直方图均衡化的输出图像；
- T 是变换矩阵。

图像易受光照、视角、方位、噪声等的影响。在这些因素的作用下，同一类图像的不同变形体之间的差距有时大于该类图像与另一类图像之间的差距，这就给图像识别/分类带来了困扰。**图像归一化**就是将图像转换成唯一的标准形式以抵抗各种变换，从而可消除同类图像不同变形体之间的外观差异。

当图像归一化用于消除灰度因素（光照等）造成的图像外观变化时，称为（图像）**灰度归一化**。例 3.1 为读者展示了如何利用直方图均衡化来实现图像的灰度归一化。

【例 3.1】利用直方图均衡化技术实现图像的灰度归一化。

下面的程序在读入了图像 pout.tif 后，分别对其进行了增加对比度、减小对比度、线性增加亮度和线性减小亮度的处理，得到了原图像的 4 个灰度变化版本；接着又分别对这 4 幅图像进行了直方图均衡化处理并显示了它们在处理前、后的直方图。

```
I = imread('pout.tif'); %读入原图像
I = im2double(I);

% 对于对比度变大的图像
I1 = 2 * I - 55/255;
subplot(4,4,1);
imshow(I1);
subplot(4,4,2);
imhist(I1);
subplot(4,4,3);
imshow(histeq(I1));
subplot(4,4,4);
imhist(histeq(I1));

% 对于对比度变小的图像
```

```
I2 = 0.5 * I + 55/255;
subplot(4,4,5);
imshow(I2);
subplot(4,4,6);
imhist(I2);
subplot(4,4,7);
imshow(histeq(I2));
subplot(4,4,8);
imhist(histeq(I2));

% 对于线性增加亮度的图像
I3 = I + 55/255;
subplot(4,4,9);
imshow(I3);
subplot(4,4,10);
imhist(I3);
subplot(4,4,11);
imshow(histeq(I3));
subplot(4,4,12);
imhist(histeq(I3));

% 对于线性减小亮度的图像
I4 = I - 55/255;
subplot(4,4,13);
imshow(I4);
subplot(4,4,14);
imhist(I4);
subplot(4,4,15);
imshow(histeq(I4));
subplot(4,4,16);
imhist(histeq(I4));
```

上述程序的运行的结果如图 3.18 所示。

从图 3.18 中可以发现,将直方图均衡化算法应用于左侧的亮度、对比度不同的各个图像后,得到了右侧直方图大致相同的图像,这体现了直方图均衡化作为强大自适应性的增强工具的作用。当原始图像的直方图不同而图像结构性内容相同时,直方图均衡化所得到的结果在视觉上几乎是完全一致的。这对于在进行图像分析和比较之前将图像转化为统一的形式是十分有益的。

从灰度直方图的意义上说,如果一幅图像的直方图非零范围占有所有可能的灰度级并且在这些灰度级上均匀分布,那么这幅图像的对比度较高,而且灰度色调较为丰富,从而易于进行判读。直方图均衡化算法恰恰能满足这一要求。

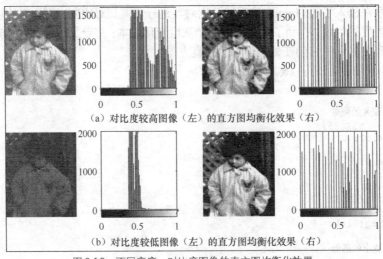

（a）对比度较高图像（左）的直方图均衡化效果（右）

（b）对比度较低图像（左）的直方图均衡化效果（右）

图 3.18　不同亮度、对比度图像的直方图均衡化效果

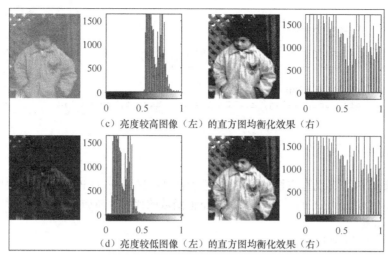

（c）亮度较高图像（左）的直方图均衡化效果（右）

（d）亮度较低图像（左）的直方图均衡化效果（右）

图 3.18　不同亮度、对比度图像的直方图均衡化效果（续）

　　本书后面将要介绍的很多图像处理方法都是以归一化为目的的，比如第 4 章几何变换就是研究一种几何失真的归一化处理。

3.7.3　Visual C++实现

　　利用 Visual C++实现图像的灰度直方图均衡化的代码如下。

```
/************************************************
BOOL CImgProcess::Histeq(CImgProcess * pTo)
功能:      图像的灰度直方图均衡化方法
参数:      CImgProcess * pTo
           输出 CImgProcess 对象的指针
返回值:    BOOL 类型, true 为成功, false 为失败
*************************************************/
BOOL CImgProcess::Histeq(CImgProcess * pTo)
{
    // 首先检查图像是否是 8 位灰度图像
    if (m_pBMIH->biBitCount!=8) return false;

    BYTE gray;              // 临时变量,存储当前光标像素的灰度值
    int target;            // 临时变量,存储当前光标像素的目标值

    double pdHist[256];    //临时变量,存储灰度直方图

    double dTemp;          // 临时变量,存储累加的直方图数据

    this->GenHist(pdHist);

    for (int i=0; i<m_pBMIH->biHeight; i++)
    {
        for (int j=0; j<m_pBMIH->biWidth; j++)
        {
            dTemp = 0;

            gray = GetGray(j, i);

            for (BYTE k=0; k<gray; k++)
            {
                dTemp+=*(pdHist + k);
            };
```

```
            target = 255 * dTemp;

            if (target < 0) target = 0;
            if (target > 255) target = 255;

            // 写入目标图像
            pTo->SetPixel(j, i, RGB(target, target, target));
        }
    };

    return true;
}
```

利用 Histeq() 函数实现直方图均衡化的完整示例被封装在 DIPDemo 工程中的视图类函数 CDIPDemoView::OnPointEqua()，其中调用 Histeq() 函数的代码片断如下所示：

```
// 输出的临时对象
CImgProcess imgOutput = imgInput;

// 直方图均衡化
imgInput.Histeq(&imgOutput);

// 将结果返回给文档类
pDoc->m_Image = imgOutput;
```

读者可以通过光盘中示例程序 DIPDemo 中的菜单命令"点运算→直方图均衡化"来观察处理效果。

3.8 直方图规定化（匹配）

直方图均衡化算法可以自动确定灰度变换函数，从而获得具有均匀直方图的输出图像。它主要用于增强动态范围偏小的图像对比度，丰富图像的灰度级。这种方法的优点是操作简单，且结果可以预知，当图像需要自动增强时是一种不错的选择。

但读者有时希望可以对变换过程加以控制，如能够人为地修正直方图的形状，或者说是获得具有指定直方图的输出图像，这样就可以有选择地增强某个灰度范围内的对比度或使图像灰度值满足某种特定的分布。这种用于产生具有特定直方图的图像的方法叫作**直方图规定化**，或**直方图匹配**。

3.8.1 理论基础

直方图规定化是在运用均衡化原理的基础上，通过建立原始图像和期望图像（待匹配直方图的图像）之间的关系，使原始图像的直方图匹配特定的形状，从而弥补了直方图均衡化不具备交互作用的特性。

其匹配原理是先对原始的图像均衡化，转换公式如下。

$$s = f(r) = \int_0^r p_r(\mu)\mathrm{d}\mu \tag{3-14}$$

同时对待匹配直方图的图像进行均衡化处理，公式如下。

$$v = g(z) = \int_0^z p_z(\lambda)\mathrm{d}\lambda \; V \tag{3-15}$$

由于都是均衡化，故可令 $s = v$，则有如下关系。

$$v = g^{-1}(s) = g^{-1}(f(r)) \tag{3-16}$$

于是可以按照如下的步骤由输入图像得到一个具有规定概率密度函数的图像。

（1）根据式（3-14）得到变换关系 $f(r)$。

（2）根据式（3-15）得到变换关系 $g(z)$。

（3）求得反变换函数 $g^{-1}(s)$。

（4）对输入图像所有像素应用式（3-16）中的变换，从而得到输出图像。

当然，在实际计算中利用的是上述公式的离散形式，这样就不必去关心函数 $f(r)$、$g(z)$ 以及反变换函数 $g^{-1}(s)$ 具体的解析形式，而可以直接将它们作为映射表处理了。其中，$f(r)$ 为输入图像均衡化的离散灰度级映射关系，$g(z)$ 为标准图像均衡化的离散灰度级映射关系，而 $g^{-1}(s)$ 则是标准图像均衡化的逆映射关系，它给出了从经过均衡化处理的标准化图像到原标准图像的离散灰度映射，相当于均衡化处理的逆过程。

3.8.2　MATLAB 编程实现

Histeq()函数不仅可以用于直方图均衡化，也可以用于直方图规定化，此时需要提供可选参数 hgram。调用语法如下。

```
[J, T] = histeq(I, hgram)
```

函数会将原始图像 I 处理成一幅以用户指定向量 hgram 作为直方图的图像。

参数 hgram 的分量数目即为直方图的收集箱数目。对于 double 型图像，hgram 的元素取值范围是[0, 1]；对于 uint8 型图像取值范围为[0, 255]；对于 uint16 型图像取值范围则为[0, 65535]。

其他参数的意义与在直方图均衡化中的相同。

【例 3.2】直方图的匹配。

下面的程序实现了从图像 I 分别到图像 I1 和 I2 的直方图匹配。

```
I = imread('pout.tif'); %读入原图像
I1 = imread('coins.png'); %读入要匹配直方图的图像
I2 = imread('circuit.tif'); %读入要匹配直方图的图像

% 计算直方图
[hgram1, x] = imhist(I1);
[hgram2, x] = imhist(I2);

% 执行直方图均衡化
J1=histeq(I,hgram1);
J2=histeq(I,hgram2);

% 绘图
subplot(2,3,1);
imshow(I);title('原图');
subplot(2,3,2);
imshow(I1); title('标准图1');
subplot(2,3,3);
imshow(I2); title('标准图2');
subplot(2,3,5);
imshow(J1); title('规定化到1')
subplot(2,3,6);
imshow(J2);title('规定化到2');

% 绘直方图
figure;

subplot(2,3,1);
imhist(I);title('原图');

subplot(2,3,2);
```

```
imhist(I1); title('标准图1');

subplot(2,3,3);
imhist(I2); title('标准图2');

subplot(2,3,5);
imhist(J1); title('规定化到1')

subplot(2,3,6);
imhist(J2);title('规定化到2');
```

　　上述程序的运行结果如图 3.19 和图 3.20 所示。读者可以看到，经过规定化处理，原图像的直方图与目标图像的直方图变得较为相似。

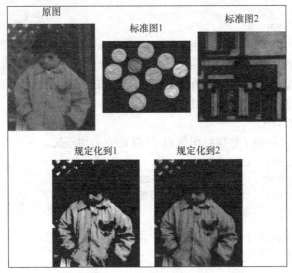

图 3.19　直方图规定化结果

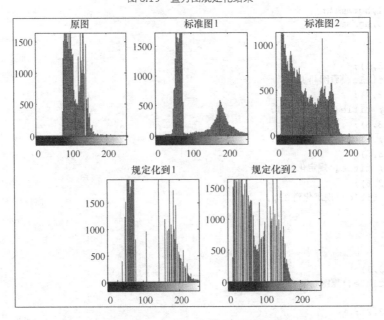

图 3.20　直方图规定化后的灰度直方图

直方图规定化本质上是一种拟合过程，因此变换得到的直方图与标准目标图像的直方图并不会完全一致。然而即使只是相似的拟合，仍然使规定化的图像在亮度与对比度上具有类似标准图像的特性，这正是直方图规定化的目的所在。

3.8.3　Visual C++实现

根据前文提到的变换方法，可以首先计算原图像直方图均衡化的离散变换关系 $s_k = f(r_k)$（这里 $r_k = 0, 1, 2, ..., 255$），而后计算标准图像直方图均衡化的离散变换关系 $v_k = g(z_k)$（这里 $z_k = 0, 1, 2, ..., 255$），从而进一步得到逆映射关系 $g^{-1}(s_k)$ 或 $g^{-1}(v_k)$，再利用关系 $v_k = s_k$，可得 $z_k = g^{-1}(v_k) = g^{-1}(s_k)$，即对原图像的均衡化结果 s_k 执行标准图像均衡化的反变换 $g^{-1}(s_k)$ 或 $g^{-1}(v_k)$。

下面 Histst() 的实现中首先记录下标准图像或其直方图进行直方图均衡化时每一灰度级别在均衡化后对应的灰度级，为了得到逆变换关系 g^{-1}，通过 pdTran 数组直接建立从均衡化后的灰度级 v_k 到均衡化之前标准图像灰度级 z_k 的逆映射。

```
*(pdTran + (int)(255 * dTemp)) = i;
```

将均衡化后的原图像中每一灰度级按照这种逆映射关系进行变换，即可得到直方图规定化后的结果。

> **注意**　由于均衡化变换关系 $v_k = g(z_k)$ 无法保证变换后的灰度 v_k 取到 0～255 上的所有整数值，因此逆映射 $g^{-1}(v_k)$ 就会在 0～255 的某些整数值上没有定义。如 $2=g(0)$，$5=g(1)$，则逆映射表中 $g^{-1}(3)$ 和 $g^{-1}(4)$ 均无有意义的值，此时可令它们取逆映射表中最近的上一次的有意义的逆映射值，即 $g^{-1}(3)=g^{-1}(4)=g^{-1}(2)=0$；当然也可以取逆映射表中最近的下一次的有意义的逆映射值，即 $g^{-1}(5)=1$，两种方式的误差肯定都在 1 之内，程序实现中本文采用了第 1 种方式。

直方图规定化方法 Histst() 的完整实现如下。

```
/**********************************************
BOOL CImgProcess::Histst(CImgProcess* pTo, double* pdStdHist)
功能：      图像的灰度直方图规定化方法
参数：      CImgProcess * pTo: 输出 CImgProcess 对象的指针
            double * pdStdHist: 标准直方图数组（要求已经归一化的直方图）
返回值：    BOOL 类型，true 为成功，false 为失败
**********************************************/
BOOL CImgProcess::Histst(CImgProcess* pTo, double* pdStdHist)
{
    int i,j;

    // 首先检查图像是否是 8 位灰度图像
    if (m_pBMIH->biBitCount!=8) return false;

    BYTE gray;           // 临时变量,存储当前光标像素的灰度值
    int target;          // 临时变量,存储当前光标像素的目标值

    double pdHist[256];  // 临时变量,存储灰度直方图
    this->GenHist(pdHist);

    double dTemp;        // 临时变量,存储累加的直方图数据
    int pdTran[256];     // 临时变量,存储标准直方图均衡化的变换矩阵
    memset(pdTran, -1, sizeof(int)*256);

    // 求标准直方图的均衡化变换矩阵
```

```
    for (i=0; i<256; i++)
    {
        dTemp = 0;
        for (BYTE k=0; k<i; k++)
        {
            dTemp+=*(pdStdHist + k);
        }
        *(pdTran + (int)(0.5+255 * dTemp)) = i;
    }

    // 去除均衡化变换矩阵中的间断点—插值
    {
        i=0, j=0;
        while(i<255)
        {
            if(*(pdTran + i + 1)!=-1)
            {
                i++;
                continue;
            }
            j = 1;
            while((*(pdTran + i + j)==-1)&&((i + j)<=255))
            {
                *(pdTran + i + j)=*(pdTran + i);
                j++;
            }
        }
    }

    // 对原图像首先进行灰度均衡化后再进行规定化
    for (i=0; i<m_pBMIH->biHeight; i++)
    {
        for (j=0; j<m_pBMIH->biWidth; j++)
        {
            dTemp = 0;
            gray = GetGray(j, i);

            for (BYTE k=0; k<gray; k++)
            {
                dTemp+=*(pdHist + k);
            };

            target = *(pdTran + (int)(255 * dTemp));

            if (target < 0) target = 0;
            if (target > 255) target = 255;

            // 写入目标图像
            pTo->SetPixel(j, i, RGB(target, target, target));
        }
    };

    return true;
}
```

本书同时也提供了 Histst()的一个重载方法，它接受 CImg 类型指针作为待匹配直方图的标准图像，实现如下。

```
/*****************************************************
BOOL CImgProcess::Histst(CImg* pTo, CImg* pStd)
功能:      图像的灰度直方图规定化方法
参数  :    CImgProcess * pTo: 输出 CImg 对象的指针
           CImgProcess* pStd: 标准目标图像
返回值:    BOOL 类型, TRUE 为成功, FALSE 为失败
*****************************************************/
```

```
BOOL CImgProcess::Histst(CImg* pTo, CImg* pStd)
{
    // 标准图像直方图
    double pdStdHist[256];

    pStd->GenHist(pdStdHist);

    return Histst(pTo, pdStdHist);
}
```

利用 Histst()函数实现直方图规定化的完整示例被封装在 DIPDemo 工程中的视图类函数 CDIPDemoView::OnPointHistst ()，其中调用 Histst()函数的代码片断如下所示。

```
    // 输出的临时对象
    CImgProcess imgOutput = imgInput;

    // 直方图规定化
    imgInput.Histst(&imgOutput, pdStdHist);
    // stdImage 为待匹配直方图的标准图像

    // 将结果返回给文档类
    pDoc->m_Image = imgOutput;
```

上述程序运行时会弹出对话框，要求用户选择一幅标准图像。读者可以通过光盘中示例程序 DIPDemo 中的菜单命令"点运算→直方图规定化"来观察处理效果。

第4章 图像的几何变换

包含相同内容的两幅图像可能由于成像角度、透视关系乃至镜头自身原因所造成的几何失真而呈现截然不同的外观,这就给观测者或是图像识别程序带来了困扰。通过适当的几何变换可以最大程度地消除这些几何失真所产生的负面影响,有利于读者在后续的处理和识别工作中将注意力集中于图像的内容本身,更确切地说是图像中的对象,而不是该对象的角度和位置等。因此,几何变换常常作为其他图像处理应用的预处理步骤,是图像归一化的核心工作之一。

本章的知识和技术热点
(1)图像的各种几何变换,如平移、镜像和旋转等
(2)插值算法
(3)图像配准

本章的典型案例分析
(1)基于直方图均衡化的图像灰度归一化
(2)汽车牌照的投影失真校正

4.1 解决几何变换的一般思路

图像几何变换又称为图像空间变换,它将一幅图像中的坐标位置映射到另一幅图像中的新坐标位置。学习几何变换的关键就是要确定这种空间映射关系,以及映射过程中的变换参数。

几何变换不改变图像的像素值,只是在图像平面上进行像素的重新安排。一个几何变换需要两部分运算:首先是空间变换所需的运算,如平移、旋转和镜像等,需要用它来表示输出图像与输入图像之间的(像素)映射关系;此外,还需要使用灰度插值算法,因为按照这种变换关系进行计算,输出图像的像素可能被映射到输入图像的非整数坐标上。

设原图像 $f(x_0, y_0)$ 经过几何变换产生的目标图像为 $g(x_1, y_1)$,则该空间变换(映射)关系可表示为:

$$x_1 = s(x_0, y_0) \tag{4-1}$$

$$y_1 = t(x_0, y_0) \tag{4-2}$$

其中,$s(x_0, y_0)$ 和 $t(x_0, y_0)$ 为由 $f(x_0, y_0)$ 到 $g(x_1, y_1)$ 的坐标变换函数。例如,当 $x_1 = s(x_0, y_0) = 2x_0$,$y_1 = t(x_0, y_0) = 2y_0$ 时,变换后的图像 $g(x_1, y_1)$ 只是简单地在 x 和 y 两个空间方向上将 $f(x_0, y_0)$ 的尺寸放大一倍。因此,读者看到只要掌握了有关变换函数 $s(x_0, y_0)$ 和 $t(x_0, y_0)$ 的情况,就可以遵循下面的步骤实现几何变换。

算法 4.1

根据空间变换的映射关系,确定变换后目标图像的大小(行、列范围);//有些变换可能改变图像大小

计算逆变换 $s^{-1}(j_1,i_1)$ 和 $t^{-1}(j_1,i_1)$ ；

逐行扫描目标图像 $g(x_1,y_1)$ ，对于 $g(x_1,y_1)$ 中的每一点 (j_0,i_0) ：
{
    根据空间变换的映射关系，计算得：
    $j_0' = s^{-1}(j_1,i_1)$ ； //直接通过映射关系计算得到的横坐标，可能不是整数
    $i_0' = t^{-1}(j_1,i_1)$ ； //直接通过映射关系计算得到的纵坐标，可能不是整数

    根据选用的插值方法：
    (j_0, i_0) = interp(j_0', i_0'); //对于非整数坐标（j_0', i_0'）需要插值

```
If   (j₀, i₀) 在图像 f 之内
     复制对应像素：g(j₁ ,i₁) = f(j₀ ,i₀);
Else
     g(j₁ ,i₁) = 255;
}
```

对于几何失真图像的复原（校正）过程正好是上述变换的逆过程。

$$x_0 = s^{-1}(x_1,y_1) \tag{4-3}$$

$$y_0 = t^{-1}(x_1,y_1) \tag{4-4}$$

式（4-3）和式（4-4）表示相应的由 $g(x_1,y_1)$ 到 $f(x_0,y_0)$ 的逆变换。此时，经过某种几何变换而失真的图像 $g(x_1,y_1)$ 是读者要复原的对象，原始图像 $f(x_0,y_0)$ 是读者复原的目标。逆变换的代码描述将结合车牌复原的应用在 4.9 节中给出。

对服务于识别的图像处理而言，作为图像几何归一化的逆变换过程的应用常常更为广泛。当然，在变换中究竟以谁作为原始图像 $f(x_0,y_0)$，以谁作为变换图像 $g(x_1,y_1)$ 并不是绝对的，这完全取决于读者在分析特定问题过程中的立场。比如说对于图 4.1 中的两幅图像，一般的做法是以图 4.1（a）为原始图像，图 4.1（b）为变换图像。这是因为在图 4.1（b）中读者关心的对象（数字和字母）处于一个便于观察的角度（正的）。但我们也完全可以将图 4.1（b）视为 $f(x_0,y_0)$，而图 4.1（a）视为 $g(x_1,y_1)$。此时，相应的映射关系 s 和 t 也会发生变化。

（a）   （b）

图 4.1　旋转前后的两幅图像

注　当图像归一化（参见 3.7 节）用于消除几何因素（视角、方位等）造成的图像外观变化时，称为（图像）几何归一化，它能够排除对象间几何关系的差别，找出图像中的那些几何不变量，从而得知这些对象原本就是一样的或属于相同的类别。

4.2　图像平移

图像平移就是将图像中所有的点按照指定的平移量水平或者垂直移动。

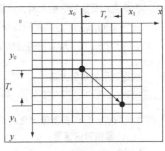

图 4.2　平移变换坐标图

4.2.1　图像平移的变换公式

设(x_0, y_0)为原图像上的一点，图像水平平移量为 T_x，垂直平移量为 T_y，如图 4.2 所示。

则平移之后的点坐标(x_1, y_1)变为：

$$\begin{cases} x_1 = x_0 - T_x \\ y_1 = y_0 - T_y \end{cases} \tag{4-5}$$

用矩阵表示为：$[x_1 \quad y_1 \quad 1] = [x_0 \quad y_0 \quad 1] \begin{pmatrix} 1 & 0 & 0 \\ 0 & 1 & 0 \\ T_x & T_y & 1 \end{pmatrix}$ （4-6）

对变换矩阵求逆，可以得到逆变换：$[x_0 \quad y_0 \quad 1] = [x_1 \quad y_1 \quad 1] \begin{pmatrix} 1 & 0 & 0 \\ 0 & 1 & 0 \\ -T_x & -T_y & 1 \end{pmatrix}$ （4-7）

即 $$\begin{cases} x_0 = x_1 - T_x \\ y_0 = y_1 - T_y \end{cases} \tag{4-8}$$

这样，平移后的目标图像中的每一点都可以在原图像中找到对应的点。例如：对于新图中的(i, j)像素，代入上面的方程组，可以求出对应原图中的像素（$i-T_x, j-T_y$）。而此时如果 T_x 大于 i 或 T_y 大于 j，则点（$i-T_x, j-T_y$）超出了原图的范围，可以直接将它的像素值统一设置为 0 或者 255。

对于原图中被移出图像显示区域的点通常也有两种处理方法，可以直接丢弃，也可以通过适当增加目标图像尺寸（将新生成的图像宽度增加 T_x，高度增加 T_y）的方法使得新图像中能够包含这些点。在稍后给出的程序实现中，本书采用了第一种处理方法。

4.2.2　图像平移的实现

1．MATLAB 编程实现

MATLAB 没有直接用于图像平移的函数，这里给出了一个基于灰度形态学的图像平移实现，供有兴趣的读者参考，没有接触过灰度形态学的朋友可以在学习过第 11 章之后再回过头来考虑这个算法。

```
% 图像平移

A=imread('girl.bmp'); %读入图像

%strel 用来创建形态学结构元素
%translate(SE, [y x]) 在原结构元素 SE 上进行 y 和 x 方向的偏移
%参数[80 50]可以修改，修改后平移距离对应改变
se= translate(strel(1), [80 50]);

%imdilate  形态学膨胀
B = imdilate(A,se);
```

```
figure;
subplot(1,2,1),subimage(A);
title('原图像');
subplot(1,2,2),subimage(B);
title('图像平移');
```

上述算法的平移效果如图 4.3 所示，注意到对于映射在原图像之外的点算法直接采用黑色（0）填充，并丢弃了变换后目标图像中被移出图像显示区域的像素。

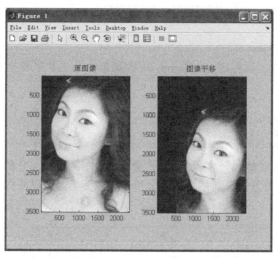

图 4.3　平移变换效果

2.　Visual C++实现

利用 Visual C++实现图像平移的代码如下。

```
/********************
void CImgProcess::ImMove(CImgProcess * pTo, int x, int y)
    功能：       平移图像
    注：         图像范围不变
    参数：       CImgProcess * pTo: 处理后得到的图像的 CImgProcess 指针
                 int x: 水平右移距离
                 int y: 垂直下移距离
    返回值：无
********************/
void CImgProcess::ImMove(CImgProcess* pTo, int x, int y)
{
    int nHeight = pTo->GetHeight();
    int nWidth = pTo->GetWidthPixel();

    int i, j;

    if(x>nWidth || y>nHeight)
    {
        MessageBox(NULL,"超过图片大小","错误",MB_OK|MB_ICONERROR);
        return;
    }

    for(i=0;i<nWidth;i++)
    {
        for(j=0;j<nHeight;j++)
        {
            if(i-x>0 && i-x<nWidth && j-y>0 &&j-y<nHeight)
                pTo->SetPixel(i,j,GetPixel(i-x,j-y));
```

```
            else
                pTo->SetPixel(i,j,RGB(255, 255, 255));
        }//for j
    }//for i

}
```

ImMove()函数的调用方式如下所示。

```
// 调用 ImMove()函数实现图像平移
imgInput.ImMove(&imgOutput, lXOffset, lYOffset);

// 将结果返回给文档类
pDoc->m_Image = imgOutput;
```

读者可以通过光盘中示例程序 **DIPDemo** 中的菜单命令"几何变换→图像平移"来观察处理效果。

4.3　图像镜像

镜像变换又分为水平镜像和竖直镜像。水平镜像即将图像左半部分和右半部分以图像竖直中轴线为中心轴进行对换；而竖直镜像则是将图像上半部分和下半部分以图像水平中轴线为中心轴进行对换，如图 4.4 所示。

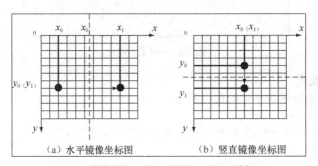

（a）水平镜像坐标图　　　（b）竖直镜像坐标图

图 4.4　镜像变换，其中心轴在图中以虚线标出

4.3.1　图像镜像的变换公式

◆　水平镜像的变换关系为：

$$[x_1 \ y_1 \ 1]=[x_0 \ y_0 \ 1]\begin{pmatrix} -1 & 0 & 0 \\ 0 & 1 & 0 \\ Width & 0 & 1 \end{pmatrix}=[Width\text{-} x_0 \ y_0 \ 1] \tag{4-9}$$

对矩阵求逆得到：
$$[x_0 \ y_0 \ 1]=[x_1 \ y_1 \ 1]\begin{pmatrix} -1 & 0 & 0 \\ 0 & 1 & 0 \\ Width & 0 & 1 \end{pmatrix}=[Width\text{-} x_1 \ y_1 \ 1] \tag{4-10}$$

◆　竖直镜像的变换关系可形式化地描述如下：

$$[x_1 \ y_1 \ 1]=[x_0 \ y_0 \ 1]\begin{pmatrix} 1 & 0 & 0 \\ 0 & -1 & 0 \\ 0 & Height & 1 \end{pmatrix}=[x_0 \ Height\text{-} y_0 \ 1] \tag{4-11}$$

逆运算为：$[x_0 \quad y_0 \quad 1]=[x_1 \quad y_1 \quad 1]\begin{pmatrix} 1 & 0 & 0 \\ 0 & -1 & 0 \\ 0 & Height & 1 \end{pmatrix}=[x_1 \quad Height\text{-}y_1 \quad 1]$ (4-12)

4.3.2 图像镜像的实现

1. MATLAB 编程实现

Imtransform()函数用于完成一般的二维空间变换，形式如下。

```
B = imtransform(A,TFORM,method);
```

- 参数 A 为要进行几何变换的图像。
- 空间变换结构 TFORM 指定了具体的变换类型。
- 可选参数 method 允许为 imtransform()函数选择的插值方法，其合法值如表 4.1 所示。

表 4.1 参数 methocl 的合法值

合法值	含 义
'bicubic'	三次插值
'bilinear'	双线性插值
'nearest'	最近邻插值

这些插值方式的具体含义请参见 4.7 节。默认时为双线性插值——'bilinear'。

函数输出 B 为经 imtransform()变换后的目标图像。

可以通过两种方法来创建 TFORM 结构，即使用 maketform()函数和 cp2tform()函数。cp2tform 是一个数据拟合函数，它需要原图像与目标图像之间的对应点对儿作为输入，用于确定基于控制点对儿的几何变换关系，本书将在 4.8 节图像配准中对它进行介绍；这里仅给出使用 maketform()函数获得 TFORM 结构的方法。

```
T=maketform(transformtype, Matrix);
```

- 参数 transformtype 指定了变换的类型，如常见的'affine'为二维或多维仿射变换，包括平移、旋转、比例、拉伸和错切等。
- Matrix 为相应的仿射变换矩阵。

镜像变换程序的代码如下。

```
% 镜像变换

A=imread('girl.bmp');
[height,width,dim]=size(A);
tform = maketform('affine',[-1 0 0;0 1 0; width 0 1]);
%定义水平镜像变换矩阵
B = imtransform(A,tform,'nearest');
tform2 = maketform('affine',[1 0 0;0 -1 0; 0 height 1]);
%定义竖直镜像变换矩阵
C = imtransform(A,tform2,'nearest');
subplot(1,3,1),imshow(A);
title('原图像');
subplot(1,3,2),imshow(B);
title('水平镜象');
subplot(1,3,3),imshow(C);
title('竖直镜象');
```

运行结果如图 4.5 所示。

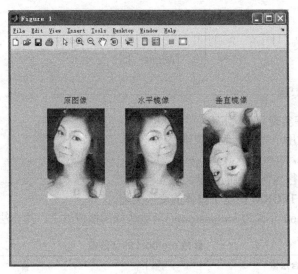

图 4.5 镜像变换效果图

2. Visual C++实现

（1）水平镜像的 Visual C++实现。

```
/********************
void CImgProcess::HorMirror(CImgProcess * pTo)
功能：      图像的水平镜像
注：        图像左右镜像
参数：      CImgProcess * pTo：处理后得到的图像的 CImgProcess 指针
返回值：    无
********************/
void CImgProcess::HorMirror(CImgProcess* pTo)
{
    int nHeight = pTo->GetHeight();
    int nWidth = pTo->GetWidthPixel();

    int i, j;
    int u;
    for(i=0;i<nWidth;i++)
    {
        u=nWidth-i-1;
        for(j=0;j<nHeight;j++)
        {

            pTo->SetPixel(i,j,GetPixel(u,j));
        }//for j
    }//for i
}
```

HorMirror()函数的调用方式如下所示。

```
// 调用 HorMirror()函数实现图像水平镜像
imgInput.HorMirror(&imgOutput);

// 将结果返回给文档类
pDoc->m_Image = imgOutput;
```

读者可以通过示例程序 DIPDemo 中的菜单命令"几何变换→水平镜像"来观察处理效果。

（2）竖直镜像的 Visual C++实现。

```
/********************
void CImgProcess::VerMirror(CImgProcess * pTo)
```

```
功能:        图像的竖直镜像
注:          图像上下镜像
参数:        CImgProcess * pTo: 处理后得到的图像的 CImgProcess 指针
返回值:      无
********************/
void CImgProcess::VerMirror(CImgProcess* pTo)
{
      int nHeight = pTo->GetHeight();
      int nWidth = pTo->GetWidthPixel();

      int i, j;
      int u=0;
      for(i=0;i<nWidth;i++)
      {
          for(j=0;j<nHeight;j++)
          {
              u=nHeight-j-1;
              pTo->SetPixel(i,j,GetPixel(i,u));
          }//for j
      }//for i
}
```

VerMirror()函数的调用方式如下所示。

```
// 调用 VerMirror() 函数实现图像竖直镜像
imgInput.VerMirror(&imgOutput);

// 将结果返回给文档类
pDoc->m_Image = imgOutput;
```

读者可以通过示例程序 DIPDemo 中的菜单命令"几何变换→竖直镜像"来观察处理效果。

4.4 图像转置

图像转置是将图像像素的 x 坐标和 y 坐标互换,如图 4.6 所示。图像的大小会随之改变——高度和宽度将互换。

4.4.1 图像转置的变换公式

转置变换的公式如下:

$$(x_1 \quad y_1 \quad 1)=(x_0 \quad y_0 \quad 1)\begin{pmatrix} 0 & 1 & 0 \\ 1 & 0 & 0 \\ 0 & 0 & 1 \end{pmatrix}=(y_0 \quad x_0 \quad 1) \qquad (4\text{-}13)$$

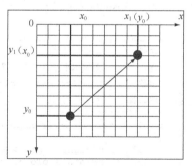

图 4.6 转置变换坐标图

显然,转置矩阵 $\begin{pmatrix} 0 & 1 & 0 \\ 1 & 0 & 0 \\ 0 & 0 & 1 \end{pmatrix}$ 的逆矩阵仍为其自身。故转置变换的逆变换具有相同的形式。

4.4.2 图像转置的实现

1. MATLAB 编程实现

转置变换的实现程序如下。

```
% 图像转置
```

```
A=imread('girl.bmp');
tform = maketform('affine',[0 1 0;1 0 0; 0 0 1]);
%定义转置变换矩阵
B = imtransform(A,tform,'nearest');
subplot(1,2,1),imshow(A);
title('原图像');
subplot(1,2,2),imshow(B);
title('图像转置');
```

转置结果如图 4.7 所示。

图 4.7 转置效果图

2. Visual C++实现

利用 Visual C++实现图像转置变换的程序如下。

```
/********************
void CImgProcess::Transpose(CImgProcess * pTo)
功能:       图像的转置
注:         图像水平竖直方向互换,图像大小不变
参数:       CImgProcess * pTo: 处理后得到的图像的 CImgProcess 指针
返回值:     无
********************/
void CImgProcess::Transpose(CImgProcess* pTo)
{
    int nHeight = pTo->GetHeight();
    int nWidth = pTo->GetWidthPixel();

    int i, j;
        for(i=0;i<nWidth;i++)
        {

            for(j=0;j<nHeight;j++)
            {
              if(j<nWidth && i<nHeight)
                    pTo->SetPixel(i,j,GetPixel(j,i));
                else
                    pTo->SetPixel(i,j,RGB(255,255,255));
            }//for j
        }//for i
}
```

Transpose()函数的调用方式如下所示。

```
// 调用 Transpose()函数实现图像的转置
imgInput.Transpose(&imgOutput);

// 将结果返回给文档类
pDoc->m_Image = imgOutput;
```

读者可以通过示例程序 DIPDemo 中的菜单命令"几何变换→图像转置"来观察处理效果。

在学习了 4.6 节图像旋转之后，有兴趣的读者也可尝试通过先水平镜像，再逆时针旋转90°的方式来实现图像转置。

4.5 图像缩放

图像缩放是指图像大小按照指定的比率放大或者缩小，如图 4.8 所示。

4.5.1 图像缩放的变换公式

假设图像 x 轴方向的缩放比率 S_x，y 轴方向的缩放比率 S_y，相应的变换表达式为：

$$[x_1 \quad y_1 \quad 1] = [x_0 \quad y_0 \quad 1] \begin{pmatrix} S_x & 0 & 0 \\ 0 & S_y & 0 \\ 0 & 0 & 1 \end{pmatrix} = [x_0 \times S_x \quad y_0 \times S_y \quad 1] \tag{4-14}$$

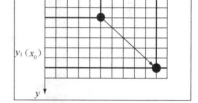

图 4.8 缩放变换效果图

其逆运算如下：

$$[x_0 \quad y_0 \quad 1] = [x_1 \quad y_1 \quad 1] \begin{pmatrix} \dfrac{1}{S_x} & 0 & 0 \\ 0 & \dfrac{1}{S_y} & 0 \\ 0 & 0 & 1 \end{pmatrix} = [\dfrac{x_1}{S_x} \quad \dfrac{y_1}{S_y} \quad 1] \tag{4-15}$$

直接根据缩放公式计算得到的目标图像中，某些映射原坐标可能不是整数，从而找不到对应的像素位置。例如：当 $S_x = S_y = 2$ 时，图像放大 2 倍，放大图像中的像素（0，1）对应于原图中的像素（0，0.5），这不是整数坐标位置，自然也就无法提取其灰度值。因此操作者必须进行某种近似处理，一种简单的策略是直接将它最邻近的整数坐标位置（0，0）或者（0，1）处的像素灰度值赋给它，这就是所谓的最近邻插值。当然还可以通过 4.7 节将介绍的其他插值算法来近似。

4.5.2 图像缩放的实现

1. MATLAB 编程实现

缩放变换仍然可借助前面几节中使用的 imtransform()函数来实现。此外，MATLAB 还提供了专门的图像缩放函数 imresize()，具体调用形式如下。

```
B=imresize(A, Scale, method);
```

- 参数 A 为要进行缩放的原始图像。
- *Scale* 为统一的缩放比例。

- 可选参数 method 用于为 imresize()函数指定的插值方法，其合法取值同 imtransform()函数，但默认为最近邻插值。

输出 B 为缩放后的图像。

下面给出图像等比例缩放的 MATLAB 编程实现的代码。

```
% 图像缩放

A = imread('girl.bmp');
B = imresize(A,1.2,'nearest');
%图像扩大 1.2 倍
figure,imshow(A);title('原图像');
figure,imshow(B);title('图像缩放');
```

程序运行结果如图 4.9 所示。

图 4.9　缩放变换效果图

如果希望在 x 和 y 方向上以不同比例进行缩放，可使用如下方式调用 imresize()函数。

```
B = imresize(A,[mrows ncols],method);
```

向量参数[mrows ncols]指明了变换后目标图像 B 的具体行数（高）和列数（宽），其余均与等比例缩放时的调用相同，这里不再赘述。

2. Visual C++实现

利用 Visual C++实现图像的等比例缩放的代码如下。

```
/*******************
void CImgProcess::Scale(CImgProcess * pTo,double times)
功能:      图像的等比例缩放
注:        包括扩大缩小，图像大小不变
参数:      CImgProcess * pTo: 处理后得到的图像的 CImgProcess 指针
           double times: 缩放因子
返回值:    无
*******************/
void CImgProcess::Scale(CImgProcess* pTo, double times)
{
    int nHeight = pTo->GetHeight();
    int nWidth = pTo->GetWidthPixel();

    int i, j;
```

```
        for(i=0;i<nWidth;i++)
        {
            for(j=0;j<nHeight;j++)
            {
              if(int(i*1/times+0.5)<nWidth && int(j*1/times+0.5)<nHeight)
                    pTo->SetPixel(i,j,GetPixel(int(i*1/times+0.5),int(j*1/times+0.5)));
                else
                    pTo->SetPixel(i,j,RGB(255,255,255));
            }//for j
        }//for i
}
```

Scale()函数的调用方式如下所示。

```
// 调用 Scale()函数实现图像缩放
imgInput.Scale(&imgOutput, fZoomRatio);

// 将结果返回给文档类
pDoc->m_Image = imgOutput;
```

读者可以通过示例程序 DIPDemo 中的菜单命令"几何变换→图像缩放"来观察处理效果。

4.6 图像旋转

图像旋转一般是指将图像围绕某一指定点旋转一定的角度。旋转通常也会改变图像的大小。和 4.2 节中图像平移的处理一样，可以把转出显示区域的图像截去，也可以改变输出图像的大小以扩展显示范围。

4.6.1 以原点为中心的图像旋转

如图 4.10 所示，点 $P_0(x_0, y_0)$ 绕原点逆时针旋转角度 θ 到点 $P_1(x_1, y_1)$。
令 $L=|OP|=\sqrt{x^2+y^2}$，则有：$\sin\alpha=y_0/L, \cos\alpha=x_0/L$
到达 P_1 点后，有：$\sin(\alpha+\theta)=y_1/L=\cos\theta\sin\alpha+\sin\theta\cos\alpha$

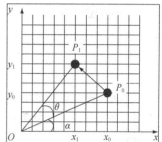

图 4.10 旋转变换坐标图

$$(4\text{-}16)$$
$$\cos(\alpha+\theta)=x_1/L=\cos\theta\cos\alpha-\sin\theta\sin\alpha \qquad (4\text{-}17)$$
令 L=1，则 $\cos\alpha=x_0$，$\sin\alpha=y_0$
于是有：
$$\begin{cases} x_1=\cos\theta\,x_0-\sin\theta\,y_0 \\ y_1=\cos\theta\,y_0+\sin\theta\,x_0 \end{cases} \qquad (4\text{-}18)$$

从而得出旋转变换公式为：
$$[x_1\ y_1\ 1]=[x_0\ y_0\ 1]\begin{pmatrix} \cos\theta & \sin\theta & 0 \\ -\sin\theta & \cos\theta & 0 \\ 0 & 0 & 1 \end{pmatrix} \qquad (4\text{-}19)$$

相应地，其逆运算为：
$$[x_0\ y_0\ 1]=[x_1\ y_1\ 1]\begin{pmatrix} \cos\theta & -\sin\theta & 0 \\ \sin\theta & \cos\theta & 0 \\ 0 & 0 & 1 \end{pmatrix} \qquad (4\text{-}20)$$

4.6.2　以任意点为中心的图像旋转

在 4.6.1 小节中给出的旋转是以坐标原点为中心进行的,那么如何围绕任意的指定点来旋转呢?将平移和旋转操作相结合即可,即先进行坐标系平移,再以新的坐标原点为中心旋转,之后将新原点平移回原坐标系的原点。这一过程可归纳为以下 3 个步骤。

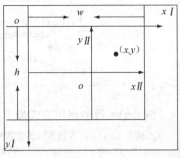

图 4.11　两种坐标系间的转换关系

(1)将坐标系 I 变成 II。

(2)将该点顺时针旋转 θ 角。

(3)将坐标系 II 变回 I。

下面本书就以围绕图像中心的旋转为例,具体说明上述的变换过程。如图 4.11 所示,坐标系 I 以图像左上角点为原点,向右为 x 轴正方向,向下为 y 轴正方向;而坐标系 II 是以图像的中心为原点,向右为 x 轴正方向,向上为 y 轴正方向。那么坐标系 I 与坐标系 II 之间的转换关系如何呢?

设图像的宽为 w,高为 h,则容易得到:

$$
\begin{bmatrix} xI \\ yI \\ 1 \end{bmatrix}^T = \begin{bmatrix} xII \\ yII \\ 1 \end{bmatrix}^T \begin{bmatrix} 1 & 0 & 0 \\ 0 & -1 & 0 \\ 0.5w & 0.5h & 1 \end{bmatrix} \tag{4-21}
$$

相应的逆变换为:

$$
\begin{bmatrix} xII \\ yII \\ 1 \end{bmatrix}^T = \begin{bmatrix} xI \\ yI \\ 1 \end{bmatrix}^T \begin{bmatrix} 1 & 0 & 0 \\ 0 & -1 & 0 \\ -0.5w & 0.5h & 1 \end{bmatrix} \tag{4-22}
$$

至此,操作者已经实现了上述 3 个步骤中的第 1 步和第 3 步,再加上第 2 步的旋转变换就得到了围绕图像中心点旋转的最终变换矩阵,该矩阵实际上是 3 个变换步骤中分别用到的 3 个变换矩阵的级联。

$$
\begin{aligned}
\begin{bmatrix} x_1 \\ y_1 \\ 1 \end{bmatrix} &= \begin{bmatrix} x_0 \\ y_0 \\ 1 \end{bmatrix} \begin{bmatrix} 1 & 0 & 0 \\ 0 & -1 & 0 \\ -0.5Wold & 0.5Hold & 1 \end{bmatrix} \begin{bmatrix} \cos(\theta) & -\sin(\theta) & 0 \\ \sin(\theta) & \cos(\theta) & 0 \\ 0 & 0 & 1 \end{bmatrix} \begin{bmatrix} 1 & 0 & 0 \\ 0 & -1 & 0 \\ 0.5Wnew & 0.5Hnew & 1 \end{bmatrix} \\
&= \begin{bmatrix} x_0 \\ y_0 \\ 1 \end{bmatrix} \begin{bmatrix} \cos(\theta) & \sin(\theta) & 0 \\ -\sin(\theta) & \cos(\theta) & 0 \\ -0.5 \times Wold \times \cos(\theta) + 0.5 \times Hold \times \sin(\theta) + 0.5 \times Wnew & -0.5 \times Wold \times \sin(\theta) - 0.5 \times Hold \times \cos(\theta) - 0.5 \times Hnew & 1 \end{bmatrix}
\end{aligned} \tag{4-23}
$$

其中,*Wold*、*Hold*、*Wnew*、*Hnew* 分别表示原图像和新图像的宽和高。

上式的逆变换为:

$$
\begin{aligned}
\begin{bmatrix} x_0 \\ y_0 \\ 1 \end{bmatrix} &= \begin{bmatrix} x_1 \\ y_1 \\ 1 \end{bmatrix} \begin{bmatrix} 1 & 0 & 0 \\ 0 & -1 & 0 \\ -0.5Wnew & 0.5Hnew & 1 \end{bmatrix} \begin{bmatrix} \cos(\theta) & \sin(\theta) & 0 \\ -\sin(\theta) & \cos(\theta) & 0 \\ 0 & 0 & 1 \end{bmatrix} \begin{bmatrix} 1 & 0 & 0 \\ 0 & -1 & 0 \\ 0.5Wold & 0.5Hold & 1 \end{bmatrix} \\
&= \begin{bmatrix} x_1 \\ y_1 \\ 1 \end{bmatrix} \begin{bmatrix} \cos(\theta) & -\sin(\theta) & 0 \\ \sin(\theta) & \cos(\theta) & 0 \\ -0.5 \times Wnew \times \cos(\theta) - 0.5 \times Hnew \times \sin(\theta) + 0.5 \times Wold & 0.5 \times Wnew \times \sin(\theta) - 0.5 \times Hnew \times \cos(\theta) - 0.5 \times Hold & 1 \end{bmatrix}
\end{aligned} \tag{4-24}
$$

这样,读者就可以根据上面的逆变换公式,按照算法 4.1 中的描述来实现围绕图像中心的旋转变换。类似地，可以进一步得出以任意点为中心的旋转变换。

4.6.3 图像旋转的实现

图像旋转变换的效果受具体插值方法的影响较为明显，本节给出的旋转的实现均采用最近邻插值，在 4.7 节中将给出采用不同的插值算法时图像旋转变换的效果比较。

1. MATLAB 实现

可通过 4.6.2 中学习的方法设置适当的变换结构 TFORM，从而调用 imtransform () 函数来实现以任意点为中心的图像旋转。此外，MATLAB 还专门提供了围绕图像中心的旋转变换函数 imrotate()，其调用方式如下。

```
B=imrotate(A,angle,method, 'crop');
```

- *A* 是要旋转的图像。
- *angle* 为旋转角度，单位为度，如为其指定一个正值，则 imrotate()函数按逆时针方向旋转图像。
- 可选参数 method 为 imrotate()函数指定的插值方法。
- 'crop'选项会裁剪旋转后增大的图像，使得到的图像和原图大小一致。

下面给出图像旋转的 MATLAB 编码实现。

```
% 围绕中心点的图像旋转

A=imread('girl.bmp');
%最近邻插值法逆旋转 30°，并剪切图像
B=imrotate(A,30,'nearest','crop');
subplot(1,2,1),imshow(A);
title('原图像');
subplot(1,2,2),imshow(B);
title('逆时针旋转30°');
```

程序运行结果如图 4.12 所示。

图 4.12　旋转变换效果图

2. Visual C++实现

利用 Visual C++实现以原点为中心的图像的旋转代码如下。

```
/*********************
void CImgProcess::Rotate(CImgProcess * pTo,float ang)
功能:      以原点为中心的图像旋转
注:        围绕左上顶点顺时针旋转,图像范围不变
参数:      CImgProcess * pTo: 处理后得到的图像的 CImgProcess 指针
          float ang: 顺时针旋转角度,单位度,要求 ang>=0 && ang<=360
返回值:    无
*********************/
void CImgProcess::Rotate(CImgProcess* pTo,float ang)
{
    int nHeight = pTo->GetHeight();
    int nWidth = pTo->GetWidthPixel();

    int i, j; //目标图像坐标
    int u,v; //源图像坐标

    for(i=0;i<nWidth;i++)
    {
        for(j=0;j<nHeight;j++)
        {
         u=int(i*cos(ang*PI/180)+j*sin(ang*PI/180)+0.5);
            v=int(j*cos(ang*PI/180)-i*sin(ang*PI/180)+0.5);
         if(u<nWidth && v<nHeight && u>=0 && v>=0)
                pTo->SetPixel(i,j,GetPixel(u,v));
            else
                pTo->SetPixel(i,j,RGB(0,0,0));
        }//for j
    }//for i
}
```

Rotate()函数的调用方式如下所示。

```
// 调用 Rotate()函数实现图像旋转
imgInput.Rotate(&imgOutput, iRotateAngle);

// 将结果返回给文档类
pDoc->m_Image = imgOutput;
```

读者可以通过示例程序 DIPDemo 中的菜单命令"几何变换→图像旋转"来观察处理效果。

4.7　插值算法

实现几何运算时,有两种方法。第一种称为向前映射法,其原理是将输入图像的灰度一个像素一个像素地转移到输出图像中,即从原图像坐标计算出目标图像坐标:$g(x_1, y_1) = f (a(x_0, y_0), b(x_0, y_0))$。前面的平移、镜像等操作就可以采用这种方法。

另外一种称为向后映射法,它是向前映射变换的逆,即输出像素一个一个地映射回输入图像中。如果一个输出像素映射到的不是输入图像的采样栅格的整数坐标处的像素点,则其灰度值就需要基于整数坐标的灰度值进行推断,这就是插值。由于向后映射法是逐个像素产生输出图像,不会产生计算浪费问题,所以在缩放、旋转等操作中多采用这种方法,本书中采用的也全部为向后映射法。

本节中将介绍 3 种不同的插值算法,处理效果好的算法一般需要较大的计算量。

4.7.1　最近邻插值

这是一种最简单的插值算法,输出像素的值为输入图像中与其最邻近的采样点的像素值。例如,

图 4.13 中的点 P_0 在几何变换中被映射至点 P_1'，但由于点 P_1' 处于非整数的坐标位置，无法提取其像素灰度值。所以可以用与 P_1' 最邻近的采样点 P_1 的灰度值近似作为 P_1' 的灰度值。

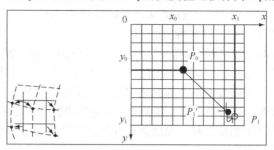

图 4.13　最近邻插值示意图

最近邻插值可表示如下。

$$f(x,y) = g(\ \text{round}(x),\ \text{round}\ (y)\ )\qquad\qquad(4\text{-}25)$$

本书在之前各种变换的 Visual C++ 实现中采用的均为最近邻插值，它计算简单，而且在很多数情况下的输出效果也可以接受。然而，最近邻插值法会在图像中产生人为加工的痕迹，详见例 4.1。

4.7.2　双线性插值

1. 理论基础

双线性插值又称为一阶插值，是线性插值扩展到二维的一种应用。它可以通过一系列的一阶线性插值得到。

> 注　线性（linear），指量与量之间按比例、成直线的关系，在数学上可以理解为一阶导数为常数的函数；线性插值则是指根据两个点的值线性地确定位于这两个点连线上的某一点的值。

输出像素的值为输入图像中距离它最近的 2×2 邻域内采样点像素灰度值的加权平均。

设已知单位正方形的顶点坐标分别为 $f(0,0)$、$f(1,0)$、$f(0,1)$、$f(1,1)$，如图 4.14 所示，本节要通过双线性插值得到正方形内任意点 $f(x,y)$ 的值。

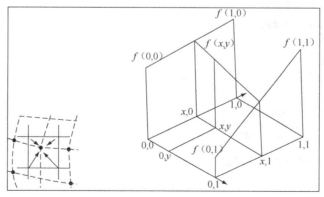

图 4.14　线性插值示意图

首先对上端的两个点进行线性插值得到：

$$f(x,0)=f(0,0)+x[f(1,0)\text{-}f(0,0)]\qquad\qquad(4\text{-}26)$$

再对下端的两个顶点进行线性插值得到：

$$f(x,1)=f(0,1)+x[f(1,1)-f(0,1)] \tag{4-27}$$

最后，对垂直方向进行线性插值得到：

$$f(x,y)=f(x,0)+y[f(x,1)-f(x,0)] \tag{4-28}$$

综合式（4-26）至式（4-28），整理得出：

$$f(x,y)=[f(1,0)-f(0,0)]x+[f(0,1)-f(0,0)]y+[f(1,1)+f(0,0)-f(0,1)-f(1,0)]xy+f(0,0) \tag{4-29}$$

上面的推导是在单位正方形的前提下进行的，稍加变换就可以推广到一般情况中。

线性插值的假设是原图的灰度在两个像素之间是线性变化的，显然这是一种比较合理的假设。因此在一般情况下，双线性插值都能取得不错的效果。更精确的方法是采用曲线插值，即认为像素之间的灰度变化规律符合某种曲线方程，当然这种处理的计算量是很大的。

2. Visual C++实现

利用 Visual C++实现双线性插值的代码如下。

```
/*********************
int CImgProcess::InterpBilinear(double x, double y)
功能：      双线性插值

参数：        double x: 需要计算插值的横坐标
              double y: 需要计算插值的纵坐标
返回值：     int 插值的结果
*********************/
int CImgProcess::InterpBilinear(double x, double y)
{
    if(int(y)==300)
        int cc = 1;

     // 4 个最临近像素的坐标 (i1, j1), (i2, j1), (i1, j2), (i2, j2)
    int x1, x2;
    int y1, y2;

    // 4 个最临近像素值
    unsigned char  f1, f2, f3, f4;

    // 两个插值中间值
    unsigned char  f12, f34;

    double   epsilon = 0.0001;

    // 计算 4 个最临近像素的坐标
    x1 = (int) x;
    x2 = x1 + 1;
    y1 = (int) y;
    y2 = y1 + 1;


    int nHeight = GetHeight();
    int nWidth = GetWidthPixel();
    if( (x < 0) || (x > nWidth - 1) || (y < 0) || (y > nHeight - 1))
    {
        // 如果计算的点不在原图范围内，返回-1
        return -1;
    }
    else
    {
        if (fabs(x - nWidth + 1) <= epsilon)
        {
            // 如果计算的点在图像右边缘上
            if (fabs(y - nHeight + 1) <= epsilon)
            {
```

```
            // 如果计算的点正好是图像最右下角那一个像素，直接返回该点像素值
            f1 = (unsigned char)GetGray( x1, y1 );
            return f1;
        }
        else
        {
            // 如果是在图像右边缘上且不是最后一点，直接一次插值即可
            f1 = (unsigned char)GetGray(x1, y1 );
            f3 = (unsigned char)GetGray( x1, y2 );

            // 返回插值结果
            return ((int) (f1 + (y -y1) * (f3 - f1)));
        }
    }
    else if (fabs(y - nHeight + 1) <= epsilon)
    {
        // 如果计算的点在图像下边缘上且不是最后一点，直接一次插值即可
        f1 = (unsigned char)GetGray( x1, y1 );
        f2 = (unsigned char)GetGray( x2, y1 );

        // 返回插值结果
        return ((int) (f1 + (x -x1) * (f2 - f1)));
    }
    else
    {
        // 计算 4 个最临近像素值
        f1 = (unsigned char)GetGray( x1, y1 );
        f2 = (unsigned char)GetGray( x2, y1 );
        f3 = (unsigned char)GetGray( x1, y2 );
        f4 = (unsigned char)GetGray( x2, y2 );

        // 插值 1
        f12 = (unsigned char) (f1 + (x - x1) * (f2 - f1));

        // 插值 2
        f34 = (unsigned char) (f3 + (x - x1) * (f4 - f3));

        // 插值 3
        return ((int) (f12 + (y -y1) * (f34 - f12)));
    }
  }
}
```

4.7.3 高阶插值

在几何运算的一些情况中，双线性插值的平滑作用会使图像的细节退化，而其斜率的不连续性则会导致变换产生不希望的结果。这些都可以通过高阶插值得到弥补，高阶插值常用卷积来实现。输出像素的值为输入图像中距离它最近的 4×4 领域内采样点像素值的加权平均值。

下面以三次插值为例，它使用了如下的三次多项式来逼近理论上的最佳插值函数 $\sin(x)/x$，如图 4.15 所示。

$$S(x)=\begin{cases} 1-2|x|^2+|x|^3 & 0\leqslant|x|<1 \\ 4-8|x|+5|x|^2-|x|^2 & 1\leqslant|x|<2 \\ 0 & |x|\geqslant 2 \end{cases} \tag{4-30}$$

上式中$|x|$是周围像素沿 x 方向与原点的距离。待求像素(x,y)的灰度值由其周围 16 个点的灰度值加权插值得到。计算公式如下：

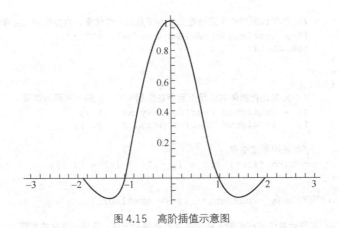

图 4.15　高阶插值示意图

$$f(x, y) = f(i+u, j+v) = ABC \qquad (4\text{-}31)$$

其中，$A = \begin{pmatrix} S(1+v) \\ S(v) \\ S(1-v) \\ S(2-v) \end{pmatrix}^{T}$ $\qquad\qquad\qquad$ $C = \begin{pmatrix} S(1+u) \\ S(u) \\ S(1-u) \\ S(2-u) \end{pmatrix}$

$$B = \begin{pmatrix} f(i-1, j-1) & f(i-1, j) & f(i-1, j+1) & f(i-1, j+2) \\ f(i, j-1) & f(i, j) & f(i, j+1) & f(i, j+2) \\ f(i+1, j-1) & f(i+1, j) & f(i+1, j+1) & f(i+1, j+2) \\ f(i+2, j-1) & f(i+2, j) & f(i+2, j+1) & f(i+2, j+2) \end{pmatrix}$$

三次插值方法通常应用在光栅显示中，它在允许任意比例的缩放操作的同时，较好地保持了图像细节。

【例 4.1】插值方法的比较。

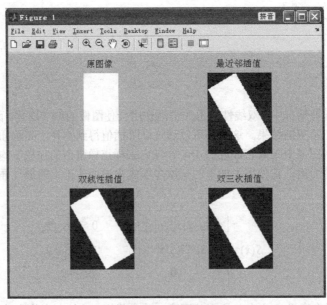

图 4.16　插值方法比较效果图 1

图 4.16 和图 4.17 分别给出了采用最近邻、双线性和三次插值时对于两幅不同图像的旋转效果。从图 4.17 可以看出最近邻的插值方法得到的结果还是可以接受的，但当图像中包含的像素之间灰度级有明显变化时（见图 4.16），从结果图像的锯齿形边可以看出三种插值方法的效果依次递减，最近邻插值的效果明显不如另外两个好，锯齿比较多，而三次插值得出的图像较好地保持了图像的细节。这是因为参与计算输出点的像素值的拟合点个数不同，个数越多效果越精确，当然参与计算的像素个数会影响计算的复杂度。实验结果也清楚地表明：三次插值法花费的时间比另外两种的要长一些。最近邻和线性插值的速度在此次图像处理中几乎分不出来。所以，在计算时间与质量之间有一个折中问题。

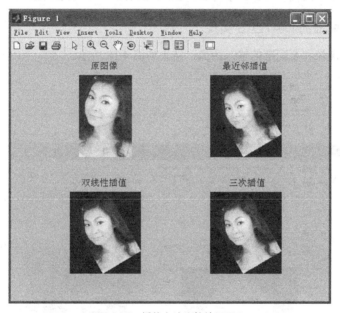

图 4.17　插值方法比较效果图 2

利用 MATLAB 实现上述 3 种插值方法用代码如下。

```
A=imread('test.bmp');
B = imrotate(A,30,'nearest');
C = imrotate(A,30,'bilinear');
D = imrotate(A,30,'bicubic');
%图像旋转30°的插值方法比较
subplot(2,2,1),imshow(A);
title('原图像');
subplot(1,3,1),imshow(B);
title('最近邻插值');
subplot(1,3,2),imshow(C);
title('双线性插值');
subplot(1,3,3),imshow(D);
title('三次插值');
```

4.8 图像配准简介

在 4.2 节至 4.6 节本章依据算法 4.1 从正变换的角度讲解了图像的平移、镜像、转置、缩放和旋转变换。而本节将要介绍的图像配准技术则是站在几何失真归一化的角度，以一种逆变换的思路来阐述几何变换。

4.8.1 图像配准

所谓图像配准就是将同一场景的两幅或多幅图像进行对准。如航空照片的配准，以及在很多人脸自动分析系统中的人脸归一化，即要使各张照片中的人脸具有近似的大小，尽量处于相同的位置。

一般来说，使用者以基准图像为参照，并通过一些基准点（Fiducial Points）找到适当的空间变换关系 s 和 t，对输入图像进行相应的几何变换，从而实现它与基准图像在这些基准点位置上的对齐。

下面就以人脸图像的校准为例，学习如何在 MATLAB 中实现图像配准。

4.8.2 人脸图像配准的 MATLAB 实现

（1）读入基准图像和要配准的输入图像，结果如图 4.18 所示。

```
>> Iin = imread('face2.jpg');
>> Ibase = imread('face1.jpg');
>> figure
subplot(1, 2, 1), imshow(Iin);
subplot(1, 2, 2), imshow(Ibase);
```

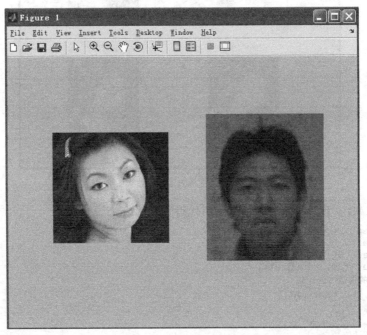

图 4.18 配准之前的图像，左侧为需要配准的图像，右侧为基准图像

（2）标注基准点对儿，并将其保存至工作空间。

利用 MATLAB 提供的 cpselect()函数可以交互式地选择基准点。在命令行中按照下面的方式调用 cpselect()可以启动该交互工具。可以分别单击两幅图像中的相同部分选择成对儿的基准点，如眼睛和嘴角，如图 4.19 所示。

```
>> cpselect(Iin, Ibase);
>> input_points

input_points =
```

```
    81.8988   89.5000
   130.8988   72.0000
   106.3988  139.0000
   144.8988  122.0000

>> base_points

base_points =

    64.1540  111.3750
   112.1540  108.3750
    72.1540  166.8750
   107.1540  163.8750
```

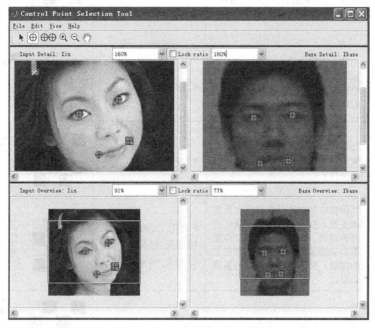

图 4.19　利用 cpselect()函数交互地选择基准点对儿

　　注意调用时要将需要配准的图像作为第一个参数，将基准图像作为后一个参数。还有一点就是 cpselect()函数只接受灰度图像，如果需要处理 RGB 彩色图像，可以只给 cpselect()函数传递图像的一个层。RGB 图像的 cpselect()函数的调用语法如下。

```
>>cpselect( Irgb(:,:,1), Ibase); % 只传递输入图像的红色分量图
```

　　单击交互工具 "File" 菜单下的 "Save Points to Workspace" 选项，可以将之前选择的基准点对儿保存至工作空间。默认情况下，输入图像中的基准点保存在变量 "input_points" 中，基准图像的基准点保存在变量 "base_points" 中。

　　（3）指定要使用的变换类型。

　　根据之前得到的控制点对儿坐标 "input_points" 和 "base_points"，利用 cp2tform()函数可以计算变换的参数。将基准点对儿作为输入传递给 cp2tform()，选择一种适当的变换类型，cp2tform()函数就能够确定出该类型变换所需的参数。这实际上相当于一种数据拟合，cp2tform()函数寻找能够拟合控制点对儿的变换参数，它返回一个 TFORM 结构的几何变换结构，其中就包括了几何变换的类型和参数，调用 cp2tform 的代码如下。

```
>> tform = cp2tform(input_points, base_points, 'affine'); %仿射变换模型
```

参数'affine'表示选用投影变换。Cpselect()函数总共支持 6 种类型的变换，包括线性和非线性的，以及 2 种分段变换，如表 4.2 所示。实际应用中的关键是要结合失真的具体情况和变换需要选择合适的变换类型。

表 4.2　　　　　　　　　　变换类型及其说明

变换类型	适用情况	最小控制点对儿数	示　例
linear conformal	当输入图像中的形状没有改变，但图像经过了平移、旋转以及比例缩放等变换后发生失真时使用本变换。变换后直线仍然是直线，平行线仍为平行的	2 对儿	
affine	当输入图像中的形状展示出错切效果使用本变换。变换后直线仍然是直线，平行线仍为平行的，但矩形变成了平行四边形	3 对儿	
Projective	当场景显得倾斜时使用本变换。变换后直线仍然为直线，但平行线不再平行	4 对儿	
polynomial	当图像中的对象发生弯曲时使用本变换。拟合中选用的多项式的阶数越高，拟合效果越好，但配准后的图像比基准图像包含更多的曲线，同时也需要更多的基准点对儿	6 对儿（二阶） 10 对儿（3 阶） 15 对儿（4 阶）	
piecewise linear	当图像呈现出分段变形现象时使用本变换	4 对儿	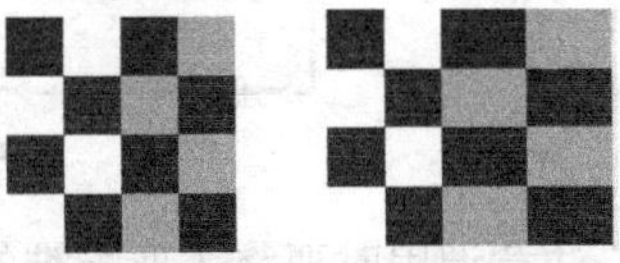
lwm	当图像中的变形具有局部化特点，并且分段线性条件不够充分时考虑使用本变换	6 对儿（推荐 12 对儿）	

（4）根据变换结构对输入图像进行变换，完成基于基准点的对准。

调用 imtransform()函数进行变换，调用代码如下。从而实现配准，函数返回配准后的图像，如图 4.20（a）所示。

```
>> Iout = imtransform(Iin, tform);
>> figure
subplot(1, 2, 1), imshow(Iout);
subplot(1, 2, 2), imshow(Ibase);
```

图 4.20（b）给出了采用投影模型（调用 cp2tform()函数时第 3 个参数为'projective'）的配准效果，同图 4.20（a）相比，4 个基准点的对齐效果更好，但输入图像的变形也更大一些。

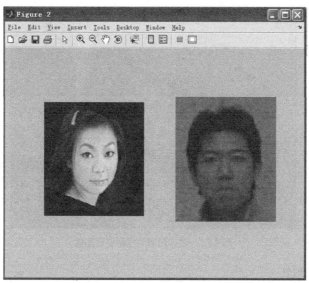

（a）采用仿射模型

（b）采用投影模型

图 4.20　配准后的图像

4.9　Visual C++高级应用实例——汽车牌照的投影失真校正

　　本节介绍一个汽车牌照自动分析的应用背景,操作的目标是识别出图 4.21 中汽车牌照中的字符。拍摄时的成像角度决定了在图中的车牌发生了一定程度的投影失真（场景显得倾斜直线仍然为直线,但平行线不再平行）,作为车牌边框的矩形成了梯形。车牌中的字符也随之出现了相应的投影变形,导致车牌字符在不同角度的拍摄图像中呈现出截然不同的外观（见图 4.1）,这无疑给后续的识别工作带来了极大的困难,而且过度倾斜的图像也给后续的预处理工作,如字符分割,增加了不少难度。

　　有关（数字）字符的识别请参考本书第 15 章人工神经网络中给出的基于 ANN 的数字字符识别的工程案例,这里不考虑识别,只关心车牌图像的几何归一化问题。

图 4.21　汽车牌照的投影变形图像

4.9.1　系统分析与设计

1．建立投影变换模型

在 4.1 节曾指出恢复投影变形的关键就是要找到原始图像与失真（变形）图像之间的关系 $s(x_0, y_0)$ 和 $t(x_0, y_0)$，一旦变换关系 s 和 t 已知，就可以根据式（4-1）和式（4-2）将原图像 $f(x_0, y_0)$ 中的每一点映射到失真图像 $g(x_1, y_1)$ 当中，从而通过读者熟悉的复制对应像素的方式获得 f 中像素点的取值。然而在实践中，得到关系 $s(x_0, y_0)$ 和 $t(x_0, y_0)$ 并非易事。首先一些较为复杂的几何失真是很难通过几个解析式来描述的，即很难对这样的失真过程建模。此外，即便是已经找到了用于描述几何失真的合理模型，如何确定该模型的参数将是又一个棘手的问题。

对于本节将要讨论的投影变形，本节已经有了合适的解析式来描述，即通过下面的双线性方程来建模。

$$x_1 = s(x_0, y_0) = c_1 x_0 + c_2 y_0 + c_3 x_0 y_0 + c_4 \tag{4-32}$$

$$y_1 = t(x_0, y_0) = c_5 x_0 + c_6 y_0 + c_7 x_0 y_0 + c_8 \tag{4-33}$$

式（4-32）和式（4-33）中总共有 8 个参数，$c_1, c_2, \cdots, c_8$。如果能够找到 4 对儿对应点（基准点），就能够建立 8 个方程，解出 c_1 到 c_8 这 8 个参数，从而确定映射关系 $s(x_0, y_0)$ 和 $t(x_0, y_0)$。为此，读者必须至少知道 4 个原图像中的点在投影失真的图像中被映射到的对应位置。

有多种不同的技术用于建立基准点对儿，一些图像生成系统存在物理的人为缺陷，如金属点，镶嵌在图像传感器上。这就产生了一个已知的点集，在获取的图像中这些点的位置是容易得到的。再比如说对于图 4.21 中的汽车牌照图像，在其二值化图像中用霍夫变换（参见第 12 章）检测出四边形的边框线，根据边框线的交点确定四边形的 4 个顶点，将其作为基准点将是一个不错的选择。

简单起见，工程中省略了在失真图像中寻找基准点的过程，而是直接在图中以交互的方式确定了牌照边框四边形的 4 个顶点作为基准点，从左上角开始按照顺时针方向依次为：$(x(1)_1, y(1)_1) = (108, 135)$，$(x(2)_1, y(2)_1) = (274, 51)$，$(x(3)_1, y(3)_1) = (295, 119)$，$(x(4)_1, y(4)_1) = (158, 248)$。

对于原始图像，假想其中的一个矩形区域作为投影失真的车牌校正后的目标位置，由于已知一般的车牌宽高比例为 3.1 : 1 左右，因此设定校正目标矩形的高度为 100，宽度为 310，则原图像中 4 个对应基准点为：$(x(1)_0, y(1)_0) = (0, 0)$，$(x(2)_0, y(2)_0) = (310, 0)$，$(x(3)_0, y(3)_0) = (310, 100)$，$(x(4)_0, y(4)_0) = (0, 100)$。

将 4 个基准点对儿的坐标代入式（4-32），得：

$$\begin{cases} x(1)_1 = s(x(1)_0, y(1)_0) = c_1 x(1)_0 + c_2 y(1)_0 + c_3 x(1)_0 y(1)_0 + c_4 \\ x(2)_1 = s(x(2)_0, y(2)_0) = c_1 x(2)_0 + c_2 y(2)_0 + c_3 x(2)_0 y(2)_0 + c_4 \\ x(3)_1 = s(x(3)_0, y(3)_0) = c_1 x(3)_0 + c_2 y(3)_0 + c_3 x(3)_0 y(3)_0 + c_4 \\ x(4)_1 = s(x(4)_0, y(4)_0) = c_1 x(4)_0 + c_2 y(4)_0 + c_3 x(4)_0 y(4)_0 + c_4 \end{cases}$$

$$\Rightarrow X_1 = X_0 C_{1\sim4}$$

从而可以解出前 4 个变换参数：

$$\Rightarrow C_{1\sim4} = X_0^{-1} X_1 \qquad\qquad (4\text{-}34)$$

类似地，将 4 个基准点对儿的坐标代入式（4-33），可解出后个变换参数 $C_{5\sim8}$。

2. 根据模型实施变换

在掌握了变换函数 $s(x_0, y_0)$ 和 $t(x_0, y_0)$ 的全部情况之后，由投影变形图像 g 恢复原始图像 f 的过程实际上就是算法 4.1 中描述的一般几何变换过程的逆过程，下面给出这一过程的伪代码描述。

算法 4.2

根据空间变换的映射关系（变换函数），确定变换后目标图像的大小（行、列范围）；

逐行扫描原始图像 $f(x_0, y_0)$，对于 $f(x_0, y_0)$ 中的每一点 (j_0, i_0)：
{
根据空间变换的映射关系，计算得：
$j_1' = s(j_0, i_0)$;
$i_1' = t(j_0, i_0)$;

根据选用的插值方法：
$(j_1, i_1) = interp(j_1', i_1')$;

If (j_1, i_1) 在图像 f 之内
　　　复制对应像素：$f(j_0, i_0) = g(j_1, i_1)$;
Else
　$f(j_0, i_0) = 255$;
}

4.9.2 系统实现

下面依据 4.9.1 小节中的思路一步步地来实现投影失真校正。

（1）函数 GetProjPara() 用于计算投影变换所需的 8 个参数。pPointBase 和 pPointSampl 分别为基准图像的基准点数组和投影变形图像的基准点数组。解出的 8 个参数存入动态数组 pDbProjPara 中，并以参数形式返回。编程代码如下。

```
/*********************
void  CImgProcess::GetProjPara(CPoint*  pPointBase,  CPoint*  pPointSampl,  double*
pDbProjPara)
功能:      根据基准点对儿（对儿）确定变换参数
参数:      CPoint* pPointBase: 基准图像的基准点
           CPoint* pPointSampl: 输入图像的基准点
           double* pDbProjPara: 变换参数
返回值:    无
*********************/
void  CImgProcess::GetProjPara(CPoint*  pPointBase,  CPoint*  pPointSampl,  double*
pDbProjPara)
{
     int i;

     //投影线性方程的系数矩阵
     double** ppParaMat;
```

```
        ppParaMat = new double*[m_nBasePt];
        for(i=0; i<m_nBasePt; i++)
        {
            ppParaMat[i] = new double[m_nBasePt];
        }

        for(i=0; i<m_nBasePt; i++)
        {
            ppParaMat[i][0] = pPointBase[i].x;
            ppParaMat[i][1] = pPointBase[i].y;
            ppParaMat[i][2] = pPointBase[i].x * pPointBase[i].y;
            ppParaMat[i][3] = 1;
        }

        double* pResMat;//结果矩阵
        pResMat = new double[m_nBasePt];
        for(i=0; i<m_nBasePt; i++)//计算前 4 个系数 c1,c2,c3,c4
        {
            pResMat[i] = pPointSampl[i].x; //投影线性方程的值 x'
        }

        // 采用左乘系数矩阵的逆矩阵的方法解出投影变换的前 4 个系数 c1,c2,c3,c4
        InvMat(ppParaMat, m_nBasePt);
        ProdMat(ppParaMat, pResMat, pDbProjPara, m_nBasePt, 1, m_nBasePt);//求出前 4 个系数

        for(i=0; i<m_nBasePt; i++)//计算后 4 个系数 c5,c6,c7,c8
        {
            pResMat[i] = pPointSampl[i].y; //投影线性方程的值 y'
        }
        // 采用左乘系数矩阵的逆矩阵的方法解出投影变换的后 4 个系数 c5,c6,c7,c8
        ProdMat(ppParaMat, pResMat, pDbProjPara+m_nBasePt, m_nBasePt, 1, m_nBasePt);//求
出后 4 个系数

        //释放空间
        delete[] pResMat;

        for(i=0; i<m_nBasePt; i++)
        {
            delete[] ppParaMat[i];
        }
        delete[] ppParaMat;
    }
```

（2）InvMat()函数用于实现式（4-34）中的矩阵求逆运算，算法采用了 Gauss-Jordan 方法。编程代码如下。

```
/********************
BOOL CImgProcess::InvMat(double** ppDbMat, int nLen)
功能:          计算 ppDbMat 的逆矩阵
注:            ppDbMat 必须为方阵
参数:          double** ppDbMat: 输入矩阵
               int nLen: 矩阵 ppDbMat 的尺寸
返回值:        BOOL
               =true: 执行成功
               =false: 计算过程中出现错误
********************/
BOOL CImgProcess::InvMat(double** ppDbMat, int nLen)
{
    double* pDbSrc = new double[nLen * nLen];

    int *is,*js,i,j,k;
```

```
//保存要求逆的输入矩阵
int nCnt = 0;
for(i=0; i<nLen; i++)
{
    for(j=0; j<nLen; j++)
        pDbSrc[nCnt++] = ppDbMat[i][j];
}

double d,p;
is = new int[nLen];
js = new int[nLen];
for(k=0;k<nLen;k++)
{
    d=0.0;
    for(i=k;i<nLen;i++)
        for(j=k;j<nLen;j++)
        {
            p=fabs(pDbSrc[i*nLen + j]); //找到绝对值最大的系数
            if(p>d)
            {
                d = p;

                //记录绝对值最大的系数的行、列索引
                is[k] = i;
                js[k] = j;
            }
        }
    if(d+1.0==1.0)
    {//系数全是 0，系数矩阵为 0 阵，此时为奇异矩阵
        delete is;
        delete js;
        return FALSE;
    }
    if(is[k] != k) //当前行不包含最大元素
        for(j=0;j<nLen;j++)
        {
            //交换两行元素
            p = pDbSrc[k*nLen + j];
            pDbSrc[k*nLen + j] = pDbSrc[(is[k]*nLen) + j];
            pDbSrc[(is[k])*nLen + j] = p;
        }
    if(js[k] != k) //当前列不包含最大元素
        for(i=0; i<nLen; i++)
        {
            //交换两列元素
            p = pDbSrc[i*nLen + k];
            pDbSrc[i*nLen + k] = pDbSrc[i*nLen + (js[k])];
            pDbSrc[i*nLen + (js[k])] = p;
        }

    pDbSrc[k*nLen + k]=1.0/pDbSrc[k*nLen + k]; //求主元的倒数

    // a[k,j]a[k,k] -> a[k,j]
    for(j=0; j<nLen; j++)
        if(j != k)
        {
            pDbSrc[k*nLen + j]*=pDbSrc[k*nLen + k];
        }

    // a[i,j] - a[i,k]a[k,j] -> a[i,j]
    for(i=0; i<nLen; i++)
        if(i != k)
            for(j=0; j<nLen; j++)
```

```
                            if(j!=k)
                            {
                                pDbSrc[i*nLen + j] -= pDbSrc[i*nLen + k]*pDbSrc[k*nLen + j];
                            }

            // -a[i,k]a[k,k] -> a[i,k]
            for(i=0; i<nLen; i++)
                if(i != k)
                {
                    pDbSrc[i*nLen + k] *= -pDbSrc[k*nLen + k];
                }
        }
        for(k=nLen-1; k>=0; k--)
        {
            //恢复列
            if(js[k] != k)
                for(j=0; j<nLen; j++)
                {
                    p = pDbSrc[k*nLen + j];
                    pDbSrc[k*nLen + j] = pDbSrc[(js[k])*nLen + j];
                    pDbSrc[(js[k])*nLen + j] = p;
                }
            //恢复行
            if(is[k] != k)
                for(i=0; i<nLen; i++)
                {
                    p = pDbSrc[i*nLen + k];
                    pDbSrc[i*nLen + k] = pDbSrc[i*nLen +(is[k])];
                    pDbSrc[i*nLen + (is[k])] = p;
                }
        }

        //将结果复制回系数矩阵 ppDbMat
        nCnt = 0;
        for(i=0; i<m_nBasePt; i++)
        {
            for(j=0; j<m_nBasePt; j++)
            {
                ppDbMat[i][j] = pDbSrc[nCnt++];
            }
        }

        //释放空间
        delete is;
        delete js;
        delete[] pDbSrc;

        return TRUE;
}
```

（3）函数 ProdMat()用于实现式（4-34）中的矩阵乘法，相应代码如下。

```
/*********************
void CImgProcess::ProdMat(double** ppDbMat, double *pDbSrc2, double *pDbDest, int y, int
x, int z)
```

功能：　　　计算两矩阵的乘积

注：　　　　该函数计算两个矩阵的相乘，然后将相乘的结果存放在 pDbDest 中。

　　　　　　其中 pDbSrc1 *的大小为 x*z，pDbSrc2 的大小为 z*y，pDbDest 的大小为 x*y

参数：　　　double　*pDbSrc1：指向相乘矩阵的内存

　　　　　　double　*pDbSrc2：指向相乘矩阵的内存

　　　　　　double　*pDbDest：存放矩阵相乘运行结果的内存指针

　　　　　　int　　x：矩阵的尺寸，具体参见函数注

　　　　　　int　　y：矩阵的尺寸，具体参见函数注

　　　　　　int　　z：矩阵的尺寸，具体参见函数注

```
返回值：    无
*********************/
void CImgProcess::ProdMat(double** ppDbMat, double *pDbSrc2, double *pDbDest, int y, int
x, int z)
{
    int nCnt = 0;
    int i,j;
    double * pDbSrc1 = new double[m_nBasePt * m_nBasePt];
    for(i=0; i<m_nBasePt; i++)
    {
        for(j=0; j<m_nBasePt; j++)
            pDbSrc1[nCnt++] = ppDbMat[i][j];   //保存要求逆的输入矩阵
    }

    //矩阵相乘
    for(i=0;i<y;i++)
    {
        for(j=0;j<x;j++)
        {
            pDbDest[i*x + j] = 0;
            for(int m=0;m<z;m++)
                pDbDest[i*x + j] += pDbSrc1[i*z + m]*pDbSrc2[m*x + j];
        }
    }

    //将结果复制回系数矩阵 ppDbMat
    nCnt = 0;
    for(i=0; i<m_nBasePt; i++)
    {
        for(j=0; j<m_nBasePt; j++)
            ppDbMat[i][j] = pDbSrc1[nCnt++];
    }

    delete []pDbSrc1;
}
```

（4）函数 ProjTrans()根据变换参数 pDbProjPara 数组对点 pt 实施投影变换，实现代码如下。

```
/********************
MYPOINT CImgProcess::ProjTrans(CPoint pt, double* pDbProjPara)
功能：      根据变换参数对点 pt 实施投影变换
参数：      CPoint pt: 要进行投影变换的点坐标
            double* pDbProjPara: 变换参数
返回值：    MYPOINT
********************/
MYPOINT CImgProcess::ProjTrans(CPoint pt, double* pDbProjPara)
{
    MYPOINT retPt;
    retPt.x = pDbProjPara[0] * pt.x + pDbProjPara[1] * pt.y + pDbProjPara[2] * pt.x *
pt.y + pDbProjPara[3];
    retPt.y = pDbProjPara[4] * pt.x + pDbProjPara[5] * pt.y + pDbProjPara[6] * pt.x *
pt.y + pDbProjPara[7];
    return retPt;
}
```

（5）最后，CImgProcess 类提供的 ImProjRestore 方法封装了上述的投影变形校正过程，该函数根据基准图像的基准点数组 pPointBase 与对应的输入图像的基准点数组 bPointSampl 调用 GetProjPara 方法确定变换参数，再依照算法 4.2 的描述，扫描图像，调用 ProjTrans()函数实现对每个点的投影映射，复制对应像素，从而得到基准图像 $f(x_0, y_0)$。实现代码如下。

```
/********************
BOOL CImgProcess::ImProjRestore(CImgProcess* pTo, CPoint *pPointBase, CPoint *pPointSampl,
bool bInterp)
```

功能： 实施投影变形校正
参数： CImgProcess* pTo: 校准后图像的 CImgProcess 指针
CPoint *pPointBase: 基准图像的基准点数组
CPoint *pPointSampl: 输入图像的基准点数组
bool bInterp: 是否使用(双线性)插值
返回值： MYPOINT
********************/

```cpp
BOOL CImgProcess::ImProjRestore(CImgProcess* pTo, CPoint *pPointBase, CPoint *pPointSampl,
bool bInterp)
{
    double* pDbProjPara = new double[m_nBasePt * 2];
    GetProjPara(pPointBase, pPointSampl, pDbProjPara);

    //用得到的变换系数对图像实施变换
    int i, j;
    int nHeight = pTo->GetHeight();
    int nWidth = pTo->GetWidthPixel();
    for(i=0; i<nHeight; i++)
    {
        for(j=0; j<nWidth; j++)
        {
            //对每个点(j, i)，计算其投影失真后的点 ptProj
            MYPOINT ptProj = ProjTrans( CPoint(j, i), pDbProjPara );

            if(bInterp)
            {
                int nGray = InterpBilinear(ptProj.x, ptProj.y);
                                        //输入图像(投影变形图像)的对应点灰度
                if(nGray >= 0)
                    pTo->SetPixel(j, i, RGB(nGray, nGray, nGray));
                else
                    pTo->SetPixel(j, i, RGB(255, 255, 255)); //超出图像范围，填充白色
            }
            else
            {
                int ii = ptProj.y + 0.5; //四舍五入的最近邻插值
                int jj = ptProj.x + 0.5;
                if( ii>0 && ii<GetHeight() && jj>0 && jj<GetWidthPixel() )
                    pTo->SetPixel(j, i, GetPixel(jj, ii));
                else
                    pTo->SetPixel(j, i, RGB(255, 255, 255)); //超出图像范围，填充白色
            }
        }
    }
    delete pDbProjPara;
    return TRUE;
}
```

4.9.3 功能测试

本节在视类中编写了 OnGeomCali( )函数用于测试系统的功能。该函数首先调用一个对话框让用户以交互的方式设定输入图像和基准图像的基准点坐标，对于汽车牌照的示例图片 leftside.bmp，参数设置如图 4.22 所示。

以通过交互方式获得的基准点对儿数组 pBasePts()以及 pSrcPts()作为参数，调用 ImProjRestore()函数即可完成输入图像与基准图像之间的配准，从而实现对输入图像的投影失真校正。函数的最后一个参数为 0 表示使用最近邻插值，为 1 则使用双线性插值，分别使用这两种插值方法的处理效果如图 4.23（a）、图 4.23（b）所示。相应的调用代码如下。

图 4.22　投影变形校正的参数设定

```
imgInput.ImProjRestore(&imgOutput, pBasePts, pSrcPts, 1); //使用双线性插值的投影校正
```

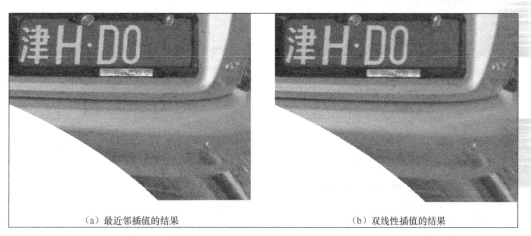

（a）最近邻插值的结果　　　　　　　　　　　（b）双线性插值的结果

图 4.23　投影变形校正后的汽车牌照图像

由图 4.23 可见，在处理后的图像中车牌区域已经归一化成了一个标准矩形，其中的字符变形也得到了很好的校正。

菜单响应函数 OnGemoCali()的完整实现如下。

```
void CDIPDemoView::OnGeomCali()
{
    // 投影校正

    // 获取文档
    CDIPDemoDoc* pDoc = GetDocument();

    // 输入对象
    CImgProcess imgInput = pDoc->m_Image;

    // 检查图像是否为灰度图
    if (imgInput.m_pBMIH->biBitCount!=8)
    {
        AfxMessageBox("不是 8-bpp 灰度图像，无法处理！");
```

```
        return;
    }

    // 输出的临时对象
    CImgProcess imgOutput = imgInput;

    CPoint pBasePts[4]; //基准图像基准点数组
    CPoint pSrcPts[4];  //输入图像基准点数组

    // 创建对话框
    CDlgProjRestore dlgPara;

    // 初始化输入图像基准点
    dlgPara.m_xPt1 = 108;
    dlgPara.m_yPt1 = 135;

    dlgPara.m_xPt2 = 274;
    dlgPara.m_yPt2 = 51;

    dlgPara.m_xPt3 = 295;
    dlgPara.m_yPt3 = 119;

    dlgPara.m_xPt4 = 158;
    dlgPara.m_yPt4 = 248;

    // 初始化基准图像基准点
    dlgPara.m_xBPt1 = 0;
    dlgPara.m_yBPt1 = 0;

    dlgPara.m_xBPt2 = 310;
    dlgPara.m_yBPt2 = 0;

    dlgPara.m_xBPt3 = 310;
    dlgPara.m_yBPt3 = 100;

    dlgPara.m_xBPt4 = 0;
    dlgPara.m_yBPt4 = 100;

    // 显示对话框，提示用户设定参数
    if (dlgPara.DoModal() != IDOK)
    {
        // 返回
        return;
    }

    // 获取用户设定的参数
    pBasePts[0] = CPoint(dlgPara.m_xBPt1, dlgPara.m_yBPt1);
    pBasePts[1] = CPoint(dlgPara.m_xBPt2, dlgPara.m_yBPt2);
    pBasePts[2] = CPoint(dlgPara.m_xBPt3, dlgPara.m_yBPt3);
    pBasePts[3] = CPoint(dlgPara.m_xBPt4, dlgPara.m_yBPt4);

    pSrcPts[0] = CPoint(dlgPara.m_xPt1, dlgPara.m_yPt1);
    pSrcPts[1] = CPoint(dlgPara.m_xPt2, dlgPara.m_yPt2);
    pSrcPts[2] = CPoint(dlgPara.m_xPt3, dlgPara.m_yPt3);
    pSrcPts[3] = CPoint(dlgPara.m_xPt4, dlgPara.m_yPt4);

    // 更改光标形状
    BeginWaitCursor();

    // 调用 ImProjRestore( )函数实现图像投影校正
    imgInput.ImProjRestore(&imgOutput, pBasePts, pSrcPts, 1);

    // 将结果返回给文档类
```

```
        pDoc->m_Image = imgOutput;

        // 设置脏标记
        pDoc->SetModifiedFlag(TRUE);

        // 更新视图
        pDoc->UpdateAllViews(NULL);

        // 恢复光标
        EndWaitCursor();
}
```

读者可以通过示例程序 DIPDemo 中的菜单命令"几何变换→投影校正"来触发 OnGemoCali() 函数，观察处理效果。

第 5 章　空间域图像增强

图像增强是数字图像处理相对简单却最具艺术性的领域之一，增强的目的是消除噪声，显现那些被模糊了的细节或简单地突出一幅图像中读者感兴趣的特征。一个简单的例子是增强图像的对比度，使其看起来更加一目了然。应记住，增强是图像处理中非常主观的领域，它以怎样构成好的增强效果这种人的主观偏好为基础，也正是这一点为其赋予了艺术性。这与图像复原技术刚好相反，图像复原也是改进图像外貌的一个处理领域，但它是客观的。

本章的知识和技术热点
（1）空间域滤波的基础知识
（2）相关和卷积
（3）图像平滑，包括平均平滑和高斯平滑
（4）中值滤波及其改进算法
（5）图像锐化，包括梯度算子、拉普拉斯算子、高提升滤波和高斯-拉普拉斯变换

本章的典型案例分析
（1）对椒盐噪声的平滑效果比较
（2）Laplacian 与 LoG 算子的锐化效果比较

5.1　图像增强基础

1．为什么要进行图像增强

图像增强是指根据特定的需要突出一幅图像中的某些信息，同时，削弱或去除某些不需要的信息的处理方法。其主要目的是使处理后的图像对某种特定的应用来说，比原始图像更适用。因此，这类处理是为了某种应用目的而去改善图像质量的。处理的结果是使图像更适合于人的观察或机器的识别系统。

应该明确的是增强处理并不能增强原始图像的信息，其结果只能增强对某种信息的辨别能力，而同时这种处理有可能损失一些其他信息。正因如此很难找到一个评价图像增强效果优劣的客观标准，也就没有特别通用模式化的图像增强方法，总是要读者根据具体期望的处理效果做出取舍。

2．图像增强的分类

图像增强技术基本上可分成两大类：一类是空间域增强，另一类是频率域增强。本章着重介绍空间域增强技术，下一章讲述频率域图像增强技术。

空间域图像增强与频率域图像增强不是两种截然不同的图像增强技术，实际上在相当程度上说它们是在不同的领域做同样的事情，是殊途同归的，只是有些滤波更适合在空间域完成，而有些则更适合在频率域中完成。

空间域图像增强技术主要包括直方图修正、灰度变换增强、图像平滑化以及图像锐化等。在增强过程中可以采用单一方法处理，但更多实际情况是需要采用几种方法联合处理，才能达到预期的增强效果（永远不要指望某个单一的图像处理方法可以解决全部问题）。

在第 3 章中通过灰度变换改善图像外观的方法，以及 3.7 节、3.8 节中的直方图灰度修正技术（即直方图均衡化和直方图规定化）都是图像增强的有效手段，这些方法的共同点是变换是直接针对像素灰度值的，与该像素所处的邻域无关，而空间域增强则是基于图像中每一个小范围（邻域）内的像素进行灰度变换运算，某个点变换之后的灰度由该点邻域之内的那些点的灰度值共同决定，因此空间域增强也称为邻域运算或邻域滤波。空间域变换可使用下式描述：

$$g(x, y) = T[f(x, y)] \tag{5-1}$$

5.2 空间域滤波

滤波是信号处理中的一个概念，是将信号中特定波段频率滤除的操作，在数字信号处理中通常通过傅里叶变换及其逆变换实现。由于下面要学习的内容实际上和通过傅里叶变换实现的频域下的滤波是等效的，故而也称为滤波。空间域滤波主要直接基于邻域（空间域）对图像中像素执行计算，本章使用空间域滤波这一术语区别于第 6 章中将要讨论的频率域滤波。

1. 空间域滤波和邻域处理

对图像中的每一点(x, y)，重复下面的操作。

（1）对预先定义的以(x, y)为中心的邻域内的像素进行运算。

（2）将（1）中运算的结果作为(x, y)点新的响应。

上述过程就称为邻域处理或空间域滤波。一幅数字图像可以看成一个二维函数$f(x, y)$，而x-y平面表明了空间位置信息，称为空间域，基于x-y空间邻域的滤波操作叫作空间域滤波。如果对于邻域中的像素计算为线性运算，则又称为线性空间域滤波，否则称为非线性空间域滤波。

图 5.1 直观地展示了用一个 3×3 的模板（又称为滤波器、模板、掩模、核或者窗口）进行空间滤波的过程，模板为w，用黑笔圈出的是其中心。

滤波过程就是在图像$f(x, y)$中逐点地移动模板，使模板中心和点(x, y)重合。在每一点(x, y)处，滤波器在该点的响应是根据模板的具体内容并通过预先定义的关系来计算。一般来说模板中的非 0 元素指出了邻域处理的范围，只有那些当模板中心与点(x, y)重合时，图像f中和模板中非 0 像素重合的像素参与了决定点(x, y)像素值的操作。在线性空间滤波中模板的系数则给出了一种加权模式，即(x, y)处的响应由模板系数与模板下面区域的相应f的像素值的乘积之和给出。例如，对于图 5.1 而言，此刻对于模板的响应 R 为：

$R = w(-1, -1) f(x-1, y-1) + w(-1, 0) f(x-1, y) + \cdots + w(0, 0) f(x, y) + \cdots + w(1, 0) f(x+1, y) + w(1, 1) f(x+1, y+1)$

更一般的情况，对于一个大小为 $m \times n$ 的模板，其中 $m = 2a+1$，$n = 2b+1$，a，b 均为正整数，即模板长与宽均为基数，且可能的最小尺寸为 3×3（偶数尺寸的模板由于其不具有对称性因而很少被使用，而 1×1 大小的模板的操作不考虑邻域信息，退化为图像点运算），可以将滤波操作形式化地表示为：

$$g(x, y) = \sum_{s=-a}^{a} \sum_{t=-b}^{b} w(s, t) f(x+s, y+t) \tag{5-2}$$

对于大小为 $M \times N$ 的图像$f(0, \cdots, M-1, 0, \cdots, N-1)$，对 $x = 0, 1, 2, \cdots, M-1$ 和 $y = 0, 1, 2, \cdots, N-1$ 依次应用公式，从而完成了对于图像f所有像素的处理，得到新的图像g。

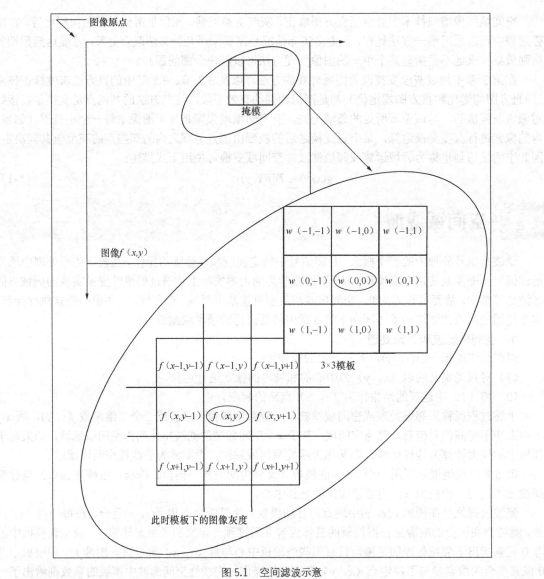

图 5.1 空间滤波示意

2. 边界处理

执行滤波操作要注意的一点是当模板位于图像边缘时,会产生模板的某些元素很可能会位于图像之外的情况,这时,对于在边缘附近执行滤波操作需要单独处理,以避免引用到本不属于图像的无意义的值(在 MATLAB 中这将引起系统的警告,而在 VC 中很可能会由于非法访问内存而产生运行错误)。

以下 3 种策略都可以用来解决边界问题。

(1)收缩处理范围——处理时忽略位于图像 f 边界附近会引起问题的那些点,如对于图 5.1 中所使用的模板,处理时忽略图像 f 四周一圈 1 个像素宽的边界,即只处理从 $x=1,2,3,\cdots,M-2$ 和 $y=1,2,3,\cdots,N-2$(在 MATLAB 中应为 $x=2,3,4,\cdots,M-1$ 和 $y=2,3,4,\cdots,N-1$)范围内的点,从而确保了滤波过程中模板始终不会超出图像 f 的边界。

(2)使用常数填充图像——根据模板形状为图像 f 虚拟出边界,虚拟边界像素值为指定的常数,如 0,得到虚拟图像 f',保证模板在移动过程中始终不会超出 f' 的边界。

（3）使用复制像素的方法填充图像——和（2）基本相同，只是用来填充虚拟边界像素值的不是固定的常数，而是复制图像 f 本身边界的模式。

这些技巧在本章后面的小节程序设计实例中将给出具体实现。

3. 相关和卷积

除了 5.4.1 小节给出的滤波过程外还有一种称为卷积的滤波过程。5.4.1 小节中给出的滤波公式实际上是一种相关，而卷积的形式化表示略有不同，表示如下。

$$g(x,y) = \sum_{s=-a}^{a} \sum_{t=-b}^{b} w(-s,-t) f(x+s, y+t) \qquad (5-3)$$

尽管差别细微，但有本质不同，卷积时模板是相对其中心点做镜像后再对 f 位于模板下的子图像做加权和的，或者说在做加权和之前模板先要以其中心点为原点旋转 $180°$。如果忽略了这一细微差别将导致完全错误的结果，只有当模板本身是关于中心点对称时，相关和卷积的结果才会相同。

4. 滤波操作的 MATLAB 实现

MATLAB 中与滤波相关的函数主要有 imfilter() 和 fspecial()。Imfilter() 完成滤波操作，而 fspecial() 可以为使用者创建一些预定义的二维滤波器，直接供 imfilter() 函数使用。

（1）滤波函数 imfilter() 的原型如下。

```
g = imfilter(f,w,option1,option2,...)
```

参数说明：

- f 是要进行滤波操作的图像；
- w 是滤波操作所使用的模板，为一个二维数组；
- option1, option2, … 是可选项，具体可以包括以下内容。

① 边界选项：主要针对本小节标题 2 提到的边界处理问题，如表 5.1 所示。

表 5.1　　　　　　　　　　　　　　边界选项合法值的含义表

合法值	含义
X（X 代表一个具体的数字）	用固定数值 X 填充虚拟边界，默认情况是用 0 填充
'symmetric'	填充虚拟边界的内容是通过对靠近原图像边缘的像素相对于原图像边缘做镜像而得到
'replicate'	填充虚拟边界的内容总是重复与它最近的边缘像素
'circular'	认为原图像模式具有周期性，从而周期性地填充虚拟边界的内容

采用第一种方式固定值填充虚拟边界的问题是在边缘附近会产生梯度，采用后面 3 种方式填充可让边缘显得平滑。

② 尺寸选项：由于滤波中填充了边界，有必要指定输出图像 g 的大小，如表 5.2 所示。

表 5.2　　　　　　　　　　　　　　尺寸选项的合法值的含义

合法值	含义
'same'	输出图像 g 与输入图像 f 尺寸相同
'full'	输出图像 g 的尺寸为填充虚拟边界后的图像 f' 的尺寸，因而大于输入图像 f 的尺寸

③ 模式选项：指明滤波过程是相关还是卷积，如表 5.3 所示。

表 5.3　　　　　　　　　　　　　　模式选项的合法值的含义

合法值	含义
'corr'	滤波过程为相关
'conv'	滤波过程为卷积

返回值：

- g 为滤波后的输出图像。

【例 5.1】读入灰度图像 f = cameraman.tif，用模板 $w = 1/9 \times \begin{pmatrix} 1 & 1 & 1 \\ 1 & 1 & 1 \\ 1 & 1 & 1 \end{pmatrix}$ 对 f 进行相关滤波，采用重复的边界填充方式。相关代码如下。

```
>> f = imread('cameraman.tif'); %读入图像
>> imshow(f); %得到图 5.2（a）的图像
>> w = [1 1 1; 1 1 1; 1 1 1] / 9 %滤波模板

w =

    0.1111    0.1111    0.1111
    0.1111    0.1111    0.1111
    0.1111    0.1111    0.1111

>> g = imfilter(f, w, 'corr', 'replicate'); %滤波
>> figure, imshow(g); %得到 5.2（b）的图像
```

运行结果如图 5.2 所示。

（a）滤波前图像cameraman.tif　　　（b）图像（a）经滤波后

图 5.2　相关滤波前后对比

（2）可创建预定义的二维滤波器的 fspecial() 函数的常见调用格式如下。

```
h = fspecial(type,parameters)
```

参数说明：

- 参数 *type* 指定了滤波器的类型，其中一些类型的滤波器将在 5.3 节和 5.4 节中介绍，有些则将放到第 12 章的图像分割中，作为边缘检测的算子。*type* 的一些合法值如表 5.4 所示。

表 5.4　　　　　　　　　　　　　　type 闭合法取值表

合法取值	功能描述
'average'	平均模板
'disk'	圆形邻域的平均模板
'gaussian'	高斯模板
'laplacian'	拉普拉斯模板
'log'	高斯-拉普拉斯模板
'prewitt'	Prewitt 水平边缘检测算子
'sobel'	Sobel 水平边缘检测算子

- 可选输入 parameters 是和所选定的滤波器类型 *type* 相关的配置参数，如尺寸和标准差等，如果不提供则函数使用该类型的默认参数配置。

返回值：

- 返回值 *h* 为特定的滤波器。

下面结合以下几种代表性的情况具体说明。

① *h* = fspecial（'average',hsize），返回一个大小为 *hsize* 的平均模板滤波器 *h*。参数 hsize 可以是一个含有两个分量的向量，指明 *h* 的行和列的数目；也可以仅为一个正整数，此时对应于模板为方阵的情况。*hsize* 的默认值为[3 3]。

② *h* = fspecial（'disk',radius），返回一个半径为 *radius* 的圆形平均模板，*h* 是一个(2*radius*+1)×(2*radius*+1)的方阵。半径 *radius* 的默认值为 5。

③ *h* = fspecial（'gaussian',hsize,sigma），返回一个大小为 *hsize*，标准差 σ =*sigma* 的高斯低通滤波器。*hsize* 的默认值为[3 3]，sigma 的默认值为 0.5。

④ *h* = fspecial（'sobel'），返回一个加强水平边缘的竖直梯度算子。

$$h = \begin{pmatrix} 1 & 2 & 1 \\ 0 & 0 & 0 \\ -1 & -2 & -1 \end{pmatrix}$$

如果需要检测竖直边缘，则使用 h'。

5. 滤波操作的 Visual C++实现

下面为 CImgProcess 类添加用于线性滤波的模板操作，函数 Template()类似于 MATLAB 中的 imfilter()方法，它支持任意大小的模板（*nTempH*×*nTempW*），并且提供了更大的模板设定的自由度。

模板的中心可以由参数 *int nTempMX* 和 *int nTempMY* 任意指定。参数 *FLOAT*×*pfArray* 为指向模板数组的指针，而参数 *FLOAT fCoef* 为模板的系数，即例 5.1 中的 1/9。尽管模板本身是一个二维数组，但在程序实现中使用者将它按行存储作为一个一维数组对待，引用起来同样非常方便，如 *pfArray*[*k*×*nTempW* + *l*]表示模板第 *k* 行的第 *l* 个元素。

Template()函数中在一开始就将目标图像初始化为黑色，并且没有填充图像边界，采用的是标题 2 中提到的第 1 种收缩边界的策略。因此，经过函数 Template()滤波的输出图像的周围都有很细的一圈黑边。对于 3×3 的模板，黑边的宽度为 1。相关的代码如下。

```
/*********************
void CImgProcess::Template(CImgProcess *pTo,
                          int nTempH, int nTempW,
                          int nTempMY, int nTempMX, FLOAT *pfArray, FLOAT fCoef)
功能：  模板操作
注：        该函数用指定的模板（任意大小）来对图像进行操作，参数 iTempH 指定模板的高度，参数 iTempW
        指定模板的宽度，参数 iTempMX 和 iTempMY 指定模板的中心元素坐标，参数 pfArray 指定模板元
    素，fCoef 指定系数。
参数：  CImgProcess* pTo: 输出图像的 CImgProcess 指针
      int   nTempH: 模板的高度
      int   nTempW: 模板的宽度
      int   nTempMY: 模板的中心元素 Y 坐标( <= iTempH - 1)
      int   nTempMX: 模板的中心元素 X 坐标( <= iTempW - 1)
      FLOAT * pfArray: 指向模板数组的指针
      FLOAT fCoef: 模板系数
返回值：    无
*********************/
void CImgProcess::Template(CImgProcess *pTo,
                          int nTempH, int nTempW,
```

```
                        int nTempMY, int nTempMX, FLOAT *pfArray, FLOAT fCoef)
{
    pTo->InitPixels(0);  //目标图像初始化

    int i, j;  //循环变量

    //扫描图像进行模板操作
    for(i=nTempMY; i<GetHeight() - (nTempH - nTempMY) + 1; i++)
    {
        for(j=nTempMX; j<GetWidthPixel() - (nTempW - nTempMX) + 1; j++)
        {
            // (j,i)为中心点
            float fResult = 0;
            for(int k=0; k<nTempH; k++)
            {
                for(int l=0; l<nTempW; l++)
                {
                    //计算加权和
                    fResult += GetGray(j + l - nTempMX, i + k - nTempMY) * pfArray[k * nTempW + l];
                }
            }

            // 乘以系数
            fResult *= fCoef;

            // 取正
            fResult = (FLOAT)fabs(fResult);  //锐化时有可能出现负值

            BYTE byte;
            if(fResult > 255)
                byte = 255;
            else
                byte = fResult + 0.5;  //四舍五入

            pTo->SetPixel(j, i, RGB(byte, byte, byte));
        }//for j
    }//for i
}
```

为方便处理，在文件 ImgProcess.cpp 中作者已经为读者预定义了一些常用的模板数组，需要时可以直接使用，无需再自行设置。相关代码如下。

```
//常用模板数组

//常用模板数组

// 平均平滑 1/9
float Template_Smooth_Avg[9]={1, 1, 1,
1, 1, 1,
1, 1, 1};
// Gauss 平滑 1/16
float Template_Smooth_Gauss[9]={1, 2, 1,
2, 4, 2,
1, 2, 1};
// Sobel 垂直边缘检测
float Template_HSobel[9]={-1, 0, 1,
-2, 0, 2,
-1 ,0 , 1};

// Sobel 水平边缘检测
float Template_VSobel[9]={-1, -2, -1,
0, 0, 0,
1, 2, 1};

// LOG 边缘检测
float Template_Log[25]={0, 0, -1, 0, 0,
0, -1, -2, -1, 0,
```

```
-1, -2, 16, -2, -1,
0, -1, -2, -1, 0,
0, 0, -1, 0, 0};
// Laplacian 边缘检测
float Template_Laplacian1[9] = {0, -1, 0,
-1, 4, -1,
0, -1, 0
};
float Template_Laplacian2[9] = {-1, -1, -1,
-1, 8, -1,
-1, -1, -1};
```

5.3 图像平滑

图像平滑是一种可以减少和抑制图像噪声的实用数字图像处理技术。在空间域中一般可以采用邻域平均来达到平滑的目的。

5.3.1 平均模板及其实现

从图 5.2 所示滤波前后效果对比可以看出滤波后的图 g 有平滑或者说模糊的效果，这完全是模板 w 作用的结果。例 5.1 中的 w 提供了一种平均的加权模式，首先在以点 (x, y) 为中心 3×3 邻域内的点都参与了决定在新图像 g 中 (x, y) 点像素值的运算；而且所有系数都为 1 表示它们在参与决定 $g(x, y)$ 值的过程中贡献（权重）都相同；最后前面的系数是要保证整个模板元素和为 1，这里应为 1/9，这样就能让新图像同原始图像保持在一个灰度范围中（如[0, 255]）。这样的 w 叫作平均模板，是用于图像平滑的模板中的一种，相当于一种局部平均。更一般的平均模板为：

$$w = \frac{1}{(2k+1)^2}\begin{pmatrix} 1 & 1 & \cdots & 1 \\ 1 & 1 & \cdots & 1 \\ \cdot & & & \\ \cdot & & & \\ \cdot & & & \\ 1 & 1 & \cdots & 1 \end{pmatrix}_{(2k+1)\times(2k+1)} \tag{5-4}$$

1. 工作原理

一般来说，图像具有局部连续性质，即相邻像素的数值相近，而噪声的存在使得在噪声点处产生灰度跳跃，但一般可以合理地假设偶尔出现的噪声影响并没有改变图像局部连续的性质，例如下面的局部图像 f_sub，灰色底纹标识的为噪声点，在图像中表现为亮区中的 2 个暗点。

f_sub=

200	215	212	208	196
198	5	202	199	221
199	207	202	201	211
203	218	210	210	198
203	218	210	0	198
200	215	212	208	205

对 f 用 3×3 的平均模板进行平滑滤波后，得到的平滑后图像为 g_sub。

g_sub =

181	184	186	206	205

180	182	183	206	207
181	183	184	206	208
206	208	186	182	181
207	210	189	183	180
206	209	189	184	181

显然，通过平滑滤波，原局部图像 f_sub 中噪声点的灰度值得到了有效修正，像这样将每一个点用周围点的平均替代，从而达到减少噪声影响的过程就称为平滑或模糊。

2. MATLAB 实现

利用 imfilter() 和 fspecial()，并以不同尺寸的平均模板实现平均平滑的 MATLAB 示例代码如下。

```
I = imread('baby_noise.bmp');
>> figure, imshow(I) %得到图 5.3（a）中的图像
>> h = fspecial('average', 3); % 3*3 平均模板
>> I3 = imfilter(I, h, 'corr', 'replicate'); % 相关滤波，重复填充边界
>> figure, imshow(I3) %得到图 5.3（b）中的图像
>> h = fspecial('average', 5) % 5*5 平均模板

h =

    0.0400    0.0400    0.0400    0.0400    0.0400
    0.0400    0.0400    0.0400    0.0400    0.0400
    0.0400    0.0400    0.0400    0.0400    0.0400
    0.0400    0.0400    0.0400    0.0400    0.0400
    0.0400    0.0400    0.0400    0.0400    0.0400

>> I5 = imfilter(I, h, 'corr', 'replicate');
>> figure, imshow(I5) %得到图 5.3（c）中的图像
>> h = fspecial('average', 7); % 7*7 平均模板
>> I7 = imfilter(I, h, 'corr', 'replicate');
>> figure, imshow(I7) %得到图 5.3（d）中的图像
```

上述程序的运行效果如图 5.3 所示。从图中可以看出随着模板的增大，滤波过程在平滑掉更多的噪声的同时也使得图像变得越来越模糊，这是由平均模板的工作机理所决定的。当模板增大到 7×7 时，图像中的某些细节，如衣服上的褶皱已经难以辨识了，纽扣也变得相当模糊。实际上，当图像细节与滤波器模板大小相近时就会受到比较大的影响，尤其当它们的灰度值又比较接近时，混合效应导致的图像模糊会更明显。随着模板的进一步增大，像纽扣这样的细节都会被当作噪声平滑掉。因此，读者在确定模板尺寸时应考虑好要滤除的噪声点的大小，有针对性地进行滤波。

3. Visual C++实现

利用预定义的平均模板 Template_Smooth_Avg 和滤波函数 Template( ) 可以方便地实现 3×3 的平均平滑，代码如下所示。

```
// 3*3 平均平滑
imgInput.Template(&imgOutput, 3, 3, 1, 1, Template_Smooth_Avg, (float)1/9);
```

其中，模板长、宽均为 3，模板中心的 (x, y) 坐标为 $(1, 1)$。预定义模板 Template_Smooth_Avg 的系数取 1/9。

5.3.2　高斯平滑及其实现

1. 理论基础

平均平滑对于邻域内的像素一视同仁，为了减少平滑处理中的模糊，得到更自然的平滑效果，很自然地想到适当加大模板中心点的权重，随着距离中心点的距离增大，权重迅速减小，从而可以确保中心点看起来更接近于与它距离更近的点，基于这样的考虑得到的模板即为高斯模板。

（a）受噪声污染的婴儿老照片baby_noise.bmp　　（b）图（a）经3×3的平均模板滤波

（c）图（a）经5×5的平均模板滤波　　　（d）图（a）经7×7的平均模板滤波

图5.3　不同大小的平均模板的平滑效果

常用的3×3的高斯模板如下所示。

$$w = 1/16 \times \begin{pmatrix} 1 & 2 & 1 \\ 2 & 4 & 2 \\ 1 & 2 & 1 \end{pmatrix} \tag{5-5}$$

高斯模板名字的由来是二维高斯函数，即读者熟悉的二维正态分布密度函数，回忆一下，一个均值为0、方差为σ^2的二维高斯函数如下。其3维示意图，如图5.4所示。

$$\varphi(x,y) = \frac{1}{2\pi\sigma^2} \exp(-\frac{(x^2+y^2)}{2\sigma^2}) \tag{5-6}$$

高斯模板正是将连续的二维高斯函数的离散化表示，因此任意大小的高斯模板都可以通过建立一个（2k+1）×（2k+1）的矩阵M得到，其（i, j）位置的元素值可如下确定：

$$M(i,j) = \frac{1}{2\pi\sigma^2} \exp(-\frac{((i-k-1)^2 + (j-k-1)^2)}{2\sigma^2}) \tag{5-7}$$

✓　σ 选择的小技巧

当标准差 σ 取不同的值时，二维高斯函数
的形状会有很大的变化，因而在实际应用中选
择合适的 σ 值非常重要：如果 σ 过小，偏离中
心的所有像素权重将会非常小，相当于加权和
响应基本不考虑邻域像素的作用，这样滤波操
作退化为图像的点运算，无法起到平滑噪声的
作用；相反如果 σ 过大，而邻域相对较小，这
样在邻域内高斯模板将退化为平均模板；只有
当 σ 取合适的值时才能得到一个像素值的较好
估计。MATLAB 中 σ 的默认值为 0.5，在实际
应用中，通常对 3×3 的模板取 σ 为 0.8 左右，
对于更大的模板可以适当增大 σ 的值。

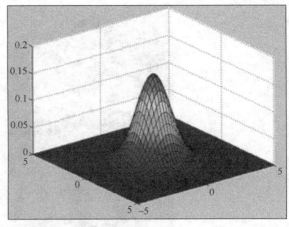

图 5.4　二维高斯函数 $\phi(x,y)=\dfrac{1}{2\pi\sigma^2}\exp(-\dfrac{(x^2+y^2)}{2\sigma^2})$

取 σ =1 时的 3 维示意

2. MATLAB 实现

采用不同的 σ 实现高斯平滑的 MATLAB 代码如下。

```
>> I = imread('baby_noise.bmp');
>> figure, imshow(I); %得到图 5.5（a）中的图像
>>
>> h3_5 = fspecial('gaussian', 3, 0.5); % sigma=0.5 的 3×3 高斯模板
>> I3_5 = imfilter(I, h3_5); % 高斯平滑
>> figure, imshow(I3_5); %得到图 5.5（b）中的图像
>>
>> h3_8 = fspecial('gaussian', 3, 0.8); % sigma=0.8 的 3×3 高斯模板
>> I3_8 = imfilter(I, h3_8);
>> figure, imshow(I3_8); %得到图 5.5（c）中的图像
>>
>> h3_18 = fspecial('gaussian', 3, 1.8) % sigma=1.8 的 3×3 高斯模板，接近于平均模板

h3_18 =

   0.0997    0.1163    0.0997
   0.1163    0.1358    0.1163
   0.0997    0.1163    0.0997

>> I3_18 = imfilter(I, h3_18);
>> figure, imshow(I3_18); %得到图 5.5（d）中的图像
>>
>> h5_8 = fspecial('gaussian', 5, 0.8);
>> I5_8 = imfilter(I, h5_8);
>> figure, imshow(I5_8); %得到图 5.5（e）中的图像
>> imwrite(I5_8, 'baby5_8.bmp');
>>
>> I7_12 = imfilter(I, h7_12);
>> figure, imshow(I7_12); %得到图 5.5（f）中的图像
>> imwrite(I7_12, 'baby7_12.bmp');
```

上述程序的运行结果如图 5.5 所示。图 5.5（b）中所示的图像由于 σ 偏小而平滑效果不明显；
当 σ 增大至 1.8 时，图 5.5（d）中所示的高斯平滑效果类似于图 5.4（b）的平均平滑效果。随着模
板的增大，原图中的噪声得到了更好的抑制，比较图 5.5（f）和图 5.4（d）中所示的图像，读者会
注意到同样在大小为 7×7 的情况下，高斯滤波后的图像中图像细节被较好地保留。

上面介绍的平均平滑滤波器和高斯平滑滤波器都是线性平滑滤波器，在学习频率域滤波之后，
还可以为它们赋予另外一个名字——低通滤波器。

（a）受噪声污染的婴儿老照片baby_noise.bmp　（b）经3×3，σ=0.5 的高斯模板滤波

（c）经3×3，σ=0.8的高斯模板滤波　　　（d）经3×3，σ=1.8的高斯模板滤波

（e）经5×5，σ=0.8的高斯模板滤波　　　（f）经7×7，σ=1.2的高斯模板滤波

图 5.5　不同大小的高斯模板的平滑效果

3. Visual C++实现

利用预定义的高斯模板 Template_Smooth_Gauss 和滤波函数 Template( )可以方便地实现 3×3 的高斯平滑，代码如下所示。

```
// 3*3 高斯平滑
imgInput.Template(&imgOutput, 3, 3, 1, 1, Template_Smooth_Gaussian, (float)1/16);
```

模板长、宽均为 3，模板中心的(x, y)坐标为$(1, 1)$。预定义模板 Template_Smooth_Gaussian 的系数取 1/16。

5.3.3　通用平滑滤波的 Visual C++实现

可以采用用户自定义的模板作为参数调用滤波函数 Template()，实现一个通用的图像平滑函数 OnEnhaSmooth()。该函数支持尺寸小于等于 5 的任意模板，从而可以方便地实现平均平滑、高斯平滑和其他一些自定义的平滑。

函数 OnEnhaSmooth()的实现如下。

```
void CDIPDemoView::OnEnhaSmooth()
{// 图像平滑

    // 获取文档
    CDIPDemoDoc* pDoc = GetDocument();
    // 输入对象
    CImgProcess imgInput = pDoc->m_Image;

    // 检查图像是灰度图
    if (imgInput.m_pBMIH->biBitCount!=8)
    {
        AfxMessageBox("不是 8-bpp 灰度图像，无法处理！");
        return;
    }

    // 输出的临时对象
    CImgProcess imgOutput = imgInput;

    int nTempH;  // 模板高度
    int nTempW; // 模板宽度
    FLOAT fTempC;// 模板系数
    int     nTempMX;// 模板中心元素 X 坐标
    int     nTempMY;// 模板中心元素 Y 坐标

    // 模板元素数组赋初值（默认为 3×3 平均模板）
    FLOAT   aValue[25] = {1.0, 1.0, 1.0, 0.0, 0.0,
        1.0, 1.0, 1.0, 0.0, 0.0,
        1.0, 1.0, 1.0, 0.0, 0.0,
        0.0, 0.0, 0.0, 0.0, 0.0,
        0.0, 0.0, 0.0, 0.0, 0.0,};

    // 创建对话框
    CDlgSmooth dlgPara;

    // 初始化对话框变量值
    dlgPara.m_intType = 0;
    dlgPara.m_iTempH = 3;
    dlgPara.m_iTempW = 3;
    dlgPara.m_iTempMX = 1;
    dlgPara.m_iTempMY = 1;
    dlgPara.m_fTempC = (FLOAT) (1.0 / 9.0);
    dlgPara.m_fpArray = aValue;

    // 显示对话框，提示用户设定参数
    if (dlgPara.DoModal() != IDOK)
    {
        // 返回
        return;
    }
```

```
// 获取用户设定的参数
nTempH  = dlgPara.m_iTempH;
nTempW  = dlgPara.m_iTempW;
nTempMX = dlgPara.m_iTempMX;
nTempMY = dlgPara.m_iTempMY;
fTempC  = dlgPara.m_fTempC;


// 更改光标形状
BeginWaitCursor();

// 调用 Template()函数实现平滑滤波
imgInput.Template(&imgOutput, nTempH, nTempW, nTempMY, nTempMX, aValue, fTempC);

// 将结果返回给文档类
pDoc->m_Image = imgOutput;

// 设置脏标记
pDoc->SetModifiedFlag(TRUE);

// 更新视图
pDoc->UpdateAllViews(NULL);
// 恢复光标
EndWaitCursor();
}
```

函数 OnEnhaSmooth()运行时会弹出对话框，要求用户设置模板。读者可以通过光盘中示例程序 DIPDemo 中的菜单命令“图像增强→图像平滑”来观察处理效果。

5.3.4 自适应平滑滤波

利用平均模板的平滑在消除噪声的同时也使图像变得模糊,高斯平滑在一定程度上缓解了这些现象,但由平滑滤波机理可知这种模糊是不可避免的。这当然是使用者所不希望的,于是想到选择性的进行平滑,即只在噪声局部区域进行平滑,而在无噪声局部区域不进行平滑,将模糊的影响降到最少,这就是自适应滤波的思想。

那么怎样判断该局部区域是包含噪声的需要平滑的区域还是无明显噪声的不需平滑的区域呢? 这要基于噪声的性质来考虑,5.3.1 小节讨论了图像的局部连续性质,噪声的存在会使得在噪声点处产生灰度跳跃,从而使噪声点局部区域灰度跨度较大。因此可以选择如下两个标准中的 1 个作为局部区域存在噪声的判据。

(1) 局部区域最大值与最小值之差大于某一阈值 T，即:

$\max(R) - \min(R) > T$，其中 R 代表该局部区域。

(2) 局部区域方差大于某一阈值 T，即:

$D(R) > T$，$D(R)$ 表示区域 R 中像素的方差。

自适应滤波算法的实现逻辑如算法 5.1 所示。

算法 5.1

逐行扫描图像;
对每一个像素,以该像素作为中心,计算其周围区域 R 的统计特征,如最大值、最小值和方差等;
如果区域 R 的特征满足选定的噪声判据
　　　根据选定的模板计算邻域加权和作为该点的响应;
否则
　　　不处理该点;

对于那些噪声位置具有随机性和局部性的图像，自适应的滤波具有非常好的效果。有兴趣的读者可自己编制程序实现自适应的高斯平滑算法，应用于具有上述特点的噪声图像中，并且和本章给出的标准高斯平滑效果进行比较。

5.4 中值滤波

中值滤波本质上是一种统计排序滤波器。对于原图像中某点(i,j)，中值滤波以该点为中心的邻域内的所有像素的统计排序中值作为 (i, j) 点的响应。

中值不同于均值，是指排序队列中位于中间位置的元素的值，例如：采用 3×3 中值滤波器，某点 (i, j) 的 8 个邻域的一系列像素值为：12、18、18、11、23、22、13、25、118。统计排序结果为：11、12、13、18、18、22、23、25、118。排在中间位置（第 5 位）的 18 即作为 (i, j) 点中值滤波的响应 $g(i, j)$。显然，中值滤波并非线性滤波器。

5.4.1 性能比较

中值滤波对于某些类型的随机噪声具有非常理想的降噪能力，对于线性平滑滤波而言，在处理的像素邻域之内包含噪声点时，噪声的存在总会或多或少的影响该点的像素值的计算，（对于高斯平滑，影响程度同噪声点到中心点的距离成正比），但在中值滤波中，噪声点则常常是直接被忽略掉的；而且同线性平滑滤波器相比，中值滤波在降噪的同时引起的模糊效应较低。中值滤波的一种典型应用是消除椒盐噪声。

下面首先简单介绍一下常见的噪声模型，接着给出中值滤波的 MATLAB 和 Visual C++实现。

1. 噪声模型

MATLAB 中为图片加噪声的语句代码如下。

```
J = imnoise(I,type,parameters);
```

参数说明：
- I 为原图像；
- 可选参数 type 指定了噪声类型，常用的噪声类型如表 5.5 所示。

表 5.5　　　　　　　type 合法取值的功能描述

合法取值	功能描述
'gaussian'	高斯白噪声：如果一个噪声，它的幅度分布服从高斯分布，则称之为高斯噪声，而如果它的功率谱密度（功率谱的概念见第 6 章）又是均匀分布的，则称它为高斯白噪声
'salt & pepper'	椒盐噪声因其在图像中的表现形式而得名，如图 5.6（b）是对图 5.6（a）中的图像添加了椒盐噪声后的效果，黑点如同胡椒，白点好似盐粒。椒盐噪声是由图像传感器、传输信道、解码处理等产生的黑白相间的亮暗点噪声。椒盐噪声往往是由图像切割引起的

返回值：
- J 为添加了噪声后的图像。

> 提示　使用 imnoise（'gaussian'，m, v）添加高斯噪声时，相当于对原图像中每一个像素叠加一个从均值为 m、方差为 v 的高斯分布中产生的随机样本值。当 m=0 时，较小的方差 v 通常保证了高斯分布在 0 附近的随机样本（高斯分布密度函数 f(x)在 x=0 附近具有最大值）有一个较大的概率产生值，从而大部分的像素位置对原图像影响较小。

2. 中值滤波的 MATLAB 实现

MATLAB 提供了 medfilt2()函数实现中值滤波，原型如下。

```
I2 = medfilt2(I1, [m,n]);
```

参数说明：

- $I1$ 是原图矩阵；
- m 和 n 是中值滤波处理的模板大小，默认 3×3。

返回值：

- 输出 $I2$ 是中值滤波后的图像矩阵。

【例 5.2】对椒盐噪声的平滑效果进行比较。

下面的程序分别给出了对于一幅受椒盐噪声污染的图像，平均平滑、高斯平滑和中值滤波的处理效果。其相关代码如下。

```
>> I = imread('lena_salt.bmp');
>> imshow(I);  %得到图 5.6 ( a ) 的图像
>> J=imnoise(I,'salt & pepper');%为图像叠加椒盐噪声
>> figure, imshow(J);  %得到图 5.6 ( b ) 的图像
>> w = [1 2 1;
       2 4 2;
       1 2 1] / 16;
>> J1=imfilter(J, w, 'corr', 'replicate');  %高斯平滑
>> figure, imshow(J1);  %得到图 5.6 ( c ) 的图像
>> w = [1 1 1;
       1 1 1;
       1 1 1] / 9;
>> J2=imfilter(J, w, 'corr', 'replicate');%平均平滑
>> figure, imshow(J2);  %得到图 5.6 ( d ) 的图像
>> J3=medfilt2(J,[3,3]);%中值滤波
>> figure, imshow(J3);  %得到图 5.6 ( e ) 的图像
```

程序的运行结果如图 5.6 所示，从中可见线性平滑滤波在降噪的同时不可避免地造成了模糊，而中值滤波在有效抑制椒盐噪声的同时模糊效应明显低得多，因而对于椒盐噪声污染的图像，中值滤波要远远优于线性平滑滤波。

3. 中值滤波的 Visual C++实现

利用 Visual C++实现中值滤波的相关代码如下。

```
/********************
void CImgProcess::MedianFilter(CImgProcess *pTo, int nFilterH, int nFilterW, int nFilterMY,
int nFilterMX)
功能：中值滤波
注：       对突发性噪声，如椒盐噪声，有较好的抑制效果
参数：      CImgProcess* pTo：目标图像的 CImgProcess 指针
           int   nFilterH：滤波器的高度
       int   nFilterW：滤波器的宽度
           int   nFilterMX：滤波器的中心元素 Y 坐标
           int   nFilterMY：滤波器的中心元素 X 坐标
返回值：   无
********************/
void CImgProcess::MedianFilter(CImgProcess *pTo, int nFilterH, int nFilterW, int nFilterMY,
int nFilterMX)
{
 pTo->InitPixels(0);  //初始化目标图像
```

（a）原图像lena_salt.bmp　　　　　　　（b）椒盐噪声污染的图像

（c）3×3高斯平滑效果　　　　　　　（b）3×3平均平滑效果

（e）3×3中值滤波效果　　　　　　　（f）改进的中值滤波效果

图5.6　几种滤波器对于椒盐噪声污染图像的性能比较

```
int i, j, k, l;

int nHeight = GetHeight();
int nWidth = GetWidthPixel();

int nGray;

int* pAryGray; //邻域像素数组
pAryGray = new int[nFilterH * nFilterW];

// 逐行扫描图像，进行中值滤波
for(i = nFilterMY; i < nHeight - nFilterH + nFilterMY + 1; i++)// 行(除去边缘几行)
{
    for(j = nFilterMX; j < nWidth - nFilterW + nFilterMX + 1; j++)// 列(除去边缘几列)
    {
        // 读取滤波器数组
```

```
            for (k = 0; k < nFilterH; k++)
            {
                for (l = 0; l < nFilterW; l++)
                {
                    //原图像第 i + k - nFilterMY 行, 第 j + l - nFilterMX 列的象素值
                    nGray = GetGray(j + l - nFilterMX, i + k -nFilterMY);

                    // 保存像素值
                    pAryGray[k * nFilterW + l] = nGray;
                }//l
            }//k

            nGray = GetMedianValue(pAryGray, nFilterH * nFilterW); //通过排序获取中值
            pTo->SetPixel(j, i, RGB(nGray, nGray, nGray)); //以中值作为响应
        }//j
 }//i

 delete [] pAryGray;
}
```

函数 MedianFilter()调用了获取排序中值的 GetMedianValue()方法, 其实现如下。

```
/********************
 int CImgProcess::GetMedianValue(int * pAryGray, int nFilterLen)
 功能:     采用冒泡法对数组进行排序, 并返回数组元素的中值。
 参数: int * pAryGray: 要排序提取中值的数组
       int nFilterLen: 数组长度
 返回值:    int 中值
 ********************/
int CImgProcess::GetMedianValue(int * pAryGray, int nFilterLen)
{
 int i, j;
 int nMedianValue;
 int nTemp; //中间变量

 //排序
 for (j=0; j < nFilterLen - 1; j++)
 {
     for (i=0; i < nFilterLen - j - 1; i++)
     {
         if (pAryGray[i] > pAryGray[i + 1])
         {
             // 交换位置
             nTemp = pAryGray[i];
             pAryGray[i] = pAryGray[i + 1];
             pAryGray[i + 1] = nTemp;
         }//if
     }//for i
 }//for j

 // 计算中值
 if ((nFilterLen & 1) > 0)
 {
     // 数组有奇数个元素, 返回中间一个元素
     nMedianValue = pAryGray[(nFilterLen + 1) / 2];
 }
 else
 {
     // 数组有偶数个元素, 返回中间两个元素平均值
     nMedianValue = (pAryGray[nFilterLen / 2] + pAryGray[nFilterLen / 2 + 1]) / 2;
 }
```

```
    // 返回中值
    return nMedianValue;
}
```

利用 MedianFilter()函数实现中值滤波的完整示例被封装在 DIPDemo 工程中的视图类函数 void CDIPDemoView::OnENHAMidianF()中，其中调用 MedianFilter()函数的代码片断如下所示。

```
// 输出的临时对象
CImgProcess imgOutput = imgInput;

// 调用 MedianFilter () 函数中值滤波
imgInput.MedianFilter(&imgOutput, nFilterH, nFilterW, nFilterMY, nFilterMX);
// 其中 nFilterH、nFilterW 分别为模板的高和宽，nFilterMY 和 nFilterMX 分别为模板中心的 y 和 x 坐标

// 将结果返回给文档类
pDoc->m_Image = imgOutput;
```

上述程序运行时，会弹出对话框要求用户设置中值滤波的参数。读者可以通过光盘中示例程序 DIPDemo 中的菜单命令"图像增强→中值滤波"来观察处理效果。

5.4.2　一种改进的中值滤波策略

中值滤波效果依赖于滤波窗口的大小，太大会使边缘模糊，太小则去噪效果不好。因为噪声点和边缘点同样是灰度变化较为剧烈的像素，普通中值滤波在改变噪声点灰度值的时候，会一定程度地改变边缘像素的灰度值。但是噪声点几乎都是邻域像素的极值，而边缘往往不是，因此可以利用这个特性来限制中值滤波。

具体的改进方法如下：逐行扫描图像，当处理每一个像素时，判断该像素是否是滤波窗口所覆盖下邻域像素的极大或者极小值，如果是，则采用正常的中值滤波处理该像素，如果不是，则不予处理。在实践中这种方法能够非常有效地去除突发噪声点，尤其是椒盐噪声，而几乎不影响边缘。

由于算法可以根据局部邻域的具体情况而自行选择执行不同的操作，因此改进的中值滤波也称为自适应中值滤波。

自适应中值滤波算法被封装在 CImgProcess 类的 AdaptiveMedianFilter()方法中。其实现类似于标准中值滤波函数 MedianFilter()，这里不再给出完整代码。只需在 MedianFilter()函数 for 循环最后设置像素为中值的语句加上一个 if 的判断逻辑，如下所示。

```
//判断当前像素是否是邻域的极大或极小值
if( (GetGray(j, i) == pAryGray[0]) || (GetGray(j, i) == pAryGray[nFilterH * nFilterW -
1]) )
 pTo->SetPixel(j, i, RGB(nGray, nGray, nGray)); //以中值作为响应
else
pTo->SetPixel(j, i, GetGray(j, i)); //不是极值则不改变原图像的值
```

利用 AdaptiveMedianFilter()函数实现自适应中值滤波的完整示例被封装在 DIPDemo 工程中的视图类函数 void CDIPDemoView::OnENHAAdaptMidianF()中，其中调用 AdaptiveMedianFilter()函数的代码片断如下所示。

```
// 输出的临时对象
CImgProcess imgOutput = imgInput;

// 调用 AdaptiveMedianFilter () 函数自适应中值滤波
imgInput.AdaptiveMedianFilter(&imgOutput, nFilterH, nFilterW, nFilterMY, nFilterMX);

// 将结果返回给文档类
pDoc->m_Image = imgOutput;
```

读者可以通过光盘中示例程序 DIPDemo 中的菜单命令"图像增强→自适应中值滤波"来观察处理效果，如图 5.6（f）所示。对比图 5.6（f）和图 5.6（e），不难发现，图 5.6（f）在完美地滤除了椒盐噪声的同时，在图像细节（如帽子的褶皱）上，较图 5.6（e）有了更好地保留，其他边缘也更加清晰，基本和原图一致。

5.4.3　中值滤波的工作原理

与线性平滑滤波考虑邻域中每个像素的作用不同，中值滤波在每个 $n \times n$ 邻域内都会忽略掉那些相对于邻域内大部分其余像素更亮或更暗，并且所占区域小于像素总数一半（$n^2/2$）的像素的影响，而实际上满足这样条件被忽略掉的像素往往就是噪声。

> **注意**　作为一种非线性滤波，中值滤波有可能会改变图像的性质，因而一般不适用于像军事图像处理、医学图像处理等领域。

5.5　图像锐化

图像锐化的目的是使模糊的图像变得更加清晰起来。其应用广泛，从医学成像到工业检测和军事系统的指导等。

5.5.1　理论基础

图像锐化主要用于增强图像的灰度跳变部分，这一点与图像平滑对灰度跳变的抑制正好相反。事实上从平滑与锐化的两种运算算子上也能说明这一点，线性平滑都是基于对图像邻域的加权求和或者说积分运算的，而锐化则通过其逆运算导数（梯度）或者说有限差分来实现。

在讨论平滑的时候本章提到了噪声和边缘都会使图像产生灰度跳变，为了在平滑时能够将噪声和边缘区别对待还在 5.3.5 小节中给出了一种自适应滤波的解决方案。同样地，在锐化处理中如何区分开噪声和边缘仍然是读者要面临的一个课题，只是在平滑中要平滑的是噪声，希望处理不要涉及边缘，而在锐化中要锐化的对象是边缘，希望处理不要涉及噪声。

5.5.2　基于一阶导数的图像增强——梯度算子

回忆一下高等数学中梯度的定义，对于连续的二维函数 $f(x, y)$，其在点 (x, y) 处的梯度是下面的二维列向量：

$$\nabla f = \begin{bmatrix} G_x \\ G_y \end{bmatrix} = \begin{bmatrix} \dfrac{\partial f}{\partial x} \\ \dfrac{\partial f}{\partial y} \end{bmatrix} \tag{5-8}$$

其中：$\dfrac{\partial f}{\partial x} = \lim\limits_{\varepsilon \to 0} \dfrac{f(x+\varepsilon, y) - f(x, y)}{\varepsilon}$，为在点 (x, y) 处 f 对 x 的偏导；

$\dfrac{\partial f}{\partial y} = \lim\limits_{y \to 0} \dfrac{f(x, y+\varepsilon) - f(x, y)}{\varepsilon}$，为在点 (x, y) 处 f 对 y 的偏导。

梯度的方向就是函数 $f(x, y)$ 最大变化率的方向。

梯度的幅值作为变化率大小的度量，其值为 $|\nabla f(x, y)| = \sqrt{\left(\dfrac{\partial f}{\partial x}\right)^2 + \left(\dfrac{\partial f}{\partial y}\right)^2}$。

对于离散的二维离散函数 $f(i, j)$，可以用有限差分作为梯度幅值的一个近似，如下式所示。

$$|\nabla f(i,j)| = \sqrt{[f(i+1,j)-f(i,j)]^2 + [f(i,j+1)-f(i,j)]^2} \tag{5-9}$$

尽管梯度幅值和梯度两者之间有着本质的区别，但在数字图像处理中提到梯度时，往往不加区分，即将上式的梯度幅值称为梯度。

上式中包括平方和开方，不方便计算，因此可近似为绝对值的形式：

$$|\nabla f(i,j)| = |f(i+1,j)-f(i,j)| + |f(i,j+1)-f(i,j)| \tag{5-10}$$

而在实际使用中，经常被采用的是另外一种近似梯度——Robert 交叉梯度：

$$|\nabla f(i,j)| = |f(i+1,j+1)-f(i,j)| + |f(i,j+1)-f(i+1,j)| \tag{5-11}$$

1. Robert 交叉梯度

Robert 交叉梯度对应的模板如下。

$$w1 = \begin{bmatrix} -1 & 0 \\ 0 & 1 \end{bmatrix} \qquad\qquad w2 = \begin{bmatrix} 0 & -1 \\ 1 & 0 \end{bmatrix}$$

其中，$w1$ 对接近 45° 边缘有较强响应；$w2$ 对接近-45° 边缘有较强响应。

【例 5.3】基于 Robert 交叉梯度的图像锐化示例。

有了前面学习的滤波的知识，只要分别以 $w1$ 和 $w2$ 为模板，对原图像(a)进行滤波就可得到 $G1$ 和 $G2$，而根据公式（5-11）最终的 Robert 交叉梯度图像（b）为：$G = |G1| + |G2|$。

在进行锐化滤波之前读者要将图像类型从 uint8 转换为 double，这是因为锐化模板的负系数常常使得输出产生负值，如果采用无符号的 uint8 型，则负值会被截断。

在调用函数 imfilter()时，还要注意不要使用默认的填充方式，因为 MATLAB 默认会在滤波时进行"0"填充，这会导致图像在边界处产生一个人为的灰度跳变，从而在梯度图像中产生高响应，而这些人为高响应值的存在将导致对图像中真正的边缘和其他使用者关心的细节的响应在输出梯度图像中被压缩在一个很窄的灰度范围，同时也影响显示的效果。本章这里采用了"replicate"的重复填充方式，也可采用"symmetric"的对称填充方式。

程序编程实现如下。

```
>> I = imread('bacteria.bmp');
>> imshow(I); % 显示图 5.7(a)
>> I = double(I); % 转换为 double 型，这样可以保存负值，否则 uint8 型会把负值截掉
>> w1 = [-1 0; 0 1]
w1 =
   -1    0
    0    1
>> w2 = [0 -1; 1 0]
w2 =
    0   -1
    1    0
>> G1 = imfilter(I, w1, 'corr', 'replicate'); % 以重复方式填充边界
>> G2 = imfilter(I, w2, 'corr', 'replicate');
>> G = abs(G1) + abs(G2); % 计算 Robert 梯度
>> figure, imshow(G, []); % 显示图 5.7(b)
>> figure, imshow(abs(G1), []); % 显示图 5.7(c)
>> figure, imshow(abs(G2), []); % 显示图 5.7(d)
```

上述程序的运行结果如图 5.7 所示。由于 $G1$ 和 $G2$ 中都可能有负值，图 5.7（c）和图 5.7（d）分别是对 $G1$ 和 $G2$ 取绝对值后的图像，图 5.7（c）中接近 45° 边缘较明显，而图 5.7（d）中则突显出接近-45° 方向的边缘，这与直接分析 $w1$ 和 $w2$ 模板结构得出的结论是一致的。

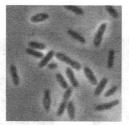 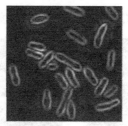

(a) 原图像bacteria.bmp　　　　（b）Robert交叉梯度图像

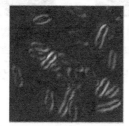

（c）w1滤波后取绝对值并重新标定　　（d）w2滤波后取绝对值并重新标定

图 5.7　Robert 交叉梯度锐化

> **提示**　　为便于观察效果，图 5.7（b）、图 5.7（c）、图 5.7（d）都做了显示时的重新标定，即将图像的灰度范围线性变换到 0～255 之内并使得图像的最小灰度值为 0，最大灰度值为 255。在 MATLAB 中只需在用 imshow()函数显示图像时加一个参数 [] 即可。

2. Sobel 梯度

由于滤波时读者总是喜欢奇数尺寸的模板，因而一种计算 Sobel 梯度的 Sobel 模板更加常用。

$$w1 = \begin{bmatrix} -1 & -2 & -1 \\ 0 & 0 & 0 \\ 1 & 2 & 1 \end{bmatrix} \qquad\qquad w2 = \begin{bmatrix} -1 & 0 & 1 \\ -2 & 0 & 2 \\ -1 & 0 & 1 \end{bmatrix}$$

> **注**　　对水平边缘有较大响应的竖直梯度 注：对竖直边缘有较大响应的水平梯度

下面的 MATLAB 程序计算了一幅图像的竖直和水平梯度，它们的和可以作为完整的 Sobel 梯度。相关代码如下。

```
I = imread('bacteria.bmp'); %读入原图像
>> w1 = fspecial('sobel'); %得到水平 sobel 模板
>> w1
w1 =
    1    2    1
    0    0    0
   -1   -2   -1
>> w2 = w1' %转置得到竖直 soble 模板
w2 =
    1    0   -1
    2    0   -2
    1    0   -1
>> G1 = imfilter(I, w1); %水平 Sobel 梯度
>> G2 = imfilter(I, w2); %竖直 Sobel 梯度
>> G = abs(G1) + abs(G2); %Sobel 梯度
>> figure, imshow(G1, []) %得到图 5.8（a）
>> figure, imshow(G2, []) %得到图 5.8（b）
>> figure, imshow(G, []) %得到图 5.8（c）
```

上述程序运行后，图 5.7（a）的 Sobel 梯度锐化效果如图 5.8 所示。

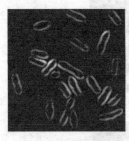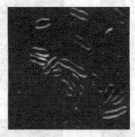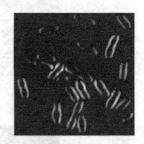

（a）Sobel 梯度图像　　（b）w1 滤波后取绝对值并重新标定　　（c）w2 滤波后取绝对值并重新标定

图 5.8　Sobel 梯度锐化效果，（b）中接近水平方向的边缘较明显，（c）中接近竖直方向的边缘较明显

还可以直接利用 MATLAB 梯度函数 gradient() 计算 Sobel 梯度，程序如下。

```
>> I = imread('bacteria.bmp');
>> imshow(I);
>> I = double(I); % 计算梯度之前要转换为 double
>> [Gx Gy] = gradient(I); % 计算 x, y 方向梯度
>> G = abs(Gx) + abs(Gy); %计算整体梯度
>> figure, imshow(G);
>> figure, imshow(G, []); % 整体梯度图像
>> figure, imshow(Gx, []); % x 方向梯度图像（突显偏竖直方向的边缘）
>> figure, imshow(Gy, []); % y 方向梯度图像（突显偏水平方向的边缘）
```

3. Sobel 梯度的 Visual C++实现

本章提供了 FilterSobel() 方法来获得 Sobel 整体梯度图像的相关代码。

```
/********************
void CImgProcess::FilterSobel(CImgProcess Process*pTo)
功能：        Sobel 梯度
参数：        ImgProcess* pTo：目标输出图像的 CImgProcess 指针
返回值：      无
********************/
void CImgProcess::FilterSobel(CImgProcess *pTo)
{
  CImgProcess img1, img2;
  img1 = *pTo;
  img2 = *pTo;

  Template(&img1, 3, 3, 1, 1, Template_HSobel, 1);
  Template(&img2, 3, 3, 1, 1, Template_VSobel, 1);

  *pTo = img1 + img2;
}
```

利用 FilterSobel() 函数实现 Sobel 梯度锐化的完整示例被封装在 DIPDemo 工程中的视图类函数 void CDIPDemoView::OnEnhaGradsharp() 中，其中调用 FilterSobel() 函数的代码片断如下所示。

```
// 输出的临时对象
CImgProcess imgOutput = imgInput;

// 调用 FilterSobel() 函数进行 Sobel 梯度锐化
imgInput.FilterSobel(&imgOutput);

// 将结果返回给文档类
pDoc->m_Image = imgOutput;
```

读者可以通过光盘中示例程序 DIPDemo 中的菜单命令"图像增强→梯度锐化"来观察处理效果。

关于梯度算子更详细的讨论留在第 12 章图像分割中。

5.5.3 基于二阶微分的图像增强——拉普拉斯算子

下面介绍一种对于图像锐化而言应用更为广泛的基于二阶微分的拉普拉斯(Laplacian)算子。

1. 理论基础

二维函数 $f(x, y)$ 的二阶微分（拉普拉斯算子）定义为：

$$\nabla^2 f(x, y) = \frac{\partial^2 f}{\partial x^2} + \frac{\partial^2 f}{\partial y^2} \qquad (5\text{-}12)$$

对于离散的二维图像 $f(i, j)$，可以用下式作为对二阶偏微分的近似：

$$\frac{\partial^2 f}{\partial x^2} = (f(i+1, j) - f(i, j)) - (f(i, j) - f(i-1, j)) = f(i+1, j) + f(i-1, j) - 2f(i, j)$$

$$\frac{\partial^2 f}{\partial y^2} = (f(i, j+1) - f(i, j)) - (f(i, j) - f(i, j-1)) = f(i, j+1) + f(i, j-1) - 2f(i, j)$$

将上面两式相加就得到用于图像锐化的拉普拉斯算子：

$$\nabla^2 f = [f(i+1, j) + f(i-1, j) + f(i, j+1) + f(i, j-1)] - 4f(i, j) \qquad (5\text{-}13)$$

对应的滤波模板如下：

$$W1 = \begin{bmatrix} 0 & 1 & 0 \\ 1 & -4 & 1 \\ 0 & 1 & 0 \end{bmatrix}$$

因为在锐化增强中，绝对值相同的正值和负值实际上表示相同的响应，故也等同于使用如下的模板 $W2$：

$$W2 = \begin{bmatrix} 0 & -1 & 0 \\ -1 & 4 & -1 \\ 0 & -1 & 0 \end{bmatrix}$$

分析拉普拉斯模板的结构，可知这种模板对于 90° 的旋转是各向同性的。所谓对于某角度各向同性是指把原图像旋转该角度后再进行滤波与先对原图像滤波再旋转该角度的结果相同。这说明拉普拉斯算子对于接近水平和接近竖直方向的边缘都有很好的增强，从而也就避免读者在使用梯度算子时要进行两次滤波的麻烦。更进一步，读者还可以得到如下对于 45° 旋转各向同性的滤波器：

$$W3 = \begin{bmatrix} 1 & 1 & 1 \\ 1 & -8 & 1 \\ 1 & 1 & 1 \end{bmatrix} \quad \text{和} \quad W4 = \begin{bmatrix} -1 & -1 & -1 \\ -1 & 8 & -1 \\ -1 & -1 & -1 \end{bmatrix}$$

沿用高斯平滑模板的思想，根据到中心点的距离给模板周边的点赋予不同的权重，还可得到如下的模板 $W5$：

$$W5 = \begin{bmatrix} 1 & 4 & 1 \\ 4 & -20 & 4 \\ 1 & 4 & 1 \end{bmatrix}$$

2. MATLAB 实现

分别使用上述的 3 种拉普拉斯模板的 MATLAB 滤波程序如下。

```
>> I = imread('bacteria.bmp');
```

```
>> figure, imshow(I); %得到图 5.9(a)
>> I = double(I);
>> w1 = [0 -1 0; -1 4 -1; 0 -1 0]
w1 =
     0    -1     0
    -1     4    -1
     0    -1     0
>> L1 = imfilter(I, w1, 'corr', 'replicate');
>> w2 = [-1 -1 -1; -1 8 -1; -1 -1 -1]
w2 =
    -1    -1    -1
    -1     8    -1
    -1    -1    -1
>> L2 = imfilter(I, w2, 'corr', 'replicate');
>> figure, imshow(abs(L1), []);%得到图 5.9(b)
>> figure, imshow(abs(L2), []);%得到图 5.9(c)
>> w3 = [1 4 1; 4 -20 4; 1 4 1]
w3 =

     1     4     1
     4   -20     4
     1     4     1
>> L3 = imfilter(I, w3, 'corr', 'replicate');
>> figure, imshow(abs(L3), []);%得到图 5.9(d)
```

上述程序运行结果如图 5.9 所示。对于细菌图像拉普拉斯锐化效果与之前的 Robert 与 Sobel 梯度锐化明显不同的一点是输出图像中的双边缘。此外，读者还会注意到拉普拉斯锐化似乎对一些离散点有较强的响应，当然由于噪声也是离散点，因此这个性质有时是读者所不希望的。

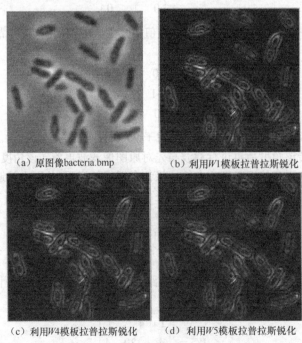

(a) 原图像bacteria.bmp   (b) 利用W1模板拉普拉斯锐化

(c) 利用W4模板拉普拉斯锐化   (d) 利用W5模板拉普拉斯锐化

图 5.9　拉普拉斯锐化效果

3. Visual C++实现

只需以预定义的拉普拉斯模板作为参数调用滤波函数 Template()即可实现拉普拉斯锐化。它被封装在 DIPDemo 工程中的视图类函数 void CDIPDemoView::OnEnhaSharp()中，主要代码片断如下所示。

```
// 输出的临时对象
CImgProcess imgOutput = imgInput;

// 设置拉普拉斯模板参数
nTempW = 3; //模板宽度
nTempH = 3; //模板高度
fCoef = 1.0; //模板系数
nTempMX = 1; //模板中心 x 坐标
nTempMY = 1; //模板中心 y 坐标

// 调用 Template() 函数用拉普拉斯模板锐化
imgInput.Template(&imgOutput, nTempH, nTempW, nTempMY, nTempMX, Template_Laplacian2,
fCoef);

// 将结果返回给文档类
pDoc->m_Image = imgOutput;
```

读者可以通过光盘中示例程序 **DIPDemo** 中的菜单命令 "图像增强→拉普拉斯锐化" 来观察处理效果。

5.5.4　基于一阶与二阶导数的锐化算子的比较

5.5.2 小节和 5.5.3 小节中分别介绍了基于一阶导数的 Robert 和 Sobel 算子，以及基于二阶导数的 Laplacian 算子，并且通过图 5.8～图 5.9 从直观上观察和比较了它们的处理效果。下面将进行更为精确的分析和比较，以找到一些能够在实践中具有指导意义的一般性规律。

设图 5.10 最上面部分的灰度剖面图对应于图像中的一条具有代表性的水平像素线，其中包括了灰度较缓变化的斜坡（软边缘）、孤立点（很可能为噪声）、细线（细节），以及灰度跳变的阶梯（硬边缘）。为了简单起见，考虑图像中只有 8 个灰度级的情况。图 5.10 中下面的一行给出了这条像素线中各个像素的灰度值，由此计算出的一阶微分和二阶微分在图中的第 3 行和第 4 行中给出。由于这里的像素线在图像中是水平分布的，因此式（5-11）和式（5-13）可简化为一维的形式，即一维情况下的一阶微分：

$$\frac{\partial f}{\partial x} = f(x+1) - f(x) \tag{5-14}$$

和一维情况下的二阶微分：

$$\frac{\partial^2 f}{\partial x^2} = f(x+1) + f(x-1) - 2f(x) \tag{5-15}$$

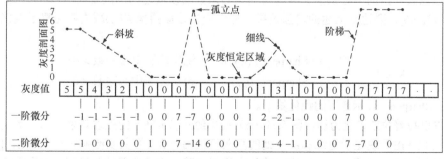

图 5.10　一阶与二阶微分比较

通过分析这个典型的灰度变化模型，就可以很好地比较噪声点、细节以及边缘的一阶和二阶微分结果。

首先注意到沿着整个斜坡（软边缘），一阶微分都具有非 0 响应，并且当这种斜坡的灰度过渡近似线时，对应于变化率的一阶微分的响应为恒定值（这里为-1）；而二阶微分的非 0 响应则只出现在斜坡的起始和终点处，在灰度变化率恒定的斜面上二阶微分值为 0，这就是图 5.9 中的拉普拉斯锐化图像细菌周围出现双边缘的原因。由此得出结论，对于图像中的软边缘，一阶微分通常产生较粗的边缘，而二阶微分则细得多。

再来看孤立噪声点，注意到二阶微分对于噪声点的响应较一阶微分要强很多，这也就是图 5.9 中的拉普拉斯锐化图像中出现一些零星的高响应的原因，当然二阶微分的这一性质是读者所不希望的。

细线常常对应于图像中的细节，二阶微分对细线的较强响应说明了二阶微分对于细节增强的优越性。

最后，一、二阶微分对于灰度阶梯有着相同的响应，只是在二阶微分中有一个从正到负的过渡，这一性质将在第 12 章（边缘检测与图像分割）中用于边缘检测。

将这些比较的结论总结如下。

- 一阶导数通常会产生较宽的边缘。
- 二阶导数对于阶跃性边缘中心产生零交叉，而对于屋顶状边缘（细线），二阶导数取极值。
- 二阶导数对细节有较强的响应，如细线和孤立噪声点。

对于图像增强而言，基于二阶导数的算子应用更多一些，因为它对于细节响应更强，增强效果也就更明显。而在本书第 12 章讨论边缘检测的时候，基于一阶导数的算子则会更多地发挥作用。尽管如此，一阶算子在图像增强中依然不可或缺，它们常常同二阶算子结合在一起以达到更好的锐化增强效果。

本节最后提到的平滑滤波器又可以称为低通滤波器，相应地，上面介绍的几种锐化滤波器也可以称为高通滤波器，具体得名的原因将在下一章频率域滤波中说明。

5.5.5　高提升滤波及其实现

1. 高提升滤波的原理

无论是基于一阶微分的 Robert、Sobel 模板还是基于二阶微分的拉普拉斯模板，其中各系数和均为 0。这说明算子在灰度恒定区域的响应为 0，即在锐化处理后的图像中，原图像的平滑区域近乎于黑色，而原图中所有的边缘、细节和灰度跳变点都作为黑背景中的高灰度部分突出显示。在基于锐化的图像增强中常常希望在增强边缘和细节的同时仍然保留原图像中的信息，而不是将平滑区域的灰度信息丢失。因此可以把原图像加上锐化后的图像得到比较理想的结果。

需要注意具有正的中心系数和具有负的中心系数的模板之间的区别，对于中心系数为负的模板($w1$, $w3$, $w5$)，要达到上述的增强效果，显然应当让原图像 $f(i, j)$减去锐化算子直接处理后的图像，即：

$$g(i, j) = \begin{cases} f(i, j) + \text{Sharpen}(f(i, j)), & \text{锐化算子中心系数} > 0 \\ f(i, j) - \text{Sharpen}(f(i, j)), & \text{锐化算子中心系数} < 0 \end{cases} \tag{5-16}$$

其中：Sharpen(.)表示通用的锐化算子。

这里仅以拉普拉斯锐化为例，图 5.11（b）给出经式（5-16）的处理效果。

图 5.11（b）由于锐化后边缘和细节处的高灰度值的存在，经灰度伸缩后（归一化在[0, 255]），原图灰度被压缩在一个很窄的范围内，整体上显得较暗。为了改善这种情况，对上面介绍的方法进行推广，具体的说就是在复合 $f(i, j)$和 Sharpen($f(i, j)$)时适当地提高 $f(i, j)$的比重，形式化地描述如下。

$$g(i,j)=\begin{cases}Af(i,j)+\mathrm{Sharpen}(f(i,j)), & 锐化算子中心系数>0\\ Af(i,j)-\mathrm{Sharpen}(f(i,j)), & 锐化算子中心系数<0\end{cases}\quad(5\text{-}17)$$

形如式（5-17）这样的滤波处理就称为**高提升滤波**。

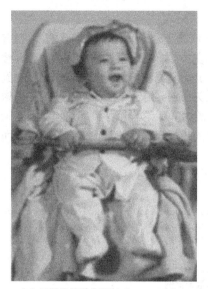 

（a）平滑后的婴儿照片baby_smooth.bmp　　　　（b）图像（a）经过式(5-16)处理

图5.11　经式（5-16）的处理效果示意图

　　一般来说权重系数 A 应为一个大于等于 1 的实数，A 越大原图像所占比重越大，锐化效果越不明显。图 5.11（b）对应于 $A=1$ 的情况，图 5.12（a）和图 5.12（b）分别给出了当 A 分别为 1.8 和 3 时对于图 5.11（a）中图像的高提升滤波的效果，图中细节得到了有效的增强，对比度也有了一定的改善。

（a）图像图5.11（a）经过高提升滤波，$A=1.8$　　（b）图像图5.11（a）经过高提升滤波，$A=3$

图5.12　高提升滤波效果

2. 高提升滤波的 Visual C++实现

高提升滤波可由以下 3 个步骤完成。

（1）图像锐化。

（2）原图像与锐化图像的按比例混合。

（3）混合后的灰度调整（归一化至[0，255]）。

在实现中应注意高提升滤波对于锐化图像的响应是正还是负是非常敏感的。以拉普拉斯模板为例，当模板中心系数为正时，对于邻域中的相对高灰度值像素，其滤波响应为正值，叠加到原图像中将使得输出比原来更亮；而对于邻域中的相对暗点，其滤波响应显然为负值，叠加到原图像的效果是使得该点在输出图像中更暗。当模板中心系数为负时，由于原图像与滤波响应图像之间变成了相减的关系，高提升的效果与正中心系数的模板完全相同。这样就达到了亮者愈亮，暗者愈暗的增强效果。因此，需要适当地修改 Template( )函数中的模板操作，使其输出具有符号，而不是简单地取绝对值。

高提升滤波函数 EnhanceFilter( )的完整实现如下。

```
/********************
void CImgProcess::EnhanceFilter(CImgProcess Process*pTo, double dProportion,
                    int nTempH, int nTempW,
                    int nTempMY, int nTempMX, FLOAT *pfArray, FLOAT fCoef)

功能: 高提升滤波
参数: CImgProcess* pTo: 输出图像的 CImgProcess 指针
      double dProportion: 高提升滤波中原图像的混合比例
      int   nTempH: 模板的高度
      int   nTempW: 模板的宽度
      int   nTempMY: 模板的中心元素 Y 坐标( < iTempH - 1)
      int   nTempMX: 模板的中心元素 X 坐标( < iTempW - 1)
      FLOAT * fpArray: 指向模板数组的指针
      FLOAT fCoef: 模板系数
返回值:    无
********************/
void CImgProcess::EnhanceFilter(CImgProcess *pTo, double dProportion,
                    int nTempH, int nTempW,
                    int nTempMY, int nTempMX, FLOAT *pfArray, FLOAT fCoef)
{
  int i, j;
  int nHeight = GetHeight();
  int nWidth = GetWidthPixel();

  *pTo = *this; //目标图像初始化

  //GrayMat 暂存按比例叠加图像（不能在 CImg 类对象中直接进行像素相加，因为相加的结果可能超出范围
[0,255]）
  vector< vector<int> > GrayMat;
  vector<int> vecRow(nWidth, 0); //GrayMat 中的一行（初始化为）
  for(i=0; i<nHeight; i++)
  {
      GrayMat.push_back(vecRow);
  }

  //锐化图像，输出带符号响应，并与原图像按比例叠加
  for(i=nTempMY; i<GetHeight() - (nTempH - nTempMY) + 1; i++)
  {
      for(j=nTempMX; j<GetWidthPixel() - (nTempW - nTempMX) + 1; j++)
```

```
        {
            // (j,i)为中心点
            float fResult = 0;
            for(int k=0; k<nTempH; k++)
            {
                for(int l=0; l<nTempW; l++)
                {
                    //计算加权和
                    fResult += GetGray(j + l - nTempMX, i + k - nTempMY) * pfArray[k *
nTempW + l];
                }
            }

            // 乘以系数
            fResult *= fCoef;

            //限制响应值范围
            if(fResult > 255)
                fResult = 255;
            if(fResult < -255)
                fResult = -255;

            GrayMat[i][j] = dProportion * GetGray(j, i) + fResult + 0.5;//求和, 结果四舍五入
        }//for j
    }//for i


int nMax = 0;//最大灰度和值
int nMin = 65535; //最小灰度和值

//统计最大、最小值
for(i=nTempMY; i<GetHeight() - (nTempH - nTempMY) + 1; i++)
{
    for(j=nTempMX; j<GetWidthPixel() - (nTempW - nTempMX) + 1; j++)
    {
        if( GrayMat[i][j] > nMax)
            nMax = GrayMat[i][j];
        if( GrayMat[i][j] < nMin)
            nMin = GrayMat[i][j];
    }// j
}// i

//将 GrayMat 的取值范围重新归一化到[0, 255]
int nSpan = nMax - nMin;

for(i=nTempMY; i<GetHeight() - (nTempH - nTempMY) + 1; i++)
{
    for(j=nTempMX; j<GetWidthPixel() - (nTempW - nTempMX) + 1; j++)
    {
        BYTE bt;
        if(nSpan > 0)
            bt = (GrayMat[i][j] - nMin)*255/nSpan;
        else if(GrayMat[i][j] <= 255)
            bt = GrayMat[i][j] ;
        else
            bt = 255;
```

```
                pTo->SetPixel(j, i, RGB(bt, bt, bt));

        }// for j
    }// for i
}
```

利用 EnhanceFilter()函数实现高提升滤波的完整示例被封装在 DIPDemo 工程中的视图类函数 void CDIPDemoView::OnEnhaHighenha()中，其中调用 EnhanceFilter()函数的代码片断如下所示。

```
// 输出的临时对象
CImgProcess imgOutput = imgInput;

// 相关参数设定
double dProportion = 1.8; //混合比例
int nTempH = 3;
int nTempW = 3;
int nTempMY = 1;
int nTempMX = 1;
// 调用 EnhanceFilter()函数进行高提升滤波，采用 3×3 的 Laplacian 模板，混合系数为 1.8
imgInput.EnhanceFilter(&imgOutput, dProportion, nTempH, nTempW, nTempMY, nTempMX,
Template_Laplacian2, 1);

// 将结果返回给文档类
pDoc->m_Image = imgOutput;
```

读者可以通过光盘中示例程序 DIPDemo 中的菜单命令"图像增强→高提升滤波"来观察处理效果。

5.5.6　高斯–拉普拉斯变换（Laplacian of a Gaussian, LoG）

锐化在增强边缘和细节的同时往往也"增强"了噪声，因此如何区分开噪声和边缘是锐化中要解决的一个核心问题。

基于二阶微分的拉普拉斯算子对于细节（细线和孤立点）能产生更强的响应，并且各向同性，因此在图像增强中较一阶的梯度算子更受到读者的青睐。然而，它对于噪声点的响应也更强，可以看到对于图像 baby_noise.bmp，经拉普拉斯锐化后噪声更明显，如图 5.3（b）所示。

为了在取得更好的锐化效果的同时把噪声的干扰降到最低，可以先对带有噪声的原始图像进行平滑滤波，再进行锐化增强边缘和细节。本着"强强联合"的原则，将在平滑领域工作的更好的高斯平滑算子同锐化界表现突出的拉普拉斯锐化结合起来，得到高斯—拉普拉斯算子（由 Marr 和 Hildreth 提出）。

考虑高斯型函数：

$$h(r) = -e^{-\frac{r^2}{2\sigma^2}} \tag{5-18}$$

其中：$r^2 = x^2 + y^2$，σ 为标准差。

图像经该函数滤波将产生平滑效应，且平滑的程度由 σ 决定。进一步计算 h 的拉普拉斯算子（h 关于 r 求二阶导数），从而得到著名的高斯-拉普拉斯算子（Laplacian of a Gaussian, LoG）：

$$\nabla^2 h(r) = -[\frac{r^2 - \sigma^2}{\sigma^4}]e^{-\frac{r^2}{2\sigma^2}} \tag{5-19}$$

图 5.13 展示了一个 LoG 函数的三维形状。如同从高斯函数得到高斯模板一样，将上式经过离散化可近似为一个 5×5 的拉普拉斯模板。

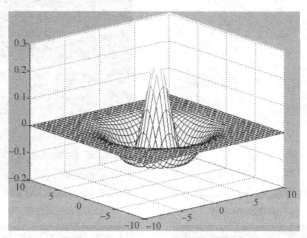

图 5.13　Laplacian 函数三维图形

【例 5.4】Laplacian 与 LoG 算子的锐化效果比较。

下面给出了对于图像 baby.bmp，分别采用 Laplacian 和 LoG 算子进行锐化的 MATLAB 实现，相关代码如下。

```
>> I = imread('baby.bmp');
>> figure, imshow(I, []); %得到图 5.14（a）
>> Id = double(I); % 滤波前转化为双精度型
>> h_lap = [-1 -1 -1; -1 8 -1; -1 -1 -1] %拉普拉斯算子
h_lap =
    -1    -1    -1
    -1     8    -1
    -1    -1    -1

>> I_lap = imfilter(Id, h_lap, 'corr', 'replicate'); % Laplacian 锐化
>> figure, imshow(uint8(abs(I_lap)), []); % 取绝对值并将 255 以上的响应截断, %得到图 5.14（b）
>>
>> h_log = fspecial('log', 5, 0.5); % 大小为 5，sigma=0.5 的 LoG 算子
>> I_log = imfilter(Id, h_log, 'corr', 'replicate');
>> figure, imshow(uint8(abs(I_log)), []);%得到图 5.14（c）
>>
>> h_log = fspecial('log', 5, 2); % 大小为 5，sigma=2 的 LoG 算子
>> I_log = imfilter(Id, h_log, 'corr', 'replicate');
>> figure, imshow(uint8(abs(I_log)), []);%得到图 5.14（d）
```

上述程序的运行结果如图 5.14 所示，图 5.14（c）和图 5.14（d）分别给出了对于图像 baby.bmp，当 $\sigma = 0.5$ 和 $\sigma = 2$ 时的 LoG 增强效果。与图 5.14（b）相比，噪声得到了有效的抑制，且 σ 越小细节增强效果更好，σ 越大则平滑效果越好。

关于高斯-拉普拉斯变换更为详细的内容，可参考本书第 12 章中关于边缘检测方法的讨论，届时也将给出 LoG 算子的 Visual C++实现。

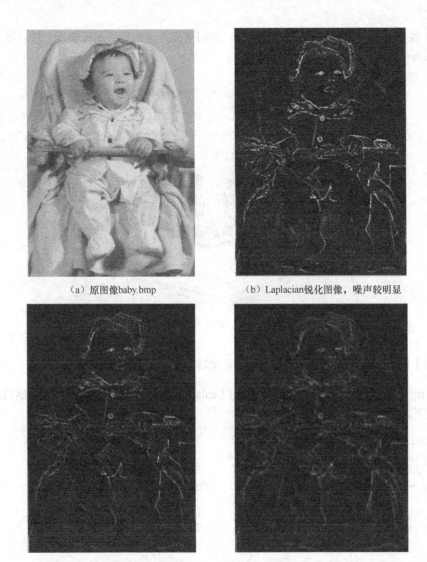

（a）原图像baby.bmp　　　　　　　（b）Laplacian锐化图像，噪声较明显

（c）经LoG处理后的图像，$\sigma=0.5$　　　（d）经LoG处理后的图像，$\sigma=2$

图 5.14　Laplacian 与 LoG 算子的滤波效果比较

第6章　频率域图像增强

空间域和频率域为使用者提供了不同的视角。在空间域中，函数的自变量(x, y)被视为二维空间中的一点，数字图像$f(x, y)$即为一个定义在二维空间中的矩形区域上的离散函数；换一个角度，如果将$f(x, y)$视为幅值变化的二维信号，则可以通过某些变换手段（如傅里叶变换、离散余弦变换、沃尔什变换和小波变换等）在频率域下对它进行分析。

第5章详细介绍了空间域图像增强的有关知识，紧接着本章就从频率域的角度去看待和分析图像增强问题，相信这一定会使读者对图像增强的理解更加深刻。

本章的知识和技术热点

（1）傅里叶变换的数学基础

（2）快速傅里叶变换

（3）频率域图像增强

（4）高通滤波器和低通滤波器

本章的典型案例分析

（1）美女与猫——交换两幅图像的相位谱

（2）利用频域滤波消除周期噪声

6.1　频率域滤波——与空间域滤波殊途同归

在很多情况下，频率域滤波和空间域滤波可以视为对于同一个图像增强问题的殊途同归的两种解决方式。而在另外一些情况下，有些增强问题更适合在频率域中完成（见6.7节），有些则更适合在空间域中完成。使用者常常根据需要选择是工作在空间域还是频率域，并在必要时在空间域和频率域之间相互转换。

傅里叶变换提供了一种变换到频率域的手段，由于用傅里叶变换表示的函数特征可以完全通过傅里叶反变换进行重建，不丢失任何信息，因此它可以使读者工作在频率域而在转换回空间域时不丢失任何信息。

6.2　傅里叶变换基础知识

要理解傅里叶变换，掌握频率域滤波的思想，必要的数学知识是不能跳过的，为便于理解，本节将尽可能定性地去描述。其实傅里叶变换所必需的数学知识对于一个理工科大二以上的学生来说是很有限的，高等数学中傅里叶级数的知识加上线形代数中基和向量空间的概念就足够了。下面就从一维情况下的傅里叶级数开始。

6.2.1　傅里叶级数

法国数学家傅里叶发现任何周期函数只要满足一定条件（狄里赫利条件），都可以用正弦函数和余弦函数构成无穷级数，即以不同频率的正弦和余弦函数的加权和来表示，后世称为傅里叶级数。

对于有限定义域的非周期函数，可以对其进行周期拓延从而使其在整个扩展定义域上为周期函数，从而也可以展开为傅里叶级数。

1. 傅里叶级数的三角形式

周期为 T 的函数 $f(t)$ 的三角形式傅里叶级数展开为：

$$f(x) = \frac{a_0}{2} + \sum_{k=1}^{+\infty} (a_k \cos n\omega_0 x + b_k \sin n\omega_0 x) \tag{6-1}$$

其中：

$\omega_0 = \dfrac{2\pi}{T} = 2\pi u$，而 $u = 1/T$，是函数 $f(x)$ 的频率。

a_k 和 b_k 称为傅里叶系数。稍后在学习傅里叶级数的复数形式时还将介绍傅里叶系数的另一种形式。事实上，傅里叶系数正是本节在 6.2.2 小节傅里叶变换中所关心的对象。

于是，周期函数 $f(t)$ 就与下面的傅里叶序列产生了一一对应，即

$$f(x) \Leftrightarrow \{a_0, (a_1, b_1), (a_2, b_2) \cdots\} \tag{6-2}$$

图 6.1 形象地显示出了这种频率分解，左侧的周期函数 $f(x)$ 可以由右侧函数的加权和来表示，即由不同频率的正弦和余弦函数以不同的系数组合在一起。

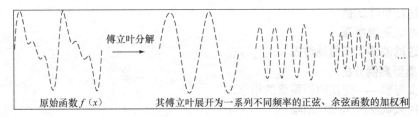

图 6.1　函数 $f(x)$ 的傅里叶分解

从数学上已经证明了，傅里叶级数的前 N 项和是原函数 $f(t)$ 在给定能量下的最佳逼近：

$$\lim_{N \to \infty} \int_0^T \left| f(t) - \left[\frac{a_0}{2} + \sum_{k=1}^{N} (a_k \cos k\omega_0 t + b_k \sin k\omega_0 t) \right] \right|^2 \mathrm{d}x = 0 \tag{6-3}$$

图 6.2 为读者展示了对于一个方波信号函数采用不同的 N 值的逼近情况。随着 N 的增大，逼近效果越来越好。但同时也注意到在 $f(x)$ 的不可导点上，如果只取式（6-1）右边的无穷级数中的有限项之和作为 $\hat{f}(x)$，那么 $\hat{f}(x)$ 在这些点上会有起伏，对于图 6.2（a）的方波信号尤为明显，这就是著名的吉布斯现象。

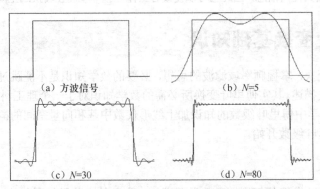

（a）方波信号　　　　　　　（b）$N=5$
（c）$N=30$　　　　　　　（d）$N=80$

图 6.2　采用不同的 N 值时，傅里叶级数展开的逼近效果

2. 傅里叶级数的复指数形式

除上面介绍的三角形式外，傅里叶级数还有其他两种常用的表现形式，即余弦形式和复指数形式。借助欧拉公式，上述 3 种形式可以很方便地进行等价转化，本质上它们都是一样的。

复指数傅里叶级数即经常说的傅里叶级数的复数形式，因具有简洁的形式（只需一个统一的表达式计算傅里叶系数），在进行信号和系统分析时通常更易于使用。而余弦傅里叶级数可使周期信号的幅度谱和相位谱的意义更加直观，函数的余弦傅里叶级数展开可以解释为 $f(x)$ 可以由不同频率和相位的余弦波以不同系数组合在一起来表示，而在三角形式中相位是隐藏在系数 a_n 和 b_n 中的。下面主要介绍复指数傅里叶级数，在后面的傅里叶变换中要用到的正是这种形式，关于余弦傅里叶级数的有关知识，感兴趣的读者请参考本章附录Ⅲ。

傅里叶级数的复指数形式为：

$$f(x) = \sum_{n=-\infty}^{\infty} c_n \mathrm{e}^{\mathrm{i}2n\pi ux} \tag{6-4}$$

其中，$c_n = \frac{1}{T} \int_{-T/2}^{T/2} f(x) \mathrm{e}^{-\mathrm{i}2n\pi ux} \mathrm{d}x \qquad (n = 0, \pm 1, \pm 2, \cdots) \tag{6-5}$

由式（6-4）和式（6-5）可见，复指数傅里叶级数形式比较简洁，级数和系数都可以采用一个统一的公式计算。有关如何由式（6-1）推导出傅里叶级数复指数形式（式（6-4））的过程，由于这里读者感兴趣的并非傅里叶级数本身，就不在正文中给出了，详细的内容可参考本章附录Ⅱ，只要读者相信不同的展开形式之间本质上是等价的，并对复指数形式的傅里叶级数展开建立了一个基本的形式上的认识就足以继续阅读和理解后面的内容了。

6.2.2 傅里叶变换

1. 一维连续傅里叶变换

对于定义域为整个时间轴（$-\infty < t < \infty$）的非周期函数 $f(t)$，此时已无法通过周期拓延将其扩展为周期函数，这种情况下就要用到傅里叶变换：

$$F(u) = \int_{-\infty}^{\infty} f(x) \mathrm{e}^{-\mathrm{i}2\pi ux} \mathrm{d}x \tag{6-6}$$

由 $F(u)$ 还可以通过傅里叶反变换获得 $f(t)$：

$$f(x) = \int_{-\infty}^{\infty} F(u) \mathrm{e}^{\mathrm{i}2\pi ux} \mathrm{d}u \tag{6-7}$$

式（6-6）和式（6-7）即为通常所说的傅里叶变换对，6.1 节中提到的函数可以从它的反变换进行重建正是基于上面的傅里叶变换对。

由于傅里叶变换与傅里叶级数涉及两类不同的函数，在很多数字图像处理的书中通常对它们分别进行处理，并没有阐明它们之间存在的密切联系，这给很多初学者带来了困扰，实际上读者不妨认为周期函数的周期可以趋向无穷大，这样可以将傅里叶变换看成是傅里叶级数的推广。

仔细地观察式（6-6）和式（6-7），对比复指数形式的傅里叶级数展开公式（式（6-4），注意到在这里傅里叶变换的结果 $F(u)$ 实际上相当于傅里叶级数展开中的傅里叶系数，而反变换公式（6-7）则体现出不同频率复指数函数的加权和的形式，相当于复指数形式的傅里叶级数展开公式，只不过这里的频率 u 变为了连续的，所以加权和采用了积分的形式。这是因为随着作为式（6-5）的积分上下限的 T 向整个实数定义域扩展，即 $T \to \infty$，频率 u 则趋近于 $\mathrm{d}u$（因为 $u=1/T$），导致原来离散变化的 u 的连续化。

2. 一维离散傅里叶变换

一维函数 $f(x)$（其中 $x=0, 1, 2, \ldots, M\text{-}1$）的傅里叶变换的离散形式为：

$$F(u) = \sum_{x=0}^{M-1} f(x) e^{-i2\pi ux/M}, \quad u = 0, 1, 2, \cdots, M-1 \tag{6-8}$$

相应的反变换为：

$$f(x) = \frac{1}{M} \sum_{u=0}^{M-1} F(u) e^{i2\pi ux/M}, \quad x = 0, 1, 2, \cdots, M-1 \tag{6-9}$$

由于在一维情况下很多性质更为直观，使用者更青睐于分析一维离散傅里叶变换，而由此得出的这些结论都可顺利推广至二维。一些有用的性质如下。

（1）仔细观察式（6-8）和式（6-9），注意到在频率域下变换 $F(u)$ 也是离散的，且其定义域仍为 $0\sim M\text{-}1$，这是因为 $F(u)$ 的周期性，即：

$$F(u+M) = F(u) \tag{6-10}$$

（2）考虑式（6-9）中的系数 $1/M$，在这里该系数被放在反变换之前，实际上它也可以位于式 (6-8)的正变换公式中。更一般的情况是只要能够保证正变换与反变换之前的系数乘积为 $1/M$ 即可。

例如，两个公式的系数可以均为 $1/\sqrt{M}$。

（3）为了求得每一个 $F(u)$（u=0, 1, 2,$\cdots$, $M\text{-}1$），需要全部 M 个点的 $f(x)$ 都参与加权求和计算。对于 M 个 u，则总共需要大约 M^2 次计算。对于比较大的 M（在二维情况下对应着比较大的图像），计算代价还是相当可观的，本章会在下一节快速傅里叶变换中来研究如何提高计算效率的问题。

3. 二维连续傅里叶变换

有了之前的基础，下面将傅里叶变换及其反变换推广至二维，对于二维连续函数，傅里叶变换为：

$$F(u,v) = \int_{\infty}^{\infty} \int_{\infty}^{\infty} f(x,y) e^{-j2\pi(ux+vy)} \mathrm{d}x\mathrm{d}y \tag{6-11}$$

类似地，其反变换为：

$$f(x,y) = \int_{\infty}^{\infty} \int_{\infty}^{\infty} F(u,v) e^{j2\pi(ux+vy)} \mathrm{d}u\mathrm{d}v \tag{6-12}$$

4. 二维离散傅里叶变换

在数字图像处理中，读者关心的自然是二维离散函数的傅里叶变换，下面直接给出二维离散傅里叶变换(Discrete Fourier Transform, DFT)公式：

$$F(u,v) = \sum_{x=0}^{M-1} \sum_{y=0}^{N-1} f(x,y) e^{-i2\pi(ux/M+vy/N)} \tag{6-13}$$

$$f(x,y) = \frac{1}{MN} \sum_{u=0}^{M-1} \sum_{v=0}^{N-1} F(u,v) e^{i2\pi(ux/M+vy/N)} \tag{6-14}$$

相对于空间域（图像域）的变量 x、y，这里的 u、v 是变换域或者说是频率域变量。同一维中的情况相同，由于频谱的周期性，式（6-13）只需对 u 值（u=0, 1, 2,$\cdots$, $M\text{-}1$）及 v 值（v=0, 1, 2,$\cdots$, $N\text{-}1$）进行计算。同样，系数 $1/MN$ 的位置并不重要，有时也放在正变换之前，有时则在正变换和反变换前均乘以系数 $1/\sqrt{MN}$。

根据式（6-13），频域原点位置的傅里叶变换为：

$$F(0,0) = \sum_{x=0}^{M-1} \sum_{y=0}^{N-1} f(x,y) \tag{6-15}$$

显然，这是 $f(x,y)$ 各个像素的灰度之和。而如果将系数 $1/MN$ 放在正变换之前，则 $F(0, 0)$ 对应于原图像 $f(x, y)$ 的平均灰度。$F(0, 0)$ 有时被称作频率谱的直流分量（DC）。

　　本书之前曾指出了一维函数可以表示为正弦（余弦）函数的加权和形式。类似地，二维函数 $f(x, y)$ 可以分解为不同频率的二维正弦（余弦）平面波的按比例叠加。图6.3（a）中给出了一幅简单的图像，可将它视为以其灰度值作为幅值的二维函数，如图6.3（b）所示，根据式（6-13），它可以分解为如图6.3（c）所示的不同频率和方向的正弦（余弦）平面波的按比例叠加（只给出了一部分）。比如图6.3（c）中第一行中间的平面波为 $\sin(Y)$，而第二行右面的平面波则为 $\sin(X+2Y)$，而第3行最后的一个为 $\sin(2X+2Y)$。

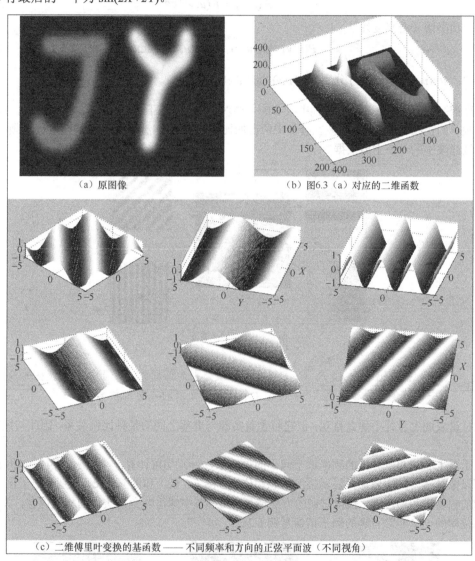

（a）原图像　　　　　　　　　　　　（b）图6.3（a）对应的二维函数

（c）二维傅里叶变换的基函数——不同频率和方向的正弦平面波（不同视角）

图6.3　二维函数 $f(x, y)$ 的傅里叶分解

6.2.3　幅度谱、相位谱和功率谱

　　下面，再来定义傅里叶变换的幅度谱、相位谱以及功率谱。

◆　幅度谱：

$$|F(u,v)| = [\text{Re}(u,v)^2 + \text{Im}(u,v)^2]^{1/2} \tag{6-16}$$

显然，幅度谱关于原点具有对称性，即 $|F(-u,-v)| = |F(u,v)|$。

◆ 相位谱：

$$\varphi(u,v) = \arctan \frac{\mathrm{Im}(u,v)}{\mathrm{Re}(u,v)} \qquad (6\text{-}17)$$

通过幅度谱和相位谱，可以还原 $F(u,v)$：

$$F(u,v) = |F(u,v)|\, e^{j\varphi(u,v)} \qquad (6\text{-}18)$$

◆ 功率谱（谱密度）：

$$P(u,v) = |F(u,v)|^2 = \mathrm{Re}(u,v)^2 + \mathrm{Im}(u,v)^2 \qquad (6\text{-}19)$$

其中：$\mathrm{Re}(u,v)$ 和 $\mathrm{Im}(u,v)$ 分别为 $F(u,v)$ 的实部和虚部。

幅度谱又叫频率谱，是图像增强中关心的主要对象，频率域下每一点 (u,v) 的幅度 $|F(u,v)|$ 可用来表示该频率的正弦（余弦）平面波在叠加中所占的比例，如图 6.4 所示。幅度谱直接反映频率信息，是频率域滤波中的一个主要依据。

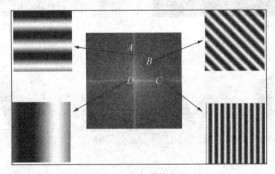

图 6.4　幅度谱的意义

> **注**　幅度谱中的 A、B、C、D 4 点的幅值分别为四周的 4 个正弦平面波在的加权求和中的权值（混合比例）。注意这 4 个正弦平面波的方向和频率。

相位谱表面上看并不那么直观，但它隐含着实部与虚部之间的某种比例关系，因此与图像结构息息相关。

由于对于和空间域等大的频率域空间下的每一点 (u,v)，均可计算一个对应的 $|F(u,v)|$ 和 $\varphi(u,v)$，因此可以像显示一幅图像那样显示幅度谱和相位谱。图 6.5（b）和图 6.5（c）分别给出了图 6.5（a）中图像的幅度谱和相位谱，获得它们的方法请参考 6.3 节中傅里叶变换实现的相关内容，关于幅度谱和相位谱的一个非常有趣的例子请参考例 6.2。

（a）图像 circuit.tif　　　（b）图 6.5（a）的幅度谱　　　（c）图 6.5（a）的相位谱
　　　　　　　　　　　　注意幅度谱关于原点（图像中心）对称

图 6.5　circuit.tif 幅度谱和相位谱，幅度谱和相位谱都将（0，0）点移到了中心

6.2.4 傅里叶变换的实质——基的转换

无论是傅里叶变换、离散余弦变换还是小波变换，其本质都是基的变换。下面首先一起回顾一下线性代数中基和向量空间的相关知识。

1. 基和向量空间

在三维欧氏向量空间中，某向量 $\vec{v}$ 可以由 3 个复数 $\{v_1, v_2, v_3\}$ 来定义，常常记作 $\vec{v} = (v_1, v_2, v_3)$，这 3 个复数与 3 个正交单位向量 $\{\vec{e}_1, \vec{e}_2, \vec{e}_3\}$ 相联系。实际上，有序集 $\{v_1, v_2, v_3\}$ 表示向量 $\vec{v}$ 的 3 个标量分量，也就是系数；而 3 个正交单位向量 $\{\vec{e}_1, \vec{e}_2, \vec{e}_3\}$ 即为该三维欧氏空间的基向量。称该空间为这 3 个基向量所张成的空间，任何该空间中的向量 $\vec{v}$ 均可由这 3 个基向量的线性组合（加权和）表示为：

$$\vec{v} = v_1\vec{e}_1 + v_2\vec{e}_2 + v_3\vec{e}_3 = \sum_{i=1}^{3} v_i\vec{e}_i \tag{6-20}$$

也可以用矩阵的形式来表示该向量：

$$\vec{v} = \begin{bmatrix} v_1 \\ v_2 \\ v_3 \end{bmatrix} \tag{6-21}$$

在上面的叙述中涉及了向量的正交，这是向量代数中一个非常重要的概念。为了说明正交的概念，首先回顾一下向量点积（数量积），两个向量的点积定义为：

$$\vec{u} \cdot \vec{v} = |\vec{u}||\vec{v}|\cos\theta = u_1v_1 + u_2v_2 + u_3v_3 = [u_1\ u_2\ u_3]\begin{bmatrix} v_1 \\ v_2 \\ v_3 \end{bmatrix} = \begin{bmatrix} u_1 \\ u_2 \\ u_3 \end{bmatrix}^{\mathrm{T}}\begin{bmatrix} v_1 \\ v_2 \\ v_3 \end{bmatrix} = \vec{u}^{\mathrm{T}}\vec{v} \tag{6-22}$$

其中，$|\vec{v}| = \sqrt{v_1{}^2 + v_2{}^2 + v_3{}^2}$，表示向量 $\vec{v}$ 的模，θ 为向量 $\vec{u}$ 和 $\vec{v}$ 之间的夹角，上标 T 表示转置。

此时，如果 $\vec{u} \cdot \vec{v} = 0$，则称这两个向量 $\vec{u}$ 和 $\vec{v}$ 互相正交。由式（6-22）可知，两非零向量正交则 $\cos\theta = 0$，说明其夹角为 90°（垂直）。

接下来，定义一个向量在另一个向量方向上的投影或分量为：

$$\vec{u} \text{ 在 } \vec{v} \text{ 方向上的投影（分量）} = \vec{u} \cdot \frac{\vec{v}}{|\vec{v}|} = \vec{u} \cdot \vec{e}_v \tag{6-23}$$

其中：$\vec{e}_v$ 为向量 $\vec{v}$ 单位化后的单位向量，模为 1，方向与 $\vec{v}$ 相同。

式（6-23）说明如果需要得到某向量在给定方向上的分量，只需计算该向量与给定方向单位向量的点积。

图 6.6 能够帮助读者理解上述内容，图 6.6（a）中为一个三维空间中的向量 $\vec{v}$ 以及 3 个单位正交基向量 $\vec{e}_1$、$\vec{e}_2$、$\vec{e}_3$；图 6.6（b）中给出了向量 $\vec{v}$ 在 $\vec{e}_2$ 方向的投影 v_2；在图 6.6（c）中，根据矢量加法的平行四边形法则，向量 $\vec{v}$ 被分解为 3 个正交基向量 $\vec{e}_1$、$\vec{e}_2$、$\vec{e}_3$ 的线性组合，显然可以表示为 $\vec{v} = (v_1, v_2, v_3)$ 的形式。

将三维向量空间中基与投影的概念推广至 N 维向量空间。任何一个该空间中的 $N \times 1$ 向量均可由 N 个基向量 $\vec{e}_1, \vec{e}_2, \cdots, \vec{e}_N$ 的线性组合来表示，记作：

$$\vec{v} = \sum_{i=1}^{N} v_i\vec{e}_i \tag{6-24}$$

其中，分量 v_i 为向量 $\vec{v}$ 在 $\vec{e}_i$ 方向的投影：

$$v_i = \vec{v} \cdot \vec{e}_i \tag{6-25}$$

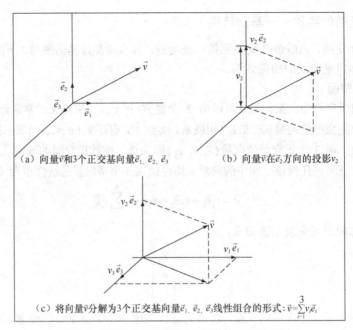

(a) 向量$\vec{v}$和3个正交基向量$\vec{e}_1$、$\vec{e}_2$、$\vec{e}_3$ (b) 向量$\vec{v}$在$\vec{e}_2$方向的投影v_2

(c) 将向量$\vec{v}$分解为3个正交基向量$\vec{e}_1$、$\vec{e}_2$、$\vec{e}_3$线性组合的形式: $\vec{v}=\sum_{i=1}^{3}v_i\vec{e}_i$

图 6.6 三维欧几里得空间中向量的投影和正交分解

式（6-24）称为对$\vec{v}$的重构，式（6-25）称为对$\vec{v}$的分解。

而 N 个单位基向量之间满足两两正交关系，即：

$$\vec{e}_i \cdot \vec{e}_j = \delta_{i,j} = \begin{cases} 1, i = j \\ 0, i \neq j \end{cases} \quad \forall i,j \in Z \tag{6-26}$$

2. 基函数和函数空间

尽管上面的向量分解与重构的问题比较基础,但它与傅里叶变换与反变换之间的关系却十分紧密。事实上，它们在形式上有着惊人的相似，唯一不同的是这里的向量空间变成了函数空间，向量 $\vec{v}$ 变成了函数 $f(x)$，而基向量 $\vec{e}_1,\vec{e}_2,\cdots,\vec{e}_n$ 也相应地变成了基函数。对比式（6-24）～式（6-25）和式（6-8）～式（6-9）的形式不难看出，式（6-24）的分解过程即相当于傅里叶变换，而式（6-25）的重构过程则恰恰相当于傅里叶反变换。也就是说，相应函数空间中的任意函数均可以由该函数空间中的一组基函数的加权和来表示。观察式（6-8）容易发现，这里的基函数的形式为 $e^{-i2\pi ux}$，用下面的等式来表示函数的正交性：

$$\frac{1}{T} \int_{-T/2}^{T/2} e^{i2\pi kx} e^{-i2\pi lx} \mathrm{d}x = \delta_{k,l} \quad \forall k,l \in Z \tag{6-27}$$

至此，读者应该已经理解了傅里叶变换的实质——基的转换。对于给定函数 $f(x)$，关键是选择合适的基，使得 $f(x)$ 在这组基下，表现出使用者需要的特性，当某一组基不满足要求时，就需要通过变换将函数转换到另一组基下表示，方可得到使用者需要的函数表示。常用的变换有傅里叶变换（以正弦和余弦函数为基函数）、小波变换（以各种小波函数为基函数）、离散余弦变换以及 Walsh 变换等。实际上，在第 13 章中将指出，特征降维中常用的主成分分析法（K-L 变换）本质上也是一种基的转换。

6.3 快速傅里叶变换及实现

6.2 节介绍了离散傅里叶变换（DFT）的原理，但并没有涉及其实现问题，这主要是因为 DFT 的直接实现效率较低。在工程实践中，迫切地需要一种能够快速计算离散傅里叶变换的高效算法，快速傅里叶变换（Fast Fourier Transform, FFT）便应运而生。本节将给出快速傅里叶变换算法的原理及其实现细节。

6.3.1 FFT 变换的必要性

之所以提出快速傅里叶变换（FFT）方法，是因为在计算离散域上的傅里叶变换时，对于 N 点序列，它的 DFT 变换与反变换对定义为：

$$\begin{cases} F(u) = \sum_{x=0}^{N-1} f(x)W_N^{ux}, \ u = 0,1,\cdots,N-1, W_N = \mathrm{e}^{-j\frac{2\pi}{N}} \\ f(x) = \frac{1}{N}\sum_{u=0}^{N-1} F(u)W_N^{-ux}, \ x = 0,1,\cdots,N-1 \end{cases} \tag{6-28}$$

于是不难发现，计算每个 u 值对应的 $F(u)$ 需要 N 次复数乘法和 $N-1$ 次复数加法，因此，为了计算长度为 N 的序列的快速傅里叶变换，共需要执行 N^2 次复数乘法和 $N(N-1)$ 次复数加法。而实现 1 次复数相加至少需要执行 2 次实数加法，执行 1 次复数相乘则可能需要至多 4 次实数乘法和 2 次实数加法。如果使用这样的算法直接处理图像数据，运算量会大得惊人，更无法实现实时处理。

然而，离散傅里叶变换的计算实质并没有那么复杂。在离散傅里叶变换的运算中有大量重复运算。上面的变量 W_N 是一个复变量，但是可以看出它具有一定的周期性，实际上它只有 N 个独立的值。而这 N 个值也不是完全相互独立，它们又具有一定的对称关系。关于变量 W_N 的周期性和对称性可以做如下总结：

$$W_N^{\ 0} = 1, W_N^{\frac{N}{2}} = -1 \tag{6-29}$$

$$W_N^{\ N+r} = W_N^{\ r}, W_N^{\frac{N}{2}+r} = -W_N^{\ r} \tag{6-30}$$

式（6-29）是 W 矩阵中元素的某些特殊值，而式（6-30）则说明了 W 矩阵元素的周期性和对称性。利用 W 的周期性，DFT 运算中的某些项就可以合并；而利用 W 的对称性，则可以仅计算半个 W 序列。而根据这两点，就可以将一个长度为 N 的序列分解成两个长度为 $N/2$ 的序列并分别计算 DFT，这样就能可以节省大量的运算量。本书将在讲述常见的 FFT 算法后分析节省的运算量。

这正是快速傅里叶变换的基本思路——通过将较长的序列转换成相对短得多的序列来大大减少运算量。

6.3.2 常见的 FFT 算法

目前流行的大多数成熟的 FFT 算法的基本思路大致可以分为两大类，一类是按时间抽取的快速傅里叶算法（Decimation In Time, DIT-FFT），另一类是按频率抽取的快速傅里叶算法（Decimation In Freqency, DIF-FFT）。这两种算法思路的基本区别如下。

按时间抽取的 FFT 算法是基于将输入序列 $f(x)$ 分解（抽取）成较短的序列，然后从这些序列的 DFT 中求得输入序列的 $F(u)$ 的方法。由于抽取后的较短序列仍然可分，所以最终仅仅需要计算一个很短的序列的 DFT。在这种算法中，主要关注的是当序列的长度是 2 的整数次幂时，如何能够高效地进行抽取和运算的方法。

而按频率抽取的 FFT 算法是基于将输出序列 $F(u)$ 分解（抽取）成较短的序列，并且从 $f(x)$ 计算这些分解后的序列的 DFT。同样，这些序列可以继续分解下去，继续得到更短的序列，从而可以更简便地进行运算。这种算法同样是主要针对 2 的整数次幂长度的序列的。

从本章前面对 DFT 的介绍和本节开头的分析可知，随着序列长度的减小，FFT 运算的复杂度将以指数规律降低。

本节主要讨论序列长度是 2 的整数次幂时的 DFT 运算，这称为基-2 FFT。除了基-2FFT，还有基-4FFT 和基-8FFT，甚至还有基-6FFT。那些算法的效率比基-2FFT 更高，但应用的范围更狭窄。事实上，很多商业化的信号分析库都是使用混合基 FFT 的。那样的程序代码更加复杂，但效率却高得多，而且应用范围更广。本书从学习和研究的角度，仅介绍最常见的按时间抽取的基-2 FFT 算法。

6.3.3　按时间抽取的基–2 FFT 算法

对于基-2 FFT，可以设序列长度为 $N=2^L$。由于 N 是偶数，可将这个序列按照项数的奇偶分成两组。分组的规律如下式所示：

$$\begin{cases} f(2x) = f_{偶}(x) \\ f(2x+1) = f_{奇}(x) \end{cases}, x = 0,1,2,\cdots,\frac{N}{2}-1 \tag{6-31}$$

则 $f(x)$ 的傅里叶变换 $F(u)$ 可以表示为 $f(x)$ 的奇数项和偶数项分别组成的序列的如下变换形式：

$$F(u) = \sum_{x=0}^{N-1} f(x)W_N^{ux} = \sum_{x偶} f(x)W_N^{ux} + \sum_{x奇} f(x)W_N^{ux} \tag{6-32}$$

$$= \sum_{r=0}^{\frac{N}{2}-1} f(2r)W_N^{2ru} + \sum_{r=0}^{\frac{N}{2}-1} f(2r+1)W_N^{(2r+1)u}, r = 0,1,2,\cdots,\frac{N}{2}-1 \tag{6-33}$$

因为 $W_N^{2nx} = W_{\frac{N}{2}}^{nx}$，所以上式可以继续化简为：

$$F(u) = \sum_{r=0}^{\frac{N}{2}-1} f(2r)W_{\frac{N}{2}}^{ru} + W_N^u \sum_{r=0}^{\frac{N}{2}-1} f(2r+1)W_{\frac{N}{2}}^{ru} \tag{6-34}$$

容易发现，上式的第一项为 $f(2r)$ 的 $N/2$ 点 DFT，而第二项的求和部分为 $f(2r+1)$ 的 $N/2$ 点 DFT（序列 $f(2r)$ 和序列 $f(2r+1)$ 的周期均为 $N/2$）。也即：

$$F(u) = F_{偶}(u) + W_N^u F_{奇}(u), u = 0,1,2,\cdots,\frac{N}{2}-1 \tag{6-35}$$

这里，用 $F_{偶}(u)$ 和 $F_{奇}(u)$ 分别表示 $f(2r)$ 和 $f(2r+1)$ 的 $N/2$ 点 DFT。

而且，根据 DFT 序列的周期性特点，还可得到如下式的成立：

$$F_{偶}(u) = F_{偶}(u+\frac{N}{2}), F_{奇}(u) = F_{奇数}(u+\frac{N}{2}) \tag{6-36}$$

并且，由于 $W_N^{\frac{N}{2}} = -1$，还可以得出：

$$W_N^{u+\frac{N}{2}} = W_N^u W_N^{\frac{N}{2}} = -W_N^u \tag{6-37}$$

因此，

$$W_N^{u+\frac{N}{2}} F_{奇}(u+\frac{N}{2}) = -W_N^u F_{奇}(u) \tag{6-38}$$

将式（6-36）和式（6.37）代入式（6-38），并根据式（6-35），得：

$$\begin{cases} F_n(u) = F_{偶}(u) + W_N^u F_{奇}(u), u = 0,1,2,\cdots,\frac{N}{2}-1 \\ F_n(u+\frac{N}{2}) = F_{偶}(u) + W_N^{u+\frac{N}{2}} F_{奇}(u+\frac{N}{2}) = F_{偶}(u) - W_N^u F_{奇}(u), u = 0,1,2,\cdots,\frac{N}{2}-1 \end{cases} \tag{6-39}$$

这是一个递推公式，它就是 FFT 蝶形运算的理论依据。该公式表明，一个偶数长度序列的傅里叶变换可以通过它的奇数项和偶数项的傅里叶变换得到,从而可以将输入序列分成两部分分别计算并按公式相加/相减,而在这个运算过程中,实际上只需要计算 W_N^u,$u=0,1,2,3,\cdots,N/2-1$。

因此,一个 8 点按时间抽取的 FFT 算法的第一步骤如图 6.7 所示。

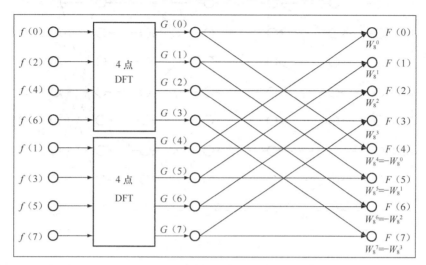

图 6.7　8 点 FFT 变换简图

图 6.7 是根据式(6-39)绘制的,这一算法也可以用图 6.8 抽象地表示出来。

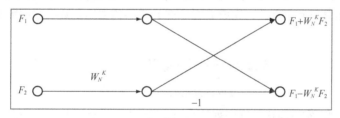

图 6.8　蝶形算法抽象示意图

由于讨论的是基-2FFT 算法,$N/2$ 一般应是偶数,因此得到的序列还可以继续分解,分解过程可以一直持续到每个序列只需要 2 点的 DFT。这样只需要如下的运算即可计算这一 DFT 值,这一运算是 FFT 的基本运算,称为蝶形运算。蝶形运算的基础单元示意图如图 6.9 所示。

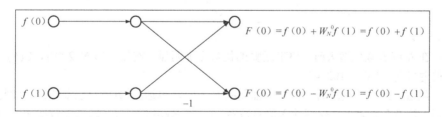

图 6.9　蝶形算法基础单元

这一基础单元是对初始输入序列进行傅里叶变换操作的第一步,即两点时的 FFT。把这个基本的 DFT 运算和上面的抽象化蝶形运算比较,可以发现它们的基本结构是完全一致的。在蝶形算法中,可以只计算一次 $W_N^k F_2$ 而后分别与 F_1 相加和相减,从而每一次蝶形算法只需 1 次复数乘法和 2 次复数加法(从复杂度分析的角度,相减当然也可看作是一次加法)。并且,注意到 $W_N^K=1$,因此可以进一步简化计算。尤其第一级蝶形运算更是可以完全简化为单纯的复数加减法。

一个 8 点 FFT 的完整计算过程如图 6.10 所示，请思考这个过程与 DFT 过程的区别，以及这个过程所需的算法复杂度和存储空间问题。稍后本节将讨论这个问题。

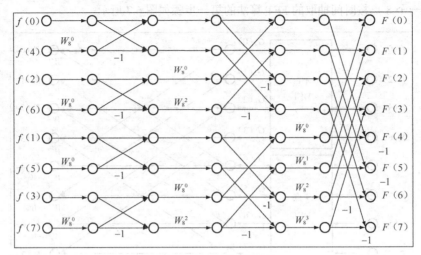

图 6.10　8 点 FFT 算法

用基-2 的时间抽取 FFT 算法比直接计算 DFT 的效率高得多。在计算长度为 $N=2^L$ 序列的 FFT 时，在不对复数乘法进行额外优化的情况下，所需运算量分析如下。

对于每一个蝶形运算，需要进行 1 次复数乘法和 2 次复数加法。而 FFT 运算的每一级都含有 $N/2 = 2^{L-1}$ 个蝶形运算单元。因此，完成 L 级 FFT 运算共需要的复数乘法次数 M_{cm} 和复数加法 M_{ca} 数目分别为：

$$M_{cm} = L\frac{N}{2} = \frac{N}{2}\log_2 N \tag{6-40}$$

$$M_{ca} = LN = N\log_2 N \tag{6-41}$$

而本节开头提到，实现同样长度序列的 DFT 运算则需要 N^2 次复数乘法和 $N(N-1)$ 次复数加法，这远远多出 FFT 算法的所需。近似比较 FFT 和 DFT 运算的算法复杂度可知：

$$C(N) = \frac{N^2}{N\log_2 N} = \frac{N}{\log_2 N} \tag{6-42}$$

或

$$C(L) = \frac{2^L}{L} \tag{6-43}$$

因此，在 N 或 L 取值增大时，FFT 运算的优势更加明显。例如，当 $N=2^{10}$ 时，$C(N)=102.4$，即 FFT 算法的速度是 DFT 的 102.4 倍。

此外，从占用的存储空间看，按时间抽取的 FFT 算法也远比 DFT 算法节约。一对复数进行完蝶形运算后，就没有必要再次保留输入的复数对。因此，输出对可以和输入对放在相同的存储单元中。所以，只需要和输入序列大小相等的存储单元即可。也就是一种"原位"运算。

但是，经过观察上面的 8 点 FFT 运算全过程，可以发现，如果要使用这种"原位"运算，输入序列就必须按照倒序存储。由于 $f(x)$ 是逐次抽取的，所以必须对原输入码列倒转次序，得到的次序相当于是原序列编号的二进制码位倒置。也即将原序列编号按照二进制表示，并且将二进制的所有位次序颠倒，就得到了在实际的输入序列中应该使用的排序位置。下面同样以 8 点 FFT 为例说明码位倒置的方法，如表 6.1 所示为 8 点 FFT 的码位倒置对应表。

表 6.1   8 点 FFT 的码位倒置对应表

n	对应的二进制数	码位倒置后的二进制数	对应在实际输入序列中的位置
0	000	000	0
1	001	100	4
2	010	010	2
3	011	110	6
4	100	001	1
5	101	101	5
6	110	011	3
7	111	111	7

按照表 6.1 中的顺序排列输入数据，就可以方便地进行原位运算，以节约内存空间了。

6.3.4 离散反傅里叶变换的快速算法

离散反傅里叶变换（Inverse Discrete Fourier Transform，IDFT）的形式与离散傅里叶变换很相似，首先比较它们的公式形式。

离散反傅里叶变换（IDFT）的公式为：

$$f(x) = IDFT(F(u)) = \frac{1}{N}\sum_{u=0}^{N-1}F(u)W_N^{-ux} \tag{6-44}$$

离散傅里叶变换（DFT）的公式为：

$$F(u) = DFT(f(x)) = \sum_{x=0}^{N-1}f(x)W_N^{ux} \tag{6-45}$$

观察式（6-44）和式（6-45）发现，只要把 DFT 算子中的 W_N^{ux} 换成 W_N^{-ux}，并在前面乘以 $1/N$，即可得到 IDFT 的算子。于是考虑使用复数共轭方式建立两者之间的联系，推导离散反傅里叶变换的公式如下：

$$f(x) = \frac{1}{N}[\sum_{u=0}^{N-1}F^*(u)W_N^{nu}]^* = \frac{1}{N}\{DFT[F^*(u)]\}^* \tag{6-46}$$

因此，只需先将 $F(u)$ 取共轭，就可以直接使用 DFT 算法计算 IDFT 了。

6.3.5 N 维快速傅里叶变换

N 维快速傅里叶变换（FFTN）用于对高维信号矩阵执行傅里叶频谱分析操作。其中二维的快速傅里叶变换常常用于数字图像处理。

N 维快速傅里叶变换是由一维 FFT 组合而成的，其运算的实质就是在给定二维或多维数组的每个维度上依次执行一维 FFT，并且使用"原位"运算的方法。在开始之前，算法将输入直接复制到输出上，所以之后在每个维度上执行 FFT 的原位操作都不会改变原本的输入数组，同时也使这个算法输出的数组和输入的数组拥有同样的大小和维度。也就是说，如果对一幅灰度图像执行二维快速傅里叶变换操作，得到的结果也将是一个二维数组。

稍后将在本节的 Visual C++实现中给出二维快速傅里叶变换算法的实现细节。

6.3.6 MATLAB 实现

MATLAB 中提供了 fft2()和 ifft2()函数分别计算二维傅里叶变换和反变换，它们都经过了优化，运算速度非常快。另一个与傅里叶变换密切相关的函数是 fftshift()，常需要利用它来将傅里叶频谱图中的零频点移动到频谱图的中心位置。

下面分别介绍这 3 个函数。

1. fft2()函数

该函数用于执行二维快速傅里叶操作，因此可以直接用于数字图像处理。调用语法如下。

```
Y = fft2(X)
Y = fft2(X,m,n)
```

参数说明：

- X 为输入图像，
- m 和 n 分别用于将 X 的第一和第二维规整到指定的长度，当 m 和 n 均为 2 的整数次幂时算法的执行速度要比 m 和 n 均为素数时更快。

返回值：

- Y 是计算得到的傅里叶频谱，是一个复数矩阵。

> 💡提示　　计算 abs(Y)可得到幅度谱，计算 angle(Y)可得到相位谱。

2. fftshift()函数

在 fft2()函数输出的频谱分析数据中，是按照原始计算所得的顺序来排列频谱的，而没有以零频为中心来排列，因此造成了零频在输频谱矩阵的角上，显示幅度谱图像时表现为 4 个亮度较高的角（零频处的幅值较高），如图 6.11（a）所示。

fftshift()函数利用了频谱的周期性特点，将输出图像的一半平移到另一端，从而使零频被移动到图像的中间，如图 6.11（b）所示。

其调用语法如下。

```
Y = fftshift(X)
Y = fftshift(X,dim)
```

参数说明：

- X 为要平移的频谱；
- dim 指出了在多维数组的哪个维度上执行平移操作。

返回值：

- Y 是经过平移的频谱。

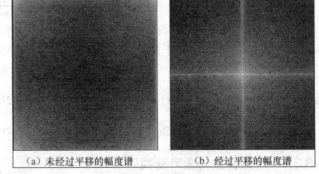

（a）未经过平移的幅度谱　　　（b）经过平移的幅度谱

图 6.11　频谱的平移

利用 fftshift()函数对图 6.11（a）中的图像平移后的效果如图 6.11（b）所示。

下面给出对于二维图像矩阵，fftshift()函数的平移过程，如图 6.12 所示。

可见，输出矩阵被分为了 4 个部分，其中 1、3 两部分对换，2、4 两部分对换，这样，原来在角上的零频率点（原点）位置就移动到了图像的中央位置。而 dim 参数则可以指定在多维数组的哪个维度上执行对换操作。例如，对于矩阵而言，dim 取 1 和 2 的情形分别如图 6.13 所示。

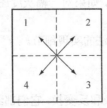

图 6.12　fftshift()函数对二维矩阵的平移过程

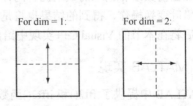

图 6.13　fftshift()函数对二维矩阵的平移过程细节分析

3. ifft2()函数

该函数用于对图像（矩阵）执行逆傅里叶变换。输出矩阵的大小与输入矩阵相同。调用形式如下。

```
Y = ifft2(X)
Y = ifft2(X,m,n)
```

参数说明：

- X为要计算反变换的频谱；
- m、n的意义与fft2()中相同。

返回值：

- Y是反变换后得到的原始图像。

> **注意**　在执行ifft2()函数之前，如果曾经使用fftshift()函数对频域图像进行过原点平移，则还需要使用ifftshift()将原点平移回原位置。

【例6.1】幅度谱的意义示例。

下面的程序展示了如何利用fft2()进行二维快速傅里叶变换。为了更好地显示频谱图像，需要利用3.3节中学习过的对数变换来增强频谱。相关的代码如下。

```
I1 = imread('cell.tif');  %读入原图像

fcoef = fft2(I1); %做fft变换
spectrum = fftshift(fcoef); %将零点移到中心
temp =log(1+abs(spectrum)); %对幅值做对数变换以压缩动态范围

subplot(1,2,1);
imshow(temp,[]);
title('FFT');
subplot(1,2,2);
imshow(I1);
title('Source');

I2 = imread('circuit.tif');  %读入原图像

fcoef = fft2(I2); %做fft变换
spectrum = fftshift(fcoef); %将零点移到中心
temp =log(1+abs(spectrum)); %对幅值做对数变换以压缩动态范围

figure;
subplot(1,2,1);
imshow(temp,[]);
title('FFT');
subplot(1,2,2);
imshow(I2);
title('Source');
```

上述程序的运行结果如图6.14所示。

可以看出，图6.14（b）中的cell.tif图像较为平滑，而在其傅里叶频谱中，低频部分对应的幅值较大；而对图6.14（d）中细节复杂的的图像circuit.tif，灰度的变化趋势更加剧烈，相应的频谱中高频分量较强。

事实上，由于图6.14（d）图中基本只存在水平和垂直的线条，导致了在输出的频谱中亮线集中存在于水平和垂直方向（并且经过原点）。具体地说，原图像中的水平边缘对应于频谱中的竖直亮线，而竖直边缘则对应着频谱中的水平响应。不妨这样理解，水平方向的边缘可以看作在竖直方向上的灰度值的矩形脉冲，而这样的矩形脉冲可以分解为无数个竖直方向的正弦平面波的叠加，从而对应频域图像中的垂直亮线；而对于竖直方向的边缘，情况是类似的。

通过例 6.1，可以发现一些频谱与其空间域图像之间的联系。实际上，低频（频谱图像中靠近中心的区域）对应着图像的慢变化分量；高频（频谱图像中远离中心的区域）对应着一幅图像中较快变化的灰度级，常常对应着图像细节，如物体的边缘和噪声等。就拿图 6.14（d）的电路图像来说，电路板的灰度较为一致的背景区域就对应着频谱的低频部分，而横竖电路线条的灰度变换则是相对高频的成分，且灰度变换越剧烈，就对应着越高的频域分量。

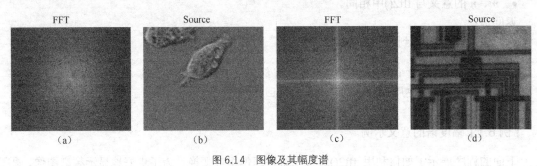

图 6.14　图像及其幅度谱

在 6.2.3 小节曾给出了幅度谱和相位谱的定义并对其作用进行了简单的介绍，为了进一步加深读者对幅度谱和相位谱的认识，这里给出一个关于它们的有趣的例子。

【例 6.2】美女与猫——交换两幅图像的相位谱。

图 6.15（a）、（b）中分别是一张美女的照片和一张猫的照片，这里准备交换这两幅图像的相位谱，即用美女的幅度谱加上猫的相位谱，而用猫的幅度谱加上美女的相位谱，然后根据式（6-18），通过幅度谱和相位谱来还原傅里叶变换 $F(u,v)$，再经傅里叶反变换得到交叉相位谱之后的图像。根据 6.2.2 中关于幅度谱和相位谱各自作用的讨论，读者能想到这样做将会产生怎样的结果吗？相关的代码如下。

```
% c6s2.m

% 读取图片
A = imread('beauty.jpg');
B = imread('cat.jpg');

% 求傅里叶变换
Af = fft2(A);
Bf = fft2(B);

% 分别求幅度谱和相位谱
AfA = abs(Af);
AfB = angle(Af);

BfA = abs(Bf);
BfB = angle(Bf);

% 交换相位谱并重建复数矩阵
AfR = AfA .* cos(BfB) + AfA .* sin(BfB) .* i;
BfR = BfA .* cos(AfB) + BfA .* sin(AfB) .* i;

% 傅里叶反变换
AR = abs(ifft2(AfR));
BR = abs(ifft2(BfR));

% 显示图像
```

```
subplot(2,2,1);
imshow(A);
title('美女原图像');

subplot(2,2,2);
imshow(B);
title('猫的原图像');

subplot(2,2,3);
imshow(AR, []);
title('美女的幅度谱和猫的相位谱组合');

subplot(2,2,4);
imshow(BR, []);
title('猫的幅度谱和美女的相位谱组合');
```

程序运行结果如图 6.15（c）和图 6.15（d）所示。

（a）美女图像　　　　　　　　　　（b）猫的图像

（c）美女幅度谱加上猫的相位谱　　　（d）猫的幅度谱加上美女的相位谱

图 6.15　幅度谱与相位谱的关系

通过这个示例，可以发现，交换相位谱之后，反变换之后得到的图像内容与其相位谱对应的图像一致，这就印证了之前关于相位谱决定图像结构的论断。而图像中整体灰度分布的特性，如明暗、灰度变化趋势等则在比较大的程度上取决于对应的幅度谱，因为幅度谱反映了图像整体上各个方向的频率分量的相对强度。

6.3.7　Visual C++实现

根据 6.3.5 小节的介绍，可通过在二维矩阵的每个维度上依次执行一维 FFT 来实现二维快速傅里叶变换（FFT2）。因此，需要首先编写一维 FFT 算法。

1.　一维快速傅里叶变换——CImgProcess::FFT

作为 CImgProcess 类的私有成员，FFT()函数的调用参数中 complex<double>型的时域和频域数组指针用于输入输出，r 为 FFT 运算的迭代次数，此时 2^r 即为傅里叶变换的点数。

由于在 DFT 和 FFT 中大量地用到了复数，所以使用 C++的 STL 标准模板库中的复数模板类以简化程序代码。相应地需要包含一个标准头文件#include <complex>。

FFT()函数的完整实现如下。

```
/*********************************************************
void CImgProcess::FFT(complex<double> * TD, complex<double> * FD, int r)
功能: 一维快速傅里叶变换
参数: complex<double> * TD: 指向时域数组的指针
      complex<double> * FD: 指向频域数组的指针
      int r: 2 的幂数, 即迭代次数
返回值:      无
*********************************************************/
Void CImgProcess::FFT(complex<double> * TD, complex<double> * FD, int r)
{
    LONG       count; // 傅里叶变换点数
    int        i,j,k; // 循环变量
    int        bfsize,p; // 中间变量
    double     angle; // 角度

    complex<double> *W,*X1,*X2,*X;

    // 计算傅里叶变换点数
    count = 1 << r;

    // 分配运算所需存储器
    W  = new complex<double>[count / 2];
    X1 = new complex<double>[count];
    X2 = new complex<double>[count];

    // 计算加权系数
    for(i = 0; i < count / 2; i++)
    {
        angle = -i * PI * 2 / count;
        W[i] = complex<double> (cos(angle), sin(angle));
    }

    // 将时域点写入 X1
    memcpy(X1, TD, sizeof(complex<double>) * count);

    // 采用蝶形算法进行快速傅里叶变换
    for(k = 0; k < r; k++)
    {
        for(j = 0; j < 1 << k; j++)
        {
            bfsize = 1 << (r-k);
            for(i = 0; i < bfsize / 2; i++)
            {
                p = j * bfsize;
                X2[i + p] = X1[i + p] + X1[i + p + bfsize / 2];
                X2[i + p + bfsize / 2] = (X1[i + p] - X1[i + p + bfsize / 2]) * W[i * (1<<k)];
            }
        }
        X  = X1;
        X1 = X2;
        X2 = X;
    }

    // 重新排序
    for(j = 0; j < count; j++)
    {
        p = 0;
        for(i = 0; i < r; i++)
        {
            if (j&(1<<i))
            {
                p+=1<<(r-i-1);
            }
```

```
        }
        FD[j]=X1[p];
    }

    // 释放内存
    delete W;
    delete X1;
    delete X2;
}
```

2. 一维快速傅里叶反变换——CImgProcess::IFFT

根据 6.3.4 小节中描述的 IFFT 与 FFT 的关系，可以得到 IFFT()函数编写方式如下。

```
/*************************************************
void CImgProcess::IFFT(complex<double> * FD, complex<double> * TD, int r)
功能：  一维快速傅里叶反变换
参数：  complex<double> * FD：指向频域数组的指针
        complex<double> * TD：指向时域数组的指针
        int r：2 的幂数，即迭代次数
返回值：    无
*************************************************/
void CImgProcess::IFFT(complex<double> * FD, complex<double> * TD, int r)
{
    LONG count; // 傅里叶变换点数
    int     i; // 循环变量
    complex<double> *X;

    // 计算傅里叶变换点数
    count = 1 << r;

    // 分配运算所需存储器
    X = new complex<double>[count];

    // 将频域点写入 X
    memcpy(X, FD, sizeof(complex<double>) * count);

    // 求共轭
    for(i = 0; i < count; i++)
    {
        X[i] = complex<double> (X[i].real(), -X[i].imag());
    }

    // 调用快速傅里叶变换
    FFT(X, TD, r);

    // 求时域点的共轭
    for(i = 0; i < count; i++)
    {
        TD[i] = complex<double> (TD[i].real() / count, -TD[i].imag() / count);
    }

    // 释放内存
    delete X;
}
```

3. 二维快速傅里叶变换——CImgProcess::FFT2

利用 FFT()函数，就可以方便地使用循环结构实现二维 FFT 变换。

该函数首先处理图像的大小（填充或裁减图像长宽至 2 的整数次幂），而后在两个维度方向分别进行快速傅里叶变换，并将频谱图像存储到 pTo 中带回。函数接受 3 个可选参数，其中 *bExpand* 参数为 True 时算法会使用 bFillColor 指定的颜色来填充图像长宽至 2 的整数次幂，否则算法将采取裁减图像的方式；如果用户需要接收原始的 FFT2 变换结果（主要用于计算反变换），则应定义 pOutput 数组并自行初始化。

> **注意**
>
> 输出的频谱图像 pTo 和变换直接得到的频谱 pOutput 之间的区别！
>
> pTo 实际上是用于显示的幅度谱图像，它的每个元素均为实数，是由复数频谱 pOutput 的中对应元素的模值。
>
> pOutput 是变换后直接得到的复数频谱，利用其才能够计算傅里叶反变换。

FFT2()函数的完整实现如下。

```
/***************************************************
void CImgProcess::FFT2(CImgProcess * pTo, BOOL bExpand, complex<double> * pOutput, BYTE
bFillColor)
功能： 二维快速傅里叶变换
参数： CImgProcess * pTo: 指向输出频谱图像的指针，设置为 NULL 则不输出图像
       BOOL bExpand: 指定使用何种方法将图像高宽整定到的整数幂：
                       若设置为 TRUE，则使用指定颜色扩大图像；
                       若设置为 FALSE，则从右侧和底部裁剪图像。
                       默认值取 FALSE，即裁剪图像。
       complex<double> * pOutput: 指向原始输出数组的指针，即 F(U,V)。默认只显示，不输出，即为
                                                    NULL
       BYTE bFillColor: 默认值为 255（白色）。当 bExpand 被设置为 TRUE 时，这个参数指定使用何种
                        颜色扩大图像；当 bExpand 被设置为 FALSE 时，这个参数被忽略。
返回值：     无
***************************************************/
void CImgProcess::FFT2(CImgProcess * pTo, BOOL bExpand, complex<double> * pOutput, BYTE
bFillColor)
{
    double    dTemp; // 中间变量

    // 循环变量
    LONG      i;
    LONG      j;

    // FFT2 的宽度和高度（ 2 的整数次方）
    LONG      w;
    LONG      h;

    int       wp;
    int       hp;

    // 赋初值
    w = 1;
    h = 1;
    wp = 0;
    hp = 0;

    // 计算进行傅里叶变换的宽度和高度（ 2 的整数次方）
    while(w * 2 <= GetWidthPixel())
    {
        w *= 2;
        wp++;
    }

    while(h * 2 <= GetHeight())
    {
        h *= 2;
        hp++;
```

```
}

// 检查 bExpand 参数
if ((bExpand) && (w!=GetWidthPixel()) &&(h!=GetHeight())) {
    w *= 2; wp++;
    h *= 2; hp++;
}

// 分配内存
complex<double> *TD = new complex<double>[w * h];
complex<double> *FD = new complex<double>[w * h];

// 垂直方向
for(i = 0; i < h; i++)
{
    // 水平方向
    for(j = 0; j < w; j++)
    {
        // 给时域赋值
        if (bExpand)
        {
            if ((j<GetWidthPixel()) && (i<GetHeight()))
            {
                TD[j + w * i] = complex<double>(GetGray(j, i), 0);
            }
            else
            {
                // 超出原图像范围的使用给定颜色填充
                TD[j + w * i] = complex<double>(bFillColor, 0);
            }
        }
        else
        {
            TD[j + w * i] = complex<double>(GetGray(j, i), 0);
        }
    }
}

for(i = 0; i < h; i++)
{
    // 对 y 方向进行快速傅里叶变换
    FFT(&TD[w * i], &FD[w * i], wp);
}

// 保存变换结果
for(i = 0; i < h; i++)
{
    for(j = 0; j < w; j++)
    {
        TD[i + h * j] = FD[j + w * i];
    }
}

for(i = 0; i < w; i++)
{
    // 对 x 方向进行快速傅里叶变换
    FFT(&TD[i * h], &FD[i * h], hp);
}

// 更新输出矩阵
if (pOutput)
{
    // 垂直方向
    for(i = 0; i < h; i++)
```

```
        {
            // 水平方向
            for(j = 0; j < w; j++)
            {
                pOutput[i * w + j] = FD[j * h + i];
            }
        }
    }

    // 更新输出图像
    if (pTo)
    {
        // 重设输出图像大小
        pTo->ImResize(h, w);

        // 寻找幅度谱对数变换的最大值与最小值，为优化幅度谱显示输出做准备
        // 幅度谱对数变换后的最大值和最小值分别定义如下
        double dMax = 0, dMin = 1E+006;

        for (i=0; i<h; i++)
        {
            for (j=0; j<w; j++)
            {
                // 计算幅度谱
                dTemp = sqrt(FD[j * h + i].real() * FD[j * h + i].real() +
                            FD[j * h + i].imag() * FD[j * h + i].imag()) / 100;

                // 对数变换
                dTemp = log(1+dTemp);

                // 寻找最大和最小值
                dMax = max(dMax, dTemp);
                dMin = min(dMin, dTemp);
            }
        }

        for (i=0; i<h; i++)
        {
            for (j=0; j<w; j++)
            {
                // 计算幅度谱
                dTemp = sqrt(FD[j * h + i].real() * FD[j * h + i].real() +
                            FD[j * h + i].imag() * FD[j * h + i].imag()) / 100;

                // 对数变换
                dTemp = log(1+dTemp);

                // 改变动态范围并归一化到 0~255
                dTemp = (dTemp - dMin) / (dMax - dMin) * 255;

                // 更新目标图像
                // 此处不直接取 j 和 i，是为了将变换后的原点移到中心
                pTo->SetPixel((j<w/2 ? j+w/2 : j-w/2),(i<h/2 ? i+h/2 : i-h/2), RGB(dTemp,
                dTemp, dTemp));
            }
        }
    }

    // 删除临时变量
    delete TD;
    delete FD;
}
```

利用 FFT2()函数实现快速傅里叶变换的完整示例被封装在 DIPDemo 工程中的视图类函数 void CDIPDemoView::OnFreqFour()中，其中调用 FFT2()函数的代码片断如下所示。

```
// 输出的临时对象
CImgProcess imgOutput = imgInput;

// 执行 FFT2
imgInput.FFT2(&imgOutput,1);

// 将结果返回给文档类
pDoc->m_Image = imgOutput;
```

读者可以通过光盘中示例程序 DIPDemo 中的菜单命令"频阈滤波→傅里叶变换"来观察处理效果。

4. 二维快速傅里叶反变换——CImgProcess::IFFT2

利用 IFFT()函数，就可以方便地使用循环结构实现二维 IFFT 变换。

该函数需要原始复数形式的频谱，即 FFT2 中带回的参数 complex<double> * pOutput 作为输入参数，此外还需指定该频谱的高宽尺寸。反变换得到的空域图像同样被存储到 pTo 指针中。由于在 FFT2()的处理中可能改变了图像的尺寸，这里允许通过可选参数 *lOutW* 和 *lOutH* 来指定输出图像的宽度和高度，从而使反变换后的图像和原始图像大小一致。

IFFT2()函数的完整实现如下。

```
/*****************************************************
void CImgProcess::IFFT2(CImgProcess * pTo, complex<double> * pInput, long lWidth, long
lHeight, long lOutW, long lOutH)
功能：  二维快速反傅里叶变换
参数：  CImgProcess * pTo: 指向输出图像的指针
       complex<double> * pInput: 指向输入数组的指针
       long lWidth: 输入数组中需要进行反傅里叶变换的宽度
       long lHeight: 输入数组中需要进行反傅里叶变换的高度
       long lOutW: 指定输出图像的宽度，可以省略，默认与输入数组宽度相同
       long lOutH: 指定输出图像的高度，可以省略，默认与输入数组高度相同
返回值：    无
*****************************************************/
void CImgProcess::IFFT2(CImgProcess * pTo, complex<double> * pInput, long lWidth, long
lHeight, long lOutW, long lOutH)
{
  double    dTemp; // 中间变量

  // 循环变量
  LONG      i;
  LONG      j;

  // IFFT2 的宽度和高度（2 的整数次方）
  LONG      w;
  LONG      h;

  int       wp;
  int       hp;

  // 赋初值
  w = 1;
  h = 1;
  wp = 0;
  hp = 0;

  // 输出图像的高宽
  if (lOutH == 0) lOutH = lHeight;
```

```
    if (lOutW == 0) lOutW = lWidth;

    // 计算进行反傅里叶变换的宽度和高度（的整数次方）
    while(w * 2 <= lWidth)
    {
        w *= 2;
        wp++;
    }

    while(h * 2 <= lHeight)
    {
        h *= 2;
        hp++;
    }

    // 分配内存
    complex<double> *TD = new complex<double>[w * h];
    complex<double> *FD = new complex<double>[w * h];

    // 设定输出图像大小
    pTo->ImResize(lOutH, lOutW);

    // 垂直方向
    for(i = 0; i < h; i++)
    {
        // 水平方向
        for(j = 0; j < w; j++)
        {
            // 给频域赋值
            FD[j + w * i] = pInput[j + w * i];
        }
    }

    for(i = 0; i < h; i++)
    {
        // 对 y 方向进行快速反傅里叶变换
        IFFT(&FD[w * i], &TD[w * i], wp);
    }

    // 保存变换结果
    // 垂直方向
    for(i = 0; i < h; i++)
    {
        // 水平方向
        for(j = 0; j < w; j++)
        {
            FD[i + h * j] = TD[j + w * i];
        }
    }

    for(i = 0; i < w; i++)
    {
        // 对 x 方向进行快速反傅里叶变换
        IFFT(&FD[i * h], &TD[i * h], hp);
    }

    // 寻找反变换结果对数变换的最大值与最小值，为优化显示输出做准备
    // 对最大值和最小值分别定义如下
    double dMax = 0, dMin = 1E+006;

    for (i=0; i<lOutH; i++)
    {
        for (j=0; j<lOutW; j++)
```

```
    {
        // 计算模值
        dTemp = sqrt(TD[j * h + i].real() * TD[j * h + i].real() +
                     TD[j * h + i].imag() * TD[j * h + i].imag());

        // 寻找最大和最小值
        dMax = max(dMax, dTemp);
        dMin = min(dMin, dTemp);
    }
}

// 行
for(i = 0; i < lOutH; i++)
{
    // 列
    for(j = 0; j < lOutW; j++)
    {
        // 计算模值
        dTemp = sqrt(TD[j * h + i].real() * TD[j * h + i].real() +
                     TD[j * h + i].imag() * TD[j * h + i].imag());

        // 改变动态范围并归一化到 0~255
        dTemp = (dTemp - dMin) / (dMax - dMin) * 255;

        // 更新目标图像
        pTo->SetPixel(j, i, RGB(dTemp, dTemp, dTemp));
    }
}

// 删除临时变量
delete TD;
delete FD;
}
```

本章将在 6.5 节~6.6 节给出 IFFT2()函数的调用形式，介绍如何利用 IFFT2 方法配合 FFT2 方法进行频域滤波。

6.4　频域滤波基础

6.4.1　频域滤波与空域滤波的关系

傅里叶变换可以将图像从空域变换到频域，而傅里叶反变换则可以将图像的频谱逆变换为空域图像，也即人可以直接识别的图像。这样一来，可以利用空域图像与频谱之间的对应关系，尝试将空域卷积滤波变换为频域滤波，而后再将频域滤波处理后的图像反变换回空间域，从而达到图像增强的目的。这样做的一个最主要的吸引力在于频域滤波的直观性特点，关于这一点稍后将进行详细的阐述。

根据著名的卷积定理：两个二维连续函数在空间域中的卷积可由其相应的两个傅里叶变换乘积的反变换而得；反之，在频域中的卷积可由在空间域中乘积的傅里叶变换而得。即：

$$f(x,y) \times h(x,y) \Leftrightarrow F(u,v)H(u,v) \tag{6-47}$$

$$f(x,y)h(x,y) \Leftrightarrow F(u,v) \times H(u,v) \tag{6-48}$$

其中，$F(u, v)$ 和 $H(u, v)$ 分别表示 $f(x, y)$ 和 $h(x, y)$ 的傅里叶变换，而符号 $\Leftrightarrow$ 表示傅里叶变换对，即左侧的表达式可通过傅里叶正变换得到右侧的表达式，而右侧的表达式可通过傅里叶反变换得到左侧的表达式。

式（6-47）构成了整个频域滤波的基础，卷积的概念曾在第 5 章空间域滤波中讨论过，而式中的乘积实际上就是两个二维矩阵 $F(u, v)$ 和 $H(u, v)$ 对应元素之间的乘积。

6.4.2　频域滤波的基本步骤

根据式（6-47）进行频域滤波通常应遵循以下步骤。

（1）计算原始图像 $f(x, y)$ 的 DFT，得到 $F(u, v)$ 。

（2）将频谱 $F(u, v)$ 的零频点移动到频谱图的中心位置。

（3）计算滤波器函数 $H(u, v)$ 与 $F(u, v)$ 的乘积 $G(u, v)$ 。

（4）将频谱 $G(u, v)$ 的零频点移回到频谱图的左上角位置。

（5）计算第（4）步计算结果的傅里叶反变换 $g(x, y)$ 。

（6）取 $g(x, y)$ 的实部作为最终滤波后的结果图像。

由上面的叙述易知，滤波能否取得理想结果的关键取决于频域滤波函数 $H(u, v)$，常常称之为滤波器，或滤波器传递函数，因为它在滤波中抑制或滤除了频谱中某些频率的分量，而保留其他的一些频率不受影响。本书中只关心其值为实数的滤波器，这样滤波过程中 H 的每一个实数元素分别乘以 F 中对于位置的复数元素，从而使 F 中元素的实部和虚部等比例的变化，不会改变 F 的相位谱，这种滤波器也因此被称为"零相移"滤波器。这样，最终反变换回空域得到的滤波结果图像 $g(x, y)$ 理论上也应当为实函数，然而由于计算舍入误差等原因，可能会带有非常小的虚部，通常将虚部直接忽略。

为了更为直观地理解频域滤波与空域滤波之间的对应关系，先来看一个简单的例子。6.2 节中曾指出了原点处的傅里叶变换 $F(0, 0)$ 实际上是图像中全部像素的灰度之和。那么如果要从原图像 $f(x, y)$ 得到一幅像素灰度和为 0 的空域图像 $g(x, y)$，就可以先将 $f(x, y)$ 变换到频域 $F(u, v)$，而后令 $F(0, 0) = 0$（在原点移动到中心的频谱中为 $F(M/2, N/2)$），再反变换回去。这个滤波过程相当于计算 $F(u, v)$ 和如下的 $H(u, v)$ 之间的乘积。

$$H(u,v)=\begin{cases}0, & (u,v)=(M/2, N/2)\\1, & \text{其他}\end{cases} \tag{6-49}$$

上式中的 $H(u, v)$ 对应于平移过的频谱，其原点位于（$M/2, N/2$）。显然，这里 $H(u, v)$ 的作用就是将点 $F(M/2, N/2)$ 置零，而其他位置的 $F(u, v)$ 保持不变。有兴趣的读者可以自己尝试这个简单的频域滤波过程，反变换之后验证 $g(x, y)$ 的所有像素灰度之和是否为 0。本章将在 6.4.2 小节详细地探讨一些具有更高实用性的频域滤波器。

6.4.3　频域滤波的 MATLAB 实现

为方便读者在 MATLAB 中进行频域滤波，本书编写了 imfreqfilt() 函数，其用法同空域滤波时使用的 imfilter() 函数类似，调用时需要提供原始图像和与原图像等大的频域滤波器作为参数，函数的输出为经过滤波处理又反变换回空域之后的图像。

> **注意**　通常使用 fftshift() 函数将频谱原点移至图像中心，因此需要构造对应的原点在中心的滤波器，并在滤波之后使用 ifftshift() 函数将原点移回以进行反变换。

频域滤波算法 imfreqfilt() 的完整实现如下。

```
function out = imfreqfilt(I, ff)
% imfreqfilt 函数              对灰度图像进行频域滤波
% 参数 I                      输入的空域图像
% 参数 ff                     应用的与原图像等大的频域滤镜

if (ndims(I)==3) && (size(I,3)==3)   % RGB 图像
```

```
    I = rgb2gray(I);
end

if (size(I) ~= size(ff))
    msg1 = sprintf('%s: 滤镜与原图像不等大，检查输入', mfilename);
    msg2 = sprintf('%s: 滤波操作已经取消', mfilename);
    eid = sprintf('Images:%s:ImageSizeNotEqual',mfilename);
    error(eid,'%s %s',msg1,msg2);
end

% 快速傅里叶变换
f = fft2(I);

% 移动原点
s = fftshift(f);

% 应用滤镜及反变换
out = s .* ff;  %对应元素相乘实现频域滤波
out = ifftshift(out);
out = ifft2(out);

% 求模值
out = abs(out);

% 归一化以便显示
out = out/max(out(:));
```

6.4.4　频域滤波的 Visual C++实现

频域滤波方法首先将原图像补齐为高宽均是 2 的整数次幂（默认填充白色），并调用 FFT2()函数实现二维快速傅里叶变换；之后将得到的频域图像和滤镜 **pdFilter** 的对应元素相乘；最后再将滤波结果进行二维傅里叶反变换。

> **⚠注意**　　由于补齐白边的因素，输出图像的右侧和底部边缘可能出现错误的滤波结果（补齐的白边相当于人为制造的边缘）。对此提供了 **bFillColor** 参数，可以指定用来补齐原图像时使用的颜色。若使其尽可能接近原图像右侧和底部边缘的颜色，则滤波时产生的误差可以降至最低。

频域滤波函数 FreqFilt( )的完整实现如下：

```
/***************************************************
void CImgProcess::FreqFilt(CImgProcess * pTo, double * pdFilter, BYTE bFillColor)
功能:   执行频域滤波操作。请首先使用相应的滤镜生成函数生成 pdFilter 滤镜。
参数:   CImgProcess * pTo: 指向输出图像的指针
        double * pdFilter: 给定的频域滤镜
        BYTE bFillColor: 用来补齐原图像使用的颜色，默认为（白色）。建议与图像右侧和底部边缘附近
的颜色尽量保持一致。
返回值:     无
***************************************************/
void CImgProcess::FreqFilt(CImgProcess * pTo, double * pdFilter, BYTE bFillColor)
{
    // 计算滤镜大小
    LONG w = GetFreqWidth();
    LONG h = GetFreqHeight();

    // 定义临时频域图像（逐行连续存储）
    complex<double> * cdFreqImg = new complex<double>[w*h];
```

```
// 首先对原图像进行傅里叶变换，如果宽高不是 2 的整数次幂则采用边界填充的方式
FFT2(NULL, 1, cdFreqImg, bFillColor);

// 然后执行核心滤波操作，将频域图像和滤镜逐元素相乘
for (LONG i = 0; i<w*h; i++)
{
        cdFreqImg[i] = cdFreqImg[i] * pdFilter[i];
}

// 最后将滤波结果进行傅里叶反变换
IFFT2(pTo, cdFreqImg, w, h, GetWidthPixel(), GetHeight());
// 最后 2 个参数指定了输出图像的大小与原始图像相同（剪裁掉了填充的边界）

// 由于动态范围问题，如果原图像存在较明显的灰度分界，
// 不能完全保证滤波结果在灰度层次上与原图像保持类同，
// 因此可能需要对输出图像再进行点运算操作。

// 删除临时频域图像
delete cdFreqImg;
}
```

FreqFilt()函数中调用了两个用于计算填充或裁减的目标图像宽高的函数，下面分别给出它们的实现。

1.　GetFreqWidth( )

该函数返回最接近图像原宽度的 2 的整数次幂宽度。参数 *isExtending* 为 true 时计算填充宽度，否则计算剪裁宽度。

```
/***************************************************
inline LONG GetFreqWidth(bool isExtending = true)
功能:        返回频域滤镜或频域图像应有的宽度
参数:        bool isExtending: 指定对宽度的整定拟合采取的方法，
                    true 为扩展，对应用给定颜色补齐图像的右侧；
                    false 为压缩，对应从右侧裁剪图像。
                    默认值为 true。
返回值:    LONG 类型，整定后的宽度计算结果
***************************************************/
inline LONG GetFreqWidth(bool isExtending = true)
{
        LONG w = 1;

        while(w * 2 <= GetWidthPixel())
                w *= 2;

        // 如果需要扩展图像宽度，且图像宽度不恰好是 2 的整数幂，则:
        if ( (w != GetWidthPixel()) && (isExtending) )
                w *= 2;

        return w;
}
```

2.　GetFreqHeight( )

该函数返回了最接近图像原高度的 2 的整数次幂高度。参数 *isExtending* 为 true 时计算填充高度，否则计算剪裁高度。

```
/***************************************************
inline LONG GetFreqHeight(bool isExtending = true)
功能:        返回频域滤镜或频域图像应有的高度
参数:        bool isExtending: 指定对宽度的整定拟合采取的方法
                    true 为扩展，对应用给定颜色补齐图像的底部；
                    false 为压缩，对应从底部裁剪图像。
```

```
                   默认值为 true。
返回值:     LONG 类型,整定后的高度计算结果
***************************************************/
inline LONG GetFreqHeight(bool isExtending = true)
{
     LONG h = 1;

     while(h * 2 <= GetHeight())
          h *= 2;

     // 如果需要扩展图像高度,且图像高度不恰好是 2 整数幂,则:
     if ( (h != GetHeight()) && (isExtending) )
          h *= 2;

     return h;
}
```

6.5 频率域低通滤波器

在频谱中,低频主要对应图像在平滑区域的总体灰度级分布,而高频对应图像的细节部分,如边缘和噪声。因此,图像平滑可以通过衰减图像频谱中的高频部分来实现,这就建立了空间域图像平滑与频率域低通滤波之间的对应关系。

6.5.1 理想低通滤波器及其实现

1. 理论基础

最容易想到的衰减高频成分的方法就是在一个称为"截止频率"的位置"截断"所有的高频成分,将图像频谱中所有高于这一截止频率的频谱成分设为 0,低于截止频率的成分保持不变。能够达到这种效果的滤波器如图 6.16 所示,称之为理想低通滤波器。如果图像的宽度为 M,高度为 N,那么理想低通频域滤波器可形式化地描述为:

$$H(u,v) = \begin{cases} 1, [(u-\dfrac{M}{2})^2 + (v-\dfrac{N}{2})^2] \leqslant D_0 \\ 0, [(u-\dfrac{M}{2})^2 + (v-\dfrac{N}{2})^2] > D_0 \end{cases} \qquad (6\text{-}50)$$

其中 D_0 表示理想低通滤波器的截止频率,滤波器的频率域原点在频谱图像的中心处,在以截止频率为半径的圆形区域之内的滤镜元素值全部为 1,而该圆之外的滤镜元素值全部为 0。理想低通滤波器的频率特性在截止频率处十分陡峭,无法用硬件实现,这也是使用者称之为理想的原因,但其软件编程的模拟实现较为简单。

理想低通滤波器可在一定程度上去除图像噪声,但由此带来的图像边缘和细节的模糊效应也较为明显,其滤波之后的处理效果比较类似于 5.3.1 小节中的平均平滑。实际上,理想低通滤波器是一个与频谱图像同样尺寸的二维矩阵,通过将矩阵中对应较高频率的部分设为 0,较低频率的部分(靠近中心)设为 1,可在与频谱图像相乘后有效去除频谱的高频成分(由于是矩阵对应元素相乘,频谱高频成分与滤波器中的 0 相乘)。

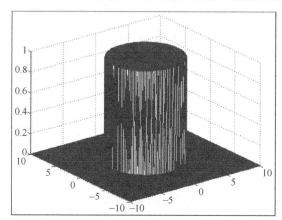

图 6.16　理想低通滤波器曲面图

其中 0 与 1 的交界处即对应滤波器的截止频率。

2. MATLAB 实现

利用编写的 imidealflpf()函数可以得到截止频率为 *freq* 的理想低通滤波器。

Imidealflpf()函数的完整实现如下。

```
function out = imidealflpf(I, freq)
% imidealflpf 函数        构造理想的频域低通滤波器
% I 参数                  输入的灰度图像
% freq 参数               低通滤波器的截止频率
% 返回值: out - 指定的理想低通滤波器
[M,N] = size(I);
out = ones(M,N);
for i=1:M
    for j=1:N
            if (sqrt(((i-M/2)^2+(j-N/2)^2))>freq)
                out(i,j)=0;
            end
        end
end
end
```

下面本章仍以第 5 章中图像平滑中曾使用过的婴儿老照片 baby_noise.bmp 为例，使用频域理想低通滤波器进行处理，相应的 MATLAB 代码如下。

```
I = imread('baby_noise.bmp'); %读入原图像

% 生成滤镜
ff = imidealflpf(I, 20);
% 应用滤镜
out = imfreqfilt(I, ff);

figure (1);
subplot(2,2,1);
imshow(I);
title('Source');

% 计算 FFT 并显示
temp = fft2(I);
temp = fftshift(temp);
temp = log(1 + abs(temp));
figure (2);
subplot(2,2,1);
imshow(temp, []);
title('Source');

figure (1);
subplot(2,2,2);
imshow(out);
title('Ideal LPF, freq=20');

% 计算 FFT 并显示
temp = fft2(out);
temp = fftshift(temp);
temp = log(1 + abs(temp));
figure (2);
subplot(2,2,2);
imshow(temp, []);
title(' Ideal LPF, freq=20');

% 生成滤镜
ff = imidealflpf(I, 40);
% 应用滤镜
out = imfreqfilt(I, ff);
```

```
figure (1);
subplot(2,2,3);
imshow(out);
title('Ideal LPF, freq=40');

% 计算 FFT 并显示
temp = fft2(out);
temp = fftshift(temp);
temp = log(1 + abs(temp));
figure (2);
subplot(2,2,3);
imshow(temp, []);
title(' Ideal LPF, freq=40');

% 生成滤镜
ff = imidealflpf(I, 60);
% 应用滤镜
out = imfreqfilt(I, ff);

figure (1);
subplot(2,2,4);
imshow(out);
title('Ideal LPF, freq=60');

% 计算 FFT 并显示
temp = fft2(out);
temp = fftshift(temp);
temp = log(1 + abs(temp));
figure (2);
subplot(2,2,4);
imshow(temp, []);
title(' Ideal LPF, freq=60');
```

上述程序的运行效果如图 6.17 和图 6.18 所示。

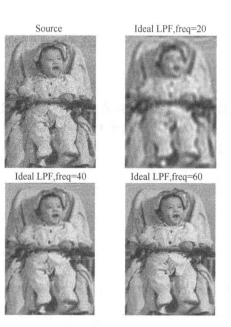

图 6.17　理想低通滤镜的滤波结果对比图

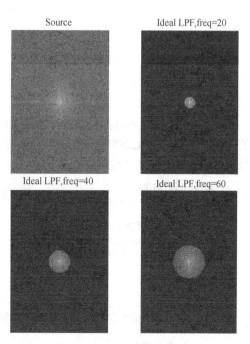

图 6.18　理想低通滤镜的滤波结果频谱对比图

从图 6.17 和图 6.18 可见，当截止频率非常低时，只有非常靠近原点的低频成分能够通过，图像模糊严重；截止频率越高，通过的频率成分就越多，图像模糊的程度越小，所获得的图像也就越接近原图像。但可以看出，理想低通滤波器并不能很好地兼顾噪声滤除与细节保留两个方面，这和空域中采用平均模板时的情形比较类似。下面，6.5.2 小节将介绍频域的高斯低通滤波器并比较它与理想低通滤波器的处理效果。

3. Visual C++实现

利用 Visual C++对应于输入图像的频域理想低通滤镜的代码如下。

```
/*****************************************************
void CImgProcess::FreqIdealLPF(double * pdFilter, int nFreq)
功能： 生成对应于输入图像的频域理想低通滤镜
参数： double * pdFilter：指向输出滤镜的指针
       int nFreq： 截止频率
返回值： 无
*****************************************************/
void CImgProcess::FreqIdealLPF(double * pdFilter, int nFreq)
{
  // 计算滤镜大小
  LONG w = GetFreqWidth();
  LONG h = GetFreqHeight();

  // 滤镜产生过程
  for (int i=0; i<h; i++)
  {
      for (int j=0; j<w; j++)
      {
          // 先生成原点在中心的滤镜，以简化操作。否则需要分别生成滤镜的 4 个部分
          if (sqrt( pow((double)(i-h/2),2) + pow((double)(j-w/2),2) ) > nFreq)
          {
              // 在写入时对滤镜进行必要处理，按照 MATLAB 函数 ifftshift 的原则平移
              pdFilter[(i<h/2 ? i+h/2 : i-h/2 ) * w + (j<w/2 ? j+w/2 : j-w/2)] = 0;
          }
          else
          {
              pdFilter[(i<h/2 ? i+h/2 : i-h/2 ) * w + (j<w/2 ? j+w/2 : j-w/2)] = 1;
          }
      }//for j
  }//for i
}
```

利用 FreqIdealLPF()和 FreqFilt()函数实现理想低通滤波的完整示例被封装在 DIPDemo 工程中的视图类函数 void CDIPDemoView::OnFreqIdeallpf()中，其中调用 FreqIdealLPF()和 FreqFilt()函数得到理想低通滤波器并进行频域滤波的代码片断如下所示。

```
// 输出的临时对象
CImgProcess imgOutput = imgInput;

// 计算需要生成滤镜的大小
LONG w = imgInput.GetFreqWidth();
LONG h = imgInput.GetFreqHeight();

// 生成频域滤镜
double * pdFreqFilt = new double[w*h];
imgInput.FreqIdealLPF(pdFreqFilt, dlg.m_nFreq);
// 其中 dlg 类的成员函数 m_nFreq 为用户设置的截止频率

    // 应用滤镜
imgInput.FreqFilt(&imgOutput, pdFreqFilt);
```

```
// 将结果返回给文档类
pDoc->m_Image = imgOutput;

// 删除临时变量
delete pdFreqFilt;
```

上述程序运行后会弹出对话框要求用户设置截止频率。读者可以通过光盘中示例程序 DIPDemo 中的菜单命令"频域滤波→理想低通滤波"来观察处理效果。

6.5.2 高斯低通滤波器及其实现

1. 理论基础

高斯低通滤波器的频率域二维形式由下式给出：

$$H(u,v) = e^{-[(u-\frac{M}{2})^2 + (v-\frac{N}{2})^2]/2\sigma^2}\qquad(6-51)$$

高斯函数具有相对简单的形式，而且它的傅里叶变换和傅里叶反变换都是实高斯函数。为了简单，下面仅给出一个一维高斯函数的傅里叶变换和傅里叶反变换作为例子，式（6-52）告诉读者一维高斯函数的傅里叶变换和正变换仍为高斯函数，该式的证明留给有兴趣的读者自己完成（提示：可以利用高斯分布的概率密度函数在定义域上积分为 1 的性质）。

$$H(u) = Ae^{-\frac{u^2}{2\sigma^2}} \xleftrightarrow{\;FFT\;} h(x) = \sqrt{2\pi}\sigma A^{-2\pi^2\sigma^2x^2}\qquad(6-52)$$

其中：σ 是高斯曲线的标准差。

频域和与之对应的空域一维高斯函数的图形如图 6.19 所示。

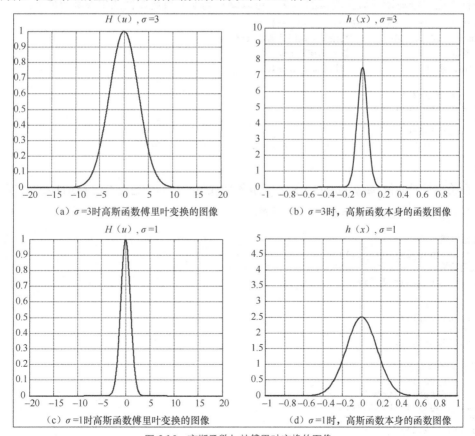

（a）$\sigma=3$ 时高斯函数傅里叶变换的图像　　　　（b）$\sigma=3$ 时，高斯函数本身的函数图像

（c）$\sigma=1$ 时高斯函数傅里叶变换的图像　　　　（d）$\sigma=1$ 时，高斯函数本身的函数图像

图 6.19　高斯函数与其傅里叶变换的图像

从图 6.19 可以发现，当 σ 增大时，$H(u)$ 的图像倾向于变宽，而 $h(x)$ 的图像倾向于变窄和变高。这也体现了频率域和空间域的对应关系。频率域滤波器越窄，滤除的高频成分越多，图像就越平滑（模糊）；而在空间域，对应的滤波器就越宽，相应的卷积模板越平坦，平滑（模糊）效果就越明显。

在图 6.20 中分别给出 σ 取值为 3 和 1 时的频域二维高斯滤波器的三维曲面表示，可以看出频域下的二维高斯滤波器同样具有上述一维情况时的特点。

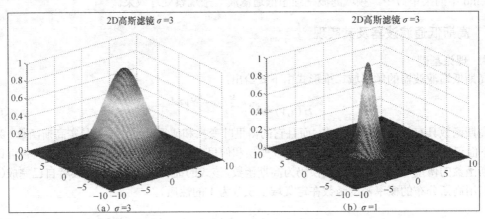

图 6.20　频域二维高斯滤镜的曲面表示

2. MATLAB 实现

根据上面二维高斯低通滤波器的定义，可以编写高斯低通滤波器的生成函数如下。

```
function out = imgaussflpf(I, sigma)
% imgaussflpf 函数        构造频域高斯低通滤波器
% I 参数                  输入的灰度图像
% sigma 参数              高斯函数的 σ 参数

[M,N] = size(I);
out = ones(M,N);
for i=1:M
    for j=1:N
        out(i,j) = exp(-((i-M/2)^2+(j-N/2)^2)/2/sigma^2);
    end
end
```

下面给出针对图像 baby_noise.bmp，*sigma* 不同取值时高斯低通滤波的 MATLAB 程序。

```
I = imread('baby_noise.bmp'); %读入原图像

% 生成滤镜
ff = imgaussflpf (I, 20);
% 应用滤镜
out = imfreqfilt(I, ff);

figure (1);
subplot(2,2,1);
imshow(I);
title('Source');

% 计算 FFT 并显示
temp = fft2(I);
temp = fftshift(temp);
temp = log(1 + abs(temp));
figure (2);
subplot(2,2,1);
imshow(temp, []);
```

```
title('Source');

figure (1);
subplot(2,2,2);
imshow(out);
title('Gauss LPF, sigma=20');

% 计算 FFT 并显示
temp = fft2(out);
temp = fftshift(temp);
temp = log(1 + abs(temp));
figure (2);
subplot(2,2,2);
imshow(temp, []);
title(' Gauss LPF, sigma=20');

% 生成滤镜
ff = imgaussflpf (I, 40);
% 应用滤镜
out = imfreqfilt(I, ff);

figure (1);
subplot(2,2,3);
imshow(out);
title('Gauss LPF, sigma =40');

% 计算 FFT 并显示
temp = fft2(out);
temp = fftshift(temp);
temp = log(1 + abs(temp));
figure (2);
subplot(2,2,3);
imshow(temp, []);
title(' Gauss LPF, sigma =40');

% 生成滤镜
ff = imgaussflpf (I, 60);
% 应用滤镜
out = imfreqfilt(I, ff);

figure (1);
subplot(2,2,4);
imshow(out);
title('Gauss LPF, sigma =60');

% 计算 FFT 并显示
temp = fft2(out);
temp = fftshift(temp);
temp = log(1 + abs(temp));
figure (2);
subplot(2,2,4);
imshow(temp, []);
title(' Gauss LPF, sigma =60');
```

　　上述程序的运行后得到的滤波效果如图 6.21 所示。

　　图 6.21 中各幅图像所对应的频域图像如图 6.22 所示。显然，高斯滤波器的截止频率处不是陡峭的。

　　高斯低通滤波器在 σ 参数取 40 的时候可以较好地处理被高斯噪声污染的图像，而相比于理想低通滤波器而言，处理效果上的改进是显而易见的。高斯低通滤波器在有效抑制噪声的同时，图像的模糊程度更低，对边缘带来的混叠程度更小，从而使高斯低通滤波器在通常情况下获得了比理想低通滤波器更为广泛的应用。

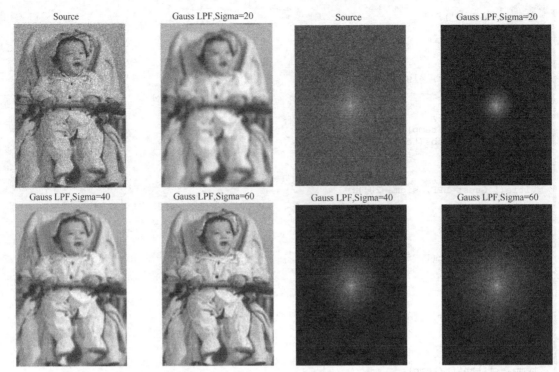

图 6.21　高斯低通滤镜的滤波结果对比图　　　　图 6.22　高斯低通滤镜的滤波结果频域对比图

3. Visual C++实现

利用 Visual C++生成对应于输入图像的高斯低通滤镜的相关代码如下。

```
/**************************************************
void CImgProcess::FreqGaussLPF(double * pdFilter, double dSigma)
功能:  生成对应于输入图像的高斯低通滤镜
参数:  double * pdFilter: 指向输出滤镜的指针
       double dSigma:     高斯滤波器的 Sigma 参数
返回值:     无
**************************************************/
void CImgProcess::FreqGaussLPF(double * pdFilter, double dSigma)
{
  // 计算滤镜大小
  LONG w = GetFreqWidth();
  LONG h = GetFreqHeight();

  // 滤镜产生过程
  for (int i=0; i<h; i++)
  {
      for (int j=0; j<w; j++)
      {
          // 先生成原点在中心的滤镜,以简化操作。否则需要分别生成滤镜的 4 个部分
          // 在写入时对滤镜进行必要处理,按照 MATLAB 函数 ifftshift 的原则平移
          pdFilter[(i<h/2 ? i+h/2 : i-h/2 ) * w + (j<w/2 ? j+w/2 : j-w/2)] =
              exp(-(pow((double)(i-h/2),2)+pow((double)(j-w/2),2))/2/pow(dSigma,2));
      }
  }
}
```

利用 FreqGaussLPF()和 FreqFilt()函数实现高斯低通滤波的完整示例被封装在 DIPDemo 工程中的视图类函数 void CDIPDemoView::OnFreqGausslpf()中,其中调用 FreqGaussLPF()和 FreqFilt()函数

得到高斯低通滤波器并进行频域滤波的代码片断如下所示。

```
// 输出的临时对象
CImgProcess imgOutput = imgInput;

// 计算需要生成滤镜的大小
LONG w = imgInput.GetFreqWidth();
LONG h = imgInput.GetFreqHeight();

// 生成频域滤镜
double * pdFreqFilt = new double[w*h];
imgInput.FreqGaussLPF(pdFreqFilt, dlg.m_dSigma);
// 其中 m_dSigma 为用户设置的 Sigma 参数

//  应用滤镜
imgInput.FreqFilt(&imgOutput, pdFreqFilt);

// 将结果返回给文档类
pDoc->m_Image = imgOutput;

// 删除临时变量
delete pdFreqFilt;
```

上述程序运行后会弹出对话框要求用户设置高斯函数的 σ 参数。读者可以通过光盘中示例程序 DIPDemo 中的菜单命令"频域滤波→高斯低通滤波"来观察处理效果。

6.6 频率域高通滤波器

图像锐化可以通过衰减图像频谱中的低频成分来实现,这就建立了空间域图像锐化与频域高通滤波之间对应关系。

6.6.1 高斯高通滤波器及其实现

1. 理论基础

从 6.5.2 小节高斯低通滤波器中的 $H(u)$ 图像,可以发现滤波器中心频率处的值即为其最大值 1,如果需要做相反的滤波操作,滤除低频成分而留下高频成分,则可以考虑简单地使用如下表达式来获得一个高斯高通滤波器:

$$H(u,v) = 1 - e^{-[(u-\frac{M}{2})^2+(v-\frac{N}{2})^2]/2\sigma^2} \qquad (6\text{-}53)$$

因此,高斯高通滤波器的频域特性曲线如图 6.23 所示(仍旧以一维情况为例)。

2. MATLAB 实现

根据上面二维高斯高通滤波器的定义,可以编写高斯高通滤波器的生成函数如下。

```
function out = imgaussfhpf(I, sigma)
% imgaussfhpf 函数      构造频域高斯高通滤
波器
% I 参数               输入的灰度图像
% sigma 参数           高斯函数的 Sigma 参
数

[M,N] = size(I);
out = ones(M,N);
```

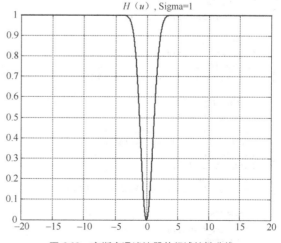

图 6.23　高斯高通滤波器的频域特性曲线

```
for i=1:M
    for j=1:N
        out(i,j) = 1 - exp(-((i-M/2)^2+(j-N/2)^2)/2/sigma^2);
    end
end
```

下面给出针对 MATLAB 示例图像 coins.png，σ 取不同值时高斯高通滤波的 MATLAB 程序。

```
I = imread('coins.png');

% 生成滤镜
ff = imgaussfhpf (I, 20);
% 应用滤镜
out = imfreqfilt(I, ff);

figure (1);
subplot(2,2,1);
imshow(I);
title('Source');

% 计算 FFT 并显示
temp = fft2(I);
temp = fftshift(temp);
temp = log(1 + abs(temp));
figure (2);
subplot(2,2,1);
imshow(temp, []);
title('Source');

figure (1);
subplot(2,2,2);
imshow(out);
title('Gauss HPF, sigma=20');

% 计算 FFT 并显示
temp = fft2(out);
temp = fftshift(temp);
temp = log(1 + abs(temp));
figure (2);
subplot(2,2,2);
imshow(temp, []);
title(' Gauss HPF, sigma=20');

% 生成滤镜
ff = imgaussfhpf (I, 40);
% 应用滤镜
out = imfreqfilt(I, ff);

figure (1);
subplot(2,2,3);
imshow(out);
title('Gauss HPF, sigma =40');

% 计算 FFT 并显示
temp = fft2(out);
temp = fftshift(temp);
temp = log(1 + abs(temp));
figure (2);
subplot(2,2,3);
imshow(temp, []);
title(' Gauss HPF, sigma =40');

% 生成滤镜
ff = imgaussfhpf (I, 60);
% 应用滤镜
```

```
out = imfreqfilt(I, ff);

figure (1);
subplot(2,2,4);
imshow(out);
title('Gauss HPF, sigma =60');

% 计算 FFT 并显示
temp = fft2(out);
temp = fftshift(temp);
temp = log(1 + abs(temp));
figure (2);
subplot(2,2,4);
imshow(temp, []);
title(' Gauss HPF, sigma =60');
```

上述程序运行后得到的滤波效果如图 6.24 所示。滤波前后对应的频域图像如图 6.25 所示。

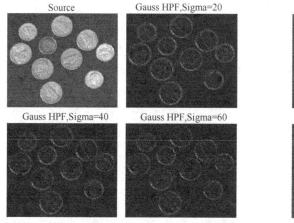

图 6.24　高斯高通滤镜的滤波结果对比图

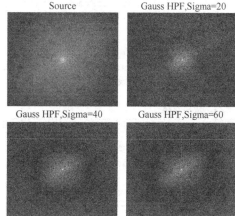

图 6.25　高斯高通滤镜的滤波结果频域对比图

高斯高通滤波器可以较好地提取图像中的边缘信息，σ 参数取值越小，边缘提取越不精确，会包含越多的非边缘信息；σ 参数取值越大，边缘提取越精确，但可能包含不完整的边缘信息。

3. Visual C++实现

利用 Visual C++生成对应于输入图像的高斯高通滤镜代码如下。

```
/****************************************************
void CImgProcess::FreqGaussHPF(double * pdFilter, double dSigma)
功能: 生成对应于输入图像的高斯高通滤镜
参数: double * pdFilter: 指向输出滤镜的指针
      double dSigma:      高斯滤波器的 Sigma 参数
返回值:    无
****************************************************/
void CImgProcess::FreqGaussHPF(double * pdFilter, double dSigma)
{
        // 计算滤镜大小
        LONG w = GetFreqWidth();
        LONG h = GetFreqHeight();

        // 滤镜产生过程
        for (int i=0; i<h; i++)
        {
                for (int j=0; j<w; j++)
                {
                        // 先生成原点在中心的滤镜，以简化操作。否则需要分别生成滤镜的 4 个部分
```

```
                          // 在写入时对滤镜进行必要处理，按照 MATLAB 函数 ifftshift 的原则平移
                          pdFilter[(i<h/2 ? i+h/2 : i-h/2 ) * w + (j<w/2 ? j+w/2 : j-w/2)] =
                              1 - exp(-(pow((double)(i-h/2),2)+pow((double)(j-w/2),2))/
                              2/pow(dSigma,2));
                  }//for j
          }//for i
  }
```

利用 FreqGaussHPF()和 FreqFilt()函数实现高斯高通滤波的完整示例被封装在 DIPDemo 工程中
的视图类函数 void CDIPDemoView::OnFreqGausshpf()中，其中调用 FreqGaussHPF()和 FreqFilt()函
数得到高斯高通滤波器并进行频域滤波的代码片断如下所示。

```
// 输出的临时对象
CImgProcess imgOutput = imgInput;

// 计算需要生成滤镜的大小
LONG w = imgInput.GetFreqWidth();
LONG h = imgInput.GetFreqHeight();

// 生成频域滤镜
double * pdFreqFilt = new double[w*h];
imgInput.FreqGaussHPF(pdFreqFilt, dlg.m_dSigma);
// m_dSigma 为用户设置的 Sigma 参数

//   应用滤镜
imgInput.FreqFilt(&imgOutput, pdFreqFilt);

// 将结果返回给文档类
pDoc->m_Image = imgOutput;

// 删除临时变量
delete pdFreqFilt;
```

上述程序运行后会弹出对话框要求用户设置高斯函数的 σ 参数。读者可以通过光盘中示例程序
DIPDemo 中的菜单命令"频域滤波→高斯高通滤波"来观察处理效果。

6.6.2　频域拉普拉斯滤波器及其实现

1. 理论基础

频域拉普拉斯算子的推导可以从一维开始，由傅里叶变换的性质可知：

$$FFT[\frac{d^n f(x)}{dx^n}] = (ju)^n F(u) \tag{6-54}$$

因此拉普拉斯算子的傅里叶变换计算如下：

$$FFT[\frac{\partial^2 f(x,y)}{\partial x^2}+\frac{\partial^2 f(x,y)}{\partial y^2}] = (ju)^2 F(u,v)+(jv)^2 F(u,v) = -(u^2+v^2)F(u,v) \tag{6-55}$$

因此有下式成立：

$$FFT[\nabla^2 f(x,y)] = -(u^2+v^2)F(u,v) \tag{6-56}$$

也即频域的拉普拉斯滤波器为：

$$H(u,v) = -(u^2+v^2) \tag{6-57}$$

根据频域图像频率原点的平移规律，将上式改写为：

$$H(u,v) = -[(u-\frac{M}{2})^2+(v-\frac{N}{2})^2] \tag{6-58}$$

其中：M 和 N 分别为图像的宽和高。

2. MATLAB 实现

根据式（6-58），可以编写拉普拉斯频域滤波器的生成函数如下。

```
function out = imlapf(I)
% imlapf 函数            构造频域拉普拉斯滤波器
% I 参数                 输入的灰度图像

[M,N] = size(I);
out = ones(M,N);
for i=1:M
    for j=1:N
        out(i,j) = -((i-M/2)^2+(j-N/2)^2);
    end
end
```

下面给出对 MATLAB 示例图像 coins.png，进行频域拉普拉斯滤波的 MATLAB 程序。

```
I = imread('coins.png');

ff = imlapf (I);
out = imfreqfilt(I, ff);

figure (1);
subplot(1,2,1);
imshow(I);
title('Source');

temp = fft2(I);
temp = fftshift(temp);
temp = log(1 + abs(temp));
figure (2);
subplot(1,2,1);
imshow(temp, []);
title('Source');

figure (1);
subplot(1,2,2);
imshow(out);
title('Laplace Filter');

temp = fft2(out);
temp = fftshift(temp);
temp = log(1 + abs(temp));
figure (2);
subplot(1,2,2);
imshow(temp, []);
title('Laplace Filter');
```

上述程序运行后得到的滤波效果如图 6.26 所示。

Source

Laplace Filter

图 6.26　拉普拉斯滤镜的滤波结果对比图

得到的滤波前后的频域图像如图 6.27 所示。

Source

Laplace Filter

图 6.27　拉普拉斯滤镜的滤波结果频域对比图

3．Visual C++实现

利用 Visual C++生成对应于输入图像的频域拉普拉斯滤波器的代码如下。

```
/****************************************************
void CImgProcess::FreqLaplace(double * pdFilter)
功能：  生成对应于输入图像的频域拉普拉斯滤波器
参数：  double * pdFilter：指向输出滤镜的指针
返回值：      无
****************************************************/
void CImgProcess::FreqLaplace(double * pdFilter)
{
        // 计算滤镜大小
        LONG w = GetFreqWidth();
        LONG h = GetFreqHeight();

        // 滤镜产生过程
        for (int i=0; i<h; i++)
        {
                for (int j=0; j<w; j++)
                {
                        // 先生成原点在中心的滤镜，以简化操作。否则需要分别生成滤镜的 4 个部分
                        // 在写入时对滤镜进行必要处理，按照 MATLAB 函数 ifftshift 的原则平移
                        pdFilter[(i<h/2 ? i+h/2 : i-h/2 ) * w + (j<w/2 ? j+w/2 : j-w/2)]
                                =-(pow((double)(i-h/2),2)+pow((double)(j-w/2),2));
                }//for j
        }//for i
}
```

利用 FreqLaplace()和 FreqFilt()函数实现频域拉普拉斯滤波的完整示例被封装在 DIPDemo 工程中的视图类函数 void CDIPDemoView::OnFreqLapl()中，其中调用 FreqLaplace()和 FreqFilt()函数得到频域拉普拉斯滤波器并进行频域滤波的代码片断如下所示。

```
// 计算需要生成滤镜的大小
LONG w = imgInput.GetFreqWidth();
LONG h = imgInput.GetFreqHeight();

// 生成频域滤镜
double * pdFreqFilt = new double[w*h];
imgInput.FreqLaplace(pdFreqFilt);

// 应用滤镜
imgInput.FreqFilt(&imgOutput, pdFreqFilt);

// 将结果返回给文档类
pDoc->m_Image = imgOutput;

// 删除临时变量
delete pdFreqFilt;
```

读者可以通过光盘中示例程序 DIPDemo 中的菜单命令"频域滤波→拉普拉斯滤波"来观察处理效果。

6.7 MATLAB 综合案例——利用频域滤波消除周期噪声

6.5 节～6.6 节介绍了几种典型的频域滤波器，实现了频域下的低通和高通滤波，它们均可在空域下采用平滑和锐化算子实现。而本节准备给出一个特别适合在频域中完成的滤波案例，即利用频域带阻滤波器消除图像中的周期噪声。下面就来看一下这个在空域中几乎不可能完成的任务是如何在频域中实现的。

6.7.1 频域带阻滤波器

顾名思义，所谓"带阻"就是阻止频谱中某一频带范围的分量通过，其他频率成分则不受影响。常见的带阻滤波器有理想带阻滤波器和高斯带阻滤波器。

1. 理想带阻滤波器

理想带阻滤波器的表达式为：

$$H(u,v)=\begin{cases}0,|D-D_0|\leqslant W\\1,|D-D_0|<W\end{cases} \tag{6-59}$$

其中 D_0 是阻塞频带中心频率到频率原点的距离，W 是阻塞频带宽度，D 是 (u,v) 点到频率原点的距离。于是，理想带阻滤波器的频域特性曲面如图 6.28 所示。

2. 高斯带阻滤波器

本案例中使用了高斯带阻滤波器，下面直接给出高斯带阻滤波器的表达式。

$$H(u,v)=1-e^{-\frac{1}{2}[\frac{D^2(u,v)-D_0^2}{D(u,v)W}]^2} \tag{6-60}$$

其中 D_0 是阻塞频带中心频率到频率原点的距离，W 是阻塞频带宽度，D 是 (u,v) 点到频率原点的距离。于是，二维高斯带阻滤波器的频域特性曲面如图 6.29 所示。

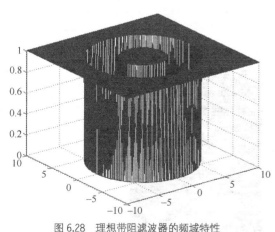

图 6.28 理想带阻滤波器的频域特性

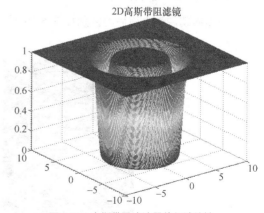

2D高斯带阻滤镜

图 6.29 高斯带阻滤波器的频域特性

3. 高斯带阻滤波器的 MATLAB 实现

根据高斯带阻滤波器的定义式（6-60），可以编写高斯带阻滤波器的生成函数如下。

```
function out = imgaussfbrf(I, freq, width)
% imgaussfbrf 函数        构造频域高斯带阻滤波器
```

```
% I 参数                    输入的灰度图像
% freq 参数                 阻带中心频率
% width 参数                阻带宽度

[M,N] = size(I);
out = ones(M,N);
for i=1:M
    for j=1:N
            out(i,j)=1-exp(-0.5*((((i-M/2)^2+(j-N/2)^2)-freq^2)/(sqrt(i.^2+j.^2)*width))^2);
    end
end
```

6.7.2　带阻滤波器消除周期噪声

带阻滤波器常用于处理含有周期性噪声的图像。周期性噪声可能由多种因素引入，例如图像获取系统中的电子元件等。本案例中人为地生成了一幅带有周期噪声的图像，而后通过观察分析其频谱特征，选择了合适的高斯带阻滤波器进行频域滤波。

1. 得到周期噪声图像

通常可以使用正弦平面波来描绘周期性噪声。如下程序为 MATLAB 示例图片 pout.tif 增加周期性噪声。

```
O = imread('pout.tif'); %读入原图像
[M,N] = size(O);
I = O;
for i=1:M
for j=1:N
    I(i,j)=I(i,j)+20*sin(20*i)+20*sin(20*j); %添加周期噪声
end
end

subplot(1,2,1);
imshow(O);
title('Source');

subplot(1,2,2);
imshow(I);
title('Added Noise');
```

添加周期性噪声前后的区别如图 6.30 所示。

图 6.30　添加周期噪声前后对比图

2. 频谱分析

使用高斯带阻滤波器时，首先需要对欲处理的图像的频谱有一个了解。下面的命令得到了两幅图像的频谱。

```
i_f=fft2(I);
i_f=fftshift(i_f);
i_f=abs(i_f);
i_f=log(1+i_f);

o_f=fft2(O);
o_f=fftshift(o_f);
o_f=abs(o_f);
o_f=log(1+o_f);

figure(1);
imshow(o_f, [ ]); %得到图6.31（a）
title('Source');

figure(2);
imshow(i_f, [ ]); %得到图6.31（b）
title('Added Noise');
```

程序的运行结果如图6.31所示。

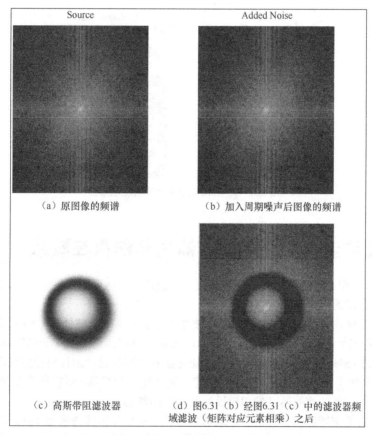

（a）原图像的频谱　　　　　　　　　　（b）加入周期噪声后图像的频谱

（c）高斯带阻滤波器　　　　　　（d）图6.31（b）经图6.31（c）中的滤波器频域滤波（矩阵对应元素相乘）之后

图6.31　高斯带阻滤镜的滤波结果频域对比图

3. 带阻滤波

观察图6.31（b），发现周期性图像的傅里叶频谱中出现了两对相对于坐标轴对称的亮点，它们分别对应于图像中水平和竖直方向的正弦噪声。构造高斯带阻滤波器的时候就需要考虑尽可能滤除具有这些亮点对应的频率的正弦噪声。注意到这4个点位于以频谱原点为中心，以50为半径的圆周上。因此，设置带阻滤波器中心频率为50，频带宽度为5，如图6.31（c）所示，滤波后的频域效果如图6.31（d）所示。

相应的程序如下。

```
ff = imgaussfbrf(I, 50, 5); %构造高斯带阻滤波器
figure, imshow(ff, []); %得到图6.31（c）

out = imfreqfilt(I, ff); %带阻滤波
figure, imshow(out, []); %得到图6.31（d）

subplot(1,2,1);
imshow(I);
title('Source');

subplot(1,2,2);
imshow(out);
title('Gauss Filter');
```

上述程序运行后得到的高斯带阻滤波器最终滤波效果如图 6.32 所示，可以看到周期噪声被很好地消除，这样的效果在空域中是很难实现的。

图 6.32　高斯带阻滤镜的滤波结果对比图

6.8　频域滤波器与空域滤波器之间的内在联系

在 6.4.1 小节曾探讨了频域滤波与空域滤波之间的关系。这里则要更进一步，来研究频域滤波器与空域滤波器之间的内在联系。

频域滤波较空域而言更为直观，频域下滤波器表达了一系列空域处理（平滑、锐化等）的本质，即对高于/低于某一特定频率的灰度变化信息予以滤除，而对其他的灰度变化信息基本保持不变。这种直观性增加了频域滤波器设计的合理性，使得读者更容易设计出针对特定问题的频域滤波器，就如在 6.7 节中利用了带阻滤波器实现了对图像中周期噪声的滤除，而想直接在空域中设计出一个能够完成如此滤波任务的滤波器（卷积模板）是相当困难的。

为了得到合适的空域滤波器，很自然地想到可以首先设计频域滤波器 $H(u, v)$，而后根据卷积定理（式（6-47）），将 $H(u, v)$ 反变换至空域后就得到了空域中滤波使用的卷积模板 $h(x, y)$，从而解决了空域滤波器的设计难题。

然而，直接反变换得到的空域卷积模板 $h(x, y)$ 同 $H(u, v)$ 等大，从而与图像 $f(x, y)$ 具有相同的尺寸。而模板操作十分耗时，要计算这样大的模板与图像的卷积将是非常低效的。在第 3 章中，使用的都是很小的模板（如 3×3，5×5，7×7 等），因为这样的模板在空域中才具有滤波效率上的优势。一般来说，如果空域模板中的非零元素数目小于 13^2（大约 13×13 见方），则直接在空域中计算卷积较为划算，否则直接利用 $H(u, v)$ 在频域下滤波更为合适。

在实际中可以发现，利用以全尺寸的空域滤波器 $h(x, y)$ 为指导设计出的形状与之类似的小空域卷积模板，同样可以取得类似于频域滤波器 $H(u, v)$ 的滤波效果。这就为从频域出发，最终设计出具有实用价值的空域模板提供了一种完美的解决方案。

式（6-52）给出的高斯频域低通滤波器 $H(u)$ 及与其构成傅里叶变换对儿的空域高斯模板 $h(x)$ 正好印证了上述结论。从图 6.19 上来看，$H(u)$ 越窄，$h(x)$ 就越宽。而频域低通滤波器 $H(u)$ 越窄，说明能够通过的频率越低，被截断的高频成分也就越多，从而使滤波处理后原函数 $f(x)$ 变得平滑；而空域下以越宽的模板 $h(x)$ 与函数 $f(x)$ 卷积则同样会产生平滑的效果。再进一步以 $h(x)$ 的形状为指导，就可以得到曾在高斯平滑中使用的高斯模板（式（5-5））。

附 录

Ⅰ. 傅里叶级数的收敛性
傅里叶级数的收敛性：满足狄里赫利条件的周期函数表示成的傅里叶级数都收敛。狄里赫利条件如下。

（1）在任何周期内，$x(t)$ 须绝对可积。

（2）在任一有限区间中，$x(t)$ 只能取有限个最大值或最小值。

（3）在任何有限区间上，$x(t)$ 只能有有限个第一类间断点。

Ⅱ. 傅里叶级数的三角形式和复指数形式的转换
利用欧拉公式：

$$\cos t = \frac{e^{it} + e^{-it}}{2}, \quad \sin t = \frac{e^{it} - e^{-it}}{2i} \tag{6-61}$$

式（6-1）可转化为：

$$\frac{a_0}{2} + \sum_{n=1}^{+\infty}[\frac{a_n}{2}(e^{in2\pi ux} + e^{-in2\pi ux}) - \frac{ib_n}{2}(e^{in2\pi ux} - e^{-in2\pi ux})] \tag{6-62}$$

$$= \frac{a_0}{2} + \sum_{n=1}^{+\infty}[\frac{a_n - ib_n}{2}e^{in2\pi ux} + \frac{a_n + ib_n}{2}e^{-in2\pi ux}]$$

$$令 c_0 = \frac{a_0}{2}, \quad c_n = \frac{a_n - ib_n}{2}, \quad c_{-n} = \frac{a_n + ib_n}{2} \quad (n=1,2,3,...) \tag{6-63}$$

则式（6-62）可表示为 $c_0 + \sum_{n=1}^{\infty} c_n e^{in2\pi ux} + c_{-n}e^{in2\pi ux}$。

可将上式合并，得到傅里叶级数的复数形式：

$$\sum_{n=-\infty}^{\infty} c_n e^{in2\pi ux} \tag{6-64}$$

为求得系数 c_n，将式（6-2）代入式（6-63），得：

$$c_0 = \frac{a_0}{2} = \frac{1}{T}\int_{-T/2}^{T/2} f(x)dx \tag{6-65}$$

$$c_n = \frac{a_n - ib_n}{2} = \frac{1}{2}[\frac{2}{T}\int_{-T/2}^{T/2} f(x)\cos(n2\pi ux)dx - \frac{2i}{T}\int_{-T/2}^{T/2} f(x)\sin(n2\pi ux)dx]$$

$$= \frac{1}{T}\int_{-T/2}^{T/2} f(x)\cos(n2\pi ux) - i\sin(n2\pi ux))dx \tag{6-66}$$

$$= \frac{1}{T}\int_{-T/2}^{T/2} f(x)e^{-in2\pi ux}dx \quad (n=1,2,3,...)$$

$$c_{-n} = \frac{a_n + \mathrm{i}b_n}{2} = \frac{1}{T} \int_{-T/2}^{T/2} f(x) \mathrm{e}^{\mathrm{i}n2\pi ux} \mathrm{d}x \qquad (n = 1, 2, 3, \ldots) \tag{6-67}$$

同样地，可将结果合并写为 $c_n = \dfrac{1}{T} \displaystyle\int_{-T/2}^{T/2} f(x) \mathrm{e}^{-\mathrm{i}n2\pi ux} \mathrm{d}x \qquad (n = 0, \pm 1, \pm 2, \pm 3, \ldots)$ 。 $\tag{6-68}$

即傅里叶系数的复数形式。

其中：u 表示 $f(x)$ 的频率，即：$u = \dfrac{1}{T}$，而 $\omega_0 = \dfrac{2\pi}{T} = 2\pi u$ $\tag{6-69}$

Ⅲ. 傅里叶级数复指数形式和余弦形式间的转换

由复指数形式的傅里叶级数：

$$\hat{f}(x) = \sum_{n=-\infty}^{\infty} c_n \mathrm{e}^{\mathrm{i}n2\pi ux}$$

$$= c_0 + \sum_{n=1}^{\infty} (c_n \mathrm{e}^{\mathrm{i}n2\pi ux} + c_{-n} \mathrm{e}^{\mathrm{i}(-n)2\pi ux}) \tag{6-70}$$

$\because c_n = |c_n| \mathrm{e}^{\mathrm{i}\theta_n}$，其中 $\theta_n = \arctan \dfrac{\mathrm{Im}(c_n)}{\mathrm{Re}(c_n)}$

即 c_n 的实部与 c_n 的虚部的比值，为 n 次频率的谐波的相位。

又 $\because |c_{-n}| = |c_n|$，而 $\theta_{-n} = -\theta_n$ $\quad \Rightarrow \quad c_n = |c_n| \mathrm{e}^{-\mathrm{i}\theta_n}$

$\therefore \quad \hat{f}(x) = c_0 + \displaystyle\sum_{n=1}^{\infty} |c_n| (\mathrm{e}^{\mathrm{i}(n2\pi ux + \theta_n)} + \mathrm{e}^{-\mathrm{i}(n2\pi ux + \theta_n)})$

根据欧拉公式展开两个复指数项易得傅里叶级数展开的复指数形式。

$$\hat{f}(x) = c_0 + \sum_{n=1}^{\infty} 2|c_n| \cos(n2\pi ux + \theta_n) \tag{6-71}$$

第7章 小波变换

近年来，随着人们对图像压缩、边缘和特征检测以及纹理分析的需求的提高，一种新的变换（称为小波变换）悄然出现。傅立叶变换一直是变换域图像处理的基石，它能用正弦与余弦函数之和表示任何分析函数，而小波变换则基于一些有限宽度的基小波，这些小波不仅在频率上是变化的，而且具有有限的持续时间。比如对于一张乐谱，小波变换不仅能提供要演奏的音符，而且说明了何时演奏等细节信息，但是傅里叶变换只提供了音符，局部信息在变换中丢失。

本章的知识与热点

（1）多分辨率框架

（2）分解与重构的实现

（3）Gabor 多分辨率分析

（4）常见小波分析

（5）高维小波

本章的典型案例分析

基于 Daubechies 小波的二维图像分解与重构

7.1 多分辨率分析

多分辨率理论是一种全新而有效的信号处理与分析方法。正如其名字所表达的，多分辨率理论与多种分辨率下的信号（或图像）表示和分析有关。其优势很明显，某种分辨率下无法发现的特性在另一种分辨率下将很容易被发现。本节将从多分辨率的角度来审视小波变换，主要内容将集中在简单介绍多分辨率的相关概念和信号（或图像）的分解与重构算法。

7.1.1 多分辨率框架

多分辨率分析又称为多尺度分析，是小波分析中的重要部分，它将多种学科的技术有效地统一在一起，如信号处理的子带编码、数字语音识别的积分镜像过滤以及金字塔图像处理。多分辨率分析的作用是将信号分解成不同空间的部分，另外，它也提供了一种构造小波的统一框架。在观察图像时，对于不同大小的物体，往往采用不同的分辨率，若物体不仅尺寸有大有小，而且对比有强有弱，则采用多分辨率进行分析就凸显出一定的优势。

比如，地图通常以不同尺度描得，一幅地图的尺度是地域实际大小与它在地图上的表示的比值。在地球仪上，大陆和海洋等主要特征是可见的，而像城市街道这样的细节信息就很难辨识了；而在较小的尺度上，细节变得可见而较大特征却不见了。因此，为了能够从当地导引到一个较远距离处的地点，就需要一套用不同尺度绘制的地图。如图 7.1 所示，在中国地图上无法看到详细的北京的街道，而在分辨率较高的北京地图上，就能真切地看到北京的各个街道。这就是小波多分辨率的优越性的体现。

(a) 中国地图（部分地图只供本书参考）　　　(b) 北京地图

图 7.1　不同尺度绘制的地图示例

小波变换正是沿着多分辨率这条线发展起来的。与时域分析一样，一个信号用一个二维空间表示，不过这里的纵轴是尺度而不是频率。根据时频域分析，一个信号的每个瞬态分量映射到时间-频率平面上的位置对应于分量主要频率和发生的时间，如图 7.2 所示。

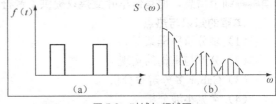

图 7.2　时域与频域图

考虑如图 7.3 所示的乐谱，它可以看作一个描绘了二维的时频空间。频率（音高）从层次的底部向上增加，而时间（以节拍来测度）则向右发展。乐章中每一个音符对应于一个将出现在这首歌的演出记录中的小波分量（音调猝发）。每一个小波的持续宽度都由音符的类型来编码，而不是由它的水平延伸来编码。假设要分析一次音乐演出的记录，并写出相应的乐谱，这个过程可以说是小波变换。同样，音乐家一首歌的演奏录音可看作是一种小波逆变换，因为它是用时频来重构信号的。

图 7.3　乐谱看出时频图

1988 年，Mallat 提出了多分辨率分析的概念，从空间的概念上形象地说明了小波的多分辨率特性。在介绍多分辨率分析之前，先来了解一下关于小波变换的一些基本概念，这对于理解多分辨率分析有重要作用。

首先需要介绍一下与小波分析有关的泛函分析的基础知识。泛函分析是 20 世纪初发展起来的一个重要数学分支，其中一个非常重要的基本概念就是函数空间。函数空间就是由函数构成的集合。常用的函数空间包括距离空间、线性空间、线性赋范空间、巴拿赫空间以及希尔伯特空间，在此就不一一详述了，主要以线性空间为例简单说明。

设 X 为一非空集合，若在 X 中规定了线性运算，即元素的加法和元素的数乘运算，并满足相应的加法或数乘的结合律及分配律，则称 X 为一线性空间或向量空间。对于线性空间的任一向量用范数来定义其长度。

介绍了函数空间的概念后，下面介绍函数空间的基及函数展开的问题。在构造小波函数和进行小波变换的分析、处理过程中，读者会遇到正交基概念问题。所以需要介绍这些重要概念。

所谓基，就是由函数序列组成的空间。设 $e_k(t)$ 为一函数序列，X 表示 $e_k(t)$ 所有可能的线性组合构成的集合，即

$$X = \{\sum_k a_k e_k(t) \mid t, a_k \in R, k \in Z\} \tag{7-1}$$

称 X 为序列 $e_k(t)$ 组成的线性空间，即 $X = \mathrm{span}\{e_k\}$，也即对任意 $g(t)$，可以表达为：

$$g(t) = \sum_k a_k e_k(t) \tag{7-2}$$

如果 $e_k(t)$ 线性无关，对任意 $g(t)$，（7-2）式中的系数 a_k 取唯一的值，这时，称 $\{e_k(t)\}_{k \in Z}$ 为空间 X 的一个基底。

设 x, y 为内积空间 X 的两个元素，若 $(x, y) = 0$，则称 x, y 正交。若 X 中的元素列 $\{e_k\}$ 满足：

$$\langle e_m, e_n \rangle = \begin{cases} 0 & m \neq n \\ 1 & m = n \end{cases} \tag{7-3}$$

则称 $\{e_k\}$ 为 X 中的标准正交系。

在小波分析中，多分辨率分析（在以后将会详细提到）的核心就是 V_j，W_j 空间的正交归一基 $\phi_{jk}(t), \varphi_{jk}(t), k \in z, j \in z$（$k$ 为整数位移，j 为分辨率的级数）。只要它们已知，就可以将待分析函数 $x(t)$ 投影到不同分辨率的函数空间进行分析。在了解了这些概念后，本章将引入小波的概念。

在小波分析中，主要讨论的函数空间为 $L^2(R)$。$L^2(R)$ 指 R 上平方可积函数构成的函数空间，即

$$f(t) \in L^2(R) \Leftrightarrow \int_R |f(t)|^2 \, dt < +\infty$$

若 $f(t) \in L^2(R)$，则称 $f(t)$ 为能量有限的信号。$L^2(R)$ 也常称为能量有限的信号空间。

令 $\phi(t) \in L^2(R)$，Fourier 变换 $\hat{\phi}(w)$ 满足允许条件 $C_\phi = \int_R \frac{|\hat{\phi}(w)|^2}{|w|} \, dw < \infty$，称 $\phi(t)$ 为一个基本小波或母小波。可以证明，小波一定满足这样的性质：$\int_{-\infty}^{\infty} \phi(t) dt = 0$。这也是称之为"小波"的意义。

将母函数经过伸缩和平移后，就可以得到小波序列：

$$\phi_{a,b}(t) = \frac{1}{\sqrt{|a|}} \phi(\frac{t-b}{a}) (a, b \in R, a \neq 0) \tag{7-4}$$

任意的函数 $f(t) \in L^2(R)$ 的连续小波变换为

$$W_f(a,b) = \langle f, \phi_{a,b} \rangle = \frac{1}{\sqrt{|a|}} \int_R f(t) \overline{\phi(\frac{t-b}{a})} dt \tag{7-5}$$

记 $\phi_a(t) = \phi(\frac{t}{a})$，可以看出，连续小波变换就是信号与小波函数的卷积。小波函数事实上就是信号处理的一个滤波器。其逆变换为：

$$f(t) = \frac{1}{C_\phi} \iint_{R^+} \int_R \frac{1}{a^2} W_f(a,b) \phi(\frac{t-b}{a}) da db \tag{7-6}$$

小波变换的实质在于将 $L^2(R)$ 空间中的任意函数 $f(t)$ 表示成为其在具有不同伸缩因子和平移因子上的投影的叠加。与傅立叶变换（仅将 $f(t)$ 投影到频率域）不同的是，小波变换将一维时域函数映射到二维"时间-尺度"域上，因此 $f(t)$ 在小波基上的展开具有多分辨率的特性。通过调整

伸缩因子和平移因子，可以得到具有不同时频宽度的小波以匹配原始信号的任意位置，达到对信号的时频局部化分析的目的。

不妨做个粗略的比喻来解释小波变换的作用。用镜头观察目标 $f(t)$，$\phi(t)$ 代表镜头所起的作用（如滤波或卷积）。b 相当于使镜头相对于目标平行移动，t 的作用相当于镜头向目标推进或远离。由此可见 b 仅仅影响时频窗口在相平面时间轴上的位置，而 t 不仅影响时频窗口在频率轴上的位置，也影响窗口的形状。这样小波变换对不同的频率在时域上的取样步长是可调节的，也就是多分辨率。

在（7-5）式中，对参数 a，b 进行展开后，就得到了任何时刻任意精度的频谱，但是对实际计算来讲，计算量太大，所以考虑将其离散化。

离散小波函数表示为：

$$\phi_{j,k}(t) = a_0\phi(a_0^{-j}t - kb_0) \tag{7-7}$$

离散小波系数表示为：

$$W_{j,k}(t) = \int_{-\infty}^{\infty} f(t)\overline{\phi_{j,k}(t)}\mathrm{d}t \tag{7-8}$$

选取 $a_0 = \dfrac{1}{2}$，$b_0 = 1$，则称为二进小波。

从理论上可以证明，将连续小波变换成离散小波变换，信号的基本信息并不会丢失。相反，由于小波基函数的正交性，使得小波空间中两点之间因冗余度造成的关联得以消除；同时，由于正交性，使得计算的误差更小，变换结果"时-频函数"更能反映信号本身的性质。

为了更好地理解小波变换，将其与第 6 章的傅里叶变换对比，可以得出以下结论。

（1）傅里叶变换是把能量有限的信号 $f(t)$ 分解到以 $\{e^{jwt}\}$ 为正交基的空间上去，小波变换的实质是把该信号分解到 W_j 所构成的空间上去。

（2）傅里叶变换用到的基本函数只有 $\sin(wt)$，而小波函数具有不唯一性。

（3）在频域中，傅里叶变换具有较好的局部化能力，特别是对于频率成分比较简单的确定性信号，傅里叶变换很容易把信号变为各频率成分的叠加和的形式，但在时域中，傅里叶变换没有局部化的能力。

（4）小波分析中，尺度 a 的值越小相当于傅里叶变换中 w 的值越小。

多分辨率分析理论是建立在函数空间概念上的。数学中，函数空间是从集合 X 到集合 Y 的给定种类的函数的集合。将平方可积的函数 $f(t) \in L^2(R)$ 看成是某一逐级逼近的极限情况，每级逼近都是用某一低通平滑函数 $\phi(t)$ 对 $f(t)$ 做平滑的结果，在逐级逼近时平滑函数 $\phi(t)$ 也做逐级伸缩，这就是"多分辨率"，即用不同的分辨率来逐级逼近待分析函数 $f(t)$。

将空间做逐级二分解产生一组逐级包含的子空间：

$$\cdots, V_1 = V_0 \oplus W_0, V_2 = V_1 \oplus W_1, \cdots, V_{j+1} = V_j \oplus W_j, \cdots \tag{7-9}$$

j 是从 $-\infty$ 到 $+\infty$ 的整数，j 值越小空间越大，记号"$\oplus$"表示子空间之和的关系。当 $j = 4$ 时，如图 7.4 所示。

由图 7.4 可见，空间剖分是完整的，即当 $j \to -\infty$ 时，$V_j \to L^2(R)$，包含整个平方可积的实变函数空间。

$$\bigcup_{j \in Z} V_j = L^2(R) \tag{7-10}$$

当 $j \to +\infty$ 时，$V_j \to 0$，即空间最终剖分到空集为止。

$$\bigcap_{j \in Z} V_j = \{0\} \tag{7-11}$$

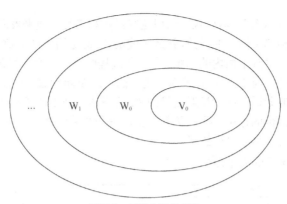

图 7.4 函数空间的划分

这种剖分方式使得空间 V_j 与空间 W_j 正交，各个 W_j 之间也正交，即

$$V_j \perp W_j, W_j \perp W_i, \quad j \neq i \tag{7-12}$$

综上可知，多分辨率分析是指一串嵌套式子空间逼近序列 $\{V_j\}_{j \in Z}$，它满足下列要求。

（1）一致单调性：对于任意的 $j \in Z$，有 $V_{j+1} \subset V_j$。

（2）逼近性：$\bigcap_{j \in Z} V_j = \{0\}$，$\bigcup_{j \in Z} V_j = L^2(R)$。

（3）伸缩性：$f(t) \in V_j \Leftrightarrow f(2^j t) \in V_0$，伸缩性体现了尺度的变化，逼近正交小波函数的变化和空间的变化具有一致性。

（4）平移不变性：对任意 $k \in Z$，有 $\phi_j(2^{-j/2} t) \in V_j \Rightarrow \phi_j(2^{-j/2} t - k) \in V_j$（其中 $\phi(t)$ 称为尺度函数（后面详细介绍））。

（5）正交基存在性：存在 $\phi(t) \in V_0$，使得 $\{\phi_j(2^{-j/2} t - k) | k \in Z\}$ 构成 V_j 的正交基。

如果对于满足多分辨率分析的一系列闭子空间 $\{V_j\}_{j \in Z}$，$\phi_{j,k}(t)$ 是由 $\{V_j\}_{j \in Z}$ 产生的尺度函数，用 $\phi_{j,k}(t)$ 作小波，它的补空间为 $\{W_j\}_{j \in Z}$，$V_j = V_{j+1} \oplus W_{j+1}$，则 $\{W_j\}_{j \in Z}$ 构成小波空间。

任意信号 $f(t) \in L^2(R)$ 可用多分辨率分析公式表示为：

$$f(t) = \sum_k c_{j,k} \phi_{j,k}(t) + \sum_j \sum_k d_{j,k} \varphi_{j,k}(t) \tag{7-13}$$

其中，j 是任意开始尺度，$c_{j,k}$ 通常称为近似值或尺度系数，$d_{j,k}$ 称为细节或小波系数。

这是因为式（7-13）的第一个和式用尺度函数提供了 $f(x)$ 在尺度 j 的近似（除非 $f(x) \in V_j$，此时为精确值）。对于第二个和式中每个较高尺度的 j，更细分辨率的函数被添加到近似中，以获得细节的增加。如果展开函数形成了一个正交基或紧框架，则展开系数计算如下：

$$c_{j,k} = \langle f(x), \phi_{j,k}(x) \rangle = \int f(x) \phi_{j,k}(x) dx \tag{7-14}$$

$$d_{j,k} = \langle f(x), \varphi_{j,k}(x) \rangle = \int f(x) \varphi_{j,k}(x) dx \tag{7-15}$$

如果展开函数是双正交基的一部分，上式中的 ϕ 和 φ 项要分别由它们的对偶函数代替。

在上述多分辨率分析的概念介绍中，提到了尺度函数和小波函数的概念。怎样理解这两者的关系，来举个例子。事实上，可以假设在三维空间里表达一个向量，则需要建立一个三维的坐标系，只要坐标系建立就可以用 3 个点 (x, y, z) 来简单地表示一个向量，同样地，将一个信号设为 $f(t)$，要想表示它，可以用一个个正交的简单函数来构建坐标系，然后将 $f(t)$ 映射在这些简单的正交函数上，产生一个系数，这些系数就可以等同于 (x, y, z)，也就是说利用相互正交的简单函数，构建一个表达信号的空间"坐标系",然后就可以用这些系数和正交函数来表示 $f(t)$。

在小波分析中这个构建坐标系的函数,就是小波函数,但是用小波函数来表示一个信号的时候,它其实是将信号映射在了时频平面内的,所以在实现过程中需要一个频域的底座和平台,来让信号 $f(t)$ 与之做映射,而且是在一定的频率分辨率上进行的,这个起到底座的函数就是尺度函数,在尺度函数的平台下对频率的分析,或者说对信号的 $f(t)$ 的表达就是小波函数的作用了。在滤波实现中低频滤波就相当于尺度函数的作用,小波函数的实现就是高频滤波器的使用。

【例 7.1】 $y = x^2$ 的哈尔小波序列的展开。

考虑如图 7.5(a)所示的简单函数

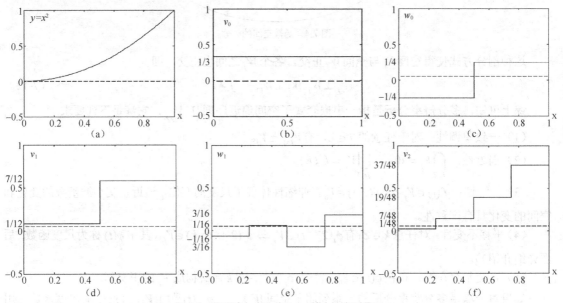

图 7.5 使用哈尔小波将 $y=x^2$ 的小波序列展开

$$y = \begin{cases} x^2 & 0 \leqslant x < 1 \\ 0 & \text{其他} \end{cases}$$

使用哈尔尺度函数 $\phi(x) = \begin{cases} 1 & 0 \leqslant x < 1 \\ 0 & \text{其他} \end{cases}$ 和哈尔小波函数如下

$$\phi(x) = \begin{cases} 1 & 0 \leqslant x < 0.5 \\ -1 & 0.5 \leqslant x < 1 \\ 0 & \text{其他} \end{cases}$$

根据式(7-6)和式(7-7)计算下列展开系数:

$$c_0(0) = \int_0^1 x^2 \phi_{0,0}(x)\mathrm{d}x = \int_0^1 x^2 \mathrm{d}x = \frac{1}{3}$$

$$d_0(0) = \int_0^1 x^2 \varphi_{0,0}(x)\mathrm{d}x = \int_0^{0.5} x^2 \mathrm{d}x - \int_{0.5}^1 x^2 \mathrm{d}x = -\frac{1}{4}$$

$$d_1(0) = \int_0^1 x^2 \varphi_{1,0}(x)\mathrm{d}x = \int_0^{0.25} x^2 \sqrt{2}\mathrm{d}x - \int_{0.25}^{0.5} x^2 \sqrt{2}\mathrm{d}x = -\frac{\sqrt{2}}{32}$$

$$d_1(1) = \int_0^1 x^2 \varphi_{1,1}(x)\mathrm{d}x = \int_0^{0.75} x^2 \sqrt{2}\mathrm{d}x - \int_{0.5}^{0.75} x^2 \sqrt{2}\mathrm{d}x = -\frac{3\sqrt{2}}{32}$$

将这些值带入式（7-5），可以得到如下小波序列的展开：

$$y = \underbrace{\frac{1}{3}\phi_{0,0}(x)}_{V_0} + \underbrace{[-\frac{1}{4}\varphi_{0,0}(x)]}_{W_0} + \underbrace{[-\frac{\sqrt{2}}{32}\varphi_{1,0}(x) - \frac{3\sqrt{2}}{32}\varphi_{1,1}(x)]}_{W_1} + \cdots$$

$$\underbrace{\qquad\qquad\qquad}_{V_1 = V_0 \oplus W_0}$$

$$\underbrace{\qquad\qquad\qquad\qquad\qquad\qquad}_{V_2 = V_1 \oplus W_1 = V_0 \oplus W_0 \oplus W_1}$$

上述展开中的第一项用 $c_0(0)$ 生成待展开函数的 V_0 子空间近似值。该近似值是原始函数的平均值。第二项使用 $d_0(0)$ 通过从 W_0 子空间添加一级细节来修饰该近似值。其他级别的细节由子空间 W_1 的系数 $d_1(0)$ 和 $d_1(1)$ 给出。此时，展开函数现在已经接近原始函数了。越高的尺度（或细节的级别越高）被叠加，近似值越变得接近函数的精确表示，它的极限是 $j \to \infty$。

7.1.2 分解与重构的实现

根据 7.1.1 小节的论述，可以知道在理解多分辨率分析时，需要把握一个要点：分解的最终目的是力求构造一个在频率上高度逼近的 $L^2(R)$ 空间的正交小波基，这些频率分辨率不同的正交小波基相当于带宽各异的带通滤波器。另外，多分辨率分析只对低频空间做进一步分解，使频率的分辨率越来越高。

根据 7.1.1 小节中的式（7-13），其中的剩余系数 $c_{j,k}$ 和小波系数 $d_{j,k}$，利用分解重构公式：

$$\begin{aligned} c_{j,k} &= \sum_m h_0(m-2k)c_{j-1,m} \\ d_{j,k} &= \sum_m h_1(m-2k)c_{j-1,m} \end{aligned} \tag{7-16}$$

式（7-13）中等号右边第一部分是 $f(t)$ 在尺度空间 V_j 的投影，是 $f(t)$ 的平滑近似；第二部分是 $f(t)$ 在小波空间 W_j 的投影，是对 $f(t)$ 的细节补充。式（7-16）是小波分解系数的递推计算公式，式中 $h_0(k)$ 和 $h_1(k)$ 分别为低通和高通数字滤波器单位取样响应。

于是若要将信号由 N 水平分解到 $N\text{-}M$ 水平，则可得分解过程为：

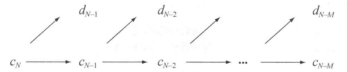

对于任意函数 $f(t) \in V_{j-1}$，将其分解一次投影到 V_j、W_j 空间，即可分别得到剩余系数 $c_{j,k}$ 和小波系数 $d_{j,k}$，重建原始信号，下式是变换系数的重建公式：

$$c_{j-1,m} = \sum_k c_{j,k}h_0(m-2k) + \sum_k d_{j-k}h_1(m-2k) \tag{7-17}$$

形象表示此重构过程为：

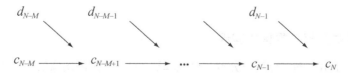

【例 7.2】信号分解与重构的 MATLAB 实现，通过对由两个正弦信号叠加的信号进行分解重构，可以了解基本信号分解与重构的过程怎样用 MATLAB 实现。

相关的代码如下。

```
%信号函数定义
%  1.正弦波定义
f1=50;          %  频率1
f2=100;         %  频率2
fs=2*(f1+f2);   %  采样频率
Ts=1/fs;        %  采样间隔
N=120;          %  采样点数
n=1:N;
y=sin(2*pi*f1*n*Ts)+sin(2*pi*f2*n*Ts);  %  信号函数

% 2 小波滤波器谱分析
h=wfilters('db30','l');  %  低通
g=wfilters('db30','h');  %  高通

h=[h,zeros(1,N-length(h))];  %  补零（圆周卷积，且增大分辨率便于观察）
g=[g,zeros(1,N-length(g))];  %  补零（圆周卷积，且增大分辨率便于观察）

% 3 MALLAT 分解算法(圆周卷积的快速傅里叶变换实现)
sig1=ifft(fft(y).*fft(h));  %  低通（低频分量）
sig2=ifft(fft(y).*fft(g));  %  高通（高频分量）

%4 MALLAT 重构算法
sig1=dyaddown(sig1);        %  2 抽取
sig2=dyaddown(sig2);        %  2 抽取

sig1=dyadup(sig1);          %  2 插值
sig2=dyadup(sig2);          %  2 插值

sig1=sig1(1,[1:N]);         %  去掉最后一个零
sig2=sig2(1,[1:N]);         %  去掉最后一个零

hr=h(end:-1:1);             %  重构低通
gr=g(end:-1:1);             %  重构高通

hr=circshift(hr',1)';       %  位置调整圆周右移一位
gr=circshift(gr',1)';       %  位置调整圆周右移一位

sig1=ifft(fft(hr).*fft(sig1));  %  低频
sig2=ifft(fft(gr).*fft(sig2));  %  高频

sig=sig1+sig2;              %  源信号
```

程序运行结果如图 7.6 所示，从图中可以看出原始信号即是两个正弦信号的叠加，在经过高通和低通分解后，得到两个高频和低频的信号 *sig*1 与 *sig*2，再经过重构后，两部分又重构为原始信号。

7.1.3 图像处理中分解与重构的实现

前面讲述了一维信号的多分辨率分解与合成算法，对于二维的图像信号，可以从滤波器的角度来理解多分辨率分析。首先对图像先"逐行"做一维小波变换，分解为低通滤波 *L* 和高通滤波 *H* 两个分量，再"逐列"做一维小波变换，分解为 *LL*、*LH*、*HL*、*HH* 四个分量。*L* 和 *H* 分别表示低通和高通滤波输出。

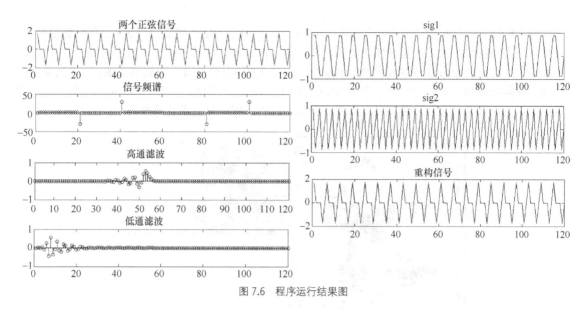

图 7.6 程序运行结果图

相应地，二维尺度函数 $\phi(x,y) = \phi(x)\phi(y)$。

二维小波函数有 3 个，对应不同方向上的高/低通滤波特性：

$$\begin{cases} \varphi^1(x,y) = \varphi(x)\varphi(y), LH \\ \varphi^2(x,y) = \varphi(x)\varphi(y), HL \\ \varphi^3(x,y) = \varphi(x)\varphi(y), HH \end{cases}$$

分解的结果，在 2^j 层次有 $A_j f$（逼近）及 $D_j^1 f, D_j^2 f, D_j^3 f$ 三个细节信号。所以每"上"一层，近似图像分解为 4 个分量。若原图像为 A_0，分解总层数为 J，则共有 $3J+1$ 幅子图像。分解合成过程可以表示为：

分解：$A_{j+1}f \rightarrow (A_j f, (D_j^1 f, D_j^2 f, D_j^3 f))$

合成：$A_{j+1}f = A_j f + D_j^1 f + D_j^2 f + D_j^3 f$

下图给出图像信号的快速小波分解图，如图 7.7 所示。

【例 7.3】 图像处理中小波变换的应用。

图 7.8（a）为测试图像，通过这幅图片可以看出二维小波变换的方向敏感性和边缘检测的有效性。程序中利用小波工具箱中的函数，简便快捷，相关的代码如下。

图 7.7 图像的快速小波分解框图

```
f=imread('D:\1.jpg');%读入一幅图
imshow(f);%显示读入的灰度图

[c,s]=wavefast(f,1,'sym4');%利用'sym4'小波做快速小波变换
figure;wave2gray(c,s,-6);%利用小波工具箱的函数显示变换后灰度图

[nc,y]=wavecut('a',c,s);%利用小波工具箱的函数将近似系数置 0
figure; wave2gray(nc,s,-6);
edges=abs(waveback(nc,s,'sym4'));%边缘图像的重构
figure; imshow(mat2gray(edges));
```

图 7.8（a）的单尺度小波变换的水平、垂直、对角线的方向性在图 7.8（b）中可清楚地看到。注意，原图像的水平边缘出现在图 7.8（b）的右上象限的水平细节系数中。对于图像的垂直边缘，可以再左下象限的垂直细节系数中类似地确定。要将这些信息合并成一幅边缘图像，可以简单地把生成的变换的近似系数设为零，计算它的反变换，再对其取绝对值。修改过的变换和得到的边缘图像分别显示在图 7.8（c）和图 7.8（d）中。类似的过程可用于隔离垂直边缘或水平边缘。

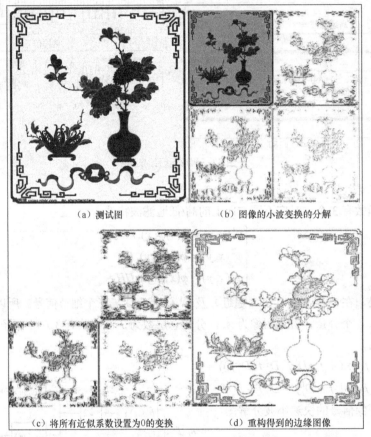

(a) 测试图　　　　　　　(b) 图像的小波变换的分解

(c) 将所有近似系数设置为0的变换　　　　　(d) 重构得到的边缘图像

图 7.8　图像处理中边缘检测中的小波变换

【例 7.4】 利用小波分析对图像去噪。

装入一幅图像，并对其添加噪声，利用小波对添加噪声后的图像进行小波分解，并观察滤波效果。

相关的程序代码如下。

```
%装入图像
load tire

%下面进行噪声的产生
init=3718025452;
rand('seed',init);
Xnoise=X+18*(rand(size(X)));

%显示原始图像及它的含噪声的图像
colormap(map);
subplot(2,2,1);image(wcodemat(X,192));
title('原始图像')
```

```
axis square
subplot(2,2,2);image(wcodemat(Xnoise,192));
title('含噪声的图像');
axis square

%用sym5小波对图像信号进行二层的小波分解
[c,s]=wavedec2(X,2,'sym5');

%下面进行图像的去噪处理
%使用ddencmp函数来计算去噪的默认阈值和熵标准
%使用wdencmp函数来实现图像的压缩
[thr,sorh,keepapp]=ddencmp('den','wv',Xnoise);
[Xdenoise,cxc,lxc,perf0,perfl2]=wdencmp('gbl',c,s,'sym5',2,thr,sorh,keepapp);

%显示去噪后的图像
subplot(223);image(Xdenoise);
title('去噪后的图像');
axis square
```

运行结果如图 7.9 所示，对比原始图像和去噪后的图像，利用小波去噪后，图像比原图像更亮一些。

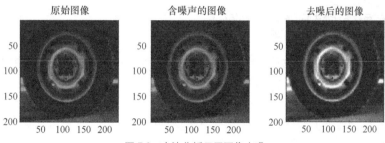

图 7.9 小波分析用于图像去噪

【例 7.5】小波变换用于图像压缩。

装入一幅图像，使用哈尔小波对图像进行三层分解，利用函数 wdcbm()获取压缩阈值，函数 wdencmp()用于对信号进行压缩。将图像分解为低频信息和高频信息，图像的主要成分包含在低频信息中，对低频信息进行两次小波分解，并改变图像的大小进行压缩，分别获取两次压缩后的图像。

相关的程序代码如下。

```
%装载信号
load nelec;
indx=1:1024;
x=nelec(indx);

% 用小波haar对信号进行三层分解
[c,l]=wavedec(x,3,'haar');
alpha=1.5;

% 获取信号压缩的阈值
[thr,nkeep]=wdcbm(c,l,alpha);

% 对信号进行压缩
[xd,cxd,lxd,perf0,perfl2]=wdencmp('lvd',c,l,'haar',3,thr,'s');
subplot(2,1,1);
plot(indx,x);
title('原始信号');
subplot(2,1,2);
plot(indx,xd);
```

```
title('压缩后的信号');

>> %装入图像
load tire

%下面进行噪声的产生
init=3718025452;
rand('seed',init);
Xnoise=X+18*(rand(size(X)));

%显示原始图像及它的含噪声的图像
colormap(map);
subplot(2,2,1);image(wcodemat(X,192));
title('原始图像')
axis square
subplot(2,2,2);image(wcodemat(Xnoise,192));
title('含噪声的图像');
axis square

%用 sym5 小波对图像信号进行二层的小波分解
[c,s]=wavedec2(X,2,'sym5');

%下面进行图像的去噪处理
%使用 ddencmp 函数来计算去噪的默认阈值和熵标准
%使用 wdencmp 函数来实现图像的压缩
[thr,sorh,keepapp]=ddencmp('den','wv',Xnoise);
[Xdenoise,cxc,lxc,perf0,perfl2]=wdencmp('gbl',c,s,'sym5',2,thr,sorh,keepapp);
%显示去噪后的图像
subplot(223);image(Xdenoise);
title('去噪后的图像');
axis square

>> %装入图像
load wbarb;
%显示图像
subplot(221);image(X);colormap(map)
title('原始图像');
axis square

disp('压缩前图像 X 的大小: ');
whos('X')

%对图像用 bior3.7 小波进行 2 层小波分解
[c,s]=wavedec2(X,2,'bior3.7');

%提取小波分解结构中第一层低频系数和高频系数
ca1=appcoef2(c,s,'bior3.7',1);
ch1=detcoef2('h',c,s,1);
cv1=detcoef2('v',c,s,1);
cd1=detcoef2('d',c,s,1);

%分别对各频率成分进行重构
a1=wrcoef2('a',c,s,'bior3.7',1);
h1=wrcoef2('h',c,s,'bior3.7',1);
v1=wrcoef2('v',c,s,'bior3.7',1);
d1=wrcoef2('d',c,s,'bior3.7',1);
c1=[a1,h1;v1,d1];

%显示分解后各频率成分的信息
subplot(222);image(c1);
axis square
```

```
title('分解后低频和高频信息');

%下面进行图像压缩处理
%保留小波分解第一层低频信息，进行图像的压缩
%第一层的低频信息即为 ca1，显示第一层的低频信息
%首先对第一层信息进行量化编码
ca1=appcoef2(c,s,'bior3.7',1);
ca1=wcodemat(ca1,440,'mat',0);

%改变图像的高度
ca1=0.5*ca1;
subplot(223);image(ca1);colormap(map);
axis square
title('第一次压缩');
disp('第一次压缩图像的大小为：');
whos('ca1')

%保留小波分解第二层低频信息，进行图像的压缩，此时压缩比更大
%第二层的低频信息即为 ca2，显示第二层的低频信息
ca2=appcoef2(c,s,'bior3.7',2);

%首先对第二层信息进行量化编码
ca2=wcodemat(ca2,440,'mat',0);
%改变图像的高度
ca2=0.25*ca2;
subplot(224);image(ca2);colormap(map);
axis square
title('第二次压缩');
disp('第二次压缩图像的大小为：');
whos('ca2')
```

输出结果如下所示。

压缩前图像 X 的大小：

Name	Size	Bytes	Class	Attributes
X	256x256	524288	double	

第一次压缩图像的大小为：

Name	Size	Bytes	Class	Attributes
ca1	135x135	145800	double	

第二次压缩图像的大小为：

Name	Size	Bytes	Class	Attributes
ca2	75x75	45000	double	

运行结果如图 7.10 所示，图中显示了经过分解后的低频信息和高频信息成分，再对低频信息成分进行压缩，将低频信息进行二次分解，分解后再进行压缩，也就是图中所示的第一次压缩和第

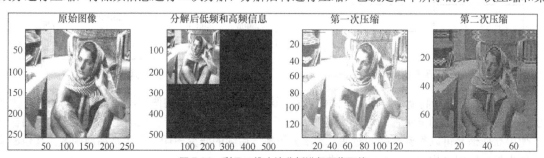

图 7.10 利用二维小波分析进行图像压缩

二次压缩的情况。可以看出，第一次压缩提取的是原始图像中小波分解第一层的低频信息，此时压缩效果较好，压缩比较小；第二次压缩是提取第一层分解低频部分的低频部分（即小波分解第二层的低频部分），其压缩比较大，压缩效果在视觉上一般，这是一种最简单的压缩方法只保留原始图像中低频信息，不经过其他处理即可获得较好的压缩效果。在上面的例子中，还可以只提取小波分解第 3、4 层的低频信息。从理论上说，可以获得任意压缩比的压缩图像。

7.2　Gabor 多分辨率分析

前面讲到，傅立叶变换能将信号的时域特征和频域特征联系起来，能分别从信号的时域和频域进行分析，但却不能把二者有机地结合起来，这是因为信号的时域波形中不包含任何频域信息，而频域波形中又不包含任何时域信息。也就是说傅立叶变换是时域与频域完全分离的，对于傅立叶频谱中的某一频率，无法知道这个频率是什么时候产生的。傅立叶变换在时域和频域局部化的问题上就显示出了它的局限性。

早在 1946 年，Gabor 注意到傅立叶变换在表示非平稳信号方面的不足，他通过与量子力学中的不确定性原理的类比，发现并证明了一维信号的不确定性原理，即一个同时用时间和频率来刻画的信号特征受它的带宽和持续时间乘积的下限所限制。提出了一种新的算法：Gabor 变换。这种变换的基本思想是：把信号划分成许多小的时间间隔，用傅立叶变换分析每一个时间间隔，以便确定信号在该时间间隔存在的频率。

本节从 Gabor 展开的基本概念来说明其原理。对于一个一维信号，可以用二维的时频平面上离散栅格处的点来表示，即

$$
\begin{aligned}
x(t) &= \sum_{m=-\infty}^{\infty} \sum_{n=-\infty}^{\infty} C_{m,n} h_{m,n}(t) \\
&= \sum_{m=-\infty}^{\infty} \sum_{n=-\infty}^{\infty} C_{m,n} h(t-na) e^{j2\pi mbt}
\end{aligned}
\tag{7-18}
$$

式中 a,b 为常数，a 代表栅格的时间长度，b 代表栅格的频率长度，如图 7.11 所示。

式（7-18）中的 $C_{m,n}$ 是一维信号 $x(t)$ 的展开系数，$h(t)$ 是一个母函数，展开的基函数 $h_{m,n}(t)$ 是由 $h(t)$ 做移位和调制生成的，如图 7.12 所示。

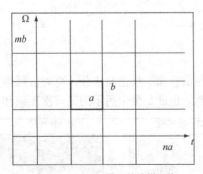

图 7.11　Gabor 展开的抽样栅格

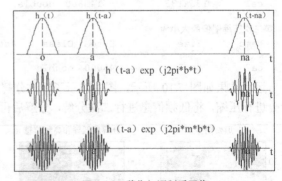

图 7.12　移位与调制后图像

Gabor 最初选择高斯函数作为母函数 $h(t)$，这是因为高斯函数的傅立叶变换也是高斯的，因此保证了时域和频域的能量都相对较为集中。由于高斯信号的时宽-带宽积满足不定原理，因而保证了使用高斯信号可以得到最好的时间、频率分辨率。后续的研究表明，不止是高斯函数，其他的窗函数也都可以用来构成式（7-18）中的基函数。

可以证明，如果 $ab>1$，即栅格过稀，将缺乏足够的信息来恢复原信号 $x(t)$，当然，如果 ab 过小，必然会出现信息的冗余，这类似于对一维信号抽样时，抽样频率过大的情况。因此，当：

$ab=1$ 时，称为临界抽样；

$ab>1$ 时，称为欠抽样；

$ab<1$ 时，称为过抽样。

要从时频二维空间分析信号，首先必须构造同时用时间和频率表示的时间函数。Gabor 在 1946 年提出了这样一种构造函数——复谱图。

$$F_{\phi,g}(t_0,w_0) = \left\langle \phi(t), g(t-t_0)\mathrm{e}^{\mathrm{j}w_0 t} \right\rangle = \int_{-\infty}^{\infty} \phi(t)g^*(t-t_0)\mathrm{e}^{-\mathrm{j}w_0 t}dt \tag{7-19}$$

其中 $\phi(t)$ 为信号，$g(t)$ 为窗函数，$\int_{-\infty}^{+\infty}|g(t)|^2\,\mathrm{d}t=1$，本节构造的是 $\phi(t)$ 与 $g(t)$ 的时间平移 $g(t-t_0)$ 和频率调制形式 $\mathrm{e}^{-\mathrm{j}w_0 t}$ 的复数共轭的内积。$F_{\phi,g}(t_0,w_0)$ 其实是 $\phi(t)g^*(t-t_0)$ 的 Fourier 变换。利用求逆公式，可以从复谱图中重构原信号 $\phi(t)$：

$$\phi(t) = \frac{1}{2\pi}\int_{-\infty}^{\infty}\int_{-\infty}^{\infty}F_{\phi,g}(t_0,w_0)g(t-t_0)\mathrm{e}^{\mathrm{j}w_0 t}dt_0 dw_0 \tag{7-20}$$

重构信号 $\phi(t)$，并不需要知道全部复谱图，只需知道复谱图在一组网格点（$t_0=mT,w_0=n\Omega$、m、n 为整数）的值即可，其中 $\Omega T=2\pi$（临界采样）。

复谱图在网格点的取值 f_{mn} 为：

$$f_{mn} = \frac{1}{T}\int_{-\infty}^{\infty}\phi(t)g^*(t-mT)\mathrm{e}^{-\mathrm{j}n\Omega t}dt \tag{7-21}$$

由于欠抽样时固有的缺点，因此人们很少研究它。Gabor 最早提出的是使用高斯窗，并取临界抽样。但是，Gabor 展开的这一想法长期没有被重视，其主要原因是由于展开系数计算的困难。直到 1980 年 Bastiaans 提出了用建立辅助函数和对偶函数来求解展开系数的方法之后，Gabor 展开的研究才引起了人们的兴趣。

从理论上讲，Gabor 展开的讨论和时频分布、滤波器组及小波变换等新的信号处理理论密切相关。因此，这些新的信号处理理论的应用也涉及 Gabor 展开的应用。Gabor 展开在信号、图像的表示，语音分析，目标识别，信号的瞬态检测等各方面都取得了较好的应用成果。

下面介绍一下连续信号 Gabor 展开系数的计算。

令

$$g_{m,n}(t) = g(t-na)\mathrm{e}^{\mathrm{j}2\pi mbt} \tag{7-22}$$

并令

$$C_{m,n} = \left\langle x(t), g_{m,n}(t) \right\rangle = \int x(t)g^*(t-na)\mathrm{e}^{-\mathrm{j}2\pi mbt}dt \tag{7-23}$$

比较式（7-22）与式（7-23），立即发现：

$$C_{m,n}(t) = STFT_x(m,n) \tag{7-24}$$

即 Gabor 系数是在离散栅格上求出的 STFT。通常，式（7-23）称为 Gabor 变换，式（7-22）称为 Gabor 展开。

将式（7-24）代入式（7-22）中，有

$$\begin{aligned}
x(t) &= \sum_m\sum_n \left\langle x(t), g_{m,n}(t)\right\rangle h_{m,n}(t) \\
&= \sum_m\sum_n [\int x(t')g^*_{m,n}(t')\mathrm{d}t']h_{m,n}(t) \\
&= \int x(t')[\sum_m\sum_n g^*_{m,n}(t')h_{m,n}(t)]\mathrm{d}t'
\end{aligned} \tag{7-25}$$

若要该式的右边等于 $x(t)$，则必有

$$\sum_m \sum_n g_{m,n}(t')h_{m,n}(t) = \delta(t-t') \tag{7-26}$$

式（7-26）给出了为保证由 $C_{m,n}$ 恢复 $x(t)$，$h_{m,n}(t)$ 和 $g_{m,n}(t)$ 应遵循的条件。满足该条件的 $h_{m,n}(t)$ 被称为是完备的。

由式（7-26）还可以引申出母函数 $h(t)$ 和其对偶母函数 $g(t)$ 之间的关系：

$$\int g(t)h^*(t-na)e^{-j2\pi mbt} dt = \delta_m \delta_n \tag{7-27}$$

该式称为 $g(t)$ 和 $h(t)$ 之间的双正交关系。显然，若 m,n 中有一个不为零，上式的积分即为零。若 $m=n=0$，则

$$\int g(t)h^*(t)dt = 1 \tag{7-28}$$

以上给出的关系是在 $ab=1$，即临界抽样的情况下得到的。由上面的讨论，可得到一个求解 Gabor 系数的方法。

（1）选择一个母函数（或基函数）$h(t)$。

（2）求其对偶函数 $g(t)$，使之满足式（7-26）和式（7-27）。

（3）按式（7-24）做内积，从而得到 $C_{m,n}$。

上面的分析表明，任意可以用高斯函数调制的复正弦形式表示的信号都可以达到时域和频域联合不确定关系的下限，可以同时在时域和频域获得最佳的分辨率，这种表示是 Gabor 函数的最初形式。

最近二三十年，随着神经生理学和小波变换技术的发展，Gabor 函数逐渐演变为二维小波的形式。二维 Gabor 小波变换是图像的多尺度表示和分析的有力工具，作为唯一能够取得时域和频域联合不确定关系下限的 Gabor 函数经常被用作小波基函数，对图像进行各种分析。前一节的内容告诉读者小波变换是用一组滤波器函数与给定信号的卷积来表示或逼近一个信号。二维 Gabor 滤波器的函数形式可以表示为：

$$\varphi_j(x) = \frac{\|\vec{k_j}\|^2}{\sigma^2} \exp\left(-\frac{\|\vec{k_j}\|^2\|\vec{x}\|^2}{2\sigma^2}\right)\left[\exp(i\vec{k_j}x) - \exp\left(-\frac{\sigma^2}{2}\right)\right] \tag{7-29}$$

$$\vec{k_j} = \begin{pmatrix} K_{jx} \\ k_{jy} \end{pmatrix} = \begin{pmatrix} k_v \cos\varphi_u \\ k_v \sin\varphi_u \end{pmatrix} \tag{7-30}$$

式中，$\vec{x}$ 为给定位置的图像坐标；$\vec{k_j}$ 为滤波器的中心频率；φ_u 体现了滤波器的方向选择性。

在自然图像中，$\frac{\|\vec{k_j}\|^2}{\sigma^2}$ 用来补偿由频率决定的能量谱衰减。$\exp\left(-\frac{\|\vec{k_j}\|^2\|\vec{x}\|^2}{2\sigma^2}\right)$ 用来约束平面波的高斯包络函数。$\exp(i\vec{k_j}x)$ 为复数值平面波，其实部为余弦平面波 $\cos(\vec{k_j}x)$，虚部为正弦平面波 $\sin(\vec{k_j}x)$；由于余弦平面波关于高斯窗口中心偶对称，在高斯包络函数的约束范围内，其积分值不为 0；而正弦平面波关于高斯窗口奇对称，在高斯包络函数的约束范围内，其积分值为 0；为了消除图像的直流成分对二维 Gabor 小波变换的影响，在复数值平面波的实部减去 $\exp\left(-\frac{\sigma^2}{2}\right)$，这使得二维 Gabor 小波变换不受图像灰度绝对数值的影响，并且对图像的光照变化不敏感。

二维 Gabor 滤波器是带通滤波器，在空间域和频率域均有较好的分辨能力，它在空间域有良好的方向选择性，在频率域有良好的频率选择性，二维 Gabor 小波可以提取图像不同的频率尺度和纹理方向的信息。二维 Gabor 小波滤波器组的参数体现了它在空间域和频率域的采样方式，决定了它对信号的表达能力。

二维 Gabor 小波是由二维 Gabor 滤波器函数通过尺度伸缩和旋转生成的一组滤波器,其参数的选择通常在频率空间进行考虑。为了对一幅图像的整个频率进行采样,可以采用具有多个中心频率和方向的 Gabor 滤波器组来描述图像。参数 k_φ、φ_u 的不同选择分别体现了二维 Gabor 小波在频率和方向空间的采样方式。参数 σ 决定滤波器的带宽,两者的关系为:

$$\sigma = \sqrt{2\ln 2}\left(\frac{2^\phi + 1}{2^\phi - 1}\right) \tag{7-31}$$

式中,ϕ 为用倍频程表示的半峰带宽,当 $\phi = 0.5$ 倍频程时,$\sigma \approx 2\pi$;当 $\phi = 1$ 倍频程时,$\sigma \approx \pi$;当 $\phi = 1.5$ 倍频程时,$\sigma \approx 2.5$。

7.3 常见小波分析

小波变换的基本思想是用一组小波函数或者基函数表示一个函数或者信号。信号分析一般是为了获得时间域和频率域之间的相互关系,傅立叶变换提供了有关频率域的信息,但时间方面的局部化信息却基本丢失。与傅立叶变换不同,小波变换通过平移母小波或基本小波可获得信号的时间信息,而通过缩放小波的宽度或尺度可获得信号的频率特性。在小波变换中,近似值是大的缩放因子产生的系数,表示信号的低频分量。而细节值是小的缩放因子产生的系数,表示信号的高频分量。

与标准的傅立叶变换相比,小波分析中所用到的小波函数具有不唯一性,即小波函数具有多样性。小波分析在应用中的一个十分重要的问题就是最优小波基的选择问题,因为用不同的小波基分析,同一个问题会产生不同的结果。目前使用者主要是通过用小波分析方法处理信号的结果与理论结果的误差来判定小波基的好坏,由此决定小波基函数。

虽然根据不同的标准,小波函数具有不同的类型,这些标准通常是下面几点。

(1)$\varphi(t)$、$\varphi(w)$、$\phi(t)$ 和 $\phi(w)$ 的支撑长度,即当时间或频率趋向无穷大时,$\varphi(t)$、$\varphi(w)$、$\phi(t)$ 和 $\phi(w)$ 从一个有限值收敛到 0(注:$\phi(t)$ 为尺度函数,小波函数 $\varphi(t)$ 可以由它求出来)。

(2)对称性,它在图像处理中可以很有效地避免移相。

(3)正则性,它在对信号或图像的重构获得较好的平滑效果作用上是非常有用的。

具有对称性的小波不产生相位畸变;具有好的正则性的小波,易于获得光滑的重构曲线和图像,从而可以减小误差。

在本节中,主要介绍常用的 Haar 小波和 Daubechies 小波。

7.3.1 Haar 小波

Haar 函数是小波分析中最早用到的一个具有紧支撑的正交小波函数,也是最简单的一个小波函数,它是支撑域在 $t \in [0,1]$ 范围内的单个矩形波。Haar 函数的定义如下:

$$\varphi(t) = \begin{cases} 1 & 0 \leqslant t \leqslant \dfrac{1}{2} \\ -1 & \dfrac{1}{2} \leqslant t \leqslant 1 \\ 0 & \text{其他} \end{cases} \tag{7-32}$$

Haar 小波的形状图如图 7.13 所示。

Haar 小波在时域上是不连续的,所以作为基本小波,其性能不是特别好。但它也有自己的优点，如以下几方面。

（1）计算简单。

（2）$\varphi(t)$ 不但与 $\varphi(2^j t)(j \in Z)$ 正交（$\int \varphi(t)\varphi(2^j t)\mathrm{d}t = 0$），而且与自己的整数位移正交，即 $\int \varphi(t)\varphi(t-k)\mathrm{d}t = 0,\ k \in Z$。

因此，在 $a = 2^j$ 的多分辨率系统中，Haar 小波构成一组最简单的正交归一的小波族。

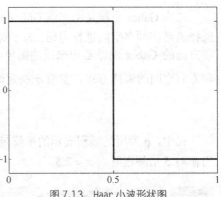

图 7.13　Haar 小波形状图

例如，对只有 4 个像素的一维图像进行 Haar 小波变换。此图像对应像素值为（11 9 5 7）。用 Haar 小波变换的过程是：计算相邻像素对的平均值，得到一幅分辨率为原图像二分之一的新图像：（10 6）。这时，图像信息已经部分丢失，为了能从两个像素组成的图像中重构出 4 个像素的原图像，必须把每个像素对的第一个像素值减去这个像素的平均值作为图像的细节系数保存。因此，原图像可以用两个平均值以及两个细节系数表示：（10 6 1 -1）。可以把第一步变换得到的图像进一步变换，原图像两级变换过程如表 7.1 所示。

表 7.1 　　　　　　　　　　　　　　　　　Haar 小波变换过程

精度	平均值	细节值
4	（11 9 5 7）	
2	（10 6）	（1 -1）
1	（8）	（2）

Haar 小波变换过程实际上是用来求平均值和差值的方法对函数或图像进行分解，对于上例，可做最多两层的分解。

对于二维图像，同样可以用依次对行、列进行小波变换，得到二维图像分解方法。这时经过一次小波变换得到的是二维图像的近似值以及水平、垂直和对焦细节的分量，显然从二维图像的近似值、水平值、垂直值以及对角细节分量值可以重构出原来的二维图像。

【例 7.6】利用 haar 小波对信号进行分解并压缩信号。

使用函数 wdcbm()获取信号压缩阈值，然后采用函数 wdencm()实现信号压缩。程序相关代码如下。

```
%装载信号
load nelec;
indx=1:1024;
x=nelec(indx);

% 用小波 haar 对信号进行三层分解
[c,l]=wavedec(x,3,'haar');

alpha=1.5;
% 获取信号压缩的阈值
[thr,nkeep]=wdcbm(c,l,alpha);

% 对信号进行压缩
[xd,cxd,lxd,perf0,perfl2]=wdencmp('lvd',c,l,'haar',3,thr,'s');
subplot(2,1,1);
plot(indx,x);
title('原始信号');

subplot(2,1,2);
```

```
plot(indx,xd);
title('压缩后的信号');
```

　　程序运行结果如图 7.14 所示，用 Haar 小波对信号进行三层分解后，获取信号压缩阈值，从而实现压缩的效果。从图中可以看出，压缩后的信号明显比原始信号包含更少的细节信息。

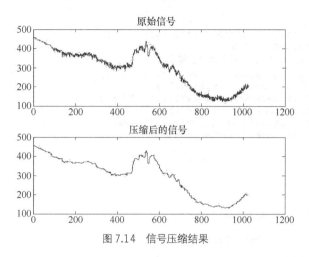

图 7.14　信号压缩结果

7.3.2　Daubechies 小波

　　Daubechies 小波是由世界著名的小波分析学者 Inrid Daubechies 构造的小波函数。一般写成 db$N$，N 是小波的阶数。小波 $\varphi(t)$ 和尺度函数 $\phi(t)$ 中的支撑区为 2N-1，$\varphi(t)$ 的消失矩为 N。除 N=1 外，db$N$ 不具有对称性（即非线性相位）。db$N$ 没有明确的表达式（除了 N=1 外），但转换函数 h 的平方模是很明确的。

　　令 $P(y) = \sum_{k=0}^{N-1} C_k^{N-1+k} y^k$，其中 C_k^{N-1+k} 为二项式的系数，则有：

$$|m_0(w)|^2 = (\cos^2\left(\frac{w}{2}\right))^N P(\sin^2\left(\frac{w}{2}\right))\qquad(7\text{-}33)$$

　　式中，$m_0(w) = \dfrac{1}{\sqrt{2}} \sum_{k=0}^{2N-1} h_k e^{-jkw}$。

　　Daubechies 小波具有以下特点。

　　（1）在时域上是有限支撑的，即 $\varphi(t)$ 长度有限。而且其高阶原点矩 $\int t^p \varphi(t)\mathrm{d}t = 0$，$p = 0 \sim N$。$N$ 值越大，$\varphi(t)$ 的长度就越长。

　　（2）在频域上 $\varphi(w)$ 在 $w = 0$ 处有 N 阶零点。

　　（3）$\varphi(t)$ 和它的整数位移正交归一，即 $\int \varphi(t)\varphi(t-k)\mathrm{d}t = \delta_k$。

　　（4）小波函数 $\varphi(t)$ 可以由所谓的"尺度函数" $\phi(t)$ 求出来。尺度函数 $\phi(t)$ 为低通函数，长度有限，支撑域在 t=0～2N-1 范围内。

　　【例 7.7】利用 db1 小波对图像进行分解和重构。

　　二维离散小波变换只提供了一个函数 swt2()，因为它不对分解系数进行下采样，所以单层分解和多层分解的结果是一样的。程序相关代码如下。

```
load noiswom
[swa,swh,swv,swd]=swt2(X,3,'db1');
```

```
% 使用 db1 小波对 noiswom 图像进行三层静态小波分解
whos
% 可以看出，swt2 所小波分解同样不改变信号的长度，原来的 96×96 的图
% 像做了三层分解以后，分解系数是 12 个 96×96 的图像。
colormap(map)
kp=0;
for i=1:3
subplot(3,4,kp+1),image(wcodemat(swa(:,:,i),192));
title(['Approx,cfs,level',num2str(i)])
% 显示第 i 层近似系数图像，以 192 字节为单位编码
subplot(3,4,kp+2),image(wcodemat(swh(:,:,i),192));
title(['Horiz.Det.cfs level',num2str(i)])
subplot(3,4,kp+3),image(wcodemat(swv(:,:,i),192));
 title(['Vert.Det.cfs level',num2str(i)])
subplot(3,4,kp+4),image(wcodemat(swd(:,:,i),192));
title(['Diag.Det.cfs level',num2str(i)])
kp=kp+4;
end  %图像分解结束

%图像重构
load noiswom
[swa,swh,swv,swd]=swt2(X,3,'db1');

% 使用 db1 小波对 noiswom 图像进行三层小波分解
mzero=zeros(size(swd));
A=mzero;
A(:,:,3)=iswt2(swa,mzero,mzero,mzero,'db1');

% 使用 iswt2 的滤波器功能，重建第 3 层的近似系数，为了避免 iswt 的合
% 成运算，注意在重建过程中，应保证其他各项系数为零。
H=mzero;V=mzero;D=mzero;
for i=1:3
swcfs=mzero;swcfs(:,:,i)=swh(:,:,i);
H(:,:,i)=iswt2(mzero,swcfs,mzero,mzero,'db1');
swcfs=mzero;swcfs(:,:,i)=swv(:,:,i);
V(:,:,i)=iswt2(mzero,mzero,swcfs,mzero,'db1');
swcfs=mzero;swcfs(:,:,i)=swh(:,:,i);
H(:,:,i)=iswt2(mzero,mzero,mzero,swcfs,'db1');
end

% 分别重建 1~3 级的各个细节系数，同样在重建某一吸收的时候，要令其他系数为 0
A(:,:,2)=A(:,:,3)+H(:,:,3)+V(:,:,3)+D(:,:,3);
A(:,:,1)=A(:,:,2)+H(:,:,2)+V(:,:,2)+D(:,:,2);

% 使用递推的方法建立第 1 层和第 2 层近似系数
colormap(map)
kp=0;
for i=1:3
subplot(3,4,kp+1),image(wcodemat(A(:,:,i),192));
title(['第',num2str(i),'层近似系数图像'],'fontsize',6)
subplot(3,4,kp+2),image(wcodemat(H(:,:,i),192));
title(['第',num2str(i),'层水平细节系数图像'],'fontsize',6)
subplot(3,4,kp+3),image(wcodemat(V(:,:,i),192));
title(['第',num2str(i),'层竖直细节系数图像'],'fontsize',6)
subplot(3,4,kp+4),image(wcodemat(D(:,:,i),192));
title(['第',num2str(i),'层对角细节系数图像'],'fontsize',6)
kp=kp+4;
end
```

　　显示的结果如图 7.15 和图 7.16 所示，由于分解过程中没有改变信号的长度，所以在显示近似和细节系数时不需要重建。

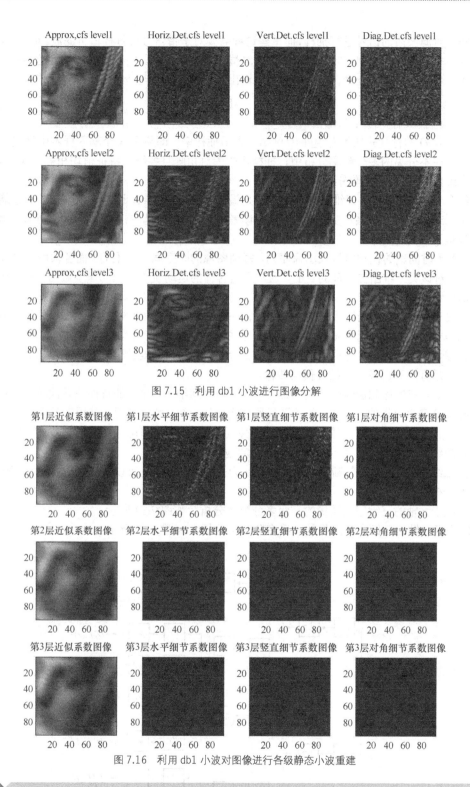

图 7.15 利用 db1 小波进行图像分解

图 7.16 利用 db1 小波对图像进行各级静态小波重建

7.4 高维小波

一维情况下的小波理论具有了丰富的成果,基于小波变换的多分辨率分析,可以知道分解过程实际上需要对滤波后的信号进行抽样，而重建过程需要对子带信号进行插值再滤波。对于一维信号，这类抽样与插值较容易实现，但对于二维和多维情形就复杂得多。由于对多维信号的抽样，实际上是对输入样本的下标进行处理，保留部分样本输出，一般下标处理是用一个抽样矩阵来实现的，即

$$y(K) = x(D \cdot K), K \in Z^2 \tag{7-34}$$

其中：x 为输入信号，y 为输出信号。

抽样矩阵 D 的行列式的绝对值|det(D)|=N，表示抽样率，即将在 N 个输入样本中抽取一个样本作为输出。在不分离的多分辨率分析中，抽样矩阵为对角阵且各维的特征值均相等，即 $D = 2 \cdot I$，其中 2 为维数，I 为二维单位矩阵。

多维多分辨率分析中，三维多分辨率分析是最具有实用意义的，这不仅因为三维信息能为读者认识的宏观或微观客体提供真实的资料，而且读者每天都面对大量的三维信号加工处理。最典型的三维信号是下面两种情形。

（1）关于时间轴的视频信号或图像序列，每帧图像的时空间是二维的，而各帧图像之间的关系是时序的；对该类三维图像处理的目的，通常是对客体的运动轨迹和运动速度做出估计，或进行序列图像的压缩存储和传输。

（2）关于 z 轴计算机断层成像的图像序列，如医用和工业用 CT 或医用 MR 等成像设备，它的每帧图像是空间二维的，而各帧图像之间的关系关于 z 轴是序列的，是真正的三维图像，比时间序列的三维图像要复杂得多。对该类三维图像的处理目的，通常是要计算客体的三维形状、尺寸和中心位置，或进行序列图像的压缩存储与传输。

一般来说，三维序列图像中，空间维（二维）与时间维（一维）的特性差异性较大，是可以分离来进行多分辨率分析的，而真三维的图像原则上难以分离。幸运的是，使用者常面对的是数字序列图像，不管是每帧图像（二维）还是序列图像（三维），都当作可分离情形来处理，实际上均能取得满意的结果，这就为读者的工作带来极大的便利。

既然三维序列图像，不管哪一种情形，都认为是可分离的，则可以用分解框图给出其中一级的多分辨率分析过程。

（1）关于 z 轴的三维序列图像的一级多分辨率分析，如图 7.17 所示。

（2）关于 t 轴的三维序列图像的一级多分辨率分析，如图 7.18 所示。

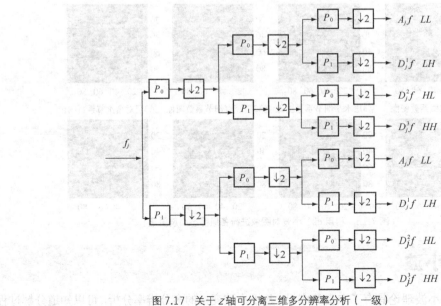

图 7.17　关于 z 轴可分离三维多分辨率分析（一级）

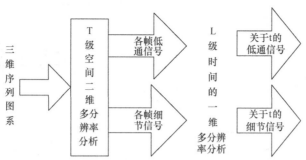

图 7.18 关于 t 轴可分离三维多分辨率分析（一级）

对有限序列信号 $f(x, y, \theta) \in L^2(R^2 \times \theta)$，$\theta = z$ 或 t，在闭子空间序列 $\{V_j^3\}_{j \in z} \in L^2(R^2 \times \theta)$ 中满足 7.1 节中提到的多分辨率分析的定义的 5 条性质，就说明子空间序列

$$\{V_j^3\}_{j \in z} \in L^2(R^2 \times \theta)$$

是一个三维多分辨率分析。与此相类似，有三维尺度函数

$$\phi(x, y, \theta) = \phi(x)\phi(y)\phi(\theta), \qquad \forall j \in Z$$

其平移系

$$\phi_{j,k_1,k_2,k_3} = \{\phi_{j,k_1}\phi_{j,k_2}\phi_{j,k_3} \mid k_1, k_2, k_3 \in Z^3\}$$

构成 V_j^3 的标准正交基。

它的 8 个三维小波函数如下。

$$\varphi^{(1)} = \phi(x)\phi(y)\phi(\theta)$$
$$\varphi^{(2)} = \varphi(x)\phi(y)\phi(\theta)$$
$$\varphi^{(3)} = \phi(x)\varphi(y)\phi(\theta)$$
$$\varphi^{(4)} = \phi(x)\phi(y)\varphi(\theta)$$
$$\varphi^{(5)} = \phi(x)\varphi(y)\varphi(\theta)$$
$$\varphi^{(6)} = \varphi(x)\phi(y)\varphi(\theta)$$
$$\varphi^{(7)} = \varphi(x)\varphi(y)\phi(\theta)$$
$$\varphi^{(8)} = \varphi(x)\phi(y)\varphi(\theta)$$

它们的伸缩平移系为：

$$\{\varphi_{j,k,l,m}^{(a)} \mid j, k, l, m \in Z^4, a = 1, 2, \cdots, 8\}$$

构成 $L^2(R^2 \times \theta)$ 的一个标准正交基。其他不再一一表述。

第 8 章 图像复原

图像复原是图像处理重要的研究领域。在成像过程中，由于成像系统各种因素的影响，可能使获得的图像不是真实景物的完善影像。图像在形成、传播和保存过程中使图像质量下降的过程，称为图像退化。图像复原就是重建退化的图像，使其最大限度恢复景物原貌的处理。

图像复原的概念与图像增强相似。但图像增强可以针对本来完善的图像，经过某一处理，使其适合于某种特定的应用，是一个主观的过程。图像复原的目的也是改善图像质量，但图像复原更偏向于利用退化过程的先验知识使已被退化的图像恢复本来面目，更多的是一个客观过程。引起图像退化的因素包括由光学系统、运动等造成的图像模糊，以及源自电路和光学因素的噪声等。图像复原是基于图像退化的数学模型，复原的方法也建立在比较严格的数学推导上。部分复原技术已经在空域公式化了，可以方便地套用；而另一些技术则适用于频域。本章将从理论推导和实际使用两方面介绍不同的图像复原技术。

本章的知识和技术热点
（1）图像复原的基本原理
（2）典型噪声及空域滤波技术
（3）逆滤波复原技术
（4）维纳滤波复原技术
（5）有约束最小二乘法复原技术
（6）Lucky-Richardson 复原技术
（7）盲去卷积图像复原技术
本章的典型案例分析
去除照片中的运动模糊

8.1 图像复原的理论模型

图像复原就是对退化过程建模，并采用相反的过程进行处理，以便恢复复原图像。图像复原技术有着严格的理论基础。本节着重介绍图像复原的基本概念及其与图像增强的区别，还将涉及图像复原的过程模型以及常见的噪声模型。

8.1.1 图像复原的基本概念

图像复原的前提是图像退化，图像退化是指图像在形成、记录、处理、传输过程中由于成像系统、记录设备、处理方法和传输介质的不完善，导致的图像质量下降。具体来说，常见的退化原因大致有：成像系统的像差或有限孔径或存在衍射；成像系统的离焦；成像系统与景物的相对运动；底片感光特性曲线的非线性；显示器显示时的失真；遥感成像中的大气散射和大气扰动；遥感摄像

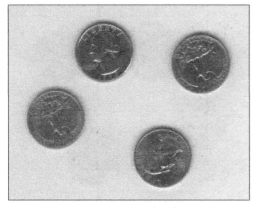

图 8.1　硬币原始图像

机的运动和扫描速度不稳定；系统各个环节的噪声干扰；模拟图像数字化引入的误差等。

图像复原与第 5 章介绍的图像增强相似，两者都是要得到在某种意义上改进的图像，或者说，希望改进输入图像的质量。两者的不同之处是图像增强技术一般要借助人的视觉系统的特性，以取得较好的视觉效果，而视觉效果质量的评价标准是主观的。

例如，图 8.1 是一幅硬币图像，考虑如下两种场景：①计算硬币覆盖的面积；②想要看清硬币上的头像和字母。

（1）如果需要计算硬币覆盖的面积，则需要首先对图像做二值化处理，再统计图像中黑色像素点的个数。

二值化后的图像如图 8.2 所示。二值化后再使用数学形态学处理，使整个硬币均显示为黑色，如图 8.3 所示。

图 8.2　二值化图像

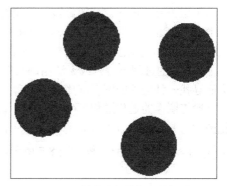

图 8.3　数学形态学处理后的图像

（2）如果想要看清硬币上的字母和头像，则可以对图 8.4 做增大对比度的处理，结果如图 8.4 所示。

可见，出于不同的目的，可对图像做不同的增强处理。图像增强的目标是多样的。而图像复原则认为图像在某种情况下退化或恶化了，使得图像品质出现下降，现在需要根据相应的退化模型和知识重建或恢复原始的图像。因此，图像复原的目标是原始的反应真实物体或场景的图像，这是客观存在的，不以主观意志为转移。图像复原通过概率估计或先验知识千方百计地去还原图像的本来面貌。

假设图 8.4 所示的图像由于某种原因受到了椒盐噪声的污染，如图 8.5 所示。

此时需要恢复该图像的本来面貌（见图 8.1），采用中值滤波的方法，得出如图 8.6 所示的复原结果。

与图像增强的多目的性不同，图像复原的客观目标就是恢复如图 8.1 所示的原始图像。中值滤波的方法基本去除了图像中的黑白噪声点，但与原图相比，图像也出现了一定程度的模糊。图像复原只能尽量使图像接近其原始图像，但由于噪声、干扰等因素，很难精确还原。

图 8.4　增大对比度

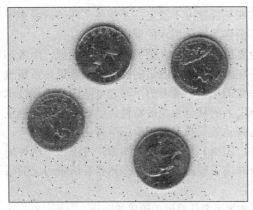

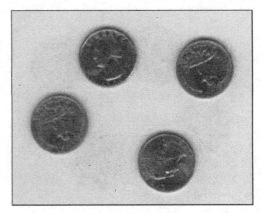

图 8.5　椒盐噪声污染的硬币图像　　　　　　　　图 8.6　复原结果

8.1.2　图像复原的一般模型

对于退化的复原，一般可采用两种方法。一种方法适用于对图像缺乏已知信息的情况。此时，由于这种方法试图估计图像被一些相对良性的退化过程影响以前的情况，故是一种估计方法。

给出一幅退化图像，如果已知其退化的过程信息，那么对图像执行该过程的逆操作即可恢复图像。建立恰当的模型之后，使用某种概率准则对几个参数进行估计即可，此时复原变为一个检测问题。假如退化的过程不可知或无法精确获得，则可对退化过程（模糊和噪声）建立模型，进行描述，并进而寻找一种去除或削弱其影响的过程。

一般将图像的退化过程模型化为一个退化函数和一个加性噪声项。设原始输入图像为 $f(x,y)$，退化函数为 $h(x,y)$，加性噪声为 $n(x,y)$，产生的退化图像为 $g(x,y)$，复原滤波后重建的复原图像为 $\hat{f}(x,y)$。退化和复原过程如图 8.7 所示。

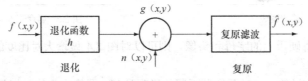

图 8.7　退化、复原过程

如果系统 H 是一个线性、位置不变性的过程，那么在空间域中给出的退化图像可由下式给出：

$$g(x,y) = h(x,y) * f(x,y) + n(x,y) \tag{8-1}$$

其中(*)表示空间卷积。由数字信号处理的知识可知，空域卷积在频域上可用乘积表示，因此上式等价于以下的频域表达式：

$$G(u,v) = H(u,v)F(u,v) + N(u,v) \tag{8-2}$$

在进行图像复原时既可以在空间域，也可以在频域中进行，根据具体问题采用方便有效的一种方式即可。空间域的处理使用卷积，频域的处理使用相乘实现。

8.2　噪声模型

图像的退化往往伴随着噪声。另外，在部分场景下唯一的退化就是噪声。此时图像复原与图像增强所做的处理几乎不可区分。噪声主要来源于图像的获取和传输过程。

（1）图像传感器的工作情况受各种因素的影响，如图像获取中的环境条件和传感元器件自身的质量。例如，当使用 CCD 摄像机获取图像时，光照强度和传感器的温度是生成图像中产生大量噪声的主要因素。

（2）图像在传输过程中主要由于所用传输信道被干扰而受到噪声污染。比如，通过无线网络传输的图像可能会因为光或其他大气因素的干扰被污染。

8.2.1 噪声种类

1. 高斯噪声

高斯噪声是理论研究中最常见的噪声。一般而言，对一个抗噪系统而言高斯噪声是最恶劣的噪声，设计系统时只要能够抵抗高斯噪声，那么系统性能就有保证。

高斯噪声也是现实生活中极为常见的。根据中心极限定理，在自然界中，一些现象受到许多相互独立的随机因素的影响，如果每个因素所产生的影响都很微小，那么总的影响可以看作是服从正态分布的。

高斯随机变量 z 的概率密度函数由下式给出：

$$p(z) = \frac{1}{\sqrt{2\pi}\sigma} e^{-(z-\mu)^2/2\sigma^2} \qquad (8-3)$$

其中，z 表示灰度值，μ 表示 z 的平均值或期望值，σ 表示 z 的标准差。标准差的平方 σ^2 称为 z 的方差。

2. 瑞利噪声

当一个随机二维向量的两个分量呈独立的、有着相同的方差的正态分布时，这个向量的模呈瑞利分布。服从这种分布的噪声即瑞利噪声，其概率密度函数由下式给出

$$p(z) = \begin{cases} \dfrac{2}{b}(z-a)e^{-(z-a)^2/b} & z \geqslant a \\ 0 & z < a \end{cases} \qquad (8-4)$$

概率密度的均值为：

$$\mu = a + \sqrt{pb/4} \qquad (8-5)$$

方差为：

$$S^2 = \frac{b(4-p)}{4} \qquad (8-6)$$

3. 伽玛噪声

服从伽玛分布的噪声为伽玛噪声，伽玛分布由形状参数和尺度参数控制。其概率密度函数由下式给出：

$$p(z) = \begin{cases} \dfrac{e^{-z/a}}{\Gamma(b)a^b} z^{b-1} & z \geqslant 0 \\ 0 & z < 0 \end{cases} \qquad (8-7)$$

其密度的均值和方差由

$$\mu = \frac{b}{a} \qquad (8-8)$$

和

$$\sigma^2 = \frac{b}{a^2} \qquad (8-9)$$

给出。

4. 指数噪声

指数噪声的概率密度函数可由下式给出：

$$p(z) = \begin{cases} ae^{-az} & z \geqslant 0 \\ 0 & z < 0 \end{cases} \tag{8-10}$$

其中，$a > 0$。概率密度函数的期望值和方差是

$$\mu = \frac{1}{a} \tag{8-11}$$

和

$$\sigma^2 = \frac{1}{a^2} \tag{8-12}$$

> **注意**　指数分布的概率密度函数是当 $b=1$ 时伽玛概率密度分布的特殊情况。

5. 均匀分布噪声

均匀分布噪声的概率密度可由下式给出：

$$p(z) = \begin{cases} \dfrac{1}{b-a} & b \geqslant z \geqslant a \\ 0 & z < a 或 z > b \end{cases} \tag{8-13}$$

概率密度函数的期望值和方差可由下式给出：

$$\mu = \frac{a+b}{2} \tag{8-14}$$

和

$$\sigma^2 = \frac{(b-a)^2}{12} \tag{8-15}$$

6. 脉冲噪声（椒盐噪声）

（双极）脉冲噪声的概率密度函数可由下式给出：

$$p(z) = \begin{cases} P_a & z = a \\ P_b & z = b \\ 0 & 其他 \end{cases} \tag{8-16}$$

如果 $b>a$，则灰度值 b 在图像中将显示为一个亮点，反之则 a 的值将显示为一个暗点。若 P_a 或 P_b 其中之一为零，则脉冲噪声称为单极脉冲。如果 P_a 和 P_b 均不为零，尤其是它们近似相等时，则脉冲噪声值将类似于随机分布在图像上的胡椒和盐粉微粒，故称为椒盐噪声。

椒盐噪声是视觉上最为明显的一种噪声，噪声脉冲可以是正的，也可以是负的。

以上介绍的各种噪声可以用于对实际当中的图像退化建模。在一幅图像中，高斯噪声的产生源于电子电路噪声和由低照明或高温带来的传感器噪声。瑞利密度分布在图像范围内特征化噪声现象时非常有用。指数密度分布和伽玛密度分布在激光成像中有一些应用。椒盐噪声主要表现在成像中的短暂停留，例如错误的开关操作。均匀分布是实践中出现得最少的噪声，但可以根据均匀噪声产生其他噪声。

【例 8.1】 用 MATLAB 绘制噪声的概率密度图。

根据以上几种噪声的分布原理，用函数 show_noise_pdf() 产生各噪声的概率密度函数，位于配套光盘"chapter8/code/"路径下的"show_noise_pdf.m"文件中，该函数的返回值可以用来绘制概

率密度函数曲线图。函数代码如下。

```
function Y = show_noise_pdf(type, x, a, b)
% show_noise_pdf 显示不同噪声的概率密度函数.
% type: 字符串, 取值随噪声种类而定
% 高斯噪声:    gaussian, 参数为(x,y), 默认值为(0,10)
% 瑞利噪声:    rayleigh, 参数为x, 默认值为30
% 伽玛噪声:    gamma, 参数为(x,y), 默认值为(2,10)
% 指数噪声:    exp, 参数为x, 默认值为15
% 均匀分布:    uniform, 参数为(x,y), 默认值为(-20,20)
% 椒盐噪声:    salt & pepper: 强度为x, 默认值为0.02
% example:
% x=0:.1:10;
% Y=show_noise_pdf('gamma',2,5,x);
% plot(x,Y)

% 设置默认噪声类型
if nargin == 1
    type='gaussian';
end

% 开始处理
switch lower(type)
    %高斯噪声的情况
    case 'gaussian'
        if nargin<4
            b=10;
        end
        if nargin <3
            a=0;
        end
        Y=normpdf(x,a,b);

    %均匀噪声的情况
    case 'uniform'
        if nargin<4
            b=20;
        end
        if nargin <3
            a=-20;
        end
        Y=unifpdf(x,a,b);

    %椒盐噪声的情况
    case 'salt & pepper'

        % 调用 imnoise 函数
        Y=zeros(size(x));
        Y(1)=0.5;
        Y(end)=0.5;

    %瑞利噪声的情况
    case 'rayleigh'
        if nargin < 3
            a = 30;
        end
        Y=raylpdf(x,a);

    %指数噪声的情况
    case 'exp'
        if nargin < 3
            a = 15;
```

```
        end
        Y=exppdf(x,a);

        %伽玛噪声的情况
    case 'gamma'
        if nargin <4
            b=10;
        end
        if nargin<3
            a=2;
        end
        Y=gampdf(x,a,b);

    otherwise
        error('Unknown distribution type.')
end
```

在 MATLAB 命令窗口输入命令绘制概率密度图，结果如图 8.8 所示。

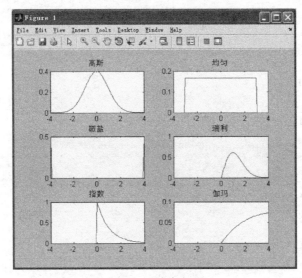

图 8.8　概率密度图

```
>> x=-4:.1:4;
>> subplot(321)
>> Y1=show_noise_pdf('gaussian',x, 0, 1);
>> plot(x,Y1);
>> title('高斯');
>> subplot(322)
>> Y2=show_noise_pdf('uniform',x, -3, 3);
>> plot(x,Y2);
>> title('均匀');
>> subplot(323)
>> Y3=show_noise_pdf('salt & pepper',x);
>> plot(x,Y3);
>> title('椒盐');
>> subplot(324)
>> Y4=show_noise_pdf('rayleigh',x,1);
>> plot(x,Y4);
>> title('瑞利');
>> subplot(325)
>> Y5=show_noise_pdf('exp',x,1);
>> plot(x,Y5);
>> title('指数');
>> subplot(326)
```

```
>> Y6=show_noise_pdf('gamma',x,2,5);
>> plot(x,Y6);
>> title('伽玛');
```

8.2.2 MATLAB 实现

MATLAB 提供了添加噪声的函数 imnoise()，但只能添加均匀噪声、高斯噪声等有限的几种噪声。在这里使用自定义函数 add_noise()为图像添加噪声，位于配套光盘"chapter8/code/"路径下的"add_noise.m"文件中，能够实现高斯噪声、瑞利噪声、伽玛噪声、指数噪声、椒盐噪声和均匀噪声的添加。

调用格式如下。

```
IJ = add_noise(I, type, x, y)
```

该函数对图像 *I* 添加类型为 *type* 的噪声，噪声参数为 *x*、*y*。

参数说明：

- *I* 为输入图像矩阵，规定为灰度图像；
- type 为字符串，表示噪声类型，可取的值为 gaussian、rayleigh、gamma、exp、uniform 和 salt & pepper。

返回值：

- *IJ* 为添加噪声后的图像，大小与 I 一致。

利用 MATLAB 增加噪声的相关代码如下。

```
function IJ = add_noise(I, type, x, y)
% add_noise 函数用以产生前面所述几种噪声的随机序列.
% input:
% I: 输入图像矩阵，为灰度图像
% type:  字符串，取值随噪声种类而定
% 高斯噪声:     gaussian, 参数为(x,y)，默认值为(0,10)
% 瑞利噪声:     rayleigh, 参数为 x，默认值为 30
% 伽玛噪声:     gamma, 参数为(x,y)，默认值为(2,10)
% 指数噪声:     exp, 参数为 x,默认值为 15
% 均匀分布:     uniform, 参数为(x,y)，默认值为(-20,20)
% 椒盐噪声:     salt & pepper: 强度为 x，默认值为 0.02
% output:
% IJ:添加噪声后的图像
% example:
% I=imread('a.bmp');
% IJ=add_noise(I,'salt & pepper',0.1);
% imshow(IJ)

% 预处理
if ndims(I)>=3
    I=rgb2gray(I);
end

[M,N]=size(I);

% 设置默认噪声类型
if  nargin == 1
    type='gaussian';
end

% 开始处理
switch lower(type)

    %高斯噪声的情况
```

```
    case 'gaussian'
        if nargin<4
            y=10;
        end
        if nargin <3
            x=0;
        end

        % 产生高斯分布随机数
        R = normrnd(x,y,M,N);
        IJ=double(I)+R;
        IJ=uint8(round(IJ));

        %均匀噪声的情况
    case 'uniform'
        if nargin<4
            y=20;
        end
        if nargin <3
            x=-20;
        end

        % 产生均匀分布随机数
        R = unifrnd(x,y,M,N);
        IJ=double(I)+R;
        IJ=uint8(round(IJ));

        %椒盐噪声的情况
    case 'salt & pepper'
        if nargin < 3
            x= 0.02;
        end

        % 调用 imnoise 函数
        IJ=imnoise(I,'salt & pepper', x);

        %瑞利噪声的情况
    case 'rayleigh'
        if nargin < 3
            x = 30;
        end

        % 产生瑞利分布随机数
        R = raylrnd(x,M,N);
        IJ=double(I)+R;
        IJ=uint8(round(IJ));

        %指数噪声的情况
    case 'exp'
        if nargin < 3
            x = 15;
        end
        R=exprnd(x,M,N);
        IJ=double(I)+R;
        IJ=uint8(round(IJ));

        %伽玛噪声的情况
    case 'gamma'
        if nargin <4
            y=10;
        end
        if nargin<3
            x=2;
        end
```

```
        R=gamrnd(x,y,M,N);
        IJ=double(I)+R;
        IJ=uint8(round(IJ));
    otherwise
        error('Unknown distribution type.')
end
```

在 MATLAB 命令窗口中调用该函数为图像添加噪声,并调用 MATLAB 自带函数 hist()绘制灰度直方图。相关代码如下。

```
>> I=imread('square.bmp');
>> J1 = add_noise(I, 'gaussian', 0, 10);
>> subplot(321)
>> hist(double(J1(:)), 100)
>> title('高斯');
>> subplot(322)
>> J2 = add_noise(I, 'uniform', -20, 20);
>> hist(double(J2(:)), 100)
>> title('均匀');
>> subplot(323)
>> J3 = add_noise(I, 'salt & pepper',0.02);
>> hist(double(J3(:)), 100)
>> title('椒盐');
>> subplot(324)
>> J4 = add_noise(I, 'rayleigh',30);
>> hist(double(J4(:)), 100)
>> title('瑞利');
>> subplot(325)
>> J5 = add_noise(I, 'exp',15);
>> hist(double(J5(:)), 100)
>> title('指数');
>> subplot(326)
>> J6 = add_noise(I, 'gamma',2,10);
>> hist(double(J6(:)), 100)
>> title('伽玛');
```

square.bmp 是 256×256 灰度图像,图像中只有灰度值为 100 和 150 的像素。原始图像如图 8.9 所示,添加高斯噪声后的图像如图 8.10 所示。

图 8.9　原始图像

图 8.10　添加高斯噪声后的图像

添加噪声后的直方图如图 8.11 所示,各噪声的直方图与理论的曲线形状一致。

8.2.3　Visual C++实现

以下给出了添加噪声的几种函数。

1. 均匀噪声

添加均匀噪声的函数为 AddUniform(),代码如下。

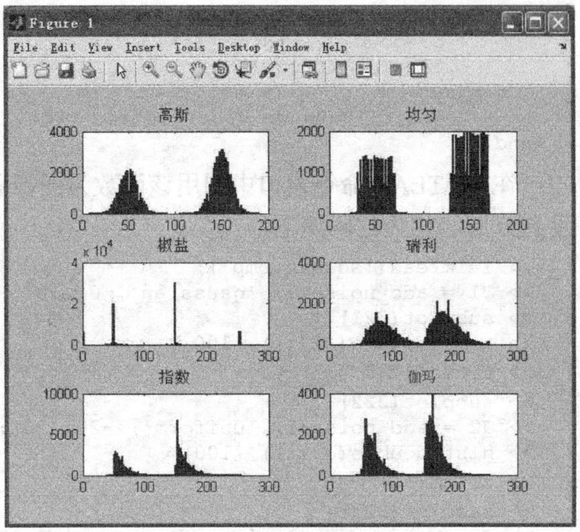

```
/*****************************
void CImgProcess::AddUniform(CImgProcess
*pTo)
功能: 对图像添加均匀噪声
参数:
CImgProcess *pTo:          输出的图像指针
返回值:
无
*****************************/
void CImgProcess::AddUniform(CImgProcess
*pTo)
{
    int w = m_pBMIH->biWidth;
    int h = m_pBMIH->biHeight;
    int i,j;
    double rate = 0.99;
    double a;
    double low=-20.0;
    double high=20.0;
    for (i=0; i<h; i++)
    {
        for (j=0; j<w; j++)
        {
            double t;
            t=double(rand()) / RAND_MAX;
            if (t < rate)
            {
                a = double(rand()) / RAND_MAX;
                unsigned char ch = GetGray(j, i);
                a *= (high - low);
                a +=low;
                a += ch;
                int it = int(a+0.5);
                if (it<0)
                    it=0;
                if (it>255)
                    it = 255;
                ch = it;
                pTo->SetPixel(j, i, RGB(ch,ch,ch));
            }
        }
    }
}
```

图 8.11　实际噪声直方图

　　利用 AddUniform()函数添加均匀噪声的示例被封装在 DIPDemo 工程中的视图类函数 void CDIPDemoView:: OnAddUniform()中，其中调用 AddUniform()函数的代码片断如下所示。

```
CImgProcess imgOutput = imgInput;

imgInput.AddUniform(&imgOutput);

pDoc->m_Image = imgOutput;
```

2. 高斯噪声

实现添加高斯噪声的函数为 AddGaussian()，代码如下。

```
/*****************************
void CImgProcess::AddGaussian(CImgProcess *pTo)
功能: 对图像添加高斯噪声，均值为零，方差为10
参数:
CImgProcess *pTo:          输出的图像指针
返回值:
无
*****************************/
void CImgProcess::AddGaussian(CImgProcess *pTo)
```

```
{
    int w=m_pBMIH->biWidth;
    int h = m_pBMIH->biHeight;
    int i,j;
    double rate = 0.99;
    double sigma = 10.0;
    double a,a1,a2;
    for (i=0; i<h; i++)
    {
        for (j=0; j<w; j++)
        {
            double t;
            t=double(rand()) / RAND_MAX;
            if (t < rate)
            {
                a1 = double(rand()) / RAND_MAX;
                a2 = double(rand()) / RAND_MAX;
                a = log(a1) * cos(2*PI*a2);
                a *= sigma;
                unsigned char ch = GetGray(j, i);
                a += ch;
                int it = int(a+0.5);
                if (it<0)
                    it=0;
                if (it>255)
                    it = 255;
                ch = it;
                pTo->SetPixel(j, i, RGB(ch,ch,ch));

            }

        }
    }
}
```

利用 AddGaussian()函数添加高斯噪声的示例被封装在 DIPDemo 工程中的视图类函数 void CDIPDemoView:: OnAddGaussian()中，其中调用 AddGaussian()函数的代码片断如下所示。

```
CImgProcess imgOutput = imgInput;

imgInput.AddGaussian(&imgOutput);

pDoc->m_Image = imgOutput;
```

3. 椒盐噪声

实现添加椒盐噪声的函数为 AddSalt_Pepper()，代码如下。

```
/*******************************
void CImgProcess::AddSalt_Pepper(CImgProcess *pTo)
功能：对图像添加椒盐噪声
参数：
CImgProcess *pTo:        输出的图像指针
返回值：
无
*******************************/
void CImgProcess::AddSalt_Pepper(CImgProcess *pTo)
{
    int w = m_pBMIH->biWidth;
    int h = m_pBMIH->biHeight;
    int i,j;
    double rate = 0.02;
    double a;
    for (i=0; i<h; i++)
    {
        for (j=0; j<w; j++)
        {
```

```
                double t;
                t=double(rand()) / RAND_MAX;
                if (t < rate)
                {
                    a = double(rand()) / RAND_MAX;
                    if (a < 0.5)
                        pTo->SetPixel(j, i, RGB(0,0,0));
                    else
                        pTo->SetPixel(j, i, RGB(255,255,255));
                }
            }
        }
    }
```

利用 AddSalt_Pepper()函数添加椒盐噪声的示例被封装在 DIPDemo 工程中的视图类函数 void CDIPDemoView:: OnAddSalt()中，其中调用 AddSalt_Pepper()函数的代码片断如下所示。

```
CImgProcess imgOutput = imgInput;

imgInput.AddSalt_Pepper(&imgOutput);

pDoc->m_Image = imgOutput;
```

4. 瑞利噪声

实现添加瑞利噪声的函数为 AddRayleigh()，代码如下。

```
/*********************************
void CImgProcess::AddRayleigh(CImgProcess *pTo)
功能：对图像添加瑞利噪声
参数：
CImgProcess *pTo:        输出的图像指针
返回值：
无
*********************************/
void CImgProcess::AddRayleigh(CImgProcess *pTo)
{
    int w=m_pBMIH->biWidth;
    int h = m_pBMIH->biHeight;
    int i,j;
    double rate = 0.99;
    double sigma = 10.0;
    double a,a0,a1,a2,a3;
    for (i=0; i<h; i++)
    {
        for (j=0; j<w; j++)
        {
            double t;
            t=double(rand()) / RAND_MAX;
            if (t < rate)
            {
                a0 = double(rand()) / RAND_MAX;
                a1 = double(rand()) / RAND_MAX;
                a2 = log(a0) * cos(2*PI*a1);
                a3 = log(a1) * cos(2*PI*a0);
                a2 *= sigma;
                a3 *= sigma;
                a = sqrt(a2*a2 + a3*a3);
                unsigned char ch = GetGray(j, i);
                a += ch;
                int it = int(a+0.5);
                if (it<0)
                    it=0;
                if (it>255)
                    it = 255;
                ch = it;
                pTo->SetPixel(j, i, RGB(ch,ch,ch));
```

```
            }
        }
    }
}
```

利用 AddRayleigh()函数添加瑞利噪声的示例被封装在 DIPDemo 工程中的视图类函数 void CDIPDemoView:: OnAddRayleigh()中，其中调用 AddRayleigh()函数的代码片断如下所示。

```
CImgProcess imgOutput = imgInput;

imgInput.AddRayleigh(&imgOutput);

pDoc->m_Image = imgOutput;
```

读者可以通过光盘中示例程序 DIPDemo 中的菜单命令"图像复原→高斯噪声"、"图像复原→椒盐噪声"、"图像复原→瑞利噪声"和"图像复原→均匀噪声"来观察处理效果。使用 square.bmp 作为测试图像，添加 4 种噪声后的效果如图 8.12 所示。

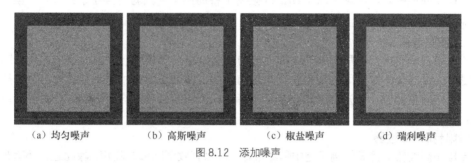

（a）均匀噪声　　　　　（b）高斯噪声　　　　　（c）椒盐噪声　　　　　（d）瑞利噪声

图 8.12　添加噪声

添加噪声后，可通过菜单命令"点运算→灰度直方图"显示 4 幅含噪图像的直方图，如图 8.13 所示。

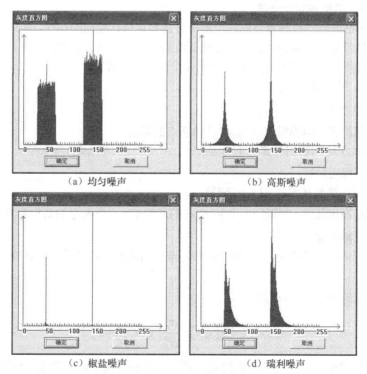

（a）均匀噪声　　　　　　　　　　（b）高斯噪声

（c）椒盐噪声　　　　　　　　　　（d）瑞利噪声

图 8.13　含噪图像的直方图

8.3 空间滤波

本节介绍常用的几种空域滤波方法,其中部分方法与本书空域增强和频域增强的章节中的部分内容相同, 在这里就不再详细介绍了, 在这里给出自适应均值滤波的实现。

8.3.1 空域滤波原理

当在一幅图像中唯一存在的退化是噪声时, 噪声模型可以用下式表示:

$$g(x,y) = f(x,y) + n(x,y) \tag{8-17}$$

和

$$G(u,v) = F(u,v) + N(u,v) \tag{8-18}$$

如果存在周期噪声, 通常可以从 $G(u,v)$ 频谱中将周期噪声减弱, 再还原到时域。但一般情况下噪声都采用空域滤波的方式处理。

1. 均值滤波器

在图像增强一章中已有所介绍。对待处理的像素给定一个模板, 该模板包括了其周围的邻近像素。用模板中的全体像素的均值来替代原来的像素值的方法就是均值滤波。它主要包括算术均值滤波、几何均值滤波、谐波均值滤波以及逆谐波均值滤波。谐波均值滤波器对高斯噪声有较好的效果。

2. 统计排序滤波器

统计排序滤波器最常见的例子是中值滤波器, 可以有效消除椒盐噪声。除此之外还有最大值最小值滤波器、中点滤波器等。

3. 自适应局部噪声消除滤波器

以上所提到的滤波器均机械地对图像中的所有像素点执行相同的操作, 这样, 在滤除噪声的同时, 也为原有图像带来了模糊和失真。自适应滤波器优于目前所讨论的所有滤波器的性能。

假设滤波器作用于局部区域 S_{xy}, 采用以下 4 个量进行计算。

(1) $g(x,y)$: 图像点 (x,y) 处的像素值。

(2) s_h^2: 噪声方差。

(3) m_L: 局部均值, 即模板尺度 S_{xy} 内各像素点的均值。

(4) s_L^2: 局部方差。S_{xy} 内像素点的方差。

滤波器按以下规则运行。

(1) 若 s_h^2 为零, 则直接返回 $g(x,y)$ 的值。

(2) 若 s_L^2 与 s_h^2 高度相关, 则返回一个 $g(x,y)$ 的近似值。一个典型的高局部方差可能包含边缘, 一般情况下边缘应被保留。

(3) 若 s_L^2 与 s_h^2 相等, 则返回 m_L。局部面积与全局面积有相同特性, 去除局部噪声可利用求均值来降低。

满足上面要求的表达式可以写为:

$$\hat{f}(x,y) = g(x,y) - \frac{\sigma_\eta^2}{\sigma_L^2}\left[g(x,y) - m_L\right] \tag{8-19}$$

除了 s_h^2 以外, 其余量均与局部像素相关。s_h^2 无法获得准确值, 一般采用估计的方法得到。

4. 自适应中值滤波器

中值滤波处理椒盐噪声时具有非常好的效果。当噪声强度不是很大时可以完全去除椒盐噪声。但也存在一个问题，即没用噪声的细节也被抹去了。自适应中值滤波器可以很好地保存图像细节。

采用以下几个变量进行计算。

（1）$z_{\min} = \min(S_{xy})$，即模板窗口内像素的最小值。

（2）$z_{\max} = \max(S_{xy})$，即模板窗口内像素的最大值。

（3）$z_{\mathrm{med}} = \mathrm{med}(S_{xy})$，即模板窗口内像素的中值。

（4）z_{xy}，坐标 (x, y) 处的灰度像素值。

（5）$S_{\max}$，标量值，S_{xy} 允许的最大尺寸。

自适应中值滤波分为两个步骤，记为步骤 A 和步骤 B。

步骤 A：

$$A_1 = z_{\mathrm{med}} - z_{\min}$$
$$A_2 = z_{\mathrm{med}} - z_{\max}$$

若 $A_1 > 0$ 且 $A_2 < 0$，转到 B

否则增大窗口尺寸

若窗口尺寸 $\leqslant S_{\max}$，重复 A

否则输出 z_{xy}

步骤 B：

$$B_1 = z_{xy} - z_{\min}$$
$$B_2 = z_{xy} - z_{\max}$$

若 $B_1 > 0$ 且 $B_2 < 0$，输出 z_{xy}

否则输出 z_{med}

窗口最大尺寸 $S_{\max}$ 是一个重要的参数，椒盐噪声的密度越大，该值就应相应增大。由以上步骤可以看出，算法经过了层层判断后才用窗口的中值代替原像素值，许多判断分支都最终采用了原像素值作为新的像素值，使图像细节得以保存。

8.3.2 MATLAB 实现

在这里使用自定义函数 adp_median() 实现自适应中值滤波，位于配套光盘"chapter8/code/"路径下的"adp_median.m"文件中。

调用格式如下。

```
II = adp_median(I, Smax)
```

对图像 I 进行自适应中值滤波，并将结果返回。

参数说明：

- I 为输入图像矩阵；
- $Smax$ 为比 1 大的奇数，函数从 3×3 模板开始，一直迭代至 $Smax \times Smax$。

返回值：

- II 为滤波后的图像，大小与 I 一致。

利用 MATLAB 实现自适应滤波的相关代码如下。

```
function II = adp_median(I, Smax)
%    自适应中值滤波函数
```

```
%   example:
%   F = adpmedian(g, Smax) 对图像 g 执行自适应中值滤波
%   从 3×3 模板开始，一直迭代至 Smax×Smax,Smax 是比 1 大的奇数

if (Smax <= 1) || (Smax/2 == round(Smax/2)) || (Smax ~= round(Smax))
  error('SMAX must be an odd integer > 1.')
end

% 初始化.
II = I;
II(:) = 0;
alreadyProcessed = false(size(I));

% 迭代.
for k = 3:2:Smax
  zmin = ordfilt2(I, 1, ones(k, k), 'symmetric');
  zmax = ordfilt2(I, k * k, ones(k, k), 'symmetric');
  zmed = medfilt2(I, [k k], 'symmetric');

  processUsingLevelB = (zmed > zmin) & (zmax > zmed) & ...
     ~alreadyProcessed;
  zB = (I > zmin) & (zmax > I);
  outputZxy = processUsingLevelB & zB;
  outputZmed = processUsingLevelB & ~zB;
  II(outputZxy) = I(outputZxy);
  II(outputZmed) = zmed(outputZmed);

  alreadyProcessed = alreadyProcessed | processUsingLevelB;
  if all(alreadyProcessed(:))
     break;
  end
end

II(~alreadyProcessed) = zmed(~alreadyProcessed);
```

取图像处理常用的 lena 图像，加入强度为 0.05 的高斯噪声。用中值滤波和自适应中值滤波进行复原。相关代码如下。

```
>> I=imread('lena.bmp');
>> I0=imnoise(I,'salt & pepper',0.01);
>> I1=medfilt2(I0,[3,3]);
>> I2=adp_median(I0,7);
>> subplot(221);
>> imshow(I);
>> title('原图')
>> subplot(222);
>> imshow(I0);
>> title('椒盐噪声')
>> subplot(223);
>> imshow(I1);
>> title('中值滤波')
>> subplot(224);
>> imshow(I2);
>> title('自适应中值滤波')
```

结果如图 8.14 所示。

仔细观察图 8.14 中图像的细节，自适应中值滤波所得的图像在毛发等细节位置保持了更多的细节，而在中值滤波方法中则变得模糊了。

自适应中值滤波的好处可以总结如下几点。

（1）去除椒盐噪声。

（2）平滑其他非脉冲噪声。

（3）减少细节丢失。

图 8.14　中值滤波与自适应中值滤波结果

8.3.3　Visual C++实现

编写自适应中值滤波的核心函数 AdpMedianFilter()，相关代码如下。

```
/*********************************
void CImgProcess::AdpMedianFilter(unsigned char *lpImage, long lWidth, long lHeight, int nSmax)
功能：对当前图像做自适应中值滤波
参数：
unsigned char *lpImage:      输入的图像数组指针
long lWidth:                 图像的宽度
long lHeight:                图像的高度
int nSmax:                   最大窗口大小，必须为奇数
返回值：
无
*********************************/
void CImgProcess::AdpMedianFilter(unsigned char *lpImage, long lWidth, long lHeight, int nSmax)
{
  // nSmax 必须为奇数
  if(2*(nSmax/2) == nSmax)
  {
      AfxMessageBox("第 4 个参数必须为奇数！");
      return;
  }

  unsigned char *lpSrc = 0, *lpDst = 0;
  //long lSaveWidth = (((8*lWidth) + 31) / 32 * 4);
  long lSaveWidth = lWidth;
  unsigned char *lpNewImage = new unsigned char[lSaveWidth * lHeight];
  memcpy(lpNewImage, lpImage, lSaveWidth*lHeight);

  LPBYTE pArray = new BYTE[nSmax*nSmax];
  int nFileterMX, nFileterMY;
  unsigned char iMin, iMax, iMed, iCurPixel;
  int A1,A2,B1,B2;
  BOOL *pbProcessed = new BOOL[lWidth * lHeight];
  memset(pbProcessed, FALSE, lWidth*lHeight * sizeof(BOOL));

  int nWindowOrder; // 窗口大小
```

```
for(nWindowOrder= 3; nWindowOrder <= nSmax; nWindowOrder += 2)
{
    nFileterMX = nWindowOrder/2;
    nFileterMY = nWindowOrder/2;
    for(long i = nFileterMY; i < lHeight-nWindowOrder+nFileterMY+1; i++)
    {
        for(long j = nFileterMX; j < lWidth-nWindowOrder+nFileterMX+1;j++)
        {
            lpDst = lpNewImage + lSaveWidth*(lHeight-1-i)+j;
            for(int k = 0; k < nWindowOrder; k++)
            {
                for(int m = 0; m < nWindowOrder; m++)
                {
                    lpSrc = lpImage + lSaveWidth*(lHeight-1-i+nFileterMY-k)+j-nFileterMX+m;
                    pArray[k*nWindowOrder+m] = *lpSrc;
                }
            }
            GetMaxMinNum(pArray, nWindowOrder*nWindowOrder, iMax, iMin, iMed);
            lpSrc = lpImage + lSaveWidth*(lHeight-1-i)+j;
            iCurPixel = *lpSrc;
            A1 = iMed-iMin;
            A2 = iMed-iMax;
            if(A1 >= 0 && A2 <= 0 && !pbProcessed[lWidth*(lHeight-1-i)+j])
            {
                pbProcessed[lWidth*(lHeight-1-i)+j] = TRUE;
                B1 = iCurPixel-iMin;
                B2 = iCurPixel-iMax;
                if(B1 > 0 && B2 < 0)
                {
                    *lpDst = iCurPixel;
                }
                else
                {
                    *lpDst = iMed;
                }
            }
        }
    }
}
memcpy(lpImage,lpNewImage,lSaveWidth*lHeight);
delete []pArray;
delete []lpNewImage;
delete []pbProcessed;
}
```

其中调用了求图像窗口区像素最大值、最小值和中值的函数 GetMaxMinNum(),相关代码如下。

```
/********************************
void CImgProcess::GetMaxMinNum(unsigned char * pArray, int nFilterLen,
        unsigned char &ucMax, unsigned char &ucMin, unsigned char &ucMed)
功能:计算当前图像窗口的最大值、最小值和中值
参数:
unsigned char * pArray:      输入的图像窗口数组指针
int nFilterLen:              窗口中像素个数
unsigned char &ucMax:        输出的最大值
unsigned char &ucMin:        输出的最小值
unsigned char &ucMed:        输出的中值
返回值:
无
********************************/
void CImgProcess::GetMaxMinNum(unsigned char * pArray, int nFilterLen,
        unsigned char &ucMax, unsigned char &ucMin, unsigned char &ucMed)
{
    int     i;
    int     j;
```

```
unsigned char iTemp, bTemp;

for (j = 0; j < nFilterLen - 1; j ++)
{
    for (i = 0; i < nFilterLen - j - 1; i ++)
    {
        if (pArray[i] > pArray[i + 1])
        {
            iTemp = pArray[i];
            pArray[i] = pArray[i + 1];
            pArray[i + 1] = iTemp;
        }
    }
}
// 计算中值
if ((nFilterLen & 1) > 0)
{
    // 数组有奇数个元素，返回中间一个元素
    bTemp = pArray[(nFilterLen + 1) / 2];
}
else
{
    // 数组有偶数个元素，返回中间两个元素平均值
    bTemp = (pArray[nFilterLen / 2] + pArray[nFilterLen / 2 + 1]) / 2;
}
ucMax = pArray[nFilterLen-1];
ucMin = pArray[0];
ucMed = bTemp;
}
```

利用 AdpMedianFilter()函数实现自适应中值滤波的示例被封装在 DIPDemo 工程中的视图类函数 void CDIPDemoView:: OnMenuAdaMed()中，其中调用 AdpMedianFilter()函数的代码片断如下所示。

```
CImgProcess imgInput = pDoc->m_Image;

// 检查图像是灰度图
if (imgInput.m_pBMIH->biBitCount!=8)
{
    AfxMessageBox("不是 8-bpp 灰度图像，无法处理！");
    return;
}

CImgProcess imgOutput = imgInput;

imgInput.AdpMedianFilter(&imgOutput);

pDoc->m_Image = imgOutput;
```

读者可以通过光盘中示例程序 DIPDemo 中的菜单命令"图像复原→自适应中值滤波"来进行自适应中值滤波。

打开一幅测试图像，用"图像复原→椒盐噪声"命令添加噪声，再进行滤波。图 8.15（a）为用"图像增强→中值滤波"命令的处理结果，图 8.15（b）为用"图像复原→自适应中值滤波"命令的处理结果。

（a）中值滤波　　　（b）自适应中值滤波

图 8.15　滤波结果

8.4　逆滤波复原

本节介绍逆滤波复原，并给出 MATLAB 和 Visual C++实现。

8.4.1　逆滤波原理

一般假设噪声为加性噪声，为简化问题，设噪声 $n(x,y)=0$。若：

$$H[af_1(x,y)+bf_2(x,y)]=aH[f_1(x,y)]+bH[f_2(x,y)] \tag{8-20}$$

则系统 H 是一个线性系统。这里，a 和 b 是比例常数，$f_1(x,y)$ 和 $f_2(x,y)$ 是任意两幅输入的图像。取 $a=b=1$ 时，式（8-20）变为：

$$H[f_1(x,y)+f_2(x,y)]=H[f_1(x,y)]+H[f_2(x,y)] \tag{8-21}$$

这就是所谓的加性。这一特性简单地表明，如果 H 为线性算子，那么两个输入之和的响应等于两个响应之和。

如果 $f_2(x,y)=0$，则式（8-20）变为：

$$H[af_1(x,y)]=aH[f_1(x,y)] \tag{8-22}$$

这就是均匀性。它表明任何与乘数相乘的输入的响应等于该输入响应乘以相同的常数，即一个线性算子具有加性和均匀性。

对于任意 $f(x,y)$、α 和 β，如果有：

$$H[f(x-\alpha,y-\beta)]=g(x-\alpha,y-\beta) \tag{8-23}$$

则存在一个具有输入输出关系 $g(x,y)=H[f(x,y)]$ 的系统，称为空间不变系统。这个定义说明图像中任一点的响应只取决于在该点的输入值，而与该点的位置无关。因此，图像复原问题可以在线性系统的理论框架中去解决。

在没有噪声的情况下，频域退化模型可由下式给出：

$$G(u,v)=H(u,v)F(u,v) \tag{8-24}$$

式中的 3 个量为别为退化图像、退化函数和原始图像。显然原始图像可表示为：

$$F(u,v)=\frac{G(u,v)}{H(u,v)} \tag{8-25}$$

也就是说，如果已知退化图像和退化传递函数的频域表示就可以求得原始图像的频域表达式。随后取傅里叶逆变换即可得到复原的图像：

$$\hat{f}(x,y)=\mathrm{F}^{-1}[F(u,v)]=\mathrm{F}^{-1}\left[\frac{G(u,v)}{H(u,v)}\right] \tag{8-26}$$

这就是逆滤波法，又叫去卷积法。在有噪声的情况下，逆滤波的原理式可以写为：

$$F(u,v)=\frac{G(u,v)}{H(u,v)}-\frac{N(u,v)}{H(u,v)} \tag{8-27}$$

但是退化过程的传递函数是不可知的，且噪声项也无法精确得到。另外，在上式中，传递函数 $H(u,v)$充当分母，在很多情况下传递函数的值为零或接近零，此时得到的结果往往是极度不准确的。一种解决方法是，仅对半径在一定范围内的傅里叶系数进行运算，由于通常低频系数值较大，高频系数接近零，因此这种方法能大大减少遇到零值的概率。

8.4.2 MATLAB 实现

使用自定义函数 rev_filter()可实现一定半径内的逆滤波，函数位于配套光盘"chapter8/code/"路径下的"rev_filter.m"文件中。

调用格式如下。

```
I_new = rev_filter(I, H, threshold)
```

对图像 *I* 进行逆滤波，并将结果返回。

参数说明：

- *I* 为输入图像矩阵；
- *H* 为传递函数；
- *Threshold* 为逆滤波的半径。

返回值：

- *I_new* 为滤波后的图像，大小与 *I* 一致。

利用 MATLAB 实现一定半径内的逆滤波的相关代码如下。

```
function I_new = rev_filter(I, H, threshold)
% 逆滤波复原函数
% I_new = rev_filter(I, H, threshold)
% I: 原始图像
% H: 传递函数
% threshold:逆滤波的半径
% I_new: 复原图像


% 若为彩色图像，转为为灰度图像
if ndims(I)>=3
    I=rgb2gray(I);
end

Id=im2double(I);

% 傅里叶变换
f_Id=fft2(Id);
f_Id=fftshift(f_Id);
fH_Id=f_Id;

[M,N]=size(fH_Id);
% 逆滤波
if threshold>M/2
    % 全滤波
    fH_Id=fH_Id./(H+eps);
else
    %对一定半径范围内进行滤波
    for i=1:M
        for j=1:N
            if sqrt((i-M/2).^2+(j-N/2).^2)<threshold
                fH_Id(i,j)=fH_Id(i,j)./(H(i,j)+eps);
            end
        end
    end
end


% 执行傅立叶逆变换
fH_Id1=ifftshift(fH_Id);
I_new=ifft2(fH_Id1);
I_new=uint8(abs(I_new)*255);
```

测试该函数，分为以下两个步骤。

（1）退化。使用不同半径大小做逆滤波复原。取图像处理常用的 256×256 的 lena 灰度图像，按下式所示函数进行频域退化操作：

$$H(u,v) = \exp(-k*\left[(u-M/2)^2 + (v-N/2)^2 \right]^{\frac{5}{6}})$$

(8-28)

其中，$k=0.0025$，M、N 分别为傅里叶变换矩阵的宽和高，因此 $(u-M/2, v-N/2)$ 为频谱的中心位置。

运行以下命令即可完成退化操作，并将得到的退化图像保存在 lena_t.bmp 中。

```
% 读进原始图像
I = imread('lena.bmp');
figure(1);
subplot(121)
imshow(I)
title('原始图像');
f=im2double(I);

% 傅立叶变换
F = fft2(f);
F=fftshift(F);

% 执行退化
[M,N]=size(F);
[u,v]=meshgrid(1:M,1:N);
H=exp(-0.0025* ( (u-M/2).^2 + (v-N/2).^2 ) .^(5/6) );
F=F.*H;

% 傅立叶反变换
X=ifftshift(F);
x=ifft2(X);
subplot(122)
x=uint8(abs(x)*256);
imshow(x)
imwrite(x,'lena_t.bmp');
title('退化图像')
```

原始图像和退化图像如图 8.16 所示。

（2）复原。运行以下命令，分别采用阈值 128、108、78、48 对退化图像 lena_t.bmp 进行逆滤波。

```
%%
% 逆滤波
I0=imread('lena_t.bmp');

% 阈值为 128
I_new1 = rev_filter(I0, H, 128);

% 阈值为 108
I_new2 = rev_filter(I0, H, 108);
% 阈值为 78
I_new3 = rev_filter(I0, H, 78);

% 阈值为 48
I_new4 = rev_filter(I0, H, 48);
si=zeros(M,N,1,4,'uint8');
si(:,:,1)=I_new1;
si(:,:,2)=I_new2;
si(:,:,3)=I_new3;
si(:,:,4)=I_new4;

% 绘图
```

```
figure
montage(si)
title('阈值分别为 128,108,78,48')
```

滤波结果如图 8.17 所示。

图 8.16 退化　　　　　　　　　　　　　图 8.17 逆滤波

在图 8.17 中，左上角的图像采用半径 128（图像尺寸为 256×256），相当于全滤波，此时得不到正确结果；取阈值为 108 时可以观察到细小的高频失真；阈值取 78 时效果良好，阈值取 48 时半径过小，丢失了部分图像细节。

8.4.3 Visual C++实现

首先给出退化操作的频域滤镜，由 FreqInvTuihua()函数实现。

```
/***********************************************
BOOL CImgProcess::FreqInvTuihua(double * pdFilter)
功能：
生成对应于退化的滤镜
参数：
double * pdFilter
指向输出滤镜的指针

返回值：
BOOL 类型，true 为成功，false 为失败
***********************************************/
BOOL CImgProcess::FreqInvTuihua(double * pdFilter)
{
 if (m_pBMIH->biBitCount!=8) return false;

 // 计算滤镜大小
 LONG w = GetFreqWidth();
 LONG h = GetFreqHeight();

 // 滤镜产生过程
 for (int i=0; i<h; i++)
 {
     for (int j=0; j<w; j++)
     {

         // 在写入时对滤镜进行必要处理，按照 MATLAB 函数 ifftshift 的原则平移
```

```
                double f1 =  ( (i-h/2)*(i-h/2)+(j-w/2)*(j-w/2) ); //, 5.0/6 );
                f1 = pow(f1, 5.0/6);
                f1 *= -0.0025;
                f1 = exp(f1);
                pdFilter[(i<h/2 ? i+h/2 : i-h/2 ) * w + (j<w/2 ? j+w/2 : j-w/2)] = f1;

        }
    }

    return true;
}
```

利用 FreqInvTuihua()函数实现图像退化的示例被封装在 DIPDemo 工程中的视图类函数 void
CDIPDemoView:: OnInverseFTuihua()中，其中调用 FreqInvTuihua()函数的代码片断如下所示。

```
// 输入对象
CImgProcess imgInput = pDoc->m_Image;

// 检查图像是灰度图
if (imgInput.m_pBMIH->biBitCount!=8)
{
    AfxMessageBox("不是 8-bpp 灰度图像，无法处理！");
    return;
}

BeginWaitCursor();

// 输出的临时对象
CImgProcess imgOutput = imgInput;

// 计算需要生成滤镜的大小
LONG w = imgInput.GetFreqWidth();
LONG h = imgInput.GetFreqHeight();

// 生成频域滤镜
double * pdFreqFilt = new double[w*h];
imgInput.FreqInvTuihua(pdFreqFilt);

//  应用滤镜
imgInput.FreqFilt(&imgOutput, pdFreqFilt);

// 将结果返回给文档类
pDoc->m_Image = imgOutput;

// 删除临时变量
delete pdFreqFilt;
```

给出逆滤波复原的频域滤镜，由函数 FreqInvFilter()实现，相关代码如下。

```
/******************************************************
BOOL CImgProcess::FreqInvFilter(double * pdFilter, int nRad)
功能：
生成对应于逆滤波的滤镜
参数：
double * pdFilter：  指向输出滤镜的指针
int nRad：           逆滤波的半径
返回值：
BOOL 类型，true 为成功，false 为失败
******************************************************/
BOOL CImgProcess::FreqInvFilter(double * pdFilter, int nRad)
{
  if (m_pBMIH->biBitCount!=8) return false;
```

```
// 计算滤镜大小
LONG w = GetFreqWidth();
LONG h = GetFreqHeight();

// 滤镜产生过程
for (int i=0; i<h; i++)
{
    for (int j=0; j<w; j++)
    {
        if (sqrt( pow((double)(i-h/2),2) + pow((double)(j-w/2),2) ) <= nRad)
        {
            // 在写入时对滤镜进行必要处理，按照 MATLAB 函数 ifftshift 的原则平移
            double f1 = ( (i-h/2)*(i-h/2)+(j-w/2)*(j-w/2) );
            f1 = pow(f1, 5.0/6);
            f1 *= -0.0025;
            f1 = exp(f1);
            pdFilter[(i<h/2 ? i+h/2 : i-h/2 ) * w + (j<w/2 ? j+w/2 : j-w/2)] =
1.0/(f1+0.000001);
        }

    }
}

return true;
}
```

利用 FreqInvFilter()函数实现自适应中值滤波的示例被封装在 DIPDemo 工程中的视图类函数 void CDIPDemoView:: OnInvRestore()中，其中调用 FreqInvFilter()函数的代码片断如下所示。

```
// 输入对象
CImgProcess imgInput = pDoc->m_Image;

// 检查图像是灰度图
if (imgInput.m_pBMIH->biBitCount!=8)
{
    AfxMessageBox("不是 8-bpp 灰度图像，无法处理！");
    return;
}

CDlgInvFilter dlg;
dlg.m_iRad = imgInput.m_pBMIH->biWidth;

if (dlg.DoModal() != IDOK)
{
    return;
}

BeginWaitCursor();

// 输出的临时对象
CImgProcess imgOutput = imgInput;

// 计算需要生成滤镜的大小
LONG w = imgInput.GetFreqWidth();
LONG h = imgInput.GetFreqHeight();

// 生成频域滤镜
double * pdFreqFilt = new double[w*h];
imgInput.FreqInvFilter(pdFreqFilt,dlg.m_iRad);

// 应用滤镜
imgInput.FreqFilt(&imgOutput, pdFreqFilt);

// 将结果返回给文档类
```

```
pDoc->m_Image = imgOutput;

// 删除临时变量
delete pdFreqFilt;
```

读者可以通过光盘中示例程序 DIPDemo 中的菜单命令"图像复原→退化"
执行退化，如图 8.18 所示。再选择"图像复原→逆滤波复原"命令，打开半
径设置对话框，输入逆滤波的半径，单击"确定"执行复原。半径为 128、
108、78 和 48 时的效果如图 8.19 所示。

图 8.18　退化

　(a) 半径128　　　　　(b) 半径108　　　　　(c) 半径78　　　　　(d) 半径48

图 8.19　逆滤波

8.5　维纳滤波复原

本节介绍维纳滤波复原，并给出 MATLAB 和 Visual C++实现。

8.5.1　维纳滤波原理

逆滤波只能解决只有退化函数，没有加性噪声的问题。维纳滤波又称最小均方误差滤波，综合
考虑了退化函数和噪声，找出一个原始图像 $f(x)$ 的估值 $\hat{f}(x)$，使两者的均方误差最小。均方误差
由下式给出：

$$e^2(x) = \left| f(x) - \hat{f}(x) \right|^2 \tag{8-29}$$

假定噪声与图像是不相关的，复原图像的最佳估计可以用下式表示：

$$\hat{F}(u,v) = \left[\frac{H^T(u,v)}{\left| H(u,v) \right|^2 + S_n(u,v) / S_f(u,v)} \right] G(u,v) \tag{8-30}$$

因为 $\left| H(u,v) \right|^2 = H^T(u,v)H(u,v)$，因而又可以写为：

$$\hat{F}(u,v) = \left[\frac{1}{H(u,v)} \cdot \frac{\left| H(u,v) \right|^2}{\left| H(u,v) \right|^2 + S_n(u,v) / S_f(u,v)} \right] G(u,v) \tag{8-31}$$

式中各项的定义分别如下。

$H(u,v)$：退化函数。

$H^T(u,v)$：共轭退化函数。

$\left| H(u,v) \right|^2 = H^T(u,v)H(u,v)$。

$S_n(u,v)$：噪声的功率谱。

$S_f(u,v)$：未退化图像的功率谱。

观察公式可以发现，假如没有噪声，则 $S_n(u,v)=0$，此时维纳滤波退化为逆滤波。该式还存在一个问题，即 $S_n(u,v)$ 与 $S_f(u,v)$ 如何估计。假设退化过程已知，则 $H(u,v)$ 可以确定；假如噪声为高斯白噪声，则 $S_n(u,v)$ 为常数。但 $S_f(u,v)$ 通常难以估计。一种近似的解决方法就是用一个系数 K 代替 $S_n(u,v)/S_f(u,v)$，因此公式变为：

$$\hat{F}(u,v) = \left[\frac{1}{H(u,v)} \cdot \frac{|H(u,v)|^2}{|H(u,v)|^2 + K} \right] G(u,v) \tag{8-32}$$

实际计算时，可多次迭代，以确定合适的 K 值。

8.5.2 MATLAB 实现

使用自定义函数 wn_filter() 可实现维纳滤波，函数位于配套光盘"chapter8/code/"路径下的"wn_filter.m"文件中。

调用格式如下。

```
I_new = wn_filter(I, H, threshold, K)
```

对图像 I 进行维纳滤波，并将结果返回。

参数说明：

- I 为输入图像矩阵；
- H 为传递函数；
- *Threshold* 为滤波的半径，距离中心点超过 threshold 的傅里叶系数将保持原值；
- K 为噪声-图像功率比。

返回值：

- *I_new* 为滤波后的图像，大小与 I 一致。

利用 MATLAB 实现维纳滤波的相关代码如下。

```
function I_new = wn_filter(I, H, threshold, K)
% 维纳滤波复原函数
% I_new = rev_filter(I, H, threshold)
% I: 原始图像
% H: 传递函数
% K:噪声-图像功率比
% threshold:逆滤波的半径
% I_new: 复原图像

% 若为彩色图像，转为灰度图像
if ndims(I)>=3
    I=rgb2gray(I);
end

Id=im2double(I);

% 傅里叶变换
f_Id=fft2(Id);
f_Id=fftshift(f_Id);
fH_Id=f_Id;
D=abs(H);
D=D.^2;

[M,N]=size(fH_Id);
% 逆滤波
if threshold>M/2
```

```
     % 全滤波
       fH_Id=fH_Id./(H+eps);
   else
       %对一定半径范围内进行滤波
       for i=1:M
           for j=1:N
               if sqrt((i-M/2).^2+(j-N/2).^2)<threshold
                   % 维纳滤波公式
                   fH_Id(i,j)=fH_Id(i,j)./(H(i,j)) .* (D(i,j)./(D(i,j)+K));
               end
           end
       end
   end


   % 执行傅立叶逆变换
   fH_Id1=ifftshift(fH_Id);
   I_new=ifft2(fH_Id1);
   I_new=uint8(abs(I_new)*255);
```

对 256×256 的 lena 灰度图像进行退化处理，再添加高斯噪声，对得到的退化图像进行复原。步骤如下。

（1）用 imnoise() 函数添加均值为零，方差为 0.001 的高斯噪声。

（2）将逆滤波和维纳滤波复原效果进行对比。其中逆滤波采用 8.4.2 小节中给出的 rev_filter() 函数。维纳滤波采用 wn_filter() 函数。

相关代码如下。

```
% 维纳滤波与逆滤波
clear;
clc;

%%
I=imread('lena.bmp');

% 傅里叶变换
[m,n]=size(I);
FI=fft2(I);
FI=fftshift(FI);

% 退化
k=0.0025;
u=1:m;
v=1:n;
[u,v]=meshgrid(u,v);
H=exp((-k).*(((u-m/2).^2+(v-n/2).^2).^(5/6)));
G=FI.*H;

% 添加噪声
I0=real(ifft2(fftshift(G)));
I1=imnoise(uint8(I0),'gaussian',0,0.001);
figure(1)
imshow(I1);
imwrite(I1, 'lena_wn.bmp')


%%
I1=imread('lena_wn.bmp');

%% 逆滤波
I_new = rev_filter(I1, H, 48);
```

```
figure(2);
imshow(I_new)
title('逆滤波结果');

%% 维纳滤波
K=0.05;
I_new1 = wn_filter(I1, H, 48, K);
figure(3);
imshow(I_new1);
title('维纳滤波结果');
```

退化图像相比原始图像清晰度有所下降，且附加了噪声，如图 8.20 所示。

逆滤波和维纳滤波取滤波半径为 48，维纳滤波取噪声-图像功率比 0.001。滤波后的图像分别如图 8.21 和图 8.22 所示。

图 8.20 退化图像

图 8.21 逆滤波结果

图 8.22 维纳滤波结果

从以上两图中可以看到，取同样的半径时，维纳滤波所得图像比逆滤波消除噪声的效果更高。

MATLAB 为维纳滤波提供了专用的函数 deconvwnr()，调用格式如下。

```
J = deconvwnr(I,PSF,NSR)
```

对图像 I 进行维纳滤波，并将结果返回。

参数说明：

- I 为输入的图像矩阵；
- PSF 为点扩散函数，即退化函数的频域表示；
- NSR 为噪声-图像功率比，默认值为零。

返回值：

- J 为滤波后的图像，大小与 I 一致。

另一种调用形式如下。

```
J = deconvwnr(I,PSF,NCORR,ICORR)
```

$NCORR$ 和 $ICORR$ 分别为噪声和图像的自相关函数。

参数说明：

- I 为输入的图像矩阵；
- PSF 为点扩散函数，即退化函数的频域表示；
- $NCORR$ 为噪声的自相关函数；

- **ICORR** 为图像的自相关函数。

返回值:

- **J** 为滤波后的图像,大小与 **I** 一致。

使用 deconvwnr() 进行滤波的相关代码如下。

```
%%
clear,clc

% 读入退化图像
I1=imread('lena_wn.bmp');

[m,n]=size(I1);
k=0.0025;
u=1:m;
v=1:n;
[u,v]=meshgrid(u,v);

% 退化函数
H=exp((-k).*(((u-m/2).^2+(v-n/2).^2).^(5/6)));

% 退化图像对应的点扩散函数
PSF=ifftshift(ifft2(H));

% 维纳滤波
I2 = deconvwnr(I1,abs(PSF),0.08);
imshow(I2);
title('使用 deconvwnr 滤波')
```

图 8.23 使用 deconvwnr 滤波

滤波结果如图 8.23 所示。

调节噪声-图像功率比至恰当值,滤波结果与图 8.22 相仿。

8.5.3 Visual C++实现

维纳滤波的滤镜生成函数代码如下。

```
/*****************************************************
BOOL CImgProcess::FreqWienerFilter(double * pdFilter, int nRad, double K)
功能:
生成对应于维纳滤波的滤镜
参数:
double * pdFilter:  指向输出滤镜的指针
int nRad:            逆滤波的半径
返回值:
BOOL 类型, true 为成功, false 为失败
*****************************************************/
BOOL CImgProcess::FreqWienerFilter(double * pdFilter, double K)
{
    if (m_pBMIH->biBitCount!=8) return false;

    // 计算滤镜大小
    LONG w = GetFreqWidth();
    LONG h = GetFreqHeight();

    // 滤镜产生过程
    for (int i=0; i<h; i++)
    {
        for (int j=0; j<w; j++)
        {

            // 在写入时对滤镜进行必要处理, 按照 MATLAB 函数 ifftshift 的原则平移
```

```
        double f1 = (  (i-h/2)*(i-h/2)+(j-w/2)*(j-w/2)  );
        f1 = pow(f1, 5.0/6);
        f1 *= -0.0025;
        f1 = exp(f1);
        pdFilter[(i<h/2 ? i+h/2 : i-h/2 ) * w + (j<w/2 ? j+w/2 : j-w/2)] = 1.0*f1*f1/
        ((f1*f1+K)*(f1+0.000001));


      }
    }

    return true;
}
```

利用 FreqWienerFilter()函数实现图像退化的示例被封装在 DIPDemo 工程中的视图类函数 void CDIPDemoView:: OnWienerFilter()中，其中调用 FreqWienerFilter()函数的代码片断如下所示。

```
// 输入对象
CImgProcess imgInput = pDoc->m_Image;

// 检查图像是灰度图
if (imgInput.m_pBMIH->biBitCount!=8)
{
    AfxMessageBox("不是 8-bpp 灰度图像，无法处理！");
    return;
}
BeginWaitCursor();

// 输出的临时对象
CImgProcess imgOutput = imgInput;

// 计算需要生成滤镜的大小
LONG w = imgInput.GetFreqWidth();
LONG h = imgInput.GetFreqHeight();

// 生成频域滤镜
double * pdFreqFilt = new double[w*h];
imgInput.FreqWienerFilter(pdFreqFilt, 0.05);

//  应用滤镜
imgInput.FreqFilt(&imgOutput, pdFreqFilt);

// 将结果返回给文档类
pDoc->m_Image = imgOutput;

// 删除临时变量
delete pdFreqFilt;
```

维纳滤波可以处理加噪退化的图像，在 Visual C++中调用 FreqInvTuihua()和 AddGaussian()函数实现加噪退化，封装在 DIPDemo 工程中的视图类函数 void CDIPDemoView:: OnNoiseTuihua()中，代码片段如下。

```
// 输入对象
CImgProcess imgInput = pDoc->m_Image;

// 检查图像是灰度图
if (imgInput.m_pBMIH->biBitCount!=8)
{
    AfxMessageBox("不是 8-bpp 灰度图像，无法处理！");
    return;
}

BeginWaitCursor();
```

```
// 输出的临时对象
CImgProcess imgOutput = imgInput;

// 计算需要生成滤镜的大小
LONG w = imgInput.GetFreqWidth();
LONG h = imgInput.GetFreqHeight();

// 生成频域滤镜
double * pdFreqFilt = new double[w*h];
imgInput.FreqInvTuihua(pdFreqFilt);

//  应用滤镜
imgInput.FreqFilt(&imgOutput, pdFreqFilt);
imgOutput.AddGaussian(&imgOutput);

// 将结果返回给文档类
pDoc->m_Image = imgOutput;

// 删除临时变量
delete pdFreqFilt;
```

图 8.24　加噪退化

读者可以通过光盘中示例程序 **DIPDemo** 中的菜单命令"图像复原→加噪退化"执行退化，如图 8.24 所示。再选择"图像复原→维纳复原"命令执行复原。

滤波效果如图 8.25 所示。

（a）维纳滤波　　　（b）逆滤波（半径78）　　　（c）逆滤波（半径48）

图 8.25　滤波结果

8.6　有约束最小二乘复原

维纳滤波是基于统计的复原方法，当图像和噪声都属于随机场，且频谱密度已知时，所得结果是平均意义上最优的。有约束最小二乘复原除了噪声的均值和方差外，不需要提供其他参数，且往往能得到比维纳滤波更好的效果。

有约束最小二乘复原采用图像的二阶导数（可用拉普拉斯变换得到）作为最小准则函数，定义如下：

$$C = \sum_{x=0}^{M-1} \sum_{y=0}^{N-1} \left| \nabla^2 f(x,y) \right|^2 \tag{8-33}$$

设 g 为退化图像，n 为噪声，有：

$$g - Hf = n \tag{8-34}$$

在复原过程中上式必须满足，因此将其作为约束条件。在这里采用了它的一种变形，即要求上式两端范数相等的约束，即：

$$\| g - Hf \|^2 = \| n \|^2 \tag{8-35}$$

其中 $\|x\|^2$ 表示 2 范数。该最优化问题在频域中的解可以表示为下式所示的形式：

$$\hat{F}(u,v)=\frac{H^*(u,v)}{\left|H(u,v)\right|^2+g\left|P(u,v)\right|^2}G(u,v) \qquad (8\text{-}36)$$

其中，g 为待调整的参数，g 应使 $\|g-Hf\|^2=\|n\|^2$ 成立，$P(u,v)$ 是函数 $p(x,y)$ 的傅里叶变换，$p(x,y)$ 为拉普拉斯算子：

$$p(x,y)=\begin{bmatrix} 0 & -1 & 0 \\ -1 & 4 & -1 \\ 0 & -1 & 0 \end{bmatrix} \qquad (8\text{-}37)$$

假如 $g=0$，则复原的图像表示为

$$\hat{F}(u,v)=\frac{H^*(u,v)}{\left|H(u,v)\right|^2}G(u,v)=\frac{G(u,v)}{H(u,v)} \qquad (8\text{-}38)$$

此时有约束最小二乘复原退化为逆滤波复原。

MATLAB 提供了 deconvreg()函数实现有约束最小二乘复原，deconvreg()的调用格式如下。

```
J=deconvreg(I,PSF,N,Range)
```

用于复原由点扩散函数 *PSF* 及可能的加性噪声引起的退化图像 *I*，算法保持估计图像与实际图像之间的最小平方误差最小。

参数说明：

- *I* 为输入图像矩阵；
- *PSF* 为点扩散函数；
- *N* 为加性噪声功率，默认值为零。

Range 为长度为 2 的向量，算法在 Range 指定的区间中寻找最佳的拉格朗日乘数，默认值为 $[1e-9,1e9]$。若 Range 为标量，则采用 Range 值作为拉格朗日乘数的值。

返回值：

- *J* 为滤波后的图像，大小与 *I* 一致。

【例 8.2】 使用 MATLAB 提供的函数 deconvreg()实现有约束最小二乘复原。

相关代码如下。

```
% 约束最小二乘复原
%%
clear,clc
close all

%% 产生退化图像
I=checkerboard(8);

% 运动模糊的点扩散函数
PSF = fspecial('motion', 7, 45);

fprintf('点扩散函数:\n');
disp(PSF)

% 对图像进行运动模糊滤波
Im1 = imfilter(I, PSF, 'circular');

% 添加高斯噪声
noise = imnoise(zeros(size(I)), 'gaussian', 0, 0.001);
Im = Im1 + noise;
```

```
%% 维纳滤波
Iw = deconvwnr(Im,PSF,0.02);

%% 约束最小二乘滤波
I=edgetaper(I,PSF);
Iz = deconvreg(Im, PSF, 0.2,[1e-7, 1e7]);

%% 绘图
subplot(221);
imshow(I,[])
title('原始图像');

subplot(222);
imshow(Im, [])
title('退化图像');

subplot(223)
imshow(Iw,[])
title('维纳滤波')

subplot(224)
imshow(Iz,[])
title('约束最小二乘滤波')
```

在命令窗口输出运动模糊效果的点扩散函数。

点扩散函数：

```
     0        0        0        0        0   0.0145        0
     0        0        0        0   0.0376   0.1283   0.0145
     0        0        0   0.0376   0.1283   0.0376        0
     0        0   0.0376   0.1283   0.0376        0        0
     0   0.0376   0.1283   0.0376        0        0        0
0.0145   0.1283   0.0376        0        0        0        0
     0   0.0145        0        0        0        0        0
```

复原效果如图 8.26 所示。

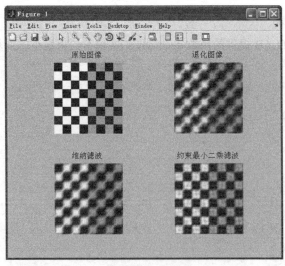

图 8.26　滤波效果

可以看出，有约束的最小二乘滤波一定程度上能改善原模糊噪声图像的质量。Edgetaper()函数用于消减振铃现象。

8.7 Lucky-Richardson 复原

约束最小二乘算法只需要提供点扩散函数及噪声的参数，但很多场合下噪声的参数是未知的。Lucky-Richardson（L-R）算法是非线性方法中一种典型的算法，在噪声信息未知时仍可得到较好的复原结果。L-R 算法用泊松噪声来对未知噪声建模，通过迭代求得最可能的复原图像。当下面这个迭代收敛时，模型的最大似然函数可以得到一个令人满意的方程。

$$\hat{f}_{k+1}(x,y) = \hat{f}_k(x,y)[h(-x,-y) \times \frac{g(x,y)}{h(x,y) \times \hat{f}_k(x,y)}] \tag{8-39}$$

如同大多数非线性方法一样，L-R 算法很难保证确切的收敛时间，只能具体问题具体分析，对于给定的应用场景，在获得满意的结果时，观察输出并终止算法。Lucky-Richardson 所得的解是复原图像的极大似然值。

MATLAB 提供了 deconvlucy()函数，该函数通过加速收敛的迭代算法完成图像复原。调用格式如下。

```
J=deconvlucy(I,PSF,NumIt,Dampar,Weight)
```

对图像 *I* 进行 L-R 复原，并将结果返回。

参数说明：
- *I* 为输入图像矩阵；
- *PSF* 为 PSF 为退化过程的点扩散函数，用于恢复 *PSF* 和可能的加性噪声引起的退化；
- *NumIt* 为指定了算法迭代的次数，默认值为 10；
- *Dampar* 为结果图像偏差的阈值。当偏差小于该值时，算法停止迭代，默认值为零；
- *Weight* 为每个像素的加权值，记录了每个像素反应相机记录的质量。

返回值：
- *J* 为滤波后的图像，大小与 *I* 一致。

【例 8.3】使用 L-R 算法复原被高斯噪声污染的棋盘格图像。

相关代码如下。

```
% run_lucy
% L-R算法图像复原

%%
clear,clc
close all

%%
% 棋盘格图像
I=checkerboard(8);

%点扩散函数
PSF=fspecial('gaussian',7,10);

% 方差为 0.0001
SD=0.01;
In=imnoise(imfilter(I,PSF),'gaussian',0,SD^2);

%%
% 使用 Lucy-Richardson 算法对图像复原
Dampar=10*SD;
```

```
LIM=ceil(size(PSF,1)/2);
Weight=zeros(size(In));

% 权值 weight 数组的大小是 64*64
% 并且有值为 0 的 4 像素宽的边界，其余像素都是 1
Weight(LIM+1:end-LIM,LIM+1:end-LIM)=1;

% 迭代次数为 5
NumIt=5;
% 利用 deconvlucy 来实现复原
J1=deconvlucy(In,PSF,NumIt,Dampar,Weight);

% 迭代次数为 10
NumIt=10;
J2=deconvlucy(In,PSF,NumIt,Dampar,Weight);

% 迭代次数为 20
NumIt=20;
J3=deconvlucy(In,PSF,NumIt,Dampar,Weight);

% 迭代次数为 100
NumIt=100;
J4=deconvlucy(In,PSF,NumIt,Dampar,Weight);

%% 绘图
subplot(231);
imshow(I);
title('原图')

subplot(232);
imshow(In);
title('退化图像')

subplot(233);
imshow(J1);
title('迭代 5 次')

subplot(234)
imshow(J2);
title('迭代 10 次')

subplot(235);
imshow(J3);
title('迭代 20 次')

subplot(236);
imshow(J4);
title('迭代 100 次')
```

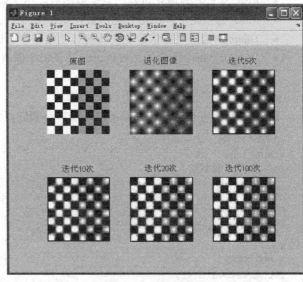

图 8.27　L-R 法迭代过程

运行结果如图 8.27 所示。

迭代 5 次时比退化函数已有不少改进，此后随着迭代次数增加质量逐渐提高，但提高的幅度越来越好。迭代至几十次以后，图像基本没有太多变化。

8.8　盲去卷积图像复原

Lucky-Richardson 算法不需要关于噪声的先验知识，但点扩散函数必须是已知的。如果不知道点扩散函数，还可以尝试使用盲去卷积。MATLAB 中的 deconvblind()函数实现了盲去卷积功能，调用格式如下。

```
[J,PSF]= deconvblind(I,InitPSF,NumIt,Dampar,Weight)
```

对图像 *I* 进行盲去卷积图像复原，并将结果返回。

参数说明：

- *I* 为输入图像矩阵；
- *InitPSF* 为初始点扩散函数；
- *NumIt* 为迭代的次数，默认值为 10；
- *Dampar* 为图像偏差的阈值，当偏差小于该值时，算法停止迭代，默认值为零；
- *Weight* 为每个像素的加权值，记录了每个像素反应相机记录的质量。

返回值：

- *J* 为滤波后的图像，大小与 *I* 一致；
- *PSF* 为最终估计的点扩散函数。

【例 8.4】使用盲去卷积法复原被高斯噪声污染的棋盘格图像。

相关代码如下。

```
% run_blind
% 盲去卷积复原
%%
clear,clc
close all

%% 产生棋盘格图像并进行退化
I = checkerboard(8);
PSF = fspecial('gaussian',7,10);
V = .0001;

% 退化
BlurredNoisy = imnoise(imfilter(I,PSF),'gaussian',0,V);

%% 复原
% 权值
Weight = zeros(size(I));
Weight(5:end-4,5:end-4) = 1;

% 点扩展函数的估计值
InitPSF = ones(size(PSF));
[J P] = deconvblind(BlurredNoisy,InitPSF,20,10*sqrt(V),Weight);
subplot(221);
imshow(BlurredNoisy);
title('退化图像');
subplot(222);
imshow(PSF,[]);
title('点扩展函数');
subplot(223);
imshow(J);
title('盲去卷积复原结果');
subplot(224);
imshow(P,[]);
title('输出的估计点扩展函数');
```

初始点扩展函数采用全 1 的 7×7 矩阵时，执行结果如图 8.28 所示；采用 0～1 均匀分布随机数时，复原结果如图 8.29 所示。

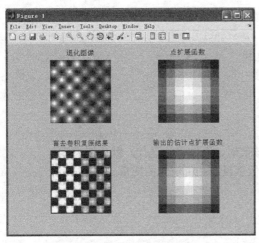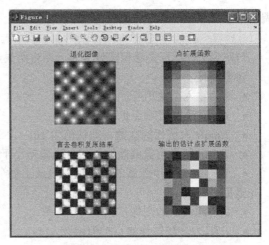

图 8.28 初始 *PSF* 为全 1 矩阵　　　　　　　图 8.29 初始 *PSF* 为随机矩阵

8.9　MATLAB 图像复原综合案例——去除照片的运动模糊

如今数码相机越来越普及，甚至手机上也配置了高分辨率的数码摄像头，人们可以随心所欲地将生活的片段定格为图像。然而拍摄过程中往往由于摄像机焦距不恰当、景物移动速度过快、摄像机拍摄时发生抖动、传感器噪声等原因，造成拍摄的照片出现"退化"，无法反映真实场景。

运动模糊是最常见的退化现象之一。图 8.30 就是一张水平方向上出现运动模糊的照片。由于自行车运动速度过快，在相机曝光时间内自行车已经运动了一小段距离，以至于拍摄后出现了模糊。

这张照片的清晰图如图 8.31 所示。

图 8.30　水平方向运动模糊图片　　　　　图 8.31　清晰图

现使用 MATLAB 对如图 8.30 所示的图像做去运动模糊，新建脚本 de_motion.m，输入代码如下。

```
% de_motion.m
clear, clc
close all

%% 读入图片
I=imread('bicycle.bmp');
if ndims(I)>=3
    I=rgb2gray(I);
end
```

```
figure(1);
imshow(I,[])
title('运动模糊图像');

%% 去除运动模糊

% 水平方向上运动 20 像素
PSF=fspecial('motion', 20,0);

figure(2);
% 估计噪声方差
noise_var = 0.0001;
estimated_nsr = noise_var / var(double(I(:)));

% 维纳滤波
I2 = deconvwnr(I,PSF,0.00005);
imshow(I2,[]);
title('维纳滤波复原');
```

运动模糊的图像文件名为 bicycle.bmp。估计图像在水平方向上存在 20 像素的重叠，从而引起模糊。运行脚本，得到的复原图像如图 8.32 所示。

图 8.32 运动模糊复原

由图 8.32 可以看出，去除运动模糊的效果非常好，复原的图像可以清晰地辨认出车身上的字母。

第9章 彩色图像处理

随着基于互联网的图像处理应用的不断增长，彩色图像处理已经成为一个重要的研究领域。本章以介绍彩色模型为主，并将涉及到数字域彩色处理方面的基本概念与常识。

9.1 彩色基础

大千世界，光彩绚丽，色彩让世界变得更加迷人。那么，色彩是什么呢？色彩又有什么特性呢？在 17 世纪 60 年代，人们还普遍认为白光是一种纯的没有其他颜色的光，而彩色光是一种不知何故发生变化的光。为验证该假设，牛顿让一束太阳光透过一面三棱镜，光在墙上被分解为七种不同的颜色，即：红、橙、黄、绿、青、蓝、紫。后来称之为光谱，如图 9.1 所示。

正是由于这些红、橙、黄、绿、青、蓝、紫基础色有不同的色谱，才形成了表面上颜色单一的白色光。虽然人的大脑感知和理解颜色所遵循的生理、心理过程还远没有了解透彻，但颜色的物理性质得到了许多实验和理论结果的支持。

图 9.1 牛顿发现彩色光谱的现象

1. 什么是彩色

彩色是物体的一种属性，就像纹理、形状、重量一样。通常，它依赖于以下 3 个方面的因素。

（1）光源——照射光的谱性质或谱能量分布。

（2）物体——被照射物体的反射性质。

（3）成像接收器（眼睛或成像传感器）——光谱能量吸收性质。

其中，光特性是颜色科学的核心。假如光是没有颜色的（消色的，如观察者看到的黑白电视的光），那么它的属性仅仅是亮度或者数值。可以用灰度值来描述亮度，它的范围从黑到灰，最后到白。

而对于彩色光，通常用 3 个基本量来描述其光源的质量：辐射率、光强和亮度。

（1）辐射率是从光源流出能量的总量，通常用瓦特（W）度量。

（2）光强用流明度量，它给出了观察者从光源接收的能量总和的度量。

（3）亮度是彩色强度概念的具体化。它实际上是一个难以度量的主观描绘子。

同样作为能量的度量，辐射率与光强却往往没有必然的联系。例如，在进行 X 光检查时，光从 X 射线源中发出，它是具有实际意义上的能量的。但由于其处于可见光范围以外，作为观察者很难感觉到。因而对人们来说，它的光强几乎为 0。

2. 人们眼中的彩色

人类能够感受到的物体的颜色是由物体的反射光性质决定的。如图 9.2 所示，可见光是由电磁波谱中较窄的波段组成的。一个物体反射的光如果在所有可见光波长范围内是平衡的，则站在观察者的角度它就是白色的；如果物体仅对有限的可见光谱范围反射，则物体表现为某种特定颜色。例如，反射波长范围在 450～500nm 之间的物体呈现蓝色，它吸收了其他波长光的多数能量；而如果物体吸收了所有的入射光，则它将呈现为黑色。

3. 三原色

据详细的实验结果，人眼中负责彩色感知的细胞中约有 65%对红光敏感，33%对绿光敏感，而只有 2%对蓝光敏感。正是人眼的这些吸收特性决定了被看到的彩色是通常所谓的原色红（R）、绿（G）、蓝（B）的各种组合。国际照明委员会（CIE）规定以蓝=435.8nm，绿=546.1nm，红=700nm 作为主原色，红（R）、绿（G）、蓝（B）也因此被称为 3 原色。

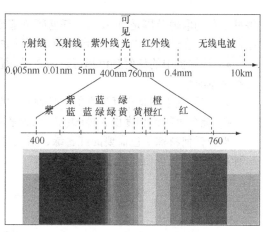

图 9.2　可见光波长范围

在如图 9.3 所示的 CIE 色度图中，最外围的轮廓对应着所有的可见光谱色，在其边缘上标出了对应的波长值（以 nm 为单位），该轮廓之内的区域包含了所有的可见颜色。如果将色度图中的三色点两两连接成一个三角形，则该三角形内的任何颜色都可以由这 3 种原色的不同混合产生。

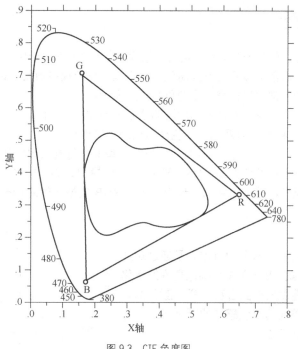

图 9.3　CIE 色度图

可以看到，图 9.3 中由 R、G、B 三种标准原色所连成的三角形并不能涵盖整个可见颜色区域，这说明仅使用三原色并不能得到所有的可见颜色。事实上，图 9.3 中的三角形区域对应着典型的 RGB 监视器所能够产生的颜色范围，称为彩色全域；而在三角形内不规则的区域表示高质量的彩色打印设备的彩色域。

4. 计算机中的颜色表示

在计算机中，显示器的任何颜色（色彩全域）都可以由 3 种颜色红、绿、蓝组成，称为三基色。

每种基色的取值范围是 0～255。任何颜色都可以用这 3 种颜色按不同的比例混合而成，这就是三原色原理。在计算机中，三原色的原理可以如下这样解释。

- 计算机中的任何颜色都可以由 3 种颜色按不同的比例混合而成；而每种颜色都可以分解成三种基本颜色。
- 三原色之间是相互独立的，任何一种颜色都不能由其余的两种颜色来组成。
- 混合色的饱和度由 3 种颜色的比例来决定。混合色的亮度为 3 种颜色的亮度之和。

形成任何特殊颜色需要的红、绿、蓝的分量称为三色值，可以用 X、Y 和 Z 分别表示。此时，一种颜色可由三色值系数定义为：

$$x = \frac{X}{X+Y+Z}$$

$$y = \frac{Y}{X+Y+Z}$$

$$z = \frac{Z}{X+Y+Z}$$

显然：

$$x + y + z = 1$$

9.2　彩色模型

彩色模型也称彩色空间或彩色系统，是用来精确标定和生成各种颜色的一套规则和定义，它的用途是在某些标准下用通常可接受的方式简化彩色规范。彩色模型通常可以采用坐标系统来描述，而位于系统中的每种颜色都由坐标空间中的单个点来表示。

如今使用的大部分彩色模型都是面向应用的或是面向硬件的，比如众所周知的针对彩色监视器的 RGB（红、绿、蓝）模型，以及面向彩色打印机的 CMY（青、深红、黄）和 CMYK（青、深红、黄、黑）模型。而 HSI（色调、饱和度、亮度）模型非常符合人眼描述和解释颜色的方式。此外，目前广泛使用的彩色模型还有如：HSV 模型、YUV 模型、YIQ 模型、Lab 模型，等等。下面将分别介绍这些彩色模型，并给出它们与最为常用的 RGB 模型之间的转换方式。

9.2.1　RGB 模型

RGB 模型是工业界的一种颜色标准，是通过对红（Red）、绿（Green）、蓝（Blue）3 个颜色亮度的变化以及它们相互之间的叠加来得到各种各样的颜色的。该标准几乎包括了人类视觉所能感知的所有颜色，是目前运用最广的颜色模型之一。

1．理论基础

RGB 彩色空间对应的坐标系统是如图 9.4 所示的立方体。红、绿和蓝位于立方体的 3 个顶点上；青、深红和黄位于另外 3 个顶点上；黑色在原点处，而白色位于距离原点最远的顶点处，而灰度等级就沿这两点连线分布；不同的颜色处在立方体上或其内部，因此可以用 1 个 3 维向量来表示。例如，在所有颜色均

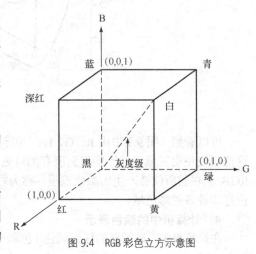

图 9.4　RGB 彩色立方示意图

已归一化至[0，1]的情况下，蓝色可表示为（0，0，1），而灰色可由向量（0.5，0.5，0.5）来表示。

在 RGB 模型中，3 个图像分量组成了所要表示的图像，而每一个分量图像都是其原色图像，如图 9.5 所示。当送入 RGB 监视器时，这三个分量图像便在屏上混合产生一幅合成的彩色图像。

（a）原图像rgb.tif 　　（b）红色分量

（c）绿色分量 　　（d）蓝色分量

图 9.5　RGB 图像的 3 个分量，注意（a）中 RGB 图像的不同颜色在其分量图中的对应强度

在 RGB 空间中，用以表示每一像素的比特数叫作像素深度。RGB 图像的 3 个红、绿、蓝分量图像都是一幅 8bit 图像，则每一个彩色像素有 24bit 深度。因此，全彩色图像常用来定义 24bit 的彩色图像，颜色总数是$(2^8)^3=16777216$。

RGB 模型最常见的用途就是显示器系统，彩色阴极射线管和彩色光栅图形显示器都使用 R、G、B 数值来驱动 R、G、B 电子枪发射电子，并分别激发荧光屏上的 R、G、B 三种颜色的荧光粉发出不同亮度的光线，并通过相加混合产生各种颜色。扫描仪也是通过吸收原稿经反射或透射而发送出来的光线中的 R、G、B 成分，并用它来表示原稿的颜色。RGB 彩色空间是与设备相关的彩色空间，因此不同的扫描仪扫描同一幅图像，会得到不同色彩的图像数据；不同型号的显示器显示同一幅图像，也会有不同的色彩显示结果。

注意　　显示器和扫描仪使用的 RGB 空间与 CIE 标准中 RGB 真实三原色彩色系统空间是不同的，后者是与设备无关的彩色空间。

2. MATLAB 实现

在 MATLAB 中一幅 RGB 图像可表示为一个 $M \times N \times 3$ 的 3 维矩阵。其中每一个彩色像素都在特定空间位置的彩色图像中对应红、绿、蓝 3 个分量。分量图像的数据类型决定了它们的取值范围。若一幅RGB图像的数据类型是double，则每个分量图像的取值范围为[0, 1]，而如果数据类型为uint8或 uint16，则每个分量图像的取值范围分别是[0, 255]或[0, 65535]。

- 图像合成

如果令 PR、PG、PB 分别代表 3 种 RGB 分量。那么一幅 RGB 图像就是利用 cat（级联）操作符将这些分量图像组合成彩色图像，相关代码如下。

```
RGB_image=cat(3, PR, PG, PB); % 将 PR、PG、PB 三个矩阵在第 3 个维度上进行级联
```

注意在上述 cat 操作中，图像应按照 R、G、B 的顺序放置。如果所有的分量图像都相等，则结果将是一幅灰度图像。

- 分量提取

令 RGB_image 代表一幅 RGB 图像，下面的命令可以提取 3 个分量图像。

```
PR=RGB_image(:,:,1);
PG=RGB_image(:,:,2);
PB=RGB_image(:,:,3);
```

3. Visual C++实现

可以使用宏来方便地进行 RGB 图像的合成与分量提取。

- 图像合成

```
RGB_image = RGB(PR, PG, PB); //合成 RGB 图像，PR、PG、PB 均在 0~255 之间
```

- 分量提取

```
PR = GetRValue(RGB_image); //提取红色分量
PG = GetGValue(RGB_image); //提取绿色分量
PB = GetBValue(RGB_image); //提取蓝色分量
```

9.2.2　CMY、CMYK 模型

1. CMY 模型

CMY（Cyan、Magenta、Yellow）模型是采用青、品红、黄色 3 种基本原色按一定比例合成颜色的方法。由于色彩的显示不是直接来自于光线的色彩，而是光线被物体吸收掉一部分之后反射回来的剩余光线所产生的，因此 CMY 模型又称为减色法混色模型。当光线都被吸收时成为黑色，都被反射时成为白色。

像 CMY 模型这样的减色混合模型正好适用于彩色打印机和复印机这类需要在纸上沉积彩色颜料的设备，因为颜料不是像显示器那样发出颜色，而是反射颜色。例如，当青色颜料涂覆的表面用白光照射时，从该表面反射的不是红光，而是从反射的白光中减去红色而得到的青色（白光本身是等量的红、绿、蓝光的组合）。CMY 模型的颜料混合效果如图 9.6 所示，注意这里的混合是原色的相减，与 RGB 模型的混合正好相反。

图 9.6　CMY 模型的颜色混合（原色相减）

2. CMYK 模型

由图 9.6 可见，等量的颜料原色（青、品红和黄）可以混合产生黑色。然而在实际当中，通过这些颜色混合产生的黑色是不纯的。因此，为产生真正的黑色（黑色在打印中起主要作用），专门在 CMY 模型中加入了第 4 种颜色——黑色，从而得到了 CMYK 彩色模型。这样当出版商说到"四色打印"时，是指 CMY 彩色模型的 3 种原色再加上黑色。

3. RGB 与 CMY 之间的转换及其实现

RGB 与 CMY 之间的转换公式如下：

$$\begin{bmatrix} C \\ M \\ Y \end{bmatrix} = \begin{bmatrix} 1 \\ 1 \\ 1 \end{bmatrix} - \begin{bmatrix} R \\ G \\ B \end{bmatrix} \qquad \begin{bmatrix} R \\ G \\ B \end{bmatrix} = \begin{bmatrix} 1 \\ 1 \\ 1 \end{bmatrix} + \begin{bmatrix} C \\ M \\ Y \end{bmatrix}$$

其中，假设所有的颜色值都已经归一化到范围[0,1]。

➢ MATLAB 实现

在 MATLAB 中可以通过 imcomplement()函数方便地实现 RGB 和 CMY 之间的相互转换，调用代码如下。

```
cmy = imcomplement (rgb);
rgb = imcomplement (cmy);
```

➢ **Visual C++实现**

下面给出 Visual C++中从 RGB 转换到 CMY 的代码实现，它同样也适用于从 CMY 到 RGB 的转换。

```
/********************
void CImgProcess::RGB2CMY(CImgProcess *pTo)
功能:    把一幅 RGB 图转 CMY 图
参数:    CImgProcess* pTo: 目标输出图像的 CImgProcess 指针
返回值: 无
********************/
void CImgProcess::RGB2CMY(CImgProcess *pTo)
{
     int nHeight = GetHeight();
     int nWidth = GetWidthPixel();

     int i, j;

     for(i=0; i<nHeight; i++)
     {
          for(j=0; j<nWidth; j++)
          {
               COLORREF RGBPixel = GetPixel(j, i);
               //抽取 RGB 分量
               int R = GetRValue(RGBPixel);
               int G = GetGValue(RGBPixel);
               int B = GetBValue(RGBPixel);
               int C,M,Y;

               C = 255 - R;
               M = 255 - G;
               Y = 255 - B;

               //将分量联合形成 CMY 图像
               pTo->SetPixel(j, i, RGB(C, M, Y));
          }//for j
     }//for i
}
```

利用 RGB2CMY()函数实现色彩模型转换的完整示例被封装在 DIPDemo 工程中的视图类函数 void CDIPDemoView::OnColorCmy2rgb()，其中调用 RGB2CMY()函数的代码片断如下所示：

```
// 检查图像是 RGB 图像
if (imgInput.m_pBMIH->biBitCount!=24)
{
     AfxMessageBox("不是 RGB 图像，无法处理! ");
     return;
}

// 输出的临时对象
CImgProcess imgOutput = imgInput;

// RGB2CMY
imgInput.RGB2CMY(&imgOutput);

// 将结果返回给文档类
pDoc->m_Image = imgOutput;
```

读者可以通过光盘中示例程序 DIPDemo 中的菜单命令"彩色图像处理→CMY2RGB"来观察处理效果。

【例 9.1】从 RGB 转换到 CMY。

下面将 RGB 图像 plane.bmp 转换到 CMY 空间下，结果如图 9.7 所示。为了观察效果，（b）中的图像是把 CMY 分量直接以 RGB 格式来显示的，而事实上转换只是同一幅图像在不同色彩空间中的两种表示，就像同一幅图像可以在空间域和频域中描述一样。

（a）原图像plane.bmp　　　　　　（b）转换后的CMY图像（以RGB的格式来显示）

图 9.7　RGB 转 CMY 效果图

9.2.3　HSI 模型

HSI 模型是从人的视觉系统出发，直接使用颜色三要素——色调（Hue）、饱和度（Saturation）和亮度（Intensity，有时也翻译作密度或灰度）来描述颜色。

● 亮度是指人眼感觉光的明暗程度。光的能量越大，亮度越大。

● 色调是彩色最重要的属性，决定颜色的本质，由物体反射光线中占优势的波长来决定，不同的波长产生不同的颜色感觉，叫某一种颜色为红、橙、黄，这就是说读者在规定一种色调。

● 饱和度是指颜色的深浅和浓淡程度，饱和度越高，颜色越深。饱和度的深浅和白色的比例有关，白色比例越多，饱和度越低。

HSI 彩色空间可以用一个圆锥空间模型来描述，如图 9.8 所示。通常把色调和饱和度统称为色度，用来表示颜色的类别与深浅程度。在图中圆锥中间的横截面圆就是色度圆，而圆锥向上或向下延伸的便是亮度分量的表示。

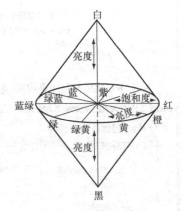

由于人的视觉对亮度的敏感程度远强于对颜色浓淡的敏感程度，为了便于颜色处理和识别，人的视觉系统经常采用 HSI 彩色空间，它比 RGB 彩色空间更符合人的视觉特性。此外，由于 HSI 空间中亮度和色度具有可分离特性，使得图像处理和机器视觉中大量灰度处理算法都可在 HSI 彩色空间中方便地使用。

图 9.8　HSI 模型示意图

HSI 彩色空间和 RGB 彩色空间只是同一物理量的不同表示法，因而它们之间存在着转换关系。下面将介绍一下，RGB 到 HSI 的彩色转换和 HSI 到 RGB 的彩色转换。

1. 从 RGB 到 HSI 的彩色转换及其实现

给定一幅 RGB 格式的图像，每一个 RGB 像素和 H 分量可用下面的公式得到：

$$H = \begin{cases} \theta, & (B \leq G) \\ 360 - \theta, & (B > G) \end{cases} \tag{9-1}$$

此处

$$\theta = \arccos\left\{\frac{\frac{1}{2}\big[(R-G)+(R-B)\big]}{\big[(R-G)^2+(R-G)(G-B)\big]^{\frac{1}{2}}}\right\}$$

饱和度分量由下式给出：

$$S = 1 - \frac{3}{(R+G+B)}\big[\min(R,G,B)\big] \tag{9-2}$$

最后，强度分量为：

$$I = \frac{1}{3}(R+G+B) \tag{9-3}$$

假定 RGB 值归一化为[0，1]范围内，色调可以用式（9-1）得到的值除以 360°归一化为[0，1]范围内，而其他两个 HSI 分量已经在[0，1]范围之内。

➢ MATLAB 实现

下面给出一个实现 RGB 转换到 HSI 的 MATLAB 函数 rgb2hsi()，读者可以在附赠光盘的第 9 章的 code 目录中找到它。

```
function hsi = rgb2hsi(rgb)
% hsi = rgb2hsi(rgb)把一幅 RGB 图像转换为 HSI 图像,
% 输入图像是一个彩色像素的 M×N×3 的数组,
% 其中每一个彩色像素都在特定空间位置的彩色图像中对应红、绿、蓝三个分量。
% 假如所有的 RGB 分量是均衡的，那么 HSI 转换就是未定义的。
% 输入图像可能是 double（取值范围是[0，1]），uint8 或 uint16。
%
% 输出 HSI 图像是 double,
% 其中 hsi(:，:，1)是色度分量，它的范围是除以 2*pi 后的[0，1];
% hsi(:，:，2)是饱和度分量，范围是[0，1];
% hsi(:，:，3)是亮度分量，范围是[0，1]。

% 抽取图像分量
rgb = im2double(rgb);
r = rgb(:, :, 1);
g = rgb(:, :, 2);
b = rgb(:, :, 3);

% 执行转换方程
num = 0.5*((r - g) + (r - b));
den = sqrt((r - g).^2 + (r - b).*(g - b));
theta = acos(num./(den + eps)); %防止除数为 0

H = theta;
H(b > g) = 2*pi - H(b > g);
H = H/(2*pi);

num = min(min(r, g), b);
den = r + g + b;
den(den == 0) = eps; %防止除数为 0
S = 1 - 3.* num./den;

H(S == 0) = 0;

I = (r + g + b)/3;

% 将 3 个分量联合成为一个 HSI 图像
hsi = cat(3, H, S, I);
```

下面是一个调用 rgb2hsi()函数的程序段，它将 RGB 图像 plane.bmp 转换至 HSI 空间。

```
>>figure;
subplot(1,2,1);
rgb=imread('plane.bmp');
imshow(rgb);title('rgb');
subplot(1,2,2);
hsi=rgb2hsi(rgb);
imshow(hsi);title('hsi');
```

转换效果如图 9.9 所示。

（a）RGB原图　　　　　　　　　　　（b）转换后HSI图（以RGB格式显示）

图 9.9　RGB 转 HSI 效果图

➢　Visual C++实现

利用 Visual C++将一幅 RGB 图像转换为 HSI 图像的相关代码如下。

```
/********************
void CImage::RGB2HSI(CImage* pTo)

功能：  把一幅 RGB 图像转换为 HSI 图像
参数：  CImage* pTo：目标输出图像的 CImage 指针
返回值: 无
********************/
void CImage::RGB2HSI(CImage* pTo)
{
    int nHeight = GetHeight();//读取图片高度
    int nWidth = GetWidthPixel();//读取图片宽度

    int i, j;

    for(i=0; i<nHeight; i++)
    {
        for(j=0; j<nWidth; j++)
        {
            COLORREF RGBPixel = GetPixel(j, i);

            //抽取 RGB 分量
            double R = GetRValue(RGBPixel)/255.0;
            double G = GetGValue(RGBPixel)/255.0;
            double B = GetBValue(RGBPixel)/255.0;

            //RGB2HSI 的算法转换
            double maxRGB = max(max(R,G),B);
            double minRGB = min(min(R,G),B);
            double H;
            double S;
            double I;
```

```
        double Temp1,Temp2,Radians,Angle;

        I = (R+G+B)/3;

        if(I<0.078431)
                S=0;
        else if(I>0.920000)
                S=0;
        else
                S=1.0-(3.0*minRGB)/(R+G+B);

        if(maxRGB==minRGB)
        {
                H = 0;
                S = 0;
        }

        Temp1 = ((R-G)+(R-B))/2;
        Temp2 = (R-G)*(R-G)+(R-B)*(G-B);
        double Q = Temp1/sqrt(Temp2);
        if(Q>0.9999999999) //由于存在误差，所以设定Q大于某个不为1的值时，认为Q为1。
                Radians = 0;
        else if(Q<-0.9999999999) //由于存在误差，所以设定Q小于某个不为-1的值时，认为Q为-1。
                Radians = PI;
        else
                Radians = acos(Q);
        Angle = Radians*180.0/PI;
        if(B>G)
                H = (360.0-Angle);
        else
                H = Angle;

        I = 255*I;
        S = 255*S;

        //将分量联合形成HSI图像
        pTo->SetPixel(j, i, RGB(H, S, I));
    }
  }
}
```

函数 rgb2hsi()的调用方式如下。

```
// RGB2HSI
imgInput.RGB2HSI(&imgOutput);

// 将结果返回给文档类
pDoc->m_Image = imgOutput;
```

读者可以通过光盘中示例程序 DIPDemo 中的菜单命令"彩色图像处理→RGB2HSI"来观察处理效果。

2. 从 HSI 到 RGB 的彩色转换及其实现

在[0，1]内给出 HSI 值，现在要在相同的值域内找到 RGB 值，可利用 H 值公式。在原始色分割中有 3 个相隔 120° 的扇形，如图 9.10 所示。从 H 乘以 360° 开始，这时色调值返回原来的[0°，360°]的范围。

RG 扇形（0° ≤H<120°）：当 H 位于这一扇形区时，RGB 分量由下式给出：

$$B = I(1-S)$$

$$R = I\left[1+\frac{S\cos H}{\cos(60°-H)}\right]$$

$$G = 3I-(R+B)$$

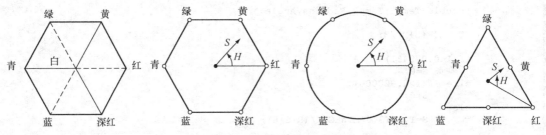

图 9.10 HSI 模型中的色调和饱和度

GB 扇区（120°≤H<240°）：如果给定的 H 值在这一扇区，首先从 H 中减去 120°，即：

$$H = H - 120°$$

然后 RGB 分量为：

$$R = I(1-S)$$

$$G = I\left[1 + \frac{S\cos H}{\cos(60° - H)}\right]$$

$$B = 3I - (R+G)$$

BR 扇区（240°≤H<360°）：最后，如果 H 在这一扇区，从 H 中减去 240°：

$$H = H - 240°$$

然后 RGB 分量为：

$$G = I(1-S)$$

$$B = I\left[1 + \frac{S\cos H}{\cos(60° - H)}\right]$$

$$R = 3I - (G+B)$$

➤ MATLAB 实现

下面给出一个实现 HSI 转换到 RGB 的 MATLAB 函数 hsi2rgb()，读者可以在附赠光盘的第 9 章的 code 目录中找到它。

```
function rgb = hsi2rgb(hsi)
% rgb = hsi2rgb(hsi)把一幅 HSI 图像转换为 RGB 图像,
% 其中 hsi(:, :, 1)是色度分量, 它的范围是除以 2*pi 后的[0, 1];
% hsi(:, :, 2)是饱和度分量, 范围是[0, 1];
% hsi(:, :, 3)是亮度分量, 范围是[0, 1]。
%
% 输出图像分量:
% rgb(:, :, 1)为红;
% rgb(:, :, 2)为绿;
% rgb(:, :, 3)为蓝。

% 抽取图像分量
hsi = im2double(hsi);
H = hsi(:, :, 1) * 2 * pi;
S = hsi(:, :, 2);
I = hsi(:, :, 3);

% 执行转换方程
R = zeros(size(hsi, 1), size(hsi, 2));
G = zeros(size(hsi, 1), size(hsi, 2));
B = zeros(size(hsi, 1), size(hsi, 2));
```

```
% RG 扇形(0 <= H < 2*pi/3)
idx = find( (0 <= H) & (H < 2*pi/3));
B(idx) = I(idx) .* (1 - S(idx));
R(idx) = I(idx) .* (1 + S(idx) .* cos(H(idx)) ./ ...
cos(pi/3 - H(idx)));
G(idx) = 3*I(idx) - (R(idx) + B(idx));

% BG 扇形(2*pi/3 <= H < 4*pi/3)
idx = find( (2*pi/3 <= H) & (H < 4*pi/3) );
R(idx) = I(idx) .* (1 - S(idx));
G(idx) = I(idx) .* (1 + S(idx) .* cos(H(idx) - 2*pi/3) ./ ...
cos(pi - H(idx)));
B(idx) = 3*I(idx) - (R(idx) + G(idx));

% BR 扇形
idx = find( (4*pi/3 <= H) & (H <= 2*pi));
G(idx) = I(idx) .* (1 - S(idx));
B(idx) = I(idx) .* (1 + S(idx) .* cos(H(idx) - 4*pi/3) ./ ...
cos(5*pi/3 - H(idx)));
R(idx) = 3*I(idx) - (G(idx) + B(idx));

% 将 3 个分量联合成为一个 RGB 图像
rgb = cat(3, R, G, B);
rgb = max(min(rgb, 1), 0);
```

下面是一个调用 hsi2rgb()函数的程序段，实现了 HSI 到 RGB 的彩色转换。

```
>>figure;
subplot(1,2,1);
hsi=imread('hsi.jpg'); %RGB 图像 plane.bmp 转换至 his 空间后的图像
imshow(hsi);title('hsi');
subplot(1,2,2);
rgb=hsi2rgb(hsi);
imshow(rgb);title('rgb');
```

转换前后的效果如图 9.11 所示。

（a）HSI原图（以RGB格式显示）　　　　　　　（b）转换后RGB图

图 9.11　HSI 转 RGB 效果图

➢ Visual C++实现

利用 Visual C++把一幅 HSI 图像转换为 RGB 图像的相关代码如下。

```
/*******************
void CImage::HSI2RGB(CImage *pTo)
功能：  把一幅 HSI 图像转换为 RGB 图像
参数：  CImage* pTo：目标输出图像的 CImage 指针
返回值：无
*******************/
void CImage::HSI2RGB(CImage *pTo)
{
    int nHeight = GetHeight();
    int nWidth = GetWidthPixel();
```

```
    int i, j;

    for(i=0; i<nHeight; i++)
    {
        for(j=0; j<nWidth; j++)
        {
            COLORREF RGBPixel = GetPixel(j, i);
            //抽取 HSI 分量
            double H = GetRValue(RGBPixel);
            double S = GetGValue(RGBPixel)/255.0;
            double I = GetBValue(RGBPixel)/255.0;
            double R,G,B;

        //HSI2RGB 的算法转换
            if(H>=0 && H<120)
            {
                H = H;
                B = I*(1.0-S);
                R = I*(1.0+((S*cos(H))/cos(60-H)));
                G = 3.0*I-R-B;
            }
            else if(H>=120 && H<240)
            {
                H = H-120;
                R = I*(1.0-S);
                G = I*(1.0+((S*cos(H))/cos(60-H)));
                B = 3.0*I-R-G;
            }
            else
            {
                H = H-240;
                G = I*(1.0-S);
                B = I*(1.0+((S*cos(H))/cos(60-H)));
                R = 3.0*I-B-G;
            }
            R *=255.0;
            G *=255.0;
            B *=255.0;

            //将分量联合形成 RGB 图像
            pTo->SetPixel(j, i, RGB(R, G, B));
        }
    }

}
```

函数 hsi2rgb()的调用方式如下。

```
// HSI2RGB
imgInput.HSI2RGB(&imgOutput);
```

```
// 将结果返回给文档类
pDoc->m_Image = imgOutput;
```

读者可以通过光盘中示例程序 DIPDemo 中的菜单命令"彩色图像处理→HSI2RGB"来观察处理效果。

9.2.4 HSV 模型

HSV 模型是人们用来从调色板或颜色轮中挑选颜色（例如颜料、墨水等）所采用的彩色系统之一。HSV（Hue，Saturation，Value）表示色调（也称色相）、饱和度和数值。该系统比 RGB 更接近于人们的经验和对彩色的感知。在绘画术语中，色调、饱和度和数值用色泽、明暗和调色来表达。

HSV 模型空间可以用一个倒立的六棱锥来描述，如图 9.12 所示。顶面是一个正六边形，沿 H 方向表示色相的变化，从 0°～360° 是可见光的全部色谱。六边形的六个角分别代表红、黄、绿、青、蓝、品红 6 个颜色的位置，每个颜色之间相隔 60°。由中心向六边形边界（S 方向）表示颜色的饱和度 S 变化，S 的值由 0～1 变化，越接近六边形外框的颜色饱和度越高，处于六边形外框的颜色是饱和度最高的颜色，即 $S=1$；处于六边形中心的颜色饱和度为 0，即 $S=0$。六棱锥的高（也即中心轴）用 V 表示，它从下至上表示一条由黑到白的灰度，V 的底端是黑色，$V=0$；V 的顶端是白色，$V=1$。

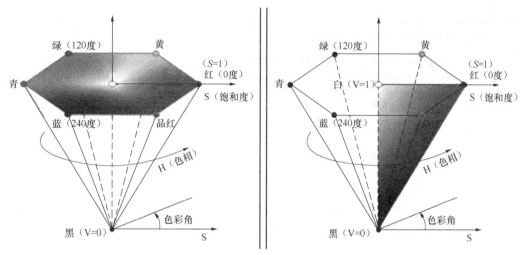

图 9.12　HSV 的六棱锥模型

1. 从 RGB 到 HSV 的转换及其实现

假设所有的颜色值都已经归一化到范围[0，1]。在 RGB 三个分量中，设定最大的为 MAX，最小的为 MIN。RGB 到 HSV 的转换公式为：

$$H = \begin{cases} \dfrac{G-B}{MAX-MIN} \times 60°, (R=MAX) \\[2mm] \left(2 + \dfrac{B-R}{MAX-MIN}\right) \times 60°, (G=MAX) \\[2mm] \left(4 + \dfrac{R-G}{MAX-MIN}\right) \times 60°, (B=MAX) \end{cases}$$

$$S = \frac{MAX-MIN}{MAX}$$

$$V = MAX$$

计算结果中，H 的值范围为 0°～360°，S 和 V 值范围为 0～1。

如果 MAX=MIN，H=没有色彩，是纯灰色。

如果 $H<0°$，则 H 值得再加上 360°。

如果 MAX=0，S=0 就是没有色彩。

如果 $V=0$ 则是纯黑色。

➢ MATLAB 实现

在 MATLAB 中 RGB 转为 HSV 的函数为 rgb2hsv()，其调用方式如下。

```
hsv = rgb2hsv(rgb);
```

输入的 RGB 图像可以是 uint8、uint16 或 double 类型的。

输出图像 hsv 为 $M \times N \times 3$ 的 double 类型。

➢　Visual C++实现

利用 Visual C++把一幅 RGB 图转为 HSV 图的相关代码如下。

```
/********************
void CImage::RGB2HSV(CImage *pTo)
功能:　把一幅 RGB 图转 HSV 图
参数:　CImage* pTo: 目标输出图像的 CImage 指针
返回值: 无
********************/
void CImage::RGB2HSV(CImage *pTo)
{
    int nHeight = GetHeight(); //取得图像高度
    int nWidth = GetWidthPixel(); //取得图像宽度

    int i, j; //循环变量

    for(i=0; i<nHeight; i++)
    {
        for(j=0; j<nWidth; j++)
        {
            COLORREF RGBPixel = GetPixel(j, i);
            //抽取 RGB 分量
            double R = GetRValue(RGBPixel)/255.0;
            double G = GetGValue(RGBPixel)/255.0;
            double B = GetBValue(RGBPixel)/255.0;

            //计算 HSV
            double H,S,V,MAX,MIN,TEMP;
            MAX = max(max(R,G),B);
            MIN = min(min(R,G),B);
            V = MAX;
            TEMP = MAX - MIN;

            if(MAX != 0)
            {
                S = TEMP/MAX;
            }
            else
            {
                S = 0;
                //H = UNDEFINEDCOLOR;
                return;
            }
        if(R == MAX)
            H = (G - B)/TEMP;
        else if(G == MAX)
            H = 2 + (B - R)/TEMP;
        else
            H = 4 + (R - G)/TEMP;
        H *=60;
        if(H < 0)
            H +=360;

        //将 HSV 分量化为能在计算机上显示的量
        H /=360.0;
        H *=255.0;
        S *=255.0;
        V *=255.0;

            //将分量联合形成 HSV 图像
```

```
                pTo->SetPixel(j, i, RGB(H, S, V));
            }
        }
    }
```

利用 rgb2hsv()函数实现色彩模型转换的完整示例被封装在 DIPDemo 工程中的视图类函数 void
CDIPDemoView::OnColorRgb2hsv()中，其中调用 rgb2hsv()函数的代码片断如下所示。

```
// 输出的临时对象
CImgProcess imgOutput = imgInput;

// RGB2HSV
imgInput.RGB2HSV(&imgOutput);

// 将结果返回给文档类
pDoc->m_Image = imgOutput;
```

读者可以通过光盘中示例程序 DIPDemo 中的菜单命令"彩色图像处理→RGB2HSV"来观察
处理效果，转换后的效果如图 9.13 所示。

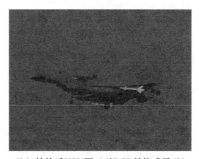

（a）RGB原图 　　　　　　　　（b）转换后HSV图（以RGB的格式显示）

图 9.13　RGB 转 HSV 效果图

2. 从 HSV 到 RGB 的转换及其实现

假设 HSV 颜色值已转换为这个范围：H 的值为 0°～360°，S 和 V 值为 0～1。则 HSV 到 RGB
的转换公式如下。

假如 $S=0$，则 R、G、B 值的计算公式为：

$$R = G = B = V$$

假如 $S \neq 0$，则 R、G、B 值的计算公式为：

$$i = \left[\frac{H}{60} \right]$$

$$f = \frac{H}{60} - i$$

$$p = V(1-S)$$

$$q = V(1-fS)$$

$$t = V(1-(1-f)S)$$

$$R = V, G = t, B = p, (i = 0)$$

$$R = q, G = V, B = p, (i = 1)$$

$$R = q, G = V, B = t, (i = 2)$$

$$R = p, G = q, B = V, (i = 3)$$

$$R = t, G = p, B = V, (i = 4)$$

$$R=V, G=p, B=q, (i=5)$$

计算结果中，R、G 和 B 值范围为 0～1。

> MATLAB 实现

在 MATLAB 中 HSV 转 RGB 的函数为 hsv2rgb()，其调用方式如下。

```
rgb = hsv2rgb(hsv); //输入输出图像均为 double 类型
```

> Visual C++实现

利用 Visual C++把一幅 HSV 图转为 RGB 图的相关代码如下。

```
/*********************
void CImage::HSV2RGB(CImage *pTo)
功能：  把一幅 HSV 图转 RGB 图
参数：  CImage* pTo: 目标输出图像的 CImage 指针
返回值：无
*********************/
void CImage::HSV2RGB(CImage *pTo)
{
    int nHeight = GetHeight();
    int nWidth = GetWidthPixel();
    int i, j;

    for(i=0; i<nHeight; i++)
    {
        for(j=0; j<nWidth; j++)
        {
            COLORREF RGBPixel = GetPixel(j, i);
            //抽取 HSV 分量
            double H = (GetRValue(RGBPixel)/255.0)*360.0;
            double S = GetGValue(RGBPixel)/255.0;
            double V = GetBValue(RGBPixel)/255.0;

            //计算 RGB
            double R,G,B,f,p,q,t,TEMP;
            int n;
            if(S == 0)
            {
                R = G = B = V;
            }
            n = floor(H/60);
            TEMP = H/60;
            f = TEMP - n;
            p = V*(1-S);
            q = V*(1-f*S);
            t = V*(1-(1-f)*S);

            switch(n)
            {
            case 0:
                R = V;
                G = t;
                B = p;
                break;
            case 1:
                R = q;
                G = V;
                B = p;
                break;
            case 2:
                R = p;
                G = V;
                B = t;
                break;
            case 3:
```

```
                        R = p;
                        G = q;
                        B = V;
                        break;
               case 4:
                        R = t;
                        G = p;
                        B = V;
                        break;
               default: //case 5:
                        R = V;
                        G = p;
                        B = q;
                        break;
               }
               R *=255.0;
               G *=255.0;
               B *=255.0;

               //将分量联合形成 RGB 图像
               pTo->SetPixel(j, i, RGB(R, G, B));
          }//for j
     }//for i
}
```

利用 hsv2rgb()函数实现色彩模型转换的完整示例被封装在 DIPDemo 工程中的视图类函数 void CDIPDemoView::OnColorHsv2rgb()中，其中调用 hsv2rgb()函数的代码片断如下所示。

```
// 输出的临时对象
CImgProcess imgOutput = imgInput;

// HSV2RGB
imgInput.HSV2RGB(&imgOutput);

// 将结果返回给文档类
pDoc->m_Image = imgOutput;
```

读者可以通过光盘中示例程序 DIPDemo 中的菜单命令"彩色图像处理→HSV2RGB"来观察处理效果，转换后的效果如图 9.14 所示。

（a）HSV图　　　　　　　　　（b）转换后RGB图

图 9.14　HSV 转 RGB 效果图

与 HSI 转 RGB 效果相比，HSV 转 RGB 的效果明显更好，并且可以快速、高效地实现。所以，在实际中 RGB 和 HSV 的可逆转换往往比 RGB 和 HSI 的可逆转换使用得更多。

9.2.5　YUV 模型

YUV 是被欧洲电视系统所采用的一种颜色编码方法，是 PAL 和 SECAM 模拟彩色电视制式采用的颜色空间。其中的 Y、U、V 几个字母不是英文单词的组合词，Y 代表亮度，U、V 代表色差，是构成彩色的两个分量。

　　彩色图像信号经分色和分别放大校正得到 RGB 图像，再经过矩阵变换电路得到亮度信号 Y 和两个色差信号 $R-Y$、$B-Y$，最后发送端将亮度和色差 3 个信号分别进行编码，用同一信道发送出去。这就是常用的 YUV 模型。

　　采用 YUV 模型的一个主要优势是它的亮度信号 Y 和色度信号 U、V 是分离的。如果只有 Y 信号分量而没有 U、V 分量，那么这样表示的图就是黑白灰度图。彩色电视采用 YUV 空间正是为了用亮度信号 Y 解决彩色电视机与黑白电视机的兼容问题，使黑白电视机也能接收彩色信号，如图 9.15 所示。

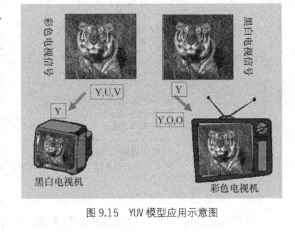

图 9.15　YUV 模型应用示意图

　　当白光的亮度用 Y 来表示时，它和红、绿、蓝三色光的关系可用如下式的方程描述：$Y=0.299R+0.587G+0.114B$，这就是常用的亮度公式。色差 U、V 是由 $B-Y$、$R-Y$ 按不同比例压缩而成的。如果要由 YUV 空间转化成 RGB 空间，只要进行相反的逆运算即可。

1. 从 RGB 到 YUV 的转换及其实现

$$Y = 0.299R + 0.587G + 0.114B$$
$$U = 0.567(B-Y)$$
$$V = 0.713(R-Y)$$

➢　MATLAB 实现

　　本书编写了 rgb2yuv()函数，实现从 rgb 向 yuv 的转换。读者可以在付赠光盘第 9 章的 code 目录中找到文件"rgb2yuv.m"。相关代码如下。

```
function yuv = rgb2yuv(rgb)
% yuv = rgb2yuv(rgb)把一幅 RGB 图像转换为 YUV 图像，
% 输入图像是一个彩色像素的 M×N×3 的数组，
% 其中每一个彩色像素都在特定空间位置的彩色图像中对应红、绿、蓝三个分量。
% 假如所有的 RGB 分量是均衡的，那么 HSI 转换就是未定义的。
% 输入图像可能是 double（取值范围是[0, 1]）, uint8 或 uint16。
%
% 输出 YUV 图像是 uint8。
rgb = im2double(rgb);
r = rgb(:, :, 1);
g = rgb(:, :, 2);
b = rgb(:, :, 3);

% 执行转换函数
y = 0.299*r + 0.587*g + 0.114*b;
u = 0.567*(b - y);
v = 0.713*(r - y);

% 防止溢出
if(y < 0)
    y = 0;
end;
if(y > 1.0)
    y = 1.0;
end;
if(u < 0)
```

```
    u = 0;
end;
if(u > 1.0)
    u = 1.0;
end;
if(v < 0)
    v = 0;
end;
if(v > 1.0)
    v = 1.0;
end;

% 联合 yuv，并转成 uint8 类型
y = y*255;
u = u*255;
v = v*255;
yuv = cat(3, y, u, v);
yuv = uint8(yuv);
```

➢ **Visual C++实现**

利用 Visual C++把一幅 RGB 图转换为 YUV 图的相关代码如下。

```
/********************
void CImage::RGB2YUV(CImage *pTo)
功能：     把一幅 RGB 图转 YUV 图
参数：     CImage* pTo：目标输出图像的 CImage 指针
返回值：   无
********************/
void CImage::RGB2YUV(CImage *pTo)
{
    int nHeight = GetHeight();
    int nWidth = GetWidthPixel();

    int i, j;

    for(i=0; i<nHeight; i++)
    {
        for(j=0; j<nWidth; j++)
        {
            COLORREF RGBPixel = GetPixel(j, i);
            //抽取 RGB 分量
            double R = GetRValue(RGBPixel);
            double G = GetGValue(RGBPixel);
            double B = GetBValue(RGBPixel);

            //计算 YUV
            double Y,U,V;
            Y = 0.299*R + 0.587*G + 0.114*B;
            U = (B - Y)*0.567;
            V = (R - Y)*0.713;

            //防止溢出
            if(Y > 255)
                Y = 255;
            if(Y < 0)
                Y = 0;
            if(U > 255)
                U = 255;
            if(U < 0)
                U = 0;
            if(V > 255)
                V = 255;
            if(V < 0)
                V = 0;
```

```
                    //将分量联合形成 YUV 图像
                    pTo->SetPixel(j, i, RGB(Y, U, V));
            }//for j
        }//for i
    }
```

利用 rgb2yuv()函数实现色彩模型转换的完整示例被封装在 DIPDemo 工程中的视图类函数 void CDIPDemoView::OnColorRgb2yuv()中，其中调用 rgb2yuv()函数的代码片断如下所示。

```
// 输出的临时对象
CImgProcess imgOutput = imgInput;

// RGB2YUV
imgInput.RGB2YUV(&imgOutput);

// 将结果返回给文档类
pDoc->m_Image = imgOutput;
```

读者可以通过光盘中示例程序 DIPDemo 中的菜单命令"彩色图像处理→RGB2YUV"来观察处理效果，转换后的效果如图 9.16 所示。

（a）RGB 原图　　　　　　　（b）转换后 YUV 图（以 RGB 的格式显示）

图 9.16　RGB 转 YUV 效果图

2. 从 YUV 到 RGB 的转换及其实现

$R = Y + 1.402V$

$G = Y - 0.344U - 0.714V$

$B = Y + 1.772U$

➢　MATLAB 实现

本节编写了 yuv2rgb()函数，实现从 yuv 向 rgb 的转换。读者可以在付赠光盘第 9 章的 code 目录中找到文件"rgb2yuv.m"。相关代码如下。

```
function rgb = yuv2rgb(yuv)
% yuv = rgb2yuv(rgb)把一幅 RGB 图像转换为 YUV 图像，
% 输入图像是一个彩色像素的 M×N×3 的数组，
% 其中每一个彩色像素都在特定空间位置的彩色图像中对应红、绿、蓝 3 个分量。
% 假如所有的 RGB 分量是均衡的，那么 HSI 转换就是未定义的。
% 输入图像可能是 double（取值范围是[0, 1]），uint8 或 uint16。
%
% 输出 YUV 图像是 uint8。
yuv = im2double(yuv);
y = yuv(:, :, 1);
u = yuv(:, :, 2);
v = yuv(:, :, 3);

% 执行转换函数
r = y + 1.402*v;
g = y - 0.344*u - 0.714*v;
```

```
b = y + 1.772*u;

% 防止溢出
if(r < 0)
    r = 0;
end;
if(r > 1.0)
    r = 1.0;
end;
if(g < 0)
    g = 0;
end;
if(g > 1.0)
    g = 1.0;
end;
if(b < 0)
    b = 0;
end;
if(b > 1.0)
    b = 1.0;
end;

% 联合 rgb
r = r*255;
g = g*255;
b = b*255;
rgb = cat(3, r, g, b);
rgb = uint8(rgb);
```

➤ Visual C++实现

利用 Visual C++把一幅 YUV 图像转换为 RGB 图像的相关代码如下。

```
/********************
void CImage::YUV2RGB(CImage *pTo)

  功能:
      把一幅 YUV 图像转换为 RGB 图像
  注:
      无

  参数:
      CImage* pTo: 目标输出图像的 CImage 指针


  返回值:
      无
  注:
      显示 YUV 图像时, 使用 RGB 图像格式在电脑上显示
********************/
void CImage::YUV2RGB(CImage *pTo)
{
    int nHeight = GetHeight();
    int nWidth = GetWidthPixel();

    int i, j;

    for(i=0; i<nHeight; i++)
    {
        for(j=0; j<nWidth; j++)
        {
            COLORREF RGBPixel = GetPixel(j, i);
            //抽取 YUV 分量
            double Y = GetRValue(RGBPixel);
            double U = GetGValue(RGBPixel);
```

```
            double V = GetBValue(RGBPixel);

            //计算 RGB
            double R,G,B;
            R = Y + 1.402*V;
            G = Y - 0.344*U - 0.714*V;
            B = Y + 1.772*U;

            //防止溢出
            if(R > 255)
                R = 255;
            if(R < 0)
                R = 0;
            if(G > 255)
                G = 255;
            if(G < 0)
                G = 0;
            if(B > 255)
                B = 255;
            if(B < 0)
                B = 0;

            //将分量联合形成 RGB 图像
            pTo->SetPixel(j, i, RGB(R, G, B));
        }
    }
}
```

利用 yuv2rgb()函数实现色彩模型转换的完整示例被封装在 DIPDemo 工程中的视图类函数 void CDIPDemoView::OnColorYuv2rgb()中，其中调用 yuv2rgb()函数的代码片断如下所示。

```
// 输出的临时对象
CImgProcess imgOutput = imgInput;

// YUV2RGB
imgInput.YUV2RGB(&imgOutput);

// 将结果返回给文档类
pDoc->m_Image = imgOutput;
```

读者可以通过光盘中示例程序 DIPDemo 中的菜单命令"彩色图像处理→YUV2RGB"来观察处理效果，转换后的效果如图 9.17 所示。

（a）YUV图（以RGB格式显示）   （b）转换后RGB图

图 9.17　YUV 转 RGB 效果图

9.2.6　YIQ 模型

YIQ 模型是北美 NTSC 彩色制式，主要用于美国的电视系统。这种形式和欧洲的 YUV 模型有相同的优势：灰度信息和彩色信息是分离的。YIQ 模型中，Y 代表亮度、I 代表色调、Q 则代表饱和度。其中，亮度表示灰度，而色调和饱和度则存储彩色信息。

1. 从 RGB 到 YIQ 的转换及其实现

转换公式为：

$$\begin{bmatrix} Y \\ I \\ Q \end{bmatrix} = \begin{bmatrix} 0.299 & 0.587 & 0.114 \\ 0.596 & -0.274 & -0.322 \\ 0.211 & -0.523 & 0.312 \end{bmatrix} \begin{bmatrix} R \\ G \\ B \end{bmatrix}$$

上式中，第一行和为 1，下两行和分别为 0。

➢ MATLAB 实现

MATLAB 函数 rgb2ntsc()可实现从 rgb 到 ntsc 的转换，其调用形式如下。

```
yiq = rgb2ntsc(rgb);
```

输入的 RGB 图像可以是 uint8、uint16 或 double 类型的。

输出图像为 $M \times N \times 3$ 的 double 类型。

➢ Visual C++实现

利用 Visual C++把一幅 RGB 图像转为 YIQ 图像的相关代码如下。

```
/********************
void CImage::RGB2YIQ(CImage *pTo)
 功能:  把一幅 RGB 图像转换为 YIQ 图像
 参数:  CImage* pTo: 目标输出图像的 CImage 指针
返回值: 无
********************/
void CImage::RGB2YIQ(CImage *pTo)
{
    int nHeight = GetHeight();
     int nWidth = GetWidthPixel();

     int i, j;

     for(i=0; i<nHeight; i++)
     {
         for(j=0; j<nWidth; j++)
         {
             COLORREF RGBPixel = GetPixel(j, i);
             //抽取 RGB 分量
             double R = GetRValue(RGBPixel);
             double G = GetGValue(RGBPixel);
             double B = GetBValue(RGBPixel);

             //计算 YUV
             double Y,I,Q;
             Y = 0.299*R + 0.587*G + 0.114*B;
             I = 0.596*R - 0.274*G - 0.322*B;
             Q = 0.211*R - 0.523*G + 0.312*B;

             //防止溢出
             if(Y > 255)
                 Y = 255;
             if(Y < 0)
                 Y = 0;
             if(I > 255)
                 I = 255;
             if(I < 0)
                 I = 0;
             if(Q > 255)
                 Q = 255;
             if(Q < 0)
                 Q = 0;
```

```
                        //将分量联合形成 YIQ 图像
                        pTo->SetPixel(j, i, RGB(Y, I, Q));
                    }//for j
            }//for i
}
```

利用 rgb2yiq()函数实现色彩模型转换的完整示例被封装在 DIPDemo 工程中的视图类函数 void CDIPDemoView::OnColorRgb2yiq()中，其中调用 rgb2yiq()函数的代码片断如下所示。

```
// 输出的临时对象
CImgProcess imgOutput = imgInput;

// RGB2YIQ
imgInput.RGB2YIQ(&imgOutput);

// 将结果返回给文档类
pDoc->m_Image = imgOutput;
```

读者可以通过光盘中示例程序 DIPDemo 中的菜单命令"彩色图像处理→RGB2YIQ"来观察处理效果，转换后的效果如图 9.18 所示。

（a）RGB原图　　　　　　　　　　　（b）转换后YIQ图（以RGB格式显示）

图 9.18　RGB 转 YIQ 效果图

2. 从 YIQ 到 RGB 的转换及其实现

转换公式为：

$$\begin{bmatrix} R \\ G \\ B \end{bmatrix} = \begin{bmatrix} 1.000 & 0.956 & 0.621 \\ 1.000 & -0.272 & -0.647 \\ 1.000 & -1.106 & 1.703 \end{bmatrix} \begin{bmatrix} Y \\ I \\ Q \end{bmatrix}$$

➢　MATLAB 实现

MATLAB 函数 ntsc2rgb()可实现从 ntsc 到 rgb 的转换，其调用形式如下。

```
rgb = ntsc2rgb(yiq);
```

其中，输入和输出图像均为 double 类型。

➢　Visual C++实现

利用 Visual C++把一幅 YIQ 图像转为 RGB 图像的相关代码如下。

```
/********************
void CImage::YIQ2RGB(CImage *pTo)
功能:　 把一幅 YIQ 图像转换为 RGB 图像
参数:　 CImage* pTo: 目标输出图像的 CImage 指针
返回值: 无
********************/
void CImage::YIQ2RGB(CImage *pTo)
{
    int nHeight = GetHeight();
      int nWidth = GetWidthPixel();
```

```
    int i, j;

    for(i=0; i<nHeight; i++)
    {
        for(j=0; j<nWidth; j++)
        {
            COLORREF RGBPixel = GetPixel(j, i);
            //抽取 YIQ 分量
            double Y = GetRValue(RGBPixel);
            double I = GetGValue(RGBPixel);
            double Q = GetBValue(RGBPixel);

            //计算 RGB
            double R,G,B;
            R = Y + 0.956*I + 0.114*Q;
            G = Y - 0.272*I - 0.647*Q;
            B = Y - 1.106*I + 1.703*Q;

            //防止溢出
            if(R > 255)
                R = 255;
            if(R < 0)
                R = 0;
            if(G > 255)
                G = 255;
            if(G < 0)
                G = 0;
            if(B > 255)
                B = 255;
            if(B < 0)
                B = 0;

            //将分量联合形成 RGB 图像
            pTo->SetPixel(j, i, RGB(R, G, B));
        }//for j
    }//for i
}
```

利用 yiq2rgb()函数实现色彩模型转换的完整示例被封装在 DIPDemo 工程中的视图类函数 void CDIPDemoView::OnColorYiq2rgb()中，其中调用 yiq2rgb()函数的代码片断如下所示。

```
// 输出的临时对象
CImgProcess imgOutput = imgInput;

// YIQ2RGB
imgInput.YIQ2RGB(&imgOutput);

// 将结果返回给文档类
pDoc->m_Image = imgOutput;
```

读者可以通过光盘中示例程序 DIPDemo 中的菜单命令"彩色图像处理→YIQ2RGB"来观察处理效果，转换后的效果如图 9.19 所示。

(a) YIQ图   (b) 转换后RGB图

图 9.19 YIQ 转 RGB 效果图

9.2.7　Lab 模型简介

Lab 模型是由 CIE（国际照明委员会）制定的一种彩色模式。这种模型与设备无关，它弥补了 RGB 模型和 CMYK 模型必须依赖于设备颜色特性的不足；此外，自然界中任何色彩都可在 Lab 空间表达出来，这就意味着 RGB 以及 CMYK 所能描述的颜色信息在 Lab 中都能得以影射。

Lab 颜色空间如图 9.20 所示。其中，L 代表亮度；a 的正数代表红色，负端代表绿色；b 的正数代表黄色，负端代表蓝色。

由于 Lab 模型与设备无关的特点，使其在彩色图像检索中应用较为广泛。另外，当希望在图像的处理中保留尽量宽阔的色域和丰富的色彩时，可以选择在 Lab 模型下进行工作，处理后再根据输出的需要转换成 RGB 模型（显示用）或 CMYK 模型（打印及印刷用）。这样做的最大好处是它能够在最终的设计成果中，获得比任何色彩模型都更加优质的色彩。

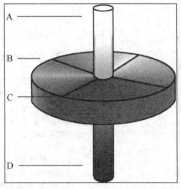

图 9.20　Lab 模型示意图
A—亮度为 100（白），B—深绿到亮粉，
C—亮蓝到焦黄，D—亮度为 0（黑）

9.3　全彩色图像处理基础

本节要介绍全彩色图像处理技术，面对各种各样的图像处理任务时怎样处理全彩色图像。通常，全彩色图像处理技术总的可以分为两大类。

（1）对 3 个平面分量单独处理，然后将分别处理过的 3 个分量合成彩色图像。对每个分量的处理技术可以应用到对灰度图像处理的技术上。但是这种通道式的独立处理技术忽略了通道间的相互影响。

（2）直接对彩色像素进行处理。因为全彩色图像至少有 3 个分量，彩色像素实际上是一个向量。直接处理就是同时对所有分量进行无差别的处理。这时彩色图像的 3 个分量用向量形式表示，即对彩色图像上任一点的像素 $c(x, y)$，有：

$$c(x, y) = [R(x, y); G(x, y); B(x, y)]$$

那么对像素点 (x, y) 处理的操作实际上是同时对 R、G、B 这 3 个分量操作。不过通常大多数图像处理技术都是指对每个分量的单独处理。接下来将讲述全彩色图像处理的两个常用技术：彩色补偿和彩色平衡。

9.3.1　彩色补偿及其 MATLAB 实现

有些图像处理任务的目标是根据颜色分离出不同的类型的物体。但由于常用的彩色成像设备具有较宽且相互覆盖的光谱敏感区，加之待拍摄图像的染色是变化的，所以很难在 3 个分量图中将物体分离出来，这种现象称为颜色扩散。彩色补偿的作用就是通过不同的颜色通道提取不同的目标物。

1. 理论基础

彩色补偿算法描述如下。

（1）在画面上找到主观视觉看是纯红、纯绿、纯蓝的 3 个点（若可根据硬件知道频段的覆盖则无须这样做）。

$$P_1 = (R_1, G_1, B_1)$$
$$P_2 = (R_2, G_2, B_2)$$
$$P_3 = (R_3, G_3, B_3)$$

它们的理想值为：

$$P_1^* = (R^*, 0, 0)$$
$$P_2^* = (0, G^*, 0)$$
$$P_3^* = (0, 0, B^*)$$

（2）计算 R^*、G^*、B^* 的值。考虑到彩色补偿之后图像的亮度不变，则对 R^*、G^*、B^* 的计算为：

$$R^* = 0.30 \times R_1 + 0.59 \times G_1 + 0.11 \times B_1$$

$$G^* = 0.30 \times R_2 + 0.59 \times G_2 + 0.11 \times B_2$$

$$B^* = 0.30 \times R_3 + 0.59 \times G_3 + 0.11 \times B_3$$

（3）构造变换矩阵。将所取到的 3 个点的 *RGB* 值分别按如下所示，构造出彩色补偿前和补偿后的两个矩阵 A_1 和 A_2。

$$A_1 = \begin{bmatrix} R_1 & R_2 & R_3 \\ G_1 & G_2 & G_3 \\ B_1 & B_2 & B_3 \end{bmatrix}$$

$$A_2 = \begin{bmatrix} R^* & 0 & 0 \\ 0 & G^* & 0 \\ 0 & 0 & B^* \end{bmatrix}$$

（4）进行彩色补偿。设 $S(x,y) = \begin{bmatrix} R_s(x,y) \\ G_s(x,y) \\ B_s(x,y) \end{bmatrix}$，$F(x,y) = \begin{bmatrix} R_F(x,y) \\ G_F(x,y) \\ B_F(x,y) \end{bmatrix}$ 分别为新、旧图像的像素值。

则 $S(x,y) = C^{-1} \times F(x,y)$。其中，$C = A_1 \times A_2^{-1}$。

2. MATLAB 实现

根据上述算法编写的彩色补偿 MATLAB 实现如下。读者可以在付赠光盘第 9 章的 code 目录中找到文件 "compensate.m"。

```
% compensate.m
% 彩色补偿

im=double(imread('plane.bmp'));
subplot(1,2,1);
imshow(uint8(im));
title('原始图');
[m,n,p]=size(im);
[h1,k1]=min(255-im(:,:,1)+im(:,:,2)+im(:,:,3));
[j1,minx]=min(h1);
 i1=k1(j1);%提取图像中最接近红色的点, 其在 im 中的坐标为 i1,j1
 r1=im(i1,j1,1);
 g1=im(i1,j1,2);
 b1=im(i1,j1,3);
R=0.30*r1+0.59*g1+0.11*b1;

[h2,k2]=min(255-im(:,:,2)+im(:,:,1)+im(:,:,3));
[j2,minx]=min(h2);
 i2=k2(j2);%提取图像中最接近绿色的点, 其在 im 中的坐标为 i2,j2
 r2=im(i2,j2,1);
 g2=im(i2,j2,2);
 b2=im(i2,j2,3);
G=0.30*r2+0.59*g2+0.11*b2;

[h3,k3]=min(255-im(:,:,3)+im(:,:,1)+im(:,:,2));
[j3,minx]=min(h3);
 i3=k3(j3);%提取图像中最接近蓝色的点, 其在 im 中的坐标为 i3,j3
 r3=im(i3,j3,1);
 g3=im(i3,j3,2);
 b3=im(i3,j3,3);
B=0.30*r3+0.59*g3+0.11*b3;

A1=[r1 r2 r3
```

```
      g1 g2 g3
      b1 b2 b3];
A2=[R 0 0
    0 G 0
    0 0 B];
C=A1*inv(A2);

for i=1:m
    for j=1:n

        imR=im(i,j,1);
        imG=im(i,j,2);
        imB=im(i,j,3);
        temp=inv(C)*[imR;imG;imB];
        S(i,j,1)=temp(1);
        S(i,j,2)=temp(2);
        S(i,j,3)=temp(3);
    end
end
S=uint8(S);
subplot(1,2,2);
imshow(S);
title('补偿后');
```

采用上面的程序对 RGB 图像 plane.bmp 进行彩色补偿处理，结果如图 9.21 所示。

（a）原始图

（b）补偿后

图 9.21 彩色补偿效果图

9.3.2 彩色平衡及其 MATLAB 实现

一幅彩色图像数字化后，在显示时颜色经常看起来有些不正常。这是彩色通道的不同敏感度、增光因子和偏移量等原因导致的，称其为三基色不平衡。将之校正的过程就是彩色平衡。

1. 理论基础

彩色平衡校正算法如下。

（1）从画面中选出两点颜色为灰色，设为

$$F_1 = (R_1, G_1, B_1)$$
$$F_2 = (R_2, G_2, B_2)$$

（2）设以 G 分量为基准，匹配 R 和 B 分量，则

$$F_1 = (R_1, G_1, B_1) \Longrightarrow F_1^* = (R_1^*, G_1, B_1^*)$$
$$F_2 = (R_2, G_2, B_2) \Longrightarrow F_2^* = (R_2^*, G_2, B_2^*)$$

（3）由 $R_1^* = k1 \times R_1 + k2$ 和 $R_2^* = k1 \times R_2 + k2$ 求出 $k1$ 和 $k2$；$B_1^* = l1 \times B_1 + l2$ 和 $B_2^* = l1 \times B_2 + l2$ 求出 $l1$ 和 $l2$。

（4）用

$$R(x,y)^* = k1 \times R(x,y) + k2$$

$$B(x, y)^* = l1 \times B(x, y) + l2$$

$$G(x, y)^* = G(x, y)$$

处理后得到的图像就是彩色平衡后的图像。

2. MATLAB 实现

根据上述算法编写的彩色平衡 MATLAB 实现如下。读者可以在付赠光盘第 9 章的 code 目录中找到文件"colorBalance.m"。

```
% colorBalance.m
% 彩色平衡

im=double(imread('plane.bmp'));
[m,n,p]=size(im);
F1=im(1,1,:);
F2=im(1,2,:);
F1_(1,1,1)=F1(:,:,2);
F1_(1,1,2)=F1(:,:,2);
F1_(1,1,3)=F1(:,:,2);
F2_(1,1,1)=F2(:,:,2);
F2_(1,1,2)=F2(:,:,2);
F2_(1,1,3)=F2(:,:,2);
K1=(F1_(1,1,1)-F2_(1,1,1))/(F1(1,1,1)-F2(1,1,1));
K2=F1_(1,1,1)-K1*F1(1,1,1);
L1=(F1_(1,1,3)-F2_(1,1,3))/(F1(1,1,3)-F2(1,1,3));
L2=F1_(1,1,3)-L1*F1(1,1,3);
for i=1:m
    for j=1:n
        new(i,j,1)=K1*im(i,j,1)+K2;
        new(i,j,2)=im(i,j,2);
        new(i,j,3)=L1*im(i,j,3)+L2;
    end
end
im=uint8(im);
new=uint8(new);
subplot(1,2,1);
imshow(im);
title('原始图');
subplot(1,2,2);
imshow(new);
title('平衡后');
```

采用上面的程序对 RGB 图像 plane.bmp 进行彩色平衡，结果如图 9.22 所示。

（a）原始图　　　　　　　　　　　　（b）平衡后

图 9.22　彩色平衡效果图

第10章 图像压缩

现代计算机建立在数字化的基础上,用离散的数字表示模拟量时,如果要求很高的精确度,就需要非常庞大的数据量。另外,由于互联网的发展,信息"爆炸"的时代已经到来。互联网一天产生的信息量需要 1.68 亿张 DVD 进行存储。图像数据远比文本更占空间,1MB 空间可以存放一部百万字的小说,却只能存放大约 20 张 256×256 大小的灰度 BMP 图片。与存储空间相比,在信息的传输上对数据压缩提出了更高的要求。一路标准清晰度彩色电视对亮度分量 Y 和色度分量 R-Y、B-Y 的取样频率分别为 13.5MHz、6.75MHz、6.75MHz,每个数采用 8bit 量化,因此码率为:

$$(13.5+6.75+6.75)×8=216Mbit/s$$

这么大的数据量,是不可能不经压缩直接传输的。因此,对图像进行压缩,就成了当务之急。本章将介绍图像压缩的基本原理,并在 Visual C++中实现常用的压缩编码技术。

本章的知识和技术热点
(1)图像压缩的基本原理
(2)DCT 变换和量化
(3)预测编码
(4)霍夫曼编解码
(5)算术编码
(6)游程编码
(7)JPEG 和 JPEG2000 压缩标准
本章的典型案例分析
类似 JPEG 的图像压缩综合案例

10.1 图像压缩理论

图像数据可以被压缩的依据在于图像存在冗余性。其冗余性可以从空间、统计和视觉等方面进行阐述。香农定理告诉读者,压缩所能达到的极限就是该图像的信息量。图像压缩的失真大小可以用信噪比等指标进行衡量。

10.1.1 图像冗余

图像之所以可以被压缩,是因为存在冗余。图像可以用多种方式表示,假如采用方法一,保存需要 n_1 字节,采用方法二,保存需要 n_2 字节,则方法一相对于方法二的冗余可以表示为:

$$R_D = 1 - \frac{1}{C_R} \tag{10-1}$$

其中，C_R 为方法一对于方法二的压缩率，可以表示为：

$$C_R = \frac{n_1}{n_2} \tag{10-2}$$

若 $n_1 = 10n_2$，则说明，表示同样的信息，方法一需要相当于方法二 10 倍的空间，其冗余度为：

$$R_D = 1 - \frac{1}{10} = 90\% \tag{10-3}$$

在进行图像压缩时利用了图像 3 个方面的冗余性：像素冗余、统计冗余和视觉冗余。

1. 像素冗余

图像像素之间存在相关性。例如，在一张包含蓝天的图像中，蓝天部分的像素均为蓝色或接近蓝色。对于大部分物体，都必须在一定范围内拥有相同或近似的颜色或亮度才能引起人类的视觉兴奋，否则如果像素之间相互独立，灰度值随机出现，则只能表现为无意义的图像，如电视接收故障时出现的雪花点。

像素冗余可以分为空域的冗余和时间上的冗余。对于大部分图像而言，当前像素与其左方或上方的相邻像素有很强的相关性。图 10.1 为某测试图像，图 10.2 为其灰度直方图。

图 10.1 原始图像

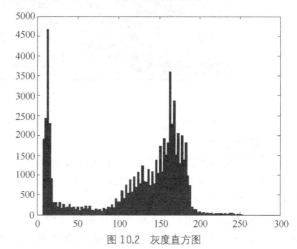

图 10.2 灰度直方图

将如图 10.1 所示图像中的像素减去其左方的像素（像素矩阵的第一列除外），所得结果及其灰度直方图如图 10.3 和图 10.4 所示。

图 10.3 相减后的图像

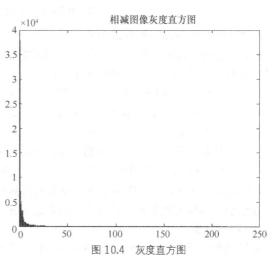

相减图像灰度直方图

图 10.4 灰度直方图

如图 10.2 所示，原图的像素点灰度值在 0～255 之间，需要 8bit 编码。而图 10.4 所示的直方图显示，相减之后的图像中大部分像素在 0～50 之间，其中像素值在 0～32 之间的像素占所有像素的 96%，像素值在 0～16 之间的像素占 92%。0～16 的像素值只需要用 4bit 即可完成编码。显然，经过空间上的简单相减操作，大大缩小了像素值的动态范围，缩小了编码所需要的比特数。

在视频中，一般每秒需要播放 24 张以上的图像，人眼才能形成连续的视觉。而 1/24s 之内图像的变化一般都比较微小，因而表现为时间上的相关性。如图 10.5 所示为一个视频序列第 0 帧和第 3 帧的图像，除了前景中人的手臂和船桨的运动以外，背景几乎没有太大变化。

图 10.5　视频序列

以上所述即为像素冗余，一般在编码中采用预测的方式消除空域和时间域上的像素冗余。

2. 统计冗余

统计冗余是最根本的冗余，对于任何数据都适用。文件压缩软件 WinRAR、WinZip、gzip 等均针对统计冗余设计压缩算法，以缩小数据的存储空间。统计冗余基于以下规律：在大部分数据文件中，不同的符号出现的概率并不相同。

以图像为例，设想一下，对于一幅灰度图像，原始图像相当于对 0～255 每个像素值均采用 8bit 编码。如果该图像中，灰度值为 0～79 的像素的各占总数的 1%，则 0～79 的像素共占所有像素的 80%，而灰度值为 80～255 的像素共占 20%，此时如果有某种方法，对出现概率高的 0～79 像素采用 7bit 编码，而对出现概率低的 80～255 像素采用 9bit 编码，则共需比特数为：

$$N \times 0.8 \times 7 + N \times 0.2 \times 9 = 7.4N$$

而原始图像所需比特数显然为 $8N$，这种方法只需要原始图像的 $7.4 / 8 = 92.5\%$ 空间即可。这事实上就是一种变长编码，其核心原理是，用短的码字编码那些出现概率大的字节，用长的码字编码那些出现概率小的字节，从而降低了平均码长。

这一点可以用生活经验进行解释。某 Windows 操作系统用户安装了很多软件，他希望每次启动一个程序或应用时需要单击鼠标的次数最少。那么他一定会将最常用的程序设置成桌面快捷方式或者将其放置到快速启动栏中，这样就可以通过 1 次鼠标单击来启动该程序。而对于不常用的软件则将其放在开始菜单中，需要使用的时候才打开开始菜单，找到该程序并启动，这需要 2～3 次鼠标的单击操作。对于极不常用的软件，考虑到占用硬盘空间等问题，甚至会在需要用的时候再重新安装，用完之后卸载，这一般需要 5 次以上的鼠标单击。总而言之，启动越常用的软件，花费的代价应该越小，这样才能使平均鼠标点击次数达到最小。

3. 视觉冗余

多媒体数据压缩相比文件数据的压缩，最大的区别在于文件压缩要求不可损，而多媒体数据则允许有损压缩。文件数据不可损的缘由是显而易见的，财务数据差一位小数点都将引起巨大的错误，文本出现误码将失去阅读意义。而多媒体数据主要用来观赏，在人眼可以接受的范围去除部分细节信息是可行的，这与人眼的以下特点有关。

（1）细节分辨率。在观察图像中的大块面积时，人眼才需要分辨出全部 256 个灰度等级，对于小块面积和精细细节，由于视觉的掩盖效应，人眼无法区分细致的灰度差别，因为不需要那么多灰度量化等级。对此，往往对图像进行频域变换，频域中的高频系数表示图像细节，在量化时，对高频系数采用更大的量化值。

（2）运动分辨率。对于标清电视来说，只有在观察静止图像时才需要 40 万以上的像素，物体快速运动时，只需采用较少的灰度等级。

（3）彩色分辨率。人眼视觉特性的研究表明，人眼对黑白图像的细节有较高的分辨力，而对彩色图像的细节分辨力较低，即"彩色细节失明"。在彩色图像的表示中，只有大面积部分需要在保留其亮度信息的同时还必须保留其色度成分。颜色的细节部分可以用亮度信号来取代，色度只需大致描述整个区域的颜色即可。这就是大面积着色原理。在量化时，色度的量化系数比亮度的量化系数更大，且在电视的 4:2:0 系统或 YUV 图像格式中，每 4 个亮度像素点对应一个色度像素点，大大减少了用于编码色度分量的比特数。

10.1.2　香农定理

既然统计冗余可以采用变长编码的方式消除，那么是否可以无限降低数据所占的空间呢？答案是否定的。显然不可能用一个字节来表示一部电影。数据大小的核心在于信息量，任何压缩手段（无损压缩）都不可能使压缩结果小于原数据的信息量大小，这就是香农第一定理——无损编码理论。

首先介绍信息量的概念，对于随机事件 ξ，假如其发生的概率为 $P(\xi)$，则其包含的信息量为：

$$I(\xi) = \log \frac{1}{P(\xi)} = -\log\big(P(\xi)\big) \tag{10-4}$$

显然，对于 $P(\xi)=1$ 的情况，信息量为 0，即：确定性时间不包含任何信息量。反过来，如果发生概率小的事件居然发生了，则包含了巨大的信息量。"爆炸性新闻"一般就是这种情况。

将一幅图像看作一个具有随机输出的信源，它从符号集 0～255 中产生符号序列。设信源符号集为 $B=\{b_i\}$，每个符号产生的概率分别为 $P(b_i)$，故单个符号的自信息为 $I(b_i)=-\log\big(P(b_i)\big)$，信源输出的平均信息可以用下式求得：

$$E(B) = -\sum_{i=1}^{n} P(b_i) \times \log\big(P(b_i)\big) \tag{10-5}$$

$E(B)$ 即信源的熵。熵代表了信源输出单个符号时包含的平均信息量的大小。当各个符号出现的概率均相等时，熵值达到最大。

对于符号 b_i，其自信息为 $I(b_i)=-\log\big(P(b_i)\big)$，因此可用长度为 $L(b_i)$ 的码子对其进行编码，$L(b_i)$ 满足：

$$I(b_i) \leqslant L(b_i) < I(b_i)+1 \tag{10-6}$$

图像由多个像素点构成，相当于信源产生了多个符号。则码字总长 L_{total} 满足：

$$\lim_{n \to \infty} \left[\frac{L_{\text{total}}}{n} \right] = E(B) \tag{10-7}$$

即平均码长将趋近于信源的熵。这就是香农第一定理，通过合理的编码方法，可以使平均码长逼近信源的熵，但不会比熵更小。定义编码效率为：

$$\eta = \frac{E(B)}{L_{\text{total}} / n} \tag{10-8}$$

η 值在 0～1 之间，越接近 1，表示编码效率越高，η 越小，表示编码效率越低。

10.1.3　保真度评价

图像允许有损压缩编码，其压缩效率/编码效率，上文已经给出了计算方法，而失真程度也需要量化的指标进行衡量。图像的主观质量只能依靠肉眼判断，客观质量一般采用信息噪声比（Signal-Noise-Rate，SNR）进行衡量。

有损压缩得到的图像与原图像已发生内容上的改变，对于 $M \times N$ 大小的图像，图像间的总体误差为：

$$e(x, y) = \sum_{i=0}^{M} \sum_{j=0}^{N} \left[f(x, y) - \hat{f}(x, y) \right] \tag{10-9}$$

$f(x, y)$ 为原始图像，$\hat{f}(x, y)$ 为编码压缩重建的图像。不同的图像具有不同的大小，因此应对每个像素计算平均值才能反映图像的差异。一般使用均方误差作为评价指标：

$$e = \left[\frac{1}{MN} \sum_{i=0}^{M} \sum_{j=0}^{N} \left[f(x, y) - \hat{f}(x, y) \right]^2 \right]^{1/2} \tag{10-10}$$

更可靠的方式还需要使用原始图像的均方和与均方误差相比，将比值作为衡量标准。定义信噪比 SNR：

$$SNR = 10 \times \log \left(\frac{\sum_{i=0}^{M} \sum_{j=0}^{N} \hat{f}(x, y)^2}{\sum_{i=0}^{M} \sum_{j=0}^{N} \left[f(x, y) - \hat{f}(x, y) \right]^2} \right) \tag{10-11}$$

或者使用峰值信噪比（Peak-Signal-Noise-Rate，PSNR）：

$$PSNR = 10 \times \log \left(\frac{255^2}{\sum_{i=0}^{M} \sum_{j=0}^{N} \left[f(x, y) - \hat{f}(x, y) \right]^2 / (MN)} \right) \tag{10-12}$$

如果两幅图像完全相同，上式分母为零，失去意义。此时可定义 PSNR 值为一个较大的整数，如 100。一般情况下，PSNR 值在 30 以上即可使人眼难以觉察图像的失真。

10.2　DCT 变换与量化

本节主要介绍 JPEG 标准中使用的 DCT 变换及其之后的量化步骤，并给出了一种实现。

10.2.1　DCT 变换原理

人类视觉直接感受到的是图像空间域的信号，但信号用频域的方式表示往往更方便分析。数字图像处理中常见的频域变换有以下几种。

- K-L 变换（Karhunen-Loeve Transform）。又称主分量变换或 Hotelling 变换。它是在最小均方误差准则下变换编码的最佳变换，能将信号在变换域的相关性全部解除。

- 离散傅里叶变换（Discrete Fourier Transform，FT）。傅里叶变换可进行图像的滤波，实现锐化或平滑操作，在本书第 6 章已有介绍。但傅里叶变换存在一个问题，即其变换结果为复数，因此存储的数据量相当于原来的两倍。

- 沃尔什-哈达玛变换（Walsh-Hadmard Transform，WHT）。是一种典型的非正弦函数变换，采用正交直角函数作为基函数，具有与傅里叶函数类似的性质，但计算简单得多。

- 离散余弦变换（Discrete Cosine Transform，DCT）。变换后系数均为实数，且低频系数集中于矩阵左上角，高频系数分布在右下角，广泛用于图像压缩。

- 小波变换（Wavelet Transform，WT）。具有多分辨率分析的特点，支持渐进传输。

其中 K-L 变换是一种最佳变换，但计算过于复杂，需要对待压缩的每一张图像分别求解变换基。实际应用中往往退而求其次，选择一种性能好、计算量可以接受的变换方法。典型的方法就是 DCT 变换，在 JPEG 标准中也采用 DCT 变换进行压缩。

DCT 变换的基本思路是将图像分解为 8×8 的子块或 16×16 的子块，并对每一个子块进行单独的 DCT 变换，然后对变换结果进行量化、编码。随着子块尺寸的增加，算法的复杂度急剧上升，因此，实用中通常采用 8×8 的子块进行变换，但采用较大的子块可以明显减少图像分块效应。

$M×N$ 矩阵的二维 DCT 变换的公式为：

$$F(u,v) = \frac{2}{\sqrt{MN}} C(u)C(v) \left[\sum_{i=0}^{M-1} \sum_{j=0}^{N-1} f(i,j) \frac{(2i+1)up}{2M} \frac{(2j+1)vp}{2N} \right] \qquad (10\text{-}13)$$

其中，$u = 0,1,\cdots,M-1$，$v = 0,1,\cdots,N-1$，且

$$C(u),C(v) = \begin{cases} \dfrac{1}{\sqrt{2}} & u,v=0 \\ 1 & \text{其他} \end{cases} \qquad (10\text{-}14)$$

二维 DCT 反变换与正变换核相同：

$$f(i,j) = \frac{2}{\sqrt{MN}} \sum_{u=0}^{M-1} \sum_{v=0}^{N-1} C(u)C(v)F(u,v) \frac{(2i+1)up}{2M} \frac{(2j+1)vp}{2N} \qquad (10\text{-}15)$$

其中，$i = 0,1,\cdots,M-1$，$j = 0,1,\cdots,N-1$，且

$$C(u),C(v) = \begin{cases} \dfrac{1}{\sqrt{2}} & u,v=0 \\ 1 & \text{其他} \end{cases} \qquad (10\text{-}16)$$

DCT 变换后，低频系数集中在矩阵左上角，其中第一个元素 $F(0,0)$ 代表了图像像素的直流分量，称为 DC 系数，其余元素代表了交流分量，称为 AC 系数。对于图像而言，低频分量能量较大，高频分量能量相对较小。测试图像与其 DCT 变换结果如图 10.6 所示，可见，变换后右下角部分大部分元素接近零，呈现暗区。

DCT 变换是可逆的，经过反变换，理论上可精确还原原有像素矩阵。但由于浮点数精度问

（a）测试图像　　　　（b）DCT变换

图 10.6　测试图像及其 DCT 变换

题，可能产生舍入误差。因此，在很多场合采用了经过改进的 DCT 整数变换，这样有以下两个好处。

（1）采用整数运算，不会有舍入误差的问题。

（2）整数运算的代价比乘法要小得多，可以通过整数加减和移位操作完成变换，有利于提高计算效率。

在 H.264 视频编码中，即采用了 4×4 数 DCT 变换。在实现时，先对每行做一维变换，再对每一列做一维变换，为减少运算量，每一步还可以采用蝶形算法。DCT 整数变换与原 DCT 变换的结果有微小差异，但由此引入的压缩效率下降得微乎其微，计算速度却得以大幅提高。

10.2.2　量化

以 JPEG 压缩标准为例介绍图像压缩中的量化操作。$N \times N$ 的像素块经过 DCT 变换后依然为 $N \times N$ 的块，变换本身无明显压缩作用。DCT 变换必须与量化配合使用才能得到较好的压缩效果。可以说，图像压缩的有损压缩的部分主要来自于量化。量化过程就是将每一个 DCT 系数除以一个固定常数，再四舍五入取最接近的整数。由于 DCT 变换已经将能量集中在块的左上角，很多高频系数非常小，经过量化后变为零，而剩下的系数也很大程度上缩小了动态范围，减少了编码所需的比特数。

考虑到人眼对灰度信号比色度信号更敏感，量化时设计了两份不同的量化表，如表 10.1 和表 10.2 所示。

表 10.1　　灰度量化表

16	11	10	16	24	40	51	61
12	12	14	19	26	58	60	55
14	13	16	24	40	57	69	56
14	17	22	29	51	87	80	62
18	22	37	56	68	109	103	77
24	35	55	64	81	104	113	92
49	64	78	87	103	121	120	101
72	92	95	98	112	100	103	99

表 10.2　　色度量化表

17	18	24	47	99	99	99	99
18	21	26	66	99	99	99	99
24	26	56	99	99	99	99	99
47	66	99	99	99	99	99	99
99	99	99	99	99	99	99	99
99	99	99	99	99	99	99	99
99	99	99	99	99	99	99	99
99	99	99	99	99	99	99	99

量化的特点可以概括为以下两点。

- 对低频分量采用细量化，对高频分量采用粗量化，相当于低通滤波器。
- 对灰度采用细量化，对色度采用粗量化。

以下为 8×8 的灰度矩阵 A。

$$A = \begin{bmatrix} 156 & 159 & 158 & 155 & 158 & 156 & 159 & 158 \\ 160 & 154 & 157 & 158 & 157 & 159 & 158 & 158 \\ 156 & 159 & 158 & 155 & 158 & 156 & 159 & 158 \\ 160 & 154 & 157 & 158 & 157 & 159 & 158 & 158 \\ 156 & 153 & 155 & 159 & 159 & 155 & 156 & 155 \\ 155 & 155 & 155 & 157 & 156 & 159 & 152 & 158 \\ 156 & 153 & 157 & 156 & 153 & 155 & 154 & 155 \\ 159 & 159 & 156 & 158 & 156 & 159 & 157 & 161 \end{bmatrix}$$

对 A 作 DCT 变换、量化后，得到 $B = Q(DCT(A))$，$Q(\bullet)$ 为量化。

$$B = \begin{bmatrix} 14 & 0 & -1 & 0 & 0 & 0 & 0 & 0 \\ -1 & 0 & 0 & 0 & 0 & 0 & 0 & 0 \\ 0 & 0 & 0 & 0 & 0 & 0 & 0 & 0 \\ 0 & 0 & 0 & 0 & 0 & 0 & 0 & 0 \\ 0 & 0 & 0 & 0 & 0 & 0 & 0 & 0 \\ 0 & 0 & 0 & -1 & -1 & 0 & 0 & 0 \\ 0 & 0 & 0 & 0 & 0 & 0 & 0 & 0 \\ 0 & 0 & 0 & 0 & 0 & 0 & 0 & 0 \end{bmatrix}$$

在 B 中只包含 5 个非零元素。

10.2.3 DCT 变换和量化的 Visual C++实现

在 Visual C++中实现了 DCT 变换和量化操作及其对应的逆操作。DCT 变换和反变换的核心函数如下所示，函数 dct8x8×和 idct8x8×用于对 8×8double 型数组进行变换，相关代码如下。

```
/********************************
void CImgProcess::dct8x8(double *in, double *out)
功能：执行 8x8DCT 变换
参数：
double *in:          输入的 8x8 double 一维数组指针
double *out:    输出的 8x8 double 一维数组指针
返回值：
无
********************************/
void CImgProcess::dct8x8(double *in, double *out)
{
    int i,j;

    // 每个像素减去 128，将动态范围调整为-128 至 127
    for (i=0; i<8; i++)
    {
        for (j=0; j<8; j++)
        {
            in[i*8+j] -= 128;
        }
    }
    for (i=0; i<8; i++)
    {
        for (j=0; j<8; j++)
        {
            double s=0;
            int m,n;
```

```
                for (m=0; m<8; m++)
                    for (n=0; n<8; n++)
                        s += in[m*8+n] * cos( (2*m+1)*PI*i/16 ) * cos( (2*n+1)*PI*j/16 );
                out[i*8+j] = s/4;
                if (i==0)
                    out[i*8+j] = out[i*8+j]/sqrt(2.0);
                if (j==0)
                    out[i*8+j] = out[i*8+j]/sqrt(2.0);
            }
        }
}
```

```
/********************************
void CImgProcess::idct8x8(double *in, double *out)
功能：执行 8x8DCT 逆变换
参数：
double *in:          输入的 8x8 double 一维数组指针
double *out:   输出的 8x8 double 一维数组指针
返回值：
无
********************************/
void CImgProcess::idct8x8(double *in, double *out)
{
    int i,j;
    for (i=0; i<8; i++)
    {
        for (j=0; j<8; j++)
        {
            double s=0;
            int m,n;
            for (m=0; m<8; m++)
            {
                for (n=0; n<8; n++)
                {
                    double f = in[m*8+n] * cos( (2*i+1)*PI*m/16 ) * cos( (2*j+1)*PI*n/16 );
                    if (m==0)
                        f = f/sqrt(2.0);
                    if (n==0)
                        f = f/sqrt(2.0);

                    s += f;
                }
            }
            out[i*8+j] = s/4;
        }
    }

    // 每个像素加上 128，将动态范围调整为 0 至 255
    for (i=0; i<8; i++)
    {
        for (j=0; j<8; j++)
        {
            out[i*8+j] += 128;
        }
    }
}
```

量化和反量化的核心函数编码如下。

```
/********************************
void CImgProcess::quant(double *in, int *out)
功能：执行量化操作，输入的 8x8 一维 double 数组，量化后输出 8x8 一维 int 数组
```

参数：

```
double *in:      输入的 8x8 double 一维数组指针
int *out:        输出的 8x8 int 一维数组指针
```

返回值：

无

```
*****************************/
void CImgProcess::quant(double *in, int *out)
{
      int i,j;
      for (i=0; i<8; i++)
      {
          for (j=0; j<8; j++)
          {
              double f = in[i*8+j] /double(Quant_table[i][j]);

              // 取整操作，很关键，处理不当会引入失真
              if (in[i*8+j]>=0)
                  out[i*8+j] = int(floor(f+0.5));
              else
                  out[i*8+j] = int(ceil(f-0.5));
              if (out[i*8+j]<-128)
                  out[i*8+j]=-128;
              if (out[i*8+j]>127)
                  out[i*8+j]=127;
          }
      }
}
/*******************************
void CImgProcess::iquant(int *in, double *out)
功能：执行反量化操作，输入的 8x8 一维 int 数组，反量化后输出 8x8 一维 double 数组
参数：
int *in:         输入的 8x8 int 一维数组指针
double *out:     输出的 8x8 double 一维数组指针
返回值：
无
*******************************/
void CImgProcess::iquant(int *in, double *out)
{
      int i,j;
      for (i=0; i<8; i++)
          for (j=0; j<8; j++)
              out[i*8+j] = in[i*8+j] * double(Quant_table[i][j]);
}
```

其中用到了灰度量化表 Quant_table[8][8]，在文件开头定义，编码如下。

```
// DCT 量化数组
int Quant_table[8][8]=
{
    16,11,10,16,24,40,51,61,
    12,12,14,19,26,58,60,55,
    14,13,16,24,40,57,69,56,
    14,17,22,29,51,87,80,62,
    18,22,37,56,68,109,103,77,
    24,35,55,64,81,104,113,92,
    49,64,78,87,103,121,120,101,
    72,92,95,98,112,100,103,99
};
```

以上 DCT 变换和量化函数只针对 8×8 块，以下函数调用了上述函数，对整幅图像进行分块（图像尺寸必须是 8 的整数倍），再依次进行变换和量化。

```
/*******************************
void CImgProcess::DCT_All(CImgProcess *pTo)
```

功能：对当前图像计算 DCT 变换和量化，再将结果存入 pTo 指针中
参数：
CImgProcess *pTo:　计算结果保存至 pTo 中
返回值：
无
****************************/

```cpp
void CImgProcess::DCT_All(CImgProcess *pTo)
{
    int wn=m_pBMIH->biWidth/8;
    int hn=m_pBMIH->biHeight/8;
    int i,j,m,n;
    for (i=0; i<hn; i++)
    {
        for (j=0; j<wn; j++)
        {
            // 用 GetGray 取出元素，转为 double 数组
            double din[64], dout[64];
            int iout[64];
            for (m=0; m<8; m++)
            {
                for (n=0; n<8; n++)
                {
                    din[m*8+n] = double(GetGray(j*8+n, i*8+m));
                }
            }

            // 对每个块做变换和量化
            dct8x8(din, dout);
            quant(dout, iout);

            // 调用 SetPixel，将结果写入到 pTo 中
            for (m=0; m<8; m++)
            {
                for (n=0; n<8; n++)
                {
                    unsigned char t=(unsigned char)(iout[m*8+n]+50);
                    pTo->SetPixel(j*8+n, i*8+m, RGB(t,t,t));
                }
            }

        }
    }
}


/****************************
void CImgProcess::iDCT_All(CImgProcess *pTo)
功能：对当前图像计算反量化和 DCT 反，再将结果存入 pTo 指针中
参数：
CImgProcess *pTo:　计算结果保存至 pTo 中
返回值：
无
****************************/
void CImgProcess::iDCT_All(CImgProcess *pTo)
{
    int wn=m_pBMIH->biWidth/8;
    int hn=m_pBMIH->biHeight/8;
    int i,j,m,n;
    for (i=0; i<hn; i++)
    {
        for (j=0; j<wn; j++)
        {
```

```
                              // 用 GetGray 取出元素，转为 double 数组
                              double dout1[64], dout2[64];
                              int iin[64];
                              for (m=0; m<8; m++)
                              {
                                  for (n=0; n<8; n++)
                                  {
                                      iin[m*8+n] = double(GetGray(j*8+n, i*8+m))-50;
                                  }
                              }

                              // 对每个块做反量化和反变换
                              iquant(iin, dout1);
                              idct8x8(dout1, dout2);

                              // 调用 SetPixel，将结果写入到 pTo 中
                              for (m=0; m<8; m++)
                              {
                                  for (n=0; n<8; n++)
                                  {
                                      double d=(dout2[m*8+n]);
                                      if(d<0)
                                          d=0.0;
                                      if(d>254.5)
                                          d=254.0;
                                      unsigned char t=(unsigned char)(int)(d+0.5);
                                      pTo->SetPixel(j*8+n, i*8+m, RGB(t,t,t));
                                  }
                              }
                          }
                      }
                  }
```

利用 DCT_All() 可实现图像的 DCT 变换和量化。DCT 变换和量化的完整示例被封装在 DIPDemo 工程中的视图类函数 void CDIPDemoView::OnDct1() 中，其中调用 DCT_All () 函数的代码片断如下所示。

```
    CImgProcess imgInput = pDoc->m_Image;

    // 检查图像是灰度图
    if (imgInput.m_pBMIH->biBitCount!=8)
    {
        AfxMessageBox("不是 8-bpp 灰度图像，无法处理！");
        return;
    }
    // 宽和高必须为 8 的整数倍
    if (imgInput.m_pBMIH->biWidth%8!=0 || imgInput.m_pBMIH->biHeight%8!=0)
    {
        AfxMessageBox("图像宽高不是 8 的整数倍，无法处理！");
        return;
    }
    CImgProcess imgOutput = imgInput;
    //
    imgInput.DCT_All(&imgOutput);
    pDoc->m_Image = imgOutput;
```

利用 iDCT_All() 可实现反量化和 DCT 反变换。反量化和 DCT 反变换的完整示例被封装在 DIPDemo 工程中的视图类函数 void CDIPDemoView::OnDct2() 中，其中调用 iDCT_All () 函数的代码片断如下所示。

```
    CImgProcess imgInput = pDoc->m_Image;

    // 检查图像是灰度图
```

```
if (imgInput.m_pBMIH->biBitCount!=8)
{
    AfxMessageBox("不是 8-bpp 灰度图像，无法处理！");
    return;
}
// 宽和高必须为 8 的整数倍
if (imgInput.m_pBMIH->biWidth%8!=0 || imgInput.m_pBMIH->biHeight%8!=0)
{
    AfxMessageBox("图像宽高不是 8 的整数倍，无法处理！");
    return;
}
CImgProcess imgOutput = imgInput;
//
imgInput.iDCT_All(&imgOutput);
```

读者可以通过光盘中示例程序 DIPDemo 中的菜单命令"图像压缩→DCT 变换+量化"来进行变换与量化操作，再通过菜单命令"图像压缩→反量化+DCT 逆变换"复原图像。依次执行这两个命令，测试结果如图 10.7 所示。

在图 10.7（a）中，由于经过了量化，一个 8×8 块中的非零系数比较稀少，而且量化后系数的动态范围变小，因而几乎看不到亮像素的存在，但根据它可以得到还原图像（如图 10.7（b）所示），还原结果与原始图像看不出明显的视觉差别。

（a）DCT+量化的结果　　（b）反量化+DCT反变换的结果

图 10.7　测试结果

10.3　预测编码

预测编码是经典的数据压缩编码，如 10.1 节所述，预测编码建立在像素冗余的基础上。主要通过前后像素的差分操作，编码其差分量，从而减少数据在时间和空间上的相关性，达到压缩数据的目的。

脉冲编码调制（Pulse Code Modulation，PCM）是将模拟量转为数字量的过程。直接用 PCM 来存储图像值存储量很大。可用差分脉冲编码调制（Differential Pulse Code Modulation，DPCM）来对实际值与估计值的差值进行编码。

根据信息论，对符号序列 $\{b_i, i=0,1,\cdots,K\}$ 的第 i 个符号的信息熵满足下式：

$$\log_2^K \geq E(b_i) \geq E(b_i \mid b_{i-1}) \cdots \geq E(b_i \mid b_{i-1}b_{i-1}\cdots b_1) > E_\infty \tag{10-17}$$

如果在第 i 个符号之前的符号已知的情况下进行预测，不确定性有可能减小，除非符号之间完全没有相关性。信源符号的相关性越大，预测得就越准。

DPCM 系统的编码器和解码器如图 10.8 所示，除了预测编码外，还加入了量化环节。

预测编码器输出的是实际值 b_i 与信号预测值 $\hat{b}_i$ 之间的差值 e_i：

$$e_i = b_i - \hat{b}_i \tag{10-18}$$

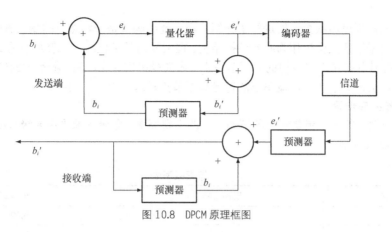

图 10.8　DPCM 原理框图

在解码端重建的值等于 e'_i 与上一个信源符号值之和：

$$b'_i = e'_i + \hat{b}_i \qquad (10\text{-}19)$$

这里需要注意的一个问题是，在编码端为什么要使用 $b'_i = e'_i + \hat{b}_i$ 进行预测，而不是 $b'_i = e_i + \hat{b}_i$？显然，传送到解码端的值是真实值经过差分编码、量化后的值。因此只有使用公式 $b'_i = e'_i + \hat{b}_i$ 计算预测值才能保证不引入更多的误差。

以上所述的例子只是简单地用前一个符号预测后一个符号的操作过程。实际采用的预测系统可能更为复杂，包括线性和非线性的，线性的预测系统可将预测的符号扩散到多个：

$$\hat{b}_i = \sum_{j=1}^{i-1} k_j b_j \qquad (10\text{-}20)$$

其中，k_j 为权重系数。

如果在计算时，当前实际值与预测的样本值之间的计算关系是非线性的，则称为非线性预测。此外，除了将信源符号作为一维的信号序列外，还可以进行二维预测，如视频编码标准 H.264 中，使用当前 4×4 块的左方和上方像素形成预测块进行帧内预测，如图 10.9 所示。

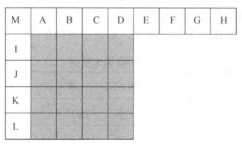

图 10.9　H.264 帧内预测

10.4　霍夫曼编码

用于消除统计冗余的编码为熵编码，是一种无损压缩方法。霍夫曼编码在相当长的时间内都是占统治地位的熵编码方法。在静止图像压缩标准 JPEG 中也使用了霍夫曼编码。

10.4.1　霍夫曼编码原理

在 10.1.1 小节统计冗余部分引入了可变长编码（Variable Length Coding，VLC）的概念，并用打开软件所需的鼠标单击次数为例进行了介绍。霍夫曼编码就是一种杰出的变长编码。

霍夫曼编码采用霍夫曼树作为底层数据结构。霍夫曼树是带权路径长度最小的二叉树，即最优二叉树。信源符号分布在霍夫曼树的叶子节点上，霍夫曼树构建完成后，概率大的信源符号离根节点距离最近，对应的码字较短，概率小的符号离根节点较远，对应的码字较长。

1. 霍夫曼编码步骤

（1）霍夫曼编码的第一步是统计各信源符号的出现概率。假设图像采用 8 级灰度，各级灰度值出现的次数如表 10.3 所示。

表 10.3　　　　　　　　　　　　　　　像素概率表

像素值	出现次数	出现概率
0	12370	0.19
1	13108	0.20
2	1928	0.03
3	14514	0.22
4	9602	0.15
5	1481	0.02
6	4229	0.06
7	8304	0.13

（2）构建霍夫曼树。需要对各概率值进行排序，排序之后取概率值最小的两个节点的概率值相加，作为这两个节点的父节点。用这个父节点代替这两个节点，在新的概率表中重新寻找概率最小的两个节点，如此循环操作。8 个节点需要进行 7 次操作，最终得到根节点。根节点的概率值必为1，如表 10.4 所示。

第一轮概率值最小的是 0.03 与 0.02，将两者合并，得到其父节点 0.05，并将两者概率大的那个（即 0.03）编码为 1，概率小的那个（即 0.02）编码为 0。这是第一次循环。

第二次循环，找到概率最小的两个节点为 0.05 和 0.06，将两者合并，得到父节点 0.11，并将两者概率大的那个（即 0.06）编码为 1，概率小的那个（即 0.05）编码为零。反复循环，最终只剩两个元素 0.42 与 0.58，将两者合并，得到根节点，并将两者之中概率大的那个节点（0.58）编码为1，概率小的那个节点（0.42）编码为零。至此，霍夫曼树构建完毕。

表 10.4　　　　　　　　　　　　　　　　构建霍夫曼树

像素值	概率	第 1 次	第 2 次	第 3 次	第 4 次	第 5 次	第 6 次	第 7 次
3	0.22	0.22	0.22	0.22	0.22（1）	0.42	0.42（0）	1
1	0.20	0.20	0.20	0.20	0.20（0）			
0	0.19	0.19	0.19	0.19（1）	0.34	0.34（1）	0.58（1）	
4	0.15	0.15	0.15	0.15（0）				
7	0.13	0.13	0.13（1）	0.24	0.24	0.24（0）		
6	0.06	0.06（1）	0.11（0）					
2	0.03（1）	0.05（0）						
5	0.02（0）							

（3）对图像进行编码。对于图像中出现的像素，采用如表 10.4 所示的编码方式进行编码。从根节点往下搜寻，依次将对应的 0/1 码字相连，即可得相应符号的编码。例如，对于灰度值为 6 的像素，依次经过"1"、"0"、"0"、"1"，最终到达根节点，逆序之后，得到编码模式为 1001；灰度值为 5 的像素，依次经过"0"、"0"、"0"、"0"、"1"，将其相连，逆序之后，得到编码模式为 10000。各符号的编码模式和码长如表 10.5 所示。

表 10.5 编码模式

符号	0	1	2	3	4	5	6	7
编码模式	111	00	10001	01	110	10000	1001	101
码长	3	2	5	2	3	5	4	3
概率	0.19	0.20	0.03	0.22	0.15	0.02	0.06	0.13

根据各符号的概率值和相应的码长，可计算编码的平均码长如下：

$$L_{total}/n = 3\times0.19+2\times0.2+5\times0.03+2\times0.22+3\times0.15+5\times0.02+4\times0.06+3\times0.13$$
$$= 2.74$$

显然，如果采用普通的编码方式，8 个灰度级需采用 3bit 进行编码，因此该压缩算法的压缩率为 $2.74/3 = 91.33\%$。

根据熵的定义，可计算信源的熵值：

$$E(B) = -\{0.19\times\log0.19 + 0.2\times\log0.2 + 0.03\times\log0.03 + 0.22\times\log0.22 +$$
$$0.15\times\log0.15 + 0.02\times\log0.02 + 0.06\times\log0.06 + 0.13\times\log0.13\}$$
$$= 2.7016$$

根据定义，该压缩算法编码效率为 $\dfrac{2.7016}{2.74} = 98.6\%$，原始非压缩的编码方法的编码效率为 $\dfrac{2.7016}{3} = 90.05\%$。编码效率越接近 1，表示压缩效率越好，霍夫曼压缩算法的编码效率明显优于原始非编码算法。

2. 霍夫曼解码

应当注意的是，在用霍夫曼算法压缩时，必须将霍夫曼树与已压缩数据一同保存，这样在解码时才能根据霍夫曼树顺利解码。霍夫曼编码是非续长码，意味着任意一个码子均不是另一码子的前缀。这样的特性有一个非常大的好处，即解码时只需要遍历霍夫曼树，将树中每一个码字与压缩数据中的码字对比，遇到霍夫曼树中任意一个相符的码字，即可解码一个符号。这样，霍夫曼编码在不用保存每个码字长度的情况即可做到无歧义解码。

以如表 10.5 所示的编码模式为例，对于编码串"001000101101111"，首先按顺序遍历霍夫曼树，遇到"00"，对应像素 1，故解码得 1，待解码的编码串变为"1000101101111"。再次遍历霍夫曼树，遇到"10001"，对应像素 2，故解码得 2，待解码的编码串变为"01101111"。继续遍历，依次解码得到 3、7、0，因此编码串"001000101101111"的解码结果为 5 个像素值：1、2、3、7、0。

霍夫曼编码每次进行编码都要先统计待压缩数据的概率分布，重建霍夫曼树。如果被压缩数据呈现某种一般规律，也可以事先经过大量统计，得到一种较通用的霍夫曼树备用。这样做有如下好处。

（1）节省压缩时间。免去了统计概率分布和重建霍夫曼树的计算时间。

（2）节省空间。使用通用的霍夫曼树得到的压缩结果是一种准最优压缩，因为其霍夫曼树采用的概率分布可能与具体待压缩的材料并不精确相符。但这样可以免去存储霍夫曼树本身的空间，霍夫曼码表已经内化到压缩算法中了。

10.4.2　霍夫曼编码的 Visual C++实现

在 Visual C++中实现霍夫曼编码，可以对输入的任意文件进行编码，并输出以 ".huf" 为后缀的压缩结果。

首先在 Visual C++中定义一个类，用于霍夫曼编码。以下为 Huffman.h 文件的内容。

```
// Huffman.h
// 霍夫曼编码头文件
#ifndef _HUFFMAN_H_
#define _HUFFMAN_H_

#include <stdio.h>
#include <string.h>
#include <stdlib.h>

// 节点结构体
typedef struct huffNode
{
    int parent,lchild,rchild;
    unsigned long count;        // 字符出现的次数
    unsigned char c;            // 对于的字符
    char bits[256];             // 编码串
}HuffNode;

#define N_Node 512              // 256 个字符，需要 511 个节点才能构成霍夫曼树

class HuffCode
{

public:
    HuffCode():m_fpInfile(NULL), m_fpOutFile(NULL){}
    ~HuffCode(){ xInit_Tree(); }

    // 设置输入文件指针
    void SetInputFile(FILE *fpInfile)
    {
        m_fpInfile = fpInfile;
    }

    // 设置输出文件指针
    void SetOutputFile(FILE *fpOutFile)
    {
        m_fpOutFile = fpOutFile;
    }

    // get 函数
    double GetRawFileEntropy();
    double GetAverCodeLen();
    double GetRate(){return double(m_nCompressFile)/double(m_nRawFile);}
    unsigned int GetRawSize() {return m_nRawFile;}
    unsigned int GetNUsedChar() {return m_nUsedChar;}
    unsigned int GetMaxCodeLen() {return m_nMaxCodeLen;}

    void BuildTree();                    // 构建霍夫曼树
    unsigned int EncodeFile();           // 编码
    unsigned int DecodeFile();           // 解码
public:
    HuffNode m_HTree[N_Node];            // 霍夫曼节点数组
```

```
private:
    FILE *m_fpInfile;                    // 输入文件指针
    FILE *m_fpOutFile;                   // 输出文件指针
    unsigned int m_nRawFile;            // 未压缩文件字节数
    unsigned int m_nCompressFile;       // 压缩文件字节数
    unsigned int m_nUsedChar;           // 使用到的字符个数
    unsigned int m_nMaxCodeLen;         // 最长编码串的长度

private:
    void xInit_Tree();                   // 初始化每个节点
};

#endif
```

Huffman.h 文件中定义了节点结构体 HuffNode，霍夫曼编码类 HuffCode。以下为实现文件
Huffman.cpp 的内容。

```
// Huffman.cpp
// 霍夫曼编码实现文件

#include "Huffman.h"
#include <math.h>


/****************************************************
unsigned int HuffCode::DecodeFile()
功能:   设置输入文件指针和输出文件指针后进行霍夫曼解码
参数:   无
返回值: unsigned int，解码得到的原始文件字节数
****************************************************/
unsigned int HuffCode::DecodeFile()
{
    xInit_Tree();
    if (NULL == m_fpInfile || NULL == m_fpOutFile)
    {
        return -1;
    }
    fseek(m_fpInfile, 0, 2);
    m_nCompressFile = ftell(m_fpInfile);
    fseek(m_fpInfile, 0, 0);
    // 读取头信息:
    // m_nRawFile: 原始文件的长度
    // m_nUsedChar:有用的字符数
    // m_nMaxCodeLen: 最大码长
    // m_HTree:霍夫曼表
    fread(&m_nRawFile, sizeof(unsigned int),1,m_fpInfile);
    fread(&m_nUsedChar, sizeof(unsigned int),1,m_fpInfile);
    fread(&m_nMaxCodeLen, sizeof(unsigned int),1,m_fpInfile);

    unsigned int i;
    for(i=0; i<=m_nUsedChar; i++)
    {
        fread(&m_HTree[i].c, sizeof(unsigned char), 1, m_fpInfile);
        fread(&m_HTree[i].bits, m_nMaxCodeLen, 1, m_fpInfile);
    }

    // 开始解压文件
    unsigned int nOutChar = 0;
    unsigned char c;        // 读取的字符
    char ac_digital[256]; // 读到的字符转为二进制字符串
    char buffer[256];       // 总的二进制字符串
```

```
        buffer[0] = '\0';
        while(true)
        {
            // 读取 m_nMaxCodeLen 个 bit 到 buffer 中
            while(strlen(buffer) < m_nMaxCodeLen)
            {
                fread(&c,1,1,m_fpInfile);
                int k=c;
                _itoa_s(k, ac_digital, 2);
                k=strlen(ac_digital);
                int l;
                for(l=8;l>k;l--)   //在单字节内对相应位置补 0
                {
                    strcat(buffer,"0");
                }
                strcat(buffer,ac_digital);
            }
            // buffer 与码表中的值比较
            unsigned int i;
            for(i=0; i<=m_nUsedChar; i++)
            {
                if( memcmp(m_HTree[i].bits, buffer, strlen(m_HTree[i].bits)) == 0)
                {
                    break;
                }
            }
            strcpy(buffer, buffer+strlen(m_HTree[i].bits));
            c = m_HTree[i].c;
            fwrite(&c, 1, 1, m_fpOutFile);
            m_HTree[i].count++;
            //统计解缩后文件的长度，判断是否解压完成
            nOutChar++;
            if(nOutChar == m_nRawFile)
                break;
        }
        return nOutChar;
}


/****************************************************
unsigned int HuffCode::EncodeFile()
功能：  设置输入文件指针和输出文件指针后进行霍夫曼编码
参数：  无
返回值：unsigned int，压缩后的文件的字节数
****************************************************/
unsigned int HuffCode::EncodeFile()
{
    if (NULL == m_fpInfile || NULL == m_fpOutFile)
    {
        return -1;
    }

    // 写头信息：
    // 原文件总长度，4 字节
    // 用到的字符个数，4 字节
    // 最大码长，4 字节
    // 霍夫曼码表
    fseek(m_fpOutFile,0,0);
    fwrite(&m_nRawFile, sizeof(unsigned int), 1, m_fpOutFile);
    fwrite(&m_nUsedChar, sizeof(unsigned int), 1, m_fpOutFile);
    fwrite(&m_nMaxCodeLen, sizeof(unsigned int), 1, m_fpOutFile);
    unsigned int i;
    for(i=0; i<=m_nUsedChar; i++)
    {
        fwrite(&m_HTree[i].c, sizeof(unsigned char), 1, m_fpOutFile);
```

```
                fwrite(&m_HTree[i].bits, m_nMaxCodeLen, 1, m_fpOutFile);
        }

        // 压缩主文件
        char buf[N_Node];        // 存放编码结果
        int j = 0;               // 读取位置游标
        int c;                   // 读取的字符
        int k;
        unsigned int n_wr = 12+(1+m_nMaxCodeLen)*(m_nUsedChar+1);  // 写入的字节数

        buf[0] = '\0';
        fseek(m_fpInfile, 0, SEEK_SET);
        while(!feof(m_fpInfile))
        {
                c = fgetc(m_fpInfile);
                j++;
                for(i = 0; i <= m_nUsedChar; i++)
                {
                        if(m_HTree[i].c == c)
                                break;
                }
                strcat(buf, m_HTree[i].bits);


                // 累计编码位数超过一个字节，即对文件执行写入
                k = strlen(buf);
                c = 0;
                while(k>=8)
                {
                        for(i=0;i<8;i++)
                        {
                                if(buf[i]=='1')
                                        c=(c<<1)|1;
                                else
                                        c=c<<1;
                        }
                        fwrite(&c,1,1,m_fpOutFile);
                        n_wr++;
                        strcpy(buf, buf+8);
                        k = strlen(buf);
                }
                if(j == m_nRawFile)
                        break;
        }
        if( k>0 )                //可能还有剩余字符
        {
                strcat(buf,"00000000");
                for(i=0; i<8; i++)
                {
                        if(buf[i] == '1')
                                c = (c<<1)|1;
                        else
                                c = c<<1;
                }
                fwrite(&c, 1, 1, m_fpOutFile);
                n_wr++;
        }
        m_nCompressFile = n_wr;
        return n_wr;
}

/**************************************************/
void HuffCode::xInit_Tree()
功能:    初始化每个霍夫曼树节点
参数:    无
```

```
返回值：无
***************************************************/
void HuffCode::xInit_Tree()
{
    int i;
    // -1 表示没有父母或子女
    for(i=0;i<N_Node;i++)
    {
        // 出现的次数为零
        m_HTree[i].count=0;
        // 各节点表示的字符
        m_HTree[i].c=(unsigned char)i;
        m_HTree[i].lchild=-1;
        m_HTree[i].parent=-1;
        m_HTree[i].rchild=-1;
    }
}


/***************************************************
double HuffCode::GetInFileEntropy()
功能：   返回未压缩文件的熵值
参数：   无
返回值：double，未压缩文件的熵值
***************************************************/
double HuffCode::GetRawFileEntropy()
{
    if (NULL==m_fpInfile)
        return -1.0;
    unsigned int i;
    double entropy=0.0;

    for (i=0; i<=m_nUsedChar; i++)
    {

        if (m_HTree[i].count != 0)
        {
            double rate = 1.0*m_HTree[i].count/(double)m_nRawFile;
            entropy += rate*log(double(rate))/log(2.0);
        }
    }

    return -entropy;
}


/***************************************************
double HuffCode::GetAverCodeLen()
功能：   计算编码的平均码长
参数：   无
返回值：double，编码的平均码长
***************************************************/
double HuffCode::GetAverCodeLen()
{
    if (NULL==m_fpInfile)
        return -1.0;
    unsigned int i;
    double len=0.0;
    int s=0;
    for (i=0; i<=m_nUsedChar; i++)
    {
        if (m_HTree[i].count != 0)
        {
            len+=strlen(m_HTree[i].bits)*m_HTree[i].count;
            s+=m_HTree[i].count;
        }
```

```
        }
        return len*1.0/s;;
}

/*************************************************
void HuffCode::BuildTree()
功能:   根据 m_fpInfile 指定的文件, 读取文件内容, 构建霍夫曼树
参数:   无
返回值: 无
*************************************************/
void HuffCode::BuildTree()
{
        int i,j,k;

        // 1.初始化树
        xInit_Tree();

        // 2.统计输入文件中各个字符出现次数
        m_nRawFile = 0;
        unsigned char c;
        while(!feof(m_fpInfile))
        {
            fread(&c,1,1,m_fpInfile);
            m_HTree[c].count++;
            m_nRawFile++;
        }
        m_nRawFile--;
        m_HTree[c].count--;

        // 3.count 为 0 的不要, 按 count 从大到小排列
        HuffNode temp;
        for(i=0;i<255;i++)
        {
            for(j=i+1;j<256;j++)
            {
                if(m_HTree[i].count<m_HTree[j].count)
                {
                    temp=m_HTree[i];
                    m_HTree[i]=m_HTree[j];
                    m_HTree[j]=temp;
                }
            }
        }

        // 4.统计有用字符数
        for(i=0;i<256;i++)
            if(m_HTree[i].count==0)
                break;
        m_nUsedChar = i-1;

        // 5.构建霍夫曼树
        unsigned int min_count;          // count 的最小值
        int m=2*i-1;                     // 整棵树共有 m 个节点
        int min_index;                   // 最小 count 值节点的序号
        for(i=m_nUsedChar+1; i<m; i++)
        {
            min_count=UINT_MAX;
            for(j=0;j<i;j++)
            {
                // 在没有父节点的节点中寻找最小 count 值, 若有父节点则跳过
                if(m_HTree[j].parent!=-1)
                    continue;
                if(min_count > m_HTree[j].count)
                {
```

```
                            min_index=j;
                            min_count=m_HTree[min_index].count;
                    }
            }
            // pt 是 i 的左孩子
            m_HTree[i].count=min_count;
            m_HTree[min_index].parent=i;
            m_HTree[i].lchild=min_index;

            min_count=UINT_MAX;
            for(j=0;j<i;j++)
            {
                    // 在没有父节点的节点中寻找最小 count 值，若有父节点则跳过
                    if(m_HTree[j].parent!=-1)
                        continue;
                    if(min_count>m_HTree[j].count)
                    {
                            min_index=j;
                            min_count=m_HTree[min_index].count;
                    }
            }
            // pt 是 i 的右孩子
            m_HTree[i].count += min_count;
            m_HTree[min_index].parent=i;
            m_HTree[i].rchild=min_index;
    }

    // 6.为每个有权值的字符编码
    for(i=0; i<=m_nUsedChar; i++)
    {
        k=i;
        m_HTree[i].bits[0]=0;
        // 一直向上追溯，到达根节点为止，记录各个节点的编码符号，形成编码字符串，如 "00110"
        while(m_HTree[k].parent != -1)
        {
            j=k;
            k=m_HTree[k].parent;
            // 当前节点是父节点的左节点
            // 编码为 0
            if(m_HTree[k].lchild==j)
            {
                j=strlen(m_HTree[i].bits);
                memmove(m_HTree[i].bits+1,m_HTree[i].bits,j+1);
                m_HTree[i].bits[0]='0';
            }
            // 当前节点是父节点的右节点
            // 编码为 1
            else
            {
                j=strlen(m_HTree[i].bits);
                memmove(m_HTree[i].bits+1, m_HTree[i].bits, j+1);
                m_HTree[i].bits[0]='1';
            }
        }
    }

    // 7.记录最长的编码长度
    m_nMaxCodeLen=0;
    for(i=0;i<=m_nUsedChar;i++)
    {
        if(m_nMaxCodeLen<strlen(m_HTree[i].bits))
            m_nMaxCodeLen=strlen(m_HTree[i].bits);
    }

}
```

以上霍夫曼编码类 HuffCode 在霍夫曼编码对话框中被调用的代码，在对话框类中维护一个 HuffCode 类的对象。在 Visual C++中添加对话框如图 10.10 所示。

对话框功能说明如下。

图 10.10　霍夫曼编码对话框

（1）单击第一个"浏览"按钮可以打开一个文件选择对话框，选取输入的待编码文件。

（2）第二个"浏览"按钮设置输出文件的路径。

（3）选择好输入文件和输出文件路径后，单击"编码"按钮可以对输入文件进行霍夫曼编码，将结果保存在输出文件中。在"编码"按钮的消息响应函数 void CDlgHuffman::OnBnClicked ButtonEncode()中，使用霍夫曼编码类 HuffCode 的对象，并调用相应函数完成编码。代码片段如下。

```
FILE *iFile, *oFile;
if ((iFile = fopen (m_inFilePath, "rb")) == NULL)
{
    AfxMessageBox ("输入文件打不开!\n");
    return;
}
if ((oFile = fopen (m_OutFilePath, "wb")) == NULL)
{
    AfxMessageBox ("输出文件无法创建!\n");
    return;
}
huffcode.SetInputFile(iFile);
huffcode.SetOutputFile(oFile);
huffcode.BuildTree();
huffcode.EncodeFile();
fclose(iFile);
fclose(oFile);
```

（4）若进行解码，在选择输入文件时应选择后缀为".huf"的文件，随后可以单击"解码"按钮进行解码。在解码按钮的消息响应函数 void CDlgHuffman::OnBnClickedButtonDecode()中，使用 HuffCode 对象完成解码，代码片段如下。

```
FILE *iFile, *oFile;
if(m_inFilePath.Right(3)!="huf")
{
    AfxMessageBox ("输入文件应为(*.huf)文件!\n");
    return;
}
if ((iFile = fopen (m_inFilePath, "rb")) == NULL)
{
    AfxMessageBox ("输入文件打不开!\n");
    return;
}
if ((oFile = fopen (m_OutFilePath, "wb")) == NULL)
{
    AfxMessageBox ("输出文件无法创建!\n");
    return;
}
huffcode.SetInputFile(iFile);
huffcode.SetOutputFile(oFile);
huffcode.DecodeFile();
fclose(iFile);
fclose(oFile);
```

读者可以通过光盘中示例程序 DIPDemo 中的菜单命令"图像压缩→霍夫曼编解码"来打开霍

夫曼编、解码对话框，进行编、解码操作。在对话框中设置好输入、输出文件，单击"编码"按钮，编码结果如图 10.11 所示。

　　在如图 10.11 所示的测试中，图像文件的熵为 7.05，平均码长为 7.08，编码效率为 99.5%，压缩效率为 94.3%，输出文件为 man.bmp.huf。注意，编码效率为熵值与平均码长之比，而压缩效率为压缩文件大小与原始文件大小之比。这里的压缩文件已将霍夫曼码表等头信息计算在内。

　　再选择 man.bmp.huf 文件作为输入文件进行解码，结果如图 10.12 所示。

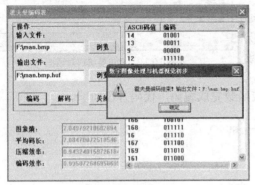

图 10.11　编码结果

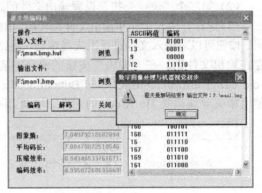

图 10.12　解码结果

10.5　算术编码

　　霍夫曼编码虽然被称为最优编码，但也存在一些问题。例如，其编码的码字长度必为整数位。这是很显然的，对于一个出现概率为 $p(b_i)=1/3$ 的符号 b_i，其信息量为

$$-\log\left[\,p(b_i)\,\right]\approx1.59$$

　　因此，要达到最高的编码效率，应为其分配长度为 1.59 的码字，这显然不可实现。同样，对于概率为 $p(b_i)=2/3$ 的符号，其信息量为 0.59，但编码时至少要为其分配一个比特的码字。这样就使得进一步提高压缩效率变得非常困难。

　　20 世纪 60 年代，Elias 提出了算术编码的概念，但没有公布其发现。1976 年，R. Pasco 和 J. Rissanen 分别用定长的寄存器实现了有限精度的算术编码。1979 年 Rissanen 和 G. G. Langdon 一起将算术编码系统化，并于 1981 年实现了二进制编码，从此算术编码逐渐走入实用，目前算术编码受专利保护。

10.5.1　算术编码原理

1. 算术编码原理

　　算术编码采用了与霍夫曼编码截然不同的思路，使用一个浮点数来表示信源符号，这样就绕开了整数位编码的限制。当然，最终的编码码字依然是整数位的。

　　首先给出一个前闭后开区间 $[low,high)$，用于表示符号流，当信源符号输入完毕后，用一个二进制符号串来表示该区间，即完成编码。在没有符号输入时，该区间为 $[0,1)$。随着符号的输入，区间逐渐减小。每次减小的程度与新输入的符号的先验概率有关。

　　● 若该符号的先验概率较大，则区间减小的程度较小，这样，表示该浮点数所需的比特位就较短。

　　● 若该符号的先验概率较小，则区间减小的程度较大，这样，表示该浮点数所需的比特位就较长。

总体来说，由于先验概率小的符号出现得少，因此表示该区间所需的比特位被最大程度地缩短了。最终，算术编码产生一个大于 0，小于 1 的浮点数，这个数值可以被唯一解码，从而恢复原始信源符号。

算术编码步骤如下。

（1）定义区间长度 $range = high - low$。$high$ 和 low 分别为区间上下限。符号 a 的区间上下限为 $H(a)$、$L(a)$。起始区间为 $[0,1)$。

（2）输入符号 a 时，按下式更新 $high$、low 和 $range$：

$$high = low + range \times H(a) \tag{10-21}$$

$$low = low + range \times L(a) \tag{10-22}$$

$$range = high - low \tag{10-23}$$

依次输入符号，反复执行步骤 2，最后将最终的区间 $[low, high)$ 表示为二进制序列即可。对于解码器而言，得到该区间内任一数字均可实现完全解码。从该区间取一浮点数 f 进行解码。

（1）查概率表，确定 f 落在哪一个区间范围，输出该区间范围对应的符号 a。

（2）从编码数值 f 中消除已解码符号的影响。根据 a 对应的区间上下限 $H(a)$、$L(a)$，调整 f 的值。

$$f = \frac{(f - L(a))}{H(a) - L(a)} \tag{10-24}$$

重复以上两个步骤，直到整个符号流解码完毕。

2. 算术编码举例

以一个实例来说明算术编码的过程。表 10.6 给出了 4 个信源符号及其出现的先验概率。按其概率大小，将 $[0,1)$ 划分为 4 段，每段长度与概率成正比。

表 10.6　　信源概率表

符号	概率	分配区间
a_1	0.1	$[0, 0.1)$
a_2	0.2	$[0.1, 0.3)$
a_3	0.3	$[0.3, 0.6)$
a_4	0.4	$[0.6, 1)$

输入符号 "$a_4\ a_3\ a_4\ a_2\ a_3$"，步骤如下。

（1）初始化 $high = 1$，$low = 0$，$range = 1$。

（2）输入第 1 个符号 a_4，因为 $H(a_4) = 1$，$L(a_4) = 0.6$，故

$$high = low + range \times H(a_4) = 0 + 1 \times 1 = 1$$

$$low = low + range \times L(a_4) = 0 + 1 \times 0.6 = 0.6$$

$$range = high - low = 1 - 0.6 = 0.4$$

（3）输入第 2 个符号 a_3，因为 $H(a_3) = 0.6$，$L(a_3) = 0.3$，故

$$high = low + range \times H(a_3) = 0.6 + 0.4 \times 0.6 = 0.84$$

$$low = low + range \times L(a_3) = 0.6 + 0.4 \times 0.3 = 0.72$$

$$range = high - low = 0.84 - 0.72 = 0.12$$

（4）输入第 3 个符号 a_4，因为 $H(a_4)=1$，$L(a_4)=0.6$，故

$$high = low + range \times H(a_4) = 0.72 + 0.12 \times 1 = 0.84$$
$$low = low + range \times L(a_4) = 0.72 + 0.12 \times 0.6 = 0.792$$
$$range = high - low = 0.84 - 0.792 = 0.048$$

（5）输入第 4 个符号 a_2，因为 $H(a_2)=0.3$，$L(a_2)=0.1$，故

$$high = low + range \times H(a_2) = 0.792 + 0.048 \times 0.3 = 0.8064$$
$$low = low + range \times L(a_2) = 0.792 + 0.048 \times 0.1 = 0.7968$$
$$range = high - low = 0.8064 - 0.7968 = 0.0096$$

（6）输入第 5 个符号 a_3，因为 $H(a_3)=0.6$，$L(a_3)=0.3$，故

$$high = low + range \times H(a_3) = 0.7968 + 0.0096 \times 0.6 = 0.8026$$
$$low = low + range \times L(a_3) = 0.7968 + 0.0096 \times 0.3 = 0.7997$$
$$range = high - low = 0.8026 - 0.7997 = 0.0029$$

最终得到区间 $[0.7997,0.8026]$，该区间中任意一个数字均可用来表示码流。这里取区间下限 0.7997。图 10.13 清晰地给出了编码过程。

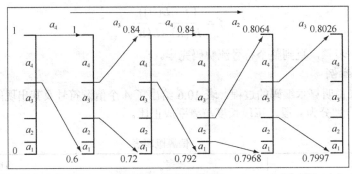

图 10.13　编码过程

解码时，根据编码数值 0.7997 和概率表（见表 10.6）计算编码符号。

（1）首先，$f=0.7997$ 落在 $[0.6,1)$ 区间内，解码得到第一个符号，即 $[0.6,1)$ 区间对应的 a_4，再更新 f：

$$f = \frac{(f - L(a))}{H(a) - L(a)} = \frac{(0.7997 - 0.6)}{1 - 0.6} = 0.4992$$

（2）0.4992 在区间 $[0.3,0.6)$ 内，输出对应的符号 a_3，更新 f：

$$f = \frac{(f - L(a))}{H(a) - L(a)} = \frac{(0.4992 - 0.3)}{0.6 - 0.3} = 0.6640$$

（3）0.6640 在区间 $[0.6,1)$ 内，解码得到 a_4，更新 f：

$$f = \frac{(f - L(a))}{H(a) - L(a)} = \frac{(0.6640 - 0.6)}{1 - 0.6} = 0.16$$

（4）0.16 在区间 $[0.1,0.3)$ 内，解码得到 a_2，更新 f：

$$f = \frac{(f - L(a))}{H(a) - L(a)} = \frac{(0.16 - 0.1)}{0.3 - 0.1} = 0.3$$

（5）0.3 在区间 $[0.3,0.6)$ 内，解码得到 a_3，更新 f：

$$f = \frac{(f-L(a))}{H(a)-L(a)} = \frac{(0.3-0.3)}{0.6-0.3} = 0$$

最终 f 结果为零，至此，解码完毕，输出符号 " $a_4\ a_3\ a_4\ a_2\ a_3$ "。

以上为基本算术编码的原理。算术编码还有一系列改进算法，目前改进的方向主要有以下两个。

（1）自适应算术编码。根据信源符号的输入，动态更新概率表。

（2）采用上下文技术。如对于二进制算术编码，基本的算术编码只考虑了"0"、"1"的出现概率，而基于上下文的算术编码还要考虑"00"、"01"、"10"、"11"的出现概率，可以达到更高的压缩比。

10.5.2　算术编码的 Visual C++实现

根据输入符号个数的不同，算术编码可分为二进制算术编码和多进制算术编码。为简单起见，这里实现一个基本二进制算术编码方案，即输入符号只包含"0"或"1"。由于任意符号最后均可用二进制符号表示，因此对本算法稍加扩展，即可用来压缩包括图像和其他文件在内的任意数据。

算术编码中符号的概率可事先给出。这里可以事先设定概率值，也可以由程序自动计算输入序列中"0"的出现频率作为概率值。对话框界面如图 10.14 所示。

"0"的概率可由用户输入一个 0～1 之间的浮点数给出，若输入一个负值（如 –1.0），表示由程序自动统计概率。

编码和解码的核心函数代码如下。

图 10.14　算术编码对话框

```
/********************************
void CDlgArith::arith_Encode(const char *in, int n,
double p, char *out, int &outN)
功能: 输入长为 n 的二进制序列 in, 输出编码结果 out, out 长度为 outN。
参数:
const char *in:      输入 01 序列如 "001100110"
int n:               输入 01 序列的长度
double p:            0 的先验概率
char *out:           输出的编码结果, 也是二进制序列
int &outN:           输出结果的长度
返回值:
无
********************************/
void CDlgArith::arith_Encode(const char *in, int n, double p, char *out, int &outN)
{
    if(in==NULL || n<=0)
        return ;

    double low=0.0;
    double high=1.0;
    double range=high-low;
    double low_0=0.0, high_0=p;
    double low_1=p, high_1=1.0;
    double fp=1.0;
    int i;
    for (i=0; i<n; i++)
    {
        if(in[i]=='0')
```

```
            {
                high=low + range * high_0;
                low=low + range * low_0;
                range = high - low;
                fp *= (high_0 - low_0);
            }else
            {
                high=low + range * high_1;
                low=low + range * low_1;
                range = high - low;
                fp *= (high_1 - low_1);
            }
            printf("low: %f\n",low);
        }
        outN = floor(-log10(fp)/log10(2.0))+1;
        for(i=0; i<outN; i++)
        {
            double dpi=pow(0.5, i+1);
            if (low >= dpi)
            {
                out[i] = '1';
                low -= dpi;
            }
            else
            {
                out[i]='0';
            }
        }
        // 处理余数,进位
        if (low>0)
        {
            for(i=outN-1; i>=0; i--)
            {
                if(out[i]=='1')
                {
                    out[i]='0';
                }else
                {
                    out[i]='1';
                    break;
                }
            }
        }
}

/*********************************
void CDlgArith::arith_Decode(const char *en, int n_en, double p, char *de, int n_de)
功能: 输入长为 n_en 的二进制序列 en, 输出算术编码解码结果 de, de 长度为 n_de。
参数:
const char *en:     输入 01 序列如 "001100110"
int n_en:           输入 01 序列的长度
double p:           0 的先验概率
char *de:           输出的解码结果, 也是二进制序列
int n_de:           输出结果的长度
返回值:
无
*********************************/
void CDlgArith::arith_Decode(const char *en, int n_en, double p, char *de, int n_de)
{
        if(en==NULL || n_en<=0 || n_de<=0)
            return ;

        double low_0=0.0, high_0=p;
        double low_1=p, high_1=1.0;
```

```
// 计算浮点数
double f=0.0;
int i;
for(i=0; i<n_en; i++)
{
    double dpi=pow(0.5, i+1);
    if (en[i]=='1')
    {
        f += dpi;
    }
}

// 解码
for (i=0; i<n_de; i++)
{
    if(f<p) // 输出 0
    {
        de[i]='0';
        f = (f-low_0)/(high_0-low_0);
    }else
    {
        de[i]='1';
        f = (f-low_1)/(high_1-low_1);
    }
}
}
```

arith_Encode()函数在"编码"按钮的响应函数 void CDlgArith::OnBnClickedButEncode()中被调用，代码片段如下。

```
char *in=(LPSTR)(LPCTSTR)m_sInput;
int n=strlen(in);
int i;
if(m_p>0 && m_p<1)
    p=m_p;
else
{   p=0.0;
    for (i=0; i<n; i++)
    {
        if (in[i]!='0' && in[i]!='1')
        {
            AfxMessageBox("只能输入 0 或 1 组成的串！");
            return;
        }
        if(in[i]=='0')
            p++;
    }
    p/=n;
}
char out[512];
int outN;
arith_Encode(in,  n, p, out, outN);
out[outN]='\0';
```

arith_Decode()函数在"解码"按钮的响应函数 void CDlgArith::OnBnClickedButDecode()中被调用，代码片段如下。

```
char *en=(LPSTR)(LPCTSTR)m_sEncode;
int n_en=strlen(en);
if(n_en==0)
{
    AfxMessageBox("先编码再解码！");
    return;
}
int n_de=m_sInput.GetLength();
```

```
char de[512];
arith_Decode(en, n_en, p, de,  n_de);
de[n_de]='\0';
```

读者可以通过光盘中示例程序 DIPDemo 中的菜单命令"图像压缩→算术编码"打开算术编码
对话框，当采用默认输入序列"0110111011011111101110101"时，运行效果如图 10.15 所示。其中
"0"的出现频率为 25%。对话框中的输入概率"-1"，表示自动统计"0"的概率。

如图 10.15 所示，压缩率为 87.5%。如果采用的概率不准确，压缩效率就会下降，甚至达不到
压缩的效果，如采用概率为 0.4 和 0.1 时的压缩效率分别为 91.7%和 108.3%，如图 10.16 所示。

图 10.15　算术编码演示结果

图 10.16　采用不同概率进行编码

10.6　游程编码

游程编码（Run Length Coding，RLC）是一种简单的熵编码（无损压缩编码）方法。其基本
原理是，将具有相同数值的、连续出现的信源符号用"符号+符号出现次数"的形式表示。如
"zzxxxxxyyyyyzzz"将被编码为"2z4x5y3z"。

这样就存在一个问题：假如图像中相邻的像素均不相等，那么游程编码非但起不到压缩作用，
还会因为需要传输像素的出现次数，而使数据量增加一倍。因此，直接对图像进行编码时，游程编
码只适用于有较多灰度相同的图像，也就是说图像最好包含大片的平坦区。

具体使用时，游程编码往往用于压缩二值图像、比特平面编码，或与其他压缩方法相结合。如
JPEG 压缩在对量化后的 DCT 系数进行 Z 形扫描后，往往会有多个零的存在，此时应用游程编码，
可以有效降低平均码长。由于游程编码原理并不复杂，计算效率高，因此并不影响编码速度。PCX
格式的图像和 Windows 早期的 BMP 图像使用游程编码进行压缩。

在 JPEG 压缩中，对图像按 8×8 分块，再对每个块做 DCT 变换。变换结果依然为 8×8 矩阵，
将矩阵中的变换系数进行量化操作，再进行 Z 形扫描，最后得到的矩阵中，大部分元素均为零，
如表 10.7 所示。

表 10.7　　　　　　　　　　　　　　待编码矩阵

14	0	−1	0	0	−1	0	0
0	0	0	0	0	0	0	0
0	0	0	0	0	0	0	0

续表

0	0	0	0	0	0	0	0
0	0	0	0	0	0	-1	0
0	0	0	0	0	0	-1	0
0	0	0	0	0	0	0	0
0	0	0	0	0	0	0	0

如表 10.7 所示的 8×8 矩阵中，只有 5 个非零元素。若直接保存该矩阵，需要 $8\times8=64$ 字节。采用游程编码形成码字：

$$14,1,-1,2,-1,32,-1,8,-1,EOB$$

EOB(End-of-Block)为块结束符。这样，只需要 10 个字节即可。压缩效率为 $10/64=15.6\%$。这是最简单的一种游程编码方法，事实上，由于块中元素的最大个数为 64，因此不可能产生超过 64 长度的游程，故编码游程程度时只需要 6 个比特位即可。上述编码方法中，用一个字节来编码游程长度，浪费了两个比特。JPEG 编码中实际采用的游程编码方法比上述方法复杂，考虑到更多的细节因素，但基本原理是相同的。

对于游程编码，本章不给出单独的 Visual C++实现，而是整合在 10.8 节的综合案例中。

10.7　JPEG 和 JPEG2000 压缩标准

（*.jpeg）和（*.jpg）格式图像是当前主流的图像文件格式。它们采用的就是 JPEG 压缩标准。JPEG 是联合图像专家组（Joint Photographic Experts Group）的缩写。由国际标准化组织（ISO）、国际电报电话咨询委员会（CCITT）和国际电工委员会（IEC）一直致力于图像的标准化工作，最终于 1993 年推出了连续色调的灰度或彩色静止图像压缩编码格式——JPEG标准。

JPEG 提供了两种基本的压缩编码技术，即基于 DCT 变换的有损压缩和基于 DPCM 的无损压缩，两者均可采用多种操作模式实现，JPEG 提供的操作模式有以下几下。

（1）顺序编码。即每个图像分量从左到右，从上到下，一次扫描完成编码。

（2）累进编码。图像编码在多次扫描中完成，接收端能体验到图像多次扫描，从模糊逐渐变清晰的过程。

（3）无损编码。采用 DPCM 预测编码，可以精确恢复原图像。

（4）分层编码。在多个分辨率进行编码，在信道较慢或接收端分辨率较低时，可以只完成低分辨率的解码。

顺序编码和累进编码采用 DCT 技术，无损编码采用 DPCM 技术。而分层编码既可以采用 DCT技术，也可以采用 DPCM 技术。对于每一种操作模式，实际当中采用的大部分为基本顺序编码模式，被称为 JPEG 基本系统（BaseLine）。

其编码器和解码器框图如图 10.17 所示。

随着网络的发展，JPEG 显示出以下一些弊端。

- 在码率低于 0.25bit/像素时，图像会出现明显的防控效应。
- 不能在单一码流中实现有损和无损压缩，从而实现从有损到无损的累进式传输。
- 不适用于计算机图形和二值文本的压缩。
- 抗噪能力差。

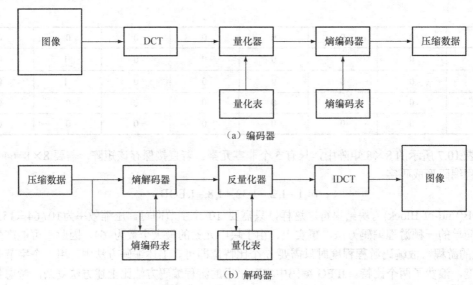

（a）编码器

（b）解码器

图 10.17　JPEG 基本系统原理框图

为了弥补这些不足，JPEG2000 标准于 2000 年正式推出。JPEG2000 使用离散小波变换（DWT）作为变换编码方法，对变换后的 DWT 系数进行量化，再做熵编码，最后根据需求将熵编码后的数据组织成压缩码流输出。整形的离散小波变换可以实现图像从有损到无损的渐进传输，且离散小波变换针对整幅图像操作，不存在方块效应的问题。

在熵编码阶段，JPEG2000 采用基于上下文的自适应算术编码取代霍夫曼编码，增强了压缩效率。算术编码形成的嵌入式码流不仅可对图像进行目标码率的压缩，还可提高信噪比，可分级传输。可以预见，随着网络的发展，JPEG2000 将逐步成为主流的压缩格式。

10.8　Visual C++综合案例——类似 JPEG 的图像压缩

JPEG 是当今主流的静止图像编码标准，本节在 Visual C++中实现一个简单的图像压缩编码器，原理与 JPEG 类似，采用 DCT 变换和霍夫曼编码技术。且与 JPEG 一样，在 DCT 变换后对系数进行量化，做 Z 形扫描、游程编码，最后再进行霍夫曼编码。

其中 Z 形扫描就是将 8×8 系数块中元素的位置做一下改变，使得左上角的系数排在前面，原理如图 10.18 所示。

实现 DCT 变换和量化的函数代码见 10.2 节。

实现 Z 形扫描的函数 ZigZag()和反 Z 形扫描的函数 iZigZag()均接受一个 8×8 整形一维数组作为输入，输出一个扫描后的 8×8 整形一维数组。代码如下。

```
/*********************************
void CImgProcess::ZigZag(int *in, int *out)
功能: 执行 Z 形扫描
参数:
int *in:        输入的 8x8 int 一维数组指针
int *out:       输出的 8x8 int 一维数组指针
返回值:
无
```

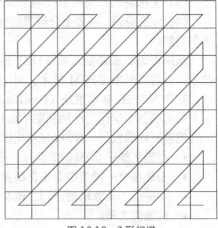

图 10.18　Z 形扫描

```
*****************************/
void CImgProcess::ZigZag(int *in, int *out)
{
    int i,j;
    for(i=0;i<8;i++)
        for(j=0;j<8;j++)
            out[ ZTable[i][j] ] = in[i*8+j];
}
/*****************************
void CImgProcess::iZigZag(int *in, int *out)
```
功能：执行反 Z 形扫描
参数：

int *in: 输入的 8x8 int 一维数组指针
int *out: 输出的 8x8 int 一维数组指针

返回值：
无
```
*****************************/
void CImgProcess::iZigZag(int *in, int *out)
{
    int i,j;
    for(i=0;i<8;i++)
        for(j=0;j<8;j++)
            out[ i*8+j ] = in[ZTable[i][j]];
}
```

Z 形扫描借助一个表示位置索引的数组实现，在文件开头定义。

```
// Z 形扫描表格
int ZTable[8][8]={ 0,1,5,6,14,15,27,28,
 2,4,7,13,16,26,29,42,
 3,8,12,17,25,30,41,43,
 9,11,18,24,31,40,44,53,
 10,19,23,32,39,45,52,54,
 20,22,33,38,46,51,55,60,
 21,34,37,47,50,56,59,61,
 35,36,48,49,57,58,62,63
};
```

实现游程编码的核心函数为 RunLen()，输出的编码结果为长度为 n 的 char 型数组；游程解码的核心函数为 iRunLen()，接受一个长度为 n 的 char 型数组，解码为 8×8 整形一维数组。代码如下。

```
/*****************************
void CImgProcess::RunLen(int *in, char *out, int &n)
```
功能：执行游程编码
参数：

int *in: 输入的 8x8 int 一维数组指针
char *out: 输出的 char 一维数组指针
int &n: char *out 中元素的个数

返回值：
无
```
*****************************/
void CImgProcess::RunLen(int *in, char *out, int &n)
{
    int i;
    // 计算最大非零元素的下标
    int nmax=-1;
    for (i=63; i>=0; i--)
    {
        if(in[i] !=0)
        {
            nmax=i;
            break;
```

```
        }
    }
    if (nmax == -1)
    {
        out[0]=0;
        out[1]=127;   // 127 为结束符
        n=2;
        return;
    }
    int j=0;
    int z=0;
    out[0] = in[0];
    j++;
    for (i=1; i<nmax+1; i++)
    {
        if(in[i]!=0 )
        {
            out[j] = z;
            j++;
            if (in[i]==127 ) //|| in[i]==-1
                out[j]= in[i]-1;
            else
                out[j]= in[i];
            j++;
            z=0;
        }else
        {
            z++;
        }
    }
    out[j]=127; // 结束标志
    n=j+1;
}

/*********************************
void CImgProcess::iRunLen(char *in, int n, int *out)
功能：执行游程解码
参数：
char *in:      输入的 char 一维数组指针对于一个 8x8 的块
int n:         char *in 中元素的个数
int *out:      解码得到的 8x8int 数组
返回值：
无
*********************************/
void CImgProcess::iRunLen(char *in, int n, int *out)
{
    if (int(in[n-1]) != 127)
        return;
    memset(out, 0, sizeof(int)*64);
    out[0]=int(in[0]);
    int i=1;
    int j=0;
    while ( i<n )
    {
        if (int(in[i])==127)
            break;
        j+=int(in[i])+1;
        i++;
        out[j]=in[i];
        i++;
    }
}
```

将 8×8 块的 DCT 变换、量化、Z 形扫描和游程编码封装在函数 DctCodeBlock()中，并将编码完成的数据写入文件；而读取文件、游程解码、反 Z 形扫描、反量化和反 DCT 变换得到 8×8 块的操作封装在函数 iDctCodeBlock()中，相关代码如下。

```
/*******************************
int CImgProcess::DctCodeBlock(double *dIn, FILE *p)
功能: 从 dIn 中输入 8x8 数组，编码后保存在 p 指向的文件中
参数:
double *dIn:    8x8 数组
FILE *p:        保存压缩结果的文件指针
返回值:
int:            压缩后的字节数
*******************************/
int CImgProcess::DctCodeBlock(double *dIn, FILE *p)
{
       double ad_dct[64];
       int ia[64];
       int ib[64];
       char ic[256];
       int nn;

       // DCT 变换
       dct8x8(dIn, ad_dct);

       // 量化
       quant(ad_dct, ia);

       // Z 形扫描
       ZigZag(ia,ib);

       // 游程编码
       RunLen(ib, ic, nn);
       ic[nn]=0;

       // 将结果写入文件
       int i;
       for (i=0; i<nn; i++)
       {
            fwrite(ic+i, 1,1, p);
       }
       return nn;
}

/*******************************
void CImgProcess::iDctCodeBlock(FILE *p, double *dOut )
功能: 从指针 p 指向的文件中读取一定长度的字节，解码为 8x8 像素
参数:
FILE *p:        输入的文件指针
double *dOut:   解码得到的 8x8 像素指针
返回值:
无
*******************************/
void CImgProcess::iDctCodeBlock(FILE *p, double *dOut )
{
       char acBuf[256];
       int i=0;
       int iRun[64];
       int iZig[64];
       double dQuan[64];

       // 读取文件
```

```
    while(!feof(p))
    {
        int t=fgetc(p);
        acBuf[i]=t;
        if (int(acBuf[i])==127)
            break;
        i++;
    }
    i++;
    acBuf[i]=0;

    // 游程解码
    iRunLen(acBuf, i, iRun);

    // 反 Z 形扫描
    iZigZag(iRun, iZig);

    // 反量化
    iquant(iZig, dQuan);

    // 反 DCT 变换
    idct8x8(dQuan, dOut);

}
```

为了完成对整幅图像的操作，DctCodeBlock()和 iDctCodeBlock()两个函数分别被封装在函数 dct_quan_runlrn()和 idct_quan_runlrn()中，代码如下。

```
/********************************
void CImgProcess::dct_quan_runlrn(FILE *p)
功能: 对当前图像执行 DCT 变换、量化，Z 形扫描和游程编码，并保存至指针 p 指向的文件中

参数:
FILE *p: 存储压缩结果的文件指针
返回值:
int: 压缩结果所占的字节数
********************************/
int CImgProcess::dct_quan_runlrn(FILE *p)
{
    int nByte=0;

    int i,j,m,n;
    for (i=0; i<m_pBMIH->biHeight/8; i++)
    {
        for (j=0; j<m_pBMIH->biWidth/8; j++)
        {
            double dt[64]={0.0};

            for (m=0; m<8; m++)
                for (n=0; n<8; n++)
                    dt[m*8+n] = (double)GetGray(j*8+n, i*8+m);

            nByte += DctCodeBlock(dt, p);
        }
    }
    return nByte;

}
/********************************
double CImgProcess::idct_quan_runlrn(CImgProcess *pTo, FILE *p)
功能: 从指针 p 指向的文件中读进内容，解压到 pTo 指向的图像类中
参数:
CImgProcess *pTo:   图像类的指针
FILE *p:            存储压缩结果的文件指针
```

```
返回值:
double:              pTo 指向的图像类在解压前后像素的差得到平方和，用于计算信噪比
********************************/
double CImgProcess::idct_quan_runlrn(CImgProcess *pTo, FILE *p)
{
    double f=0.0;
    int wn=m_pBMIH->biWidth/8;
    int hn=m_pBMIH->biHeight/8;
    int i,j,m,n;
    for (i=0; i<hn; i++)
    {
        for (j=0; j<wn; j++)
        {
            double dt[64];
            iDctCodeBlock(p, dt );
            for (m=0; m<8; m++)
            {
                for (n=0; n<8; n++)
                {
                    double f1=pTo->GetGray(j*8+n,i*8+m);
                    double d = dt[m*8+n];
                    if (d<0)
                        d=0.0;
                    if (d>254.5)
                        d=254.0;
                    unsigned char t=(unsigned char)(int)(d+0.5);
                    pTo->SetPixel(j*8+n, i*8+m, RGB(t,t,t));
                    double f2=pTo->GetGray(j*8+n,i*8+m);
                    f+=(f1-f2)*(f1-f2);
                }
            }
        }
    }
    return f;
}
```

利用函数 dct_quan_runlrn()和 idct_quan_runlrn()实现编、解码的示例被封装在 DIPDemo 工程中的视图类函数 void CDIPDemoView:: OnMenuDct ()中，该函数将弹出一个对话框，用户可选择输入或输出文件（后缀必须为"*.dct"），并选择"编码"或"解码"，最后单击"确定"按钮。在 OnMenuDct()函数中调用编解码的部分代码如下。

```
CImgProcess imgInput = pDoc->m_Image;
// 创建对话框
CDlgDCT dlg;
dlg.m_path="lena.dct";

// 显示对话框，用户设定参数
if (dlg.DoModal() != IDOK)
    return;

// 解压图像与原始图像的差值平方和
double fs=0.0;

// 更改光标形状
BeginWaitCursor();

CImgProcess imgOutput = imgInput;
if (dlg.m_rad==0)                  //编码
{
    FILE *p=fopen(dlg.m_path, "wb");
    if(NULL==p)
    {
        AfxMessageBox("文件无法创建!");
        return;
```

```
    }
    imgInput.dct_quan_runlrn(p);
    fclose(p);
    CString m_s;
    m_s.Format("编码成功！图像数据已保存至 %s ", dlg.m_path);
    AfxMessageBox(m_s);
}else                           // 解码
{
    FILE *p=fopen(dlg.m_path, "rb");
    if(NULL==p)
    {
        AfxMessageBox("文件打不开！");
        return;
    }
    fs = imgInput.idct_quan_runlrn(&imgOutput, p);
    fclose(p);
    pDoc->m_Image = imgOutput;

}
```

在消息响应函数中，根据用户选择"编码"或"解码"，函数分别调用 **CImgProcess** 类的 dct_quan_runlrn()函数和 idct_quan_runlrn()函数。读者可以通过光盘中示例程序 **DIPDemo** 中的菜单命令"图像压缩→压缩案例"来打开上述对话框。

压缩图像的操作流程如下。

（1）在程序主界面打开一张 BMP 灰度图像，如图 10.19 所示，这是一张 256×256 的灰度图像。

（2）选择菜单命令"图像压缩→压缩案例"，在如图 10.20 所示的对话框中输入编码后保存的文件名，并在单选按钮中选择"编码"。

图 10.19　打开图像

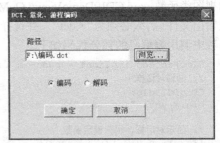

图 10.20　选择保存的文件路径

（3）单击"确定"按钮进行编码，系统就开始编码，成功弹出如图 10.21 所示的对话框。

（4）此时只完成了 DCT 变换、量化、Z 形扫描和游程编码，下一步进行霍夫曼编码。霍夫曼编码的原理和 Visual C++实现已在 10.4 节有所介绍。选择"图像压缩→霍夫曼编解码"命令，在如图 10.22 所示的界面中选择上一步的编码结果"编码.dct"作为输入，并单击"编码"按钮。

至此，编码流程结束。编码结果为"F:\编码.dct.huf"，文件大小为 9924 字节。而原图像为 256×256 灰度图，数据区大小为 256×256=65536 字节，压缩效率达到了 9924/65536= 15.14%。

解压缩的操作流程如下。

下面从"F:\编码.dct.huf"中解码。注意，该文件只压缩了图像的数据区，不包括 BMP 图像的文件头、信息头和颜色表，因此应保持原图像的打开状态，使图像的头信息保留在程序内存中，否则可能导致解码图像显示失败。

图 10.21　编码成功对话框　　　　　　　　　　图 10.22　霍夫曼编码完成

（1）选择"图像压缩→霍夫曼编解码"命令，在如图 10.23 所示的界面中选择"F:\编码.dct.huf"作为输入，并将输出文件路径设为"F:\解码.dct"。单击"解码"按钮。

（2）选择"图像压缩"菜单下的"压缩案例"菜单命令，在如图 10.24 所示的对话框中输入上一步解码的结果"F:\解码.dct"，并在单选按钮中选择"解码"。

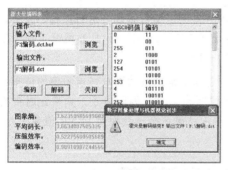

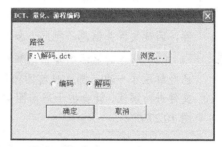

图 10.23　霍夫曼解码完成　　　　　　　　　图 10.24　选择待解码的（*.dct）文件

（3）单击"确定"按钮，系统即开始解码，最终显示解码所得的图像，并显示该图像相对原图的峰值信噪比（PSNR），如图 10.25 所示。

如图 10.25 所示，最终的解码结果与原图看上去没有区别。PSNR 值接近 34，一般 PSNR 超过 30 时肉眼即难以分辨出明显区别，因此这样的图像质量可以满足日常生活的需求。

图 10.25　最终解码结果

使用另一张图片 man.bmp 进行测试的结果如图 10.26 所示。压缩后的文件大小为 10364 字节，压缩率为 15.81%。

图 10.26　man.bmp 测试结果

注意

（1）以上压缩算法仅针对 8 位 BMP 图的图像数据部分进行压缩，因此如果打开原图后进行了压缩，又打开了另一张大小不同的图片，此时如果解压刚才压缩的文件，因其文件头信息不相同，就可能出现错误。

（2）解压时显示的峰值信噪比（PSNR）是解压结果与当前图像的信噪比。如果已经解压了一次，那么当前图像已经更新为解压后的图像了。如果此时再次对压缩文件进行解压，就会由于当前图像与解压结果完全一致而使 PSNR 值显示为 100，如图 10.27 所示。

图 10.27　图像完全相同时 PSNR 设定为 100

第 11 章 形态学图像处理

形态学，即数学形态学（Mathematical Morphology），是图像处理中应用最为广泛的技术之一。其主要应用是从图像中提取对于表达和描绘区域形状有意义的图像分量，使后续的识别工作能够抓住目标对象最为本质（最具区分能力——most discriminative）的形状特征，如边界和连通区域等；同时图像细化、像素化和修剪毛刺等技术也常常应用于图像的预处理和后处理中，成为图像增强技术的有力补充。

本章的知识和技术热点

（1）二值图像的基本形态学运算，包括腐蚀、膨胀、开和闭

（2）二值形态学的经典应用，包括击中击不中变换、边界提取和跟踪、区域填充、提取连通分量、细化和像素化以及凸壳

（3）灰度图像的形态学运算，包括灰度腐蚀、灰度膨胀、灰度开和灰度闭

本章的典型案例分析

（1）在人脸局部图像中定位嘴的中心

（2）显微镜下图像的细菌计数

（3）利用顶帽变换（top-hat）技术解决光照不均问题

11.1 预备知识

在数字图像处理中，形态学是借助集合论的语言来描述的，本章后面的各节内容均以本节要介绍的集合论为基础。

在数字图像处理的形态学运算中，常常把一幅图像或者图像中 1 个感兴趣的区域称作集合，用大写字母 A、B、C 等表示；而元素通常是指 1 个单个的像素，用该像素在图像中的整型位置坐标 $z=(z1, z2)$ 来表示，这里 $z \in Z^2$，其中 Z^2 为二元整数有序偶对的集合。

下面介绍一些集合论中的重要关系。

1. 集合与元素

属于：对于某一集合（图像区域）A，若点 a 在 A 之内，则称 a 为 A 的元素，a 属于 A，记作 $a \in A$；反之，若点 b 不在 A 之内，称 b 不属于 A，记作 $b \notin A$，如图 11.1（a）所示。

2. 集合与集合

并集：$C = \{z \mid z \in A \text{ or } z \in B\}$，记作 $C = A \cup B$，即 A 与 B 的并集 C 包含集合 A 与集合 B 的所有元素，如图 11.1（b）所示。

交集：$C = \{z \mid z \in A \text{ and } x \in B\}$，记作 $C = A \cap B$，即 A 与 B 的交集 C 包含同时属于集合 A 与集合 B 的所有元素，如图 11.1（c）所示。

补集：$A^C = \{z \mid z \notin A\}$，即 A 的补集是不包含于 A 的所有元素组成的集合，如图 11.1（d）所示。

差集：$A - B = \{z \mid z \in A, z \notin B\} = A \cap B^c$，即 A 与 B 的差集由所有属于 A 但不属于 B 的元素构成，如图 11.1（e）所示。

包含：集合 A 的每个元素都是另一个集合 B 的 1 个元素，则称 A 为 B 的子集，记作 $A \subseteq B$，如图 11.1（f）所示。

3. 反射和平移

反射：又名对称，定义为 $\hat{B} = \{z \mid z = -b, b \in B\}$，记作 $\hat{B}$，如图 11.1（g）所示。

平移：将集合 B 平移到点 $z=(z1，z2)$，定义为 $(B)_z = \{x \mid x = b + z, b \in B\}$，记作 $(B)_z$，如图 11.1（h）所示。

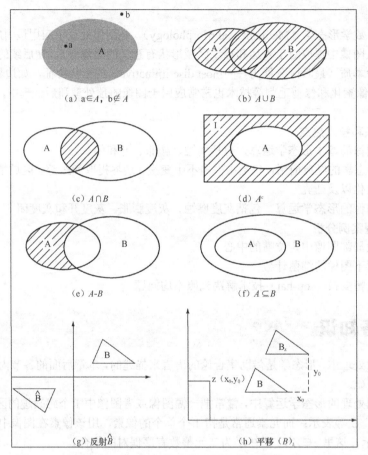

图 11.1　集合的关系和运算

4. 结构元素（Structure Element）

设有两幅图像 A、S。若 A 是被处理的对象，而 S 是用来处理 A 的，则称 S 为结构元素，结构元素通常都是一些比较小的图像，A 与 S 的关系类似于滤波中图像和模板的关系。

11.2　二值图像中的基本形态学运算

本节介绍几种二值图像的基本形态学运算，包括腐蚀、膨胀，以及开、闭运算。

由于所有形态学运算都是针对图像中的前景物体进行的,因而首先对图像前景和背景的认定给出必要的说明。

> **注意** 对于大多数图像,一般相对于背景而言物体的颜色(灰度)更深,二值化之后物体会成为黑色,而背景则成为白色,因此通常更习惯于将物体用黑色(灰度值 0)表示,而背景用白色(灰度值 255)表示,本章所有的算法示意图以及所有的 Visual C++的程序实例都遵从这种约定;但 MATLAB 在二值图像形态学处理中,默认情况下白色的(二值图像中灰度值为 1 的像素,或灰度图像中灰度值为 255 的像素)是前景(物体),黑色的为背景,因而本章涉及 MATLAB 的所有程序实例又都遵从 MATLAB 本身的这种前景认定习惯。所以图 11.2 中的两幅图像对于 Visual C++和 MATLAB 来说从形态学处理的意义上是等同的。

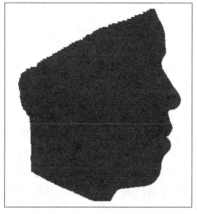

(a) VisualC++中,人脸区域(黑色)为前景,最外围的黑边框是为显示出图像整体的边界而设置的,并不是图像本身的一部分

(b) MATLAB中,人脸区域(白色)为前景

图 11.2　MATLAB 和 Visual C++中习惯上对于图像前景与背景的认定

实际上,无论以什么灰度值为前景和背景都只是一种处理上的习惯而已,与形态学算法本身无关。例如对于上面的两幅图片,只需要在形态学处理之前先对图像反色(DIPDemo 程序的菜单命令"文件→图像反色")就可以在两种认定习惯之间自由切换。

此外,虽然本节中处理的仅是二值图象,但在 Visual C++中,为处理方便,还是采用 256 级灰度图,不过只用到了其中的 0 和 255 两项。

11.2.1　腐蚀及其实现

腐蚀和膨胀是两种最基本也是最重要的形态学运算,因为它们是后续要介绍的很多高级形态学处理的基础,很多其他的形态学算法都是由这两种基本运算复合而成的。下面先介绍腐蚀,在 11.2.2 小节中介绍膨胀。

1. 理论基础

对 Z^2 上元素的集合 A 和 S,使用 S 对 A 进行腐蚀,记作 $A\ominus S$,形式化地定义为:

$$A\ominus S=\{z|(S)_z\subseteq A\} \tag{11-1}$$

让原本位于图像原点的结构元素 S 在整个 Z^2 平面上移动,如果当 S 的原点平移至 z 点时,S 能够完全包含于 A 中,则所有这样的 z 点构成的集合即为 S 对 A 的腐蚀图像,如图 11.3 所示。

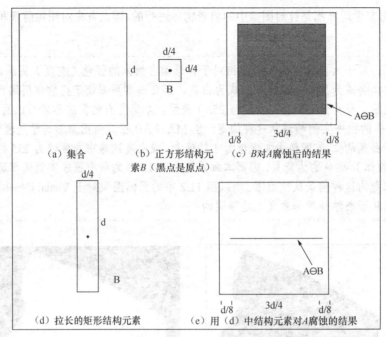

图 11.3　腐蚀示意图（图中标出了所有图形的长和宽）

　　采用原点位于中心的 3×3 对称结构元素的腐蚀运算效果如图 11.4 所示。该效果是由在随书光盘中提供的 MorphSimulator 工具实现的，读者可以在第 11 章的 Tools 目录中找到此工具。本章所有的形态学运算效果均可由 MorphSimulator 模拟，该工具使用非常简单（详见同目录下的 help.txt 文件），它能够将形态学运算的效果放大化，用每 1 个方格代表 1 个像素，从而可以非常直观地感受运算效果，帮助初学者更快地理解各种形态学算法。

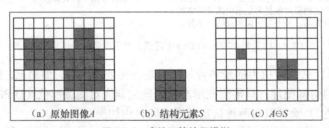

图 11.4　腐蚀运算效果模拟

　　下面再来看一个非对称结构元素腐蚀的示例。如图 11.5 所示，结构元素的原点在图中以"O"标出。

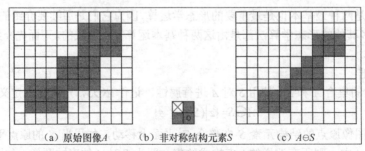

图 11.5　非对称结构元素的腐蚀

注：（b）中像素格内的"O"表示原点，"X"表示该位置的值读者并不关心，稍后会对"X"的意义加以解释。

形态学运算的运算结果不仅与结构元素的形状有关，还与结构元素的原点位置密切相关。请读者思考：同样对于图 11.4 中的图像 A，结构元素形状不变，只是将原点放在第 3 行中间的那个元素上，会得到什么样的结果呢？

2．MATLAB 实现

MATLAB 中和腐蚀相关的 2 个常用函数为 imerode()和 strel()。

（1）imerode()函数用于完成图像腐蚀，其常用调用形式如下。

```
I2 = imerode(I, SE);
```

参数说明：

- I 为原始图像，可以是二值或灰度图像（对应于灰度腐蚀）；
- SE 是由 strel()函数返回的自定义或预设的结构元素对象。

返回值：

- $I2$ 为腐蚀后的输出图像。

（2）strel()函数可以为各种常见形态学运算生成结构元素 SE，当生成供二值形态学使用的结构元素时，其调用形式如下。

```
SE = strel(shape,parameters);
```

参数说明：

- $shape$ 指定了结构元素的形状，其常用的合法取值如表 11.1 所示。

表 11.1　　　　常用平坦结构元素的 $shape$ 参数

合法取值	功能描述
'arbitrary' 或为空	任意自定义的结构元素
'disk'	圆形结构元素
'square'	正方形结构元素
'rectangle'	矩形结构元素
'line'	线形的结构元素
'pair'	包含 2 个点的结构元素
'diamond'	菱形的结构元素
'octagon'	8 角形的结构元素

- $parameters$ 是和输入 $shape$ 有关的参数。

返回值：

- SE 为得到的结构元素对象。

下面结合一些代表性的情况具体说明。

① SE = strel('arbitrary'，NHOOD) 返回一个由 $NHOOD$ 指定的结构元素。其中，$NHOOD$ 为一个只包含"0"和"1"的矩阵，规定了结构元素的形状。结构元素的中心位于 $NHOOD$ 矩阵的中心位置，即 floor((size($NHOOD$)+1)/2)。也可省略第 1 个参数，写为 SE = strel(NHOOD)的形式。

② SE = strel('disk'，R)返回一个半径为 R 的圆形结构元素。

③ SE = strel('pair'，OFFSET)返回一个只包含 2 个"1"的结构元素。其中 1 个"1"位于原点，另 1 个"1"相对于原点的位置由 $OFFSET$ 向量指定。$OFFSET$ 是一个长度为 2 的向量，$OFFSET$(1)是 x 方向的偏移量，$OFFSET$(2)是 y 方向的偏移量。

④ SE = strel('rectangle'，MN)返回一个高、宽均有向量 MN 指定的矩形结构元素。MN 是一个长度为 2 的向量，MN(1)是结构元素的高度，MN(2)是结构元素的宽度。

> **提示**　由于形态学运算中的结构元素通常都具有一定的尺寸，当结构元素位于图像边缘时，其中的某些元素很可能会位于图像之外，这时需要对于在边缘附近的操作单独处理，以避免引用到本不属于图像的无意义的值。这类似于滤波操作中的边界处理问题（见 5.2 节第 2 小节）。MATLAB 可以自动处理边界问题；而在 Visual C++程序中，采取了收缩边界的策略，即在图像四周留出了一个空的边界不做处理，有些算法如区域填充和提取连通区域等需要在图像四周人为地加入一个空的边界。

腐蚀的作用：顾名思义，腐蚀能够消融物体的边界，而具体的腐蚀结果与图像本身和结构元素的形状有关。如果物体整体上大于结构元素，腐蚀的结构是使物体变"瘦"一圈，这一圈到底有多大是由结构元素决定的；如果物体本身小于结构元素，则在腐蚀后的图像中物体将完全消失；如物体仅有部分区域小于结构元素（如细小的连通），则腐蚀后物体会在细连通处断裂，分离为两部分。例 11.1 说明了几种不同情况下的腐蚀效果。

【**例 11.1**】不同结构元素的腐蚀效果。

如图 11.6（a）所示的原始图像中，两个主要的区域（圆形和矩形），中间用一个宽度为 5 的条形连通带，图像上中是一个横向、纵向长度均为 3 个像素的十字，位于图像底部的 3 个正方形的边长分别为 3、5 和 6。

采用不同的结构元素对图 11.6(a)进行腐蚀的 MATLAB 程序如下。

```
>>I = imread('erode_dilate.bmp'); %读入 8 位灰度图像
%二值形态学处理中将灰度图像中所有非 0 值都看作是 1，即前景物体

>> figure, imshow(I); %得到图 11.6(a)
>> se = strel('square', 3) %3×3 的正方形结构元素
se =
Flat STREL object containing 9 neighbors.
Neighborhood:
    1    1    1
    1    1    1
    1    1    1
>> Ib= imerode(I, se); %腐蚀
>> figure, imshow(Ib); %得到图 11.6(b)
>>
>> se = strel([0 1 0; 1 1 1; 0 1 0]) %3×3 的十字结构元素
 se =
Flat STREL object containing 5 neighbors.
Neighborhood:
    0    1    0
    1    1    1
    0    1    0
>> Ic= imerode(I, se); %腐蚀
>> figure, imshow(Ic); %得到图 11.6(c)
>>
>> se = strel('square', 5) ;%5×5 的正方形结构元素
>> Id= imerode(I, se); %腐蚀
>> figure, imshow(Id); %得到图 11.6(d)
>>
>> se = strel('square', 6); %6×6 的正方形结构元素
>> Ie= imerode(I, se); %腐蚀
>> figure, imshow(Ie); %得到图 11.6(e)
>>
>> se = strel('square', 7) ;%7×7 的正方形结构元素
```

```
>> If= imerode(I, se); %腐蚀
>> figure, imshow(If); %得到图 11.6(f)
```

上述程序的运行效果如图 11.6（b）～图 11.6（f）所示。

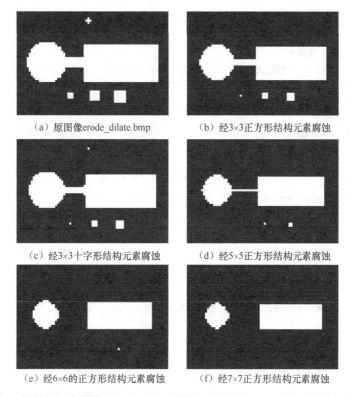

(a) 原图像erode_dilate.bmp   (b) 经3×3正方形结构元素腐蚀

(c) 经3×3十字形结构元素腐蚀   (d) 经5×5正方形结构元素腐蚀

(e) 经6×6的正方形结构元素腐蚀   (f) 经7×7正方形结构元素腐蚀

图 11.6　腐蚀对不同物体的影响（为使图中前景物体更加明显，对原图放大了 3 倍显示）

如图 11.6（b）所示，原图像经过 3×3 的正方形结构元素腐蚀后，由于上部的十字形物体无法完全包含结构元素，故而完全消失；底部的第一个正方形同结构元素大小形状完全一致，刚好能够包含结构元素，所以经过腐蚀留下了正中心的 1 个像素；其余物体边界均"瘦"了 1 个像素。

为了比较效果，图 11.6（c）中换用了 3×3 的十字结构元素，这时图 11.6（b）中消失的顶部的十字形物体因为可以正好包含结构元素了而被保留了 1 个中心像素，还需要注意的是连通条带连接端和图 11.6（b）中的区别。

图 11.6（d）中采用 5×5 的正方形结构元素后，所有物体边界继续缩小，而小于它的物体都完全消失，原始图像中 5 个像素宽的连通条带刚好还剩下中间的 1 个像素宽的连通线。

当图 11.6（e）中正方形结构元素增大到 6×6 之后，原本 5 个像素宽的连通条带再也无法包含整个结构元素，从而在腐蚀后的图像中彻底消失，而底部也只有原本 6×6 的正方形物体还仅存 1 个像素。

采用 7×7 的正方形结构元素腐蚀之后，图 11.6（f）中只保留了两个主要的物体，而圆形物体和矩形物体的边界也都分别缩减了 3 个像素。

例 11.1 中，随着腐蚀结构元素的逐步增大，小于结构元素的物体相继消失。由于腐蚀运算这样的特点，可以用于滤波。选择适当大小和形状的结构元素，可以滤除掉所有不能完全包含结构元素的噪声点。然而，利用腐蚀滤除噪声有一个缺点，即在去除噪声点的同时，对图像中前景物体的形状也会有影响，但当读者只关心物体的位置或者个数时，这不会有什么问题。

3. Visual C++实现

下面给出常用的 3×3 的结构元素的腐蚀实现，有兴趣的读者可仿照滤波函数 CImgProcess::Template( )编写更为通用的腐蚀算法。

```
/*********************
void CImgProcess::Erode(CImgProcess* pTo, int se[3][3])
功能：      3×3结构元素的二值图像腐蚀运算
注：        只能处理2值图象
参数：      Image* pTo: 目标输出图像的 CImgProcess 指针
            se[3][3]: 3×3 的结构元素，其数组元素的合法取值为：
            1 --- 前景
            0 --- 背景
            -1 --- 不关心
返回值：    无
*********************/
void CImgProcess::Erode(CImgProcess *pTo, int se[3][3])
{
    int nHeight = GetHeight();
    int nWidth = GetWidthPixel();

    int i, j; //图像循环变量
    int k, l; //结构元素循环变量

    bool bMatch; //结构元素是否与局部图像匹配

    pTo->InitPixels(255); //清空目标输出图像

    //逐行扫描图像，为防止访问越界，四周留出一个像素宽的空边
    for(i=1; i<nHeight-1; i++)
    {
        for(j=1; j<nWidth-1; j++)
        {
    //由于使用的是3×3的结构元素，为防止越界，不处理最上和最下的两行像素以及最左和最右的两列像素
            bMatch = true;
            for(k=0; k<3; k++)
            {
                for(l=0; l<3; l++)
                {
                    if( se[k][l] == -1 ) //不关心
                        continue;

                    if( se[k][l] == 1 ) //前景
                    {
                        if( GetGray(j-1+l, i-1+k) != 0 )
                        {
                            bMatch = false;
                            break;
                        }
                    }
                    else if( se[k][l] == 0 ) //背景
                    {
                        if( GetGray(j-1+l, i-1+k) != 255 )
                        {
                            bMatch = false;
                            break;
                        }
                    }
                    else
                    {
                        AfxMessageBox("结构元素含有非法值！请检查后重新设定。");
                        return;
```

```
                         }
                }//for l
        }//for k

        if( bMatch )
                pTo->SetPixel(j, i, RGB(0, 0, 0));
    }// for j
  }// for i
}
```

利用 Erode()函数实现图像腐蚀的完整示例被封装在 DIPDemo 工程中的视图类函数 void CDIPDemoView::OnMorphErosion()中，其中调用 Erode()函数的代码片断如下所示。

```
// 输出的临时对象
CImgProcess imgOutput = imgInput;

//调用 Erode()实现图像腐蚀
imgInput.Erode(&imgOutput, se);
 //se 为代表结构元素的 3×3 整形数组，根据用户输入指定。默认为 3×3 的方形结构元素

// 将结果返回给文档类
pDoc->m_Image = imgOutput;
```

上述程序运行时会弹出对话框，要求用户设置结构元素。读者可以通过光盘中示例程序 DIPDemo 中的菜单命令"形态学变换→腐蚀"来观察处理效果。

实际上，Erode( ) 函数扩展了标准的腐蚀算法。对于3×3的结构元素 *SE*，允许其有 3 种取值分别代表 3 种不同的意义，即：1——前景；0——背景；-1——不关心。这样当结构元素中只包含 1 和-1 时，Erode( )可实现标准腐蚀算法的功能，此时的-1 与 MATLAB 中腐蚀结构元素中 0 的意义相同。

例如：对于例 11.1（b）中的正方形结构元素，可令：

```
se[3][3] = {{1,1,1}, {1,1,1}, {1,1,1}};
```

对于例 11.1（c）中的十字型结构元素，可令：

```
se[3][3] = {{-1,1,-1}, {1,1,1}, {-1,1,-1}}; //se =
```

$$se = \begin{pmatrix} -1 & 1 & -1 \\ 1 & 1 & 1 \\ -1 & 1 & -1 \end{pmatrix}$$

而当结构元素中包含 0 时，Erode( )算法则具有了模板匹配的功能，可以直接适用于击中击不中变换，具体参见 11.3.1 小节。

✓　小技巧：设置非对称（原点不在中心）结构元素

无论是函数 Erode( )还是 MATLAB 的 IPT 函数 imerode( )，均没有提供为结构元素设定原点的功能，原点总是被认为位于点 ($\lfloor (width(se)+1)/2 \rfloor, \lfloor (height(se)+1)/2 \rfloor$) 处，其中 *widht(se)* 和 *height(se)* 分别表示结构元素 se 的宽度和高度。上面的调用方式通过在有意义的 se 周围填充-1 的方法来改变 se 的高度和宽度，从而使得点 ($\lfloor (width(se)+1)/2 \rfloor, \lfloor (height(se)+1)/2 \rfloor$) 就是读者希望的原点。

利用这个小技巧，算法 Erode( ) 可以计算不大于 3×3 的任意形状的结构元素的腐蚀。如使用图 11.5 中那种 2×2 的非对称结构元素，只需按照如下方式设置 *SE* 并调用 Erode( ) 方法。

```
int se[3][3] = {{-1, 1, -1}, {1, 1, -1}, {-1, -1, -1}};
CImgProcess imgOutput = imgInput; //得到和原图像等大的临时输出图像
```

```
imgInput.Erode(&imgOutput, se); //腐蚀
```
　　读者可以利用随书附赠光盘中的小工具形态学模拟器来模拟图 11.5 的腐蚀运算，将会得到和图 11.5（b）一致的结果。

11.2.2　膨胀及其实现

1. 理论基础
　　对 Z^2 上元素的集合 A 和 S，使用 S 对 A 进行膨胀，记作 $A \oplus S$，形式化地定义为：

$$A \oplus S = \{z | (\hat{S})_z \cap A \neq \varphi\} \tag{11-2}$$

　　设想有原本位于图像原点的结构元素 S，让 S 在整个 Z^2 平面上移动，当其自身原点平移至 z 点时，S 相对于其自身的原点的映像 $\hat{S}$ 和 A 有公共的交集，即 $\hat{S}$ 和 A 至少有 1 个像素是重叠的，则所有这样的 z 点构成的集合为 S 对 A 的膨胀图像，如图 11.7 所示。
　　实际上，膨胀和腐蚀对于集合求补和反射运算是彼此对偶[①]的，即：

$$A \ominus B)^c = A^c \oplus \hat{B} \tag{11-3}$$

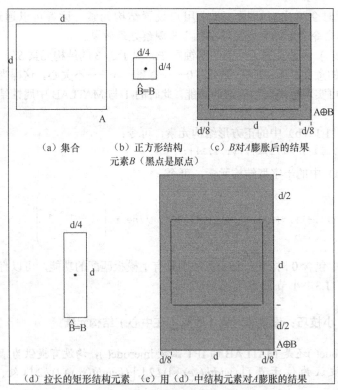

（a）集合　　（b）正方形结构元素 B（黑点是原点）　　（c）B 对 A 膨胀后的结果

（d）拉长的矩形结构元素　　（e）用（d）中结构元素对 A 膨胀的结果

图 11.7　膨胀示意图
（图中标出了所有图形的长和宽）

　　采用原点位于中心的 3×3 对称结构元素的膨胀运算效果模拟如图 11.8 所示。

[①]注：对偶的意义：某个图象处理系统用硬件实现了腐蚀运算，那么不必再另搞一套膨胀的硬件，直接利用该对偶就可以实现了。

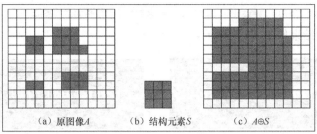

图 11.8 膨胀运算模拟，物体间小于 3 个像素的缝隙都被膨胀所弥合

这里值得注意的是定义中要求和 A 有公共交集的不是结构元素 S 本身，而是 S 的反射集 $\hat{S}$，觉得熟悉吗？这种形式似乎容易让读者回忆起卷积运算，而腐蚀在形式上则更像相关运算。由于图 11.8 中使用的是对称的结构元素，故使用 S 和 $\hat{S}$ 的膨胀结果相同，但对于图 11.9 的非对称结构元素的膨胀示例，则会产生完全不同的结果，因此在实现膨胀运算时一定要先计算 $\hat{S}$。

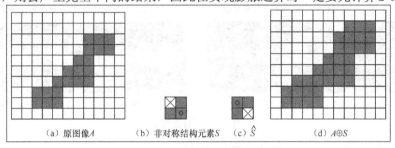

图 11.9 非对称结构元素的膨胀运算

2. MATLAB 实现

Imdilate() 函数用于完成图像膨胀，其常用调用形式如下。

```
I2 = imdilate(I, SE);
```

参数说明：

- I 为原始图像，可以是二值或灰度图像（对应于灰度膨胀）；
- SE 是由 strel() 函数返回的自定义或预设的结构元素对象。

返回值：

- $I2$ 为膨胀后的输出图像。

膨胀的作用：和腐蚀相反，膨胀能使物体边界扩大，具体的膨胀结果与图像本身和结构元素的形状有关。膨胀常用于将图像中原本断裂开来的同一物体桥接起来，对图像进行二值化之后，很容易使得一个连通的物体断裂为两个部分，而这会给后续的图像分析（如要基于连通区域的分析统计物体的个数）造成困扰，此时就可借助膨胀桥接断裂的缝隙。

【例 11.2】形态学腐蚀和膨胀的应用——文字断裂与桥接。

相应的程序如下。

```
>> I = imread('starcraft.bmp'); %读入图像
>> figure, imshow(I); %得到图 11.10(a)
>> Ie1 = imerode(I, [1 1 1; 1 1 1; 1 1 1]); %3×3 正方形结构元素的腐蚀
>> figure, imshow(Ie1); %得到图 11.10(b)
>> Ie2 = imerode(Ie1, [0 1 0; 1 1 1; 0 1 0]); %3×3 十字形结构元素的腐蚀
>> figure, imshow(Ie2); %得到图 11.10(c)
>> Id1 = imdilate(Ie2, [1 1 1; 1 1 1; 1 1 1]); %3×3 正方形结构元素的膨胀
>> figure, imshow(Id1); %得到图 11.10(d)
>> Id2 = imdilate(Id1, [1 1 1; 1 1 1; 1 1 1]); %3×3 正方形结构元素的膨胀
>> figure, imshow(Id2); %得到图 11.10(e)
>> Id3 = imdilate(Id2, [0 1 0; 1 1 1; 0 1 0]);
```

>> figure, imshow(Id3); %得到图 11.10(f) %3×3 十字形结构元素的膨胀

上述程序的运行结果如图 11.10 所示。

（a）原始图像starcraft.bmp

（b）图（a）经过3×3正方形结构元素腐蚀

（c）图（b）经过3×3十字形结构元素腐蚀

（d）图（c）经过3×3正方形结构元素膨胀

（e）图（d）经3×3正方形结构元素膨胀

（f）图（e）经3×3十字形结构元素膨胀

图 11.10　膨胀示例

3. Visual C++实现

Visual C++可实现不大于3×3的任意形状的结构元素的膨胀算法，Dilate()函数的实现细节如下。

```
/********************
void CImgProcess::Dilate(CImgProcess* pTo, int se[3][3])
功能：       3*3 结构元素的二值图像膨胀运算
注：         只能处理 2 值图象
参数：       Image* pTo：目标输出图像的 CImgProcess 指针
             se[3][3]：3*3 的结构元素，其数组元素的合法取值为：
             1 --- 前景
             -1 --- 不关心
返回值：     无
********************/
void CImgProcess::Dilate(CImgProcess *pTo, int se[3][3])
{
       int nHeight = GetHeight();
       int nWidth = GetWidthPixel();

       int i, j; //图像循环变量
       int k, l; //结构元素循环变量

       //计算 se 关于中心的对称集
       int nTmp;
       for(i=0; i<2; i++)
       {
               for(j=0; j<3-i; j++)
               {
                       nTmp = se[i][j];
                       se[i][j] = se[2-i][2-j];
                       se[2-i][2-j] = nTmp;
               }
       }
```

```
pTo->InitPixels(255); //清空目标输出图像

//逐行扫描图像，为防止访问越界，四周留出一个像素宽的空边
for(i=1; i<nHeight-1; i++)
{
        for(j=1; j<nWidth-1; j++)
        {
//由于使用的是 3*3 的结构元素，为防止越界，不处理最上和最下的两行像素以及最左和最右的两列像素

                for(k=0; k<3; k++)
                {
                        for(l=0; l<3; l++)
                        {
                                if( se[k][l] = = -1 )  // 不关心
                                        continue;

                                if( se[k][l] = = 1 )
                                {
                                        if( GetGray(j-1+l, i-1+k) = =  0)
                                        {
//原图中对应结构元素的局部区域有一点为 1，就将目标图像对应于结构元素中心的像素置 0
                                                pTo->SetPixel(j, i, RGB(0, 0, 0));
                                                break;
                                        }
                                }
                                else
                                {

                                        AfxMessageBox("结构元素含有非法值! 请检查后重新设定。");
                                        return;

                                }

                        }//for l
                }//for k

        }// for j
}// for i

}
```

利用 Dilate( )函数实现图像膨胀的完整示例被封装在 DIPDemo 工程中的视图类函数 void CDIPDemoView::OnMorphDilation()中，其中调用 Dilate( )函数的代码片断如下所示。

```
// 输出的临时对象
CImgProcess imgOutput = imgInput;

//调用 Dilate()实现图像膨胀
imgInput.Dilate(&imgOutput, se);
//se 为代表结构元素的 3*3 整形数组，根据用户输入指定。默认为 3*3 的方形结构元素

// 将结果返回给文档类
pDoc->m_Image = imgOutput;
```

上述程序运行时会弹出对话框，要求用户设置结构元素。读者可以通过光盘中示例程序 DIPDemo 中的菜单命令"形态学变换→膨胀"来观察处理效果。

11.2.3　开运算及其实现

开运算和闭运算都由腐蚀和膨胀复合而成，开运算是先腐蚀后膨胀，而闭运算是先膨胀后腐蚀。下面先介绍开运算，11.2.4 小节介绍闭运算。

1. 理论基础

使用结构元素 S 对 A 进行开运算，记作 $A \circ S$，可表示为：

$$A \circ S = (A \ominus S) \oplus S \qquad\qquad (11-4)$$

一般来说，开运算使图像的轮廓变得光滑，断开狭窄的连接和消除细毛刺。

如图 11.11 所示，开运算断开了图中两个小区域间两个像素宽的连接（断开了狭窄连接），并且去除了右侧物体上部突出的一个小于结构元素的 2×2 的区域（去除细小毛刺）；但与腐蚀不同的是，图像大的轮廓并没有发生整体的收缩，物体位置也没有发生任何变化。

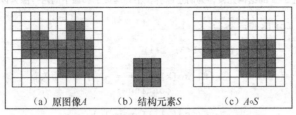

(a) 原图像 A　　　(b) 结构元素 S　　　(c) $A \circ S$

图 11.11　开运算效果模拟

根据图 11.12 的开运算示意图，可以帮助读者更好地理解开运算的特点，为了比较，图中也标示出了相应的腐蚀运算的结果。

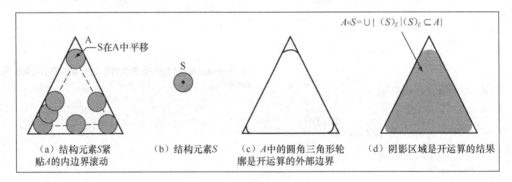

(a) 结构元素 S 紧　　(b) 结构元素 S　　(c) A 中的圆角三角形轮　　(d) 阴影区域是开运算的结果
贴 A 的内边界滚动　　　　　　　　　　　廓是开运算的外部边界

图 11.12　开运算示意图

在图 11.12 中，让结构元素 S 紧贴 A 的内边界滚动，滚动过程中始终保证 S 完全包含于 A，此时 S 中的点所能达到的最靠近 A 的内边界的位置就构成了图 11.12（c）所示的开运算的外边界。从这个意义上开运算可以表示为：$A \circ S = \cup \{(S)_z \mid (S)_z \subseteq A\}$。而此时 S 的中心所能达到的最靠近 A 的内边界的位置就构成了 S 对 A 的腐蚀的外边界（见图 11.12（a）中的虚线轮廓）。

2. MATLAB 实现

根据定义，以相同的结构元素先后调用 imerode() 和 imdilate() 即可实现开操作。此外，MATLAB 中也直接提供了开运算函数 imopen()，其调用形式如下。

```
I2 = imopen(I, SE);
```

参数说明：

- I 为原始图像，可以是二值或灰度图像（对应于灰度开）；
- SE 是由 strel() 函数返回的自定义或预设的结构元素对象。

返回值：

- $I2$ 为开运算后的输出图像。

利用 imopen() 对例 11.1 中的图像 erode_dilate.bmp 进行开运算的 MATLAB 程序如下。

```
>> I = imread('erode_dilate.bmp');
>> figure, imshow(I, []); % 显示图 11.13(a)
```

```
>> Io = imopen(I, ones(6, 6)); % 采用 6*6 的正方形结构元素开运算
>> figure, imshow(Io, []); % 显示图 11.13(b)
```

上述程序运行后效果如图 11.13 所示。

(a) erode_dilate.bmp   (b) 图（a）的开运算结果

图 11.13　开运算结果

从图 11.13 中可以看到，同腐蚀相比，开运算在过滤噪声的同时并没有对物体的形状、轮廓造成明显的影响，这是一大优势。但当读者只关心物体的位置或者个数时，物体形状的改变不会给读者带来困扰，此时用腐蚀滤波具有处理速度上的优势（同开运算相比节省了一次膨胀运算）。

3. Visual C++实现

利用 Visual C++实现二值图像开运算的代码如下所示。

```
/*********************
void CImgProcess::Open(CImgProcess* pTo, int se[3][3])
功能:          3*3 结构元素的二值图像开运算
注:            只能处理值图象
参数:          Image* pTo: 目标输出图像的 CImgProcess 指针
              se[3][3]: 3*3 的结构元素，其数组元素的合法取值为:
              1 --- 前景
              -1 --- 不关心
返回值:        无
*********************/
void CImgProcess::Open(CImgProcess* pTo, int se[3][3])
{
    pTo->InitPixels(255);

    Erode(pTo, se);

    CImgProcess tmpImg = *pTo;

    tmpImg.Dilate(pTo, se);
}
```

利用 Open( )函数实现图像开运算的完整示例被封装在 DIPDemo 工程中的视图类函数 void CDIPDemoView::OnMorphOpen()中，其中调用 Open()函数的代码片断如下所示。

```
// 输出的临时对象
CImgProcess imgOutput = imgInput;

//调用 Open() 实现图像开
imgInput.Open (&imgOutput, se);
 //se 为代表结构元素的 3*3 整形数组，根据用户输入指定。默认为 3*3 的方形结构元素

// 将结果返回给文档类
pDoc->m_Image = imgOutput;
```

上述程序运行时会弹出对话框，要求用户设置结构元素。读者可以通过光盘中示例程序 DIPDemo 中的菜单命令"形态学变换→开运算"来观察处理效果。

11.2.4 闭运算及其实现

1. 理论基础

使用结构元素 S 对 A 进行闭运算，记作 $A \bullet S$，可表示为：

$$A \bullet S = (A \oplus S) \ominus S \tag{11-5}$$

闭运算同样使轮廓变得光滑，但与开运算相反，它通常能够弥合狭窄的间断，填充小的孔洞。

与前面图 11.8 膨胀运算效果不同，图 11.14 所示的闭运算在前景物体整体位置和轮廓不变的情况下，弥合了物体之间宽度小于 3 个像素的缝隙。

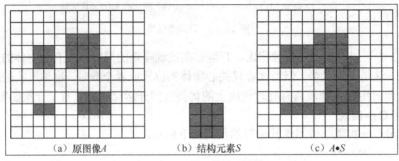

(a) 原图像 A (b) 结构元素 S (c) $A \bullet S$

图 11.14 闭运算效果模拟

根据图 11.15 的闭运算示意图，可以帮助读者更好地理解闭运算的特点，为了比较，图中也给出了相应的膨胀运算的结果。

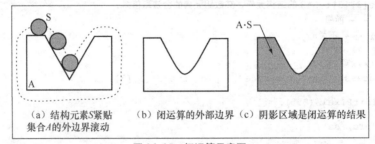

(a) 结构元素 S 紧贴   (b) 闭运算的外部边界   (c) 阴影区域是闭运算的结果
集合 A 的外边界滚动

图 11.15 闭运算示意图

这次让结构元素 S 紧贴 A 的外边界滚动，滚动过程中始终保证 S 不完全离开 A（$(S)_z \cap A \neq \phi$），此时 S 中的点所能达到的最靠近 A 的外边界的位置就构成了图 11.15（b）所示的闭运算的外边界。而此时 S 中心点所能达到的最靠近 A 的内边界的位置就构成了 S 对 A 的膨胀的外边界（见图 11.15（a）中的虚线轮廓）。

从图 11.12 和图 11.15 中，可以注意到，在圆形的结构元素作用下，开运算使得物体小于 180°的拐角变得圆滑，大于 180°的角则没有变化，腐蚀运算则刚好与开运算相反；而闭运算使得物体大于 180°的拐角变得圆滑，而小于 180°的拐角则没有变化，膨胀运算则刚好与闭运算相反。

最后还需要说明的是开闭运算也是对偶的，然而与腐蚀和膨胀不同的是，对于某图像多次应用开或闭运算和只进行一次运算的效果相同，即有：

$$(A \circ B) \circ B = A \circ B, \quad (A \bullet B) \bullet B = A \bullet B \tag{11-6}$$

2. MATLAB 实现

根据定义，以相同的结构元素先后调用 imdilate() 和 imerode() 即可实现闭操作。此外，MATLAB 中也直接提供了闭运算函数 imclose()，其用法同 imopen() 类似，这里不再赘述。

3. Visual C++实现

利用 Visual C++实现二值图像闭运算的相关代码如下。

```
/*********************
void CImgProcess::Close(CImgProcess* pTo, int se[3][3])
  功能:      3*3 结构元素的二值图像闭运算
  注:        只能处理值图象
  参数:      Image* pTo: 目标输出图像的 CImgProcess 指针
             se[3][3]: 3*3 的结构元素，其数组元素的合法取值为:
             1 --- 前景
             -1 --- 不关心
  返回值:    无
*********************/
void CImgProcess::Close(CImgProcess* pTo, int se[3][3])
{
      pTo->InitPixels(255);

      Dilate(pTo, se);

      CImgProcess tmpImg = *pTo;

      tmpImg.Erode(pTo, se);
}
```

利用 Close()函数实现图像闭运算的完整示例被封装在 DIPDemo 工程中的视图类函数 void CDIPDemoView::OnMorphClose()中，其中调用 Close( )函数的代码片断如下所示。

```
// 输出的临时对象
CImgProcess imgOutput = imgInput;

//调用 Close()实现图像闭
imgInput.Close(&imgOutput, se);
 //se 为代表结构元素的 3*3 整形数组，根据用户输入指定。默认为 3*3 的方形结构元素

// 将结果返回给文档类
pDoc->m_Image = imgOutput;
```

上述程序运行时会弹出对话框，要求用户设置结构元素。读者可以通过光盘中示例程序 DIPDemo 中的菜单命令"形态学变换→闭运算"来观察处理效果。

11.3 二值图像中的形态学应用

本节将介绍一些非常经典的形态学应用，它们都是通过将 11.2 节中的基本运算按照特定次序组合起来，并且采用一些特殊的结构元素而实现的。

11.3.1 小节将要介绍的击中击不中变换，主要用于图像中某种特定形状的精确定位，其后将要讨论的很多形态学应用，如轮廓、细化以及像素化等都有助于使用者抓住物体最本质的特征（轮廓、形状或位置），这些特征都是强有力的图像描绘子，经处理后可作为后续的识别任务所需要的特征。

11.3.1 击中与击不中变换及其实现

1. 理论基础

形态学击中击不中变换常用于图像中某种特定形状的精确定位，是一种形状检测的基本工具。记作 $A \circledast S$，可表示为:

$$A \circledast S = (A \ominus S1) \cap (A^c \ominus S2) \tag{11-7}$$

其中，$S1 \cap S2 = \phi$ 且 $S = S1 \cup S2$，实际上 $S1$ 代表 S 中读者感兴趣的物体（要检测的形状）对

应的集合，而 $S2$ 为 S 中背景部分对应的集合。

从式（11-7）上分析，击中击不中变换首先用读者感兴趣的物体 $S1$ 去腐蚀图像 A，得到的结果是使 $S1$ 完全包含于 A 中，前景部分是其中心点位置的集合 $U1$，可以将 $U1$ 看作是 $S1$ 在 A 中所有匹配的中心点的集合。为了在 A 中精确地定位 $S1$ 而排除掉那些仅仅包含 $S1$ 但不同于 $S1$ 的物体或区域，有必要引入和 $S1$ 相关的背景部分 $S2$，一般来说 $S2$ 是在 $S1$ 周围包络着 $S1$ 的背景部分，$S1$ 和 $S2$ 和在一起组成了 S，式（11-7）中的后一半正是计算图像 A 的背景 A^c 和 S 的背景部分 $S2$ 的腐蚀，得到的结果 $U2$ 是使 S 的背景部分 $S2$ 完全包含于 A^c 时 S 中心位置的集合。$U1$ 和 $U2$ 的交集自然就是这样一些点 p 的集合：当 S 中心位于 p 时，S 的前景（物体）部分 $S1$ 和 A 中的某个前景部分完全重合，而 S 的背景部分也和 A 的某个背景部分完全重合，而 $S1$ 又是包络在 $S2$ 其中的，从而保证了读者感兴趣的物体 $S1$ 在图像 A 的 p 点处找到了一个精确匹配。读者可再结合例 11.3 体会击中击不中变换的原理。

【例 11.3】击中击不中变换实例。

下面的程序首先生成了一个如图 11.16（a）所示的原始图像，其中最左侧为一个 70×60 的矩形物体 X，居中靠下的为一个 50×50 的正方形 Y，右上方的正方形 Z 的边长为 30；而后生成了如图 11.16（b）所示的结构元素 S 和物体 $S1$；接下来，程序根据式（11-7）计算 I 与 S 的击中击不中变换 $I \circledast S$。

```
>> % 生成原始图像
>> I = zeros(120, 180);
>> I(11:80, 16:75) = 1;
>> I(56:105, 86:135) = 1;
>> I(26:55, 141:170) = 1;
>> figure, imshow(I); %得到图 11.16(a)
>>
>> % 生成结构元素 S
>> se = zeros(58, 58);
>> se(5:54, 5:54) = 1; % 物体 S1
>> figure, imshow(se); %得到图 11.16(b)
>>
>> % 击中击不中变换
>> Ie1 = imerode(I, se); % 物体腐蚀
>> figure, imshow(Ie1); %得到图 11.16(c)
>> Ic = 1-I; % I 的补
>> figure, imshow(Ic); %得到图 11.16(d)
>> S2 = 1-se;
>> figure, imshow(S2); %得到图 11.16(e)
>> Ie2 = imerode(Ic, S2); % 背景腐蚀 %得到图 11.16(f)
>> Ihm = Ie1 & Ie2; % 两次腐蚀的交集
>> figure, imshow(Ihm); %得到图 11.16(g)
```

上述程序的运行结果如图 11.16 所示。

注：图 11.16（g）给出了变换的最终结果。为便于观察，在显示时每幅图像周围都环绕着一圈黑色边框，注意该边框并不是图像本身的一部分。

✏️**注意**　对于结构元素 S，读者感兴趣的物体 $S1$ 之外的背景 $S2$ 不能选择得太宽，因为使得 S 包含背景 $S2$ 的目的仅仅是定义出物体 $S1$ 的外轮廓，以便在图像中能够找到准确的完全匹配位置。从这个意义上说，物体 $S1$ 周围有一个像素宽的背景环绕就足够了，例 11.3 中选择了 4 个像素宽的背景，是为了使结构元素背景部分 $S2$ 看起来比较明显，但如果背景部分过大，则会影响击中击不中变换的计算结果，在上例中中间的正方形 Y 与右上的正方形 Z 之间的水平距离为 6，如果在定义 S 时，$S2$ 的宽度超过 6 个像素，则最终的计算结果将是空集。

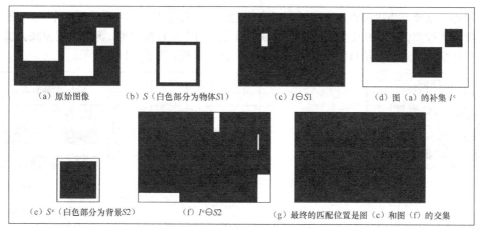

(a) 原始图像　　(b) S（白色部分为物体S1）　　(c) I⊖S1　　(d) 图 (a) 的补集 Iᶜ

(e) Sᶜ（白色部分为背景S2）　　(f) Iᶜ⊖S2　　(g) 最终的匹配位置是图 (c) 和图 (f) 的交集

图 11.16　击中击不中变换

根据式（11-3）给出的对偶关系，式（11-7）还可表示为如下两种形式，因而，式（11-7）更为直观，更易理解。

$$A \circledast S = (A\ominus S1) \cap (A \oplus \hat{S}_2)$$
$$= (A\ominus S1) - (A \oplus \hat{S}_2) \tag{11-8}$$

2．MATLAB 实现

IPT 中进行击中击不中变换的函数为 bwhitmiss()，调用形式如下。

Ihm = bwhitmiss(I，S1，S2);

参数说明：

- I 为输入图像；
- $S1$ 和 $S2$ 即为式（11-7）中介绍过的结构元素。

返回值：

- *Ihm* 是击中击不中变换后的结果图像。

如果使用 bwhitmiss()函数来完成例 11.3，则只需下面的一句代码。

```
Ihm = bwhitmiss(I, se, S2); %se 和 S2 与在例 11. 3 中时的意义相同
```

3．Visual C++实现

在 11.2.1 小节中介绍腐蚀的 Visual C++实现时，已经提到了当结构元素中包含 0 时，Erode( )算法将具有模板匹配的功能，可直接用于实现击中击不中变换。此时只有在结构元素 *SE* 中为 1 的元素下面的像素为 0（图像中的前景黑色），同时 *SE* 中为 0 的元素下面的像素为 255（图像中的背景白色）的情况下才形成一个匹配，而 *SE* 中为-1 的元素下面的像素不关心，为 0 或 255 均可。

为了实现标准的击中击不中变换，只需要如下设定结构元素 *SE* 并调用函数 Erode( )：在希望匹配的物体周围加上一圈宽度至少为一个像素的背景，即在模板 *SE* 中，用 1 表示物体，周围加上至少一个像素宽的 0 即可。

11.3.2　边界提取与跟踪及其实现

轮廓是对物体形状的有力描述，对于图像分析和识别十分有用。通过边界提取算法可以得到物体的边界轮廓；而边界跟踪算法在提取边界的同时还能依次记录下边界像素的位置信息，下面分别介绍。

1．边界提取

要在二值图像中提取物体的边界，容易想到的一个方法是将所有物体内部的点删除（置为背景色）。具体地说，可以逐行扫描原图像，如果发现一个黑点（图 11.17 中黑点为前景点）的 8 个邻

域都是黑点，则该点为内部点，在目标图像中将它删除。实际上这相当于采用一个 3×3 的结构元素对原图像进行腐蚀，使得只有那些 8 个邻域都有黑点的内部点被保留，再用原图像减去腐蚀后的图像，恰好删除了这些内部点，留下了边界像素。这一过程可如图 11.17 所示。

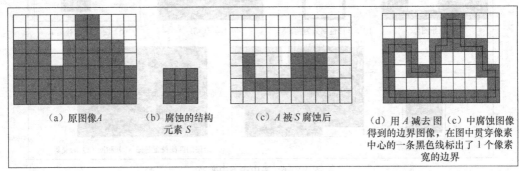

(a) 原图像 A　　(b) 腐蚀的结构　　(c) A 被 S 腐蚀后　　(d) 用 A 减去图 (c) 中腐蚀图像
　　　　　　　　元素 S　　　　　　　　　　　　　　　　得到的边界图像，在图中贯穿像素
　　　　　　　　　　　　　　　　　　　　　　　　　　中心的一条黑色线标出了 1 个像素
　　　　　　　　　　　　　　　　　　　　　　　　　　宽的边界

图 11.17　边界提取

【例 11.4】边界轮廓提取。

采用前述方法提取二值人脸图像边界轮廓的 **MATLAB** 程序如下。

```
>> I = imread('head_portrait.bmp'); %读入原图像
>> figure, imshow(I); %得到图 11.18(a) 中的图像
>> se = strel('square', 3); %3*3 的正方形结构元素
>> Ie = imerode(I, se); %腐蚀得到内部点
>> Iout = I - Ie; %减去内部点留下边界点
>> figure, imshow(Iout); %得到图 11.18(b) 中的图像
```

上述程序的运行结果如图 11.18 所示。

2. 边界跟踪

为了依次记录下边界上的各个像素，边界跟踪首先按照某种扫描规则找到目标物体边界上的一个像素，而后就以该像素为起始点，根据某种顺序（如顺时针或逆时针）依次找出物体边界上的其余像素，直到又回到了起始点，完成整条边界的跟踪。

例如，可以按照从左到右、从上到下的顺序扫描图像，这样首先会找到目标物体最左上方的边界点 $P0$，显然，这个点的左侧以及上侧都不可能存在边界点（否则左侧或者上侧的边界点就会成为第一个被扫描到的边界点），因此不妨从左下方向逆时针开始探查，如左下方的点是黑点，直接跟踪至此边界点，否则探查方向逆时针旋转 45°，直至找到第一个黑点为止，跟踪至此边界点。找到边界点后，在当前探查方向的基础上顺时针回转 90°，继续用上述方法搜索下一个边界点，直到探查又回到初始的边界点 $P0$，完成了整条边界的跟踪。整个跟踪过程如图 11.19 所示。

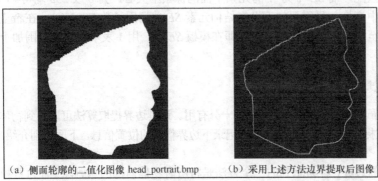

(a) 侧面轮廓的二值化图像 head_portrait.bmp　　(b) 采用上述方法边界提取后图像

图 11.18　边界轮廓提取

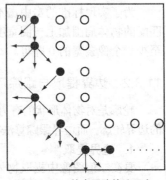

图 11.19　轮廓跟踪算法示意

3. 边界跟踪算法的 Visual C++实现

利用 Visual C++实现边界跟踪算法的相关代码如下。

```
/*********************
void CImgProcess::TraceBoundary(CGray* pTo)
功能：        跟踪二值图像中第一个找到的物体的边界
注：          只能处理 2 值图象
参数：        CGray* pTo：目标输出图像的 CGray 指针
返回值：      无
*********************/
void CImgProcess::TraceBoundary(CImgProcess *pTo)
{
    pTo->InitPixels(255);//清空目标图像

    int nHeight = GetHeight();
    int nWidth = GetWidthPixel();

    //循环变量
    int i;
    int j;

    //起始边界点与当前边界点
    POINT ptStart;
    POINT ptCur;

    //搜索方向数组，{左下，下，右下，右，右上，上，左上，左}
    int Direction[8][2]={ {-1,1}, {0,1}, {1,1}, {1,0}, {1,-1}, {0,-1}, {-1,-1}, {-1,0} };
    int BeginDirect;
    int nCurDirect = 0;  //当前探查方向
    int xPos;
    int yPos;

    bool bAtStartPt; //为 true 表示探查刚刚时开始，为了区别 ptCur == ptStart 的两种情况（一种
                     开始，一种结束）

    //算法不处理边界上的点，将图像的四周的一圈边界置白
    for(i=0; i<nHeight; i++)
    {
        SetPixel(0, i, RGB(255, 255, 255));
        SetPixel(nWidth-1, i, RGB(255, 255, 255));
    }
    for(j=0; j<nWidth; j++)
    {
        SetPixel(j, 0, RGB(255, 255, 255));
        SetPixel(j, nHeight-1, RGB(255, 255, 255));
    }

    //逐行扫描
    for(i=0; i<nHeight; i++)
    {
        for(j=0; j<nWidth; j++)
        {
            if(GetGray(j, i) == 0)//找到最左上的第一个边界点
            {
                ptStart.x = j;
                ptStart.y = i;

                ptCur = ptStart;
                bAtStartPt = true;
                while( ( (ptCur.x != ptStart.x) || (ptCur.y != ptStart.y) ) || bAtStartPt   )
                {
                    bAtStartPt = false;
```

```
                                        //下一个探查位置
                                        xPos = ptCur.x + Direction[nCurDirect][0];
                                        yPos = ptCur.y + Direction[nCurDirect][1];
                                        int nSearchTimes = 1;
                                        while( GetGray(xPos, yPos) = = 255 )
                                        {
                                             nCurDirect ++; //逆时针旋转 45 度
                                             if(nCurDirect >= 8)
                                                  nCurDirect -= 8;

                                             xPos = ptCur.x + Direction[nCurDirect][0];
                                             yPos = ptCur.y + Direction[nCurDirect][1];

                                             if( ++nSearchTimes >= 8 ) //8 邻域中都没有边界点，说明是孤立点
                                             {
                                                  xPos = ptCur.x;
                                                  yPos = ptCur.y;
                                                  break;
                                             }
                                        }

                                        //找到下一个边界点
                                        ptCur.x = xPos;
                                        ptCur.y = yPos;
                                        pTo->SetPixel(ptCur.x, ptCur.y, RGB(0, 0, 0)); //在新图像上标记边界
                                        /*************
                                        在此处添加适当的代码，如果需要依次记录下边界点 ptCur
                                        *************/

                                        nCurDirect -= 2; //将当前探查方向顺时针回转 90 度作为下一次的探查初始方向
                                        if(nCurDirect < 0)
                                             nCurDirect += 8;
                              }
                              return;
                    }// if
                    /*************
在此处添加适当的代码，并去掉上面的 return 语句，如果需要跟踪图像中所有物体的边界。
                    *************/

          }// for j
     }//for i

}
```

关于 TraceBoundary()算法，还要以下几点需要说明。

• 如果需要在边界跟踪过程中依次记录下个边界点的坐标信息，可在代码中的适当位置（见代码中注释）将 ptCur 保存起来，如保存到一个 vector 数组中。

• TraceBoundary()只是跟踪了第 1 个找到的物体的边界，即最左上方物体的边界就返回了。如果需要跟踪图像中所有物体的边界，可以通过多次调用 TraceBoundary()或直接修改函数本身（见代码中注释），每跟踪完毕一个物体的边界就将该物体清除掉（置白），然后再继续跟踪其他物体的边界。

> 提示　在已知物体中的某个点的情况下，可以采用基于连通区域的方法清除该物体，有关连通区域的知识将在 11.3.4 小节中介绍。

• TraceBoundary()算法只能提取出物体的外轮廓，对于带有孔洞的物体，无法跟踪至其孔洞的轮廓。

利用 TraceBoundary ()函数实现边界跟踪的完整示例被封装在 DIPDemo 工程中的视图类函数

void CDIPDemoView::OnMorphTrace()中，其中调用 TraceBoundary()函数的代码片断如下所示。

```
// 输出的临时对象
CImgProcess imgOutput = imgInput;

// 调用 TraceBoundary() 函数实现边界跟踪
imgInput.TraceBoundary(&imgOutput);

// 将结果返回给文档类
pDoc->m_Image = imgOutput;
```

读者可以通过光盘中示例程序 DIPDemo 中的菜单命令"形态学变换→边界跟踪"来观察处理效果。

11.3.3 区域填充及其 Visual C++实现

区域填充可视为边界提取的反过程，它是在边界已知的情况下得到边界包围的整个区域的形态学技术。

1. 理论基础

问题的描述如下：已知某一 8 连通边界和边界内部的某个点，要求从该点开始填充整个边界包围的区域，这一过程也称为"种子"填充，填充的开始点被称为"种子"。

首先注意到，对于 4 连通的边界，其围成的内部区域是 8 连通的，而 8 连通的边界围成的内部区域却是 4 连通的，如图 11.20 所示。

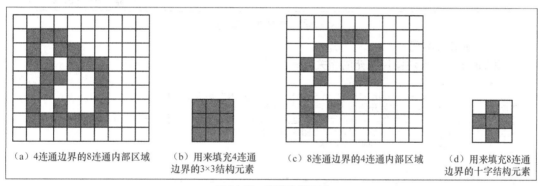

（a）4连通边界的8连通内部区域　（b）用来填充4连通边界的3×3结构元素　（c）8连通边界的4连通内部区域　（d）用来填充8连通边界的十字结构元素

图 11.20　连通边界区域

为了填充 4 连通的边界应选择图 11.20（b）中的 3×3 结构元素，而为在 8 连通边界内从种子点得到区域，可以选用图 11.20（d）的十字结构元素 S 对初始时仅为种子点的图像 B 进行膨胀，十字结构元素 S 能够保证只要 B 在边界 A 的内部（不包括边界本身），每次膨胀都不会产生边界之外的点（新膨胀出来的点要么在边界内部，要么最多落在边界上），这样只需把每次膨胀的结果图像和边界的补图像 A^c 相交，就能把膨胀限制在边界内部。随着对 B 的不断膨胀，B 的区域不断生长，但每次膨胀后与 A^c 的交集又将 B 限制在边界 A 的内部，这样一直到最终 B 充满整个 A 的内部区域，停止生长。此时的 B 与 A 的并集即为最终的区域填充结果。

算法概要如下。

初始化：$B_0 =$ 种子点

循环：　　Do　$B_{i+1} = (B_i \oplus S) \cap A^c$

　　　　　$Until$　$B_{i+1} == B_i$

图 11.21（d）～图 11.21（j）形象地模拟了整个区域的填充过程。

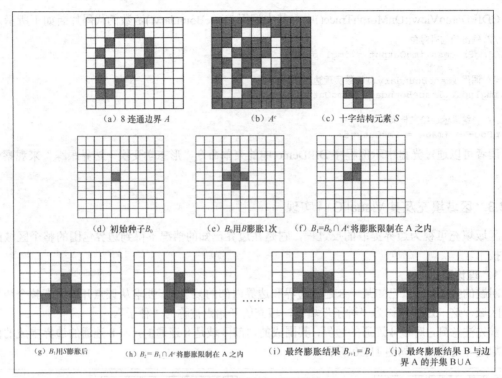

图 11.21　区域填充效果模拟

2. Visual C++实现

利用 Visual C++实现图像填充的相关代码如下。

```
/*********************
void CImgProcess::FillRgn(CImgProcess* pTo, POINT ptStart)
功能:        以 ptStart 作为开始点（种子），对图像进行填充
注:          只能处理 2 值图象，边界假定为 8 连通，ptStart 必须在原图像 *this 的边界之内
参数:        CImgProcess* pTo: 目标输出图像的 CImgProcess 指针
             POINT ptStart: 种子点坐标
返回值:      无
*********************/
void CImgProcess::FillRgn(CImgProcess *pTo, POINT ptStart)
{
    int se[3][3] = {{-1, 1, -1}, {1, 1, 1}, {-1, 1, -1}}; // 十字形结构元素

    int nHeight = GetHeight();
    int nWidth = GetWidthPixel();

    pTo->InitPixels(255); //清空目标输出图像

    CImgProcess revImg = (*this);
    revImg = !revImg; //原图像的补，用来限制膨胀

    pTo->SetPixel(ptStart.x, ptStart.y, RGB(0, 0, 0)); //初始化目标图像为只有种子点
    CImgProcess tmpImg = *pTo; //暂存上一次的运算结果

    while( true ) //循环直到图像的受限膨胀不再产生变换
    {
        tmpImg.Dilate(pTo, se); //用十字结构元素膨胀

        *pTo = *pTo & revImg;//限制膨胀不会超出原始边界
```

```
            if( *pTo == tmpImg )//不再变化时停止
                  break;
            tmpImg = *pTo;
      }

      //最终的结果为受限膨胀结果与原始边界的并集
      *pTo = *pTo | (*this);
}
```

利用 FillRgn()函数实现区域填充的完整的示例被封装在 DIPDemo 工程中的视图类函数 void CDIPDemoView::OnMorphFillRgn()中，其中调用 FillRgn()函数的代码片断如下所示。

```
// 输出的临时对象
CImgProcess imgOutput = imgInput;

// 需要根据实际情况设置种子点的坐标，这里简单地取种子点为图像的中心点
POINT ptStart;
ptStart.x = imgInput.GetWidthPixel() / 2;
ptStart.y = imgInput.GetHeight() / 2;

// 调用 FillRgn()函数实现种子填充
imgInput.FillRgn(&imgOutput, ptStart);
//POINT 型参数 ptStart 为种子点，可以是区域当中的任意一点

// 将结果返回给文档类
pDoc->m_Image = imgOutput;
```

上述程序的运行结果如图 11.22 所示，读者可以通过光盘中示例程序 DIPDemo 中的菜单命令"形态学变换→区域填充"来观察处理效果。

11.3.4 连通分量提取及其实现

连通分量的概念在 0.3.1 小节中曾介绍过。在二值图像中提取连通分量是许多自动图像分析应用中的核心任务。提取连通分量的过程实际上也是标注连通分量的过程，通常的做法是

（a）原图像 head_boundary_VC.bmp　（b）图（a）的填充效果
图 11.22　区域种子填充效果（种子点设置于图像中心）

给原图像中的每个连通区分配一个唯一代表该区域的编号，在输出图像中该连通区内的所有像素的像素值就赋值为该区域的编号，将这样的输出图像称为标注图像。

1. 理论基础

这里准备介绍一种是基于形态学的膨胀操作的提取连通分量的方法，另一种递归的方法将在 11.3.6 小节的像素化算法中给出。以 8 连通的情况为例，对于图 11.23（a）中内含多个连通分量的图像 A，从仅为连通分量 A1 内部的某个点的图像 B 开始，不断采用如图 11.23（c）所示的结构元素 S 进行膨胀。由于其他连通分量与 A1 之间至少有一条 1 个像素宽的空白缝隙（见图 11.23（a）中的虚线），3×3 的结构元素保证了只要 B 在区域 A1 的内部，则每次膨胀都不会产生位于 A 中其他连通区域之内的点，这样只需用每次膨胀后的结果图像和原始图像 A 相交，就能把膨胀限制在 A1 内部。随着对 B 的不断膨胀，B 的区域不断生长，但每次膨胀后与 A 的交集又将 B 限制在连通分量 A1 的内部，直到最终 B 充满整个连通分量 A1，对连通分量 A1 的提取完毕。

算法概要如下。

初始化：$B_0 = $ 连通分量A1中的某个点

循环：$\quad Do \quad B_{i+1} = (B_i \oplus S) \cap A$

$\qquad Until \quad B_{i+1} = B_i$

提取连通分量的算法与区域填充算法十分相似，只需改变膨胀结构元素（8 连通使用 3×3 的正方形结构元素，4 连通使用 3×3 十字形结构元素），并且把每次膨胀后同 A^c 的交集改为同 A 的交集。

2. MATLAB 实现

在 MATLAB 中，连通分量的相关操作主要借助 IPT 函数 bwlabel()实现，其调用语法如下。

```
[L    num] = bwlabel(Ibw, conn)
```

参数说明：

- *Ibw* 为一幅输入二值图像；
- *conn* 为可选参数，指明要提取的连通分量是 4 连通还是 8 连通，默认值为 8。

返回值：

- *L* 为类似于图 11.23（b）的标注图像；
- *num* 为二值图像 *Ibw* 中连通分量的个数。

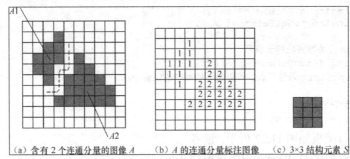

图 11.23　连通分量提取结果

提取连通分量的应用十分广泛，利用标注图像可以方便地进行很多基于连通区的操作。例如要计算某一连通分量的大小，只需扫描一遍标注图像，对像素值为该区编号的像素进行计数。又如要计算某一连通分量的质心，只需扫描一遍标注图像，找出所有像素值为该区编号的像素的 x、y 坐标，然后计算其平均值。

下面结合两个 MATLAB 实例来说明。

【例 11.5】在人脸局部图像中定位嘴的中心。

操作者希望在如图 11.24（a）所示的图像中定位嘴的中心，假定已经掌握了输入图像中的某些先验知识，即嘴部占据了图像的大部分区域且从灰度上易于与周围皮肤分离开来。于是针对性地拟定了在二值化图像中寻找最大连通区域中心的解决方案，具体步骤如下。

（1）对输入图像进行二值化处理。

（2）标注二值图像中的连通分量。

（3）找出最大的连通分量。

（4）计算最大连通分量的中心。

依照上述思路实现的 MATLAB 代码如下，读者可以在配套光盘第 11 章 Code 目录下的 locateMouth.m 文件中找到。

```
% locateMouth.m

I = imread('mouth.bmp'); %读入图像
Id = im2double(I);
figure, imshow(Id) % 得到 11.24(a)
Ibw = im2bw(Id, 0.38); %以 0.38 为阈值二值化
Ibw = 1 - Ibw; %为在 MATLAB 中进行处理，将图像反色
figure, imshow(Ibw) % 得到 11.24(b)
hold on
```

```
[L, num] = bwlabel(Ibw, 8); % 标注连通分量
disp(['图中共有' num2str(num) '个连通分量'])

% 找出最大的连通分量（嘴）
max = 0; % 当前最大连通分量的大小
indMax = 0; % 当前最大连通分量的索引
for k = 1:num
    [y x] = find(L == k); % 找出编号为 k 的连通区的行索引集合 y 和列索引集合 x

    nSize = length(y); % 计算该连通区的像素数目
    if(nSize > max)
        max = nSize;
        indMax = k;
    end
end

if indMax == 0
    disp('没有找到连通分量')
    return
end

% 计算并显示最大连通分量（嘴）的中心
[y x] = find(L == indMax);
yMean = mean(y);
xMean = mean(x);
plot(xMean,yMean,'Marker','o','MarkerSize',14,'MarkerEdgeColor','w','MarkerFaceColor'
,'w');
plot(xMean, yMean, 'Marker', '*', 'MarkerSize', 12, 'MarkerEdgeColor', 'k'); % 得到
11.24(c)
```

上述程序运行后结果如图 11.24 所示。

可以看到在以 0.38 为阈值分割后，得到的图 11.24（b）中的二值图像共有 4 个连通分量，结合先验知识，可以认为最大的连通分量对应于嘴部。语句[y x] = find(L = k)用来在标注图像 L 中找出编号为 k 的连通区的行索引集合 y 和列索引集合 x，找出所有连通区中最大的一个，计算向量 y 和 x 的平均值，即为该区域中心的坐标，结算结果在图 11.24（c）中用"*"显示了出来。

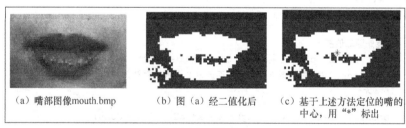

(a) 嘴部图像mouth.bmp　　　(b) 图（a）经二值化后　　　(c) 基于上述方法定位的嘴的中心，用"*"标出

图 11.24　嘴部定位

【例 11.6】细菌计数。

要对图 11.25（a）中显微镜视野内的细菌进行计数，操作者的思路是在二值化后的黑白图像中统计连通区的个数从而确定细菌的个数。首先对原始图像进行阈值处理，得到图 11.25（b）中的二值化图像，注意到下方的一个细菌出现了"断裂"，这可能是由于阈值选择不当（这里是阈值偏高）或是图像整体灰度不均，造成根本不存在一个能够正确分割出所有物体的阈值。

事实上，"断裂"和"合并"都会给计数带来困扰，针对图 11.25（b）阈值偏高易产生"断裂"的特点，操作者对图 11.25(b)中二值图像采用 3×3 的结构元素进行膨胀，在膨胀后的图像图 11.25（c）中，可以看到"断裂"被成功"接合"，同时又没有产生不同细菌的"合并"，再统计图 11.25（c）中的二值图像中连通分量的数目，即得到细菌的准确计数。

相应的 MATLAB 代码如下。

```
>> I = imread('bw_bacteria.bmp');  % 读入二值化后的细菌图像
>> figure, imshow(I)  % 得到(b)图
>> [L, num] = bwlabel(I, 8);  % 直接统计（b）中连通区个数
>> num  % 显示细菌个数，由于"断裂"存在，比实际数目多 1

num =

   22
>> Idil = imdilate(I, ones(3,3));  % 采用 3×3 的结构元素膨胀
>> figure, imshow(Idil)  % 得到(c)图
>> [L, num] = bwlabel(Idil, 8);  % 统计（c）中的连通区个数
>> num  % 实际的细菌个数

num =

   21
```

上述程序运行后的效果如图 11.25 所示。

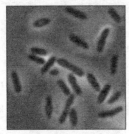 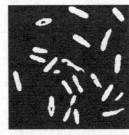 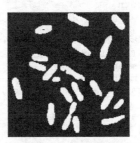

（a）显微镜下的细菌图像　（b）将图（a）中图像二值化后　（c）对图（b）中图像采用 3×3 的结构元素膨胀

图 11.25　统计连通区个数

3．Visual C++实现

利用 Visual C++标注连通分量的相关代码如下。

```
/*********************
void CImgProcess::LabelConnRgn(CImgProcess* pTo)
功能：        标注连通分量
注：          只能处理二值图像
参数：        CImgProcess* pTo：目标图像的 CImgProcess 指针
              int nConn：取值为 4 或 8，表示 4 连通或 8 连通，默认为 8
返回值：      int 无
*********************/
void CImgProcess::LabelConnRgn(CImgProcess* pTo, int nConn)
{
    int se[3][3] = {{1, 1, 1}, {1, 1, 1}, {1, 1, 1}}; // 8 连通 - 3*3 结构元素
    if(nConn == 4)//4 连通 - 十字形结构元素
    {
        se[0][0] = -1;
        se[0][2] = -1;
        se[2][0] = -1;
        se[2][2] = -1;
    }

    int nHeight = GetHeight();
    int nWidth = GetWidthPixel();

    int i, j, k, l; //循环变量

    CImgProcess backupImg = *this; //备份原图像以备恢复
```

```
CImgProcess tmpImg = *pTo; //暂存上一次的运算结果的临时图像

int nConnRgn = 1; //连通分量的标号
int nGray;

//算法不处理边界上的点，将图像的四周的一圈边界置白
for(i=0; i<nHeight; i++)
{
        SetPixel(0, i, RGB(255, 255, 255));
        SetPixel(nWidth-1, i, RGB(255, 255, 255));
}
for(j=0; j<nWidth; j++)
{
        SetPixel(j, 0, RGB(255, 255, 255));
        SetPixel(j, nHeight-1, RGB(255, 255, 255));
}

for(i=0; i<nHeight; i++)
{
        for(j=0; j<nWidth; j++)
        {
                nGray = GetGray(j, i);

                if(nGray == 0)
                {
                        pTo->InitPixels(255); //清空目标输出图像

                        //找到一个前景点，提取其所在的连通分量
                        pTo->SetPixel(j, i, RGB(0, 0, 0)); //初始化目标图像为只有连通区中的一点
                        tmpImg = *pTo; //暂存图像

                        while( true ) //循环直到图像的受限膨胀不再产生变换
                        {
                                tmpImg.Dilate(pTo, se); //用结构元素膨胀

                                *pTo = *pTo & backupImg;//计算和原图像的交，限制膨胀不会超出区域

                                if( *pTo == tmpImg )
                        //如果和上一次处理后的图像相同，说明该连通区已经提取完毕
                                        break;
                                tmpImg = *pTo; //暂存图像
                        }

                        //标注刚刚找到的连通区
                        for(k=0; k<nHeight; k++)
                        {
                                for(l=0; l<nWidth; l++)
                                {
                                        nGray = pTo->GetGray(l, k);
                                        if(nGray == 0)
                                        {
                                                SetPixel(l, k, RGB(nConnRgn, nConnRgn, nConnRgn));
                        //在当前图像上标注第 nConnRgn 号连通区
                                        }
                                }//for l
                        }//for k

                        nConnRgn ++; //连通区编号加 1
                        if(nConnRgn > 255)
                        {
```

```
                    AfxMessageBox("目前该函数最多支持标注 255 个连通分量");
                    i = nHeight; //强制跳出外层循环
                    break;
                }
            }//if
        }//for j
    }//for i


    *pTo = *this; //更新目标图像（标注的是 *this）
    *this = backupImg; //恢复原图像

}
```

利用 LabelConnRgn() 函数标注连通区域的完整示例被封装在 DIPDemo 工程中的视图类函数 void CDIPDemoView::OnMorphLabelConnRgn() 中，其中调用 LabelConnRgn() 函数的代码片断如下所示。

```
// 输出的临时对象
CImgProcess imgOutput = imgInput;

// 调用 LabelConnRgn() 函数标注连通区域
imgInput.LabelConnRgn(&imgOutput);

// 将结果返回给文档类
pDoc->m_Image = imgOutput;
```

读者可以通过光盘中示例程序 DIPDemo 中的菜单命令"形态学变换→标注连通区域"来观察处理效果。

11.3.5　细化算法及其 Visual C++实现

"骨架"是指一副图像的骨骼部分，它描述物体的几何形状和拓扑结构，是重要的图像描绘子之一。计算骨架的过程一般称为"细化"或"骨架化"，在包括文字识别、工业零件形状识别以及印刷电路板自动检测在内的很多应用中，细化过程都发挥着关键作用。通常，对操作者感兴趣的目标物体进行细化有助于突出目标的形状特点和拓扑结构，并且减少冗余的信息量。

【例 11.7】手写字符的细化。

同类物体由于其线条粗细不同而显得差别很大（图 11.26（a）和图 11.26（c）中的"7"），这无疑会给后续的识别任务带来困扰，例如对于图 11.26 中的图像来说识别程序很可能会认为图 11.26（a）中的"7"更像图 11.26（b）中的"1"而不是图 11.26（c）中的"7"。但将它们的形状细化之后，归一化为相同的宽度，如 1 个像素宽，

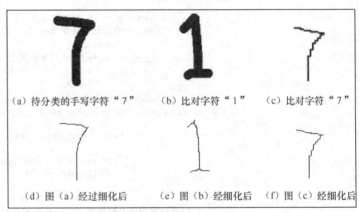

(a) 待分类的手写字符"7"　(b) 比对字符"1"　(c) 比对字符"7"

(d) 图（a）经过细化后　(e) 图（b）经细化后　(f) 图（c）经细化后

图 11.26　手写数字字符的细化

此时可以发现图 11.26（d）～图 11.26（f）的 3 幅数字骨架图像所体现出来的完全是数字本身的几何形状，在这些细化后的图像中选择适当的特征进行分类将得到理想的结果。

注：第一行中的 3 幅图像没有经过细化处理，可能导致在分类时图（a）中的"7"与图（b）中的比对字符"1"更加相似，图（a）中的待识别字符"7"被识别成"1"；第二行为第一行 3 幅图像的细化图像，只要进一步从图像中选择合适的特征，将得到正确的识别结果。

1. 理论基础

下面来看一下细化算法的实现思路。

考虑某图像中的一个 3×3 的区域，对其中各点标记名称 $P1$，$P2$，…，$P8$，如图 11.27（a）所示。这里规定以 1 表示黑色，0 表示白色，则如果中心 $P1=1$（黑点），下面 4 个条件同时满足，就删除 $P1$(令 $P1=0$)。

（1）$2 \leqslant NZ(P1) \leqslant 6$。

（2）$Z0(P1)=1$。

（3）$P2 \times P4 \times P8=0$ 或者 $Z0(P1) \neq 1$。

（4）$P2 \times P4 \times P6=0$ 或者 $Z0(P4) \neq 1$。

其中的标记 $NZ(P)$（如表 11.2 所示）表示 P 点的 8 邻域中 1 的数目；而 $Z0(P)$ 可按照如下方式计算。

表 11.2　　　　　　　　　　　　　　　　　标记示意表

$P_{-1, -1}$	$P_{-1, 0}$	$P_{-1, 1}$
$P_{0, -1}$	P	$P_{0, 1}$
$P_{1, -1}$	$P_{1, 0}$	$P_{1, 1}$

① 令 $nCount = 0$。

② 如果 $P_{-1, 0}=0$ 并且 $P_{-1, -1}=1$
　　　　$nCount$ ++

③ 如果 $P_{-1, -1}=0$ 并且 $P_{0, -1}=0$
　　　　$nCount$ ++

④ 如果 $P_{0, -1}=0$ 并且 $P_{1, -1}=1$
　　　　$nCount$ ++

⑤ 如果 $P_{1, -1}=0$ 并且 $P_{1, 0}=1$
　　　　$nCount$ ++

⑥ 如果 $P_{1, 0}=0$ 并且 $P_{1, 1}=1$
　　　　$nCount$ ++

⑦ 如果 $P_{1, 1}=0$ 并且 $P_{0, 1}=1$
　　　　$nCount$ ++

⑧ 如果 $P_{0, 1}=0$ 并且 $P_{-1, 1}=1$
　　　　$nCount$ ++

⑨ 如果 $P_{-1, 1}=0$ 并且 $P_{-1, 0}=1$
　　　　$nCount$ ++

⑩ $Z0(P)=nCount$

对图像中的每一个点重复这一步骤，直到所有的点都不可删除为止。图 11.27 给出了细化算法的示意，后面给出了算法的 Visual C++实现。

P3	P2	P9
P4	P1	P8
P5	P6	P7

1	1	0
1	P1	1
0	0	0

1	0	1
0	P1	0
1	1	1

0	0	0
1	P1	0
0	0	0

（a）3×3 邻域　　（b）删除 P1 会　　（c）删除 P1 会　　（d）$2 \leqslant NZ(P1)$
　　　　　　　　　分割区域　　　　　缩短边缘　　　　$\leqslant 6$，但P1不可删除

图 11.27 细化算法示意

2．Visual C++实现

利用 Visual C++实现细化的相关代码如下。

```
/********************
void CImgProcess::Thining(CImgProcess* pTo)
功能:        细化
注:          只能处理 2 值图象
参数:        无
返回值:      无
********************/
void CImgProcess::Thining()
{
    int nHeight = GetHeight();
    int nWidth = GetWidthPixel();

    //四个条件
    BOOL bCondition1;
    BOOL bCondition2;
    BOOL bCondition3;
    BOOL bCondition4;

    //5×5 相邻区域像素值
    unsigned char neighbour[5][5];

    int i,j;
    int m,n;

    BOOL bModified = TRUE;

    while(bModified)
    {
        bModified = FALSE;
        CImgProcess pic = *this;
        pic.InitPixels(255); //清空目标图像

        for(j=2; j<nHeight-2; j++)
        {
            for(i=2; i<nWidth-2; i++)
            {
                bCondition1 = FALSE;
                bCondition2 = FALSE;
                bCondition3 = FALSE;
                bCondition4 = FALSE;

                BYTE data = GetGray(i, j);
                if(data == 255)
                        continue;

                // 获得当前点相邻的 5×5 区域内像素值，白色用 0 代表，黑色用 1 代表
                for (m = 0;m < 5;m++ )
                {
                    for (n = 0;n < 5;n++)
                    {
                        neighbour[m][n] = (GetGray(i + n - 2, j + m - 2) == 0);
                    }
                }
                //                          neighbour[][]
                //逐个判断条件。
                //判断 2<=NZ(P1)<=6
                int nCount = neighbour[1][1] + neighbour[1][2] + neighbour[1][3] \
                    + neighbour[2][1] + neighbour[2][3] + \
                    + neighbour[3][1] + neighbour[3][2] + neighbour[3][3];
```

```
                              if ( nCount >= 2 && nCount <=6)
                                      bCondition1 = TRUE;

                      //判断 Z0(P1)=1
                      nCount = 0;
                      if (neighbour[1][2] == 0 && neighbour[1][1] == 1)
                              nCount++;
                      if (neighbour[1][1] == 0 && neighbour[2][1] == 1)
                              nCount++;
                      if (neighbour[2][1] == 0 && neighbour[3][1] == 1)
                              nCount++;
                      if (neighbour[3][1] == 0 && neighbour[3][2] == 1)
                              nCount++;
                      if (neighbour[3][2] == 0 && neighbour[3][3] == 1)
                              nCount++;
                      if (neighbour[3][3] == 0 && neighbour[2][3] == 1)
                              nCount++;
                      if (neighbour[2][3] == 0 && neighbour[1][3] == 1)
                              nCount++;
                      if (neighbour[1][3] == 0 && neighbour[1][2] == 1)
                              nCount++;
                      if (nCount == 1)
                              bCondition2 = TRUE;

                      //判断 P2*P4*P8=0 or Z0(p2)!=1
                      if (neighbour[1][2]*neighbour[2][1]*neighbour[2][3] == 0)
                              bCondition3 = TRUE;
                      else
                      {
                              nCount = 0;
                              if (neighbour[0][2] == 0 && neighbour[0][1] == 1)
                                      nCount++;
                              if (neighbour[0][1] == 0 && neighbour[1][1] == 1)
                                      nCount++;
                              if (neighbour[1][1] == 0 && neighbour[2][1] == 1)
                                      nCount++;
                              if (neighbour[2][1] == 0 && neighbour[2][2] == 1)
                                      nCount++;
                              if (neighbour[2][2] == 0 && neighbour[2][3] == 1)
                                      nCount++;
                              if (neighbour[2][3] == 0 && neighbour[1][3] == 1)
                                      nCount++;
                              if (neighbour[1][3] == 0 && neighbour[0][3] == 1)
                                      nCount++;
                              if (neighbour[0][3] == 0 && neighbour[0][2] == 1)
                                      nCount++;
                              if (nCount != 1)
                                      bCondition3 = TRUE;
                      }

                      //判断 P2*P4*P6=0 or Z0(p4)!=1
                      if (neighbour[1][2]*neighbour[2][1]*neighbour[3][2] == 0)
                              bCondition4 = TRUE;
                      else
                      {
                              nCount = 0;
                              if (neighbour[1][1] == 0 && neighbour[1][0] == 1)
                                      nCount++;
                              if (neighbour[1][0] == 0 && neighbour[2][0] == 1)
                                      nCount++;
                              if (neighbour[2][0] == 0 && neighbour[3][0] == 1)
                                      nCount++;
                              if (neighbour[3][0] == 0 && neighbour[3][1] == 1)
                                      nCount++;
                              if (neighbour[3][1] == 0 && neighbour[3][2] == 1)
                                      nCount++;
```

```
                                       if (neighbour[3][2] == 0 && neighbour[2][2] == 1)
                                             nCount++;
                                       if (neighbour[2][2] == 0 && neighbour[1][2] == 1)
                                             nCount++;
                                       if (neighbour[1][2] == 0 && neighbour[1][1] == 1)
                                             nCount++;
                                       if (nCount != 1)
                                             bCondition4 = TRUE;
                              }

                              if(bCondition1 && bCondition2 && bCondition3 && bCondition4)
                              {
                                    pic.SetPixel(i, j, RGB(255, 255, 255));
                                    bModified = TRUE;
                              }
                              else
                              {
                                    pic.SetPixel(i, j, RGB(0, 0, 0));
                              }

                         } //for i
                 } //for j
                  *this = pic;
      }//while
}
```

利用 Thining()函数实现图像细化的完整示例被封装在 DIPDemo 工程中的视图类函数 void CDIPDemoView::OnMorphThining()中，其中调用 Thining()函数的代码片断如下所示。

```
// 输出的临时对象
CImgProcess imgOutput = imgInput;

// 调用 Thining()实现图像细化
imgOutput.Thining();

// 将结果返回给文档类
pDoc->m_Image = imgOutput;
```

上述程序的运行结果如图 11.28 所示，读者可以通过光盘中示例程序 DIPDemo 中的菜单命令 "形态学变换→细化"来观察处理效果。

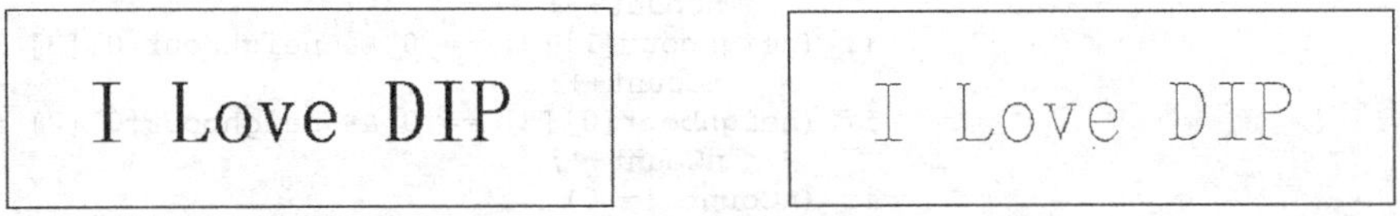

图 11.28　图像细化

11.3.6　像素化算法及其 Visual C++实现

细化适用于和物体拓扑结构或形状有关的应用，如前述的手写字符识别。但有时操作者关心的是目标对象是否存在，它们的位置关系，或者是个数，这时在预处理中加入像素化步骤就会给后续的图像分析带来极大的方便。

1. 理论基础

像素化操作首先找到二值图像中所有的连通区域，然后用这些区域的质心作为这些连通区域的代表，即将 1 个连通区域像素化为位于区域质心位置的 1 个像素。

有时还可以进一步引入一个低阈值 *lowerThres* 和一个高阈值 *upperThres* 用来指出图像中操作者感兴趣的对象连通数（连通分量中的像素数目）的大致范围，从而指像素化图像中大小介于 *lowerThres* 和 *upperThres* 之间的连通区域，而连通数低于 *lowerThres* 或高于 *upperThres* 的对象都将被滤除，这就相当于使算法同时具有了过滤噪声的能力，如图 11.29 所示。

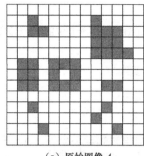 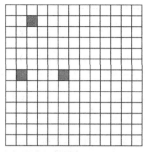

（a）原始图像 A　　　　　　　　　　（b）A 经像素化处理之后

图 11.29　像素化效果模拟，lowerThres = 3, upperThres = 10

注：*A* 中 < *lowerThres* 和 > *upperThres* 的连通区域均被滤出了，在这之间的区域都像素化到了区域的质心。

2. Visual C++实现

像素化算法的实现中使用了 PixelImage()和 TestConnRgn()两个函数。

算法 PixelImage()逐行扫描图像，直至碰到一个黑点就调用 TestConnRgn()函数考察该点所在的连通区域大小，如果连通数介于参数 *lowerThres* 和 *upperThres* 之间，表明该连通区域可能是操作者关心的对象，由于每次函数 TestConnRgn()探查连通区都会把该次探查访问过的点记录在 CPoint 型数组 ptVisited[]中，根据 ptVisited[]保存的访问点记录就可计算出区域的质心，于是算法用质心处的一个黑像素代表该连通区域；如连通数不在 *lowerThres* 和 *upperThres* 之间，则该连通区被滤除；而后算法继续逐行扫描图像，考察其他连通区。相关代码如下。

```
/*******************
void CImgProcess::PixelImage(CImgProcess* pTo, int lowerThres, int upperThres)
功能：       像素化大小介于 upperThres 和 lowerThres 之间的连通区域，像素化的像素位置为原区域的质心；
             滤除大小低于 lowerThres 的连通区域
             滤除大小超过 upperThres 的连通区域
注：         只能处理 2 值图象
参数：       CImgProcess* pTo: 目标图像的 CImgProcess 指针
             upperThres: 上限阈值
             lowerThres: 下限阈值
返回值：     无
********************/
void CImgProcess::PixelImage(CImgProcess* pTo, int lowerThres, int upperThres)
{
    if(upperThres < lowerThres)
    {
        AfxMessageBox("上限阈值必须大于下限阈值! ");
        return;
    }

    if(lowerThres < 0)
        lowerThres = 0;
    if(upperThres > 1000)
        upperThres = 1000; //为防止深度递归栈益处，限定 upperThres 的最大值为 1000

    CImgProcess image_bkp = *this;
    CImgProcess image_res = *pTo;
    image_res.InitPixels(255); //存放像素化后的图像，初始为白色（背景）

    int nHeight = pTo->GetHeight();
    int nWidth = pTo->GetWidthPixel();
```

```
int i,j;
unsigned char pixel;

LPBYTE lpVisited = new BYTE[nHeight*nWidth]; //标记该位置是否已被访问过

for(i=0;i<nHeight*nWidth;i++)
     lpVisited[i] = false; //初始访问标记数组

int curConnRgnSize = 0; //当前发现的连通区的大小


int nPtArySize = upperThres + 10; //记录访问点坐标数组的大小，是一个不能小于 upperThres 的量
CPoint* ptVisited;//记录对于连通区的一次探查中访问过的点的坐标
ptVisited = new CPoint[nPtArySize];

int k = 0;

for(i=0;i<nHeight;i++)
{
     for(j=0;j<nWidth;j++)
     {

          for(k=0;k<curConnRgnSize;k++)
               lpVisited[ptVisited[k].y*nWidth + ptVisited[k].x] = false;
//还原 lpVisited 数组

          curConnRgnSize = 0; //重置为 0

          pixel = image_bkp.GetGray(j, i);

          if( pixel == 0 ) //找到 1 个黑像素，进而探查该像素所处的连通区域的大小
          {
               int nRet = TestConnRgn(&image_bkp, lpVisited, nWidth, nHeight,
               j, i, ptVisited, lowerThres, upperThres, curConnRgnSize);
               if(nRet == 0) // lowerThres<= ... <=upperThres
               {
                    //计算出区域的质心
                    int xMean = 0;
                    int yMean = 0;
                    for(k=0; k<curConnRgnSize; k++)
                    {
                         image_res.SetPixel(ptVisited[k].x, ptVisited[k].y,
                         RGB(255, 255, 255));

                         xMean += ptVisited[k].x;
                         yMean += ptVisited[k].y;
                    }
                    xMean = xMean / curConnRgnSize;
                    yMean = yMean / curConnRgnSize;

                    image_res.SetPixel(xMean, yMean, RGB(0, 0, 0));

               }
               else if( (nRet == 1) || (nRet == -1) ) // >upperThres or <lowerThres
               {
                    //滤除
                    for(k=0; k<curConnRgnSize; k++)
                    {
                         image_res.SetPixel(ptVisited[k].x, ptVisited[k].
                         y, RGB(255, 255, 255));
                    }
               }
          }
     }
```

```
        }// for j
    }// for i

    *pTo = image_res;

    delete []lpVisited;
    delete []ptVisited;
}
```

函数 TestConnRgn()考察参数 *x*、*y* 指出的点（*x*，*y*）所在的连通区大小，保存在引用参数
curConnRgnSize 中带回。算法递归地探查（*x*，*y*）的 8 个邻域，直到已访问过该连通区域中所有的
点，对这个函数稍加修改也可用于提取连通分量。函数的返回值以及其他参数的含义请参考函数之
前的详细注释，其实现代码如下。

```
/*********************
TestConnRgn(CImgProcess* pImage, LPBYTE lpVisited, int nWidth, int nHeight, int x, int
y, CPoint ptVisited[], int lowerThres, int upperThres, int &curConnRgnSize)
功能:        利用递归算法统计点 (x, y) 所处的连通区的大小与 lowerThres 和 upperThres 之间的关系
注:          只能处理 2 值图象
参数:        CImgProcess* pImage: 处理图像的 CImgProcess 指针
             LPBYTE lpVisited: 标志位数组
             int nWidth: 图象的宽度
             int nHeigh: 图象的高度
             int x: 当前考察点的横坐标
             int y: 当前考察点的纵坐标
             Cpoint ptVisited[]: 存放已考察过的点的坐标
             int curConnRgnSize: 当前为止发现的连通区的大小
返回值:      int
             = 0: 连通区大小介于 lowerThres 和 upperThres 之间
             = 1: 连通区大小超过 upperThres
             =-1: 连通区大小低于 lowerThres
*********************/
int CImgProcess::TestConnRgn(CImgProcess* pImage, LPBYTE lpVisited, int nWidth, int
nHeight, int x, int y, CPoint ptVisited[], int lowerThres, int upperThres, int
&curConnRgnSize)
{
    if(curConnRgnSize > upperThres) //连通区大小已超过上限阈值 upperThres
        return 1;

    curConnRgnSize++; //更新当前为止发现的连通区的大小
    lpVisited[nWidth*y+x]=true; //标记已访问

    ptVisited[curConnRgnSize-1].x=x;
    ptVisited[curConnRgnSize-1].y=y; //记录已访问点坐标


     unsigned char gray;

    if(curConnRgnSize >= upperThres)
        return 1;
    else
    {//测试 8 邻接的点，如果仍为黑色（物体），递归调用自己（连通区大小+1，继续考察邻接点的 8 邻接点）

        //上面的点
        if(y-1>=0)
        {
            gray = pImage->GetGray(x, y-1);
            if(gray==0 && lpVisited[(y-1)*nWidth+x] == false)
```

```
                    TestConnRgn(pImage, lpVisited, nWidth, nHeight, x, y-1, ptVisited,
                    lowerThres, upperThres, curConnRgnSize);
            }
        if(curConnRgnSize > upperThres)
        return 1;

            //左上点
            if(y-1>=0 && x-1>=0)
            {
                gray = pImage->GetGray(x-1, y-1);
                if(gray==0 && lpVisited[(y-1)*nWidth+x-1]==false)
                    TestConnRgn(pImage, lpVisited, nWidth, nHeight,x-1,y-1,ptVisited,
                    lowerThres, upperThres, curConnRgnSize);
            }
        if(curConnRgnSize > upperThres)
        return 1;

            //左边
            if(x-1>=0)
            {
                gray = pImage->GetGray(x-1, y);
                if(gray==0 && lpVisited[y*nWidth+x-1]==false)
                TestConnRgn(pImage, lpVisited, nWidth, nHeight, x-1, y, ptVisited,
                lowerThres, upperThres, curConnRgnSize);
                }
            if(curConnRgnSize > upperThres)
                return 1;

            //左下
            if(y+1<nHeight && x-1>=0)
            {
                gray = pImage->GetGray(x-1, y+1);
                if(gray==0 && lpVisited[(y+1)*nWidth+x-1]==false)
                TestConnRgn(pImage, lpVisited, nWidth, nHeight, x-1, y+1, ptVisited,
                lowerThres, upperThres, curConnRgnSize);
            }
            if(curConnRgnSize > upperThres)
                return 1;

            //下方
            if( y+1<nHeight)
            {
                gray = pImage->GetGray(x, y+1);
                if(gray==0 &&lpVisited[(y+1)*nWidth+x]==false)
                    TestConnRgn(pImage, lpVisited,nWidth,nHeight,x,y+1,ptVisited,
                    lowerThres, upperThres, curConnRgnSize);
            }
            if(curConnRgnSize > upperThres)
                return 1;

            //右下
            if(y+1<nHeight && x+1<nWidth)
            {
                gray = pImage->GetGray(x+1, y+1);
                if(gray==0 && lpVisited[(y+1)*nWidth+x+1]==false)
                    TestConnRgn(pImage, lpVisited,nWidth,nHeight,x+1,y+1,ptVisited,
                    lowerThres, upperThres, curConnRgnSize);
            }
            if(curConnRgnSize > upperThres)
                return 1;

            //右边
            if(x+1<nWidth)
            {
                gray = pImage->GetGray(x+1, y);
```

```
                    if(gray==0 && lpVisited[y*nWidth+x+1]==false)
                        TestConnRgn(pImage, lpVisited, nWidth, nHeight, x+1, y, ptVisited,
                        lowerThres, upperThres, curConnRgnSize);
            }
            if(curConnRgnSize > upperThres)
                return 1;

            //右上
            if(y-1>=0 && x+1<nWidth)
            {
                gray = pImage->GetGray(x+1, y-1);
                if(gray==0 && lpVisited[(y-1)*nWidth+x+1]==false)
                    TestConnRgn(pImage,lpVisited,nWidth,nHeight,x+1,y-1, ptVisited, lowerThres,
                    upperThres, curConnRgnSize);
            }
            if(curConnRgnSize > upperThres)
                return 1;

        }//else

        if (curConnRgnSize < lowerThres)
            return -1; //连通区大小低于 lowerThres


        return 0;//连通区大小介于 lowerThres 和 upperThres 之间
    }
```

利用 PixelImage()函数实现图像像素化的完整示例被封装在 DIPDemo 工程中的视图类函数 void CDIPDemoView::OnMorphPixel()中，其中调用 PixelImage()函数的代码片断如下所示。

```
// 输出的临时对象
CImgProcess imgOutput = imgInput;

//这里设定低阈值为10，高阈值为100,连通数<10和连通数>300 的连通区被滤除，之间的被像素化
nLowThres = 10;
nHighThres = 300;

// 调用 PixelImage()实现图像细化
imgInput.PixelImage(&imgOutput, nLowThres, nHighThres);

// 将结果返回给文档类
pDoc->m_Image = imgOutput;
```

读者可以通过光盘中示例程序 DIPDemo 中的菜单命令"形态学变换→像素化"来观察处理效果。

11.3.7 凸壳及其 Visual C++实现

1. 理论基础

如果连接物体 *A* 内任意两点的直线段都在 *A* 的内部，则称 *A* 是凸的。任意物体 A 的凸壳 *H* 是包含 *A* 的最小凸物体。

操作者总是希望像素化算法能够找到物体的质心来代表该物体，但在实际中，可能由于光照不均等原因导致图像在二值化后，物体本身形状发生缺损，像素化算法就无法找到物体真正的质心。此时可适当地进行凸壳处理，弥补凹损，算法会找到包含原始形状的最小凸多边形，如图 11.30 所示。

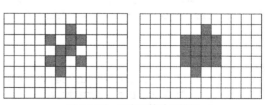

图 11.30 凸壳运算效果模拟

令 S^i，*i*=1，2，3，4,表示图 11.31 中的 4 个结构元素。则凸壳的计算过程如下。

$$X_k^i = (X_{k-1}^i \circledast S^i) \cup A \qquad i=1,\ 2,\ 3,\ 4 \qquad k=1,\ 2,\ 3,\ \ldots$$

$X_0^i = A$。现在令 $D^i = X_{conv}$，这里下标"conv"表示在 $X_k^i = X_{k-1}^i$ 时收敛。A 的凸壳为：

$$C(A) = \bigcup_{i=1}^{4} D^i$$

用结构元素 S^1 对 A 反复进行击中击不中变换，直到不再发生进一步变化时，与 A 求并集，结果记作 D^1。由结构元素 $S^i (i=2,3,4)$ 和 A 进行相同的运算可得 $D^i (i=2,3,4)$。最后，4 个 D 的并组成了 A 的凸壳。

注：图中"X"表示不关心该像素的值。

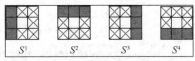

图 11.31　凸壳计算中的 4 个结构元素

为确保在上述的生长过程中凸壳不会超出凸性所需的最小尺寸很多，可以限制其生长以便凸壳不会超出初始时包含物体 A 的最小矩形。

2. Visual C++实现

利用 Visual C++实现凸壳的相关代码如下。

```
/*********************
void CImgProcess::Convex(CImgProcess* pTo, bool bConstrain)
功能：      计算图像中前景物体的凸壳
注：        只能处理 2 值图象
参数：      Image* pTo: 目标输出图像的 CImgProcess 指针
            bool bConstrain: 是否限制凸壳的生长在包含最初物体的最小矩形之内
返回值：    无
*********************/
void CImgProcess::Convex(CImgProcess* pTo, BOOL bConstrain)
{
        //计算凸壳需要的 4 个结构元素
        /*
        se1 = 1 -1 -1    se2 = 1 1 1 se3 = -1 -1 1    se4 = -1 -1 -1
              1  0 -1         -1 0 -1      -1 0 1           -1 0 -1
              1 -1  1         -1 -1 -1     -1 -1 1           1  1 1
        */
        int se1[3][3] = {{1, -1, -1}, {1, 0, -1}, {1, -1, -1}}; //弥补右侧的凸缺
        int se2[3][3] = {{1, 1, 1}, {-1, 0, -1}, {-1, -1, -1}}; //弥补下侧的凸缺
        int se3[3][3] = {{-1, -1, 1}, {-1, 0, 1}, {-1, -1, 1}}; //弥补左侧的凸缺
        int se4[3][3] = {{-1, -1, -1}, {-1, 0, -1}, {1, 1, 1}}; //弥补上侧的凸缺

        int nHeight = GetHeight();
        int nWidth = GetWidthPixel();
        int i, j; //图像循环变量


        pTo->InitPixels(255); //清空目标输出图像


        // 采用第 1 个结构元素
        CImgProcess tmpImg1 = *this; //暂存上一次的运算结果


        while(true)
        {
            tmpImg1.Erode(pTo, se1); //不完全背景包围的击中击不中变换
            *pTo = *pTo | tmpImg1;

            if(tmpImg1 == *pTo)
                break; //算法收敛终止
```

```
        tmpImg1 = *pTo;
    }


    // 采用第 2 个结构元素
    CImgProcess tmpImg2 = *this; //暂存上一次的运算结果

    while(true)
    {
        tmpImg2.Erode(pTo, se2); //不完全背景包围的击中击不中变换
        *pTo = *pTo | tmpImg2;

        if(tmpImg2 == *pTo)
            break; //算法收敛终止

        tmpImg2 = *pTo;
    }

    // 采用第 3 个结构元素
    CImgProcess tmpImg3 = *this; //暂存上一次的运算结果

    while(true)
    {
        tmpImg3.Erode(pTo, se3); //不完全背景包围的击中击不中变换
        *pTo = *pTo | tmpImg3;

        if(tmpImg3 == *pTo)
                break; //算法收敛终止

        tmpImg3 = *pTo;
    }


    // 采用第 4 个结构元素
    CImgProcess tmpImg4 = *this; //暂存上一次的运算结果

    while(true)
    {
        tmpImg4.Erode(pTo, se4); //不完全背景包围的击中击不中变换
        *pTo = *pTo | tmpImg4;

        if(tmpImg4 == *pTo)
            break; //算法收敛终止

        tmpImg4 = *pTo;
    }


    // 计算 4 次运算结果的并集
    pTo->InitPixels(255);

    for(i=0; i<nHeight; i++)
    {
        for(j=0; j<nWidth; j++)
        {
            if( (tmpImg1.GetGray(j, i) == 0) || (tmpImg2.GetGray(j, i) == 0) ||
(tmpImg3.GetGray(j, i) == 0) || (tmpImg4.GetGray(j, i) == 0) )
                pTo->SetPixel(j, i, RGB(0, 0, 0));
        }
    }
```

```
    // 需要限制凸壳的生长

    // 找到原图像中物体的范围 ( 包含物体的最小矩形 )
    int nTop = nHeight;
    int nBottom = 0;
    int nLeft = nWidth;
    int nRight = 0;
    for(i=0; i<nHeight; i++)
    {
        for(j=0; j<nWidth; j++)
        {
            if(GetGray(j, i) == 0)
            {
                if(i < nTop)
                    nTop = i;
                if(i > nBottom)
                    nBottom = i;
                if(j < nLeft)
                    nLeft = j;
                if(j > nRight)
                    nRight = j;
            }
        }
    }

    if(bConstrain)
    {
        for(i=0; i<nHeight; i++)
        {
            for(j=0; j<nWidth; j++)
            {
                if( (i<nTop) || (i>nBottom) || (j<nLeft) || (j>nRight) )
                    pTo->SetPixel(j, i, RGB(255, 255, 255));
            }
        }
    }//if(bConstrain)

}//Convex( )
```

利用 Convex()函数计算物体凸壳的完整示例被封装在 DIPDemo 工程中的视图类函数 void CDIPDemoView::OnMorphConvex ()中，其中调用 Convex()函数的代码片断如下所示。

```
    // 输出的临时对象
    CImgProcess imgOutput = imgInput;

    //这里设定低阈值为 10，高阈值为 300,连通数<10 和连通数>300 的连通区被滤除，之间的被像素化
    nLowThres = 10;
    nHighThres = 300;

    // 调用 PixelImage()实现图像细化
    imgInput.PixelImage(&imgOutput, nLowThres, nHighThres);

    // 将结果返回给文档类
    pDoc->m_Image = imgOutput;
```

凸壳计算结果如图 11.32 所示，读者可以通过光盘中示例程序 DIPDemo 中的菜单命令 "形态学变换→凸壳" 来观察处理效果。

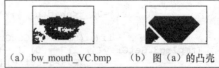

(a) bw_mouth_VC.bmp　　(b) 图（a）的凸壳

图 11.32　凸壳计算结果

11.3.8　bwmorph()函数

本章的很多形态学操作都可由 IPT 函数 bwmorph()实现，该函数的调用语法如下。

```
Iout = bwmorph(I, operation, n);
```

参数说明：

- *I* 为输入二值图像；
- *operation* 是一个指定操作类型的字符串，常用的合法取值如表 11.3 所示；
- 可选参数 *n* 是一个正整数，用于指定将被重复的操作次数，默认为 1。当 *n=Inf* 时表示重复操作一直到图像停止改变为止。

返回值：

- *Iout* 为经过 *n* 次由 *operation* 参数指定的形态学操作后的输出图像。

表 11.3　　　　　　　　　　　　operation 参数常用取值及意义

合法取值	功能描述
'bridge'	桥接由单个像素缝隙分隔的前景像素
'clean'	清除孤立的前景像素
'diag'	围绕对角线相连的前景像素进行填充
'fill'	填充单个像素的孔洞
'hbreak'	去掉前景中的 H 形连结
'majority'	如点 P 的 8 邻域中一半以上的像素为前景像素，则使 P 也为前景像素；否则使 P 为背景像素
'remove'	去处内部像素（无背景像素相邻的前景像素）
'shrink'	将物体收缩为一个点或者带洞的环形
'skel'	骨骼化图像
'spur'	去除"毛刺"
'thicken'	粗化物体
'thin'	将物体细化至最低限度相连的线形

11.4　灰度图像中的基本形态学运算

本节把二值图像的形态学处理扩展到灰度图像的基本操作，包括灰度膨胀、灰度腐蚀、灰度开和灰度闭。此外，11.4.4 小节还将介绍一个灰度形态学的经典应用——顶帽变换（top-hat），用以解决图像的光照不均问题。

11.4.1　灰度膨胀及其实现

1. 理论基础

令 *F* 表示灰度图像，*S* 为结构元素，使用 *S* 对 *F* 进行膨胀，记作 $F \oplus S$，形式化地定义为：

$$(F \oplus S)(x, y) = \max\{F(x-x', y-y') + S(x', y') | (x', y') \in D_S\} \tag{11-9}$$

其中，D_S 是 *S* 的定义域。

计算过程相当于让结构元素 *S* 关于原点的镜像 $\hat{S}$ 在图像 *F* 的所有位置上滑过，而在此过程中要保证（*x+x'*，*y+y'*）始终在灰度图像 *F* 之内。膨胀结果 $F \oplus S$ 在其定义域内每一点（*x*，*y*）处的取值为以（*x*，*y*）为中心，在 $\hat{S}$ 规定的局部邻域内 *F* 与 $\hat{S}$ 之和的最大值。例如，对于正方形结构元素 *S*（-x0～x0，-y0～y0，中心为(0, 0)），膨胀结果为 F 与 $\hat{S}$ 之和在局部邻域[*x-x0*，*x+x0*，*y-y0*，*y+y0*]内的最大值。注意这一过程与卷积有许多相似之处，只是用最大值运算代替卷积求和，用加法用算代替卷积乘积。

与二值形态学不同的是，*F*（*x,y*）和 *S*（*x,y*）不再是只代表形状的集合，而是二维函数，它们的定义域指明了其形状，此外它们还有高度信息，由函数值指出。

图 11.33 给出了一维灰度膨胀的示意图，如图 11.33（c）中所示，在 $x0$ 处 $F \oplus S(x0)$的值即为 $\max\{F(x0-x')+S(x')|-x0<x'<x0\}$ ，具体到这里应为 $h+F(x0+x0)$；而在 t 处 $F \oplus S(t) = \max\{F(t-x')+S(x')|-x0<x'<x0\} = F(t)+h$；注意造成 $F \oplus S(x)$中间部分呈水平走势的原因是 $F(x)$ 在 $x=t$ 处达到了局部最大值。

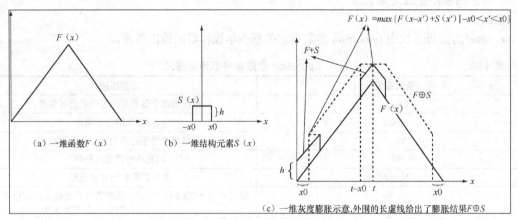

图 11.33　灰度膨胀示意图

除了具有高度的结构元素外，实际应用中使用更多的是一种平坦（高度为 0）的结构元素，这种结构元素只能由 0 和 1 组成，为 1 的区域指明了运算涉及的范围。实际上，二值形态学中的结构元素可视为一种特殊（高度为 0）的灰度形态结构元素。当应用这种结构元素时，灰度膨胀完全变成了局部最大值运算，其计算公式可简化为：

$$F \oplus S(x,y) = \max\{f(x-x',y-y')|((x',y') \in D_S\}　　　　　（11-10）$$

2. MATLAB 实现

只要以灰度图像和相应的灰度膨胀结构元素为参数调用 imdilate()函数即可实现灰度膨胀。平坦结构元素的创建方法与二值形态学中相同；而非平坦结构元素也可通过 strel()函数以如下方式创建。

```
SE = strel(NHOOD, HEIGHT); %创建非平坦的结构元素
```

参数说明：
- *NHOOD* 为指明结构元素定义域的矩阵，只能由 0 和 1 组成；
- *HEIGHT* 是一个与 *NHOOD* 具有相同尺寸的矩阵，指出了对应于 *NHOOD* 中每个元素的高度。

返回值：
- *SE* 为返回的非平坦结构元素。

下面结合例 11.8 来说明 strel()和 imdilate()函数在灰度膨胀中的用法。

【例 11.8】灰度膨胀。

分别用高度为 1 和平坦的结构元素实现灰度膨胀，并绘制出膨胀前后的函数图形。

相应的 MATLAB 实现代码如下。

```
>> f = [0 1 2 3 4 5 4 3 2 1 0];
>> figure, h_f = plot(f);
>>
>> seFlat = strel([1 1 1]) % 构造平坦(高度为 0)的结构元素
 seFlat =
Flat STREL object containing 3 neighbors.
Neighborhood:
    1    1    1
```

```
>> fd1 = imdilate(f, seFlat);  % 使用平坦的结构元素灰度膨胀
>> hold on, h_fd1 = plot(fd1, '-ro');
>> axis([1 11 0 8])
>>
>> seHeight = strel([1 1 1], [1 1 1])  % 注意此处 strel 的用法，第一个参数的元素为 0 或 1，表示结
构元素的区域范围（形状），第二个参数表示结构元素中各个元素的高度

seHeight =
Nonflat STREL object containing 3 neighbors.
Neighborhood:
     1    1    1
Height:
     1    1    1

>> fd2 = imdilate(f, seHeight);  %使用具有高度的结构元素的灰度膨胀
>> hold on, h_fd2 = plot(fd2, '-g*');
>> legend('原灰度1维函数 f', '使用平坦结构元素膨胀后', '使用高度为1的结构元素膨胀后');
```

上述程序的运行结果如图 11.34 所示。

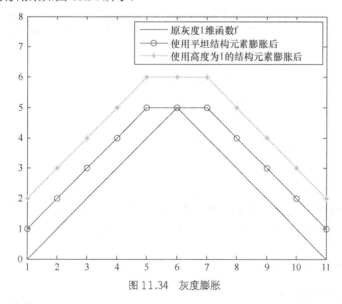

图 11.34 灰度膨胀

3. Visual C++实现

下面给出最常用的平坦结构元素灰度膨胀的 **GrayDilate()** 方法，该方法允许任意大小、形状和中心位置的结构元素 *SE*，只要适当地设置其尺寸 *nTempH* 和 *nTempW* 以及其中心位置 *nTempMY* 和 *nTempMX* 即可。

```
/********************
void CImgProcess::GrayDilate(CImgProcess* pTo, int nTempH, int nTempW, int nTempMY, int
nTempMX, int** se)
功能:        灰度图像膨胀
注:          只接受平坦的结构元素
参数:        CImgProcess* pTo: 目标图像的 CImgProcess 指针
             int   nTempH: 模板的高度
             int   nTempW: 模板的宽度
             int   nTempMY: 模板的中心元素 Y 坐标（ <= iTempH - 1）
             int   nTempMX: 模板的中心元素 X 坐标（ <= iTempW - 1）
             int** se: 结构元素
返回值:      无
********************/
```

```
void CImgProcess::GrayDilate(CImgProcess* pTo, int nTempH, int nTempW, int nTempMY, int
nTempMX, int** se)
{
    // 循环变量
    int i, j, k, l;

    int nHeight = GetHeight();
    int nWidth = GetWidthPixel();

    for(i=nTempMY;i<nHeight - nTempH + nTempMY + 1;i++)
    {
        for(j=nTempMX;j<nWidth - nTempW + nTempMX +1;j++)
        {
            BYTE maxVal = 0; //局部最大值
            for(k=0;k<nTempH;k++)
            {
                for(l=0;l<nTempW;l++)
                {
                    if( se[k][l] == 1 )
                    {
                        // 图像第 i - nTempMY + k 行, 第 j - nTempMX + l 个像素的灰度
                        BYTE gray = GetGray(j-nTempMX+l, i-nTempMY+k);

                        //求局部最大值
                        if( gray > maxVal )
                            maxVal = gray;
                    }
                }//l
            }//k

            pTo->SetPixel(j, i, RGB(maxVal, maxVal, maxVal));
        }// for j
    }//for i

}
```

利用 GrayDilate()函数实现灰度膨胀的完整示例被封装在 DIPDemo 工程中的视图类函数 void CDIPDemoView::OnMorphGraydilate ()中，其中调用 GrayDilate()函数的代码片断如下。

```
// 输出的临时对象
CImgProcess imgOutput = imgInput;

//调用 GrayDilate()实现灰度膨胀
imgInput.GrayDilate(&imgOutput, 3, 3, 1, 1, se);
//这里 se 是一个 int **指针，表示结构元素。这里采用了 3*3 原点位于中心的结构元素

// 将结果返回给文档类
pDoc->m_Image = imgOutput;
```

上述程序运行时会弹出对话框，要求用户设置结构元素。读者可以通过光盘中示例程序 DIPDemo 中的菜单命令"形态学变换→灰度膨胀"来观察处理效果。

11.4.2　灰度腐蚀及其实现

1. 理论基础

令 F 表示灰度图像，S 为结构元素，使用 S 对 F 进行腐蚀，记作 $F\ominus S$，形式化地定义为：

$$(F\ominus S)(x,y) = \min\{F(x+x',y+y') - S(x',y') \mid (x',y') \in D_S\} \tag{11-11}$$

其中，D_S 是 S 的定义域。

计算过程相当于让结构元素在图像 F 的所有位置上滑过，而在此过程中要保证$(x+x'，y+y')$始终在图像 F 之内。腐蚀结果 $F\ominus S$ 在其定义域内每一点（x,y）处的取值为以（$x，y$）为中心，在 S

规定的局部邻域内 F 与 S 之差的最小值。

与二值形态学不同的是，$F(x, y)$ 和 $S(x, y)$ 不再是只代表形状的集合，而是二维函数，它们的定义域指明了其形状，它们的值指出了高度信息。

【例 11.9】灰度腐蚀。

分别用高度为 1 和平坦的结构元素实现灰度腐蚀，并绘制出腐蚀前后的函数图形。

相应的 MATLAB 代码如下。

```
f = [0 1 2 3 4 5 4 3 2 1 0];
>> figure, h_f = plot(f);
>> seFlat = strel([1 1 1]) % 构造平坦(高度为 0)的结构元素
seFlat =
Flat STREL object containing 3 neighbors.
Neighborhood:
    1    1    1

>> fe1 = imerode(f, seFlat); %使用平坦结构元素的灰度腐蚀
>> hold on, h_fe1 = plot(fe1, '-ro');
>> axis([1 11 0 8])
>>
>> seHeight = strel([1 1 1], [1 1 1]) % 注意此处 strel 的用法，第一个参数的元素为 0 或 1，表示结构元素的区域范围（形状），第二个参数表示结构元素的高度

seHeight =
Nonflat STREL object containing 3 neighbors.
Neighborhood:
    1    1    1
Height:
    1    1    1

>> fe2 = imerode(f, seHeight); %使用具有高度的结构元素的灰度腐蚀
>> hold on, h_fe2 = plot(fe2, '-g*');
>> legend('原灰度 1 维函数 f', '使用平坦结构元素腐蚀后', '使用高度为 1 的结构元素腐蚀后');
```

上述程序的运行结果如图 11.35 所示。

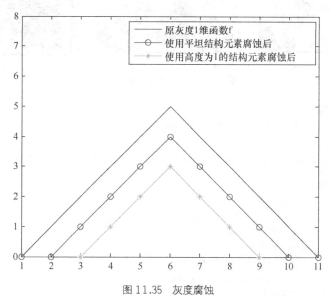

图 11.35 灰度腐蚀

【例 11.10】灰度膨胀和灰度腐蚀的效果比较。

采用单位高度的 3×3 结构元素对图像 lena.bmp 分别进行灰度膨胀和灰度腐蚀的 MATLAB 代码

如下。

```
>> I = imread('lena.bmp');
>> seHeight = strel(ones(3, 3), ones(3, 3)) % 3*3 正方形单位高度的结构元素
 seHeight =
Nonflat STREL object containing 9 neighbors.
Neighborhood:
    1    1    1
    1    1    1
    1    1    1
Height:
    1    1    1
    1    1    1
    1    1    1

>> Idil = imdilate(I, seHeight);
>> Iero = imerode(I, seHeight);
>> subplot(1, 3, 1), imshow(I) %得到图 11.36 (a)
subplot(1, 3, 2), imshow(Idil) %得到图 11.36 (b)
subplot(1, 3, 3), imshow(Iero) %得到图 11.36 (c)
```

上述程序的运行结果如图 11.36 所示。

可以看到在结构元素的值均大于零的情况下，灰度膨胀的输出图像总体上比输入图像更亮，这是局部最大值运算作用的结果，此外原图像中一些能够包含于结构元素的暗细节（如一部分帽子的褶皱和尾穗）被完全消除，其余的大部分暗部细节也都得到了一定程度上的减少。而灰度腐蚀的作用正好相反，输出图像比输入图像更暗，如果输入图像中的亮部细节比结构元素小，则亮度会得到削弱。

（a）原图lena.bmp　　　　　（b）图（a）经过灰度膨胀　　　　　（c）图（a）经过灰度腐蚀

图 11.36　灰度膨胀与灰度腐蚀

2. Visual C++实现

利用 Visual C++实现灰度图像腐蚀的相关代码如下。

```
/********************
void CImgProcess::GrayErode(CImgProcess* pTo, int nTempH, int nTempW, int nTempMY, int
nTempMX, int** se)
功能:       灰度图像腐蚀
注:         只接受平坦的结构元素
参数:       CImgProcess* pTo: 目标图像的 CImgProcess 指针
            int   nTempH: 模板的高度
            int   nTempW: 模板的宽度
            int   nTempMY: 模板的中心元素 Y 坐标( <= iTempH - 1)
            int   nTempMX: 模板的中心元素 X 坐标( <= iTempW - 1)
            int **se: 结构元素
返回值:     无
********************/
void CImgProcess::GrayErode(CImgProcess* pTo, int nTempH, int nTempW, int nTempMY, int
```

```
nTempMX, int** se)
{
    // 循环变量
    int i, j, k, l;

    int nHeight = GetHeight();
    int nWidth = GetWidthPixel();

    for(i=nTempMY;i<nHeight - nTempH + nTempMY + 1;i++)
    {
        for(j=nTempMX;j<nWidth - nTempW + nTempMX +1;j++)
        {
            BYTE minVal = 255; //局部最小值
            for(k=0;k<nTempH;k++)
            {
                for(l=0;l<nTempW;l++)
                {
                    if( se[k][l] == 1 )
                    {
                        // 图像第 i - nTempMY + k 行，第 j - nTempMX + l 个像素的灰度
                        BYTE gray = GetGray(j-nTempMX+l, i-nTempMY+k);

                        //求局部最大值
                        if( gray < minVal )
                            minVal = gray;
                    }
                }//l
            }//k

            pTo->SetPixel(j, i, RGB(minVal, minVal, minVal));
        }// for j
    }//for i

}
```

利用 GrayErode()函数实现灰度腐蚀的完整示例被封装在 DIPDemo 工程中的视图类函数 void CDIPDemoView::OnMorphGrayerode ()中，其中调用 GrayErode()函数的代码片断如下。

```
// 输出的临时对象
CImgProcess imgOutput = imgInput;

//调用 GrayErode()实现灰度腐蚀
imgInput.GrayErode(&imgOutput, 3, 3, 1, 1, se);
//这里 se 是一个 int **指针，表示结构元素。这里采用了 3*3 原点位于中心的结构元素

// 将结果返回给文档类
pDoc->m_Image = imgOutput;
```

上述程序运行时会弹出对话框，要求用户设置结构元素。读者可以通过光盘中示例程序 DIPDemo 中的菜单命令"形态学变换→灰度腐蚀"来观察处理效果。

11.4.3 灰度开、闭运算及其实现

1. 理论基础

类似于二值形态学，可以在灰度腐蚀和膨胀的基础上定义灰度开和闭运算。灰度开运算就是先灰度腐蚀后灰度膨胀，而灰度闭运算是先灰度膨胀后灰度腐蚀，下面分别给出定义。

- 灰度开运算：使用结构元素 s 对图像 f 灰度进行开运算，记作 $f \circ s$。可表示为：

$$f \circ s = (f \ominus s) \oplus s \tag{11-12}$$

- 灰度闭运算：使用结构元素 s 对图像 f 进行灰度闭运算，记作 $f \bullet s$。可表示为：

$$f \bullet s = (f \oplus s) \ominus s \tag{11-13}$$

假设有一个球形的结构元素 s，开运算相当于推动球沿着曲面的下侧面滚动，使得球体可以紧贴着下侧面来回移动，直到移动位置覆盖了整个下侧面。此时球体的任何部分能够达到的最高点构成了开运算 $f \circ s$ 的曲面；而闭运算则相当于让球体紧贴在曲面的上表面滚动，此时球体任何部分所能达到的最低点即构成了闭运算 $f \bullet s$ 的曲面。图 11.37 形象地说明了这一过程，图 11.37（a）为图像中的一条水平像素线；图 11.37（b）和图 11.37（d）分别给出了球紧贴着该像素线的下侧和上侧滚动的情况；而图 11.37（c）和图 11.37（e）则展示了滚动过程中球的最高点形成的曲线，它们分别是开、闭运算的结果。

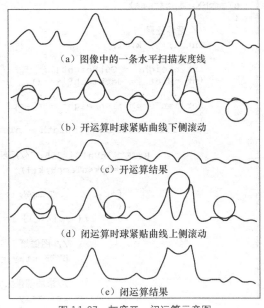

（a）图像中的一条水平扫描灰度线

（b）开运算时球紧贴曲线下侧滚动

（c）开运算结果

（d）闭运算时球紧贴曲线上侧滚动

（e）闭运算结果

图 11.37　灰度开、闭运算示意图

2. MATLAB 实现

使用 imopen() 和 imdilate() 同样可以对灰度图像进行开、闭运算，用法与灰度腐蚀和膨胀类似，这里就不再专门介绍了。

在实际应用中，开操作常常用于去除那些相对于结构元素 s 而言较小的高灰度区域（球体滚不上去），而对于较大的亮区域影响不大（球体可以滚上去）。虽然首先进行的灰度腐蚀会在去除图像细节的同时使得整体灰度下降，但随后的灰度膨胀又会增强图像的整体亮度，因此图像的整体灰度基本保持不变；而闭操作常用于去除图像中的暗细节部分，而相对地保留高灰度部分不受影响，如图 11.38 所示。

（a）图11.31（a）的开运算处理图像　　　　（b）图11.31（a）的闭运算处理图像

图 11.38　灰度开、闭运算

3. Visual C++实现

● 灰度开运算

利用 Visual C++实现灰度开运算的相关代码如下所示。

```
/*********************
void CImgProcess::GrayOpen(CImgProcess* pTo, int nTempH, int nTempW, int nTempMY, int
nTempMX, int** se)
功能:      灰度开运算
注:        只接受平坦的结构元素
参数:      CImgProcess* pTo: 目标图像的 CImgProcess 指针
           int   nTempH: 模板的高度
           int   nTempW: 模板的宽度
```

```
                int    nTempMY：模板的中心元素 Y 坐标( <= iTempH - 1)
                int    nTempMX：模板的中心元素 X 坐标( <= iTempW - 1)
                int **se：结构元素
返回值：        无
********************/
void CImgProcess::GrayOpen(CImgProcess* pTo, int nTempH, int nTempW, int nTempMY, int
nTempMX, int** se)
{
      pTo->InitPixels(255);

      GrayErode(pTo, nTempH, nTempW, nTempMY, nTempMX, se);
      CImgProcess tmpImg = *pTo; //暂存腐蚀图像
      tmpImg.GrayDilate(pTo, nTempH, nTempW, nTempMY, nTempMX, se);
}
```

　　利用 GrayOpen()函数实现灰度开的完整示例被封装在 DIPDemo 工程中的视图类函数 void CDIPDemoView::OnMorphGrayopen ()中，其中调用 GrayOpen()函数的代码片断如下。

```
// 输出的临时对象
CImgProcess imgOutput = imgInput;

//调用 GrayOpen()实现灰度开
imgInput.GrayOpen(&imgOutput, 3, 3, 1, 1, se);
//这里 se 是一个 int **指针，表示结构元素。这里采用了 3*3 原点位于中心的结构元素

// 将结果返回给文档类
pDoc->m_Image = imgOutput;
```

　　上述程序运行时会弹出对话框，要求用户设置结构元素。读者可以通过光盘中示例程序 DIPDemo 中的菜单命令"形态学变换→灰度开"来观察处理效果。

　　● 灰度闭运算

　　利用 Visual C++实现灰度闭运算的相关代码如下。

```
/********************
void CImgProcess::GrayClose(CImgProcess* pTo, int nTempH, int nTempW, int nTempMY, int
nTempMX, int** se)
功能：         灰度开运算
注：           只接受平坦的结构元素
参数：         CImgProcess* pTo：目标图像的 CImgProcess 指针
                int    nTempH：模板的高度
                int    nTempW：模板的宽度
                int    nTempMY：模板的中心元素 Y 坐标( <= iTempH - 1)
                int    nTempMX：模板的中心元素 X 坐标( <= iTempW - 1)
                int **se：结构元素
返回值：        无
********************/
void CImgProcess::GrayClose(CImgProcess* pTo, int nTempH, int nTempW, int nTempMY, int
nTempMX, int** se)
{
      pTo->InitPixels(255);

      GrayDilate(pTo, nTempH, nTempW, nTempMY, nTempMX, se);
      CImgProcess tmpImg = *pTo; //暂存膨胀图像
      tmpImg.GrayErode(pTo, nTempH, nTempW, nTempMY, nTempMX, se);
}
```

　　利用 GrayClose()函数实现灰度闭的完整示例被封装在 DIPDemo 工程中的视图类函数 void CDIPDemoView::OnMorphGrayclose ()中，其中调用 GrayClose()函数的代码片断如下。

```
// 输出的临时对象
CImgProcess imgOutput = imgInput;
```

```
//调用 GrayClose() 实现灰度闭
imgInput.GrayClose(&imgOutput, 3, 3, 1, 1, se);
//这里 se 是一个 int **指针,表示结构元素。这里采用了 3*3 原点位于中心的结构元素

// 将结果返回给文档类
pDoc->m_Image = imgOutput;
```

上述程序运行时会弹出对话框,要求用户设置结构元素。读者可以通过光盘中示例程序 DIPDemo 中的菜单命令"形态学变换→灰度闭"来观察处理效果。

11.4.4 顶帽变换(top-hat)及其实现

1. 理论基础

作为灰度形态学的重要应用之一,这里学习一种非均匀光照问题的解决方案——顶帽变换技术(top-hat)。图像 f 的顶帽变换 h 定义为图像 f 与图像 f 的开运算之差,可表示为:

$$h = f - (f \circ s) \tag{11-14}$$

【例 11.11】灰度形态学综合应用——顶帽变换。

图 11.39(a)是 MATLAB 中自带的米粒图像 rice.png,相对高灰度的米粒分散于整体的暗背景中,注意到图像上部分的背景明显要比下部的背景区域亮一些,这正是由成像时不均匀的光照引起的。操作者希望能够通过阈值化把物体(米粒)与背景分离开来,从而进一步研究物体的性质,如个数和位置关系等。

然而,在图象整体灰度不均的情况下,直接对图 11.39(a)进行阈值化将难以得到满意的效果,图 11.39(b)中给出了用自适应最优阈值法进行分割的结果,可以看到底部的一些米粒分割效果较差。为了理解起来更加直观,在图 11.39(c)中给出了图像 f 的三维可视化效果,f 中的米粒对应于图 11.39(c)图中一个个"山峰",注意到这些"山峰"位于一个"斜坡"上,换言之,它们的"地基"并不处于同一高度,这正是由 f 中不均匀的背景造成的。

通过运用合适的结构元素 s 与 f 进行开运算可以消除这些峰值。f 中的米粒都具有近似大小,因此只要选择直径比米粒的短轴稍大的圆形结构元素就可以达到目的。图 11.39(d)给出了采用半径为 15 的圆形结构元素与 f 进行开运算后得到图像的三维可视化效果。想象水平地托着一个圆盘从图 11.39(c)中曲面的下侧走过,这个过程中始终让圆盘顶着曲面的下侧,最终圆盘最高点形成的曲面就是图 11.39(d)中的曲面。由于圆盘比米粒凸起的"山峰"略大,这实际上得到了一个消除了峰值的背景曲面。显然,从原图像 f 中减去这个不均匀的背景就得到了亮度比较均匀的米粒图像图 11.39(e),其三维可视化效果如图 11.39(f)所示,这些"山峰"已经基本处于同一高度。图 11.39(g)给出了图 11.39(e)经过灰度拉伸的效果;图 11.39(h)是对图 11.39(g)中的图像进行阈值分割的结果,已经非常理想了。

相应的 MATLAB 代码如下。

```
>> I = imread('rice.png');
>> subplot(2, 4, 1), imshow(I, []);%得到图 11.39(a)
>> thresh = graythresh(I) %自适应确定阈值
thresh =
    0.5137
>> Ibw = im2bw(I, thresh);
>> subplot(2, 4, 2), imshow(Ibw, []);%得到图 11.39(b)
>> subplot(2, 4, 3), surf(double(I(1:8:end,1:8:end))),zlim([0 255]),colormap gray;%显示
I 的 3 维可视化效果,(c)图
>>
>> bg = imopen(I,strel('disk',15));%半径为 15 的圆形结构元素进行灰度开运算提取背景曲面
>> subplot(2, 4, 4), surf(double(bg(1:8:end,1:8:end))),zlim([0 255]), colormap gray; %
显示背景曲面的三维可视化效果, 图 11.39(d)
>>
```

```
>> Itophat = imsubtract(I, bg); %顶帽变换
>> subplot(2, 4, 5), imshow(Itophat); %得到图 11.39(e)
>> subplot(2, 4, 6), surf(double(Itophat(1:8:end,1:8:end))),zlim([0 255]); %显示顶帽变换
图像的三维可视化效果
>> I2 = imadjust(Itophat);%对比度拉伸
>> subplot(2, 4, 7), imshow(I2); %得到图 11.39(f)
>>
>> thresh2 = graythresh(I2) %自适应确定阈值
thresh2 =
    0.4843
>> Ibw2 = im2bw(I2, thresh2); %得到图 11.39(g)
>> subplot(2, 4, 8), imshow(Ibw2); %得到图 11.39(h)
```

上述程序的运行结果如图 11.39 所示。

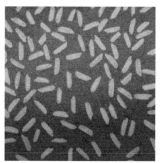

（a）原图像 f

（b）对图（a）图像 f 经过自适应阈值处理

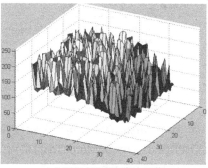

（c）图像 f 的三维可视化效果

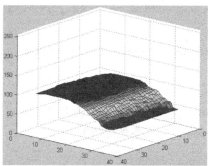

（d）对图像 f 进行灰度开运算得到的背景区面

（e）顶帽变换图像 $f-(f \circ s)$

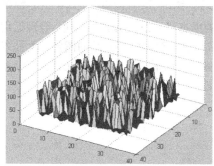

（f）顶帽变换图像 $f-(f \circ s)$ 的三维可视化效果

（g）将图像 $f-(f \circ s)$ 对比度拉伸

（h）对顶帽变换后图像进行二值化

图 11.39 顶帽变换处理光照不均的图像

2.　Visual C++实现

利用 Visual C++实现顶帽变换的相关代码如下。

```
/*********************
void CImgProcess::Tophat(CImgProcess* pTo, int nTempH, int nTempW, int nTempMY, int nTempMX,
int** se)
功能：       顶帽变换
注：         只接受平坦的结构元素
参数：       CImgProcess* pTo: 目标图像的 CImgProcess 指针
             int   nTempH: 模板的高度
             int   nTempW: 模板的宽度
             int   nTempMY: 模板的中心元素 Y 坐标( <= iTempH - 1)
             int   nTempMX: 模板的中心元素 X 坐标( <= iTempW - 1)
             int **se: 结构元素
返回值：     无
*********************/
void CImgProcess::Tophat(CImgProcess* pTo, int nTempH, int nTempW, int nTempMY, int nTempMX,
int** se)
{
     GrayOpen(pTo, nTempH, nTempW, nTempMY, nTempMX, se); //灰度开运算

     *pTo = (*this) - (*pTo); //顶帽变换 ( 原图像减去开运算图像)
}
```

利用 Tophat()函数实现顶帽变换的完整示例被封装在 DIPDemo 工程中的视图类函数 void CDIPDemoView::OnMorphTophat ()中，其中调用 Tophat()函数的代码片断如下。

```
// 输出的临时对象
CImgProcess imgOutput = imgInput;

//调用 Tophat()实现顶帽变换
imgInput.Tophat(&imgOutput, 3, 3, 1, 1, se);
//这里 se 是一个 int **指针，表示结构元素。这里采用了 3*3 原点位于中心的结构元素

// 将结果返回给文档类
pDoc->m_Image = imgOutput;
```

上述程序运行时会弹出对话框，要求用户设置结构元素。读者可以通过光盘中示例程序 DIPDemo 中的菜单命令"形态学变换→顶帽变换"来观察处理效果。

小结

在本章中，介绍了形态学的基本概念并学习了多种常见的形态学算法及其典型应用。合理运用这些技术能够帮助操作者从图像中提取感兴趣的特征，这常常和下一章中将要介绍的图像分割技术结合在一起，为最终得到能够直接用于图像识别的数值或向量特征铺平了道路。事实上，在下一章中还会发现一些基于形态学的分割方法，如著名的分水岭算法。

第 12 章 图像分割

图像分割是指将图像中具有特殊意义的不同区域划分开来，这些区域是互不相交的，每个区域满足灰度、纹理、彩色等特征的某种相似性准则。图像分割是图像的分析过程中最重要的步骤之一，分割出的区域可以作为后续特征提取的目标对象。

本章的知识和技术热点

（1）基于梯度的 Sobel、Prewitt 和 Roberts 算子的边缘检测
（2）LoG 边缘检测算法
（3）Canny 边缘检测算法
（4）Hough 变换和直线检测
（5）阈值分割技术
（6）基于区域的图像分割技术

本章的典型案例

（1）基于 LoG 和 Canny 算子的精确边缘检测
（2）基于 Hough 变换的直线检测
（3）图像的四叉树分解

12.1 图像分割概述

图像分割的方法和种类有很多，有些分割算法可以直接运用于大多数图像，而另一些则只适用于特殊类别的图像，要视具体情况来决定。一般采用的方法有边缘检测(Edge Detection)、边界跟踪（Edge Tracing）、区域生长（Region Growing）、区域分离和聚合等。

图像分割算法一般基于图像灰度值的不连续性或其相似性。不连续性是基于图像灰度的不连续变化分割图像，例如图像的边缘，有边缘检测、边界跟踪等算法；相似性是依据事先制定的准则将图像分割为相似的区域，如阈值分割、区域生长等，关系如图 12.1 所示。

图 12.1 图像分割的分类

图像分割在实际的科学研究和工程技术领域中有着广泛的应用。在工业上，应用于矿藏分析、无接触式检测、产品的精度和纯度分析等；生物医学上，应用于计算机断层图像 CT、X 光透视、核磁共振、病毒细胞的自动检测和识别等；交通上，应用于车辆检测、车种识别、车辆跟踪等；另外，在机器人视觉、神经网络、身份鉴定、图像传输等各个领域都有着广泛的应用。

12.2　边缘检测

图像的边缘是图像的最基本特征，边缘点是指图像中周围像素灰度有阶跃变化或屋顶变化的那些像素点，即灰度值导数较大或极大的地方。图像属性中的显著变化通常反映了属性的重要意义和特征。

边缘检测是图像处理和计算机视觉中的基本问题，边缘检测的目的是标识数字图像中亮度变化明显的点。本书曾在 5.5 节中讨论了一些可以用于增强边缘的图像锐化方法，本节介绍如何将它们用于边缘检测；此外，还将学习一种专门用于边缘检测的 Canny 算子。

12.2.1　边缘检测概述

边缘检测可以大幅度地减少数据量，并且剔除那些被认为不相关的信息，保留图像重要的结构属性。

1．边缘检测的基本步骤

边缘检测的步骤如图 12.2 所示。

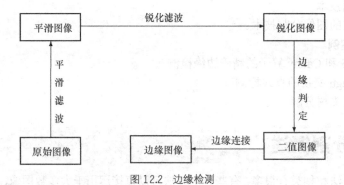

图 12.2　边缘检测

（1）平滑滤波：由于梯度计算易受噪声的影响，因此第一步是用滤波去除噪声。但是，降低噪声的平滑能力越强，边界强度的损失越大。

（2）锐化滤波：为了检测边界，必须确定某点邻域中灰度的变化。锐化操作加强了存在有意义的灰度局部变化位置的像素点。

（3）边缘判定：在图像中存在许多梯度不为零的点，但是对于特定应用，不是所有点都有意义。这就要求操作者根据具体情况选择和去除处理点，具体的方法包括二值化处理和过零检测等。

（4）边缘连接：将间断的边缘连接成为有意义的完整边缘，同时去除假边缘。主要方法是 Hough 变换。

2．边缘检测方法的分类

通常可将边缘检测的算法分为两类：基于查找的算法和基于零穿越的算法。除此之外，还有 Canny 边缘检测算法、统计判别方法等。

（1）基于查找的方法是通过寻找图像一阶导数中的最大值和最小值来检测边界，通常是将边界定位在梯度最大的方向，是基于一阶导数的边缘检测算法。

（2）基于零穿越的方法是通过寻找图像二阶导数零穿越来寻找边界，通常是拉普拉斯过零点或者非线性差分表示的过零点，是基于二阶导数的边缘检测算法。

基于一阶导数的边缘检测算子包括 Roberts 算子、Sobel 算子、Prewitt 算子等，它们都是梯度算子；基于二阶导数的边缘检测算子主要是高斯-拉普拉斯边缘检测算子。本节将在 12.2.2 小节中对它们进行介绍。

12.2.2 常用的边缘检测算子

1. 梯度算子

几个最常用的梯度算子的模板如图 12.3 所示。

Roberts 算子利用局部差分算子寻找边缘，边缘定位精度较高，但容易丢失一部分边缘，同时由于图像没经过平滑处理，因此不具备抑制噪声的能力。该算子对具有陡峭边缘且含噪声少的图像效果较好。

Sobel 算子和 Prewitt 算子都考虑了邻域信息，相当于对图像先做加权平滑处理，然后再做微分运算，所不同的是平滑部分的权值有些差异，因此对噪声具有一定的抑制能力，但不能完全排除检测结果中出现的虚假边缘。虽然这两个算子边缘定位效果不错，但检测出的边缘容易出现多像素宽度。

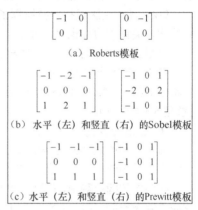

图 12.3 梯度算子模板

2. 高斯-拉普拉斯算子

在 5.5.3 小节已经介绍了拉普拉斯算子，但是由于它是一个二阶导数，对噪声具有无法接受的敏感性，而且其幅值会产生双边缘，另外，边缘方向的不可检测性也是拉普拉斯算子的缺点之一，因此，一般不以其原始形式用于边缘检测。

为了弥补拉普拉斯算子与生俱来的缺陷，美国学者 Marr 提出了一种算法，在运用拉普拉斯算子之前一般先进行高斯低通滤波，可表示为：

$$\nabla^2[G(x,y)*f(x,y)] \tag{12-1}$$

其中 $f(x,y)$ 为图像，$G(x,y)$ 为高斯函数，表示为：

$$G(x,y)=\frac{1}{2\pi\sigma^2}\exp(-\frac{x^2+y^2}{2\sigma^2}) \tag{12-2}$$

其中，σ 是标准差。用高斯函数卷积模糊一幅图像，图像模糊的程度是由 σ 决定的。

由于在线性系统中卷积与微分的次序可以交换，由式（12-1）可得下式：

$$\nabla^2[G(x,y)*f(x,y)]=\nabla^2G(x,y)*f(x,y) \tag{12-3}$$

式（12-3）说明了可以先对高斯算子进行微分运算，然后再与图像 $f(x,y)$ 卷积，其效果等价于在运用拉普拉斯算子之前首先进行高斯低通滤波。

计算式（12-2）的二阶偏导，如下式所示。

$$\frac{\partial^2G(x,y)}{\partial x^2}=\frac{1}{2\pi\sigma^4}\left[\frac{x^2}{\sigma^2}-1\right]\exp(-\frac{x^2+y^2}{2\sigma^2}) \tag{12-4}$$

$$\frac{\partial^2G(x,y)}{\partial y^2}=\frac{1}{2\pi\sigma^4}\left[\frac{y^2}{\sigma^2}-1\right]\exp(-\frac{x^2+y^2}{2\sigma^2}) \tag{12-5}$$

可得:

$$\nabla^2 G(x,y) = -\frac{1}{\pi\sigma^4}\left[1-\frac{x^2+y^2}{2\sigma^2}\right]\exp(-\frac{x^2+y^2}{2\sigma^2}) \tag{12-6}$$

式（12-6）称为高斯-拉普拉斯算子（Laplacian of a Gaussian），简称 LoG 算子，也称为 Marr 边缘检测算子。

应用 LoG 算子时，高斯函数中标准差参数 σ 的选择很关键，对图像边缘检测效果有很大的影响，对于不同图像应选择不同参数。

LoG 算子克服了拉普拉斯算子抗噪声能力比较差的缺点，但是在抑制噪声的同时也可能将原有的比较尖锐的边缘也平滑掉了，造成这些尖锐边缘无法被检测到。

常用的 LoG 算子是 5×5 的模板，如图 12.4 所示。

在 5.5 节曾指出拉普拉斯算子的响应会产生双边缘，这是复杂分割中所不希望的结果，解决的方法是利用它对阶跃性边缘的零交叉性质来定位边缘（参见 5.5.4 小节）。

$$\begin{bmatrix} 0 & 0 & -1 & 0 & 0 \\ 0 & -1 & -2 & -1 & 0 \\ -1 & -2 & 16 & -2 & -1 \\ 0 & -1 & -2 & -1 & 0 \\ 0 & 0 & -1 & 0 & 0 \end{bmatrix}$$

图 12.4　LoG 算子

3. Canny 边缘检测算子

前面介绍的几种都是基于微分方法的边缘检测算法，它们都只有在图像不含噪声或者首先通过平滑去除噪声的前提下才能正常应用。

在图像边缘检测中，抑制噪声和边缘精确定位是无法同时满足的，一些边缘检测算法通过平滑滤波去除噪声的同时，也增加了边缘定位的不确定性；而提高边缘检测算子对边缘的敏感性的同时，也提高了对噪声的敏感性。Canny 算子力图在抗噪声干扰和精确定位之间寻求最佳折中方案。

Canny 对边缘检测质量进行分析，提出以下 3 个准则。

（1）信噪比准则：对边缘的错误检测率要尽可能低，尽可能检测出图像的真实边缘，且尽可能减少检测出虚假边缘，获得一个好的结果。在数学上，就是使信噪比 SNR 尽量大。输出信噪比越大，错误率越小。

$$SNR = \frac{\left|\int_{-\omega}^{+\omega} G(-x)f(x)\mathrm{d}x\right|}{n_0\left[\int_{-\omega}^{+\omega} f^2(x)\mathrm{d}x\right]^{\frac{1}{2}}} \tag{12-7}$$

其中，$f(x)$ 是边界为 $[-\omega, \omega]$ 有限滤波器的脉冲响应，$G(x)$ 代表边缘，n_0 是高斯噪声的均方根。

（2）定位精度准则：检测出的边缘要尽可能接近真实边缘。数学上就是寻求滤波函数 $f(x)$ 使式（12-8）中的 Loc 尽量大。

$$Loc = \frac{\left|\int_{-\omega}^{+\omega} G'(-x)f'(x)\mathrm{d}x\right|}{n_0\left[\int_{-\omega}^{+\omega} f'^2(x)\mathrm{d}x\right]^{\frac{1}{2}}} \tag{12-8}$$

其中，$G'(-x)$、$f'(x)$ 分别是 $G(-x)$、$f(x)$ 的一阶导数。

（3）单边缘响应准则：对同一边缘要有低的响应次数，即对单边缘最好只有一个响应。滤波器对边缘响应的极大值之间的平均距离为:

$$d_{\max} = 2\pi\left[\frac{\int_{-\omega}^{+\omega} f'^2(x)\mathrm{d}x}{\int_{-\omega}^{+\omega} f''^2(x)\mathrm{d}x}\right]^{\frac{1}{2}} \approx kW \tag{12-9}$$

因此在 $2W$ 宽度内，极大值的数目为：

$$N = \frac{2W}{kW} = \frac{2}{k} \tag{12-10}$$

显然，只要固定了 k，就固定了极大值的个数。

有了这 3 个准则，寻找最优的滤波器的问题就转化为泛函的约束优化问题了，问题的解可以由高斯的一阶导数去逼近。

Canny 边缘检测的基本思想就是首先对图像选择一定的 Gauss 滤波器进行平滑滤波，然后采用非极值抑制技术进行处理得到最后的边缘图像。其步骤如下。

（1）用高斯滤波器平滑图像。这里，利用一个省略系数的高斯函数 $H(x, y)$：

$$H(x, y) = \exp(-\frac{x^2 + y^2}{2\sigma^2}) \tag{12-11}$$

$$G(x, y) = f(x, y) * H(x, y) \tag{12-12}$$

其中，$f(x, y)$是图像数据。

（2）用一阶偏导的有限差分来计算梯度的幅值和方向。利用一阶差分卷积模板：

$$H_1 = \begin{vmatrix} -1 & -1 \\ 1 & 1 \end{vmatrix} \qquad H_2 = \begin{vmatrix} 1 & -1 \\ 1 & -1 \end{vmatrix}$$

$$\varphi_1(x, y) = f(x, y) * H_1(x, y) \qquad \varphi_2(x, y) = f(x, y) * H_2(x, y)$$

得到：

幅值：

$$\varphi(x, y) = \sqrt{\varphi_1^2(x, y) + \varphi_2^2(x, y)} \tag{12-13}$$

方向：

$$\theta_\varphi = \tan^{-1} \frac{\varphi_2(x, y)}{\varphi_1(x, y)} \tag{12-14}$$

（3）对梯度幅值进行非极大值抑制。仅仅得到全局的梯度并不足以确定边缘，为确定边缘，必须保留局部梯度最大的点，而抑制非极大值，即将非局部极大值点置零以得到细化的边缘。

如图 12.5 所示，4 个扇区的标号为 0 到 3，对应 3×3 邻域的 4 种可能组合。

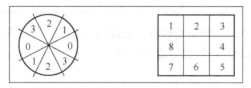

图 12.5　非极大值抑制

在每一点上，邻域的中心像素 M 与沿着梯度线的两个像素相比。如果 M 的梯度值不比沿梯度线的两个相邻像素梯度值大，则令 $M=0$。

（4）用双阈值算法检测和连接边缘。使用两个阈值 T_1 和 T_2（$T_1<T_2$），从而可以得到两个阈值边缘图像 $N_1[i, j]$ 和 $N_2[i, j]$。由于 $N_2[i, j]$ 使用高阈值得到，因而含有很少的假边缘，但有间断（不闭合）。双阈值法要在 $N_2[i, j]$ 中把边缘连接成轮廓，当到达轮廓的端点时，该算法就在 $N_1[i, j]$ 的 8 邻

点位置寻找可以连接到轮廓上的边缘，这样，算法不断地在 $N_1[i,j]$ 中收集边缘，直到将 $N_2[i,j]$ 连接起来为止。T_2 用来找到每条线段，T_1 用来在这些线段的两个方向上延伸寻找边缘的断裂处，并连接这些边缘。

12.2.3　MATLAB 实现

MATLAB 的 IPT 函数 edge() 可以方便地实现 12.2.2 小节的几种边缘检测方法，该函数的作用是检测灰度图像中的边缘，并返回一个带有边缘信息的二值图像，其中黑色表示背景，白色表示原图像中的边缘部分。

1. 基于梯度算子的边缘检测

使用 edge() 函数进行基于梯度算子的边缘检测的调用语法如下。

```
BW = edge(I,type,thresh,direction,'nothinning')
```

参数说明：

- I 是需要检测边缘的输入图像；
- *type* 表示梯度算子的种类，合法取值如表 12.1 所示；

表 12.1　　　　　　　　　　　梯度算子的合法取值表

合法取值	梯度算子
sobel	sobel 算子
Prewitt	prewitt 算子
roberts	roberts 算子

- *thresh* 是敏感度阈值参数，任何灰度值低于此阈值的边缘将不会被检测到，其默认值是空矩阵[]，此时算法会自动计算阈值；
- *direction* 指定了操作者感兴趣的边缘方向，edge() 函数将只检测 *direction* 中指定方向的边缘，其合法取值如表 12.2 所示；

表 12.2　　　　　　　　　　　边缘方向的合法取值表

合法取值	边缘方向
horizontal	水平方向
vertical	竖直方向
both	所有方向

- 可选参数 "*nothinning*"，指定时可以通过跳过边缘细化算法来加快算法运行的速度。在默认时候，这个参数是 "thinning"，即进行边缘细化。

返回值：

- *BW* 为返回的二值图像，其中 0（黑色）为背景，1（白色）为边缘部分。

2. 基于高斯–拉普拉斯算子的边缘检测

使用 edge() 函数进行基于高斯-拉普拉斯算子的边缘检测的调用语法如下。

```
BW = edge(I,'log',thresh,sigma)
```

参数说明：

- I 是待处理的图像；
- 第 2 个参数为 "log" 表示采用高斯-拉普拉斯算子；

- *thresh* 是敏感度阈值参数，任何灰度值低于此阈值的边缘将不会被检测到，其默认值是空矩阵[]，此时算法会自动计算阈值，如果将 *thresh* 设为 0，则输出的边缘图像将包含围绕所有物体的闭合的轮廓线，因为这样的运算会包括输入图像中所有的过零点；
- *sigma* 指定生成高斯滤波器所使用的标准差。默认时，标准差值为 2，滤镜大小 $n\times n$，n 的计算方法为 n=ceil（*sigma*×3）×2+1。

返回值：

- *BW* 为返回的二值图像，其中 0（黑色）为背景，1（白色）为边缘部分。

3. 基于 Canny 算子的边缘检测

```
BW = edge(I,'canny',thresh,sigma)
```

参数说明：

- *I* 是待处理的图像；
- 第 2 个参数为 "canny" 表示采用 canny 算子；
- *thresh* 是敏感度阈值参数，其默认值是空矩阵[]，与前面的算法不同，Canny 算法的敏感度阈值是一个列向量，因为需要为算法指定阈值的上下限；在指定阈值矩阵时，第 1 个元素是阈值下限，第 2 个元素为阈值上限；如果只指定一个阈值元素，则这个直接指定的值会被作为阈值上限，而它与 0.4 的积会被作为阈值下限；如果阈值参数没有指定，算法会自行确定敏感度阈值的上、下限；
- *sigma* 指定生成平滑使用的高斯滤波器的标准差。默认时，标准差值为 1，滤镜大小 $n\times n$，n 的计算方法为 n=ceil（*sigma*×3）×2+1。

返回值：

- *BW* 为返回的二值图像，其中 0（黑色）为背景，1（白色）为边缘部分。

【例 12.1】对同一幅图像分别使用上述 6 种边缘检测算法进行处理，使用算法的默认参数。将输出结果显示在同一窗口中以便进行比较。

相应的 MATLAB 实现代码如下。

```
intensity = imread('circuit.tif'); %读入原图像

bw1 = edge(intensity, 'sobel');
bw2 = edge(intensity, 'prewitt');
bw3 = edge(intensity, 'roberts');
bw4 = edge(intensity, 'log');
bw5 = edge(intensity, 'canny');

subplot(3,2,1); imshow(intensity); title('a'); % 图12.6(a)
subplot(3,2,2); imshow(bw1); title('b'); % 图12.6(b)
subplot(3,2,3); imshow(bw2); title('c'); % 图12.6(c)
subplot(3,2,4); imshow(bw3); title('d'); % 图12.6(d)
subplot(3,2,5); imshow(bw4); title('e'); % 图12.6(e)
subplot(3,2,6); imshow(bw5); title('f'); % 图12.6(f)
```

上述程序的运行结果如图 12.6 所示。

从图 12.6 中可以看出，不同算法得到的结果存在很大差异，下面进行简要的分析。

（1）从边缘定位的精度看。Roberts 算子和 Log 算子定位精度较高。

Roberts 算子简单直观，Log 算子则利用二阶导数零交叉特性检测边缘。但 Log 算子只能获得边缘位置信息，不能得到边缘的方向等信息。

（2）从对不同方向边缘的响应看。从对边缘方向的敏感性而言，Sobel 算子、Prewitt 算子检测斜向阶跃边缘效果较好，Roberts 算子检测水平和垂直边缘效果较好。Log 算子则不具备边缘方向检测能力。

Sobel 算子可以提供最精确的边缘方向估计。

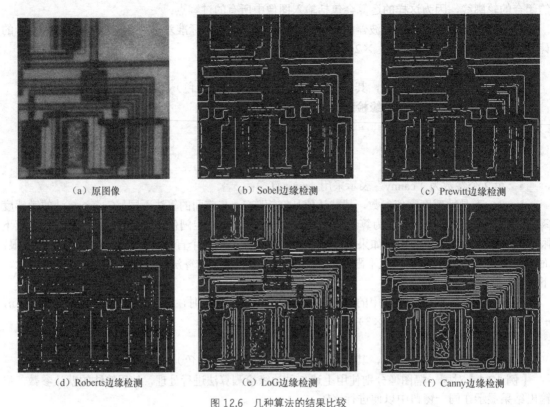

(a) 原图像　　　　　　　　(b) Sobel边缘检测　　　　　　　(c) Prewitt边缘检测

(d) Roberts边缘检测　　　　　　(e) LoG边缘检测　　　　　　(f) Canny边缘检测

图 12.6　几种算法的结果比较

（3）从去噪能力看。Roberts 和 Log 算子定位精度虽然较高，但受噪声影响大。

Sobel 算子和 Prewitt 算子模板相对较大因而去噪能力较强，具有平滑作用，能滤除一些噪声，去掉部分伪边缘，但同时也平滑了真正的边缘，这也正是其定位精度不高的原因。

从总体效果来衡量，Canny 算子给出了一种边缘定位精确性和抗噪声干扰性的较好折中。

> **注意**　　以上验证结果及分析是基于阶跃变化假设进行的。但真实的灰度变化不一定都是阶跃的，有可能发生在很宽的灰度范围上，且存在灰度的起落。因此，操作者应当根据工程实际对各种算子做比较后加以选用。

12.2.4　Visual C++实现

1. 基于梯度算子的边缘检测

在 5.2.5 小节曾介绍过用于线性滤波的通用模板操作函数 Template()，只需以不同的模板为参数调用该函数即可实现各种基于梯度算子的边缘检测。下面以 Sobel 边缘检测为例进行说明，使用 Prewitt 和 Robert 算子的边缘检测实现方法与之类似。

在 5.5.2 小节曾介绍过能够计算 Sobel 梯度的 FilterSobel()函数，而 Sobel 边缘检测算法 EdgeSobel()除了计算梯度外，还应对梯度图像进行阈值化处理；此外，EdgeSobel()还可以像 MATLAB 函数 edge()一样得到细化的边缘以及检测不同方向的边缘，包括水平、竖直、45°和 135°方向，默认情况下 EdgeSobel()计算所有方向的边缘。

下面给出 EdgeSobel()算法的完整实现。

```
/***************************************************
BOOL  CImgProcess::EdgeSobel(CImgProcess * pTo, BYTE bThre, BYTE bEdgeType, BOOL
bThinning, BOOL bGOnly)
功能：基于 Sobel 算子的边缘检测
参数：CImgProcess * pTo：指向输出图像的指针
      BYTE bThre：人为指定的边缘阈值。默认为 0，即自动确定阈值
      BYTE bEdgeType：_EdgeAll-所有边缘 _EdgeH-水平边缘 _EdgeV-垂直边缘 _EdgeCW-45 度边
缘 _EdgeCCW-135 度边缘 其他-无效
      BOOL bThinning：决定是否进行边缘细化，默认为 true，即执行边缘细化
      BOOL bGOnly：决定是否仅输出梯度图像，默认为 false，即输出阈值化后的二值图像。
      当此参数为 true 时，bThre 参数和 bThinning 参数将被忽略
返回值：
   布尔类型，true 为成功，false 为失败
***************************************************/
BOOL  CImgProcess::EdgeSobel(CImgProcess * pTo, BYTE bThre, BYTE bEdgeType, BOOL
bThinning, BOOL bGOnly)
{
    if (m_pBMIH->biBitCount!=8) return false;

    // 定义模板数据
    // 水平边缘
    const float cfSobelH[9] = {
        -1, -1, -1,
         0,  0,  0,
         1,  1,  1 };
    // 垂直边缘
    const float cfSobelV[9] = {
        -1,  0,  1,
        -1,  0,  1,
        -1,  0,  1 };
    // 45 度边缘
    const float cfSobelCW[9] = {
        -1, -1,  0,
        -1,  0,  1,
         0,  1,  1 };
    // 135 度边缘
    const float cfSobelCCW[9] = {
         0,  1,  1,
        -1,  0,  1,
        -1, -1,  0 };

    // 临时 CImgProcess 变量
    CImgProcess imgTemp = *this;
    CImgProcess imgMid = *this;

    // 根据选择的边缘类型应用模板
    switch (bEdgeType) {
        case 0:      // 所有边缘
            Template(&imgTemp, 3, 3, 1, 1, (float*)cfSobelH, 1);
            Template(&imgMid, 3, 3, 1, 1, (float*)cfSobelV, 1);
            imgTemp = imgTemp + imgMid;
            Template(&imgMid, 3, 3, 1, 1, (float*)cfSobelCW, 1);
            imgTemp = imgTemp + imgMid;
            Template(&imgMid, 3, 3, 1, 1, (float*)cfSobelCCW, 1);
            imgTemp = imgTemp + imgMid;
            break;

        case 1:      // 水平边缘
            Template(&imgTemp, 3, 3, 1, 1, (float*)cfSobelH, 1);
```

```
                    break;

            case 2:         // 垂直边缘
                    Template(&imgTemp, 3, 3, 1, 1, (float*)cfSobelV, 1);
                    break;

            case 3:         // 45 度边缘
                    Template(&imgTemp, 3, 3, 1, 1, (float*)cfSobelCW, 1);
                    break;

            case 4:         // 135 度边缘
                    Template(&imgTemp, 3, 3, 1, 1, (float*)cfSobelCCW, 1);
                    break;

            default:            // 参数错误
                    return false;
    };

    if (bGOnly)
    {
        // 仅输出梯度
        *pTo = imgTemp;
    }
    else
    {
        // 根据指定阈值进行阈值化
        if (bThre)
        {
            imgTemp.Threshold(pTo, bThre);
        }
        else            // 自动阈值化
        {
            imgTemp.AutoThreshold(pTo);
        };

        if (bThinning)
        {
            // 第一次反色：为边缘细化准备
            pTo->LinTran(&imgTemp, -1, 255);

            // 边缘细化
            imgTemp.Thining();

            // 第二次反色：得到最终结果
            imgTemp.LinTran(pTo, -1, 255);
        }
    }

    return true;
}
```

注意到算法中当 *bThre* 参数为 false 时，调用了 AutoThreshold()函数实现了梯度图像的自动阈值化，本章将在 12.4.3 小节对它进行详细阐述。

算法的最后还提供了可选的边缘细化操作，是通过 11.3.5 小节介绍过的形态学细化方法 Thining()实现的。

利用 EdgeSobel()函数实现边缘检测的完整示例被封装在 DIPDemo 工程中的视图类函数 void CDIPDemoView::OnEdgeSobel()中，其中调用 EdgeSobel()函数的代码片断如下所示。

```
// 输出的临时对象
CImgProcess imgOutput = imgInput;
```

```
    // Sobel 边缘检测
    imgInput.EdgeSobel(&imgOutput, dlg.m_bThre, dlg.m_nEdgeType, dlg.m_bThining, dlg.m_
bGratOnly);
    // 其中 dlg.m_nEdgeType 是用户在对话框中选择的希望检测的边缘方向种类

    pDoc->m_Image = imgOutput;
```

上述程序运行时会弹出对话框要求设置边缘检测参数。读者可以通过光盘中示例程序 DIPDemo 中的菜单命令"图像分割→边缘检测→Sobel 算子"来观察处理效果。

Robert 和 Prewitt 边缘检测算法被封装在 CImgProcess 类的 EdgeRoberts()和 EdgePrewitt()方法中，其实现思路与 EdgeSobel()算法类似，这里不再赘述。

2. 基于高斯–拉普拉斯算子的边缘检测

基于 LoG 算子的边缘检测算法的完整实现如下。

```
/*****************************************************
void CImgProcess::EdgeLoG(CImgProcess * pTo, BYTE bThre, double dSigma, BOOL bThinning)
功能:       基于 LoG 算子的边缘检测
参数:       CImgProcess * pTo: 指向输出图像的指针
返回值:     无
*****************************************************/
void CImgProcess::EdgeLoG(CImgProcess * pTo)
{
    // 应用模板到图像
    Template(pTo, 5, 5, 2, 2, Template_Log, 1);

    // 临时 CImgProcess 变量
    CImgProcess imgTemp = *pTo;

    // 自动阈值化
    imgTemp.AutoThreshold(pTo);

    // 第一次反色: 为边缘细化准备
    pTo->LinTran(&imgTemp, -1, 255);

    // 边缘细化
    imgTemp.Thining();

    // 第二次反色: 得到最终结果
    imgTemp.LinTran(pTo, -1, 255);
}
```

利用 EdgeLog()函数实现边缘检测的完整示例被封装在 DIPDemo 工程中的视图类函数 void CDIPDemoView::OnEdgeLog()中，其中调用 EdgeLog()函数的代码片断如下所示。

```
// 输出的临时对象
CImgProcess imgOutput = imgInput;

imgInput.EdgeLoG(&imgOutput);

// 将结果返回给文档类
pDoc->m_Image = imgOutput;
```

读者可以通过光盘中示例程序 DIPDemo 中的菜单命令"图像分割→边缘检测→LoG 算子"来观察处理效果。

3. 基于 Canny 算子的边缘检测

Canny 算法需要进行多步操作，在进行阈值化时还需要提供上、下限两个阈值，之后还需要进行边缘连接操作。相关的代码如下。

```
/*****************************************************
```

```
BOOL CImgProcess::EdgeCanny(CImgProcess * pTo, BYTE bThreL, BYTE bThreH, BOOL bThinning)
功能: 基于 Canny 算子的边缘检测
参数: CImgProcess * pTo: 指向输出图像的指针
       BYTE bThreL, BYTE bThreH: 认定边缘的低阈值和高阈值
              将任一设置为 0 则会被自动生成, 生成高阈值时会自动覆盖低阈值
              默认值均为 0, 即自动生成高低阈值
       BOOL bThinning: 决定是否进行边缘细化, 默认为 true, 即执行边缘细化
返回值:     布尔类型, true 为成功, false 为失败
*****************************************************/
BOOL CImgProcess::EdgeCanny(CImgProcess * pTo, BYTE bThreL, BYTE bThreH, BOOL bThinning)
{
    inti,j;
    if (m_pBMIH->biBitCount!=8) return false;

    // 各方向梯度值
    CImgProcess imgGH = *this, imgGV = *this, imgGCW = *this, imgGCCW = *this,
    imgGratitude = *this;

    // 使用 Prewitt 模板计算各个方向上的梯度值
    EdgePrewitt(&imgGH, 0, 1, 0, 1);
    EdgePrewitt(&imgGV, 0, 2, 0, 1);
    EdgePrewitt(&imgGCW, 0, 3, 0, 1);
    EdgePrewitt(&imgGCCW, 0, 4, 0, 1);

    // 最大梯度方向
    BYTE * pbDirection = new BYTE [GetHeight() * GetWidthByte()];

    memset(pbDirection, 0, GetHeight() * GetWidthByte() * sizeof(BYTE));

    // 寻找每点的最大梯度方向并写入对应的最大梯度值
    imgGratitude.InitPixels(0);
    for (i=0; i<GetHeight(); i++)
    {
        for (j=0; j<GetWidthPixel(); j++)
        {
            BYTE gray = 0;

            if (imgGH.GetGray(j, i) > gray)
            {
                gray = imgGH.GetGray(j, i);
                pbDirection[i * GetWidthPixel() + j] = _EdgeH;
                imgGratitude.SetPixel(j, i, RGB(gray, gray, gray));
            }

            if (imgGV.GetGray(j, i) > gray)
            {
                gray = imgGV.GetGray(j, i);
                pbDirection[i * GetWidthPixel() + j] = _EdgeV;
                imgGratitude.SetPixel(j, i, RGB(gray, gray, gray));
            }

            if (imgGCW.GetGray(j, i) > gray)
            {
                gray = imgGCW.GetGray(j, i);
                pbDirection[i * GetWidthPixel() + j] = _EdgeCW;
                imgGratitude.SetPixel(j, i, RGB(gray, gray, gray));
            }

            if (imgGCCW.GetGray(j, i) > gray)
            {
                gray = imgGCCW.GetGray(j, i);
                pbDirection[i * GetWidthPixel() + j] = _EdgeCCW;
                imgGratitude.SetPixel(j, i, RGB(gray, gray, gray));
            }
```

```
        }
    }

    // 阈值化时重用前面的对象
    CImgProcess *pImgThreL = &imgGH, *pImgThreH = &imgGV;

    // 检查阈值参数，如未给出阈值则计算以取得最佳阈值
    if (bThreL > bThreH) return false;

    if (bThreH == 0) {
        const int nMinDiff = 20;
        int nDiffGray;

        bThreH = 1.2 * imgGratitude.DetectThreshold(CRect(0, 0, GetWidthPixel(),
        GetHeight()), nDiffGray);
        bThreL = 0.4 * bThreH;

        if(nDiffGray < nMinDiff) return false;
    }

    if (bThreL == 0) {
        bThreL = 0.4 * bThreH;
    }

    // 将最大梯度图像按高低值分别进行阈值化
    imgGratitude.Threshold(pImgThreL, bThreL);
    imgGratitude.Threshold(pImgThreH, bThreH);

    // 初始化目标图像
    pTo->InitPixels(0);

    // 根据低阈值图像在高阈值图像上进行边界修补
    for (i=1; i<GetHeight()-1; i++)
    {
        for (j=1; j<GetWidthPixel()-1; j++)
        {
            if (pImgThreH->GetGray(j, i))
            {
                // 高阈值图像上发现点直接确定
                pTo->SetPixel(j, i, RGB(255, 255, 255));

                // 搜索梯度最大方向上的邻域
                switch ( pbDirection[i * GetWidthPixel() + j] ) {
                    case 1:  // 水平方向
                        if (pImgThreL->GetGray(j+1, i))
                        {
                            pImgThreH->SetPixel(j+1, i, RGB(255, 255, 255));
                        }
                        if (pImgThreL->GetGray(j-1, i))
                        {
                            pImgThreH->SetPixel(j-1, i, RGB(255, 255, 255));
                        }
                        break;

                    case 2:  // 垂直方向
                        if (pImgThreL->GetGray(j, i+1))
                        {
                            pImgThreH->SetPixel(j, i+1, RGB(255, 255, 255));
                        }
                        if (pImgThreL->GetGray(j, i-1))
                        {
                            pImgThreH->SetPixel(j, i-1, RGB(255, 255, 255));
                        }
                        break;
```

```
                                    case 3:  // 45 度方向
                                        if (pImgThreL->GetGray(j+1, i-1))
                                        {
                                            pImgThreH->SetPixel(j+1, i-1, RGB(255, 255, 255));
                                        }
                                        if (pImgThreL->GetGray(j-1, i+1))
                                        {
                                            pImgThreH->SetPixel(j-1, i+1, RGB(255, 255, 255));
                                        }
                                        break;

                                    case 4:  // 135 度方向
                                        if (pImgThreL->GetGray(j+1, i+1))
                                        {
                                            pImgThreH->SetPixel(j+1, i+1, RGB(255, 255, 255));
                                        }
                                        if (pImgThreL->GetGray(j-1, i-1))
                                        {
                                            pImgThreH->SetPixel(j-1, i-1, RGB(255, 255, 255));
                                        }
                                        break;
                                }
                        }//if
                }//for j
        }for i

        if (bThinning)
        {
            // 第一次反色: 为边缘细化准备
            pImgThreH->LinTran(pImgThreL, -1, 255);

            // 边缘细化
            pImgThreL->Thining();

            // 第二次反色: 得到最终结果
            pImgThreL->LinTran(pTo, -1, 255);
        }
        else
        {
            *pTo = *pImgThreH;
        }

        delete pbDirection;

        return true;
}
```

利用 EdgeCanny()函数实现边缘检测的完整示例被封装在 DIPDemo 工程中的视图类函数 void CDIPDemoView::OnEdgeCanny()中，其中调用 EdgeCanny()函数的代码片断如下所示。

```
// 输出的临时对象
CImgProcess imgOutput = imgInput;

imgInput.EdgeCanny(&imgOutput);

// 将结果返回给文档类
pDoc->m_Image = imgOutput;
```

上述程序运行时会弹出对话框要求设置边缘检测参数。读者可以通过光盘中示例程序 DIPDemo 中的菜单命令"图像分割→边缘检测→Canny 算子"来观察处理效果。

12.3　霍夫变换

12.2 节介绍了一些边缘检测的有效方法。但实际中由于噪声和光照不均等因素，使得在很多情况下所获得的边缘点是不连续的，必须通过边缘连接将它们转换为有意义的边缘。一般的做法是对经过边缘检测的图像进一步使用连接技术，从而将边缘像素组合成完整的边缘。

霍夫（Hough）变换是一个非常重要的检测间断点边界形状的方法。它通过将图像坐标空间变换到参数空间，来实现直线和曲线的拟合。

12.3.1　直线检测

1.　直角坐标参数空间

在图像 x-y 坐标空间中，经过点 (x_i, y_i) 的直线表示为：

$$y_i = ax_i + b \tag{12-15}$$

其中，参数 a 为斜率，b 为截距。

通过点 (x_i, y_i) 的直线有无数条，且对应于不同的 a 和 b 值，它们都满足式（12-15）。

如果将 x_i 和 y_i 视为常数，而将原本的参数 a 和 b 看作变量，将式（12-15）表示为：

$$b = -x_i a + y_i \tag{12-16}$$

就变换到了参数平面 a-b。这个变换就是直角坐标中对于 (x_i, y_i) 点的 Hough 变换。该直线是图像坐标空间中的点 (x_i, y_i) 在参数空间的唯一方程。考虑图像坐标空间中的另一点 (x_j, y_j)，它在参数空间中也有相应的一条直线，表示为：

$$b = -x_j a + y_j \tag{12-17}$$

这条直线与点 (x_i, y_i) 在参数空间的直线相交于一点 (a_0, b_0)，如图 12.7 所示。

图像坐标空间中过点 (x_i, y_i) 和点 (x_j, y_j) 的直线上的每一点在参数空间 a-b 上各自对应一条直线，这些直线都相交于点 (a_0, b_0)，而 a_0、b_0 就是图像坐标空间 x-y 中点 (x_i, y_i) 和点 (x_j, y_j) 所确定的直线的参数。反之，在参数空间相交于同一点的所有直线，在图像坐标空间都有共线的点与之对应。根据这个特性，给定图像坐标空间的一些边缘点，就可以通过 Hough 变换确定连接这些点的直线方程。

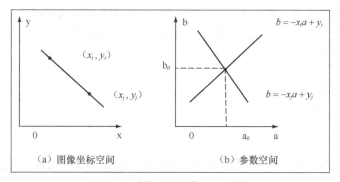

（a）图像坐标空间　　　　　（b）参数空间

图 12.7　直角坐标中的 Hough 变换

具体计算时，可将参数空间视为离散的。建立一个二维累加数组 $A(a, b)$，第一维的范围是图像坐标空间中直线斜率的可能范围，第二维的范围是图像坐标空间中直线截距的可能范围。开始时 $A(a, b)$ 初始化为 0，然后对图像坐标空间的每一个前景点 (x_i, y_i)，将参数空间中每一个

a 的离散值代入式（12-16），从而计算出对应的 b 值。每计算出一对（a,b），都将对应的数组元素 A（a, b）加 1，即 $A(a,b) = A(a,b)+1$。所有的计算都结束后，在参数空间表决结果中找到 A（a, b）的最大峰值，所对应的 a_0、b_0 就是原图像中共线点数目最多（共 A（a_0,b_0）个共线点）的直线方程的参数；接下来可以继续寻找次峰值和第 3 峰值第 4 峰值等，它们对应于原图中共线点数目略少一些的直线。

> **注意**　由于原图中的直线往往具有一定的宽度，实际上相当于多条参数极其接近的单像素宽直线，往往对应于参数空间中相邻的多个累加器单元。因此每找到一个当前最大的峰值点后，需要将该点及其附近点清零，以防算法检测出多条极其邻近的"假"直线。

对于图 12.7（a）的 Hough 变换参数空间情况如图 12.8 所示。

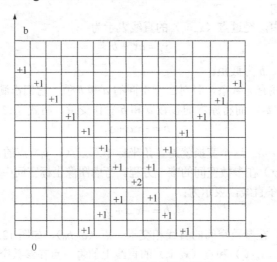

图 12.8　参数空间表决结果

这种利用二维累加器的离散化方法大大简化了 Hough 变换的计算，参数空间 $a\text{-}b$ 上的细分程度决定了最终找到直线上点的共线精度。上述的二维累加数组 A 组也常常被称为 Hough 矩阵。

> **注意**　使用直角坐标表示直线，当直线为一条垂直直线或者接近垂直直线时，该直线的斜率为无限大或者接近无限大，从而无法在参数空间 $a\text{-}b$ 中表示出来。为了解决这一问题，可以采用极坐标系。

2. 极坐标参数空间

极坐标中用如下参数方程表示一条直线。

$$\rho = x\cos\theta + y\sin\theta \tag{12-18}$$

其中，ρ 代表直线到原点的垂直距离，θ 代表 x 轴到直线垂线的角度，取值范围为 $\pm 90°$，如图 12.9 所示。

与直角坐标类似，极坐标中的 Hough 变换也将图像坐标空间中的点变换到参数空间中。在极坐标表示下，图像坐标空间中共线的点变换到参数空间中后，在参数空间都相交于同一点，此时所得到的 ρ、θ 即为所求的直线的极坐标参数。与直角坐标不同的是，用极坐标表示时，图像坐标空

间的共线的两点 (x_i, y_i) 和 (x_j, y_j) 映射到参数空间是两条正弦曲线，相交于点 (ρ_0, θ_0)，如图 12.10 所示。

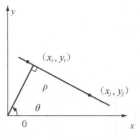

图 12.9　直线的参数式表示

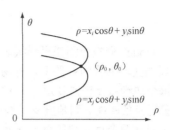

图 12.10　笛卡儿坐标映射到参数空间

具体计算时，与直角坐标类似，也要在参数空间中建立一个二维数组累加器 A，只是取值范围不同。对一幅大小为 $D \times D$ 的图像，通常 ρ 的取值范围为 $[-\sqrt{2}D/2, \sqrt{2}D/2]$，$\theta$ 的取值范围为 $[-90°, 90°]$。计算方法与直角坐标系中累加器的计算方法相同，最后得到最大的 A 所对应的 (ρ, θ)。

12.3.2　曲线检测

Hough 变换同样适用于方程已知的曲线检测。图像坐标空间中的一条已知的曲线方程也可以建立其相应的参数空间。由此，图像坐标空间中的一点，在参数空间中就可以映射为相应的轨迹曲线或者曲面。若参数空间中对应各个间断点的曲线或者曲面能够相交，就能够找到参数空间的极大值以及对应的参数；若参数空间中对应各个间断点的曲线或者曲面不能相交，则说明间断点不符合某已知曲线。

Hough 变换做曲线检测时，最重要的是写出图像坐标空间到参数空间的变换公式。例如，对于已知的圆方程，其直角坐标的一般方程为：

$$(x-a)^2 + (y-b)^2 = r^2 \tag{12-19}$$

其中，(a, b) 为圆心坐标，r 为圆的半径，它们为图像的参数。

那么，参数空间可以表示为 (a, b, r)，图像坐标空间中的一个圆对应参数空间中的一点。

具体计算时，与前面讨论的方法相同，只是数组累加器为三维 $A(a, b, r)$。计算过程是让 a、b 在取值范围内增加，解出满足上式的 r 值，每计算出一个 (a, b, r) 值，就对数组元素 $A(a, b, r)$ 加一。计算结束后，找到的最大的 $A(a, b, r)$ 所对应的 a、b、r 就是所求的圆的参数。

与直线检测一样，曲线检测也可以通过极坐标形式计算。

> **注意**　通过 Hough 变换做曲线检测时，参数空间的大小将随着参数个数的增加呈指数上升的趋势，故在实际使用时要尽量减少描述曲线的参数数目。因此，这种曲线检测的方法只对检测参数较少的曲线有意义。

12.3.3　任意形状的检测

这里所说的任意形状的检测，是指应用广义 Hough 变换去检测某一任意形状边界的图形。它首先选取该形状中的任意点 (a, b) 为参考点，然后从该任意形状图形的边缘每一点上，计算其切线方向 φ 和到参考点 (a, b) 位置的偏移矢量 r，以及 r 与 x 轴的夹角 α，如图 12.11 所示。

参考点（a，b）的位置可由下式算出：

$$a = x + r(\phi)\cos(\alpha(\phi)) \tag{12-20}$$

$$b = x + r(\phi)\sin(\alpha(\phi)) \tag{12-21}$$

利用广义 Hough 变换检测任意形状边界的主要步骤如下。

（1）在预知区域形状的条件下，将物体边缘形状编成参考表。对于每个边缘点计算梯度角 φ_i，对每一个梯度角 φ_i，算出对应于参考点的距离 r_i 和角度 a_i。例如，图 12.11 中，同一个梯度角 φ 对应两个点，则参考表表示为：

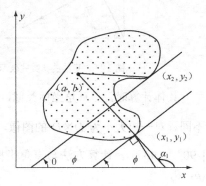

$$\varphi:（r_1，\alpha_1）（r_2，\alpha_2）$$

同理，可以表示出其他梯度角 φ_i 所对应的参考表。

（2）在参数空间建立一个二维累加数组 A（a，b），初值为 0。对边缘上的每一点，计算出该点处的梯度角，然后，由上式计算出每一个可能的参考点的位置值，对相应的数组元素 A（a，b）加一。

（3）计算结束后，具有最大值的数组元素 A（a，b）所对应的 a、b 值即为图像坐标空间中所求的参考点。

图 12.11　广义 Hough 变换

求出参考点后，整个目标的边界就可以确定了。

12.3.4　Hough 变换直线检测的 MATLAB 实现

通过 Hough 变换在二值图像中检测直线需要以下 3 个步骤。

（1）利用 hough()函数执行霍夫变换，得到霍夫矩阵。

（2）利用 houghpeaks()函数在霍夫矩阵中寻找峰值点。

（3）利用 houghlines()函数在之前 2 步结果的基础上得到原二值图像中的直线信息。

1. 霍夫变换——hough

Hough()函数对一幅二值图像执行 Hough 变换，得到 Hough 矩阵。调用形式如下。

```
[H, theta, rho] = hough(BW,param1,val1,param2,val2)
```

参数说明：

- *BW* 是边缘检测后的二值图像；
- 可选参数对儿 *param*1、*value*1 以及 *param*2、*value*2 的合法取值如表 12.3 所示。

表 12.3　　　　　　　　　　　param 参数的合法取值及其意义

param 取值	含　义
ThetaResolution	Hough 矩阵中 θ 轴方向上单位区间的长度（以"度"为单位），可取（0，90）区间上的实数，默认为 1
RhoResolution	Hough 矩阵中 ρ 轴方向上单位区间的长度，可取(0，norm(size(BW)))区间上的实数，默认为 1

返回值：

- *H* 是变换得到的 *Hough* 矩阵；
- *theta* 和 *rho* 为分别对应于 Hough 矩阵每一列和每一行的 θ 和 ρ 值组成的向量。

2. 寻找峰值——houghpeaks

Houghpeaks()函数用于在 Hough 矩阵中寻找指定数目的峰值点，调用形式如下。

```
peaks = houghpeaks(H,numpeaks, param1,val1,param2,val2)
```

参数说明：

- H 是由 hough()函数得到的 Hough 矩阵；
- *numpeaks* 是要寻找的峰值数目，默认为 1；
- 可选参数对儿 *param*1、*value*1 以及 *param*2、*value*2 的合法取值如表 12.4 所示。

表 12.4　　　　　　　　　　　　param 参数的合法取值及其意义

param 取值	含　　义
Threshold	峰值的阈值，只有大于该阈值的点才被认为是可能的峰值，其取值>0，默认为 0.5×max(H(:))
NHoodSize	在每次检测出一个峰值后，NhoodSize 指出了在该峰值周围需要清零的邻域信息。以向量[M, N]的形式给出，其中 M、N 均为正的奇数。默认为大于等于 size（H）/50 的最小奇数

返回值：

- peaks 是一个 $Q×2$ 的矩阵，每行的两个元素分别为某一峰值点在 Hough 矩阵中的行、列索引，Q 为找到的峰值点的数目。

3. 提取直线段——houghlines

Houghlines()函数根据 Hough 矩阵的峰值检测结果提取直线段，调用语法如下。

```
lines = houghlines(BW,theta, rho, peaks, param1, val1, param2, val2)
```

参数说明：

- *BW* 是边缘检测后的二值图像；
- *theta* 和 *rho* 是 Hough 矩阵每一列和每一行的 θ 和 ρ 值组成的向量，由 hough()函数返回；
- *peaks* 是一个包含峰值点信息的 $Q×2$ 的矩阵，由 houghpeaks()函数返回；
- 可选参数对儿 *param*1、*value*1 以及 *param*2、*value*2 的合法取值如表 12.5 所示。

表 12.5　　　　　　　　　　　　param 参数的合法取值及其意义

Param 取值	含　　义
FillGap	线段合并的阈值：如果对应于 Hough 矩阵某一个单元格（相同的 θ 和 ρ）的两个线段之间的距离小于 *FillGap*，则合并为 1 个直线段。默认值为 20
MinLength	检测的直线段的最小长度阈值：如果检测出的直线段长度大于 *MinLength*，则保留；丢弃所有长度小于 *MinLength* 的直线段。默认值为 40

返回值：

- *lines* 是一个结构体数组，数组长度是找到的直线条数，而每一个数组元素（直线段结构体）的内部结构如表 12.6 所示。

表 12.6　　　　　　　　　　　　lines 的结构

域	含　　义
point1	直线段的端点 1
point2	直线段的端点 2
theta	对应在霍夫矩阵中的 θ
rho	对应在霍夫矩阵中的 ρ

【例 12.2】利用 Hough 变换对 MATLAB 示例图片 circuit.tif 进行直线检测，显示 Hough 矩阵和检测到的峰值，并在原图中标出符合要求的所有直线段。

相应的 MATLAB 实现代码如下。

```
I = imread('circuit.tif'); % 读取图像

% 旋转图像并寻找边缘
rotI = imrotate(I,33,'crop');
BW = edge(rotI,'canny');

% 执行 Hough 变换并显示 Hough 矩阵
[H,T,R] = hough(BW);
imshow(H,[],'XData',T,'YData',R,'InitialMagnification','fit'); %得到图 12.12 (a)
xlabel('\theta'), ylabel('\rho');
axis on, axis normal, hold on;

% 在 Hough 矩阵中寻找前 5 个大于 Hough 矩阵中最大值 0.3 倍的峰值
P = houghpeaks(H,5,'threshold',ceil(0.3*max(H(:))));
x = T(P(:,2)); y = R(P(:,1)); % 由行、列索引转换成实际坐标
plot(x,y,'s','color','white'); % 在 Hough 矩阵图像中标出峰值位置

% 找到并绘制直线
lines = houghlines(BW,T,R,P,'FillGap',5,'MinLength',7); % 合并距离小于 5 的线段，丢弃所有
长度小于 7 的直线段
figure, imshow(rotI), hold on
max_len = 0;
for k = 1:length(lines) % 依次标出各条直线段
   xy = [lines(k).point1; lines(k).point2];
   plot(xy(:,1),xy(:,2),'LineWidth',2,'Color','green');

   % 绘制线段端点
   plot(xy(1,1),xy(1,2),'x','LineWidth',2,'Color','yellow');
   plot(xy(2,1),xy(2,2),'x','LineWidth',2,'Color','red');

   % 确定最长的线段
   len = norm(lines(k).point1 - lines(k).point2);
   if ( len > max_len)
      max_len = len;
      xy_long = xy;
   end
end

% 高亮显示最长线段
plot(xy_long(:,1),xy_long(:,2),'LineWidth',2,'Color','cyan'); %得到图 12.12 (b)
```

上述程序的运行结果如图 12.12 所示。

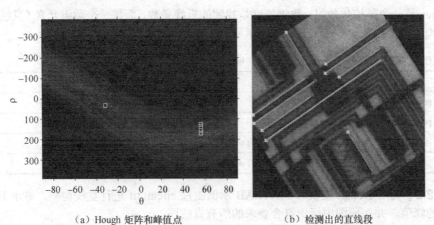

（a）Hough 矩阵和峰值点　　　　　　（b）检测出的直线段

图 12.12　Hough 变换效果（'FillGap'=5）

注意到在 houghpeaks()函数执行后，本操作共得到了 5 个峰值，然而图 12.12(b)的结果中却出现了 8 条直线段，这正是 houghlines()函数中'FillGap'参数的作用。将'FillGap'设定为 80 可以合并原本共线（有相同的 θ 和 ρ）的各个直线段，将得到如图 12.13 所示的结果。

图 12.13　检测出的直线段（'FillGap'=80）

12.3.5　Hough 变换直线检测的 Visual C++实现

读者在 CImgProcess 类的 Hough()函数可以找到图像中前 nLineRet 条直线，具体步骤如下。

（1）初始化一个极坐标域 ρ-θ 空间的累加器数组。

（2）逐行扫描原图像中的所有黑点，对于每一个前景点（算法中为白点），在极坐标域的对应累加器单元加 1。

（3）找到极坐标域的当前最大峰值并记录该点坐标。

（4）将最大峰值点及其邻近范围的累加器单元清零。

（5）如果已经找到的峰值数目小于 nLineRet，转（3）；否则算法返回所有找到的直线的参数信息。

Hough()函数的完整实现如下。

```
/***************************************************
BOOL CImgProcess::Hough(SLineInfo *pInfoRet, int nLineRet)
功能：      霍夫变换
注：        只能处理二值图像，一般应为经过边缘检测的输出图像（黑色背景，白色前景）
参数：      SLineInfo *pInfoRet：  输出的直线信息
           int nLineRet：需要寻找的直线数目
返回值：    BOOL 类型，true 为成功，false 为失败
***************************************************/
BOOL CImgProcess::Hough(SLineInfo *pInfoRet, int nLineRet)
{
    int i, j;

    // 极坐标域中的最大 Rho 和 Theta
    int nMaxDist = sqrt((double)(GetHeight()*GetHeight() + GetWidthPixel()*GetWidth
Pixel()));
    int nMaxAngle = 90;

    // 为极坐标域分配空间
    int nAreaNum = nMaxAngle * nMaxDist * 2;
    int *pTransArea = new int[nAreaNum];
    memset(pTransArea, 0, nAreaNum * sizeof(int));

    // 转化到极坐标域
    BYTE bt;
    int nAngle, nDist; //极坐标下的角度和极径
    double fRadian; //弧度
    for(i = 0; i < GetHeight(); i ++)
    {
        for(j=0; j<GetWidthPixel(); j++)
        {
            bt = GetGray(j, i);
            if(bt == 255)
            {
                for(nAngle = 0; nAngle < nMaxAngle; nAngle ++)
                {
                    fRadian = nAngle*2*PI/180.0; //转化为弧度
```

```
                            nDist = (j*cos(fRadian) + i*sin(fRadian)); //计算极径

                            if(nDist >= 0)//正半周
                            {
                                pTransArea[nDist*nMaxAngle + nAngle] ++;
                            }
                            else//负半周
                            {
                                nDist = fabs(nDist);
                                pTransArea[nMaxAngle * nMaxDist + nDist*nMaxAngle + nAngle] ++;
                            }
                    }//for nAngle
                }//if
        }//for j
}//for i


SMaxValue MaxValue1;

//清零时角度和极径的范围
int nMaxDisAllow = 20;
int nMaxAngleAllow = 5;

for(int nLine=0; nLine<nLineRet; nLine++) //寻找前 nLineRet 个峰值点
{
    // 寻找最大点
    MaxValue1.nValue = 0;
    for(i=0; i<nAreaNum; i++)
    {
        if(pTransArea[i] > MaxValue1.nValue)
        {
            MaxValue1.nValue = pTransArea[i];
            MaxValue1.nAngle = i;
        }
    }

    if(MaxValue1.nValue == 0)  //找不到可能的共线点
    {
        return FALSE;
    }

    if(MaxValue1.nAngle < nMaxAngle * nMaxDist)
    {
        MaxValue1.nDist = MaxValue1.nAngle/nMaxAngle;
        MaxValue1.nAngle = MaxValue1.nAngle%nMaxAngle;
    }
    else
    {
        MaxValue1.nAngle -= nMaxAngle * nMaxDist;

        MaxValue1.nDist = MaxValue1.nAngle/nMaxAngle;
        MaxValue1.nDist *= -1;


        MaxValue1.nAngle = MaxValue1.nAngle%nMaxAngle;
    }

    // 将结果保存至 pInfoRet 结构指针
    pInfoRet[nLine].nAngle = MaxValue1.nAngle*2;
    pInfoRet[nLine].nDist = MaxValue1.nDist;
    pInfoRet[nLine].nPixels = MaxValue1.nValue;

    if(pInfoRet[nLine].nDist < 0)
    {
        pInfoRet[nLine].nAngle = pInfoRet[nLine].nAngle - 180;
```

```
                    pInfoRet[nLine].nDist = pInfoRet[nLine].nDist*(-1);

        }

        // 将附近点清零，为寻找下一个峰值做准备
        for(nDist = (-1)*nMaxDisAllow; nDist <= nMaxDisAllow; nDist ++)
        {
            for(nAngle = (-1)*nMaxAngleAllow; nAngle <= nMaxAngleAllow; nAngle ++)
            {
                int nThisDist = MaxValue1.nDist + nDist;
                int nThisAngle = MaxValue1.nAngle + nAngle;


                nThisAngle *= 2;

                if(nThisAngle < 0 && nThisAngle >= -180)
                {
                    nThisAngle += 180;
                    nThisDist *= -1;
                }
                if(nThisAngle >= 180 && nThisAngle < 360)
                {
                    nThisAngle -= 180;
                    nThisDist *= -1;
                }


                if(fabs(nThisDist) <= nMaxDist
                    && nThisAngle >= 0 && nThisAngle <= nMaxAngle*2)
                {
                    nThisAngle /= 2;
                    if(nThisDist >= 0)
                    {
                        pTransArea[nThisDist*nMaxAngle + nThisAngle] = 0;
                    }
                    else
                    {
                        nThisDist = fabs(nThisDist);
                        pTransArea[nMaxDist*nMaxAngle+nThisDist*nMaxAngle+nThis
                        Angle]=0;
                    }
                }
            }//for nAngle
        }//for nDist
    }//for nLine

    delete []pTransArea; //释放极坐标域空间

    return TRUE;
}
```

利用 Hough()函数实现霍夫变换的完整示例被封装在 DIPDemo 工程中的视图类函数 void CDIPDemoView::OnEdgeHough()中，其中调用 Hough()函数的代码片断如下所示。

```
// 直线保存临时对象
SLineInfo * pLines = new SLineInfo[nLineCount];

// 输出的临时对象
CImgProcess imgOutput = imgInput;

// Hough 变换
imgInput.Hough(pLines, nLineCount);
```

```
// 输出结果
for (int k = 0; k<nLineCount; k++)//处理第 k 条直线
{
    //扫描图像绘制直线
    for(int i = 0; i <imgInput.GetHeight(); i++)
    {
        for(int j = 0;j <imgInput.GetWidthPixel(); j++)
        {
            int nDist;

            //根据 theta 计算 rho
            nDist = (int) (j*cos(pLines[k].nAngle*PI/180.0) + \
                        i*sin(pLines[k].nAngle*PI/180.0));

            if (nDist == pLines[k].nDist) //如果点（j，i）在直线上
                imgOutput.SetPixel(j, i, RGB(255,255,255));
        }//for j
    }//for i
}//for k

// 将结果返回给文档类
pDoc->m_Image = imgOutput;
```

上述程序运行时会弹出对话框要求用户设置希望检测的直线数目。读者可以通过光盘示例程序 DIPDemo 中的菜单命令"图像分割→霍夫变换"来观察处理效果。对于图像 line.bmp，设定希望检测的直线数为 3 时的检测结果如图 12.14 所示。

（a）原图像 line.bmp　　　　　　　（b）检测出的 3 条直线

图 12.14　Hough 变换直线检测结果（检测 3 条直线）

注意　　霍夫变换只能处理二值图像，一般在执行此命令前需要首先在图像上执行边缘检测。

12.4　阈值分割

读者曾在3.5节学习过灰度阈值变换的相关知识，利用灰度阈值变换分割图像就称为阈值分割，它是一种基本的图像分割方法。

阈值分割的基本思想是确定一个阈值，然后把每个像素点的灰度值和阈值相比较，根据比较的结果把该像素划分为两类——前景或者背景。一般来说，阈值分割可以分成以下 3 步。

（1）确定阈值。

（2）将阈值和像素比较。

（3）把像素归类。

其中第 1 步阈值的确定是最重要的。阈值的选择将直接影响分割的准确性以及由此产生的图像描述、分析的正确性。

12.4.1 阈值分割方法

阈值分割常用的方法一般有以下几种。

1. 实验法

实验法是通过人眼的观察，对已知某些特征的图像，只要试验不同的阈值，然后看是否满足已知特征即可。这种方法的问题是适用范围窄，使用前必须事先知道图像的某些特征，譬如平均灰度等，而且分割后的图像质量的好坏受主观局限性的影响很大。

2. 根据直方图谷底确定阈值

如果图像的前景物体内部和背景区域的灰度值分布都比较均匀，那么这个图像的灰度直方图将具有明显双峰，此时可以选择两峰之间的谷底作为阈值，如图 12.15 所示。

其表达式为：

$$g(x) = \begin{cases} 255 & f(x,y) \geqslant T \\ 0 & f(x,y) < T \end{cases} \tag{12-22}$$

其中，$g(x)$ 为阈值运算后的二值图像。

此种单阈值分割方法简单易操作，但是当两个峰值相差很远时不适用，而且，此种方法比较容易受到噪声的影响，进而导致阈值选取的误差。

对于有多个峰值的直方图，可以选取多个阈值，这些阈值的选取一般没有统一的规则，要根据实际情况运用，如图 12.16 所示。

> **注意**　由于直方图是各灰度的像素统计，其峰值和谷底特性不一定代表目标和背景。因此，如果没有图像其他方面的知识，只靠直方图进行图像分割是不一定准确的。

3. 迭代选择阈值法

迭代式阈值选择方法的基本思想是：开始选择一个阈值作为初始估计值，然后按照某种规则不断地更新这一估计值，直到满足给定的条件为止。这个过程关键得是选择怎么样的迭代规则。一个好的迭代规则必须既能够快速收敛，又能够在每一个迭代过程中产生的优于上次迭代的结果。下面是一种迭代选择阈值算法。

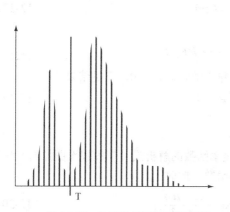

图 12.15　根据直方图谷底确定阈值

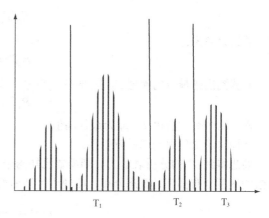

图 12.16　多峰值直方图确定阈值

（1）选择一个 T 的初始估计值。

（2）利用阈值 T 把图像分为两个区域 R_1 和 R_2。

（3）对区域 R_1 和 R_2 中的所有像素计算平均灰度值 μ_1 和 μ_2。

（4）计算新的阈值：

$$T = \frac{1}{2}(\mu_1 + \mu_2)$$

（12-23）

（5）重复步骤（2）～（4），直到逐次迭代所得的 T 值小于事先定义的参数 T。

4. 最小均方误差法

最小均方误差法也是常用的阈值分割法之一。这种方法通常以图像中的灰度为模式特征，假设各模式的灰度是独立分布的随机变量，并假设图像中待分割的模式服从一定的概率分布。一般来说，采用的是正态分布，即高斯概率分布。

首先假设一幅图像仅包含两个主要的灰度区域——前景和背景。令 z 表示灰度值，$p(z)$ 表示灰度值概率密度函数的估计值。假设概率密度函数中的参数一个对应于背景的灰度值，另一个对应于图像中前景即对象的灰度值。则描述图像中整体灰度变换的混合密度函数为：

$$p(z) = P_1 p_1(z) + P_2 p_2(z)$$

（12-24）

其中，P_1 是前景中具有值 z 的像素出现的概率，P_2 是背景中具有值 z 的像素出现的概率，两者的关系为：

$$P_1 + P_2 = 1$$

（12-25）

即图像中的像素只能是属于前景或者背景，没有第 3 种情况。现要选定一个阈值 T，将图像上的像素进行归类。采用最小均方误差法的目的是选择 T 时，使对一个给定像素进行是前景还是背景的分类时出错的概率最小，如图 12.17 所示。

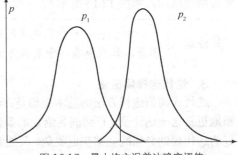

当选定阈值 T 时，将一个背景点当成前景点进行分类错误出现的概率为：

$$E_1(T) = \int_{-\infty}^{T} p_2(z)\mathrm{d}z$$

（12-26）

当选定阈值 T 时，将一个前景点当成背景点进行分类错误出现的概率为：

图 12.17　最小均方误差法确定阈值

$$E_2(T) = \int_{T}^{\infty} p_1(z)\mathrm{d}z$$

（12-27）

总错误率为：

$$E(T) = P_2 E_1(T) + P_1 E_2(T)$$

（12-28）

要找到出错最少的阈值 T，需要将 $E(T)$ 对 T 求微分并令微分式等于 0，于是结果是：

$$P_1 p_1(T) = P_2 p_2(T)$$

（12-29）

根据这个等式解出 T，即为最佳阈值。

下面讨论如何得到 T 的解析式。

要想得到 T 的分析表达式，则需要已知两个密度概率函数的解析式。一般假设图像的前景和背景的灰度分布都满足正态分布，即使用高斯密度概率函数。此时，

$$p_1(z) = \frac{1}{\sqrt{2\pi}\sigma_1}\exp[-\frac{(z-\mu_1)^2}{2\sigma_1^2}]$$

（12-30）

$$p_2(z) = \frac{1}{\sqrt{2\pi}\sigma_2} \exp[-\frac{(z-\mu_2)^2}{2\sigma_2^2}] \quad (12\text{-}31)$$

若 $\sigma^2 = \sigma_1^2 = \sigma_2^2$，则单一阈值：

$$T = \frac{\mu_1 + \mu_2}{2} + \frac{\sigma^2}{\mu_1 - \mu_2} \ln\left(\frac{P_2}{P_1}\right) \quad (12\text{-}32)$$

若 $P_1 = P_2 = 0.5$，则最佳阈值是均值的平均数，即位于曲线 $p_1(z)$ 和 $p_2(z)$ 的交点处：

$$T = \frac{\mu_1 + \mu_2}{2} \quad (12\text{-}33)$$

一般来讲，确定能使均方误差最小的参数很复杂，而上述讨论也在图像的前景和背景都为正态分布的条件下成立。但是，图像的前景和背景是否都为正态分布，也是一个具有挑战性的问题。

5. 最大类间方差法

在对图像进行阈值分割时，选定的分割阈值应使前景区域的平均灰度、背景区域的平均灰度与整幅图像的平均灰度之间差别最大，这种差异用区域的方差来表示。由此，Otsu 在 1978 年提出了最大方差法。该算法在判决分析最小二乘法原理的基础上推导得出，计算简单，是一种稳定、常用的算法。

设图像中灰度为 i 的像素数为 n_i，灰度范围为 $[0, L-1]$，则总的像素数为：

$$N = \sum_{i=0}^{L-1} n_i \quad (12\text{-}34)$$

各灰度值出现概率为：

$$p_i = \frac{n_i}{N} \quad (12\text{-}35)$$

对于 p_i，有：

$$\sum_{i=0}^{L-1} p_i = 1 \quad (12\text{-}36)$$

把图中的像素用阈值 T 分成两类 C_0 和 C_1，C_0 由灰度值在 $[0, T\text{-}1]$ 的像素组成，C_1 由灰度值在 $[T, L\text{-}1]$ 的像素组成。则区域 C_0 和 C_1 的概率分别为：

$$P_0 = \sum_{i=0}^{T-1} p_i \quad (12\text{-}37)$$

$$P_1 = \sum_{i=T}^{L-1} p_i = 1 - P_0 \quad (12\text{-}38)$$

区域 C_0 和 C_1 的平均灰度分别为：

$$\mu_0 = \frac{1}{P_0} \sum_{i=0}^{T-1} i p_i = \frac{\mu(T)}{P_0} \quad (12\text{-}39)$$

$$\mu_1 = \frac{1}{P_1} \sum_{i=T}^{L-1} i p_i = \frac{\mu - \mu(T)}{1 - P_0} \quad (12\text{-}40)$$

其中，μ 是整幅图像的平均灰度：

$$\mu = \sum_{i=0}^{L-1} i p_i = \sum_{i=0}^{t-1} i p_i + \sum_{i=T}^{L-1} i p_i = P_0 \mu_0 + P_1 \mu_1 \quad (12\text{-}41)$$

两个区域的总方差为：

$$\sigma_B{}^2 = P_0(\mu_0 - \mu)^2 + P_1(\mu_1 - \mu)^2 = P_0 P_1(\mu_0 - \mu_1)^2 \tag{12-42}$$

让 T 在[0，L-1]范围内依次取值，使 $\sigma_B{}^2$ 最大的 T 值便是最佳区域分割阈值。

该方法不需要人为设定其他参数，是一种自动选择阈值的方法，而且能得到较好的结果。它不仅适用于包含两个区域的单阈值选择，也同样适用于多区域的多阈值选择。

12.4.2 MATLAB 实现

1. 最大类间方差法

MATLAB 中和阈值变换相关的两个主要函数是 im2bw()和 graythresh()。实际上，graythresh()函数即实现了 12.4.1 小节介绍的最大类间方差法。它们的用法在 3.5.2 小节有详细的介绍，这里不再赘述。

2. 迭代选择阈值法

下面还给出了根据迭代选择阈值法原理编写的 MATLAB 函数 autoThreshold()，它位于随书光盘的"chapter12\code"目录中。

```
function [Ibw, thres] = autoThreshold(I)
% 迭代法自动阈值分割
%
% 输入：I - 要进行自动阈值分割的灰度图像
% 输出：Ibw - 分割后的二值图像
%       thres - 自动分割采用的阈值

thres = 0.5 * (double(min(I(:))) + double(max(I(:)))); %初始阈值
done = false; %结束标志
while ~done
 g = I >= thres;
 Tnext = 0.5 * (mean(I(g)) + mean(I(~g)));
 done = abs(thres - Tnext) < 0.5;
 thres = Tnext;
end;

Ibw = im2bw(I, thres/255); % 二值化
```

下面给出一个利用 autoThreshold()函数对 MATLAB 内置图像 coins.png 进行自动阈值分割的调用示例。

```
f = imread('coins.png'); %读入原图像
[Ibw, thres] = autoThreshold(I);
imshow(Ibw) %得到图 12.18
thres %显示所用阈值
thres =
 126.0522
```

上述程序的运行结果如图 12.18 所示。

图 12.18　迭代选择法的自动阈值分割结果

12.4.3 Visual C++实现

CImgProcess 类中有 3 个和阈值分割相关的函数——DetectThreshold()、Threshold()和 Auto-Threshold()。

（1）DetectThreshold 方法利用迭代选择阈值法寻找合适的分割阈值。

（2）Threshold 方法根据指定的阈值对图像进行阈值化分割。

（3）AutoThreshold 方法用于对图像进行自动阈值分割，实际上是对上述两个方法的封装。

1. DetectThreshold 方法

DetectThreshold 方法利用迭代选择阈值法自适应地寻找最佳分割阈值。为防止由于图像中像素过多而导致计算平均灰度值时所需内存空间过大，首先对图像计算灰度直方图，而后就可以通过计算直方图的加权平均值来代替对原图像中部分像素平均值的计算。

DetectThreshold()函数的完整实现如下。

```
/*****************************************************
int CImgProcess::DetectThreshold(int nMaxIter, int &nDiffRet)
功能:        利用迭代法自动确定阈值
参数:        int nMaxIter: 最大迭代次数
             int &nDiffRet: 使用给定阈值确定的亮区与暗区平均灰度的差异值
返回值:      int 类型，算法所确定的阈值
*****************************************************/
int CImgProcess::DetectThreshold(int nMaxIter, int &nDiffRet)
{
    int nThreshold;

    nDiffRet = 0;

    // 直方图数组
    int nHistogram[256] = { 0 };
    int i, j;

    BYTE bt;

    int nMin = 255;
    int nMax = 0;

    // 扫描图像,计算出最大、最小灰度和直方图
    for(j = 0; j < GetHeight(); j ++)
    {
        for(i=0; i<GetWidthPixel(); i++)
        {
            bt = GetGray(i, j);

            if(bt < nMin)
                nMin = bt;
            if(bt > nMax)
                nMax = bt;

            nHistogram[bt] ++;

        }
    }

    int nTotalGray = 0; //灰度值的和
    int nTotalPixel = 0; //像素数的和
    int nNewThreshold = (nMax + nMin)/2; //初始阈值

    nDiffRet = nMax - nMin;

    if (nMax == nMin)
```

```
                nThreshold = nNewThreshold;

        else
        {
                nThreshold = 0;

                // 迭代开始,直到迭代次数达到 100 或新阈值与上一轮得到的阈值相等, 迭代结束
                for(int nIterationTimes = 0; nThreshold != nNewThreshold && nIterationTimes<
        nMaxIter; nIterationTimes ++)
                {
                        nThreshold = nNewThreshold;
                        nTotalGray = 0;
                        nTotalPixel = 0;

                        //计算图像中小于当前阈值部分的平均灰度
                        for(i=nMin; i<nThreshold; i++)
                        {
                                nTotalGray += nHistogram[i]*i;
                                nTotalPixel += nHistogram[i];
                        }
                        int nMean1GrayValue = nTotalGray/nTotalPixel;


                        nTotalGray = 0;
                        nTotalPixel = 0;

                        //计算图像中大于当前阈值部分的平均灰度
                        for(i=nThreshold + 1; i<=nMax; i++)
                        {
                                nTotalGray += nHistogram[i]*i;
                                nTotalPixel += nHistogram[i];
                        }
                        int nMean2GrayValue = nTotalGray/nTotalPixel;

                        nNewThreshold = (nMean1GrayValue + nMean2GrayValue)/2; //计算出新的阈值
                        nDiffRet = abs(nMean1GrayValue - nMean2GrayValue);
                }
        }

        return nThreshold;
}
```

2. Threshold 方法
Threshold()函数的完整实现和调用方法请参见 3.5.3 小节，这里不再赘述。

3. AutoThreshold 方法
AutoThreshold()函数的相关调用代码如下。

```
/*****************************************************
void CImgProcess::AutoThreshold(CImgProcess *pTo)
功能:      图像的自动阈值化
参数:      CImgProcess * pTo: 输出 CImgProcess 对象的指针
返回值:    无
*****************************************************/
void CImgProcess::AutoThreshold(CImgProcess *pTo)
{
 int nDiffGray;
 int nThres = DetectThreshold(100, nDiffGray); //取得分割阈值, 最大迭代次数为 100

 Threshold(pTo, nThres); //阈值分割
}
```

利用 AutoThreshold()函数实现自动阈值分割的完整示例被封装在 DIPDemo 工程中的视图类函数 void CDIPDemoView::OnEdgeAutothre()中，其中调用 AutoThreshold()函数的代码片断如下。

```
// 输出的临时对象
CImgProcess imgOutput = imgInput;

// 自动阈值化
imgInput.AutoThreshold(&imgOutput);

// 将结果返回给文档类
pDoc->m_Image = imgOutput;
```

读者可以通过光盘中示例程序 DIPDemo 中的菜单命令“图像分割→自动阈值分割”来观察处理效果。

12.5 区域分割

前面所讲的图像分割方法都是基于像素的灰度来进行阈值分割，本节将讨论以区域为基础的图像分割技术。传统的区域分割方法有区域生长和区域分裂与合并，其中最基础的是区域生长法。

12.5.1 区域生长及其实现

区域生长是根据事先定义的准则将像素或者子区域聚合成更大区域的过程。其基本思想是从一组生长点开始（生长点可以是单个像素，也可以为某个小区域），将与该生长点性质相似的相邻像素或者区域与生长点合并，形成新的生长点，重复此过程直到不能生长为止。生长点和相邻区域的相似性判据可以是灰度值、纹理、颜色等多种图像信息。

1. 区域生长算法

区域生长一般有以下 3 个步骤。

（1）选择合适的生长点。

（2）确定相似性准则即生长准则。

（3）确定生长停止条件。

一般来说，在无像素或者区域满足加入生长区域的条件时，区域生长就会停止。

图 12.19 给出一个区域生长的实例。图 12.19（a）为原图像，数字表示像素的灰度。以灰度为 8 的像素为初始的生长点，记为 $f(i,j)$。在 8 邻域内，生长准则是待测点灰度值与生长点灰度值相差为 1 或者 0。那么，如图 12.19（b）所示，第 1 次区域生长后，$f(i-1,j)$、$f(i,j-1)$、$f(i,j+1)$ 与中心点灰度值相差都为 1，因而被合并。第 2 次生长后，如图 12.19（c）所示，$f(i+1,j)$ 被合并。第 3 次生长后，如图 12.19（d）所示，$f(i+1,j-1)$、$f(i+2,j)$ 被合并，至此，已经不存在满足生长准则的像素点，生长停止。

$$\begin{bmatrix} 4 & 3 & 7 & 3 & 3 \\ 1 & 7 & (8) & 7 & 5 \\ 0 & 5 & 6 & 1 & 3 \\ 2 & 2 & 6 & 0 & 4 \\ 1 & 2 & 1 & 3 & 1 \end{bmatrix}$$

（a）原图像灰度矩阵生长点

$$\begin{bmatrix} 4 & 3 & (7) & 3 & 3 \\ 1 & (7) & (8) & (7) & 5 \\ 0 & 5 & 6 & 1 & 3 \\ 2 & 2 & 6 & 0 & 4 \\ 1 & 2 & 1 & 3 & 1 \end{bmatrix}$$

（b）第 1 次区域生长结果

$$\begin{bmatrix} 4 & 3 & (7) & 3 & 3 \\ 1 & (7) & (8) & (7) & 5 \\ 0 & 5 & (6) & 1 & 3 \\ 2 & 2 & 6 & 0 & 4 \\ 1 & 2 & 1 & 3 & 1 \end{bmatrix}$$

（c）第 2 次区域生长结果

$$\begin{bmatrix} 4 & 3 & (7) & 3 & 3 \\ 1 & (7) & (8) & (7) & 5 \\ 0 & (5) & (6) & 1 & 3 \\ 2 & 2 & (6) & 0 & 4 \\ 1 & 2 & 1 & 3 & 1 \end{bmatrix}$$

（b）第 3 次区域生长结果

图 12.19 区域生长示意图

　　上面的方法是比较单个像素与其邻域的灰度特征以实现区域生长，也有一种混合型区域生长。把图像分割成若干小区域，比较相邻小区域的相似性，如果相似则合并。在实际中，区域生长时经常还要考虑到生长的"历史"，还要根据区域的尺寸、形状等图像的全局性质来决定区域的合并。

2. MATLAB 实现

　　下面给出一个基于种子点 8-邻域的区域生长算法的 MATLAB 实现，它位于随书光盘的"chapter12\code"目录下的 regionGrow.m 文件中。

```
function J = regionGrow(I)
% 区域生长，需要以交互方式设定初始种子点，具体方法为单击图像中一点后，按下回车键
%
% 输入：I - 原图像
% 输出：J - 输出图像

if isinteger(I)
    I=im2double(I);
end
figure,imshow(I),title('原始图像')
[M,N]=size(I);
[y,x]=getpts;               %获得区域生长起始点
x1=round(x);               %横坐标取整
y1=round(y);               %纵坐标取整
seed=I(x1,y1);             %将生长起始点灰度值存入 seed 中
J=zeros(M,N);             %作一个全零与原图像等大的图像矩阵 J，作为输出图像矩阵
J(x1,y1)=1;               %将 J 中与所取点相对应位置的点设置为白
sum=seed;               %储存符合区域生长条件的点的灰度值的和
suit=1;                 %储存符合区域生长条件的点的个数
count=1;                 %记录每次判断一点周围八点符合条件的新点的数目
threshold=0.15;           %阈值，注意需要和 double 类型存储的图像相符合
while count>0
    s=0;                 %记录判断一点周围八点时，符合条件的新点的灰度值之和
    count=0;
    for i=1:M
      for j=1:N
        if J(i,j)==1
          if (i-1)>0 & (i+1)<(M+1) & (j-1)>0 & (j+1)<(N+1)   %判断此点是否为图像边界上的点
            for u= -1:1                                   %判断点周围八点是否符合阈值条件
              for v= -1:1
                if J(i+u,j+v)==0 & abs(I(i+u,j+v)-seed)<=threshold& 1/(1+1/15*abs(I(i+u,j+v)-seed))>0.8
                    J(i+u,j+v)=1;
                    %判断是否尚未标记，并且为符合阈值条件的点
                    %符合以上两条件即将其在 J 中与之位置对应的点设置为白
                    count=count+1;
                    s=s+I(i+u,j+v);                       %此点的灰度之加入 s 中
                end
              end
            end
          end
        end
      end
    end
    suit=suit+count;                                     %将 n 加入符合点数计数器中
    sum=sum+s;                                           %将 s 加入符合点的灰度值总合中
    seed=sum/suit;                                       %计算新的灰度平均值
end
```

　　下面给出一个利用 regionGrow()函数对 MATLAB 内置图像 coins.png 进行基于种子点的区域生

长的调用示例。

```
>> I = imread('coins.png');
>> J = regionGrow(I);
>> figure,imshow(J), title('分割后图像')
```

上述程序运行后，会弹出一个包含原图像的窗口，用户可以用鼠标在其中选取一个种子点并按下"Enter"键，之后会出现分割结果，如图 12.20 所示。

原始图像　　　　　　　　　　　分割后图像

（a）原始图像　　　　　　　　　（b）区域生长结果

图 12.20　区域生长算法示例

3. 区域生长算法的 Visual C++实现

CImgProcess 类中的区域生长算法为 RegionGrow()，它从初始的种子点开始，逐一判断 8-邻域的点是否符合相似阈值条件，如果符合条件，则将其在目标图像中标记为白色（255），反之则忽略它。而后，算法则对增长的标记区域边界上的每一个点执行相同的操作，直到所有的边缘点的 8-邻域都不符合相似阈值条件。

RegionGrow()函数的完整实现如下。

```
/*************************************************
BOOL CImgProcess::RegionGrow(CImgProcess * pTo , int nSeedX, int nSeedY, BYTE bThre)
功能        区域生长算法
参数        CImgProcess*pTo          指向输出图像的指针
            int nSeedX,intnSeedY       种子点的坐标值
            BYTE bThre           生长时使用的阈值
返回值      布尔类型，TRUE 为成功，FALSE 为失败
*************************************************/
BOOL CImgProcess::RegionGrow(CImgProcess * pTo , int nSeedX, int nSeedY, BYTE bThre)
{
    if (m_pBMIH->biBitCount!=8) return FALSE;

    if ((nSeedX<0)||(nSeedX>GetWidthPixel())) return FALSE;
    if ((nSeedY<0)||(nSeedY>GetHeight())) return FALSE;
    pTo->InitPixels(0);
    pTo->SetPixel(nSeedX, nSeedY, RGB(255, 255, 255));
    // 生长起始点灰度
    BYTE bSeed = GetGray(nSeedX, nSeedY);
    // 生长区域灰度值之和
    long int lSum = bSeed;
    // 生长区域的点总数和每次八邻域中符合条件点个数
    int nSuit = 1, nCount = 1;
    // 开始区域生长循环操作
    while (nCount > 0)
    {
        nCount = 0;
        for (int i=1; i<GetHeight()-1; i++)
```

```
                    {   // 纵向
                        for (int j=1; j<GetWidthPixel()-1; j++)
                        {   // 横向
                            if (pTo->GetGray(j, i)==255)
                            {   // 是种子点
                                // 开始邻域扫描
                                for (int m=i-1; m<=i+1; m++)
                                {
                                    for (int n=j-1; n<=j+1; n++)
                                    {
                                        // 判断是否符合阈值条件且未标记
                                        if ((pTo->GetGray(n, m)==0)&&(abs(GetGray(n, m)-bSeed)
                                            <=bThre))
                                        {
                                            pTo->SetPixel(n, m, RGB(255, 255, 255));
                                            nCount++;
                                            lSum += GetGray(n, m);
                                        }
                                    }
                                }
                            }
                        }
                    }
        nSuit+= nCount;
        // 计算新种子值（这里使用改进的种子值算法为已标记区域的平均灰度）
        bSeed = lSum/nSuit;
    }
    return TRUE;
}
```

区域生长命令的响应函数为 void CDIPDemoView::OnEdgeRegionGrow()，实现如下。

```
void CDIPDemoView::OnEdgeRegionGrow()
{
    // 区域生长
    AfxMessageBox((LPCTSTR)"双击图像中的区域以设定区域生长起始点。");
    m_bLBtnDblClkSrv = 1; //置1使得双击消息触发区域生长
}
```

上述程序运行时首先弹出对话框提示用户在图像中双击以设定生长的种子点，将视图类成员变量 *m_bLBtnDblClkSrv* 置 1，将使鼠标双击触发区域生长。

利用 RegionGrow()函数实现自动阈值分割的完整示例被封装在 DIPDemo 工程中的视图类函数 void CDIPDemoView::OnLButtonDblClk()中，其中调用 RegionGrow()函数的代码片断如下所示。

```
CDlgPointThre * dlgPara; // 参数对话框
CImgProcess imgOutput = imgInput; // 输出的临时对象

switch (m_bLBtnDblClkSrv)
{
    case 0:
        break;
    case 1:
        // 阈值
        BYTE bThre;

        // 初始化对话框和变量
        dlgPara = new CDlgPointThre();
        dlgPara->m_bThre = 16;

        // 显示对话框，提示用户设定阈值
        if (dlgPara->DoModal() != IDOK)
        {
```

```
            return; // 返回
        }

        // 获取用户设定的阈值
        bThre = dlgPara->m_bThre;

        // 删除对话框
        delete dlgPara;

        // 执行区域生长
        imgInput.RegionGrow(&imgOutput, point.x, point.y, bThre);
        break;
    default:
        AfxMessageBox((LPCTSTR)"错误的参数设置，检查设定的服务参数");
    }

    pDoc->m_Image = imgOutput;
```

读者可以通过光盘中示例程序 **DIPDemo** 中的菜单命令 "图像分割→区域生长" 来观察处理效果。执行此命令时，需要双击图像中的某点以给定生长起始点，并给出阈值参数。

12.5.2 区域分裂与合并及其 MATLAB 实现

区域生长是从一组生长点开始的，另一种方法是在开始时将图像分割为一系列任意不相交的区域，然后将它们合并或者拆分以满足限制条件，这就是区域分裂与合并。通过分裂，可以将不同特征的区域分离开，而通过合并，将相同特征的区域合并起来。

1. 区域分裂与合并算法

（1）分裂。令 R 表示整个图像区域，P 代表某种相似性准则。一种区域分裂方法是首先将图像等分为 4 个区域，然后反复将分割得到的子图像再次分为 4 个区域，直到对任意 R_i，$P(R_i)$=TRUE，表示区域 R_i 已经满足相似性准则（譬如说该区域内的灰度值相等或相近），此时不再进行分裂操作。如果 $P(R_i)$=FALSE，则将 R_i 分割为 4 个区域。如此继续下去，直到 $P(R_i)$=TRUE 或者已经到单个像素。这个过程可以用四叉树形式表示，如图 12.21 所示。

其中图 12.21（a）中未标出的 4 个区域分别为 R_{411}、R_{412}、R_{413} 和 R_{414}。

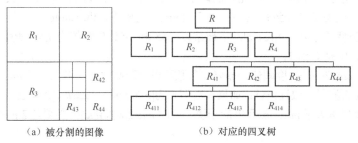

（a）被分割的图像　　　　　　（b）对应的四叉树

图 12.21　四叉树算法示意图

（2）合并。在分离之后，结果中一般会包含具有满足相似性的邻近区域，这就需要将满足相似性条件的相邻区域进行合并。

可在分裂完成后，也可在分裂的同时，对具有相似特征的相邻区域进行合并。一种方法是将图像中任意两个具有相似特征的相邻区域 R_j、R_k 合并，即如果 $P(R_j \cup R_k)$=TRUE，则合并 R_j、R_k。合并的两个区域可以大小不同，即不在同一层。当无法再进行聚合或拆分时操作停止。

一个区域分裂与合并的实例如图 12.22 所示。

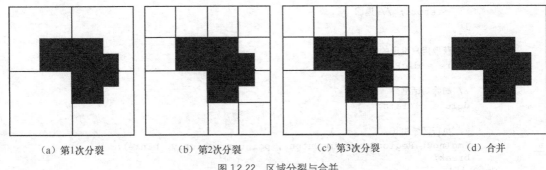

（a）第1次分裂　　　　　（b）第2次分裂　　　　　（c）第3次分裂　　　　（d）合并

图 12.22　区域分裂与合并

　　图像先分裂为如图 12.22（a）所示的区域；第二次分裂时，如图 12.22（b）所示，由于左下角区域满足 $P（R_i）$=TRUE，则不进行分裂操作；第三次分裂时，如图 12.22（c）所示，仅仅右边的突出部分 $P(R_i)$=FALSE，需要进行分裂操作，其余不变，完成后，分裂停止；最后，对两个相邻区域实行合并，一直得到最后的结果，如图 12.22（d）所示。

　　区域分裂与合并对分割复杂的场景图像比较有效，如果引入应用领域知识，则可以更好地提高分割效果。

2. 区域分裂的 MATLAB 实现

　　在 MATLAB 中，和区域分裂相关的 3 个主要函数是 qtdecomp()、qtgetblk() 和 qtsetblk()。

　　（1）qtdecomp() 函数。MATLAB 的 IPT 函数 qtdecomp() 可以进行四叉树分解。该函数首先将图像划分成相等大小的 4 块，然后对每一个块进行一致性检查：如果该块不符合一致性标准，则将该块继续分为 4 块；否则不对其进行进一步的分割。这个过程将会一直重复直至每一个块都符合一致性标准，分解的结果可能会包含许多大小不同的块。

　　qtdecomp() 函数的常用调用形式如下。

```
S= qtdecomp(I ,threshold,[mindim maxdim])
```

　　参数说明：

- *I* 为输入的灰度图像；
- *threshold* 是分割成的子块中允许的阈值，默认值为 0；如果子块中最大元素和最小元素的差值小于该阈值就认为满足一致性条件；对于 double 型矩阵，threshold 将直接作为阈值；而对于 uint8 和 uint16 类型的矩阵，threshold 将被乘以 255 和 65535 以作为实际阈值；对于图像而言，threshold 的取值范围是 0 到 1；
- [*mindim*, *maxdim*] 是尺度阈值；*mindim* 参数可以屏蔽函数对尺度上小于 *mindim* 的子块的处理，而不论这个子块是否满足一致性条件；如果参数形式为[*mindim* , *maxdim*]，则表示不产生小于 *mindim* 尺度的子块，也不保留大于 *maxdim* 尺度的子块，此时 *maxdim/mindim* 必须是 2 的整数次幂。

　　返回值：

- *S* 是一个稀疏矩阵，在每个子块的左上角给出子块的大小。

　　下面的程序给出了对图像 I 的四叉树分解结果矩阵 *S*。

```
>> I = uint8([1 1 1 1 2 3 6 6;...
             1 1 2 1 4 5 6 8;...
             1 1 1 1 7 7 7 7;...
             1 1 1 1 6 6 5 5;...
             20 22 20 22 1 2 3 4;...
             20 22 22 20 5 4 7 8;...
             20 22 20 20 9 12 40 12;...
             20 22 20 20 13 14 15 16]);
S = qtdecomp(I,.05); %执行 4 叉树分解，子块阈值为 0.05
```

```
disp(full(S)); %显示完整的稀疏矩阵
     4     0     0     0     4     0     0     0
     0     0     0     0     0     0     0     0
     0     0     0     0     0     0     0     0
     0     0     0     0     0     0     0     0
     4     0     0     0     2     0     2     0
     0     0     0     0     0     0     0     0
     0     0     0     0     2     0     1     1
     0     0     0     0     0     0     1     1
```

读者可以看到，S 中的非 0 元素位于该分块的左上角，表示块的大小。

> **注意**　qtdecomp()函数主要适用于边长是 2 的整数次幂的正方形图像，如 128×128、512×512，此时分解可一直进行至子块大小为 1×1。对于长宽不是 2 的整数次幂的图像，分解可能无法进行到底。例如，对于 96×96 的图像，将首先分解为 48×48，然后是 24×24，12×12，6×6，最后是 3×3，无法再继续分解。此时必须指定 mindim 参数为 3 或是 2 的整数次幂与 3 的乘积。

（2）qtgetblk()函数。在得到稀疏矩阵 S 后，利用 IPT 函数 qtgetblk()可进一步获得四叉树分解后所有指定大小的子块像素及位置信息。常用调用形式如下。

```
[vals, r, c] = qtgetblk(I, S, dim)
```

参数说明：

- I 为输入的灰度图像；
- 稀疏矩阵 S 是 I 经过 qtdecomp()函数处理的输出结果；
- dim 是指定的子块大小。

返回值：

- $vals$ 是 $dim \times dim \times k$ 的三维矩阵，包含 I 中所有符合条件的子块数据，其中 k 为符合条件的 $dim \times dim$ 大小的子块的个数，vals(:,:,i)表示符合条件的第 i 个子块的内容；
- r 和 c 均为列向量，分别表示图像 I 中符合条件子块左上角的纵坐标（行索引）和横坐标（列索引）。

下面的程序用于寻找给定图像 I 中的 4×4 子块，并返回每个子块的起始点坐标。

```
>> I = [1     1     1     1     2     3     6     6
     1     1     2     1     4     5     6     8
     1     1     1     1    10    15     7     7
     1     1     1     1    20    25     7     7
    20    22    20    22     1     2     3     4
    20    22    22    20     5     6     7     8
    20    22    20    20     9    10    11    12
    22    22    20    20    13    14    15    16];
S = qtdecomp(I,5); % 对于 double 型矩阵 I，将以 5 作为阈值进行四叉树分解
[vals,r,c] = qtgetblk(I,S,4)
size(vals, 3) %查看 4*4 子块的个数
ans =
    2

% 显示第 1 个 4*4 子块内容
vals(:,:,1) =
     1     1     1     1
     1     1     2     1
     1     1     1     1
     1     1     1     1
% 显示第 1 个 4*4 子块内容
vals(:,:,2) =
```

```
   20    22    20    22
   20    22    22    20
   20    22    20    20
   22    22    20    20

% 显示子块的位置的左上角坐标
r =
    1
    5
c =
    1
    1
```

（3）qtsetblk()函数。在将图像划分为子块后，还需要使用函数 qtsetblk()将四叉树分解所得到的子块中符合条件的部分全部替换为指定的子块。函数语法如下。

```
J = qtsetblk(I, S, dim, vals)
```

参数说明：

- *I* 为输入的灰度图像；
- *S* 是 *I* 经过 qtdecomp()函数处理的结果；
- *dim* 是指定的子块大小；
- *vals* 是 *dim* × *dim* × *k* 的三维矩阵，包含了用来替换原有子块的新子块信息，其中 *k* 应为图像 *I* 中大小为 *dim* × *dim* 的子块的总数，vals(:,:,*i*)表示要替换的第 *i* 个子块。

返回值：

- *J* 是经过子块替换的新图像。

下面的程序根据三维数组 newvals 中的内容替换给定图像 *I* 中的所有 4×4 子块。

```
>> I = [1    1    1    1    2    3    6    6
    1    1    2    1    4    5    6    8
    1    1    1   10   15    7    8
    1    1    1    1   20   25    7    7
   20   22   20   22    1    2    3    4
   20   22   22   20    5    6    7    8
   20   22   20   20    9   10   11   12
   22   22   20   20   13   14   15   16];
S = qtdecomp(I,5); % 对于 double 型矩阵 I，将以 5 作为阈值进行四叉树分解
newvals = cat(3,zeros(4),ones(4)); %设定欲替换的子块内容
J = qtsetblk(I,S,4,newvals) %根据 newvals 中的内容替换 I 中大小为 4 的子块
J =
    0    0    0    0    2    3    6    6
    0    0    0    0    4    5    6    8
    0    0    0    0   10   15    7    7
    0    0    0    0   20   25    7    7
    1    1    1    1    1    2    3    4
    1    1    1    1    5    6    7    8
    1    1    1    1    9   10   11   12
    1    1    1    1   13   14   15   16
```

读者可以看到，*I* 中左半部分的两个 4×4 子块分别被替换为 0 子块和 1 子块（*J* 的左半部分）。

> **注意**　注意 sizeof(newvals, 3)必须和 *I* 中指定大小的子块数目相同，否则 qtsetblk()会提示错误信息。

一个区域分割的综合实例如例 12.3 所示。

【例 12.3】 对 MATLAB 示例图片 rice.png 进行四叉树分解，并以图像形式显示所得的稀疏矩阵。同时，取得所有子块和符合各种维度条件的子块数目。

相应的 MATLAB 实现代码如下。

```
I1 = imread('rice.png'); %读入原图像
imshow(I1) %得到图 12.23(a)

%选取阈值为 0.2，对原始图像进行四叉树分解
S = qtdecomp(I1,0.2);
%原始的稀疏矩阵转换为普通矩阵，使用 full 函数
S2 = full(S);

figure;
imshow(S2); %得到图 12.23(b)

ct = zeros(6, 1); %记录子块数目的列向量

% 分别获得不同大小块的信息，子块内容保存在三维数组 vals1~val6 中，子块数目保存在 ct 向量中
for ii = 1:6
  [vals{ii},r,c] = qtgetblk(I1,S2,2^(ii-1));
  ct(ii) = size(vals{ii},3);
  end
```

上述程序的运行结果如图 12.23 所示。

 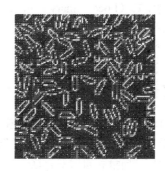

（a）原始图像　　　　　　　　（b）四叉树分解结果

图 12.23　四叉树分解算法

12.6 小结

图像分割问题是一个十分困难的问题。因为分割后的图像是系统目标的一个函数，所以根本不存在理想的或正确的分割。

物体及其组成部件的二维表现形式受到光照条件、透视畸变、观察点变化、遮挡等的影响。此外，物体及其组成部件与背景之间在视觉上可能是无法区分的。因此，人们无法预测能够从图像中抽取出哪些与物体识别相关的初始信息。

唯一可以肯定的事情是，这一过程将在本质上具有不可靠性。某些有用的信息能够被抽取出，但同时也会出现许多错误。因此，在任何应用领域中都不存在最优解。分割结果的好坏或者正确与否，目前还没有一个统一的评价判断标准，大都从分割的视觉效果和实际的应用场景来判断。

第13章 特征提取

从本章开始，将逐步从数字图像处理向图像识别过渡。严格地说，图像特征提取属于图像分析的范畴，是数字图像处理的高级阶段，同时也是图像识别的开始。

本章的知识和技术热点

（1）常用的基本统计特征，如周长、面积、均值等区域描绘子，以及直方图和灰度共现矩阵等纹理描绘子

（2）主成分分析（Principal Component Analysis，PCA）

（3）局部二进制模式（Local Binary Pattern，LBP）

本章的典型案例分析

基于 PCA 技术的人脸数据集的降维处理

13.1 图像特征概述

众所周知，计算机是不认识图像，只认识数字的。为了使计算机能够"理解"图像，从而具有真正意义上的"视觉"，本章中将研究如何从图像中提取有用的数据或信息，得到图像的"非图像"的表示或描述，如数值、向量和符号等，这一过程就是**特征提取**，而提取出来的这些"非图像"的表示或描述就是特征。有了这些数值或向量形式的特征就可以通过训练过程教会计算机如何懂得这些**特征**，从而使计算机具有了识别图像的本领。

1. 什么是图像特征

特征是某一类对象区别于其他类对象的相应（本质）特点或特性，或这些特点和特性的集合。特征是通过测量或处理能够抽取的数据。对于图像而言，每一幅图像都具有能够区别于其他类图像的自身特征，有些是可以直观地感受到的自然特征，如亮度、边缘、纹理和色彩等；有些则是需要通过变换或处理才能得到的，如矩阵、直方图以及主成分等。

2. 图像特征的分类

图像特征的分类有多种标准。如从特征自身的特点上可以将其分为两大类：描述物体外形的形状特征，以及描述物体表面灰度变化的纹理特征。而从特征提取所采用的方法上，又可以将特征分为统计特征和结构（句法）特征。由于本书后面的图像识别部分主要着眼于统计模式识别，不涉及句法模式识别的具体内容。因此本章中也主要讨论图像的统计特征及其获取方法。

3. 特征向量及其几何解释

常常将某一类对象的多个或多种特性组合在一起，形成一个特征向量来代表该类对象，如果只有单个数值特征，则特征向量为一个一维向量；如果是 n 个特性的组合，则为一个 n 维特征向量。该特征向量常常被作为识别系统的输入。实际上，一个 n 维特征就是一个位于 n 维空间中的点，而识别（分类）的任务就是找到对这个 n 维空间的一种划分，如图 13.1 所示。在后面各章的讨论中，一般将待分类的对象称为**样本**，将其特征向量称为**样本特征向量**或**样本向量**。

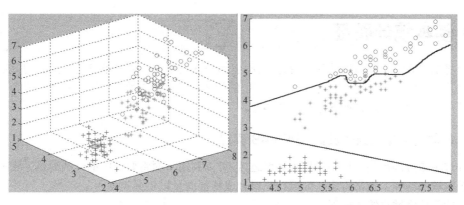

（a）三维空间中的3类三维特征向量样本　　　（b）二维空间中的3类二维特征向量及其上的一种
可能的划分

图 13.1　特征向量的几何解释

比如说要区分 3 种不同的鸢尾属植物，可以选择其花瓣长度和花瓣宽度作为特征，这样就以 1 个 2 维特征代表 1 个植物对象，比如(5.1, 3.5)。如果再加上萼片长度和萼片宽度，则每个鸢尾属植物对象由一个 4 维特征向量表示，如(5.1, 3.5, 1.4, 0.2)。

4. 特征提取的一般原则

图像识别实际上是一个分类的过程，为了识别出某图像所属的类别，需要将它与其他不同类别的图像区分开来。这就要求选取的特征不仅要能够很好地描述图像，更重要的是还要能够很好地区分不同类别的图像。

操作者希望选择那些在同类图像之间差异较小（较小的类内距），在不同类别的图像之间差异较大（较大的类间距）的图像特征，称之为最具有区分能力（Most Discriminative）的特征。此外，在特征提取中先验知识扮演着重要的角色，如何依靠先验知识来帮助操作者选择特征也是后面将持续关注的问题。

要对某个图像进行分类，应如何提取该图像的特征呢？一个最容易想到的方法是提取图像中所有像素的灰度值作为特征，这样可以提供尽可能多的信息给识别程序（分类器），让分类器具有最大的工作自由度（基于神经网络的很多特征提取就是这样做的，见第 15 章）。然而，高维度意味着高计算复杂度，这为后续的处理和识别带来了巨大的困难（见 13.3.1 小节维度灾难）。此外，很多时候由于操作者已经掌握了有关样本图像的某些先验知识，使得这种把全部像素信息都交给分类器的做法显得没有必要。如已经知道鼻子、肤色、面部轮廓等信息与表情关联不大，那么在表情识别中就不需要人脸照片中的全部信息。可以只拿出眉毛、眼睛和嘴这些表情区域作为特征提取的候选区，这时可以进一步在表情区中提取统计特征。

5. 特征的评价标准

一般来说，特征提取应具体问题具体分析，其评价标准具有一定的主观性。然而，还是有一些可供遵循的普遍原则，能够作为操作者在特征提取实践中的指导。总结如下。

（1）特征应当容易提取。换句话说，为了得到这些特征，付出的代价不能太大。当然，这还要与特征的分类能力权衡考虑。

（2）选取的特征应对噪声和不相关转换不敏感。比如说要识别车牌号码，车牌照片可能是从各个角度拍摄的，而读者关心得是车牌上字母和数字的内容，因此就需要得到对几何失真变形等转换不敏感的描绘子，从而得到旋转不变，或是投影失真不变的特征。

（3）最重要的一点，总是应试图寻找最具区分能力的特征。

13.2 基本统计特征

本节将主要介绍一些常用的基本统计特征，包括一些简单的区域描绘子，直方图及其统计特征，以及灰度共现矩阵等。这些特征具有简单、实用的优势，同时首先学习它们将有助于读者理解统计特征的特点，从而更好地把握本章后面的内容。

13.2.1　简单的区域描绘子及其 MATLAB 实现

在经过图像分割得到各种感兴趣的区域之后，可以利用下面将要介绍的一些简单区域描绘子作为代表该区域的特征。通常将这些区域特征组合成特征向量以供分类使用。

常用的简单区域描绘子如下。

（1）周长：区域边界的长度，即位于区域边界上的像素数目。

（2）面积：区域中的像素总数。

（3）致密性：（周长）^{2}/面积。

（4）区域的质心。

（5）灰度均值：区域中所有像素的平均值。

（6）灰度中值：区域中所有像素的排序中值。

（7）包含区域的最小矩形。

（8）最小或最大灰度级。

（9）大于或小于均值的像素数。

（10）欧拉数：区域中的对象数减去这些对象的孔洞数。

在 MATLAB 中，函数 regionprops()是用于计算区域描绘子的有利工具，其原型如下。

```
D = regionprops(L, properties);
```

参数说明：

- L 是一个标记矩阵，可通过 11.3.4 小节介绍的连通区标注函数 bwlabel()得到；
- *properties* 可以是一个用逗号分割的字符串列表，其一些常用取值如表 13.1 所示。

表 13.1　　　　　　　　　　properties 的合法取值表

合法值	含　义
Area	区域内的像素总数
BoundingBox	包含区域的最小矩形。1×4 向量：[矩形左上角 x 坐标，矩形 y 坐标，x 方向长度，y 方向长度]
Centroid	区域的质心。1×2 向量：[质心 x 坐标，质心 y 坐标]
ConvexHull	包含区域的最小凸多边形。P×2 矩阵：每一行包含多边形 p 个顶点之一的 x 和 y 坐标
EquivDiameter	和区域有着相同面积的圆的直径
EulerNumber	区域中的对象数减去这些对象的孔洞数

返回值：

- D 是一个长度为 max(L(:))的结构数组，该结构的域表示每个区域的不同度量，具体取决于 *properties* 指定要提取的度量类型。

【例 13.1】 利用 regionprops() 函数提取简单的区域特征。

如要提取二值图像 bw_mouth.bmp 中每个区域的面积和质心作为特征，相应代码如下。

```
>> I = imread('bw_mouth.bmp'); %读入二值图像，文件 bw_mouth.bmp 位于付赠光盘第 13 章的根目录中
>> Il = bwlabel(I); %标注连通区，得到标记矩阵 Il
>> D = regionprops(Il, 'area', 'centroid'); %提取面积和质心
>> D % 查看返回的结构体
D =
4x1 struct array with fields:
    Area
    Centroid
>> D.Area % 4 个连通区域的面积
ans =
    92
ans =
   713
ans =
     1
ans =
     1
>> v1 = [D.Area] % 将面积转存为向量
v1 =
    92    713      1      1
>> D.Centroid % 4 个连通区域的质心
ans =
    5.1304   31.4783
ans =
   29.8597   21.6227
ans =
    10    36
ans =
    63    36
>> v2 = [D.Centroid] %将质心转存为向量
v2 =
    5.1304   31.4783   29.8597   21.6227   10.0000   36.0000   63.0000   36.0000
```

13.2.2 直方图及其统计特征

在第 3 章点运算中，已经学习过直方图的概念和计算方法，当时直方图更多的是作为一种辅助图像分析的工具。这里则要将直方图作为图像纹理描述的一种有力手段，以直方图及其统计特征作为描述图像的代表性特征。

首先来看纹理的概念。**纹理**是图像固有的特征之一，是灰度（对彩色图像而言是颜色）在空间以一定的形式变换而产生的图案（模式），有时具有一定的周期性。图 13.2（d）～图 13.2（f）给出了 3 种不同特点的纹理：金属表面的平滑纹理、龟壳表面的粗糙无规则纹理，以及百叶门图像中具有一定周期性的纹理。既然纹理区域的像素灰度级分布具有一定的形式，而直方图正是描述图像中像素灰度级分布的有力工具，因此用直方图来描述纹理就顺理成章了。

毫无疑问，相似的纹理具有相似的直方图；而由图 13.2 可见，3 种不同特点的纹理对应着 3 种不同的直方图。这说明直方图与纹理之间存在着一定的对应关系。因此，可以用直方图或其统计特征作为图像纹理特征。直方图本身就是一个向量，向量的维数是直方图统计的灰度级数，因此可以直接以此向量作为代表图像纹理的样本特征向量，从而交给分类器处理，对于 LBP 直方图就常常这样处理（见 13.5 节）。另一种思路是进一步从直方图中提取出能够很好地描述直方图的统计特征，将直方图的这些统计特征组合成为样本特征向量，这样做的好处是大大降低了特征向量的维数。

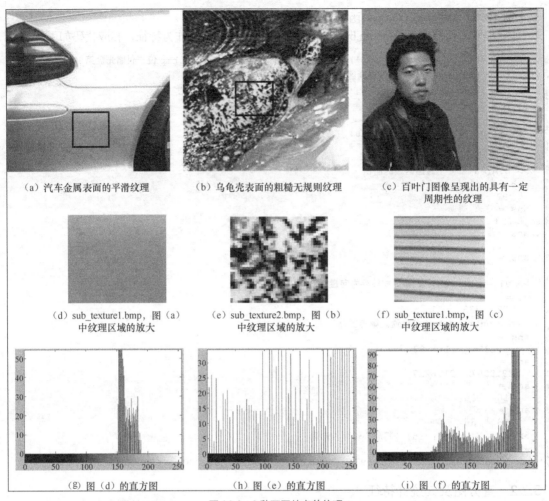

（a）汽车金属表面的平滑纹理　　　　　（b）乌龟壳表面的粗糙无规则纹理　　　　（c）百叶门图像呈现出的具有一定
　　周期性的纹理

（d）sub_texture1.bmp，图（a）　　　（e）sub_texture2.bmp，图（b）　　　（f）sub_texture1.bmp，图（c）
　　　中纹理区域的放大　　　　　　　　　　中纹理区域的放大　　　　　　　　　　中纹理区域的放大

（g）图（d）的直方图　　　　　　　　（h）图（e）的直方图　　　　　　　　（i）图（f）的直方图

图 13.2　3 种不同特点的纹理

直方图的常用统计特征包括以下几种。

（1）均值——纹理平均亮度的度量。

$$m = \sum_{i=0}^{L-1} z_i p(z_i) \quad \text{或} \quad m = \frac{\sum_{i=0}^{L-1} z_i h(z_i)}{\sum_{i=0}^{L-1} h(z_i)} \tag{13-1}$$

其中，L 是灰度级总数，z_i 表示第 i 个灰度级，$P(z_i)$ 是归一化直方图灰度级分布中灰度为 z_i 的概率，$h(z_i)$ 表示直方图中统计的灰度为 z_i 的像素个数（不需要归一化）。

（2）标准方差——纹理平均对比度的度量。

$$\sigma = \sqrt{\sum_{i=0}^{L-1} (z_i - m)^2 p(z_i)} \tag{13-2}$$

其中，根号中的内容实际上是均值的二阶矩 μ_2。

一般地，均值 m 的 n 阶矩表示为：

$$\mu_n(z) = \sum_{i=0}^{L-1} (z_i - m)^n p(z_i) \tag{13-3}$$

（3）平滑度——纹理亮度的相对平滑度度量，对于灰度一致的区域，平滑度 R 等于 1；对于灰度级的值有着较大差异的区域，R 等于 0。

$$R = \frac{1}{(1 + \sigma^2)} \qquad (13\text{-}4)$$

（4）三阶矩——直方图偏斜性的度量。对于对称的直方图，此值为 0；若为正值，则直方图向右偏斜；为负值则直方图向左偏斜。

$$\mu_3 = \sum_{i=0}^{L-1} (z_i - m)^3 \, p(z_i) \qquad (13\text{-}5)$$

（5）一致性——当区域中所有灰度值相等时该度量最大并由此处开始减小。

$$U = \sum_{i=0}^{L-1} p^2(z_i) \qquad (13\text{-}6)$$

（6）熵——随机性的度量。熵越大表明随机性越大，信息量也就越大；反之确定性越大，已经都确定的当然信息量就越小。这里给出熵的定量描述。

$$e = -\sum_{i=0}^{L-1} p(z_i) \log_2 p(z_i) \qquad (13\text{-}7)$$

例如：一个由均值、标准差、平滑度和熵组合而成的特征向量如：$v = (m, \ \sigma, \ R, \ e)$。

应认识到直方图及其统计特征是一种区分能力相对较弱的特征，主要是由于直方图属于一阶统计特征，而像直方图、均值这样的一阶统计特征是无法反映纹理结构的变化的。直方图与纹理的对应关系并不是一对一的：首先，不同的纹理可能具有相同或相似的直方图，如图 13.3 所示的两种截然不同的图案就具有完全相同的直方图；其次，即便是两个不同的直方图，也可能具有相同的统计特征，如均值、标准差等。因此，依靠直方图及其统计特征来作为分类特征需要特别注意。

图 13.3　具有相同直方图的两种图案

13.2.3　灰度共现矩阵及其 Visual C++实现

灰度直方图是一种描述单个像素灰度分布的一阶统计量；而灰度共现矩阵描述的则是具有某种空间位置关系的两个像素的联合分布，可以看成是两个像素灰度对的联合直方图，是一种二阶统计量。

1. 理论基础

纹理是由灰度分布在空间位置上反复交替变化而形成的，因此在图像中具有某种空间位置关系的两个像素之间会存在一定的灰度关系，这种关系被称为图像灰度的空间相关特性。作为一种灰度的联合分布，灰度共现矩阵能够较好地反映这种灰度空间相关性。

通常用 P_δ 表示灰度共现矩阵，如果灰度级为 L，则 P_δ 为一个 $L \times L$ 的方阵，其中的某个元素：$P_\delta(i,j)$，$(i,j=0,1,2,\ldots,L\text{-}1)$ 被定义为具有空间位置关系 $\delta=(D_x, D_y)$ 并且灰度分别为 i 和 j 的两个像素出现的次数或概率（归一化），如图 13.4 所示。

常用的空间位置关系 δ 有水平、竖直和正、负 45°，共 4 种，如图 13.5 所示。

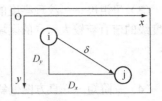

图 13.4　具有空间位置关系 δ 且灰度
分别为 i 和 j 的两个像素

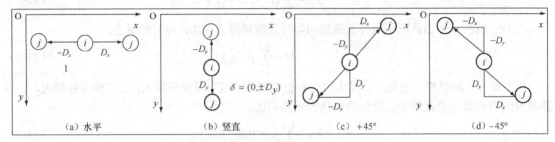

（a）水平　　　　　（b）竖直　　　　　（c）+45°　　　　　（d）-45°

图 13.5　灰度共现矩阵常用的 4 种空间位置关系 δ

一旦空间位置关系 δ 确定后，就可以生成一定 δ 下的灰度共现矩阵 P_δ，例如对于图 13.6 中的纹理，其距离为 1 的水平和 +45° 灰度共现矩阵如下所示。

$$P_\delta = \begin{bmatrix} 0 & 10 & 10 \\ 10 & 0 & 10 \\ 10 & 10 & 0 \end{bmatrix}, \quad \delta=(\pm1,0)，相应地归一化形式为： P_\delta = \begin{bmatrix} 0 & 1/6 & 1/6 \\ 1/6 & 0 & 1/6 \\ 1/6 & 1/6 & 0 \end{bmatrix}$$

$$P_\delta = \begin{bmatrix} 16 & 0 & 0 \\ 0 & 16 & 0 \\ 0 & 0 & 18 \end{bmatrix}, \quad \delta=(1,-1) \text{ or } \delta=(-1,1)，相应地归一化形式为：$$

$$P_\delta = \begin{bmatrix} 8/25 & 0 & 0 \\ 0 & 8/25 & 0 \\ 0 & 0 & 9/25 \end{bmatrix}$$

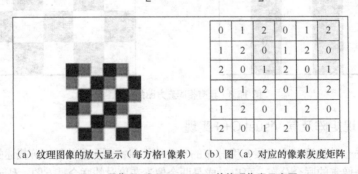

（a）纹理图像的放大显示（每方格1像素）　（b）图（a）对应的像素灰度矩阵

图 13.6　图像 littleTexture.bmp 的纹理像素示意图

由于灰度共现矩阵 P_δ 总共含有 $L \times L$ 个元素，当灰度级 L 比较大时它将是一个庞大的方阵。如对于一般的 256 灰度图，P_δ 就是一个 256×256 的矩阵，共 2^{16} 个元素。如此庞大的矩阵将使得后续的计算量剧增。因此普通灰度图像通常要经过处理以减少灰度级数，而后再计算灰度共现矩阵。

可以通过分析纹理图像的直方图，在尽量不影响纹理质量的情况下，进行适当的灰度变换来达到灰度级压缩的目的。

2. Visual C++实现

利用 Visual C++计算灰度共线矩阵的相关代码如下。

```
/*********************
vector< vector<int> > CImgProcess::GetGrayMatrix(POINT ptD1, POINT ptD2)
功能：      算灰度共现矩阵
参数：POINT ptD1：灰度共现矩阵空间位置关系的第 1 个点
            OINT ptD2：灰度共现矩阵空间位置关系的第 2 个点
返回值：      无
*********************/
//计算灰度共现矩阵
vector< vector<int> > CImgProcess::GetGrayMatrix(POINT ptD1, POINT ptD2)
{
 vector< vector<int> > GrayMat; //灰度共现矩阵

    int nHeight = GetHeight();
    int nWidth = GetWidthPixel();
    int i, j; //循环变量
    int nGray;

    /统计灰度级总数
    int nMaxGray = 0;
    for(i=0; i<nHeight; i++)
    {
        for(j=0; j<nWidth; j++)
        {
        nGray = GetGray(j, i);
        if(nGray > nMaxGray)
            nMaxGray = nGray;
        }
    }

    //初始化灰度共现矩阵
    vector<int> vecRow(nMaxGray+1, 0);
    for(i=0; i<nMaxGray+1; i++)
    GrayMat.push_back(vecRow);

    //统计符合空间位置关系并分别具有像素值 gray1，gray2 的像素对数目
    int gray1, gray2;
    int i2, j2; //与(i, j)具有位置关系 ptD1 和 ptD2 的点
    for(i=0; i<nHeight; i++)
    {
        for(j=0; j<nWidth; j++)
        {
            nGray = GetGray(j, i);

            i2 = i + ptD1.y;
            j2 = j + ptD1.x;
            if( ((i2>=0) && (i2<nHeight)) && ((j2>=0) &&(j2<nWidth)) )
            {
                int nGrayD1 = GetGray(j2, i2);
                GrayMat[nGray][nGrayD1]++;//相应计数加一

            {
            i2 = i + ptD2.y;
            j2 = j + ptD2.x;
            if( ((i2>=0) && (i2<nHeight)) && ((j2>=0) &&(j2<nWidth)) )
            {
                int nGrayD2 = GetGray(j2, i2);
```

```
                        GrayMat[nGray][nGrayD2]++;//相应计数加一
                    }
                }
            }
        }
        //返回灰度共现矩阵
        return GrayMat;
    }
```

利用 GetGrayMatrix()函数生成灰度共现矩阵的完整示例被封装在 DIPDemo 工程的视图类函数 void CDIPDemoView::OnFeaGraymat()中。以能够表示空间位置关系 δ 的两个点的坐标为参数，调用函数 GetGrayMatrix()即可得到输入图像的灰度共现矩阵。例如要计算+45º空间位置关系，代码如下。

```
//设定两个点的位置关系
POINT ptD1, ptD2;

//+45 度灰度共现矩阵
ptD1.x = 1;
ptD1.y = -1;
ptD2.x = -1;
ptD2.y = +1;

//计算灰度共现矩阵
vector< vector<int> > GrayMat = imgInput.GetGrayMatrix(ptD1, ptD2);
```

读者可以通过示例程序 DIPDemo 中的菜单命令"特征提取→灰度共现矩阵"来观察计算结果。

同获得直方图特征向量类似，可以直接将矩阵 P_δ 的按行或按列存储得到的向量作为特征向量，但由于 P_δ 通常较大，更多的时候也是以 P_δ 的某些重要的统计特征（如二阶矩、对比度和熵等）组合成为特征向量。

13.3　特征降维

13.3.1　维度灾难

之前已经不止一次提到了特征向量的维数过高会增加计算的复杂度，给后续的分类问题带来负担。实际上维数过高的特征向量对于分类性能（识别率）也会造成负面的影响。直观上通常认为样本向量的维数越高，就了解了样本更多方面的属性，掌握了更多的情况，应该对提高识别率有利。然而，事实却并非如此。

如图 13.7 所示，对于已知的样本数目，存在着一个特征数目的最大值，当实际使用的特征数目超过这个最大值时，分类器的性能不是得到改善，而是退化。这种现象正是在模式识别中被称为"维度灾难"的问题的一种表现形式。例如，要区分西瓜和冬瓜，表皮的纹理和长宽比例都是很好的特征，还可以再加上瓜籽的颜色以辅助判断，然而继续加入重量，体积等特征可能是无益的，甚至还会对分类造成干扰。

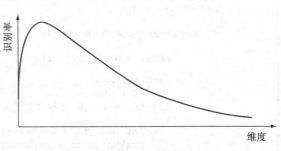

图 13.7　识别率随特征维数的变化情况

基于以上所述的原因，降维就对操作者产生了巨大的吸引力。在低维空间中计算和分类都将变得简单很多，训练（教授分类器如何区分不同类样本的过程，详见第 14 章）所需的样本数目也会大大降低。通过选择好的特征，摒弃坏的特征（13.3.2 小节特征选择），将有助于分类器性能的提升；在通过组合特征降维时，在绝大多数情况下，丢弃某些特征所损失的信息通过在低维空间中更加精确的映射（13.3.3 小节特征抽取）可以得到补偿。

具体地说，降低维度又存在着两种方法：特征选择和特征抽取。如图 13.8 所示，特征选择是指选择全部特征的一个子集作为特征向量；特征抽取是指通过已有特征的组合建立一个新的特征子集，13.3.3 小节将要介绍的主成分分析方法(Principal Component Analysis, PCA)就是通过原特征的线性组合建立新的特征子集的一种特征抽取方法。

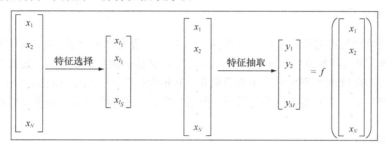

图 13.8　特征选择和特征抽取

13.3.2　特征选择简介

对于每一个鸢尾属植物样本，总共有 4 个属性可以使用——花瓣长度、花瓣宽度、萼片长度和萼片宽度。目的是从中选择两个属性组成特征向量用于分类这 3 类鸢尾属植物。

下面的 MATLAB 程序选择了不同的特征子集，并给出了在对应特征空间中样本分布的可视化表示。

```
>> load fisheriris %载入 Matlab 自带的鸢尾属植物数据集
>> data = [meas(:,1), meas(:,2)]; %采用花瓣长度和花瓣宽度作为特征
>> figure
>>  scatter(data(1:50, 1), data(1:50, 2), 'b+') % 第一类
hold on,scatter(data(51:100, 1), data(51:100, 2), 'r*') % 第二类
hold on,scatter(data(101:150, 1), data(101:150, 2), 'go') % 第三类
>> data = [meas(:,1), meas(:,3)]; %采用花瓣长度和萼片长度作为特征
>> figure
>>  scatter(data(1:50, 1), data(1:50, 2), 'b+') % 第一类
hold on,scatter(data(51:100, 1), data(51:100, 2), 'r*') % 第二类
hold on,scatter(data(101:150, 1), data(101:150, 2), 'go') % 第三类
```

上述程序的运行结果如图 13.9 所示。从图中可见选择不同的特征对于分类的影响有多么的严

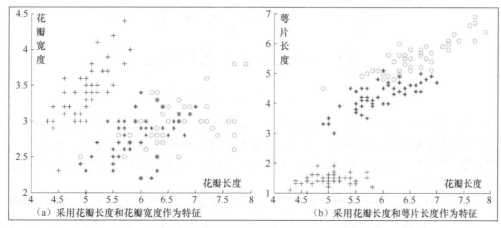

（a）采用花瓣长度和花瓣宽度作为特征　　　　（b）采用花瓣长度和萼片长度作为特征

图 13.9　3 类不同的鸢尾属植物的 150 个样本在不同二维特征空间中的分布情况

重。图 13.9（a）中以 "*" 和 "o" 所代表的两类样本在二维空间——花瓣长度-花瓣宽度中互相交叠，很难区分；而在图 13.9（b）中，选择了花瓣长度和萼片长度作为特征的情况下，相对变得容易区分了很多。由此可得出结论：对于分类 3 种鸢尾属植物这个模式识别问题，由花瓣长度和萼片长度组成的特征向量较由花瓣长度和花瓣宽度组成的特征向量更具区分力。

13.3.3　主成分分析

特征抽取是指通过已有特征的组合（变换）建立一个新的特征子集。在众多的组合方法当中，线性组合（变换）因其计算简单且便于解析分析的特点而显得颇具吸引力。下面就介绍一种通过特征的线性组合来实现降维的方法——主成分分析（Principal Component Analysis, PCA）。PCA 的实质就是在尽可能好地代表原始数据的前提下，通过线性变换将高维空间中的样本数据投影到低维空间中。

1．理论基础

主要成分分析（PCA）是多变量分析中最老的技术之一，它来源于通信理论中的 K-L 变换。1901 年由 Pearson 第一次提出主要成分分析方法，直到 1963 年 Karhunan Loève 对该问题的归纳经历了多次修改。

（1）问题描述

对于 d 维空间中的 n 个样本 $\vec{x}_1, \vec{x}_2, ..., \vec{x}_n$，考虑如何能在低维空间中最好地代表它们。

（2）理论推导

① 0 维时的情况

首先从 "零" 开始，即考虑在 0 维空间（一个点）中，如何以一个 d 维向量 $\vec{x}_0$（d 维空间中的一个点）来表示这 n 个样本，使得 $\vec{x}_0$ 到这 n 个样本的距离平方和 $E_0(\vec{x}_0)$ 最小，其中：

$$E_0(\vec{x}_0) = \sum_{i=1}^{n} \| \vec{x}_0 - \vec{x}_i \|^2 \tag{13-8}$$

以 $\vec{m}$ 表示样本均值，即 $\vec{m} = \dfrac{1}{n} \sum_{i=1}^{n} \vec{x}_i$，则有：

$$E_0(\vec{x}_0) = \sum_{i=1}^{n} \| (\vec{x}_0 - \vec{m}) - (\vec{x}_i - \vec{m}) \|^2$$

$$= \sum_{i=1}^{n} \| \vec{x}_0 - \vec{m} \|^2 - 2 \sum_{i=1}^{n} (\vec{x}_0 - \vec{m})^{\mathrm{T}} (\vec{x}_i - \vec{m}) + \sum_{i=1}^{n} \| \vec{x}_i - \vec{m} \|^2$$

$$= \sum_{i=1}^{n} \| \vec{x}_0 - \vec{m} \|^2 - 2 (\vec{x}_0 - \vec{m})' \sum_{i=1}^{n} (\vec{x}_i - \vec{m}) + \sum_{i=1}^{n} \| \vec{x}_i - \vec{m} \|^2$$

$$\because \sum_{i=1}^{n} (\vec{x}_i - \vec{m}) = \sum_{i=1}^{n} \vec{x}_i - n \cdot \vec{m} = \sum_{i=1}^{n} \vec{x}_i - n \cdot \frac{1}{n} \sum_{i=1}^{n} \vec{x}_i = 0$$

$$\therefore E_0(\vec{x}_0) = \sum_{i=1}^{n} \| \vec{x}_0 - \vec{m} \|^2 + \sum_{i=1}^{n} \| \vec{x}_i - \vec{m} \|^2 \tag{13-9}$$

由于第二项与 $\vec{x}_0$ 无关，显然，$E_0(\vec{x}_0)$ 在 $\vec{x}_0 = \vec{m}$ 时取得最小值。这一结论表明能够在最小均方意义下最好地代表原来的 n 个样本的 d 维向量就是这 n 个样本的均值。换言之，如果只允许以 d 维空间中的一个点作为 d 维空间中原始 n 个样本点的代表，这个点就是这 n 个样本点的均值。

② 1 维时的情况

样本均值是样本数据集的零维表达（1 个点）。它非常简单，但所有样本在零维的空间中都被压缩到了同一个点，因此无法反映出样本之间的差异，也就无法进行分类。为使样本具有可分区性，进一步考虑一维（d 维空间中的 1 条直线）的情况，通过把全部样本向通过样本均值 $\vec{m}$ 的 1 条直线做垂直投影，能够得到全部样本的一维表达。令 $\vec{e}$ 表示这条通过均值的直线的单位方向向量，则直线方程可表示为：

$$\vec{x} = \vec{m} + a\vec{e}$$

其中，a 为一个实数的标量，表示直线上某个点离开点 m 的距离。

如图 13.10 所示，以样本 $\vec{x}_i$ 在直线上 $\vec{e}$ 的垂直投影 a_i 作为 $\vec{x}_i$ 的一维表达，记作 $\vec{x}_i^{(1)} = (a_i)$，上角标(1)表示是在 1 维空间中的表示。而 $\vec{x}_i' = \vec{m} + a_i\vec{e}$ 可以看作是在一维空间（直线 $\vec{e}$）中对 $\vec{x}_i$ 的近似，由垂直关系可知：

$$a_i = |\vec{x}_i - \vec{m}| \cdot \cos(\theta_i) \tag{13-10}$$

由于 θ_i 是向量 $\vec{x}_i - \vec{m}$ 与向量 $\vec{e}$ 的夹角，且 $|\vec{e}_i| = 1$，故上式可表示为：

$$a_i = |\vec{x}_i - \vec{m}| \cdot |\vec{e}| \cdot \cos(\theta_i) = \vec{e} \bullet (\vec{x}_i - \vec{m}) = (\vec{e})^{\mathrm{T}}(\vec{x}_i - \vec{m}) \tag{13-11}$$

其中，$(\vec{e})^{\mathrm{T}}$ 表示 $\vec{e}$ 的转置。

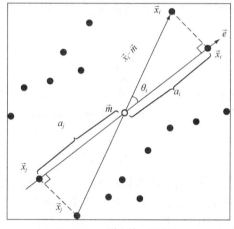

图 13.10 样本的一维表达

关键的问题就是如何确定直线 $\vec{e}$ 的最优方向以使得平方误差 $E_1(\vec{e})$ 最小。下面给出推导过程。

$$E_1(\vec{e}) = \sum_{i=1}^{n} \|(\vec{m} + a_i\vec{e}) - \vec{x}_i\|^2 = \sum_{i=1}^{n} \|a_i\vec{e} - (\vec{x}_i - \vec{m})\|^2$$

$$= \sum_{i=1}^{n} a_i^2 \|\vec{e}\|^2 - 2\sum_{i=1}^{n} a_i\vec{e}^{\mathrm{T}}(\vec{x}_i - \vec{m}) + \sum_{i=1}^{n} \|\vec{x}_i - \vec{m}\|^2$$

将式（13-11）代入，得：

$$E_1(\vec{e}) = \sum_{i=1}^{n} a_i^2 - 2\sum_{k=i}^{n} a_i^2 + \sum_{i=1}^{n} \|\vec{x}_i - \vec{m}\|^2$$

$$= -\sum_{i=1}^{n} a_i^2 + \sum_{i=1}^{n} \|\vec{x}_i - \vec{m}\|^2$$

$$= -\sum_{i=1}^{n} (\vec{e}^{\mathrm{T}}(\vec{x}_i - \vec{m}))^2 + \sum_{i=1}^{n} \|\vec{x}_i - \vec{m}\|^2$$

$$= -\sum_{i=1}^{n} \vec{e}^{\mathrm{T}}(\vec{x}_i - \vec{m})(\vec{x}_i - \vec{m})^{\mathrm{T}}\vec{e} + \sum_{i=1}^{n} \|\vec{x}_i - \vec{m}\|^2$$

$$= -\vec{e}^{\mathrm{T}}(\sum_{i=1}^{n}(\vec{x}_i-\vec{m})(\vec{x}_i-\vec{m})^{\mathrm{T}})\vec{e} + \sum_{i=1}^{n}\|\vec{x}_i-\vec{m}\|^2$$

$$= -\vec{e}^{\mathrm{T}}S\vec{e} + \sum_{i=1}^{n}\|\vec{x}_i-\vec{m}\|^2 \tag{13-12}$$

其中，$d \times d$ 矩阵 $S = \sum_{i=1}^{n}(\vec{x}_i-\vec{m})(\vec{x}_i-\vec{m})^{\mathrm{T}}$，称为散布矩阵（Scatter Matrix）。

观察它的形式不难发现，散布矩阵 S 实际上是样本协方差矩阵的 n-1 倍。

在式（13-12）中，第二项与 $\vec{e}$ 无关，显然，要想让 E_1（$\vec{e}$）最小，就要使第一个负号项 $\vec{e}^{\mathrm{T}}S\vec{e}$ 最大。$\vec{e}^{\mathrm{T}}S\vec{e}$ 的最大化是一个带有约束条件的优化问题，可以采用在高等数学中的拉格朗日乘数法求解，约束条件为 $|\vec{e}|$=1。

令 $y = \vec{e}^{\mathrm{T}}S\vec{e} - \lambda(\vec{e}^{\mathrm{T}}\vec{e}-1)$，其中 λ 为拉格朗日乘数，通过对 $\vec{e}$ 求偏导并令偏导为 0，得：

$$\frac{\partial y}{\partial \vec{e}} = 2S\vec{e} - 2\lambda\vec{e} = 0 \Rightarrow S\vec{e} = \lambda\vec{e} \tag{13-13}$$

公式（13-13）的推导中用到了矩阵运算的结论 $\frac{\partial \vec{e}^{\mathrm{T}}S\vec{e}}{\partial \vec{e}} = (S+S^{\mathrm{T}})\vec{e} = 0$，因散布矩阵 S 为对称阵，故有：

$$\frac{\partial \vec{e}^{\mathrm{T}}S\vec{e}}{\partial \vec{e}} = 2S\vec{e} \tag{13-14}$$

式（13-13）中 S 为一个 d 阶方阵，$\vec{e}$ 是一个 d 维向量，λ 为一个实数。显然，这是线性代数中本征方程的典型形式，λ 是本征值，而 $\vec{e}$ 是散布矩阵 S 的本征向量。对式（13-13）稍加变形，两边同时左乘 $\vec{e}^{\mathrm{T}}$，得：

$$\vec{e}^{\mathrm{T}}S\vec{e} = \lambda\vec{e}^{\mathrm{T}}\vec{e} = \lambda \tag{13-15}$$

至此，可以很自然地得出结论：为了最大化 $\vec{e}^{\mathrm{T}}S\vec{e}$，应当选取散布矩阵 S 的最大本征值所对应的本征向量作为投影直线 $\vec{e}$ 的方向。也就是说，通过将全部 n 个样本 $\vec{x}_1$, $\vec{x}_2$, $\cdots$, $\vec{x}_n$ 以散布矩阵最大本征值对应的本征向量为方向的直线投影，可以得到最小平方误差意义下这 n 个样本的一维表示 a_1, a_2, $\cdots$, a_n。从本质上来说，这个投影变换实际上就是基的转换。在原来的 d 维空间中，d 个基分别是每个坐标轴方向的单位矢量 $\vec{\phi}_i$(i=1,2,…,n)，空间中的某个样本 $\vec{x}_i$=($\vec{x}_{i1}$, $\vec{x}_{i2}$, $\cdots$, $\vec{x}_{id}$) 可以由这组基表示为：

$$\vec{x}_i = \sum_{k=1}^{d} x_{ik}\vec{\phi}_i \tag{13-16}$$

投影至直线 $\vec{e}$ 之后，在新的一维空间中（一条直线），单位矢量 $\vec{e}$ 成为了唯一的 1 个基，那么在这个一维空间中的某个样本 $\vec{x}_i'$ 同样可以由这个基向量 $\vec{e}$ 表示为：

$$\vec{x}_i' = \vec{m} + a_i\vec{e} \tag{13-17}$$

此时 $\vec{x}_i'$ 就是原始样本 $\vec{x}_i$ 经过投影变换降维后的一维描述。注意到在原来的 d 维空间中，是以某个样本 $\vec{x}_i$ 的基展开式（式（13-16））中基的系数来表示此样本 $\vec{x}_i$=（$\vec{x}_{i1}$, $\vec{x}_{i2}$, $\cdots$, $\vec{x}_{id}$）。同样在一维空间中以基 $\vec{e}$ 的系数将它表示为一维向量 $\vec{x}_i^{(1)}$=（a_i）。

（3）推广至 d' 维

上述的结论可以立刻从一维空间（直线）的投影推广至 d' 维空间（$d' \leq d$）的投影。将式（13-17）重写为：

$$\vec{x} = \vec{m} + \sum_{k=1}^{d'} a_k\vec{e}_k \tag{13-18}$$

新的平法误差准则函数为：

$$E_{d'}(\vec{e}_1,\vec{e}_2,...,\vec{e}_{d'}) = \sum_{i=1}^{n} \| (\vec{m} + \sum_{k=1}^{d'} a_{ik}\vec{e}_i) - \vec{x}_i \|^2$$

容易证明 $E_{d'}$ 在向量 $\vec{e}_1, \vec{e}_2, ..., \vec{e}_{d'}$ 分别为散布矩阵 S 的前 d' 个（从大到小）本征值所对应的本征向量时取得最小值。因为散布矩阵 S 为实对称矩阵，因此这些本征向量都是彼此正交的。这些本征向量 $\vec{e}_1, \vec{e}_2, ..., \vec{e}_{d'}$ 就构成了在低维空间中（d' 维）中的一组基向量，任何一个属于此 d' 维空间的向量 $\vec{x}_i'$ 均可由这组基表示：

$$\vec{x}_i' = \vec{m} + \sum_{k=1}^{d'} a_{ik}\vec{e}_k \tag{13-19}$$

其中，$a_{ik} = \vec{e}_k \cdot (\vec{x}_i - \vec{m}) = \vec{e}_k^{\text{T}}(\vec{x}_i - \vec{m})$　　　　　　　　　　　(13-20)

式（13-19）中对应于基 $\vec{e}_1, \vec{e}_2, ..., \vec{e}_{d'}$ 的系数 $a_{i1}, a_{i2}, \cdots, a_{id'}$ 被称作主成分(Principal Component)，d' 维向量 $\vec{x}_i^{(d')} = (a_{i1}, a_{i2}, \cdots, a_{id'})$ 即为原样本 $\vec{x}_i$ 在由基向量 $\vec{e}_1, \vec{e}_2, ..., \vec{e}_{d'}$ 所张成的 d' 维空间中的低维表示，而 $\vec{x}_i'$ 实际上是对原样本 $\vec{x}_i$ 的一种近似，且近似的程度随着 d' 的增大而增加，这一过程可以看作是对原样本 $\vec{x}_i$ 的重建。在这个意义上，常将式（13-20）通过投影计算系数 a_{ik} 的过程称为**分解**，而将式（13-19）在变换空间中计算 $\vec{x}_i'$ 的过程称为**重构**。

注意到上面这些内容和傅立叶变换中的分解（傅立叶变换）与重构（傅立叶反变换）十分相似，只是傅立叶变换中的基是 sin()和 cos()形式的基函数，而这里的基则是基矢量（向量）。两者从本质上来说都是一种基或者说是坐标系的变换，分解过程就是要将原始数据或函数转换到新的基（坐标系）下，而重建过程就是利用新的基来表示原始数据或函数。

2. 几何解释

从多元统计分析的角度来看，样本 $\vec{x}_1, \vec{x}_2, ..., \vec{x}_n$ 在原 d 维空间中形成了一个 d 维椭球形状的云团，而散布矩阵的本征向量就是这个椭球的主轴，如图 13.11 所示。PCA 实际上是寻找云团散布最大的那些主轴方向，通过向这些方向向量所张成的空间的投影达到了对特征空间降维的目的。同时，从图 13.11 中不难发现，PCA 投影转换坐标系（从原来的 $\vec{\varphi}_1$-$\vec{\varphi}_2$ 坐标系转换为 $\vec{e}_1$-$\vec{e}_2$ 坐标系）的过程实际上也是去除数据线性相关性的过程，这一点在本节最后关于 ORL 人脸数据集的 PCA 降维处理的实例中还将结合实验结果做进一步的说明。

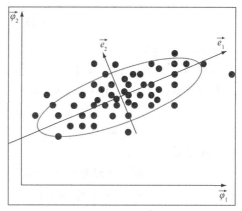

图 13.11　2 维空间中的样本椭球云团及其 2 个主轴

3. PCA 计算

在前面略显枯燥的理论知识之后，来看一个 PCA 计算的实例，旨在帮助读者巩固之前的 PCA 理论并掌握 PCA 计算的要点。

【例 13.2】主成分计算。

计算下面两维数据集合的主要成分分量，并利用 PCA 方法将数据降至 1 维和 2 维。然后尝试利用 1 个和 2 个主成分实现对第一个样本的重构。

$X = \{(1,2),(3,3),(3,5),(5,4),(5,6),(6,5),(8,7),(9,8)\}$

（1）计算散布矩阵 S 的本征向量

首先计算散布矩阵 S（或样本协方差矩阵，n-1 倍的系数不会影响本征向量的计算）。

样本均值：$\vec{m} = (5, 5)$

$$S = \sum_{i=1}^{8} (\vec{x}_i - \vec{m})(\vec{x}_i - \vec{m})^{\mathrm{T}} = \begin{bmatrix} 6.25 & 4.25 \\ 4.25 & 3.5 \end{bmatrix}$$

接下来，解式（13-13）中的本征方程。

$S\vec{e} = \lambda\vec{e} \Rightarrow |S - \lambda I|\vec{e} = 0$，其中 I 为 2×2 的单位矩阵

$$\Rightarrow \begin{vmatrix} 6.25 - \lambda & 4.25 \\ 4.25 & 3.5 - \lambda \end{vmatrix} = 0$$

展开上式左侧的行列式，最终解得。

$$\lambda_1 = 9.34, \lambda_2 = 0.41$$

再将 λ_1 和 λ_2 分别代入式（13-13），解得：$\vec{e}_1 = (0.81, 0.59)^{\mathrm{T}}$，$\vec{e}_2 = (-0.59, 0.81)^{\mathrm{T}}$。注意 $\vec{e}_1$ 和 $\vec{e}_2$ 是彼此正交的单位向量，如图 13.12 所示。

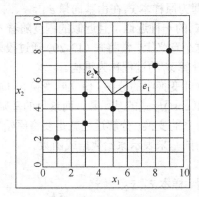

图 13.12 样本分布及其主轴方向

（2）降至 1 维

通过将 8 个样本向其主轴 $\vec{e}_1$ 投影，可以得到这 8 个样本点的 1 维表示。

根据公式：$a_{i1} = \vec{e}_1^{\mathrm{T}}(\vec{x}_i - \vec{m}), i = 1, 2, \ldots, 8$，得：

$$a_{11} = -5.01, a_{21} = -2.8, a_{31} = -1.62, a_{41} = -0.59, a_{51} = 0.59, a_{61} = 0.81,$$
$$a_{71} = 3.61, a_{81} = 5.01$$

从而 1 维表示为：

$$\vec{x}_1^{(1)} = -5.01, \vec{x}_2^{(1)} = -2.8, \vec{x}_3^{(1)} = -1.62, \vec{x}_4^{(1)} = -0.59, \vec{x}_5^{(1)} = 0.59, \vec{x}_6^{(1)} = 0.81,$$
$$\vec{x}_7^{(1)} = 3.61, \vec{x}_8^{(1)} = 5.01$$

（3）降至 2 维

类似地，再向主轴 $\vec{e}_2$ 投影，根据 $a_{i2} = \vec{e}_2^{\mathrm{T}}(\vec{x}_i - \vec{m}), i = 1, 2, \ldots, 8$ 可得：

$$a_{12} = -0.07, a_{22} = -0.44, a_{32} = 1.18, a_{42} = -0.81, a_{52} = 0.81, a_{62} = -0.59,$$
$$a_{72} = -0.15, a_{82} = 0.07$$

从而 2 维表示为：

$$\vec{x}_1^{(2)} = (-5.01, -0.07), \vec{x}_2^{(2)} = (-2.8, -0.44), \vec{x}_3^{(2)} = (-1.62, 1.18), \vec{x}_4^{(2)} = (-0.59, -0.81),$$
$$\vec{x}_5^{(2)} = (0.59, 0.81), \vec{x}_6^{(2)} = (0.81, -0.59), \vec{x}_7^{(2)} = (3.61, -0.15), \vec{x}_8^{(2)} = (5.01, 0.07)$$

（4）重构

如果仅利用第 1 个主成分分量实现对样本 $\vec{x}_1$ 的近似（重构），则：

$$\vec{x}_1' = \vec{m} + a_{11}\vec{e}_1 = (0.9419, 2.0441)$$

近似程度可以用 $\vec{x}_1{}'$ 与原样本 $\vec{x}_1$ 的欧氏距离来衡量:

$$dist^{(1)} = \| \vec{x}_1 - \vec{x}_1{}' \| = \sqrt{(1-0.9419)^2 + (2-2.0441)^2} = 0.0729$$

利用 2 个主成分分量实现对样本 $\vec{x}_1$ 的近似(重构),得:

$$\vec{x}_1{}' = \vec{m} + \sum_{k=1}^{2} a_{1k}\vec{e}_k = (0.9832, 1.9874)$$

而 $dist^{(2)} = \| \vec{x}_1 - \vec{x}_1{}' \| = 0.021$

注意到 $dist^{(2)} \leqslant dist^{(1)}$,这和之前给出的近似程度随着主成分分量数目增大而增加的结论是一致的。

4. 数据表示与数据分类

通过 PCA 降维后的数据并不一定是最有利于分类的,因为 PCA 的目的是在低维空间中尽可能好地表示原数据,确切地说是在最小均方差意义下最能代表原始数据。而这一目的有时会和数据分类的初衷相违背。图 13.13 说明了这种情况,PCA 投影后数据样本得到了最小均方意义下的最好保留,但在降维后的一维空间中两类样本变得非常难以区分。图中还给出了一种适合于分类的投影方案,对应着另一种常用的降维方法——线性判别分析(Linear Discriminant Analysis, LDA)。PCA 寻找的是能够有效表示数据的主轴方向,而 LDA 则是寻找用来有效分类的投影方向。

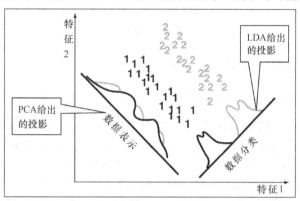

图 13.13 分别以信号表示和分类为目的的降维

5. PCA 的 MATLAB 实现

函数 princomp() 实现了对 PCA 的封装,其常见调用形式如下。

```
[COEFF, SCORE,latent] = princomp(X);
```

参数说明:

- X 为原始样本组成 $n \times d$ 的矩阵,其每一行是一个样本特征向量,每一列表示样本特征向量的一维。如对于例 13.2 中的问题,X 就是一个 8×2 的样本矩阵,总共 8 个样本,每个样本 2 维。

返回值:

- COEFF:主成分分量,即变换空间中的那些基向量 $\vec{e}_1, \vec{e}_2, \ldots, \vec{e}_d$,也是样本协方差矩阵的本征向量;

- SCORE:主成分,X 的低维表示,即 X 中的数据在主成分分量上的投影(可根据需要取前面几列的),也就是前文描述中的系数 $a_{i1}, a_{i1}, \ldots, a_{id}$;

- latent:一个包含着样本协方差矩阵本征值的向量。

作为一个调用实例,利用 princomp() 函数来重新完成例 13.2,相应代码如下。

```
>> X = [1,2;3,3;3,5;5,4;5,6;6,5;8,7;9,8] % 样本矩阵,每行一个样本向量
X =
    1    2
    3    3
    3    5
    5    4
    5    6
    6    5
    8    7
    9    8
```

```
     9     8
>> [COEFF, SCORE, latent] = princomp(X); % 主成分分析
>> COEFF % 主成分分量（每列为一个变换空间中的基向量）
COEFF =
    0.8086   -0.5883
    0.5883    0.8086

>> SCORE % 主成分，SCORE(:, 1)为 X 的一维表示，SCORE 为 X 在变换空间中的二维表示
SCORE =
   -4.9995   -0.0728
   -2.7939   -0.4407
   -1.6173    1.1766
   -0.5883   -0.8086
    0.5883    0.8086
    0.8086   -0.5883
    3.6025   -0.1476
    4.9995    0.0728

>> latent % X 样本协方差矩阵的本征值
latent =
   10.6764
    0.4664
```

13.3.4 快速 PCA 及其实现

PCA 的计算中最主要的工作量是计算样本协方差矩阵的本征值和本征向量。设样本矩阵 X 大小为 $n×d$（n 个 d 维样本特征向量），则样本散布矩阵（协方差矩阵）S 将是一个 $d×d$ 的方阵，故当维数 d 较大时计算复杂度会非常高。例如当维数 $d=10000$，S 是一个 $10000×10000$ 的矩阵，此时如果采用上面的 princomp() 函数计算主成分，MATLAB 通常会出现内存耗尽的错误，即使有足够多的内存，要得到 S 的全部本征值可能也要花费数小时的时间。

1. 理论基础

幸运得是，对于这样的问题并非束手无策。有一个非常好的 PCA 加速技巧可以用来计算矩阵 S 非零本征值所对应的本征向量。设 $Z_{n×d}$ 为样本矩阵 X 中的每个样本减去样本均值 $\bar{m}$ 后得到的矩阵，则散布矩阵 S 为 $(Z^TZ)_{d×d}$。现在考虑矩阵 $R=(ZZ^T)_{n×n}$，一般情况下由于样本数目 n 远远小于样本维数 d，R 的尺寸也远远小于散布矩阵 S，然而，它与 S 有着相同的非零本征值。

设 n 维列向量 $\bar{v}$ 是 R 的本征向量，则有：

$$(ZZ^T)\bar{v} = \lambda\bar{v} \tag{13-21}$$

式（13-21）两边同时左乘 Z^T，并应用矩阵乘法的结合律得：

$$(Z^TZ)(Z^T\bar{v}) = \lambda(Z^T\bar{v}) \tag{13-22}$$

式（13-22）说明 $Z^T\bar{v}$ 为散布矩阵 $S=(Z^TZ)_{d×d}$ 的特征值。这说明可以计算小矩阵 $R=(ZZ^T)_{n×n}$ 的本征向量 $\bar{v}$，而后通过左乘 Z^T 得到散布矩阵 $S=(Z^TZ)_{d×d}$ 的本征向量 $Z^T\bar{v}$。

2. MATLAB 实现

本节编写了 fastPCA() 函数用来对样本矩阵 A 进行快速主成分分析和降维（降至 k 维），其输出 *pcaA* 为降维后的 k 维样本特征向量组成的矩阵，每行一个样本，列数 k 为降维后的样本特征维数，相当于 princomp() 函数中的输出 SCORE，而输出 V 为主成分分量，即 princomp() 函数中的输出 *COEFF*。

fastPCA() 函数的实现代码如下。

```
function [pcaA V] = fastPCA( A, k )
% 快速 PCA
%
% 输入：A --- 样本矩阵，每行为一个样本
```

```
%      k --- 降维至 k 维
%
% 输出：pcaA --- 降维后的 k 维样本特征向量组成的矩阵，每行一个样本，列数 k 为降维后的样本特征维数
%      V --- 主成分向量

[r c] = size(A);

% 样本均值
meanVec = mean(A);

% 计算协方差矩阵的转置 covMatT
Z = (A-repmat(meanVec, r, 1));
covMatT = Z * Z';

% 计算 covMatT 的前 k 个本征值和本征向量
[V D] = eigs(covMatT, k);

% 得到协方差矩阵 (covMatT)' 的本征向量
V = Z' * V;

% 本征向量归一化为单位本征向量
for i=1:k
    V(:,i)=V(:,i)/norm(V(:,i));
end

% 线性变换（投影）降维至 k 维
pcaA = Z * V;

% 保存变换矩阵 V 和变换原点 meanVec
save('Mat/PCA.mat', 'V', 'meanVec');
```

fastPCA() 的实现中调用了 MATLAB 库函数 eigs() 来计算矩阵 $R=(ZZ^T)_{n \times n}$ 的前 k 个本征向量，即对应于最大的 k 个本征值的本征向量，其调用形式如下。

```
[V, D] = eigs(R, k)
```

参数说明：
- R 为要计算的本征值和本征向量的矩阵；
- k 为要计算的本征向量数目。

返回值：
- 输出矩阵 $V_{n \times k}$ 的每列对应 1 个本征向量，k 个本征向量从左到右排列；
- 对角矩阵 $D_{k \times k}$ 对角线上的每个元素对应一个本征值。

在得到包含 R 的特征向量的矩阵 V 之后，为计算散布矩阵 S 的本征向量，只需计算 $ZTV d \times k$。此外，还应注意 PCA 中需要的是具有单位长度的本征向量，故最后要除以该向量的模从而将正交本征向量归一化为单位正交本征向量。

这里建议读者找一个维数较高的数据集，分别利用 princomp() 和 fastPCA() 进行 PCA 计算并比较它们的效率。在下一节关于人脸特征抽取的高级应用实例中，将使用 fastPCA() 对超过 10000 维的人脸样本矩阵进行主成分分析。

<h2>13.4 综合案例——基于 PCA 的人脸特征抽取</h2>

本节将应用 PCA 技术来抽取人脸特征。一幅人脸照片往往由比较多的像素构成，如果以每个像素作为 1 维特征，将得到一个维数非常高的特征向量，计算将十分困难；而且这些像素之间通常是具有相关性的。这样，利用 PCA 技术在降低维数的同时在一定程度上去除原始特征各维之间的

相关性自然成为了一个比较理想的方案。

下面介绍这个应用案例的实现及其相关问题。本节后面将出现的 MATLAB 实现代码都被封装在 PCA_ORL 工具箱中，读者可在随书附赠光盘第 13 章的 "code" 文件夹中找到。

13.4.1　数据集简介

本案例采用的数据集来自著名的 ORL 人脸库[6]。首先对该人脸库做一个简单的介绍。

（1）ORL 数据库共有 400 幅人脸图像（40 人，每人 10 幅，大小为 112×92 像素）。

（2）这个数据库比较规范，大多数图像的光照方向和强度都差不多。

（3）但有少许表情、姿势、伸缩的变化，眼睛对得不是很准，尺度差异在 10%左右。

（4）并不是每个人都有所有的这些变化的图像，即有些人姿势变化多一点，有些人表情变化多一点，有些还戴有眼镜，但这些变化都并不大。

ORL 人脸库中第 1 个人的一些人脸图像如图 13.14 所示。

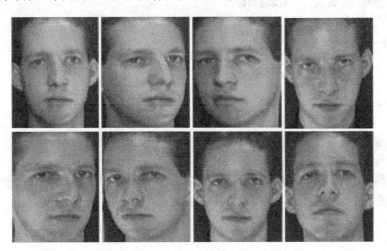

图 13.14　ORL 中第 1 个人的 8 幅人脸图片

正是基于 ORL 人脸库图像在光照，以及关键点如眼睛、嘴巴的位置等方面比较规范的特点，实验可以在该图片集上直接展开，而不是必须要进行归一化和校准等工作。读者可以在剑桥大学官方网站上下载 ORL 人脸数据库。这里选用每个人的前 5 张图片作为实验的数据集，这样 40 个人共 200 幅样本图像。

13.4.2　生成样本矩阵

首先要做的是将这 200 幅人脸图像转换为向量形式，进而组成样本矩阵。函数 ReadFaces()用于完成这一任务。

ReadFaces()依次读入样本图像（假定 40 个人的样本图像位于 "Data/ORL/" 路径下，如第 18 个人的 10 幅图像位于 "Data/ORL/S18" 中），然后将 112×92 的图像按列存储为一个 10304 维的行向量作为样本矩阵 FaceContainer 中的一个样本（一行），最后将样本矩阵保存至 "Mat" 目录下的 "FaceMat.mat" 文件中。函数的具体实现如下。

```
function    [imgRow,imgCol,FaceContainer,faceLabel]=ReadFaces(nFacesPerPerson,nPerson,
bTest)
% 读入 ORL 人脸库的指定数目的人脸前前五张(训练)
%
% 输入: nFacesPerPerson --- 每个人需要读入的样本数，默认值为 5
```

```
%        nPerson --- 需要读入的人数，默认为全部 40 个人
%        bTest --- bool 型的参数。默认为 0，表示读入训练样本（前 5 张）；如果为 1，表示读入测试样本（后 5
张）
%
% 输出：FaceContainer --- 向量化人脸容器，nPerson * 10304 的 2 维矩阵，每行对应一个人脸向量

if nargin==0 %default value
    nFacesPerPerson=5;%前 5 张用于训练
    nPerson=40;%要读入的人数（每人共 10 张，前 5 张用于训练）
    bTest = 0;
elseif nargin < 3
    bTest = 0;
end

img=imread('Data/ORL/S1/1.pgm');%为计算尺寸先读入一张
[imgRow,imgCol]=size(img);


FaceContainer = zeros(nFacesPerPerson*nPerson, imgRow*imgCol);
faceLabel = zeros(nFacesPerPerson*nPerson, 1);

% 读入训练数据
for i=1:nPerson
    i1=mod(i,10); % 个位
    i0=char(i/10);
    strPath='Data/ORL/S';
    if( i0~=0 )
        strPath=strcat(strPath,'0'+i0);
    end
    strPath=strcat(strPath,'0'+i1);
    strPath=strcat(strPath,'/');
    tempStrPath=strPath;
    for j=1:nFacesPerPerson
        strPath=tempStrPath;

        if bTest == 0 % 读入训练数据
            strPath = strcat(strPath, '0'+j);
        else
            strPath = strcat(strPath, num2str(5+j));
        end

        strPath=strcat(strPath,'.pgm');
        img=imread(strPath);

        %把读入的图像按列存储为行向量放入向量化人脸容器 faceContainer 的对应行中
        FaceContainer((i-1)*nFacesPerPerson+j, :) = img(:)';
        faceLabel((i-1)*nFacesPerPerson+j) = i;
    end % j
end % i

% 保存人脸样本矩阵
save('Mat/FaceMat.mat', 'FaceContainer')
```

13.4.3 主成分分析

经过上面的处理，矩阵 FaceContainter 每一行就成了一个代表某个人脸样本的特征向量。通过主成分分析的方法可将这些 10304 维的样本特征向量降至 20 维。这样数据集中每个人脸样本都可以由一个 20 维的特征向量来表示，以作为后续分类所采用的特征。在本书的第 16 章中，我们将在本节工作的基础上采用支持向量机（SVM）对这些 20 维的人脸样本进行分类，从而实现一个简单的人脸识别系统。

本节将对样本矩阵 FaceContainer 进行主成分分析的整个过程封装在下面的 main()函数中，其参数 *k* 是主分量的数目，即降维至 *k* 维。该函数首先调用 ReadFaces()函数得到了人脸样本矩阵 FaceContainer，而后利用 13.3.4 小节中的 fastPCA()算法计算出样本矩阵的低维表示 LowDimFaces 和主成分分量矩阵 *W*，并将 LowDimFaces 保存至 Mat 目录下的 "LowDimFaces.mat" 文件中。相关代码如下。

```
function main(k)
% ORL 人脸数据集的主成分分析
%
% 输入：k --- 降至 k 维

% 定义图像高、宽的全局变量 imgRow 和 imgCol，它们在 ReadFaces 中被赋值
global imgRow;
global imgCol;

% 读入每个人的前 5 副图像
nPerson=40;
nFacesPerPerson = 5;
display('读入人脸数据...');
[imgRow,imgCol,FaceContainer,faceLabel]=ReadFaces(nFacesPerPerson,nPerson);
display('............................');


nFaces=size(FaceContainer,1);%样本（人脸）数目
display('PCA 降维...');
% LowDimFaces 是 200*20 的矩阵，每一行代表一张主成分脸(共 40 人，每人 5 张)，每个脸 20 个维特征
% W 是分离变换矩阵，10304*20 的矩阵
[LowDimFaces, W] = fastPCA(FaceContainer, 20); % 主成分分析 PCA
visualize_pc(W);%显示主成分脸
save('Mat/LowDimFaces.mat', 'LowDimFaces');
display('计算结束.');
```

通过下面的命令可以完成的对 main()函数的调用，将人脸样本向量降至 20 维。

```
%将工程所在文件夹 PCA_ORL 添加到系统路径列表
>> addpath(genpath('F:\doctor research\Matlab Work\ebook\PCA_ORL'))
>> main(20) %提取前 20 个主成分，即降至 20 维
```

上述命令运行后会在 Mat 目录下生成 "LowDimFaces.mat" 文件，其中的 200×20 维矩阵 LowDimFaces 是经过 PCA 降维后，原样本矩阵 FaceContainer 的低维表示。200 个人脸样本所对应的每一个特征向量由原来的 10304 维变成了 20 维，这就将后续的分类问题变为了一个在 20 维空间中的划分问题，大大得到了简化。

13.4.4　主成分脸可视化分析

fastPCA()函数的另一个输出为主分量阵 *W*，它是一个 10304×20 的矩阵，每列是一个 10304 维的主分量（样本协方差矩阵的本征向量），在人脸分析中，习惯称之为主成分脸。事实上可以将这些列向量以 112×92 的分辨率来显示，该工作由函数 visualize_pc()完成，实现如下。

```
function visualize_pc(E)
% 显示主成分分量 (主成分脸，即变换空间中的基向量)
%
% 输入：E --- 矩阵，每一列是一个主成分分量

[size1 size2] = size(E);
global imgRow;
global imgCol;
```

```
row = imgRow;
col = imgCol;

if size2 ~= 20
    error('只用于显示 20 个主成分');
end;

figure
img = zeros(row, col);
for ii = 1:20
    img(:) = E(:, ii);
    subplot(4, 5, ii);
    imshow(img, []);
end
```

上述程序运行后，20 个主成分脸如图 13.15 所示。从图中不难理解为什么主分量会被称为主成分脸。

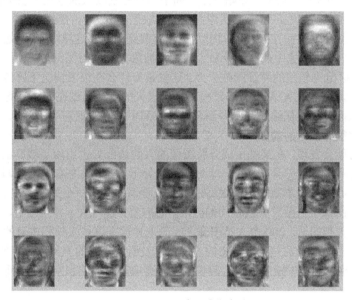

图 13.15　20 个主成分脸

1.　主成分脸的定量分析

回顾公式（10-20）：

$$a_{ik} = \vec{e}_k \cdot (\vec{x}_i - \vec{m}) = \vec{e}_k^{\mathrm{T}} (\vec{x}_i - \vec{m})$$

可以看到，样本 $\vec{x}_i$ 降维后的特征向量的每一维分量 a_{ik} $(k=1,2,\ldots,d')$ 都是主分量 $\vec{e}_k$ 和个体差异脸 $(\vec{x}_i - \vec{m})$（$(\vec{x}_i - \vec{m})$ 是某一个体人脸与平均人脸的差异）的内积。也就是说，对于原空间中 $(\vec{x}_i - \vec{m})$ 的每一维都与 $\vec{e}_k$ 的对应一维相乘。因此，a_{ik} 可以看成是对原 d 维空间中向量 $(\vec{x}_i - \vec{m})$ 根据权向量 $\vec{e}_k$ 的一种加权求和（线性组合）。而作为主成分脸，$\vec{e}_k$ 的各维分量实际上给出了在 PCA 降维过程中，个体差异脸（$\vec{x}_i - \vec{m}$）各个维分量的重要程度。

2.　结合主成分脸图像的分析

首先，可以看到，图 13.15 中的所有 20 个主成分脸图像的一个共同点是人脸区域之外的图像背景相对较暗，比较典型的如第 1 行的第 3 幅图像，其背景几乎为黑色，这是因为 ORL 数据集中的人脸图像背景较为均匀一致，在原始 d 维空间中样本在对应背景的这些维上差异很小，从样本分布云团上看，这些维上的云团的散布最小，因此 $\vec{e}_k$ 对应于这些维的加权系数很小，在显现出的图像中就是灰度小，从而表现为主成分脸的暗背景。

　　继续按照这种思路分析，拿第 1 个主成分脸来说，眉毛、鼻子和上嘴唇是图像中灰度相对较高的区域，这说明实验数据集中的 200 个人脸之间在这些位置存在较大的差异；再比如第 1 行的第 5 个主成分脸，面部区域整体亮度较高，这可能是由数据集人脸之间的肤色差异导致的；其他典型的如第 2 行的第 3 个以及第 3 行的第 2 个主成分脸中的眼睛，第 2 行第 1 个以及第 4 行第 2 个主成分脸的嘴，这些高亮度区域反映了实验数据集中人脸之间的五官差异。此外，还注意到同为五官之一的鼻子似乎并不"抢眼"，仅第 3 行的第 1 幅图像的鼻梁区域亮度相对高一些，这说明正面为主的人脸图像中鼻子之间差异不大，这正好和学术界普遍认可的鼻子在正面图像为主的人脸识别中的作用不大的结论相一致。

3. 降维对分类性能的影响

　　人类能够识别人脸，正是由于不同的人在眼睛、嘴和眉毛等一些重要器官上的差别较大。经 $V = (\vec{e}_1, \vec{e}_2, ..., \vec{e}_{d'})$ 的线性变换后，原始 d 维空间中那些差别较大的维在变换至低维空间的过程中被较大的加权而保留；而那些每幅人脸图像都类似（缺乏区分力）的特征，如背景、鼻子、和额头等被赋以了较低的权值，从而在 d' 维空间中几乎没有得到体现。这样经 PCA 处理后，在特征向量维数大大降低的同时，原图像中那些差异最大的特征被最大程度的保留（以一种线性组合的形式），而那些相对一致、区分力较差的特征则被丢弃。这就是为什么在很多情况下降维后，分类的识别率并不会明显下降的原因。PCA 降维丢弃某些特征所损失的信息通过在低维空间中更加精确地映射可以得到补偿，从而可以在低维空间中得到和高维空间中相当的识别率。

4. PCA 能够很好工作的前提

　　细心的读者可能会发现，在某些主成分脸图像的人脸边缘处也出现了较高的灰度，这是由数据集图像中人脸姿态和位置的差异造成的，幸好这种差异不大（10%左右）。实际上在本书的系统中，经过 PCA 降维后的 20 维样本矩阵能够很好地用于人脸识别的另一个关键点在于 ORL 人脸数据库中的大部分人脸在图像中占据着大致相同的区域，姿态差异度不大，并且眼睛、鼻子、发髻和嘴的位置也大体相同。否则的话，200 个人脸图像之间的差异就不再是人长相本身的差异了，而是这些人的脸部区域在图像中位置的差异，姿态的差异，以及器官位置的差异了。当然，此时 PCA 可以照常计算，但将降维后的样本矩阵用于人脸识别就不会取得理想的识别率了，而可能更适合于姿态分类。

13.4.5　基于主分量的人脸重建

　　下面利用式（13-19）来实现对个体人脸图像的重建。本书提供的函数 approx() 可以胜任这一工作。其中参数 x 是需要重建的个体人脸样本，k 是重建使用的主分量数目，输出 $xApprox$ 为对于原样本向量 x 的重建（近似）。具体实现如下。

```
function [ xApprox ] = approx( x, k )
% 用 k 个主成分分量来近似（重建）样本 x
%
% 输入：x --- 原特征空间中的样本，被近似的对象
%       k --- 近似（重建）使用的主分量数目
%
% 输出：xApprox --- 样本的近似（重建）

% 读入 PCA 变换矩阵 V 和 平均脸 meanVec
load Mat/PCA.mat

nLen = length(x);

xApprox = meanVec;
```

```
for ii = 1:k
    xApprox=xApprox+((x-meanVec)*V(:,ii))*V(:,ii)';
end
```

下面的程序分别采用了 50、100 和 200 个主分量来重建原始样本向量 x。其中函数 displayImage (x, h, w) 的作用为将向量 x 按照 $h \times w$ 的分辨率进行显示。

```
>> load Mat/FaceMat.mat % 载入样本矩阵
>> x = FaceContainer(1, :); % 第一个人脸样本向量
>> displayImage(xApprox, 112 , 92); % 显示原图像
>> [pcaA V] = fastPCA( FaceContainer, 200 ); % 计算 200 个主分量
>> xApprox = approx(x, 50); % 使用 50 个主分量的近似
>> displayImage(xApprox, 112 , 92);
>> xApprox = approx(x, 100); % 使用 100 个主分量的近似
>> displayImage(xApprox, 112 , 92);
>> xApprox = approx(x, 200); % 使用 200 个主分量的近似
>> displayImage(xApprox, 112 , 92);
>> dist = norm(xApprox - x) % 计算近似的差异

dist =

   129.2606
```

上述程序最后利用 norm() 函数计算的距离表明当使用 200 个主分量进行重建时，*xApprox* 与 *x* 几乎没有差异（灰度范围为 0~255 的两幅 112×92 的图像距离仅为 129）。原始图像的重建效果如图 13.16 所示。

（a）原始样本 x 的图像　　（b）使用 50 个主　　（c）使用 100 个主　　（d）使用 200 个主分量的重建效果
　　　　　　　　　　　　　　分量的重建效果　　　分量的重建效果

图 13.16　使用 50、100 和 200 个主分量对原样本的重建效果

注　　　图 13.16（a）和图（d）实际上是同一向量在不同基下的两种不同表示。

13.5 局部二进制模式

局部二进制模式（Local Binary Patterns ,LBP）最早是作为一种有效的纹理描述算子提出的，由于其对图像局部纹理特征的卓越描绘能力而获得了十分广泛的应用。LBP 特征具有很强的分类能力（Highly Discriminative）、较高的计算效率并且对于单调的灰度变化具有有不变性。

13.5.1　基本 LBP

图 13.17 给出了一个基本的 LBP 算子，应用 LBP 算子的过程类似于滤波过程中的模板操作。

逐行扫描图像，对于图像中的每一个像素点，以该点的灰度作为阈值，对其周围 3×3 的 8 邻域进行二值化，按照一定的顺序将二值化的结果组成一个 8 位二进制数，以此二进制数的值（0～255）作为该点的响应。

例如对于图 13.17 中的 3×3 区域的中心点，以其灰度值 88 作为阈值，对其 8 邻域进行二值化，并且从左上点开始按照顺时针方向（具体的顺序可以任意，只要统一即可）将二值化的结果组成一个二进制数 10001011，即十进制的 139，作为中心点的响应。在整个逐行扫描过程结束后，会得到一个 **LBP 响应图像**，这个响应图像的直方图被称为 **LBP 统计直方图**，或 **LBP 直方图**，它常常被作为后续识别工作的特征，因此也被称为 **LBP 特征**。

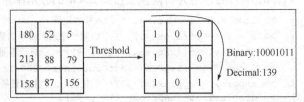

图 13.17　基本 LBP 算子

LBP 的主要思想是以某一点与其邻域像素的相对灰度作为响应，正是这种相对机制使得 LBP 算子对于单调的灰度变化具有不变性。人脸图像常常会受到光照因素的影响而产生灰度变化，但在一个局部区域内，这种变化常常可以被视为是单调的，因此 LBP 在光照不均的人脸识别应用中也取得了很好的效果。

13.5.2　圆形邻域的 $LBP_{P,R}$ 算子

基本 LBP 算子可以被进一步推广为使用不同大小和形状的邻域。采用圆形的邻域并结合双线性插值运算使操作者能够获得任意半径和任意数目的邻域像素点。图 13.18 给出了一个半径为 2 的 8 邻域像素的圆形邻域，图中每个方格对应一个像素，对于正好处于方格中心的邻域点（左、上、右、下 4 个黑点），直接以该点所在方格的像素值作为它的值；对于不在像素中心位置的邻域点（斜 45° 方向的 4 个黑点），通过双线性插值确定其值。

图 13.18　圆形（8,2）邻域的 $LBP_{8,2}$ 算子

这种 LBP 算子记作 $LBP_{P,R}$，下标中 P 表示 P 邻域，R 表示圆形邻域的半径。

如图 13.19 所示，位于图像中第 i 行和第 j 列的中心点（其灰度用 $I(i,j)$ 表示）和 8 个邻域点用大点标出，为计算左上角空心大黑点的值，需要利用其周围的 4 个像素点（4 个空心小黑点）进行插值。根据 4.7.2 小节的双线性插值方法，首先分别计算出两个十叉点 1 和 2 的水平插值，其中点 1 的值根据与之处于同一行的 $I(i-2,j-2)$ 以及 $I(i-2,j-1)$ 的线性插值得到：

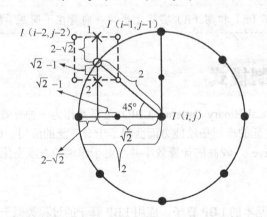

图 13.19　通过双线性插值确定不在像素中心位置的邻域点（斜 45° 方向的 4 个大点）的值

$$value(1) = I(i-2, j-2) + (2-\sqrt{2}) \times (I(i-2, j-1) - I(i-2, j-2))$$

同理可计算出点 2 的值：

$$value(2) = I(i-1, j-2) + (2-\sqrt{2}) \times (I(i-1, j-1) - I(i-1, j-2))$$

再计算出点 1 和点 2 竖直线性插值：

$$value = value(1) + (2-\sqrt{2}) \times (value(2) - value(1))$$

13.5.3　统一化 LBP 算子——Uniform LBP 及其 MATLAB 实现

由于 LBP 直方图大多都是针对图像中的各个分区分别计算的（详见 13.5.5 小节），对于一个普通大小的分块区域，标准 LBP 算子得到的二进制模式数目（LBP 直方图收集箱数目）较多，而实际的位于该分块区域中的像素数目却相对较少，这将会得到一个过于稀疏的直方图，从而使直方图失去统计意义。因此应设法减少一些冗余的 LBP 模式，同时又保留足够的具有重要描绘能力的模式。

1. 理论基础

正是基于以上考虑，研究者提出了统一化模式（Uniform Patterns）的概念，这是对 LBP 算子的又一重大改进。对于一个局部二进制模式，在将其二进制位串视为循环的情况下，如果其中包含的从 0 到 1 或者从 1 到 0 转变不多于 2 个，则称这个局部二进制模式为统一化模式（Uniform Patterns）。例如，模式 00000000（0 个转变），01110000（2 个转变）和 11001111（2 个转变）都是统一化模式，而模式 11001001（4 个转变）和 01010011（5 个转变）则不是。

统一化模式的意义在于：在随后的 LBP 直方图的计算过程中，只为统一化模式分配单独的直方图收集箱（bin），而所有的非统一化模式都被放入一个公用收集箱，这就使 LBP 特征的数目大大减少。一般来说，保留的统一化的模式往往是反映重要信息的那些模式，而那些非统一化模式中过多的转变往往由噪声引起，不具有良好的统计意义。

假设图像分块区域大小为 18×20，像素总数为 360。如果采用 8 邻域像素的标准 LBP 算子，收集箱（特征）数目为 256 个，平均到每个收集箱的像素数目还不到 2 个（360/256），没有统计意义；而统一化 LBP 算子的收集箱数目为 59(58 个统一化模式收集箱加上 1 个非统一化模式收集箱)，平均每个收集箱中将含有 6 个左右像素（360/59），更具统计意义。对 16 邻域像素而言，标准 LBP 算子和统一化 LBP 算子的收集箱数目分别为 65536 和 243。

统一化 LBP 算子通常记作 $LBP_{P,R}^{u2}$。

2. MATLAB 实现

本节所提供的全部源代码可以在随书奉赠光盘中的 LBP 工具箱 LBP Toolbox 中找到，使用时可通过以下命令将工具箱添加到工作路径。

```
addpath(genpath('…改为您存放 LBP 工具箱的相应目录…\LBP Toolbox'))
```

LBP 算子具有一定的半径，类似于模板操作，这里同样要注意 LBP 算子应用过程中的边界问题。由于一般关心的是 LBP 统计直方图，而不是响应图像本身，因此实现中一般不需向外填充边界，而是直接在计算中不包括图像的边界部分。

应用 $LBP_{8,2}^{u2}$ 算子到某个分块图像并获得直方图的实现程序如下。

```
function [histLBP, MatLBP] = getLBPFea(I)
% 计算分区图像 I 的 LBP 特征,(8,2),uniform
%
% 输入: I --- 分区图像
%
% 返回值: MatLBP --- LBP 响应矩阵
```

```
%         histLBP --- 行向量, LBP 直方图

% 获得分块图像 I 的大小
[m n] = size(I);
rad = 2;
if (m <= 2*rad) || (n <= 2*rad)
    error('I is too small to compute LBP feature!');
end

MatLBP = zeros(m-2*rad, n-2*rad);

% 读入 LBP 映射(像素灰度与直方图收集箱索引的映射)
load Mat/LBPMap.mat;

for ii = 1+rad : m-rad
    for jj = 1+rad : n-rad
        nCnt = 1;

        % 计算(8,2)邻域的像素值, 不在像素中心的点通过双线性插值获得其值
        nbPT(nCnt) = I(ii, jj-rad);
        nCnt = nCnt + 1;

        horInterp1 = I(ii-2, jj-2) + 0.5858*( I(ii-2, jj-1) - I(ii-2, jj-2) ); % 水平方向插值
        horInterp2 = I(ii-1, jj-2) + 0.5858*( I(ii-1, jj-1) - I(ii-1, jj-2) ); % 水平方向插值
        verInterp = horInterp1 + 0.5858*( horInterp2 - horInterp1 ); % 竖直方向插值
        nbPT(nCnt) = verInterp;
        nCnt = nCnt + 1;

        nbPT(nCnt) = I(ii-2, jj);
        nCnt = nCnt + 1;

        horInterp1 = I(ii-2, jj+1) + 0.4142*( I(ii-2, jj+2) - I(ii-2, jj+1) );
        horInterp2 = I(ii-1, jj+1) + 0.4142*( I(ii-1, jj+2) - I(ii-1, jj+1) );
        verInterp = horInterp1 + 0.5858*( horInterp2 - horInterp1 );
        nbPT(nCnt) = verInterp;
        nCnt = nCnt + 1;

        nbPT(nCnt) = I(ii, jj+2);
        nCnt = nCnt + 1;

        horInterp1 = I(ii+1, jj+1) + 0.4142*( I(ii+1, jj+2) - I(ii+1, jj+1) );
        horInterp2 = I(ii+2, jj+1) + 0.4142*( I(ii+2, jj+2) - I(ii+2, jj+1) );
        verInterp = horInterp1 + 0.4142*( horInterp2 - horInterp1 );
        nbPT(nCnt) = verInterp;
        nCnt = nCnt + 1;

        nbPT(nCnt) = I(ii+2, jj);
        nCnt = nCnt + 1;

        horInterp1 = I(ii+1, jj-2) + 0.5858*( I(ii+1, jj-1) - I(ii+1, jj-2) );
        horInterp2 = I(ii+2, jj-2) + 0.5858*( I(ii+2, jj-1) - I(ii+2, jj-2) );
        verInterp = horInterp1 + 0.4142*( horInterp2 - horInterp1 );
        nbPT(nCnt) = verInterp;


        for iCnt = 1:nCnt
            if( nbPT(iCnt) >= I(ii, jj) )
                MatLBP(ii-rad, jj-rad) = MatLBP(ii-rad, jj-rad) + 2^(nCnt-iCnt);
            end
        end
    end
end

% 计算 LBP 直方图
```

```
histLBP = zeros(1, 59); % 对于(8,2)的 uniform 直方图共有 59 个收集箱

for ii = 1:m-2*rad
    for jj = 1:n-2*rad
        histLBP( vecLBPMap( MatLBP(ii, jj)+1 ) ) = histLBP( vecLBPMap( MatLBP(ii, jj)+1 ) )
+ 1;
    end
end
```

上述算法中围绕每一个中心点，从左侧开始，按照顺时针的顺序访问 8 个邻域，形成二进制模式位串。在计算直方图时借助 vecLBPMap 映射表将响应图像 MatLBP 中的像素灰度映射到其对应的收集箱编号。如灰度为 $gray$（$0 \leqslant gray \leqslant 255$）的像素应落入第 vecLBPMap（gray+1）号收集箱中。通过下面的函数 makeLBPMap 来获得映射表 vecLBPMap。

```
function vecLBPMap = makeLBPMap
% 生成(8,2)临域 uniform LBP 直方图的映射关系，即将 256 个灰度值映射到 59 个收集箱中，
% 所有的非 uniform 放入一个收集箱中

vecLBPMap = zeros(1, 256); %初始化映射表

bits = zeros(1, 8); %8 位二进模式串

nCurBin = 1;

for ii = 0:255
    num = ii;

    nCnt = 0;

    % 获得灰度 num 的二进制表示 bits
    while (num)
        bits(8-nCnt) = mod(num, 2);
        num = floor( num / 2 );
        nCnt = nCnt + 1;
    end

    if IsUniform(bits) % 判断 bits 是不是 uniform 模式
        vecLBPMap(ii+1) = nCurBin; % 每个 uniform 模式分配一个收集箱
        nCurBin = nCurBin + 1;
    else
        vecLBPMap(ii+1) = 59; %所有非 uniform 模式都放入第 59 号收集箱
    end

end

% 保存映射表
save('Mat/LBPMap.mat', 'vecLBPMap');
```

函数 makeLBPMap 中调用了 IsUniform（bits）方法来检查二进模式串 bits 是否是统一化模式（Uniform Patterns），IsUniform 方法的实现如下。

```
function bUni = IsUniform(bits)
% 判断某一个位串模式 bits 是否是 uniform 模式
%
% 输入：bits --- 二进制 LBP 模式串
%
% 返回值：bUni --- =1, if bits 是 uniform 模式串；=2, if bits 不是 uniform 模式串

n = length(bits);

nJmp = 0; % 位跳变数（0->1 or 1->0）
for ii = 1 : (n-1)
```

```
        if( bits(ii) ~= bits(ii+1) )
            nJmp = nJmp+1;
        end
    end
    if bits(n) ~= bits(1)
        nJmp = nJmp+1;
    end

    if nJmp > 2
        bUni = false;
    else
        bUni = true;
    end
```

13.5.4 MB–LBP 及其 MATLAB 实现

1. 理论基础

前述的基于像素相对灰度比较的 $\text{LBP}_{P,R}^{u2}$ 算子可以很精细地描述图像局部的纹理信息。然而，也正是由于这种特征的局部化特点，使它易受噪声的影响而不够健壮（Robust），缺乏对图像整体信息的粗粒度把握。因此 MB-LBP（Multi-Block Local Binary Patterns）被提出以弥补传统 LBP 的这一不足。起初 MB-LBP 被作为标准 3×3 LBP 的扩展而引入，随后也被用于与 $\text{LBP}_{P,R}^{u2}$ 算子结合使用。在 MB-LBP 的计算中，传统 LBP 算子像素值之间的比较被像素块（sub-block）之间的平均灰度的比较所代替，如图 13.20 所示。不同的像素块大小代表着不同的观察和分析粒度。通常以符号 $\text{MB}_s - \text{LBP}_{8,2}^{u2}$ 表示像素块大小为 $S{\times}S$ 的 $\text{LBP}_{8,2}^{u2}$ 算子。

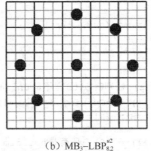

(a) $\text{MB}_3 - \text{LBP}_{3,3}^{u2}$ (b) $\text{MB}_3 - \text{LBP}_{8,2}^{u2}$

图 13.20 MB-LBP 算子

注：图中每个灰色细线的小方格代表一个像素，每个黑色粗线围成的大方格代表一个像素块，其值是由其中 3×3 共 9 个像素的灰度平均而得的。

2. MATLAB 实现

下面分别给出应用 $\text{MB}_s - \text{LBP}_{8,2}^{u2}$ 算子和 $\text{MB}_3 - \text{LBP}_{8,2}^{u2}$ 算子到某一图像分区 I 的 MATLAB 算法实现。

（1）提取 $\text{MB}_s - \text{LBP}_{8,2}^{u2}$ 特征。

算法 getMBLBPFea() 的输入 *blockSize* 为块的大小，即 $\text{MB}_s - \text{LBP}_{8,2}^{u2}$ 中的 S，其默认值为 1，即 1 个块仅为 1 个像素，对应传统的 $\text{LBP}_{8,2}^{u2}$ 算子。因此，在 13.5.3 小节的 getLBPFea() 算法可以看作是本算法的特例。为了求得 I 中各个像素块的值，首先计算像素块中像素的平均灰度，而后以此平均灰度作为灰度值，求得了 I 的低分辨率表示 I_MB，此后的阈值化操作只需对 I_MB 进行，阈值化过程和 getLBPFea() 中类似。

```
function [histLBP, MatLBP, MatLBP_MB] = getMBLBPFea(I, blockSize)
```

```
% 计算分块区域 I 的 LBP 特征,(8,2),uniform
%
% 输入: I --- 分区图像
%       blockSize --- MBLBP 中的分块大小，默认值为 1
%
% 返回值: MatLBP --- LBP 响应矩阵
%         histLBP --- 行向量, LBP 直方图
%         MatLBP_MB --- MBLBP 的像素块低分辨率表示

if nargin < 2
   blockSize = 1;
end

% 获得分块图像 I 的大小
[m n] = size(I);

% 将原始图像依据 blockSize 分块，计算每块的平均灰度值，对应保存在映射矩阵 I_MB 中
mSub = floor(m / blockSize);
nSub = floor(n / blockSize);

mRem = mod(m, blockSize);
nRem = mod(n, blockSize);
mRem = round(mRem / 2);
nRem = round(nRem / 2);

I_MB = zeros(mSub, nSub);

for ii = 1:mSub
   for jj = 1:nSub
      I_center = I( 1+mRem:mRem+mSub*blockSize, 1+nRem:nRem+nSub*blockSize ); % 取中心
区域，不够分出整块的留在两个边
         SubRgn = I_center( (ii-1)*blockSize+1 : ii*blockSize, (jj-1)*blockSize+1 :
jj*blockSize );
         I_MB(ii, jj) = mean( SubRgn(:) );
   end
end



% 剩下的任务就是对分块矩阵的映射 I_MB 计算 blockSize = 1 的 uniform (8, 2) LBP 特征了
rad = 2;
if (mSub <= 2*rad) || (nSub <= 2*rad)
   error('I is too small to compute LBP feature!');
end

MatLBP_MB = zeros(mSub-2*rad, nSub-2*rad);

% 读入 LBP 映射(像素灰度与直方图收集箱索引的映射)
load Mat/LBPMap.mat;

for ii = 1+rad : mSub-rad
   for jj = 1+rad : nSub-rad
      nCnt = 1;


      % 计算(8,2)邻域的像素值，不在像素中心的点通过双线性插值获得其值
      nbPT(nCnt) = I_MB(ii, jj-rad);
      nCnt = nCnt + 1;

      horInterp1 = I_MB(ii-2, jj-2) + 0.5858*( I_MB(ii-2, jj-1) - I_MB(ii-2, jj-2) );
% 水平方向插值
      horInterp2 = I_MB(ii-1, jj-2) + 0.5858*( I_MB(ii-1, jj-1) - I_MB(ii-1, jj-2) );
% 水平方向插值
```

```
                verInterp = horInterp1 + 0.5858*( horInterp2 - horInterp1 ); % 竖直方向插值
                nbPT(nCnt) = verInterp;
                nCnt = nCnt + 1;

                nbPT(nCnt) = I_MB(ii-2, jj);
                nCnt = nCnt + 1;

                horInterp1 = I_MB(ii-2, jj+1) + 0.4142*( I_MB(ii-2, jj+2) - I_MB(ii-2, jj+1) );
                horInterp2 = I_MB(ii-1, jj+1) + 0.4142*( I_MB(ii-1, jj+2) - I_MB(ii-1, jj+1) );
                verInterp = horInterp1 + 0.5858*( horInterp2 - horInterp1 );
                nbPT(nCnt) = verInterp;
                nCnt = nCnt + 1;

                nbPT(nCnt) = I_MB(ii, jj+2);
                nCnt = nCnt + 1;

                horInterp1 = I_MB(ii+1, jj+1) + 0.4142*( I_MB(ii+1, jj+2) - I_MB(ii+1, jj+1) );
                horInterp2 = I_MB(ii+2, jj+1) + 0.4142*( I_MB(ii+2, jj+2) - I_MB(ii+2, jj+1) );
                verInterp = horInterp1 + 0.4142*( horInterp2 - horInterp1 );
                nbPT(nCnt) = verInterp;
                nCnt = nCnt + 1;

                nbPT(nCnt) = I_MB(ii+2, jj);
                nCnt = nCnt + 1;

                horInterp1 = I_MB(ii+1, jj-2) + 0.5858*( I_MB(ii+1, jj-1) - I_MB(ii+1, jj-2) );
                horInterp2 = I_MB(ii+2, jj-2) + 0.5858*( I_MB(ii+2, jj-1) - I_MB(ii+2, jj-2) );
                verInterp = horInterp1 + 0.4142*( horInterp2 - horInterp1 );
                nbPT(nCnt) = verInterp;

                for iCnt = 1:nCnt
                    if( nbPT(iCnt) >= I_MB(ii, jj) )
                        MatLBP_MB(ii-rad, jj-rad) = MatLBP_MB(ii-rad, jj-rad) + 2^(nCnt-iCnt);
                    end
                end
        end
    end
end

% 还原 MatLBP_MB
MatLBP = zeros(m-2*rad*blockSize, n-2*rad*blockSize);
for ii = 1:mSub-2*rad
    for jj = 1:nSub-2*rad
        MatLBP( mRem+(ii-1)*blockSize+1 : mRem+ii*blockSize, nRem+(jj-1)*blockSize+1 :
nRem+jj*blockSize ) = MatLBP_MB(ii, jj);
    end
end

% 计算 LBP 直方图
histLBP = zeros(1, 59); % 对于(8,2)的 uniform 直方图共有 59 个收集箱

for ii = 1:mSub-2*rad
    for jj = 1:nSub-2*rad
        histLBP( vecLBPMap( MatLBP_MB(ii, jj)+1 ) ) = histLBP( vecLBPMap( MatLBP_MB(ii,
jj)+1 ) ) + 1;
    end
end
```

（2）提取 $MB_s - LBP_{8,2}^{u2}$ 特征。

```
function [histLBP, MatLBP, MatLBP_MB] = getMBLBPFea_33(I, blockSize)
% 计算分区图像 I 的 LBP 特征，3*3，uniform
% return value: MatLBP --- LBP 响应矩阵
%               histLBP --- 行向量，LBP 直方图
```

```
%                    blockSize --- MBLBP 中的分块大小，默认值为 1
%
% 输入：I --- 分区图像
%       blockSize --- 块的大小
%
% 返回值：MatLBP --- LBP 响应矩阵
%         histLBP --- 行向量，LBP 直方图
%         MatLBP_MB --- MBLBP 的像素块低分辨率表示

if nargin < 2
    blockSize = 1;
end

% 获得分块图像 I 的大小
[m n] = size(I);


% 将原始图像依据 blockSize 分块，计算每块的平均灰度值，对应保存在映射矩阵 I_MB 中
mSub = floor(m / blockSize);
nSub = floor(n / blockSize);

mRem = mod(m, blockSize);
nRem = mod(n, blockSize);
mRem = round(mRem / 2);
nRem = round(nRem / 2);

I_MB = zeros(mSub, nSub);

for ii = 1:mSub
    for jj = 1:nSub
        I_center = I( 1+mRem:mRem+mSub*blockSize, 1+nRem:nRem+nSub*blockSize ); % 取中心
区域，不够分出整块的留在两个边
        SubRgn = I_center( (ii-1)*blockSize+1 : ii*blockSize, (jj-1)*blockSize+1 :
jj*blockSize );
        I_MB(ii, jj) = mean( SubRgn(:) );
    end
end



% 剩下的任务就是对分块矩阵的映射 I_MB 计算 blockSize = 1 的 uniform 3*3 LBP 特征了
rad = 1;
if (mSub <= 2*rad) || (nSub <= 2*rad)
    error('I is too small to compute LBP feature!');
end

MatLBP_MB = zeros(mSub-2*rad, nSub-2*rad);

% 读入 LBP 映射(像素灰度与直方图收集箱索引的映射)
load Mat/LBPMap.mat;

for ii = 1+rad : mSub-rad
    for jj = 1+rad : nSub-rad
        nCnt = 1;


        % 计算 3*3 邻域的像素值
        nbPT(nCnt) = I_MB(ii-rad, jj-rad);
        nCnt = nCnt + 1;

        nbPT(nCnt) = I_MB(ii-rad, jj);
        nCnt = nCnt + 1;
```

```
            nbPT(nCnt) = I_MB(ii-rad, jj+rad);
            nCnt = nCnt + 1;

            nbPT(nCnt) = I_MB(ii, jj+rad);
            nCnt = nCnt + 1;

            nbPT(nCnt) = I_MB(ii+rad, jj+rad);
            nCnt = nCnt + 1;

            nbPT(nCnt) = I_MB(ii+rad, jj);
            nCnt = nCnt + 1;

            nbPT(nCnt) = I_MB(ii+rad, jj-rad);
            nCnt = nCnt + 1;

            nbPT(nCnt) = I_MB(ii, jj-rad);

            for iCnt = 1:nCnt
                if( nbPT(iCnt) >= I_MB(ii, jj) )
                    MatLBP_MB(ii-rad, jj-rad) = MatLBP_MB(ii-rad, jj-rad) + 2^(nCnt-iCnt);
                end
            end
        end
end

% 还原 MatLBP_MB
MatLBP = zeros(m-2*rad*blockSize, n-2*rad*blockSize);
for ii = 1:mSub-2*rad
    for jj = 1:nSub-2*rad
        MatLBP( mRem+(ii-1)*blockSize+1 : mRem+ii*blockSize, nRem+(jj-1)*blockSize+1 :
nRem+jj*blockSize ) = MatLBP_MB(ii, jj);
    end
end

% 计算 LBP 直方图
histLBP = zeros(1, 59); % 对于(8,2)的 uniform 直方图共有 59 个收集箱

for ii = 1:mSub-2*rad
    for jj = 1:nSub-2*rad
        histLBP( vecLBPMap( MatLBP_MB(ii, jj)+1 ) ) = histLBP( vecLBPMap( MatLBP_MB(ii,
jj)+1 ) ) + 1;
    end
end
```

【例 13.3】经过 $MB_s - LBP_{8,2}^{u2}$ 滤波的人脸图像。

分别采用 $MB_1 - LBP_{8,2}^{u2}$、$MB_2 - LBP_{8,2}^{u2}$ 和 $MB_3 - LBP_{8,2}^{u2}$ 算子对图 13.21（a）中图像进行特征提取的 MATLAB 程序如下所示。

```
>> I = imread('mh_gray.bmp'); %读入图像
>> [hist1, I_LBP1] = getMBLBPFea(I, 1);
>> [hist2, I_LBP2] = getMBLBPFea(I, 2);
>> [hist3, I_LBP3] = getMBLBPFea(I, 3);
>> figure, imshow(I_LBP1, []) %得到图 13.21(b)
>> figure, imshow(I_LBP2, []) %得到图 13.21(c)
>> figure, imshow(I_LBP3, []) %得到图 13.21(d)
```

上述程序运行后效果如图 13.21（b）、图 13.21（c）、图 13.21（d）所示。

图 13.21（b）、图 13.21（c）、图 13.21（d）分别为图 13.21（a）经过 $MB_1 - LBP_{8,2}^{u2}$，$MB_2 - LBP_{8,2}^{u2}$ 和 $MB_3 - LBP_{8,2}^{u2}$ 算子滤波之后的响应图像。注意 3 幅响应图像中 LBP 算子的强大纹理描绘能力，同时应看到随着像素块大小 S 的增加，响应图像中纹理增粗并且趋于稳定，说明对相对较大 S 的 LBP 直方图的分析将有助于操作者把握图像中的粗粒度信息。

（a）原图像　　（b）经 $\mathrm{MB_1\text{-}LBP_{8,2}^{u2}}$ 滤波后　　（c）经 $\mathrm{MB_2\text{-}LBP_{8,2}^{u2}}$ 滤波后　　（d）经 $\mathrm{MB_3\text{-}LBP_{8,2}^{u2}}$ 滤波后

图 13.21　经过 $\mathrm{MB_S\text{-}LBP_{8,2}^{u2}}$ 滤波的人脸图像

13.5.5　图像分区及其 MATLAB 实现

在 13.2.2 小节曾提到，作为图像的 1 阶统计特征，直方图无法描述图像的结构信息。而图像各个区域的局部特征往往差异较大，如果仅对整个图像生成一个 LBP 直方图，这些局部的差异信息就会丢失。分区 LBP 特征可有效解决这一问题。

具体的方法是将一幅图像适当地划分为 $P\times Q$ 个分区（Partition），然后分别计算每个图像分区的直方图特征，最后再将所有块的直方图特征连接成一个复合的特征向量（Composite Feature）作为代表整个图像的 LBP 直方图特征。

1．分区大小的选择

理论上，越小越精细的分区意味着更好的局部描述能力，但同时会产生更高维数的复合特征。然而过小的分区会造成直方图过于稀疏从而失去统计意义。在文献[7]人脸识别的应用中选择了 18×21 的分区大小，这可以作为对于一般问题的指导性的标准，因为它是一个精确描述能力与特征复杂度的良好折中。在表情识别中更小一些（如 10×15）的分区被证明[8, 9]能够获得更好的分类能力。这里分区大小的单位是 MB-LBP 的像素块（Block）。如对于传统 LBP，每个分区大小取（18×21）像素，则对于 $\mathrm{MB_3\text{-}LBP_{8,2}^{u2}}$，分区大小应取（$18\times21$）像素块=（$54\times63$）像素。

2．分区 LBP 的 MATLAB 实现

本节编写了 getLBPHist（I, r, c, nMB）函数用来提取图像 I 的分区 LBP 特征。其输入 r 和 c 分别代表分区的行数和列数，nMB 给出了 MB-LBP 像素块的大小。函数返回一个向量，它是图像 I 的复合 LBP 特征。

```
function histLBP = getLBPHist(I, r, c, nMB)
% 取得 I 的分区 LBP 直方图
%
% 输入: r,c --- 了分区的数目，r*c 个分区
%       nMB --- MB-LBP 中块的大小
%
% 返回值: histLBP --- 连接 I 的各个分块的 LBP 直方图而形成的代表 I 的 LBP 复合特征向量

[m n] = size(I);

% 计算分区的大小
mPartitionSize = floor(m / r);
nPartitionSize = floor(n / c);

for ii = 1:r-1
    for jj = 1:c-1
        Sub = I( (ii-1)*mPartitionSize+1:ii*mPartitionSize, (jj-1)*nPartitionSize+1:jj*
nPartitionSize );
```

```
        hist{ii}{jj} = getMBLBPFea( Sub, nMB ); %如需提取 3*3LBP，请注释此行
%          hist{ii}{jj} = getMBLBPFea_33( Sub, nMB ); %如需提取 3*3LBP，请打开此注释
    end
end

% 处理最后一行和最后一列
clear Sub
for ii = 1:r-1
    Sub = I( (ii-1)*mPartitionSize+1:ii*mPartitionSize, (c-1)*nPartitionSize+1:n );
    hist{ii}{c} = getMBLBPFea(Sub, nMB);
%    hist{ii}{c} = getMBLBPFea_33( Sub, nMB );
end
clear Sub

for jj = 1:c-1
    Sub = I( (r-1)*mPartitionSize+1:m, (jj-1)*nPartitionSize+1:jj*nPartitionSize );
    hist{r}{jj} = getMBLBPFea(Sub, nMB);
%    hist{r}{jj} = getMBLBPFea_33( Sub, nMB );
end
clear Sub

Sub = I((r-1)*mPartitionSize+1:m, (c-1)*nPartitionSize+1:n);
hist{r}{c} = getMBLBPFea(Sub, nMB);
%hist{r}{c} = getMBLBPFea_33( Sub, nMB );

% 连接各个分块的 LBP 直方图形成复合特征向量
histLBP = zeros(1, 0);
for ii = 1:r
    for jj = 1:c
        histLBP = [histLBP hist{ii}{jj}];
    end
end
```

默认情况下函数 getLBPHist( ) 提取 (8,2) 圆形邻域的 LBP 特征。如果需要提取 3×3 的 LBP 特征，请将代码中 getMBLBPFea 的调用替换为 getMBLBPFea_33 的调用。

【例 13.4】获得一幅图像的复合 LBP 直方图特征。

以不同的分区数目和不同的块大小从图 13.22（a）中提取分区 LBP 特征的程序如下。

```
>> I = imread('mh_gray.bmp'); %读入图像
>> histLBP1 = getLBPHist(I, 14, 13, 1); %按照 14×13 分区后像素块大小为 1 的复合 LBP 直方图特征
>> histLBP2 = getLBPHist(I, 7, 6, 2); %按照 7×6 分区后像素块大小为 2 的复合 LBP 直方图特征
>> histLBP3 = getLBPHist(I, 5, 4, 3); %按照 5×4 分区后像素块大小为 3 的复合 LBP 直方图特征
>> figure, plot(histLBP1) %得到图 13.22(b)
>> figure, plot(histLBP2) %得到图 13.22(c)
>> figure, plot(histLBP3) %得到图 13.22(d)
```

上述程序运行结果如图 13.22（b）、图 13.22（c）和图 13.22（d）所示。

图 13.22（b）、图 13.22（c）和图 13.22（d）分别为对图 13.22（a）中图像的复合 LBP 直方图。注意为保证每个分区中的像素块个数基本相同（约为 18×21），对于小像素块（$MB_1 - LBP_{8,2}^{u2}$），采用较大的分区数目，如图 13.22（b）中分区数为 14×13，这样每个分区中约包含 19×20 个像素块；而对于较大的像素块（$MB_3 - LBP_{8,2}^{u2}$），选择较小的分区数目，如图 13.22（d）中分区数为 5×4，这样每个分区中约包含 17×21 个像素块。由于每个分区的 uniform LBP 直方图（向量）维数均为 59，图 13.22（a）中得到的是一个 14×13×59 = 10738 维的直方图（向量），图 13.22（c）中为一个 5×4×59 = 1180 维的直方图（向量）。这也说明了越小越精细的分区（分区数目较多）在提供更好的局部描述能力的同时会产生更高维数的复合特征。

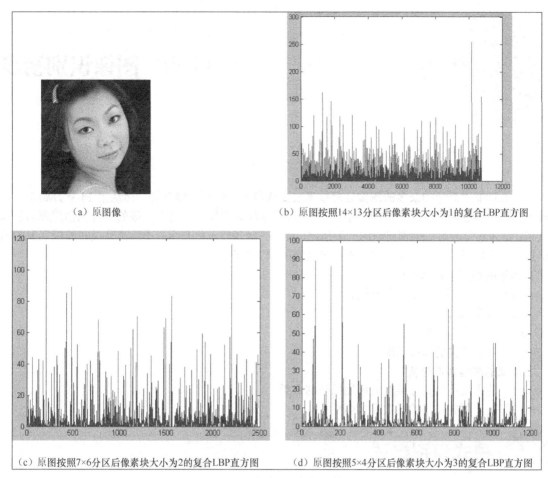

（a）原图像　　　（b）原图按照14×13分区后像素块大小为1的复合LBP直方图

（c）原图按照7×6分区后像素块大小为2的复合LBP直方图　　　（d）原图按照5×4分区后像素块大小为3的复合LBP直方图

图 13.22　复合 LBP 直方图特征

对于最终得到的这个复合 LBP 直方图，既可以将它直接作为 1 个代表图像的特征向量来使用，也可以采用 13.2.2 小节中介绍的方法进一步提取其统计特征。

第 14 章 图像识别初步

前面章节中介绍的众多的图像处理技术主要就是为图像识别服务的，而从第 14 章开始将正式转入图像识别领域。通过本章的学习，读者可以建立起对图像识别乃至一般的模式识别问题的基本认识，学习和掌握解决识别问题的一般思路。此外，14.3 节还将介绍最小距离分类和模板匹配的简单技术。可以说从现在开始，本书对机器视觉的探究将渐入高潮。

本章的知识和技术热点
(1) 模式与模式识别的基本概念
(2) 过度拟合
(3) 最小距离分类器
(4) 基于相关的模板匹配

本章的典型案例分析
(1) 基于最小距离分类器的鸢尾属植物分类
(2) 基于相关技术的图像模式匹配

14.1 模式识别概述

模式识别（Pattern Recognition）是人类的一项基本智能，在日常生活中，人们经常在进行"模式识别"。随着 20 世纪 40 年代计算机的出现以及 20 世纪 50 年代人工智能的兴起，人们当然也希望能用计算机来代替或扩展人类的部分脑力劳动。（计算机）模式识别在 20 世纪 60 年代初迅速发展并成为一门新学科。

1. 模式与模式识别

模式是由确定的和随机的成分组成的物体、过程和事件。在一个模式识别问题中，它是本节识别的对象。

模式识别是指对表征事物或现象的各种形式的（数值的、文字的和逻辑关系的）信息进行处理和分析，以对事物或现象进行描述、辨认、分类和解释的过程，简单地说就是应用计算机对一组事件或过程进行鉴别和分类。

本节所指的模式识别主要是对语音波形、地震波、心电图、脑电图、图片、照片、文字、符号、生物的传感器等对象进行测量的具体模式进行分类和辨识。

模式识别与统计学、心理学、语言学、计算机科学、生物学、控制论等都有关系。它与人工智能、图像处理的研究有交叉关系。例如自适应或自组织的模式识别系统包含了人工智能的学习机制；人工智能研究的景物理解、自然语言理解也包含模式识别问题。又如模式识别中的预处理和特征提取环节需要应用图像处理的技术；而图像处理中的图像分析也常常应用模式识别的技术。

2. 图像识别

将模式识别的方法和技术应用于图像领域，即当识别的对象是图像时就称为**图像识别**。虽然对人类而言，理解和识别所看见的东西似乎是一件再平常不过的事情，但让计算机具有类似的智能却是一项极具挑战性的任务，然而两者在很多环节上是相似的，下面从熟悉的人类视觉过程开始，认识机器的图像识别机理。

图形刺激作用于感觉器官，人们辨认出它是经验过的某一图形的过程，也叫图像再认。所以说在图像识别中，既要有当时进入感官的信息，也要有记忆中存储的信息。只有通过存储的信息与当前的信息进行比较的加工过程，才能实现对图像的再认。这一点和计算机的识别中，需要先学习一些已经类别的样本（训练样本），才能识别那些类别未知的新样本（测试样本）是相似的。

人的图像识别能力是很强的。图像距离的改变或图像在感觉器官上作用位置的改变，都会造成图像在视网膜上的大小和形状的改变，即使在这种情况下，人们仍然可以认出他们过去知觉过的图像；此外，人类还具有非凡的 3D 重建能力，比如说可能只见过某人的正面照片，但可以认出此人的侧脸甚至是背脸。从这个意义上说，目前计算机的识别能力与人类就相差甚远了。

图像识别可能是以图像的主要特征为基础的。每个图像都有它的特征，如字母 A 有个尖、P 有个圈、而 Y 的中心有个锐角等。相关研究表明，识别时视线总是集中在图像的主要特征上，也就是集中在图像轮廓曲度最大或轮廓方向突然改变的地方，这些地方的信息量最大。而且眼睛的扫描路线也总是依次从一个特征转到另一个特征上。由此可见，在图像识别过程中，知觉机制必须排除输入的多余信息，抽出关键的信息。同时，在大脑里必定有一个负责整合信息的机制，它能把分阶段获得的信息整理成一个完整的知觉映象。这一点正好说明了图像识别中特征提取的必要性。

图像识别中著名的的模板匹配模型认为，要识别某个图像，必须在过去的经验中有这个图像的记忆模式，又叫模板。当前的刺激如果能与大脑中的模板相匹配，这个图像就被识别了。例如有一个字母 A，如果在脑中有个 A 模板，字母 A 的大小、方位、形状都与这个 A 模板完全一致，字母 A 就被识别了。但这种模型强调图像必须与脑中的模板完全匹配才能成功识别，而事实上人不仅能识别与脑中的模板完全一致的图像，也能识别与模板不完全一致的图像。例如，人们不仅能识别某一个具体的字母 A，也能识别印刷体的、手写体的、方向不正、大小不同的各种字母 A。这就提示操作者，匹配过程不应基于完全相同的比较而是应基于某种相似性的度量。

3. 关键概念

下面介绍一些识别中常用的重要概念。

（1）模式类（Pattern Class）：是指共享一组共同属性（或特征）的模式集合，通常具有相同的来源。

（2）特征（Feature）：是一种模式区别于另一种模式的相应（本质）特点或特性，是通过测量或处理能够抽取的数据。

（3）噪声（Noise）：是指与模式处理（特征抽取中的误差）和（或）训练样本联合的失真，它对系统的分类能力（如识别）产生影响。

（4）分类/识别（Classification/Recognition）：是指根据特征将模式分配给不同的模式类，识别出模式的类别的过程。

（5）分类器（Classifier）：可理解为为了实现分类而建立起来的某种计算模型，它以模式特征为输入，输出该模式所属的类别信息。

（6）训练样本（Training Sample）：是一些类别信息已知的样本，通常使用它们来训练分类器。

（7）训练集合（Training Set）：训练样本所组成的集合。

（8）训练/学习（Training/Learning）：是指根据训练样本集合，"教受"识别系统如何将输入矢量映射为输出矢量的过程。

（9）测试样本（Testing Sample）：是一些类别信息对于分类器未知（不提供给分类器其类别信息）的样本，通常使用它们来测试分类器的性能。

（10）测试集合（Testing Set）：测试样本所组成的集合。当测试集合与训练集合没有交集时，称为独立的测试集。

（11）测试（Testing）：是将测试样本作为输入送入已训练好的分类器，得到分类结果并对分类正确率进行统计的过程。

（12）识别率（Accuracy）：是指对于某一样本集合而言，经分类器识别正确的样本占总样本数的比例。

（13）泛化精度（Generalization Accuracy）：分类器在独立于训练样本的测试集合上的识别率。

4. 识别问题的一般描述

一个模式识别问题一般可描述为：在训练样本集合已经"教受"给识别系统如何将输入矢量映射为输出矢量的前提下，已知一个从样本模式中抽取的输入特征集合（或输入矢量），$X = \{x_1, x_2,..., x_n\}$，寻找一个根据预定义标准与输入特征匹配的相应特性集合（输出矢量），$Y = \{y_1, y_2,..., y_m\}$。

这其中对于类别已知的样本参与的训练过程，可参考图 14.1（a），此时样本的类别信息 Y 是已知的，它同训练样本 X 一起参与分类器的训练；而图 14.1（b）中的识别正是利用训练得到的分类器将输入模式 X 映射为输出类别信息 Y 的过程。实际上，不妨将训练过程理解为一种在输入 X 和输出 Y 均已知的情况下确定函数 $Y = f(X)$ 具体形式的函数拟合过程；而识别过程则可理解为将类别未知的模式 X 作为 f 的输入，从而计算出 Y 的函数求值过程。当然，这里的函数 f 很可能不具有解析形式，有时会相当复杂，它代表着一种广义上的映射关系。

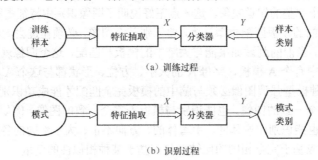

图 14.1　训练和识别过程

在第 13.1.3 小节中讨论特征向量及其几何解释时，曾指出了识别（分类）的任务就是找到对特征空间的一种合理划分。分类器将特征空间分成标记为类别的决策区域，对于唯一的分类结果，这些区域必须覆盖整个特征空间且不相交，而每个区域的边缘称为决策边界。从这个意义上说分类器就是分割决策区域的决策边界函数集合，图 14.2 给出了一些典型的决策区域和决策边界。对特征矢量的分类就是确定它属于那个决策区域的过程。

5. 过度拟合

在图 14.2 中，可以注意到决策边界既可以是图 14.2（a）、图 14.2（b）中那样简单的线性或二次形式，也可以像图 14.2（c）中的那样极其复杂且不规则形式。那么，对于一个特定的分类问题，读者是应当选择简单的模型还是比较复杂的模型呢？一般来说，简单的模型具有计算复杂度上的优势，训练它们所需的样本数目通常也更少，但它们对空间的划分往往不够精确，导致识别精度受到一定的限制；而复杂的模型可以更好地拟合训练样本，产生非常适应训练数据的复杂决策边界，从而有理由期望它们在测试集上也会有好的表现。然而，这一美好的愿望并不总能实现，事实上，过度复杂的决策边界常常导致所谓"过度拟合"（Overfit）现象的发生，正如例 14.1 中所描述的那样。

【例 14.1】过度拟合现象。

对于图 14.3（a）中的两类训练样本，有如图 14.3（a）所示的两种分类策略，一个简单的二次曲线和另一个复杂得多的不规则曲线。可以看到在图 14.3（a）中不规则曲线完美地分类了所有的训练样本，无一差错；而当面对从未见过的测试样本时（如图 14.3（b）所示），复杂曲线的表现令

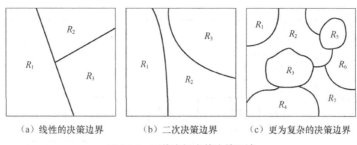

图 14.2　二维空间中的决策区域

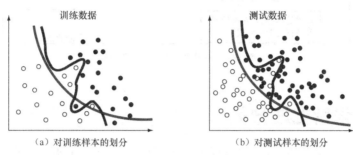

图 14.3　过度拟合

人大失所望，它将一大部分"实心圆"类样本错分为"空心圆"类，简单的二次曲线却工作得相当好。究其原因，主要是过度复杂的决策边界不能够对新数据进行很好地归纳（泛化，一般化），它们过于倾向对训练数据的正确划分（复杂的形式正好为它们完美地拟合训练数据创造了条件），而不能够对真正的数据模型进行很好地分类。这个问题称为过度拟合（Overfit）。简单的决策边界对训练数据不够理想，但是对新数据却往往能够较好地归纳。

6. 模式识别系统结构

本节最后，图 14.4 为读者展示了一个典型的模式识别系统的结构。原始模式首先经过预处理（本书的 3～12 章讨论的都是图像预处理的方法）；而后经过特征提取（第 13 章）得到适合分类器处理的特征向量，此过程中有时也包括必要的降维处理；最后分类器输出的识别结果常常还需要后处理，所谓后处理主要指根据得到的识别结果进行评估和改进，像如何调整分类器参数以防止过度拟合等。

7. 训练/学习方法分类

一般的训练/学习过程是指在给定一般的模型或分类器形式的情况下，利用训练样本去学习和估计模型的未知参数，具体地说就是用某种算法来降低训练样本的分类误差。比如在第 15 章人工神经网络中将要学习的梯度下降算法，它通过调节分类器的参数，使训练朝着能够降低误差的方向进行。还有很多其他形式的学习算法，通常可分为以下几种形式。

（1）教师指导的学习：又称为有监督学习。是指在训练样本集中的每个输入样本类别均已知的情况下进行学习，也就是使用训练模式和相应的类别标记一起来教授分类器。日常生活中有监督学习的一个例子是教孩子识字，教师将字本身（样本）和具体是什么字（类别）一起教给孩子。

（2）无教师指导的学习又称为无监督学习。是指在样本中没有相应的类别信息的情况下，系统对输入样本自动形成"自然的"组织或簇（Cluster）。如"聚类算法"就是一种典型的无监督学习。

（3）加强学习又称为基于评价的学习。在加强学习中，并不把类别信息直接提供给分类器，而是让分类器自己根据输入样本计算输出类别，将它与已知的类别标记进行比较，判断对已知训练模式的分类是否正确，从而辅助分类器的学习。日常生活中加强学习的一个例子是提供正确答案的考试讲评，这里考生就相当于分类器，他们先是独立考试（分类），而后根据教师提供的标准答案来改善知识体系（分类器模型）。

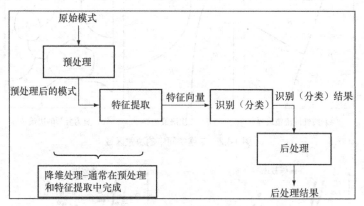

图 14.4　一个典型的模式识别系统

14.2 模式识别方法分类

有两种基本的模式识别方法，即统计模式识别（Statistical Pattern Recognition）方法和句法（结构）模式识别（Syntactic Pattern Recognition）方法。统计模式识别是对模式的统计分类方法，即结合统计概率论的贝叶斯决策系统进行模式识别的技术，又称为决策理论识别方法；而利用模式与子模式分层结构的树状信息所完成的模式识别工作，就是句法（结构）模式识别。

1. 统计模式识别

统计模式识别的基本原理是：有相似性的样本在模式空间中互相接近，并形成"集团"，即"物以类聚"。其分析方法是根据模式所测得的特征向量 $X = (x_{i1}, x_{i2,...,}, x_{id})^{\mathrm{T}}$，（$i = 1,2,...,N$），将一个给定的模式归入 C 个类 $w_1, w_2,..., w_c$ 中，可视为根据模式之间的某种距离函数来判别分类。其中，T 表示转置；N 为样本数目；d 为样本特征向量的维数。

在统计模式识别中，贝叶斯决策规则从理论上解决了最优分类器的设计问题，但其实施却必须首先解决更困难的概率密度估计问题；BP 神经网络直接从观测数据(训练样本)学习，是更简便有效的方法，因而获得了广泛的应用，但它是一种启发式技术，缺乏工程实践的坚实理论基础；统计推断理论研究所取得的突破性成果导致现代统计学习理论——VC 维的建立，该理论不仅在严格的数学基础上圆满地回答了人工神经网络中出现的理论问题，而且导出了一种新的学习方法——支持向量机。

2. 句法模式识别

又称结构方法或语言学方法。其基本思想是把一个模式描述为较简单的子模式的组合，子模式又可描述为更简单的子模式的组合，最终得到一个树形的结构描述，在底层的最简单的子模式称为模式基元。

在句法方法中选取基元的问题相当于在统计方法中选取特征的问题。通常要求所选的基元能对模式提供一个紧凑的反映其结构关系的描述，又要易于用非句法方法加以抽取。显然，基元本身不应该含有重要的结构信息。模式以一组基元和它们的组合关系来描述，称为模式描述语句，这相当于在语言中，句子和短语用词组合，词用字符组合一样。基元组合成模式的规则，由所谓的语法来指定。一旦基元被鉴别，识别过程可通过句法分析进行，即分析给定的模式语句是否符合指定的语法，满足某类语法的即被分入该类。可以说句法模式识别是基于对结构相似性的测量来分类模式。该方法不但可以用于分类，也可以用于描述。

【例 14.2】统计方法与句法（结构）方法的比较。

　　图 14.5 给出了对于光学字符识别（OCR）问题，统计方法与结构化方法在解决问题上的不同思路。同样对于上方的字母"A"，采用统计方法的一种可能做法是：选取特征为字母中交叉点的数目，左、右斜线的数目，横的数目以及孔洞的数目，这样字母"A"便成了图中所示的 1 个特征向量 $X_2 = (3\ \ 2\ \ 2\ \ 1\ \ 1)^T$，如概率分布已知，则可计算出似然函数 $P(X_2|\ "A")$，从而构造贝叶斯分类器，这一过程反映在图 14.5 的中间分支上；另一种选择是不经过特征提取，直接将包含字母"A"的矩形区域所有像素的像素值（这里为 0 或 1，白色背景为 0，黑色字母为 1）按行或按列存储作为特征向量，送给训练好的神经网络进行识别，这一过程如图中左侧分支所示。而当采用句法（结构）方法时，字母"A"被看成是图 14.5 右侧分支所示的一些子结构（比划）的组合，这些子结构有各自的结构和方向并且按照一定的规则组合在一起，最终这些子结构连同它们之间的规则被一并送解析器（Parser）进行类似于句法分析的处理从而识别出类别。

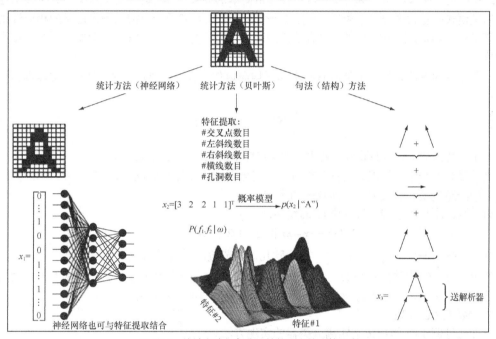

图 14.5　统计方法与句法（结构）方法比较示意

　　需要说明的是作为一个例子，图 14.5 左侧分支中向量在送神经网络之前没有经过特征提取，这只是选择之一，在实际应用中神经网络的输入也常常是经过特征提取的向量，同样类似于 X_2 那样经过特征提取的向量可以用作多种分类器的输入，而不仅仅是贝叶斯模型。

3. 小结

　　模式识别方法的选择取决于问题的性质。如果被识别的对象极为复杂，而且包含丰富的结构信息，一般采用句法方法；被识别对象不很复杂或不含明显的结构信息，一般采用统计方法。这两种方法不能截然分开，在句法方法中，基元本身就是用统计方法抽取的。在应用中，将这两种方法结合起来分别施加于不同的层次，常能收到较好的效果。

　　本书并不是一本专门介绍模式识别的书籍，后续的讨论将不涉及句法模式识别的相关内容，这主要是出于对本书内容完整性和紧凑性的考虑（句法模式以自然语言与自动机为其理论根基）；同时本节也不准备从经典的贝叶斯分类理论开始，对各种统计模式识别技术一一讨论，而是将着眼于目前统计模式识别领域中十分活跃、和图像识别关系密切并且已在工程技术领域获得广泛应用的两种非常实用的分类器技术——人工神经网络（第 15 章）和支持向量机（第 16 章）。

14.3　最小距离分类器和模板匹配

通过前面两节的学习，相信读者已经对模式识别和图像识别有了一定的认识，对其整体框架也有了大致的了解。本节将讨论一种具体的分类技术——最小距离分类器，并附带介绍一种专门针对于图像内容匹配的基于相关的模板匹配技术。

14.3.1　最小距离分类器及其 MATLAB 实现

1.　理论基础

最小距离分类又称最近邻分类，是一种非常简单的分类思想。这种基于匹配的分类技术通过以一种原型模式向量代表每一个类别，识别时一个未知模式被赋予一个按照预先定义的相似性度量与其距离最近的类别，常用的距离度量有欧氏距离、马氏距离等。下面以欧氏距离为例讲解最小距离分类器。

一种简单的做法是把每个类所有样本的平均向量作为代表该类的原型，则第 i 类样本的代表向量为：

$$m_i = \frac{1}{N_i} \sum_{x \in w_i} x_i \quad i = 1, 2, \cdots W \tag{14-1}$$

其中，N_i 为第 i 样本的数目，w_i 表示第 i 类样本的集合，总类别数为 W。

当需要对一个未知模式 x 进行分类时，只需分别计算 x 与各个 m_i（$i=1,2,\cdots,W$）的距离，然后将它分配给距离最近的代表向量所代表的类别。

对于欧氏距离表示的 x 与各个 m_i 的距离：

$$D_i(x) = \| x - m_i \| \quad i = 1, 2, \cdots, W \tag{14-2}$$

其中，$\|x-m_i\|=((x-m_i)^T(x-m_i))^{1/2}$，表示欧几里的范数，即向量的模。

在 W 个 $D_i(x)$ 中找到最小的一个，不妨设为 $D_i(x)$，则 x 属于第 j 类。下面来看一个使用最小距离分类器的实例，请读者思考最小距离分类器具有怎样的决策边界。

2.　MATLAB 实现

下面通过例 14.3 给出最小距离分类器的实现方法。

【例 14.3】基于最小距离分类器的鸢尾属植物分类。

这里仍以 MATLAB 自带的鸢尾属植物数据集为例，要利用最小距离分类器区分测试集中的样本属于哪一类植物。数据集共有 setosa、versicolor 和 virginica 三类鸢尾属植物。载入 fisheriris 数据集之后，meas 中共包含了 150 个植物样本，meas 矩阵的每一行是代表一个植物样本的特征向量，该特征向量的含义可参见例 13.1；而细胞数组 species 中包含了对应着 150 个样本的类别信息，从中可见前 50 个样本为第 1 类，中间 50 个为第 2 类，后 50 个属于第 3 类。实验中利用每类的前 40 个样本生成代表该类的模板，后 10 个被保留至一个独立的测试集，用于验证最小距离分类器的识别率。

计算每个测试样本与 3 类模板向量最小距离，并且将与测试样本距离最近的模板向量所代表的类作为测试样本的类标号的关键代码如下。

```
for ii = 1:size(Test, 1)
    d(1) = norm(Test(ii, :) - m1); %与第 1 类的距离
    d(2) = norm(Test(ii, :) - m2); %与第 2 类的距离
    d(3) = norm(Test(ii, :) - m3); %与第 3 类的距离

    [minVal class(ii)] = min(d); %计算最小距离并将距离样本最短的类赋给类标签数组 class
end
```

利用最小距离分类器分类 3 种鸢尾属植物的完整实现代码如下，它位于随书光盘第 14 章目录下的"nearest.m"文件中。

```
% 例 14.3 利用最小距离分类器分类 3 种鸢尾属植物
load fisheriris %载入 Matlab 自带的鸢尾属植物数据集

% 每类的前 40 个样本用于生成代表该类的模板，后 10 个作为独立的测试样本
m1 = mean( meas(1:40, :) ); %第 1 类的前 40 个样本的平均向量
m2 = mean( meas(51:90, :) ); %第 2 类的前 40 个样本的平均向量
m3 = mean( meas(101:140, :) ); %第 3 类的前 40 个样本的平均向量

% 测试样本集
Test = [meas(41:50, :); meas(91:100, :); meas(141:150, :)];
% 测试样本集对应的类别标签
classLabel(1:10) = 1;
classLabel(11:20) = 2;
classLabel(21:30) = 3;

% 利用最小距离分类器分类测试样本
class = zeros(1, 30); %类标签
for ii = 1:size(Test, 1)
    d(1) = norm(Test(ii, :) - m1); %与第 1 类的距离
    d(2) = norm(Test(ii, :) - m2); %与第 2 类的距离
    d(3) = norm(Test(ii, :) - m3); %与第 3 类的距离

    [minVal class(ii)] = min(d); %计算最小距离并将距离样本最短的类赋给类标签数组 class
end

% 测试最小距离分类器的识别率
nErr = sum(class ~= classLabel);
rate = 1 - nErr / length(class);
strOut = ['识别率为', num2str(rate)]
```

运行上述程序，最终得到对于 30 个测试样本的识别率为 96.6667%。可以看到，在这个简单的3 类问题上，最小距离分类器取得了不错的效果。

14.3.2　基于相关的模板匹配

1. 理论基础

基于相关的模板匹配技术可直接用于在一幅图像中寻找某种子图像模式。回顾在第 5 章空间域图像增强中，曾经介绍了图像相关的基本概念，对于大小为 $M \times N$ 的图像 $f(x, y)$ 和大小为 $J \times K$ 的子图像模式 $w(x, y)$，f 与 w 的相关可表示为：

$$c(x, y) = \sum_{s=0}^{K} \sum_{t=0}^{J} w(s, t) f(x + s, y + t) \tag{14-3}$$

其中，$x = 0, 1, 2, \cdots, N\text{-}K$，$y = 0, 1, 2, \cdots, M\text{-}J$。

这一计算形式与式（5-2）稍有不同，此处的目的是寻找匹配而不是对 $f(x, y)$ 进行滤波操作，因此 w 的原点被设置在子图像的左上角，并且式（14-3）给出的形式也完全适用于 J 和 K 为偶数的情况。

计算相关 $c(x, y)$ 的过程就是在图像 $f(x, y)$ 中逐点地移动子图像 $w(x, y)$，使 w 的原点和点 (x, y) 重合，然后计算 w 与 f 中被 w 覆盖的图像区域对应像素的乘积之和，以此计算结果作为相关图像 $c(x, y)$ 在 (x, y) 点的响应。

相关可用于在图像 $f(x, y)$ 中找到与子图像 $w(x, y)$ 匹配的所有位置。实际上，当 w 按照上一段中

描述的过程移过整幅图像 f 之后，最大的响应点 (x_0, y_0) 即为最佳匹配的左上角点。也可以设定一个阈值 T，认为响应值大于该阈值的点均是可能的匹配位置。

相关的计算是通过将图像元素和子模式图像元素联系起来获得的，将相关元素相乘后累加。完全可以将子图像 w 视为一个按行或按列存储的向量 $\vec{b}$，将计算过程中被 w 覆盖的图像区域视为另一个按照同样的方式存储的向量 $\vec{a}$。这样一来，相关计算就成了向量之间的点积运算。

两个向量的点积为：

$$\vec{a} \bullet \vec{b} = |\vec{a}||\vec{b}|\cos\theta \tag{14-4}$$

其中，θ 为向量 $\vec{a}$、$\vec{b}$ 之间的夹角。

显然，当 $\vec{a}$ 和 $\vec{b}$ 具有完全相同的方向（平行）时，$\cos\theta=1$，从而式（14-4）取得其最大值 $|\vec{a}||\vec{b}|$，这就意味着当图像的局部区域类似于子图像模式时，相关运算产生最大的响应。然而，式（14-4）最终的取值还与向量 $\vec{a}$、$\vec{b}$ 自身的模有关，这将导致按照式（14-4）计算的相关响应存在着对 f 和 w 的灰度幅值比较敏感的缺陷。这样一来，在 f 的高灰度区域，可能尽管其内容与子图像 w 的内容并不相近，但由于 $|\vec{a}|$ 自身较大而同样产生一个很高的响应。可通过对向量以其模值来归一化从而解决这一问题，即通过 $\dfrac{\vec{a} \bullet \vec{b}}{|\vec{a}||\vec{b}|}$ 来计算相关。

改进的用于匹配的相关计算公式如下：

$$r(x,y) = \frac{\sum_{s=0}^{K}\sum_{t=0}^{J} w(s,t)f(x+s,y+t)}{\left[\sum_{s=0}^{K}\sum_{t=0}^{J} w^2(s,t) \cdot \sum_{s=0}^{K}\sum_{t=0}^{J} f^2(x+s,y+t)\right]^{1/2}} \tag{14-5}$$

改进的相关公式实际上计算的是向量 $\vec{a}$、$\vec{b}$ 之间的夹角余弦值。显然，它只和图案模式本身的形状或纹理有关，与幅值（亮度）无关。

2. MATLAB 实现

下面通过例 14.4 给出基于相关的模版匹配的实现方法。

【例 14.4】基于相关的图像匹配。

图 14.6（a）中黑色背景的图像中包含有 12 种不同的图案模式，要在图 14.6（a）中找到图 14.6（b）和图 14.6（c）中的子图像的最佳匹配。图 14.6（b）中的图像对应着图 14.6（a）中第 2 行的第 2 个小图案，但整体亮度较其在图 14.6（a）中更暗，而图 14.6（c）中的图像则与图 14.6（a）中第 3 行的第 2 个小图案相似，略有区别。

本节编写了 imcorr() 函数实现图像相关，代码如下。

```
function Icorr = imcorr(I, w)
% function corr = imcorr(I, w, )
% 计算图像 I 与子模式 w 的相关响应，并提示最大的响应位置
%
% Input: I - 原始图像
%        w - 子图像
%
% Output: Icorr - 响应图像

[m, n] = size(I);
[m0, n0] = size(w);

Icorr = zeros(m-m0+1, n-n0+1); %为响应图像分配空间

vecW = double( w(:) ); %按列存储为向量
normW = norm(vecW); %模式图像对应向量的模
```

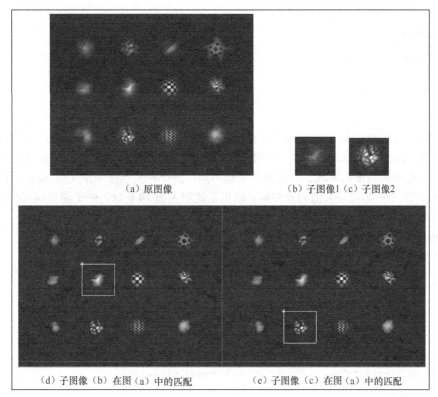

（a）原图像　　　　　　　　　　　（b）子图像1（c）子图像2

（d）子图像（b）在图（a）中的匹配　　　　（e）子图像（c）在图（a）中的匹配

图 14.6　基于相关的图像匹配

```
for ii = 1:m-m0+1
     for jj = 1:n-n0+1
           subMat = I(ii:ii+m0-1, jj:jj+n0-1);
           vec = double( subMat(:) ); %按列存储为向量
           Icorr(ii, jj) = vec' * vecW / (norm(vec)*normW+eps); %计算当前位置的相关
     end
end

% 找到最大响应位置
[iMaxRes, jMaxRes] = find(Icorr == max( Icorr(:) ) );
figure, imshow(I);
hold on
for ii = 1:length(iMaxRes)
     plot(jMaxRes(ii), iMaxRes(ii), '*'); %绘制最大响应点

     % 用矩形框标记出匹配区域
     plot([jMaxRes(ii), jMaxRes(ii)+n0-1], [iMaxRes(ii), iMaxRes(ii)] );
     plot([jMaxRes(ii)+n0-1, jMaxRes(ii)+n0-1], [iMaxRes(ii), iMaxRes(ii)+m0-1] );
     plot([jMaxRes(ii), jMaxRes(ii)+n0-1], [iMaxRes(ii)+m0-1, iMaxRes(ii)+m0-1] );
     plot([jMaxRes(ii), jMaxRes(ii)], [iMaxRes(ii), iMaxRes(ii)+m0-1] );
end
```

　　imcorr()函数中根据相关响应的结果，分别将对图 14.6（b）和图 14.6（c）响应的最大值用"*"号标记在图 14.6（d）和图 14.6（e）中，并用矩形给出了相应的匹配区域。该函数的调用方式如下。

```
>> I = imread('patterns.bmp');
>> I1 = imread('pat1.bmp');
>> I2 = imread('pat2.bmp');
>> J1 = imcorr(I, I1);
>> max(J1(:))
```

```
ans =

    1.0000

>> J2 = imcorr(I, I2);
>> max(J2(:))

ans =

   0.9784
```

上述程序运行后对图 14.6（b）、图 14.6（c）子图像的匹配结果如图 14.6（d）、图 14.6（e）所示。可以发现，两次匹配都只找到了一个最大值，由于图 14.6（a）中包含了与图 14.6（b）中子图像纹理结构完全相同的图像区域，只是整体明暗不同，因此相关响应中最大值 max(J1(:)) = 1；而与图 14.6（c）的相关响应最大值为 0.9784，这也正说明了图 14.6（c）中子图像模式与图 14.6（a）中的最佳匹配区域并不完全相同。

3．Visual C++实现

利用 Visual C++实现模板匹配的相关代码如下。

```
/*********************
void CImage::TemplateMatch(CImage* pTo, CImage* pTemplate)
功能：        基于相关的模板匹配
参数：        CImage* pTo：目标图像的 CImage 指针
              CImage* pTemplate：子图像的 CImage 指针
返回值：      无
*********************/
void CImage::TemplateMatch(CImage* pTo, CImage* pTemplate)
{
    //循环变量
    int i, j, m, n;

    double dSumT; //模板元素的平方和
    double dSumS; //图像子区域元素的平方和
    double dSumST; //图像子区域和模板的点积
    double R; //响应值
    double MaxR; //记录当前的最大响应

    //最大响应出现位置
    int nMaxX;
    int nMaxY;

    int nHeight = GetHeight();
    int nWidth = GetWidthPixel();
    //模板的高、宽
    int nTplHeight = pTemplate->GetHeight();
    int nTplWidth = pTemplate->GetWidthPixel();

    //计算 dSumT
    dSumT = 0;
    for (m = 0;m < nTplHeight ;m++)
    {
        for(n = 0;n < nTplWidth ;n++)
        {
            // 模板图像第 m 行，第 n 个像素的灰度值
            int nGray = pTemplate->GetGray(n, m);

            dSumT += (double)nGray*nGray;
        }
    }
```

```
            //找到图像中最大响应的出现位置
            MaxR = 0;
            for (i = 0;i < nHeight - nTplHeight +1 ;i++)
            {
                    for(j = 0;j < nWidth - nTplWidth + 1;j++)
                    {
                            dSumST = 0;
                            dSumS = 0;

                            for (m = 0;m < nTplHeight ;m++)
                            {
                                    for(n = 0;n < nTplWidth ;n++)
                                    {
                                            // 原图像第 i+m 行，第 j+n 列像素的灰度值
                                            int nGraySrc = GetGray(j+n, i+m);

                                            // 模板图像第 m 行，第 n 个像素的灰度值
                                            int nGrayTpl = pTemplate->GetGray(n, m);

                                            dSumS += (double)nGraySrc*nGraySrc;
                                            dSumST += (double)nGraySrc*nGrayTpl;
                                    }
                            }

                            R = dSumST / ( sqrt(dSumS)*sqrt(dSumT));//计算相关响应

                            //与最大相似性比较
                            if (R > MaxR)
                            {
                                    MaxR = R;
                                    nMaxX = j;
                                    nMaxY = i;
                            }
                    }
            }

            pTo->InitPixels(255); //清空目标图像
            //将找到的最佳匹配区域复制到目标图像
            for (m = 0;m < nTplHeight ;m++)
            {
                for(n = 0;n < nTplWidth ;n++)
                {
                        int nGray = pTemplate->GetGray(n, m);
                        pTo->SetPixel(nMaxX+n, nMaxY+m, RGB(nGray, nGray, nGray));
                }
            }

    }
```

　　本书在视类 CDIPDemoView 中编写了处理函数 OnRecTemplate()用来测试模板匹配功能。该函数首先弹出打开文件对话框,要求用户选择模板图像,而后调用 Template()函数与输入图像 imgInput 进行匹配。其完整实现如下。

```
void CDIPDemoView::OnRecTemplate()
{    //模板匹配

    // 获得文档类指针
    CDIPDemoDoc* pDoc = GetDocument();

    CImgProcess imgInput = pDoc->m_Image; // 输入对象

    // 检查图像是灰度图像
    if (imgInput.m_pBMIH->biBitCount!=8)
```

```
        {
                AfxMessageBox("不是 8-bpp 灰度图像, 无法处理! ");
                return;
        }

        CImgProcess imgOutput = imgInput; // 输出的临时对象
        CImgProcess TplImage; //模板图像

        //弹出对话框让用户选择模板图像
        CFileDialog dlg(TRUE,"bmp","*.bmp");
        if(dlg.DoModal() == IDOK)
        {
                CString strPathName;
                strPathName = dlg.GetPathName();
                TplImage.AttachFromFile(strPathName); //读入模板图像
        }
        else
                return;

        int nHeight = imgInput.GetHeight(); //输入图像高度
        int nWidth = imgInput.GetWidthPixel(); //输入图像宽度
        int nTplHeight = TplImage.GetHeight(); //模板图像高度
        int nTplWidth = TplImage.GetWidthPixel(); //模板图像宽度
        if(nTplHeight > nHeight || nTplWidth > nWidth )
        {
                // 提示用户
                MessageBox("模板尺寸大于源图像尺寸! ","系统提示", MB_ICONINFORMATION | MB_OK);
                return;
        }

        // 更改光标形状
        BeginWaitCursor();

        // 进行模板匹配
        imgInput.TemplateMatch(&imgOutput, &TplImage);

        // 将结果返回给文档类
        pDoc->m_Image = imgOutput;

        pDoc->SetModifiedFlag(true);
        pDoc->UpdateAllViews(NULL);

        // 恢复光标形状
        EndWaitCursor();
}
```

读者可以通过示例程序 DIPDemo 中的菜单命令 "识别初步→模板匹配" 来观察处理效果。

虽然之前通过向量模值的归一化得到了幅值（亮度）不变的相关匹配算子，但相关计算仍然对尺寸和旋转变换非常敏感。如果子图像 w 与图像 f 中对应的相似目标大小不同，则一般来说很难得到满意的匹配结果，为了解决这一问题，有时需要采用多种分辨率扫描原图像 f，计算相关，在各个分辨率下寻找可能的匹配位置，这在计算量上的需求可想而知，因而很难在实际系统中使用。类似地，如果旋转变化的性质是未知的，则寻找最佳匹配就要求对 w 进行全方位的旋转。更多的时候，需要利用对问题的先验知识得到有关尺寸和旋转变换方式的一些线索，从而可以借助几何变换中的一些技术在匹配之前对这些变换进行归一化处理。

14.3.3 相关匹配的计算效率

一般子图像模式 w 总是比图像 f 要小得多。尽管如此，除非 w 非常小，否则例 14.4 中采用的空间相关算法的计算量都会比较大，以至于总是要依靠硬件来实现。

一种提升计算效率的方法是在频域中实现相关，回忆第 6 章中曾学习过的卷积定理，它为操作者建立了空间卷积和频域乘积之间的对应关系。类似地，通过相关定理可以将空间相关与频域乘积联系起来。相关定理中指出了两个函数的空间相关可以用一个函数的傅里叶变换同另一个函数的傅里叶变换的傅共轭的乘积的傅里叶逆变换得到，当然反过来也成立，即：

$$f(x,y) \circ w(x,y) \Leftrightarrow F(u,v)H^*(u,v) \tag{14-6}$$

$$f(x,y)w^*(x,y) \Leftrightarrow F(u,v) \circ H(u,v) \tag{14-7}$$

其中，"∘"表示相关，"*"表示复共轭。

下面给出了按照上述思路在频域下实现相关，再变换回空域得到响应图像 Icorr 的 MATLAB 实现。程序在原图像 I 中标记出了匹配位置。

```
function Icorr = dftcorr(I, w)
% function Icorr = dftcorr(I, w)
% 在频域下计算图像 I 与子模式 w 的相关响应，并提示最大响应位置
%
% Input: I - 原始图像
%        w - 子图像
%
% Output: Icorr - 响应图像
I = double(I);
[m n] = size(I);
[m0 n0] = size(w);
F = fft2(I);
w = conj(fft2(w, m, n)); %w 频谱的共轭
Ffilt = w .* F; %频域滤波结果
Icorr = real(ifft2(Ffilt)); %反变换回空域


% 找到最响相应位置
[iMaxRes, jMaxRes] = find(Icorr == max( Icorr(:) ) );
figure, imshow(I, []);
hold on
for ii = 1:length(iMaxRes)
    plot(jMaxRes(ii), iMaxRes(ii), 'w*');
    plot([jMaxRes(ii), jMaxRes(ii)+n0-1], [iMaxRes(ii), iMaxRes(ii)], 'w-' );
    plot([jMaxRes(ii)+n0-1,jMaxRes(ii)+n0-1],[iMaxRes(ii),iMaxRes(ii)+m0-1],'w-' );
    plot([jMaxRes(ii),jMaxRes(ii)+n0-1],[iMaxRes(ii)+m0-1,iMaxRes(ii)+m0-1],'w-' );
    plot([jMaxRes(ii),jMaxRes(ii)],[iMaxRes(ii),iMaxRes(ii)+m0-1],'w-' );
end
```

对于例 14.4 中的模板匹配问题，和 imcorr 相比，dftcorr 在执行效率上的优势是显而易见的。这是因为该问题中模板图像的大小为 61×64，虽然比原图像小得多，但已可以说是一个比较大的模板了。有文献（Campbell 1969）曾指出，如果 w 中的非零元素数目小与 132（大约 13×13 见方），则直接在空域中计算相关较为划算，否则通过上述方法变换至频域下计算更为合适。当然，这个数目不是绝对的，它还与 f 的大小以及运算机器本身有关，读者可以把它作为参考，来决定在应用系统中实现相关的具体方式。

第 15 章 人工神经网络

在对图像识别有一个整体认识之后，从现在开始要学习 3 种高实用性的分类技术，本章介绍人工神经网络，第 16 章和第 17 章将分别围绕支持向量机和 AdaBoost 展开讨论，对它们的理论基础将给出必要的介绍，重点放在两者在应用和实现层面的一些技巧和注意事项，学习的目的是使读者在学习之后立即可以在工程实践中获益。

本章的知识和技术热点
（1）ANN 的基本结构
（2）反向传播算法
（3）ANN 的训练和使用技巧

本章的典型案例分析
基于 ANN 的数字字符识别系统

15.1 人工神经网络简介

人工神经网络（Artificial Neural Networks, ANN）也简称为神经网络（NN），是对人脑或生物神经网络（Natural Neural Network）若干基本特性的抽象和模拟。它为从样本中学习值为实数、离散值或向量的函数提供了一种健壮性很强的解决方案，已经在诸如汽车自动驾驶、光学字符识别（OCR）和人脸识别等很多实际问题中取得了惊人的成功。

对于一个分类问题，本书的目标就是学习决策函数 $h(x)$，该函数的输出为离散值（类标签）或者向量（经过编码的类标签），ANN 自然能够胜任这一任务；此外，由于可学习实值函数，ANN 也是函数拟合的利器。本书中对于 ANN 的介绍只限于分类问题，将涉及输出为离散值和向量的情况。

15.1.1 仿生学动机

1. 生物神经网络

众所周知，生物大脑由大量的神经细胞（神经元，Neuron）组成，这些神经元相互连接成十分复杂的网络。每个神经元由 3 部分组成：树突、细胞体和轴突，如图 15.1 所示。树突是树状的神经纤维接受网络，它将输入的电信号传递给细胞体；**轴突**是单根长纤维，它把细胞体的输出信号导向其他神经元。大量这样的神经元广泛地连接从而形成了网络。神经元的数目、排列拓扑结构以及突触的连接强度决定了生物神经网络的功能。

神经元之间利用电化学过程传递信号。一个神经元的输入信号来自另一些神经元的输出，这些神经元的轴突末梢与该神经元树突相遇形成突触。大脑神经元有两种状态：兴奋和抑制。细胞体对这些输入信号进行整合并进行阈值处理。如果整合后的刺激值超过某一阈值，神经元被激活而进入兴奋状态，此时就会有一个电信号通过轴突传递给其他神经元；否则神经元就处于抑制状态。

生物大脑具有超强的学习能力。相关研究表明，如果一个神经元在一段时间内频繁受到激励，则它与连接至输入的神经元之间的连接强度就会相应地改变，从而使得该神经元细胞再次受到激励时更易兴奋；相反，一个某段时间内不被激励的神经元的连接有效性会慢慢地衰减。这一现象说明神经元之间的连接具有某种可塑性（可训练性）。

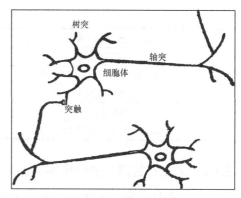

图 15.1 生物神经元及其连接方式

一个训练生物神经网络的例子如人类学习下棋。起初在没有接受过任何下棋训练时，可以理解为大脑神经元网络处于一个随机状态，对于某一个棋局（输入），产生一个随机的应对策略（网络的实际输出）；接下来，这一应对策略会从指导教师(教下棋的人或者是一本棋谱)那里得到相应的反馈（这一步下得好还是不好，或者正确的走法是什么，相当于训练样本的目标输出），并以此反馈作为调整网络神经元之间连接（这些连接具有可训练性）的依据；随着这种训练和调整过程的进行，网络对于新的棋局（输入）的决策越来越接近于最优决策（实际输出更加接近于目标输出），网络处于一种善于对某个棋局做出正确反映的状态。这就是我们在学习下棋时从一个初学者到高手的过程。

2. 人工神经网络

人工神经网络（ANN，以下简称网络或神经网络)的研究在相当程度上受到了生物大脑的仿生学启发，它由一系列简单的人工神经元相互密集连接构成，其中每个神经元同样由3部分组成：输入、人工神经细胞体和输出。每个神经元具有一定数量的实数值输入，并产生一个实数值的输出，如图15.2所示。

一个人工神经元的输入信号来自另一些神经元的输出，其输出又可以作为另一些神经

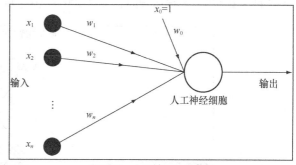

图 15.2 人工神经元示意图

元的输入。一种称为感知器（见15.2.1小节）的人工神经元同样具有2种状态：1和-1。人工神经细胞对这些输入信号进行整合并进行阈值处理。如果整合后的刺激值超过某一阈值神经元被激活而进入1状态；否则神经元就处于-1状态。

正如大脑可以通过不断调节神经元之间的连接而达到不断学习进步的目的。ANN也可以通过不断调整输入连接上的权值以使得网络更加适应训练集合。

在ANN的训练过程中，训练样本特征向量是ANN的输入，训练样本的目标输出（在分类问题中为类别信息）是网络的输出。初始情况下，网络权值被初始化为一种随机状态，当把某个训练样本输入网络时，由此产生的网络输出与训练样本目标输出之间的差异称为训练误差；接下来，ANN将根据某种机制（参见15.2.1小节）调节权值w，使得训练误差逐步减小；随着这种训练和调整过程的进行，网络对于训练样本的实际输出将越来越接近于目标输出。

人工神经网络和生物神经网络机能的类比如表15.1所示。

表 15.1 　　　　　　　　　人工神经网络与生物神经网络机能类比

人工神经网络（ANN）	生物神经网络
输入	树突
输出	轴突

续表

人工神经网络（ANN）	生物神经网络
人工神经细胞	生物神经细胞体
人工神经元的 1、-1 两种状态	生物神经元的兴奋和抑制状态
ANN 的训练	大脑的学习
网络权值的调整	生物神经细胞之间连接的调节
ANN 对于特定输入样本的输出	大脑对于特定输入情况的决策

15.1.2　人工神经网络的应用实例

在准备稍显枯燥的 ANN 理论学习之前，先来看一个将 ANN 应用于学习汽车自动驾驶的典型案例，了解 ANN 能够解决什么样的问题并从中获得足够的对于 ANN 的感性认识。

【例 15.1】ALVINN 汽车自动驾驶系统。

著名的自动驾驶系统 ALVINN 是 ANN 一个典型的应用。该系统使用一个经过训练的 ANN 以正常速度在高速公路上驾驶汽车。如图 15.3（b）所示，ALVINN 具有一个典型的 3 层结构，网络的输入层共有 30×32 个单元，对应于一个 30×32 像素点阵，是由一个安装在车辆上的前向摄像机获取的图像经过重采样得到的。输出层共有 30 个单元，输出情况指出了车辆行进的方向。

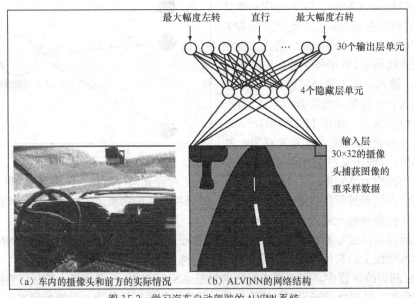

图 15.3　学习汽车自动驾驶的 ALVINN 系统

注：摄像头捕获图像的 30×32 的重采样图像被作为网络的输入，对应于 960 个输入层单元，这些输入又连接至 4 个隐藏单元，再连接到 30 个输出单元，输出为一个 30 维向量，相当于把整个方向盘的控制范围分成 30 份，每个输出单元对应一个特定的驾驶方向，决策结果为输出值最大的单元对应的行驶方向。

在训练阶段，ALVINN 以人类驾驶时摄像机所捕获的前方交通状况作为输入，以人类通过操作方向盘给出的前进方向作为目标输出，整个训练过程大约 5min；在测试阶段，ALVINN 用学习到的网络在高速公路上以 70 英里的时速成功地驾驶了 90 英里。

在 ALVINN 中所有单元分层互连形成了一个有向无环图，相邻层之间是全连接的，这是很多 ANN 的典型结构。ANN 结构还可有多种其他类型，本章只集中介绍具有类似于 ALVINN 的网络结构并以反向传播（Back Propagation，BP）算法为基础的最常见和实用的 ANN。

15.2 人工神经网络的理论基础

在进入用于 ANN 训练的反向传播算法的学习之前，首先了解用于训练线性单元的梯度下降法是非常有益的，它构成了反向传播算法的基础。不同的是梯度下降法只是训练一个线性单元，而反向传播算法能够训练多个单元的互连网络。因此将从感知器开始，进而介绍训练线性单元的梯度下降算法，最终推广到用于神经网络训练的反向传播算法。

15.2.1 训练线性单元的梯度下降算法

1. 感知器（Perceptron）

感知器是一种只具有两种输出的简单的人工神经元，一个具有 n 个实数输入 $x_1, x_2, ..., x_n$ 的感知器如图 15.4 所示。每个输入 x_i 对应一个权值 w_i，此外还有一个偏置（BIAS）项 w_0，首先需计算这 n 个输入根据其权值形成的一个线性组合再加上偏置项 w_0，即：

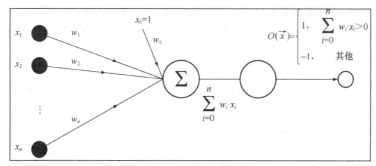

图 15.4 感知器单元

$$net = \sum_{i=1}^{n} w_i \cdot x_i + w_0 \tag{15-1}$$

不妨令 $x_0=1$，从而式（15-1）可表示为：

$$net = \sum_{i=0}^{n} w_i \cdot x_i = \vec{w} \cdot \vec{x} \tag{15-2}$$

其中，输入向量 $\vec{x} = (1, x_1, x_2, \cdots, x_n)$，权向量 $\vec{w} = (w_0, w_1, w_2, \cdots, w_n)$。

感知器的输出为式（15-2）经过阈值化处理的结果：

$$O(\vec{x}) = \begin{cases} 1, & \sum_{i=0}^{n} w_i x_i > 0 \\ -1, & 其他 \end{cases} \tag{15-3}$$

感知器的工作方式与生物神经单元颇为相似。注意到在图 15.4 中每个输入到 Σ 求和单元的连接上的权值 w_i 表示在对输入的线性组合中各个 x_i 的贡献大小，Σ 单元的加权求和处理即为对输入的整合过程。而感知器的 1 和-1 两种输出对应于生物神经元的兴奋和抑制两种状态。

由式（15-3）的形式可知，感知器对应于一个 n 维空间中的超平面 $\vec{w} \cdot \vec{x} = 0$，它能够分类两类样本。对于其一侧的输入样本输出 1；对于另一侧的样本输出-1。训练过程就是调整权值 $w_1, w_2, ..., w_n$，使得感知器对于两类样本分别输出+1 和-1。

2. 线性单元（Linear Unit）

只有 1 和-1 两种输出限制了感知器的处理和分类能力，一种简单的推广是线性单元，即不带

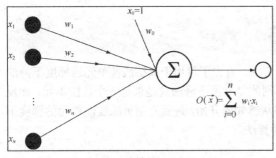

图 15.5 线性单元示意图

阈值的感知器。一个具有 n 个输入 $x_1, x_2, ..., x_n$ 的线性单元如图 15.5 所示，其输出为其 n 个输入根据其权值形成的一个线性组合再加上偏置项 w_0，即：

$$O(\vec{x}) = \sum_{i=1}^{n} w_i \cdot x_i + w_0 \qquad (15\text{-}4)$$

令 $x_0 = 1$，从而式（15-4）可表示为：

$$O(\vec{x}) = \sum_{i=0}^{n} w_i \cdot x_i = \vec{w} \cdot \vec{x} \qquad (15\text{-}5)$$

其中，输入向量 $\vec{x} = (1, x_1, x_2, \cdots, x_n)$，权向量 $\vec{w} = (w_0, w_1, w_2, \cdots, w_n)$。

训练线性单元的核心任务就是调整权值 $w_1, w_2, ..., w_n$，使得线性单元对于训练样本的实际输出与训练样本的目标输出尽可能地接近。

3. 误差准则

为了推导线性单元的权值学习法则，首先必须定义一个度量标准来衡量在当前权向量 $\vec{w}$ 下 ANN 相对于训练样例的训练误差（Training Error）。一个常见的度量标准为平方误差准则：

$$E(\vec{w}) = \frac{1}{2} \sum_{d \in D} (t_d - o_d)^2 \qquad (15\text{-}6)$$

其中，D 是训练样本集合，t_d 是训练样本 d 的目标输出（训练样本 d 的类别信息），o_d 是线性单元对于训练样本 d 的实际输出，即 $O(x_d)$。

$E(\vec{w})$ 是目标输出 t_d 和实际输出 o_d 的差的平方在所有训练样本上求和的 1/2 倍，这里常数 1/2 主要是为了最终的推导结果在形式上的简洁（在推导过程中与其后平方项求导产生的因子 2 抵消）。观察式（15-6），对于特定的问题，训练集合就固定了下来，因此 $\vec{x}$ 是定值，目标输出 t_d 也为定值（训练样本的类别信息是已知的），而 o_d 只依赖于权向量 $\vec{w}$，可以把 E 写成是权向量 $\vec{w}$ 的函数。

图 15.6 给出了在解空间中搜索的可视化解释。由于无法绘制出超过 3 维的空间，这里设 $\vec{w} = (w_0, w_1)$，即要在 2 维解空间 w_0-w_1 中搜索最小化式（15-6）的权向量 $\vec{w}$，第 3 维（纵轴）表示误差 $E(\vec{w})$，图中给出了在整个 2 维搜索空间 w_0-w_1 上的误差曲面 $E(\vec{w})$。由于 $E(\vec{w})$ 是关于 $\vec{w}$ 的二次函数，这个误差曲面必然是具有单一的全局最小值的抛物面。当 $\vec{w}$ 是更高维的权向量时，只不过相当于在一个更高维的解空间中搜索最小化 $E(\vec{w})$ 的解 $\vec{w}^*$，误差曲面 $E(\vec{w})$ 也就成了一个超抛物面。

为了确定一个使 E 最小化的权向量，从任意的初始权向量 $\vec{w}^0$ 开始，然后以很小的步长反复修改这个权向量，而每一步的修改都能够使误差 E 减小。继续这个过程直到找到全局的最小值点 $\vec{w}^*$。

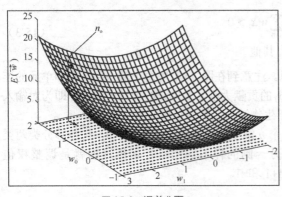

图 15.6 误差曲面

很自然希望上述过程越快越好，因此在每一步都要使 E 减小尽可能快，这样的寻优过程同样可在图 15.6 中找到可视化的解释。设想从解空间中的任意初始点 n_0 开始出发，目的地是误差曲面的最低点，由于能见度有限等原因某一时刻只能看到距离自己很近的周边区域，因此每次只试探性地跨出一小步，为了以最快速度到达谷底，一个合理的选择是找到目前最陡峭的下降方向，朝该方向跨出这一步，在新的位置上将获得新的视野，也将找到新的最陡方向，不断重复这一过程直到到达最低目标点。

4. 梯度下降法（Gradient Descent）的推导

怎样才能计算出沿误差曲面最快的下降方向呢？在高等数学中学习过梯度（Gradient）的概念，而梯度是方向导数最大的方向，因此可通过计算 E 相对于向量 $\vec{w}$ 的每个分量的偏导数来得到方向导数最大的方向——梯度，记作 $\nabla E(\vec{w})$。

$$\nabla E(\vec{w}) = [\frac{\partial E}{\partial w_0}, \frac{\partial E}{\partial w_1}, \cdots, \frac{\partial E}{\partial w_n}] \tag{15-7}$$

需要注意的是梯度 $\nabla E(\vec{w})$ 本身是一个表示方向导数最大方向的向量，因此它对应于 E 最快的上升方向，而要寻找的沿误差曲面最快的下降方向自然就是负梯度 $-\nabla E(\vec{w})$。所以梯度下降的训练法则应为：

$$\vec{w} \leftarrow \vec{w} + \Delta\vec{w} \tag{15-8}$$

其中：

$$\Delta\vec{w} = -\eta\nabla E(\vec{w}) \tag{15-9}$$

这里 η 是一个称为学习率的正的常数，它决定了梯度下降搜索中的步长。$\vec{w}$ 代表解空间中的当前搜索点，$\Delta\vec{w}$ 代表向当前最快下降方向的一小段位移，$\vec{w} \leftarrow \vec{w} + \Delta\vec{w}$ 则表示在搜索空间中从当前点沿最快下降方向移动一小段距离并更新当前位置至此移动位置。

训练法则（式（15-8））也可以写成它的分量形式：

$$\vec{w}_i \leftarrow \vec{w}_i + \Delta\vec{w}_i \tag{15-10}$$

其中：

$$\Delta\vec{w}_i = -\eta\frac{\partial E}{\partial w_i} \tag{15-11}$$

这样很明显，下降最快的方向可以按照比例 $\partial E / \partial w_i$ 改变 $\vec{w}$ 中的每一个 w_i 来实现。剩下问题的就是计算 $\partial E / \partial w_i$ 了。

$$\begin{aligned}
\frac{\partial E}{\partial w_i} &= \frac{\partial}{\partial w_i}[\frac{1}{2}\sum_{d \in D}(t_d - o_d)^2] = \frac{1}{2}\sum_{d \in D}\frac{\partial}{\partial w_i}(t_d - o_d)^2 \\
&= \frac{1}{2}\sum_{d \in D}2(t_d - o_d)\frac{\partial}{\partial w_i}(t_d - o_d) \\
&= \sum_{d \in D}(t_d - o_d)\frac{\partial}{\partial w_i}(t_d - \vec{w}\cdot\vec{x}_d) \\
&= \sum_{d \in D}(t_d - o_d)(-x_{id})
\end{aligned} \tag{15-12}$$

其中，x_{id} 表示训练样本 d 的一个输入分量 x_i。

在公式（15-12）的推导过程中用到的是高等数学中复合函数求导的知识。在误差函数 $E(\vec{w})$ 的表达式（15-7）中，对给定的一组样本目标输出 t_d 为常数，因此有：

$$\frac{\partial t_d}{\partial w_i} = 0$$

而实际输出 o_d 是 w_i 的函数，对于线性单元而言：

$$o_d = \sum_{i=0}^{n} w_i x_{id}$$

在计算 o_d 对 w_i 的偏导时，w 的其余分量 $w_j (j = 0, 1, 2, \ldots n, j \neq i)$ 均可视为常数，对于给定样本，x_{id} 亦为常数，故：

$$\frac{\partial o_d}{\partial w_i} = x_{id}$$

至此读者得到了一个能够用线性单元的输入 x_{id}，输出 o_d 以及训练样本的目标值 t_d 表示的 $\partial E / \partial w_i$，代入式（15-9）得到了梯度下降的权值更新法则：

$$\Delta w_i = \eta \sum_{d \in D} (t_d - o_d) x_{id} \qquad (15\text{-}13)$$

综上所述，训练线性单元的梯度下降算法如下：随机选取一个初始权向量；计算所有训练样本经过线性单元的输出，然后根据式（15-13）计算每个权值的 Δw_i，通过式（15-10）来更新每个权值，然后重复这个过程。该算法的伪代码描述如算法 15.1 所示。

算法 15.1　训练线性单元的梯度下降算法

```
GradDesc(trainset, η)
{//trainset 中每一个训练样本以序偶< x̄,t >的形式给出，其中 x̄ 是样本特征向
//量，是系统的输入；t 是目标输出值，通常是类标签的某种编码，η 是学习率。
    将每个网络权值 wi 初始化为某个小的随机值；
    遇到终止条件之前，重复以下操作：
        初始化每个 Δwi 为 0；
        对于训练集合 trainset 中的每个< x̄,t >，做：
            把样本特征向量 x̄ 作为线性单元的输入，计算输出 o；
            对于线性单元的每个权 wi，做 Δwi ← Δwi + η(t-o)xi；
        对于线性单元的每个权 wi，做 wi ← wi + Δwi；
}
```

由于二次误差曲面仅包含一个全局最小值，算法 15.1 最终会收敛到具有最小误差的权向量，但必须使用一个足够小的学习率 η。如果 η 太大，梯度下降搜索就有越过误差曲面最小值而不是停留在那一点的危险，如图 15.7 所示。一种好的改进策略是随着梯度下降步数的增加而逐渐减小 η 的值。

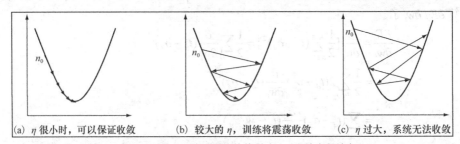

图 15.7　η 对于梯度下降搜索收敛的影响（n_0 为搜索起始点）

5. 增量梯度下降（Incremental Gradient Descent）

很多人工智能和模式识别的问题最终都可转化为一个求最优的问题，而梯度下降法作为一种重要寻优手段，适用于满足以下条件的任何情况。

（1）搜索的假设空间包含连续参数化的假设（线性单元梯度下降搜索中的解 w 是连续变化的）。

（2）误差（$E(\bar{w})$）对于这些假设参数（w）可微。

应用梯度下降的主要实践问题有以下两个。

（1）有时收敛过程可能非常慢（需要上千次的迭代）。

（2）如果在误差曲面上存在多个局部极小值，算法不保证能够找到全局最小值（与初始搜索位置有关）。

为缓解这些问题，人们提出了**增量梯度下降法**，又名**随机梯度下降**。

标准梯度下降在对训练集 D 中的所有样本的平方误差求和后计算权值更新，式（15-13）中对所有 D 中样本的 Σ 求和说明了这一点；而增量梯度下降法根据每个单独样本的误差增量计算权值更新，得到近似的梯度下降搜索。修改后的训练法则与式（15-13）相似，只是在迭代计算每个训

练样本时根据下面的公式来更新权值。

$$\Delta w_i = \eta(t-o)x_i \qquad (15\text{-}14)$$

增量梯度下降法的伪代码描述如算法 15.2 所示。

算法 15.2　训练线性单元的增量梯度下降算法

```
IncGradDesc(trainset, η)
{//trainset 中每一个训练样本以序偶<x̄,t>的形式给出，其中 x̄ 是样本特征向
//量，是系统的输入；t 是目标输出值，通常是类标签的某种编码，η 是学习率。
   将每个网络权值 wi 初始化为某个小的随机值；
         遇到终止条件之前，重复以下操作：
               初始化每个 Δwi 为 0；
               对于训练样本 trainset 中的每个<x̄,t>，做：
                     把样本特征向量 x̄ 作为线性单元的输入，计算输出 o；
                     对于线性单元的每个权 wi，做 wi ← wi + η(t-o)xi；
}
```

增量梯度下降可以被看作是为每个单独的训练样本 d 定义不同的误差函数 $E_d(\vec{w})$：

$$E_d(\vec{w}) = \frac{1}{2}(t_d - o_d)^2 \qquad (15\text{-}15)$$

在每次迭代中按照关于 $E_d(\vec{w})$ 的梯度来改变权值。在迭代完所有训练样本 1 轮时，这些权值更新的序列给出了对原来误差函数 $E(\vec{w})$ 的标准梯度下降的一个合理近似。只要 η 足够小，增量梯度下降可以以任意程度接近标准梯度下降。

> 提示　　标准梯度下降在权值更新前对所有样本汇总误差，而增量梯度下降的权值是通过考察每个训练样本来更新的，如果 $E(\vec{w})$ 存在多个局部极小值，增量梯度下降有时可避免陷入这些局部极小值，因为它使用 $E_d(\vec{w})$ 而不是 $E(\vec{w})$ 来引导搜索。

【例 15.2】寻优方法比较。

下面给出了除梯度下降外的两种常用优化方法，思考为什么在 ANN 的训练过程中能选择这两种方法：偏导数，二次规划。

（1）由于可以写出 $\partial E / \partial w_i$ 的表达式，一个可能会产生的疑问是是否可以采用偏导数为 0 的方法来解决误差函数 $E(\vec{w})$ 的优化问题，毕竟这是高等数学中有关多元函数极值和最值的一种经典方法，可能也是读者们面对优化问题首先能够想到的解决方法。然而，这里要面对的通常是含有大量权值的系统，它对应着维数非常高的空间中的误差曲面（每个权值 1 维），而每 1 维都有多个可能的局部极小值点（对该维偏导数为 0），这样总的候选局部极小值数目就是各个维上候选局部极小值的个数的乘积，这将是一个庞大的数目。

也就是说如果通过这种方法解决误差函数的优化问题，设共有 n 个权值，那么首先要解一个由 n 个方程 $\partial E / \partial w_i = 0, \ (i=1,2,...,n)$ 组成的联立方程组，姑且不说这个方程组的可解性如何，假设第 i 维上满足 $\partial E / \partial w_i = 0$ 的解的个数为 $n_i(i=1,2,...,n)$，则总的候选局部极小值个数将是 $\prod_{i=1}^{n} n_i$，还要再从这么多候选中找出一个全局的极小值仍将是个十分棘手的任务。

（2）对于线性单元，学习权向量的又一种可行的方法是线性规划（Linear programming）。线性规划是解线性不等式方程组的一种通用的有效方法。注意在线性单元训练中，每一个训练样本对应一个形式为 $\vec{w} \cdot \vec{x} > 0$ 或 $\vec{w} \cdot \vec{x} \leqslant 0$ 的不等式，且它们的解就是期望的权向量。遗憾的是，这种方法仅当训练样本线性可分时有解。即便是在对它进行改进之后也不能扩展到训练多层网络。相反，正如 15.2.2 小节将要讨论的，梯度下降算法可以被简单地扩展到多层网络，用于反向传播算法的学习之中。

15.2.2　多层人工神经网络

　　利用前面学过梯度下降法训练线性单元，只能够得到一个最佳拟合训练数据的线性超平面（w，b），这里 $b=w_0$。然而线性决策面的分类能力有限，难以胜任很多复杂的分类任务（如汽车自动驾驶、光学字符识别、人脸识别等）。多层人工神经网络能够表示种类繁多的非线性曲面，得到高度非线性化的决策区域，如图 15.8 所示。

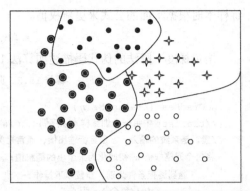

图 15.8　一个 4 类问题的高度非线性化的决策区域

　　典型的 ANN 神经元如图 15.9 所示。输入信号 $\vec{x}$ 经过一个累加器累加（整合）后的信号 $\vec{w}\cdot\vec{x}$ 被送入一个激活函数 σ，从而得到该神经元的输出 o。而这个神经元的输出 o 又可以作为下一个或多个神经元的输入。

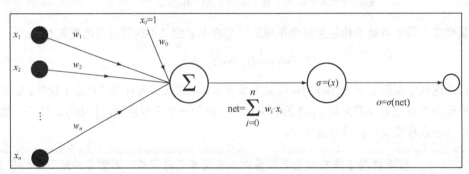

图 15.9　人工神经网络单元

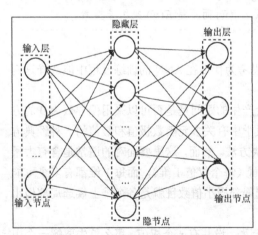

图 15.10　三层 BP 神经网络的结构示意

　　大脑中神经细胞和其他神经细胞是相互连接在一起的，人工神经元也可以按照类似的方式连接从而组成人工神经网络。一种最广泛使用的连接方式就是如图 15.10 所示的分层前馈网络（Feed Forward Network），每一层神经元的输出都前馈至它们的下一层（图 15.10 中为右侧的一层），直至获得整个网络的输出。

　　在分层网络中，一般至少有 3 个层：一个输入层，一个输出层还有一个或多个隐藏层。相邻层之间的单元是全连接的，即输入层中的每个输入都连接到了隐藏层的每一个神经元，而隐藏层的每个神经元的输出都连接到输出层的每一个神经元。多层网络可以解决单层网络所无法解决的问题，如非线性分类、精度极高的函数逼近等。只要有足够多的神经元，这些都可以实现。

15.2.3　Sigmoid 单元

　　操作者希望得到形式更为复杂的非线性决策区域，但多个线性单元的连接仍产生线性函数，因此将多个线性单元连接成网络的方法显然是不可取的。这样就需要输出是输入的非线性函数的单元。同时从仿生学的角度来考虑，ANN 的神经元也应当像生物神经元那样存在某种刺激。

　　于是采用某种非线性激励函数作用于单元的净输入，然后以非线性激励的响应（激励函数的输出）作为神经元的输出。此外，为了能够在网络训练过程中应用梯度下降算法，要求输出必须是输

入的可微函数。满足这些条件的一个理想选择是如图 15.11 所示的 Sigmoid 单元，它以著名的
Sigmoid 函数作为激励函数。

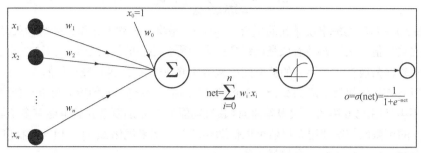

图 15.11　神经网络中的 Sigmoid 单元

　　仍旧像在线性单元中所做的那样，首先计算它的 n 个输入的线性组合并且加上一个偏置 w_0，
而后将 Sigmoid 函数作用于这个结果，最终以 Sigmoid 函数的输出作为单元输出 o，从而实现了输
入到输出的非线性映射。形式化地讲：

$$o = \sigma(\vec{w} \cdot \vec{x}) \tag{15-16}$$

　　其中，$\vec{w} = (w_0, w_1, w_2, \cdots, w_n)$，$\vec{x} = (1, x_1, x_2, \cdots, x_n)$。

　　而 Sigmoid 函数：

$$\sigma(y) = \frac{1}{1 + e^{-y}} \tag{15-17}$$

　　Sigmoid 函数的定义域为 $[-\infty, +\infty]$，值域为 $[0,$
$1]$，是一个单调递增的平滑函数。函数波形如图
15.12 所示。

　　由于 Sigmoid 函数将非常大的输入值范围映射到
一个小范围的输出，它常被称为 Sigmoid 单元的挤压函
数。该函数还有一个很好的特性，即它的导数很容易
用它的输出来表示：

$$\frac{d\sigma(y)}{dy} = \sigma(y)(1 - \sigma(y)) \tag{15-18}$$

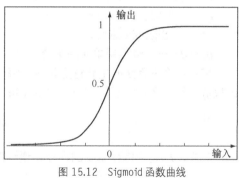

图 15.12　Sigmoid 函数曲线

　　推导过程如下：

$$\frac{d\sigma(y)}{dy} = \frac{d}{dy}\left(\frac{1}{1 + e^{-y}}\right) = -\frac{1}{(1 + e^{-y})^2} \cdot \frac{d}{dy}(e^{-y})$$

$$= \frac{e^{-y}}{(1 + e^{-y})^2} = \frac{1}{1 + e^{-y}} \cdot \frac{e^{-y}}{1 + e^{-y}}$$

$$= \frac{1}{1 + e^{-y}} \cdot \left(1 - \frac{1}{1 + e^{-y}}\right) = \sigma(y)(1 - \sigma(y))$$

　　式（15-18）无疑将大大简化梯度下降算法中的导数计算。

15.2.4　反向传播（Back Propagation，BP）算法

　　将多个 Sigmoid 单元互相连接形成如图 15.10 所示的 3 层网络，反向传播算法可用来学习这个
网络的权值。它仍采用梯度下降算法，以最小化网络实际输出与目标输出之间的平方误差为目标。
不同的是，这里的输出是整个网络的输出，而不再是单个单元的输出，所以有必要重新定义误差 E，

以便对网络输出层的所有单元误差求和。

$$E(\vec{w}) = \frac{1}{2} \sum_{d \in D} \sum_{k \in outputs} (t_{kd} - o_{kd})^2 \tag{15-19}$$

其中，*outputs* 是网络输出层单元的集合，t_{kd} 和 o_{kd} 是将训练样本 d 作为网络输入时，在第 k 个输出层单元的输出值，误差 E 被看成是网络各层之间所有连接的权的函数，由这些权值共同决定。

反向传播算法需要在一个巨大的解空间中搜索能够使式（15-19）最小化的 $\vec{w}$，这里 $\vec{w}$ 表示网络各层之间所有连接的权值组成的集合，这个空间由网络中所有单元的所有可能权值来定义。此时的误差曲面不再是图 15.6 中的二次误差曲面（超抛物面），它更加复杂并且可能有多个局部极小值。Sigmoid 单元的可微性使得使用者仍然可以借助梯度下降法来优化 $E(\vec{w})$，但此时梯度下降仅能保证收敛到局部最小值，而未必是全局最小值。

15.2.1 小节中给出了训练线性单元的标准梯度下降和增量梯度下降算法的推导和伪代码描述，下面将针对如图 15.10 所示的包含两层 Sigmoid 单元且层与层单元之间全连接的网络给出训练的增量梯度下降算法推导以及其伪代码描述。

1. 反向传播算法的推导

首先引入以下记号。

x_{ji}——单元 j 的第 i 个输入。

w_{ji}——与输入 x_{ji} 相关联的权值。

$net_j = \sum_i w_{ji} x_{ji}$ ——单元 j 的净输出（输入的加权和，未经过激励函数）。

$o_j = \sigma(net_j)$ ——单元 j 的实际输出。

t_j——单元 j 的目标输出。

σ——Sigmoid 函数。

outputs ——输出层单元的集合。

增量梯度下降法的主要特点是对于每个训练样本 d，利用关于这个样本的误差 E_d 的梯度来修改权值。换言之，对于每个训练样本 d 每个权值 w_{ji} 被增加 $\triangle w_{ji}$：

$$\Delta w_{ji} = -\eta \frac{\partial E_d}{\partial w_{ji}} \tag{15-20}$$

其中，E_d 是训练样本 d 的误差，通过对输出层所有单元的求和得到：

$$E_d(\vec{w}) = \frac{1}{2} \sum_{k \in outputs} (t_k - o_k)^2 \tag{15-21}$$

其中，t_k 是输出层单元 k 对于训练样本 d 的目标输出值，o_k 是以训练样本 d 作为输入时第 k 个输出层单元的实际输出。

现在摆在面前的问题是要导出一个 $\partial E_d / \partial w_{ji}$ 的表达式。注意到权值 w_{ji} 仅能通过 net_j 影响网络的其他部分，因此可利用复合函数的求导法则得到：

$$\frac{\partial E_d}{\partial w_{ji}} = \frac{\partial E_d}{\partial net_j} \frac{\partial net_j}{\partial w_{ji}}$$

$$= \frac{\partial E_d}{\partial net_j} \frac{\partial (\sum_i w_{ji} x_{ji})}{\partial w_{ji}} = \frac{\partial E_d}{\partial net_j} x_{ji} \tag{15-22}$$

下面分两种情况导出 $\dfrac{\partial E_d}{\partial net_j}$ 的表达式。

（1）单元 j 是一个输出层单元

由于 net_j 仅能通过 o_j 影响网络，所以可再次利用复合函数的求导法则得：

$$\frac{\partial E_d}{\partial net_j}=\frac{\partial E_d}{\partial o_j}\frac{\partial o_j}{\partial net_j} \tag{15-23}$$

考虑式（15-23）的第 1 项。

$$\frac{\partial E_d}{\partial o_j}=\frac{\partial}{\partial o_j}(\frac{1}{2}\sum_{k\in outputs}(t_k-o_k)^2)$$

注意到当 $k\neq j$ 时，$\frac{\partial}{\partial o_j}(t_k-o_k)^2=0$，因此：

$$\frac{\partial E_d}{\partial o_j}=\frac{\partial}{\partial o_j}\frac{1}{2}(t_j-o_j)^2$$
$$=\frac{1}{2}\times 2(t_j-o_j)\frac{\partial(t_j-o_j)}{\partial o_j}$$
$$=-(t_j-o_j) \tag{15-24}$$

接下来考虑式（15-23）的第 2 项。

由于 $o_j=\sigma(net_j)$，所以 $\partial o_j/\partial net_j$ 就是 Sigmoid 函数的导数，根据式（15-18），Sigmoid 函数的导数为 $\sigma(net_j)(1-\sigma(net_j))$。因此有：

$$\frac{\partial o_j}{\partial net_j}=\frac{\partial\sigma(net_j)}{\partial net_j}=o_j(1-o_j) \tag{15-25}$$

将式（15-24）和式（15-25）代入式（15-23），得：

$$\frac{\partial E_d}{\partial net_j}=-(t_j-o_j)o_j(1-o_j) \tag{15-26}$$

将式（15-26）代入式（15-22），再将式（15-22）代入式（15-20）便得到输出单元的权值更新法则：

$$\Delta w_{ji}=-\eta\frac{\partial E_d}{\partial w_{ji}}=\eta(t_j-o_j)o_j(1-o_j)x_{ji} \tag{15-27}$$

令 $\delta_j=(t_j-o_j)o_j(1-o_j)$，则式（15-27）可表示为：

$$\Delta w_{ji}=\eta\delta_j x_{ji} \tag{15-28}$$

> 提示　式（15-28）中的 δ_j 与 $-\frac{\partial E_d}{\partial net_k}$ 相等。下文中将使用 δ_i 来表示任意单元 i 的 $-\frac{\partial E_d}{\partial net_i}$。

（2）单元 j 是一个隐藏层单元

对于隐藏层单元的情况，w_{ji} 是间接地影响网络输出，从而影响训练误差 E_d，因此有必要定义由单元 j 的输出所能连接到的所有单元的集合 $Downstream(j)$。因为 net_j 只能通过 $Downstream(j)$ 中的单元影响网络输出进而影响到 E_d，故有如下推导。

$$\frac{\partial E_d}{\partial net_j}=\sum_{k\in Downstream(j)}\frac{\partial E_d}{\partial net_k}\frac{\partial net_k}{\partial net_j}$$
$$=\sum_{k\in Downstream(j)}-\delta_k\frac{\partial net_k}{\partial net_j}$$

$$= \sum_{k \in Downstream(j)} -\delta_k \frac{\partial net_k}{\partial o_j} \frac{\partial o_j}{\partial net_j}$$

$$= \sum_{k \in Downstream(j)} -\delta_k w_{kj} \frac{\partial o_j}{\partial net_j}$$

$$= \sum_{k \in Downstream(j)} -\delta_k w_{kj} o_j (1 - o_j)$$

$$= -o_j (1 - o_j) \sum_{k \in Downstream(j)} \delta_k w_{kj}$$

同样令 $\delta_j = -\dfrac{\partial E_d}{\partial net_j}$，即可得到隐藏层单元 j 的权值更新法则：

$$\Delta w_{kj} = \eta \delta_j x_{ji} \tag{15-29}$$

2. 反向传播算法的训练过程

首先创建一个含有 1 个隐藏层的网络,并随机地为这些神经细胞的权重赋一个很小的实数值,如-0.05 到 0.05 之间的数(具体原因参见 15.2.5 小节)。然后把 1 个输入样本向量送入网络的输入端(一般情况下网络输入单元的数目等于输入样本特征向量的维数),并计算网络输出值。求得这一输出值和训练样本目标输出值之间的平方误差 E_d。利用这一误差值就可以来调整输出层单元的权值,使得当同样的输入再次送入网络时,其输出能向正确答案接近一些。一旦输出层的权值已经调整完毕,就可以对隐藏层做同样的事情。上述过程要对训练集中的所有不同的输入样本向量重复进行许多次(经常将一次重复称为一个时代——Epoch),直到误差值降低到所处问题可以接受的一个阈值之内。这时网络已经训练好了。

反向传播算法的伪代码描述如算法 15.3 所示。

算法 15.3　包含两层 Sigmoid 单元的人工神经网络的反向传播算法(增量梯度下降版本)

```
BackPropagation(trainset, η, n_in, n_out, n_hidden)
{//trainset 中每一个训练样本以序偶<x̄,t>的形式给出,其中 x̄ 是样本特征向量,是系统的输入;
// η 是学习速率(例如 0.1 或 0.05);n_in 是网络输入单元的数量;n_out 是输出层单元数量;
// n_hidden 是隐藏层单元数量。x_ji 表示从单元 i 到单元 j 的输入,w_ji 表示从单元 i 到单元 j 的权值
        创建具有个 n_in 输入,n_hidden 个隐藏层单元,n_out 个输出层单元的网络;
        将所有的网络权值初始化为小的随机值(例如 - 0.05 和 0.05 之间的数);
        在遇到终止条件之前,重复以下操作:
                对于训练样本集合 trainset 中的每个<x̄,t̄>:
                //将输入沿网络向前传播
                把样本 x̄ 输入网络,并计算网络中每个单元 u 的输出 o_u;

                //使误差沿网络反向传播
                对于网络中的每个输出单元 k,计算它的误差项 δ_k;
                    δ_k ← o_k(1-o_k)(t_k - o_k);
                对于网络中的每个隐藏单元 h,计算它的误差项 δ_h;
                    δ_h ← o_h(1-o_h) Σ_{k∈outputs} w_{kh}δ_k;
                更新每个网络权值 w_ji;
                    w_ji ← w_ji + Δw_ji, 其中 Δw_ji = ηδ_j x_ji;
}
```

15.2.5　训练中的问题

1. 收敛性和局部极小值

反向传播算法在解空间中寻找能够最小化训练误差的网络权值。对于含有非线性 Sigmoid 单元的

多层网络，误差曲面可能含有多个不同的局部极小值，梯度下降搜索有可能陷入到这些局部极小值中。因此，反向传播算法仅能保证收敛到误差 E 的某个局部极小值，而不一定收敛到全局最小误差。

通过以下方法可以有效降低搜索停留在局部极小值的概率，使反向传播算法尽可能地收敛到全局最小误差。

（1）将网络权值初始化为接近于 0 的小随机值。

注意到 Sigmoid 函数在其输入接近 0 时接近线性（见图 15.12）。如果把网络权值初始化为接近于 0 的值（−0.05 和 0.05 之间的数），则作为 Sigmoid 单元净输入的 net 也必然接近于 0，因此在早期的梯度下降步骤中，网络表现为一个非常平滑的函数，近似为输入的线性函数，基本不存在局部极值的问题。当训练进行一定时间后，随着权值的增长，网络演变为可以表示高度非线性的函数，从而开始出现更多的局部极小值，但一般情况下此时搜索已经足够接近全局最小值，即便是这个区域的局部最小值也是可以接受的。

（2）增加冲量项。

修改算法 15.3 中的权值更新法则，使本次的权值的更新部分地依赖于上一次迭代时的更新，形式如下：

$$\Delta w_{ji}(n) = \eta \delta_j x_{ji} + \alpha \Delta w_{ji}(n-1) \qquad (15\text{-}30)$$

其中，$\Delta w_{ji}(n)$ 表示算法 15.3 主循环中的第 n 次迭代时的权值更新，而 $0 \leqslant \alpha < 1$ 是一个称为冲量（Momentum）的常数。式（15-30）右侧的第 1 项是算法 15.3 中的权值更新法则，而第 2 项是新增的冲量项。

冲量项有时可以带动梯度下降搜索冲过狭窄的局部极小值而不是陷入其中。设想一个球沿误差曲面向下滚，α 的作用是增加冲量，使这个球从一次迭代到下一次迭代时以同样的方向滚动。冲量有时会使这个球滚过误差曲面的局部极小值或平坦区域。同时，冲量项还具有在梯度不变的区域逐渐增大搜索步长，从而可以加快收敛的作用。

（3）使用随机的梯度下降代替真正的梯度下降。

算法 15.3 采用的梯度下降的随机近似对于每个训练样例沿一个不同的误差曲面有效下降，它依靠这些梯度的平均来近似对于整个训练集的梯度。这些不同的误差曲面通常有不同的局部极小值，这使得下降过程不太可能陷入某一个局部极小值。

（4）在搜索过程中使用逐渐减小的学习率。

较大的学习率 η 能够在训练初期加快收敛进程，然而对于复杂的误差曲面，较大的 η 常常使搜索有越过误差曲面最小值而不是停留在那一点的危险。因此，可以随着训练（参见 15.5.1 小节）的进行，逐步减小 η，保证误差的充分减小。

（5）尝试不同初始位置的多次搜索。

使用同样的训练集训练多个网络，但用不同的随机值初始化每个网络权值。如果不同的训练产生不同的局部极小值，那么选择对于独立的测试集合分类性能最好的网络。

2. 训练的终止判据

算法 15.3 中并没有明确指出算法迭代的终止条件，通常有以下 3 种常用标准可以作为网络训练结束的终止判据。

（1）在迭代的次数到了一个固定值时停止。

（2）在训练样例上的误差降到某个阈值以下时停止。

（3）在独立的测试样本集合上的分类误差符合某个标准时。

终止判据的选择很是重要，因为在典型的应用中，反向传播算法的权值更新迭代会被重复上千次，一味地增加迭代次数很可能无法有效地降低误差，过多的迭代次数还会导致对训练数据的过度拟合。在 15.7.3 小节会更详细地讨论这个问题。

基于 ANN 的数字字符识别系统 DigitRec——分析与设计

在充分了解了 ANN 理论知识的基础上，本节将介绍一个基于 ANN 的数字字符识别案例，学习如何将功能强大的 ANN 应用于工程实践中，着重说明反向传播算法在实际使用中的一些具体设计问题。

15.3.1　任务描述

任务是设计一个数字字符识别系统，它可以对从 0 到 9 的 10 个数字进行识别。系统输入是含有 0~9 中某一个数字的图像，输出应为 0~9 之间的某个数，指出了图像中含有的到底是哪一个数字。

15.3.2　数据集简介

数据集位于本书配套光盘中第 15 章目录下的 Dataset 文件夹中。其中的 Trainset 为训练集合目录，又包含 10 个子文件夹，每个子文件夹下含有 1 类数字的训练样本图像，子文件夹的名字可作为该类样本的类名；Testset 为独立的测试集目录，所有的测试图像都位于其中。

对于每个数字，本书都有 5 幅大小均为 64×32 的样本图像，其中 4 个被用作训练，剩余的 1 个用于测试。为了首先能够将注意力集中于神经网络本身，在本节的案例中，数据集中的均是没有

图 15.13　经过预处理的数字字符数据集

噪声的二值图像，且其中的数字具有近似相等的大小，如图 15.13 所示。这样数据集无需预处理就可以用于训练和分类。在 15.6 节，将进一步为这个工程加入必要的图像预处理环节，以使得该数字识别系统可以接受更为一般的输入。

15.3.3　设计要点

当应用 ANN 于某个具体的分类任务时，必须首先解决以下几个关键的设计问题。

1. 输入编码

既然要识别的对象是图像中的数字字符，ANN 的输入必然是这幅图像的某种表示，或者说是能够代表该图像的特征，那么应当从图像中提取什么样的特征呢？

一种思路是对图像进行处理，分解出边缘、区域等局部图像特征，然后把这些特征作为网络的输入。然而，这会导致每幅图像有不同数量的特征参数（如区域的数量），不适用于 ANN 这样具有固定数量输入单元的分类器。

另一种思路是先使用 PCA 之类的处理方法对原始图像进行降维（在 16.4 节基于 PCA 和 SVM 的人脸识别系统中就是这样做的），使用降维后统一长度的特征向量作为 ANN 的输入。

然而由于神经网络的输入常常是来自传感器的数据，且这些输入之间可以高度相关，因此一般的做法是不在训练之前进行去除相关性的降维处理，而是直接以图像的全部像素作为输入特征，就像自动驾驶系统 ALVINN 中所做的那样。这样做一方面可以省去降维产生的计算量，另一方面也可以为神经网络从样本中学习提供更大的自由度。

2. 图像重采样

直接按照上述方式编码的特征向量的维数是图像高与宽像素数的乘积，由于神经网络的输入单元数目和特征维数相等，因此高维度特征也就意味着大量的输入权值，而这将大大增加处理的复杂度。因此在编码之前经常需要对训练样本图像进行重采样，就像在汽车自动驾驶系统 ALVINN 中所做的那样。

在 DigitRec 工程中，在文件 NeuralData.h 中定义了宏 RESAMPLE_LEN 作为步长，需要时可以此步长对图像进行重采样。由于训练图像大小均为 64×32，通过设置 RESAMPLE_LEN 为 4，可将图像统一采样到 16×8 的分辨率。采样图像是原 64×32 像素图像的低分辨率描述，而每个低

分辨率像素是根据对应的局部高分辨率像素灰度的均值计算得到的。通过使用低分辨率图像可以有效减少输入和权值数量，从而降低运算量，并且同时也保留了足够的分辨率以正确识别图像。

> **注意**　重采样的方式要结合具体应用而定。如在 ALVINN 这样的实时性要求较高的系统中，每一个低分辨率像素的灰度等于从高分率图像对应的区域中随机选取一个像素的灰度，而不是这个区域中所有像素的均值，这会大大减少从高分辨率图像产生低分辨率图像所需的运算量。

3. 数据归一化（Scaling）

数据归一化是指将输入特征的各个属性缩放至一个统一的区间内，从而使得各个属性在分类中具有相同的贡献。

归一化的一般做法是将特征的各个属性线性地缩放至区间[0，1]。但由于数据集中的图像均为二值图像，已经处于相同的范围，因此无需进行归一化的步骤。有关归一化的必要性和具体方法的讨论请参见 16.4.3 小节。

4. 输出编码

对于一个 n 类问题，网络必须能够输出 n 个值来对应这 n 个类别。下面给出常用的 3 种输出层编码方法。

（1）使用单一的输出单元来编码这 n 种情况的分类。例如，对于数字识别这样的 10 类问题，可以指定输出 0、0.1、0.2、0.3、…、0.9（Sigmoid 单元的输出在 0～1 之间）来编码这 10 个可能的值。

（2）输出单元为类别信息的二进制编码形式。例如，对于数字识别这样的 10 类问题，采用 8421 码，共需要 4 个输出单元，类别 3 将被编码为 0011，类别 8 为 1000，而类别 10 为 1010。

（3）使用同类别数目 n 相等的输出单元数目，每个输出对应于 1 种类别标号，训练时对于第 i 类样本将第 i 个输出单元设置一个高值（如 0.9），而其他单元设置低值（如 0.1）作为目标输出，而测试时取具有最高值的输出单元编号作为网络的预测值。这种方法经常被称为 n 取 1(1-of-n)输出编码，其两个主要优点如下。

① 相比于单一输出单元的编码方案，n 取 1 方法使得在输出层单元中有了 n 倍的可用权值，这无疑为网络表示目标函数提供了更大的自由度。

② 除了可提供类别信息外，还可提供有关分类决策的可靠性信息。例如，可以将最高输出值与次高输出值之间的差异作为网络预测的置信度。

本书的数字识别系统采用了上述的第 3 种方案。网络共有 10 个输出单元，训练阶段以 <1,0,0,0,0,0,0,0,0,0> 来编码数字 "0"（第 0 类），<0,1,0,0,0,0,0,0,0,0> 来编码数字 "1"（第 1 类），依次类推。测试时如果实际输出为 <0.13, 0.35, 0.08, 0.06, 0.75, 0.45, 0.25, 0.1, 0.52, 0.28>，则可确定类别为最大输出单元的编号 4，即为数字 "4"，而本次分类的置信度为 $0.75 - 0.52 = 0.23$。

> **注意**　对于目标输出，通常使用 0.1 和 0.9，而不是 0 和 1，例如用 <0.9,0.1,0.1,0.1,0.1,0.1, 0.1,0.1,0.1,0.1> 来编码数字 "0"，而不是 <1,0,0,0,0,0,0,0,0,0>。避免在目标输出中使用 0 和 1 的原因是 Sigmoid 函数的输出一般为 0，1 之内的数，只有在输入趋近于 $-\infty$ 和 $+\infty$ 才逐渐趋近于 0 和 1，而不可能达到。如果以 0、1 为目标输出将导致训练难以收敛。

5. 确定隐藏层单元数目

在得到了输入数目和输出层单元数目之后，还需要决定隐藏层的数目以及每个隐藏层的单元数目才能最终确定网络结构。

在 ANN 的设计中，使用 1 个隐藏层是最为普遍的，偶尔会使用 2 个，更多的隐藏层会使训练时间变得很长，因此很少使用。实际上，对于一般的问题 1 个隐藏层就已经足够了。

一般来说，更多隐藏层单元数目意味着更多的权值，这为网络拟合训练数据提供了更大的自由度，因此含有更多隐藏层单元的网络通常在训练时收敛更快。然而，隐藏层单元数目也不宜过多，因为这样做在大大增加训练时间的同时并不会显著地提高泛化精度（分类器在独立测试集上的识别率），甚至还有可能由于过度拟合而导致在独立测试集上的识别率下降，降低网络的抗噪声能力。在 15.7 节中我们尝试了分别采用 4 个、10 个和 30 个隐层单元，并比较了它们的泛化结果。

6. 网络其他参数的设定

之前已经提到过学习率 η 要设置的足够小，以防止搜索步长太大而越过误差曲面最小值。一般来说，如果采用的是标准梯度下降，可以考虑将 η 的初始值设定为 0.3，如果是增量梯度下降则更小的学习率通常是合适的，如 0.1 或者 0.05。当随着训练的进行，误差值不再继续减少或者在某一区间反复震荡，这时适当地减小 η 的取值，很多情况下可以进一步减小误差，使训练继续有效地进行下去。

关于冲量项 α，一般来说没有一个经验性的值可供参考，读者需要根据具体问题通过实验来确定。DigitRec 工程中采用的默认值为 0.6，可在 neuron.h 文件的开始修改此值。

15.4　基于 ANN 的数字字符识别系统——DigitRec 的实现

本节主要介绍 DigitRec 系统的 Visual C++实现，包括神经网络类库的构建，反向传播算法的实现以及训练数据载入的相关操作。

15.4.1　构建神经元结构——SNeuron

首先从网络的最基本的单元人工神经元(Neuron)开始。由之前的讨论可知人工神经细胞具有一定数目的输入，且每一个输入都对应于一个权值，因此在 SNeuron 的定义中需要一个记录神经细胞输入个数的整型变量和一个表示其权值的双精度型向量。此外，为了方便输入的前向传播与误差的反向传播计算，还需要保存每个神经细胞的误差值和响应值（输出），这些值都是被算法频繁存取的。

完整的 SNeuron 定义如下，它位于 DigitRec 工程的 neuron.h 头文件中。

```
struct SNeuron // 神经细胞，神经元
{
    ///////////////////////////////////数据///////////////////////////////
    int m_nInput; //输入数目
    WEIGHT_TYPE *m_pWeights; //对应输入的权值数组
#ifdefNEED_MOMENTUM
    WEIGHT_TYPE *m_pPrevUpdate; //在引入冲量项时用于记录上一次的权值更新
#endif
    double m_dActivation; // 激励值 输出值　经过 Sigmoid 函数之后的值
    double m_dError; // 误差值

    ///////////////////////////////////方法///////////////////////////////
    void Init(int nInput)
    {
        m_nInput = nInput+1; //由于有一个偏置项，输入数目是实际输入数目+1
        m_pWeights = new WEIGHT_TYPE[m_nInput]; //为权值数组分配空间
#ifdef NEED_MOMENTUM
        m_pPrevUpdate = new WEIGHT_TYPE[m_nInput]; //为上一次权值数组分配空间
#endif
        m_dActivation = 0; //神经元响应(输出)，经过 Sigmoid 激励函数后
        m_dError = 0; //神经元的误差值
```

```
        }

        ~SNeuron()
        {
            //释放空间
            delete []m_pWeights;
#ifdef NEED_MOMENTUM
            delete []m_pPrevUpdate;
#endif
        }

}; //SNeuron
```

成员变量与函数说明如下。

（1）双精度型成员变量 m_dError 和 m_dActivation 分别记录着神经细胞 k 的误差值 δ_k 和响应值 o_k。

（2）初始化函数 Init( )以神经元的输入数目 *nInput* 作为参数，它为权值数组动态分配了 *nInput*+1 个 WEIGHT_TYPE 类型的空间，对应于 *nInput* 的输入权值外加偏置项 w_0。而 WEIGHT_TYPE 代表网络中权值的数据类型，在 neuron.h 文件的开始部分由下面的语句定义：

```
typedef double WEIGHT_TYPE; //定义权值的数据类型
```

这样做的好处是使得操作者可以统一管理网络中所有权值的数据类型。

（3）下面是和 15.2.5 小节提到的冲量项（Momentum）有关的条件编译指令。

```
#ifdefNEED_MOMENTUM
        m_pPrevUpdate = new WEIGHT_TYPE[m_nInput]; //为上一次权值数组分配空间
#endif
```

当希望为人工神经网络训练引入冲量项时，只需在 neuron.h 的前面加入宏定义如下。

```
#define NEED_MOMENTUM
```

这样，初始化时就会为动态数组 m_pPrevUpdate 分配空间，它记录着前一次的权值更新（式（15-30）中的 $\triangle w_{ji}(n-1)$）。

（4）SNeuron 中所有动态数组的释放都放在了析构函数~SNeuron( )中。

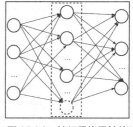

15.4.2　构建神经网络网络层——SNeuronLayer

在神经元结构的基础上可以很容易地构建神经网络层结构（SNeuronLayer），它定义了一个如图 15.14 所示的由虚线包围的神经元细胞所组成的层。

图 15.14　神经网络层结构

完整的 SNeuronLayer 定义如下，它位于 DigitRec 工程的 neuron.h 头文件中。

```
struct SNeuronLayer //神经网络层
{
    /////////////////////////////////数据//////////////////////////////
    int m_nNeuron; //该层的神经元数目
    SNeuron *m_pNeurons; //神经元数组

    /////////////////////////////////方法//////////////////////////////
    SNeuronLayer(int nNeuron, int nInputsPerNeuron)
    {
        m_nNeuron = nNeuron;
        m_pNeurons = new SNeuron[nNeuron]; //分配 nNeuron 个神经元的数组空间

        for(int i=0; i<nNeuron; i++)
        {
            m_pNeurons[i].Init(nInputsPerNeuron); //神经元初始化
```

```
        }
    }
    ~SNeuronLayer()
    {
        delete []m_pNeurons; //释放神经元数组
    }
};//SNeuronLayer
```

成员变量与函数说明如下。

（1）下面的语句定义了一个神经元动态数组，并在构造函数中根据表示该层神经元数目的参数 nNeuron 为其分配了空间。

```
SNeuron *m_pNeurons;
```

（2）参数 nInputsPerNeuron 表示每个神经元的输入数目，用于在构造函数中对层内神经元进行初始化。

（3）构造函数 SNeuronLayer( )负责为神经元动态数组 m_pNeurons 分配空间，并对每个神经元进行初始化。

（4）析构函数~SNeuron( )负责神经元动态数组的释放。

15.4.3　神经网络信息头——NeuralNet_Header

在头文件 neuron.h 中还有关于结构 NeuralNet_Header 的定义，作为一个网络基本参数配置的信息头，在保存训练成果时该结构将随同权值等信息一同被写入训练配置文件（*.net 文件）中。

NeuralNet_Header 结构体的完整定义如下。

```
//////////////////保存训练文件时使用/////////////
{
    DWORD dwVersion; //版本信息

    // 初始化参数，不可更改
    int m_nInput; //网络输入数目
    int m_nOutput; //网络输出单元数目
    int m_nHiddenLayer; //隐藏层数目，DigitRec 中只支持 1 个隐藏层

    //可在每次训练前设置的参数
    int m_nNeuronsPerLyr; //隐藏层单元数目
    int m_nEpochs; //训练时代数目（反向传播算法的迭代次数）
}; //NEURALNET_HEADER
```

15.4.4　神经网络类——CNeuralNet

现在开始在神经元结构和层结构的基础上构建一个如图 15.10 所示的含有 1 个隐藏层的网络 CNeuralNet。

CNeuralNet 类中应包含指向隐藏层和输出层的指针，此外还应具有一些网络和训练相关的配置信息，以及训练时代数和当前训练误差等动态信息。类的方法应包括与网络训练、识别有关的函数，一些接口函数，以及对网络和训练信息的存、取函数等。

完整的 CNeuralNet 类定义如下，它位于 DigitRec 工程的 neuralnet.h 文件中。

```
//神经网络类定义
class CNeuralNet
{
private:
    ///////// 初始化参数,训练开始至结束过程中不能修改 /////////
    int m_nInput; //输入单元数目
```

```
    int m_nOutput; //输出单元数目
    int m_nNeuronsPerLyr; //隐藏层单元数目

    // 隐藏层数目，不包含输出层
    int m_nHiddenLayer;

    //训练配置信息
    int m_nMaxEpoch; //最大训练时代数目
    double m_dMinError; //误差阈值

    //////////////////////////////////
    // 动态参数
    int m_nEpochs;
    double m_dLearningRate;
    double m_dErrorSum; //一个时代的累计误差
    double m_dErr; //一个时代的平均到每一次训练、每个输出的误差

    bool m_bStop;//控制训练过程是否中途停止

    SNeuronLayer *m_pHiddenLyr; //隐藏层
    SNeuronLayer *m_pOutLyr; //输出层

    vector<double> m_vecError; //训练过程中对应于各个时代的训练误差
public:
    // 构造函数
    CNeuralNet(int nInput, int nOutput, int nNeuronsPerLyr);
    ~CNeuralNet();

    void InitializeNetwork();// 初始化网络

    bool CalculateOutput(vector<double> input, vector<double> &output);
// 计算网络输出，前向传播
    bool TrainingEpoch(vector<iovector>& inputs, vector<iovector>& outputs);
// 训练一个时代，反向调整
    bool Train(vector<iovector>& SetIn, vector<iovector>& SetOut);
//整个反向传播训练过程

    // 识别某一个未知类别样本，返回类别标号
    int Recognize(CString strPathName, CRect rt, double &dConfidence);

    // 获取参数
    double GetErrorSum() { return m_dErrorSum; } //返回当前时代误差
    double GetError() {return m_dErr; } //返回平均误差
    int GetEpoch() { return m_nEpochs; } //返回时代数
    int GetNumOutput() { return m_nOutput; } //返回输出层单元数目
    int GetNumInput() { return m_nInput; } //返回输入层单元数目
    int GetNumNeuronsPerLyr() { return m_nNeuronsPerLyr; } //返回隐藏层单元数目

    // 设定训练配置信息
    void SetMaxEpoch(int nMaxEpoch) { m_nMaxEpoch = nMaxEpoch; }
    void SetMinError(double dMinError) { m_dMinError = dMinError; }
    void SetLearningRate(double dLearningRate) { m_dLearningRate = dLearningRate; }

    void SetStopFlag(BOOL bStop) { m_bStop = bStop; }

    // 保存和装载训练文件
    bool SaveToFile(const char* lpszFileName, bool bCreate = true); //保存训练结果
    bool LoadFromFile(const char* lpszFileName, DWORD dwStartPos = 0); //装载训练结果
```

```
protected:
    void CreateNetwork(); //建立网络，为各层单元分配空间

    // Sigmoid 激励函数
    double    Sigmoid(double netinput)
    {
        double response = 1.0; //控制函数陡峭程度的参数

        return ( 1 / ( 1 + exp(-netinput / response)));
    }
};
```

成员变量介绍如下。

（1）与网络及训练相关的配置信息包括输入单元数目 m_nInput、输出单元数目 m_nOutput、隐藏层单元数目 m_nNeuronsPerLyr、隐藏层数目 m_nHiddenLayer 以及学习率 m_dLeaningRate 等。

（2）成员 m_nEpochs 和 m_dErrorSum 记录着网络训练的动态信息，分别表示训练时代计数以及当前时代的累计平方误差。

（3）网络的主体数据结构为两个 SNeuronLayer 类型的指向层结构的指针，其中 m_pHiddenLyr 代表隐藏层，m_pOutLyr 指向输出层。通过它们可以很方便地访问网络单元，如 m_pHiddenLyr->m_pNeurons[i]引用了隐藏层的第 i 个单元。

重要类成员函数如下。

CNeuralNet 类提供了与网络训练、识别有关的方法，3 个获取参数的接口函数以及负责保存和装载训练成果文件的 2 个方法 SaveToFile 和 LoadFromFile。此外，Sigmoid 激励函数的实现也被封装在 CNeuralNet 中。

在 CNeuralNet 的类定义中已经给出了一部分方法的实现细节，其他类成员函数的实现位于 neuralNet.cpp 文件中。下面就一些重要的成员函数进行介绍。

（1）构造函数——CNeuralNet::CNeuralNet

主要负责初始化与网络和训练相关的基本信息，包括输入单元数目 m_nInput、输出单元数目 m_nOutput、每个隐藏层单元数目 m_nNeuronsPerLyr 以及隐藏层数目 m_nHiddenLayer 等。实现如下。

```
CNeuralNet::CNeuralNet(int nInput, int nOutput, int nNeuronsPerLyr)
{
    m_nHiddenLayer = 1; //暂时只支持一个隐藏层的网络
    m_nInput = nInput;
    m_nOutput = nOutput;
    m_nNeuronsPerLyr = nNeuronsPerLyr;

    m_pHiddenLyr = NULL;
    m_pOutLyr = NULL;

    CreateNetwork(); //为网络各层分配空间
    InitializeNetwork(); // 初始化整个网络
}
```

函数中调用了 CreateNetwork( )方法为网络各层分配空间，并且通过 InitializeNetwork( )初始化整个网络。稍后将介绍这 2 个方法。

（2）分配网络空间——CNeuralNet::CreateNetwork

该方法简单直观，它为隐藏层和输出层单元分配了空间，实现如下。

```
void CNeuralNet::CreateNetwork()
{
    m_pHiddenLyr = new SNeuronLayer(m_nNeuronsPerLyr, m_nInput);
    m_pOutLyr = new SNeuronLayer(m_nOutput, m_nNeuronsPerLyr);
}
```

（3）网络权值初始化——void CNeuralNet::InitializeNetwork

该方法主要负责网络和训练的重要参数的初始化，包括隐藏层和输出层每个单元的每个权值，上一次的权值更新 m_pPrevUpdate[i]（使用冲量项时），以及当前的训练误差和训练时代数目。

根据算法 15.3，将权值初始为 1 个-0.05 到 0.05 之间的小随机数，函数 RandomClampd( )可以返回一个绝对值小于 WEIGHT_FACTOR 的随机双精度型数，其中 WEIGHT_FACTOR 和两个相关的随机函数均在头文件 neuralnet.h 中被定义。

```
//*************为初始化权值定义随即函数*************//
#define WEIGHT_FACTOR 0.1 //一个大于 0 小于 1 的浮点数，用来限定初始权值的范围

//返回一个 0，1 之间的随机浮点数
inline double RandFloat()        {return (rand())/(RAND_MAX+1.0);}

//返回一个大于 -1 小于 1 的随机浮点数
inline double RandomClamped()        {return WEIGHT_FACTOR*(RandFloat() - RandFloat());}
```

初衷是以随机值初始化网络权值，这样使用同样的数据训练多个网络，可以避免训练算法每次都陷入同样的局部极小值（参见 15.2.5 小节）。因此在实现时应注意每次初始化之前先以调用 srand()函数设定随机种子。通过使用当前时间作为随机种子，可以保证程序每次运行产生不同的伪随机序列。

```
srand((unsigned)time(NULL)); //以当前时间作为随机种子
```

当需要增加冲量项时，将每个权值的上一次更新值初始化为 0，这是因为在第 1 个时代的训练开始之前，还没有上一次的权值更新信息。

```
#ifdef NEED_MOMENTUM
        //第 1 个时代的训练开始之前，还没有上一次的权值更新信息
        m_pHiddenLyr->m_pNeurons[i].m_pPrevUpdate[j] = 0;
#endif
```

InitializeNetwork( )方法的完整实现如下。

```
void CNeuralNet::InitializeNetwork()
{
    int i, j; //循环变量

    //使用当前时间作为随机种子，这样可以保证程序每次运行产生不同的伪随机序列
    srand((unsigned)time(NULL));

    //初始化隐藏层权值
    for(i=0; i<m_pHiddenLyr->m_nNeuron; i++)
    {
        for(j=0; j<m_pHiddenLyr->m_pNeurons[i].m_nInput; j++)
        {
            m_pHiddenLyr->m_pNeurons[i].m_pWeights[j] = RandomClamped();
#ifdef NEED_MOMENTUM
        //第 1 个时代的训练开始之前，还没有上一次的权值更新信息
            m_pHiddenLyr->m_pNeurons[i].m_pPrevUpdate[j] = 0;
#endif
        }
    }

    //初始化输出层权值
    for(i=0; i<m_pOutLyr->m_nNeuron; i++)
    {
        for(j=0; j<m_pOutLyr->m_pNeurons[i].m_nInput; j++)
        {
            m_pOutLyr->m_pNeurons[i].m_pWeights[j] = RandomClamped();
#ifdef NEED_MOMENTUM
```

```
                    //第 1 个时代的训练开始之前，还没有上一次的权值更新信息
                    m_pOutLyr->pNeurons[i].m_pPrevUpdate[j] = 0;
    #endif
            }
        }
        m_dErrorSum = 9999.0; //初识化为一个很大的训练误差，将随着训练进行逐渐减小
        m_nEpochs = 0; //当前训练时代数目
    }
```

（4）输入的前向传播——bool CNeuralNet::CalculateOutput

该方法可谓是神经网络的"主要劳动力"，正是它负责网络输入的前向传播。双精度向量参数
vector<double> input 表示 1 个训练样本的特征向量，它被作为网络的输入传递进来。CalculateOutput()
通过对每个层的循环来处理输入和对应权重的相乘与累加，再以所得的和作为 Sigmoid 函数的输
入，从而计算出每个神经元的输出。引用参数 vector<double> &output 是网络的输出向量（所有输
出层单元的输出组成的向量），用于把"劳动成果"带回。

函数 CalculateOutput( )的完整实现如下。

```
bool CNeuralNet::CalculateOutput(vector<double> input, vector<double> &output)
{
    if(input.size() != m_nInput) //输入特征向量维数与网络输入不相等
        return false;
    int i, j;
    double nInputSum; //求和项

    // 计算隐藏层输出
    for(i=0; i<m_pHiddenLyr->m_nNeuron; i++)
    {
        nInputSum = 0;
        // 点乘计算
        for(j=0; j<m_pHiddenLyr->m_pNeurons[i].m_nInput-1; j++)
        {
            nInputSum += m_pHiddenLyr->m_pNeurons[i].m_pWeights[j]*(input[j]);
        }

        // 加上偏移项
        nInputSum += m_pHiddenLyr->m_pNeurons[i].m_pWeights[j]*BIAS;

        // 计算 S 函数的输出
        m_pHiddenLyr->m_pNeurons[i].m_dActivation = Sigmoid(nInputSum);
    }

    // 计算输出层输出
    for(i=0; i<m_pOutLyr->m_nNeuron; i++)
    {
        nInputSum = 0;
        // 点乘计算
        for(j=0; j<m_pOutLyr->m_pNeurons[i].m_nInput-1; j++)
        {
            nInputSum += m_pOutLyr->m_pNeurons[i].m_pWeights[j]
                *m_pHiddenLyr->m_pNeurons[j].m_dActivation;
        }

        // 加上偏移项
        nInputSum += m_pOutLyr->m_pNeurons[i].m_pWeights[j]*BIAS;

        // 计算 S 函数的输出
        m_pOutLyr->m_pNeurons[i].m_dActivation = Sigmoid(nInputSum);

        // 存入输出向量
```

```
            output.push_back(m_pOutLyr->m_pNeurons[i].m_dActivation);
        }

        return true;
}
```

每个神经元的权向量最后一维实际上是一个偏置项 w_0，其系数 x_0 即为 BIAS，本节已经在 neuralNet.h 中将其定义为 1。

```
#define BIAS 1 //偏置项 w0 的系数
```

（5）训练 1 个时代——bool CNeuralNet::TrainingEpoch

该方法是反向传播算法的核心，负责误差沿网络的反向传播。对于一个给定的训练集，TrainingEpoch()针对每个训练样本，调用 CalculateOutput( )计算其实际输出，而后根据实际输出和目标输出之间的误差调整输出层以及隐藏层的权值。训练集的积累误差保存在双精度类成员变量 m_dErrorSum 中，该误差的值是目标输出减去实际输出之差的平方误差总和。

首先注意到算法的两个 vector<iovector>类型的参数，类型 iovector 在训练数据类 CNeuralData 头文件 NeuralData.h 中定义如下。

```
typedef vector<double> iovector;
```

这是为输入和输出定义的 1 个双精度向量，相当于样本矩阵中的 1 行，即 1 个训练样本向量。vector<iovector>进一步定义了 1 个向量的向量，即一个样本矩阵。这样所有的训练数据构成一个样本矩阵 SetIn，所有类标签经过编码后的输出向量构成一个输出矩阵 SetOut。

TrainingEpoch()方法的实现如下。

```
bool CNeuralNet::TrainingEpoch(vector<iovector>& SetIn, vector<iovector>& SetOut)
{
    int i, j, k;
    double WeightUpdate; //权值更新量
    double err; //误差项

    m_dErrorSum = 0; //累计误差
    for(i=0; i<SetIn.size(); i++) //增量的梯度下降（针对每个训练样本更新权值）
    {
        /////////////////////////////
        iovector vecOutputs;
        if(!CalculateOutput(SetIn[i], vecOutputs)) //将输入沿网络向前传播
        {
            return false;
        }

        // 更新输出层权重
        for(j=0; j<m_pOutLyr->m_nNeuron; j++)
        {
            // 计算误差项
            err = ((double)SetOut[i][j] - vecOutputs[j])*vecOutputs[j]*(1-vecOutputs [j]);
            m_pOutLyr->m_pNeurons[j].m_dError = err; //记录该单元的误差项
            m_dErrorSum += ((double)SetOut[i][j] - vecOutputs[j])*((double)SetOut[i]
[j] - vecOutputs[j]); //更新累计误差
            // 更新每个输入的权重
            for(k=0; k<m_pHiddenLyr->m_nNeuron; k++)
            {
                WeightUpdate =
                    err*m_dLearningRate*m_pHiddenLyr->m_pNeurons[k].m_dActivation;
#ifdef NEED_MOMENTUM
                // 带有冲量项的权值更新量
                m_pOutLyr->m_pNeurons[j].m_pWeights[k] +=
```

```
                                    WeightUpdate+ m_pOutLyr->m_pNeurons[j].m_pPrevUpdate[k]* MOMENTUM;

                    m_pOutLyr->m_pNeurons[j].m_pPrevUpdate[k] = WeightUpdate;
#else
                //更新单元权值
                m_pOutLyr->m_pNeurons[j].m_pWeights[k] += WeightUpdate;
#endif
        }

                //偏置更新量
                WeightUpdate = err*m_dLearningRate*BIAS;

#ifdef NEED_MOMENTUM
                // 带有冲量项的权值更新量
                m_pOutLyr->m_pNeurons[j].m_pWeights[k] +=
                        WeightUpdate + m_pOutLyr->m_pNeurons[j].m_pPrevUpdate[k]*MOMENTUM;
                m_pOutLyr->m_pNeurons[j].m_pPrevUpdate[k] = WeightUpdate;
#else
            //偏置项的更新
                m_pOutLyr->m_pNeurons[j].m_pWeights[k] += WeightUpdate;
#endif
        }

        // 更新隐藏层权重
        for(j=0; j<m_pHiddenLyr->m_nNeuron; j++)
        {
            err = 0;
            for(k=0; k<m_pOutLyr->m_nNeuron; k++)
            {
                err += m_pOutLyr->m_pNeurons[k].m_dError*m_pOutLyr->m_pNeurons[k].
m_pWeights[j];
            }

            err *= m_pHiddenLyr->m_pNeurons[j].m_dActivation*(1-m_pHiddenLyr->
m_pNeurons[j].m_dActivation);

            // 更新每个输入的权重
            for(k=0; k<m_pHiddenLyr->m_pNeurons[j].m_nInput-1; k++)
            {
                WeightUpdate = err*m_dLearningRate*SetIn[i][k];

#ifdef NEED_MOMENTUM
                // 带有冲量项的权值更新量
                m_pHiddenLyr->m_pNeurons[j].m_pWeights[k] +=
                        WeightUpdate + m_pHiddenLyr->m_pNeurons[j].m_pPrevUpdate
[k]*MOMENTUM;

                m_pHiddenLyr->m_pNeurons[j].m_pPrevUpdate[k] = WeightUpdate;
#else
                m_pHiddenLyr->m_pNeurons[j].m_pWeights[k] += WeightUpdate;
#endif
            }
                //偏置更新量
                WeightUpdate = err*m_dLearningRate*BIAS;

#ifdef NEED_MOMENTUM
                // 带有冲量项的权值更新量
                m_pHiddenLyr->m_pNeurons[j].m_pWeights[k] +=
                        WeightUpdate+m_pHiddenLyr->m_pNeurons[j].m_pPrevUpdate[k]*
MOMENTUM;

                m_pHiddenLyr->m_pNeurons[j].m_pPrevUpdate[k] = WeightUpdate;
#else
```

```
                    //偏置项的更新
                    m_pHiddenLyr->m_pNeurons[j].m_pWeights[k] += WeightUpdate;
#endif
            }
        }
    m_nEpochs ++; //时代计数+1

    return true;
}
```

算法在开始时将时代的累积误差 m_dErrorSum 清 0，以统计每一个时代的累积误差；而后对于训练集中的每一个样本展开循环，如对于第 i 个样本 SetIn[i]，以之作为输入沿网络向前传播，通过调用方法 CalculateOutput(SetIn[i], vecOutputs)，计算出网络输出，保存至向量 vecOutputs，接着就可以根据这个输出与第 i 个样本的目标输出 SetOut[i]之间的误差来更新权值。对于输出层的每个单元 j，计算其误差值 *err*（相当于算法 15.3 中 δ_j），保存至相应神经元的成员变量 m_pOutLyr->m_pNeurons[j].m_dError 中，并且更新累计误差 m_dErrorSum；之后，对于单元 j 的每一个输入 k，计算出权值更新量 WeightUpdate（相当于算法 15.3 中的 $\triangle w_{jk}$），最终分成带有冲量项和没有冲量项两种情况来更新权值。

对于隐藏层权值的更新，大体结构与输出层一致，对照算法 15.3 的权值更新部分，读者应该很容易理解，这里不再赘述。

（6）反向传播算法——bool CNeuralNet::Train

TrainingEpoch()方法只进行 1 个时代的训练。由算法 15.3 可知，整个反向传播算法的训练过程需要反复调用 TrainingEpoch 函数，每次调用结束后，运行 GetErrorSum( )并检查返回的误差，直到当前时代误差已经符合预先设定的阈值，表示网络已经训练好了（Trained）。这个完整的训练过程封装在成员函数 Train( )中。

```
bool CNeuralNet::Train(vector<iovector>& SetIn, vector<iovector>& SetOut)
{
    m_bStop = FALSE; //是否要中途停止训练
    CString strOutMsg; //输出信息

    do
    {
        //训练一个时代
        if(!TrainingEpoch(SetIn, SetOut))
        {
            strOutMsg.Format("训练在第%d 个时代出现错误! ", GetEpoch());
            AfxMessageBox(strOutMsg);
            return false;
        }

        //计算 1 个时代的平均到每 1 次训练、每个输出的错误
        m_dErr = GetErrorSum() / ( GetNumOutput() * SetIn.size() );

        if(m_dErr < m_dMinError)
            break; //收敛
        m_vecError.push_back(m_dErr); //记录各个时代的错误，以备训练结束后绘制训练误差曲线

        WaitForIdle();//在循环中暂停下来以检查是否有用户动作和消息，主要为了让训练可以在中途停止
        if(m_bStop) //检查停止标志
            break;
    }
    while(m_nMaxEpoch-- > 0);

    return true;
}
```

上述程序中的下列语句用于计算 1 个时代的平均到每 1 次训练、每个输出的训练误差。

```
m_dErr = GetErrorSum() / ( GetNumOutput() * SetIn.size() );
```

在每个时代训练结束的时候，程序检查这个误差值 m_dErr，如果它已低于预设的误差阈值则训练到此结束。

操作者希望这个误差可以客观反映网络训练的进程，而直接通过 m_pNet->GetErrorSum()取得的时代的累计输出平方误差是对所有训练样本和所有输出单元求和得到的，与训练样本和输出单元的数目有关。由于不同的问题对应网络的输出层单元数目可能相差很大，就是同一个问题也会因为输出层编码方式的不同而产生不同的输出层单元数目，况且每次训练网络的样本数目也不一样，因此采用了输出单元的数目与训练样本数目去除总的误差得到的平均误差来衡量当前网络与训练样本的拟和程度。

此外，由于输出经过了 Sigmoid 函数的激励，应该是一个大于 0、小于 1 的值，而目标输出为 0 或 1（程序中实际取 0.1 或 0.9，详见 15.3.3 小节），因此这个平均的平方误差值 m_dErr 也应该是大于 0、小于 1 的。

（7）识别——int CNeuralNet::Recognize

该方法读入由参数 strPathName 指定的待识别图像文件，做出分类决策并返回类别标号。参数 rt 是一个与图像等大的 CRect 对象，引入它主要是为了方便和图像重采样相关的操作，双精度引用型参数 dConfidence 用于将网络的最大输出与次大输出之差带回，这个差值在一定程度上可以看作是识别结果的置信度（参见 15.3.3 小节）。正常情况下函数返回识别出的样本类别标号，如果返回 -1 则表示识别过程中发生了错误。

下面给出 Recognize( )函数的完整实现。

```
int CNeuralNet::Recognize(CString strPathName, CRect rt, double &dConfidence)
{
    int nBestMatch; //类别标号
    double dMaxOut1 = 0; //最大输出
    double dMaxOut2 = 0; //次大输出

    //读入待识别图像文件
    CGray gray;
    if(!gray.AttachFromFile(strPathName))
        return -1;

    //将待识别图像转换为向量形式
    vector<double> vecToRec;
    for(int j=rt.top; j<rt.bottom; j+= RESAMPLE_LEN)
    {
        for(int i=rt.left; i<rt.right; i+= RESAMPLE_LEN)
        {
            int nGray = 0;
            for(int mm=j; mm<j+RESAMPLE_LEN; mm++)
            {
                for(int nn=i; nn<i+RESAMPLE_LEN; nn++)
                    nGray += gray.GetGray(nn, mm);
            }
            nGray /= RESAMPLE_LEN*RESAMPLE_LEN;

            vecToRec.push_back(nGray/255.0);
        }
    }

    //计算网络输出
    vector<double> outputs; //输出向量
    if(!CalculateOutput(vecToRec, outputs))
    {
```

```
        AfxMessageBox("rec failed");
        return -1;
    }

    //寻找最大响应的的输出单元,对应的单元号即位类别
    nBestMatch = 0;
    for (int i=0; i<outputs.size(); ++i)
    {
        if (outputs[i] > dMaxOut1)
        {
            dMaxOut2 = dMaxOut1;
            dMaxOut1 = outputs[i]; //记录最大的输出单元值
            nBestMatch = i;
        }
    }
    dConfidence = dMaxOut1 - dMaxOut2; //计算置信度

    return nBestMatch; //返回识别结果（类标号）
}
```

（8）保存训练成果——bool CNeuralNet::SaveToFile

该函数用于将网络各层单元数目等基本结构信息及训练时代数目、训练误差、网络权值等训练信息保存至训练配置文件（*.net 文件）。const char*型参数 lpszFileName 指出了训练配置文件的存储路径；bool 型参数 bCreate 为 true 表示需要新建配置文件，否则为追加在现有文件的后面。

下面给出 Save To File()函数的完整实现。

```
bool CNeuralNet::SaveToFile(const char* lpszFileName, bool bCreate)
{
    CFile file;
    if( bCreate ) //新建模式
    {
        if(!file.Open(lpszFileName, CFile::modeWrite|CFile::modeCreate))
            return false;
    }
    else//追加模式
    {
        if(!file.Open(lpszFileName, CFile::modeWrite))
            return false;

        file.SeekToEnd(); //追加写入到末尾
    }

    //写入网络头信息
    NEURALNET_HEADER header = { 0 };
    header.dwVersion = NEURALNET_VERSION;
    header.m_nInput = m_nInput;
    header.m_nNeuronsPerLyr = m_nNeuronsPerLyr;
    header.m_nOutput = m_nOutput;
    header.m_nEpochs = m_nEpochs;
    file.Write(&header, sizeof(header));

    //写入训练误差信息
    file.Write(&m_dErr, sizeof(m_dErr));

    int i, j;
    //写入权值信息
    for(i=0; i<m_pHiddenLyr->m_nNeuron; i++)
    {//隐藏层权值
        file.Write(&m_pHiddenLyr->m_pNeurons[i].m_dActivation,
            sizeof(m_pHiddenLyr->m_pNeurons[i].m_dActivation));
        file.Write(&m_pHiddenLyr->m_pNeurons[i].m_dError,
            sizeof(m_pHiddenLyr->m_pNeurons[i].m_dError));
```

```
            for(j=0; j<m_pHiddenLyr->m_pNeurons[i].m_nInput; j++)
            {
                file.Write(&m_pHiddenLyr->m_pNeurons[i].m_pWeights[j],
                    sizeof(m_pHiddenLyr->m_pNeurons[i].m_pWeights[j]));
            }
        }

        for(i=0; i<m_pOutLyr->m_nNeuron; i++)
        {//输出层权值
            file.Write(&m_pOutLyr->m_pNeurons[i].m_dActivation,
                sizeof(m_pOutLyr->m_pNeurons[i].m_dActivation));
            file.Write(&m_pOutLyr->m_pNeurons[i].m_dError,
                sizeof(m_pOutLyr->m_pNeurons[i].m_dError));
            for(j=0; j<m_pOutLyr->m_pNeurons[i].m_nInput; j++)
            {
                file.Write(&m_pOutLyr->m_pNeurons[i].m_pWeights[j],
                    sizeof(m_pOutLyr->m_pNeurons[i].m_pWeights[j]));
            }
        }

        file.Close();
        return true;
    }
```

（9）载入训练成果——bool CNeuralNet:: LoadFromFile

该函数负责从 lpszFileName 参数指定的训练配置文件（*.net 文件）中载入网络各层单元数目等基本结构信息及训练时代数目、训练误差、网络权值等训练信息。DWORD 型参数 dwStartPos 表示文件读取的开始位置。该函数的完整实现如下。

```
bool CNeuralNet::LoadFromFile(const char* lpszFileName, DWORD dwStartPos)
{
    CFile file;
    if(!file.Open(lpszFileName, CFile::modeRead))
        return false;

    file.Seek(dwStartPos, CFile::begin);//定位到 dwStartPos 指出的开始位置

    //读入网络头信息
    NEURALNET_HEADER header = { 0 };
    if(file.Read(&header, sizeof(header)) != sizeof(header))
        return false;
    //校验版本
    if(header.dwVersion != NEURALNET_VERSION)
        return false;
    //校验网络基本结构
    if(m_nInput != header.m_nInput
            || m_nNeuronsPerLyr != header.m_nNeuronsPerLyr
            || m_nOutput != header.m_nOutput)
            return false;

    m_nEpochs = header.m_nEpochs; //更新训练时代数目
    file.Read(&m_dErr , sizeof(m_dErr));//读入训练误差信息

    int i, j;
    // 读入网络权值
    for(i=0; i<m_pHiddenLyr->m_nNeuron; i++)
    {//隐藏层
        file.Read(&m_pHiddenLyr->m_pNeurons[i].m_dActivation,
            sizeof(m_pHiddenLyr->m_pNeurons[i].m_dActivation));
        file.Read(&m_pHiddenLyr->m_pNeurons[i].m_dError,
            sizeof(m_pHiddenLyr->m_pNeurons[i].m_dError));
```

```
                for(j=0; j<m_pHiddenLyr->m_pNeurons[i].m_nInput; j++)
                {
                    file.Read(&m_pHiddenLyr->m_pNeurons[i].m_pWeights[j],
                        sizeof(m_pHiddenLyr->m_pNeurons[i].m_pWeights[j]));
                }
            }

            for(i=0; i<m_pOutLyr->m_nNeuron; i++)
            {//输出层
                file.Read(&m_pOutLyr->m_pNeurons[i].m_dActivation,
                    sizeof(m_pOutLyr->m_pNeurons[i].m_dActivation));
                file.Read(&m_pOutLyr->m_pNeurons[i].m_dError,
                    sizeof(m_pOutLyr->m_pNeurons[i].m_dError));
                for(j=0; j<m_pOutLyr->m_pNeurons[i].m_nInput; j++)
                {
                    file.Read(&m_pOutLyr->m_pNeurons[i].m_pWeights[j],
                        sizeof(m_pOutLyr->m_pNeurons[i].m_pWeights[j]));
                }
            }

            file.Close();
            return true;
    }
```

15.4.5　神经网络的训练数据类——CNeuralData

　　CNeuralData 类主要负责为神经网络获得训练数据相关的信息，包括训练样本矩阵和对应的输出向量矩阵、类别数目和名称信息、用于存放训练样本的类别目录、训练样本文件的存取路径等。

　　完整的 CNeuralData 类定义如下，它位于 DigitRec 工程的 neuralData.h 头文件中。

```
class CNeuralData  // 训练数据类
{
public:
    CNeuralData();
    virtual ~CNeuralData();

    void Init(CRect rt, int nInputs); //基本的初始化
    void Clear(); //清空内置容器
    void GetClassInfoFromDir(CString strDir); //根据 strDir 中的分类目录信息获得训练数据所
在目录和类别名称信息
    //添加训练数据所在目录和类别名称信息
    bool AddData(CString strImgDir, CString strClassName);
    //取得输入训练样本矩阵
    vector<vector<double> >& GetInputSet();
    //取得输出向量矩阵
    vector<vector<double> >& GetOutputSet();

    //取得训练集合以及训练样本的存取路径
    bool CreateTrainingSetFromData();
    bool GetTrainingSet(); //取得整个训练集，包括读入训练样本矩阵和设定输出类编码
    bool GetSamplePaths(); //取得训练样本的存取路径，将这些信息存放至 m_vecSamples

    vector<CString> GetVecClassNames() { return m_vecClassNames; }

    //返回类别名称
    CString GetClassName(int nClass);
    //返回类别总数
    int GetClassNum() { return m_nClass;}
    //返回输入单元数目
    int GetInputNum() { return m_nInputs; }
protected:
```

```
    vector<CString>  m_vecClassNames; //类别名称(存放该类样本的文件夹名称)
    vector<CString>  m_vecDirs; //存放训练样本的类别目录
    vector<vector<CString> > m_vecSamples; //训练样本文件的存取路径

    // 包含训练数据
    vector<iovector > m_SetOut; //输出向量矩阵
    vector<iovector > m_SetIn; //输入样本向量矩阵

    int m_nClass; //类别数目
    CRect m_rt; //每个图像的处理区域
    int m_nInputs; //输入单元数目(输入向量维数)
};
```

成员变量如下。

（1）m_SetIn 为训练样本矩阵，m_SetOut 为对应的输出向量矩阵。之前曾在 CNeuralNet::TrainingEpoch( )中接触过这两个 iovector 型向量，实际上对于第 i 个训练样本，其输入向量为 m_SetIn[i]，对应的经过编码的输出向量为 m_SetOut[i]。

（2）类成员 m_vecClassNames 用于保存类别名称，程序中以存放该类样本的文件夹名称作为该类的类别名称。

（3）m_vecDirs 用于存放训练样本类别目录的路径信息。

（4）m_vecSamples 则用于保存训练样本文件的存取路径。

（5）m_nClass 表示类别数目。

（6）m_nInputs 为输入单元数目(输入向量维数)。

（7）Crect 对象 m_rt 对应于每个图像的处理区域，这样就可以方便地对样本图像的任何感兴趣的区域进行处理。

重要类成员函数如下。

在 CNeuralData 的类定义中已经给出了一部分方法的实现细节，其他类成员函数的实现位于 NeuralData.cpp 文件中。

函数 GetInputSet()和 GetOutputSet( )分别返回输入训练样本矩阵 m_SetIn 和输出向量矩阵 m_SetOut, GetClassName(int nClass)可以返回第 nClass 类的类别名称，而通过 GetClassNum( )返回类别的总数，这些都非常简单。下面重点讨论 CNeuralData 的其他几个主要方法。

（1）基本初始化——void CNeuralData::Init

该方法完成基本信息的初始化，包括清空各个容器，设定图像处理的矩形区域 m_rt 和输入单元数目 m_nInputs，并且将类别数目 m_nClass 置零。

```
void CNeuralData::Init(CRect rt, int nInputs)
{
    m_rt = rt;  //设定处理范围矩形
    m_SetOut.clear();
    m_SetIn.clear();
    Clear(); //清空各个容器

    m_nInputs = nInputs; //设定输入数目
}
```

其中调用的 Clear()函数原型如下。

```
void CNeuralData::Clear()
{
    m_vecDirs.clear();
    m_vecClassNames.clear();
    m_vecSamples.clear();
```

```
        m_nClass = 0;
    }
```

（2）添加类别信息——bool CNeuralData::AddData

该方法将参数 strImgDir 提供的训练数据的类别目录信息添加到 CString 型向量 m_vecDirs 中，strImgDir[*i*]用于保存第 *i* 类样本所在的类别目录的路径信息（数据集中的每类样本保存在 1 个文件夹）；同时，将参数 strClassName 提供的训练数据类别名称信息（该类样本所在的目录名称）添加到 CString 型向量 m_vecClassNames 中。该函数的完整实现如下。

```
bool CNeuralData::AddData(CString strImgDir, CString strClassName)
{
    //添加样本文件所在目录的路径信息
    m_vecDirs.push_back(strImgDir);

    //添加代表各个类的名字，我们以存放该类的文件夹的名字作为类的名字
    m_vecClassNames.push_back(strClassName);

    m_nClass ++; //类别数目
    return true;
}
```

（3）取得样本的存取路径并载入训练集合——bool CNeuralData::CreateTrainingSetFromData

作为 CNeuralData 类的主要方法，CreateTrainingSetFromData( )取得训练样本的存取路径进而载入整个训练集合。这两个主要功能是分别通过调用 GetSamplePaths( )与 GetTrainingSet( )方法来实现的，稍后将分别介绍。

```
bool CNeuralData::CreateTrainingSetFromData( )
{
    //取得训练样本的存取路径
    if(GetSamplePaths() == false)
        return false;

    //取得整个训练集
    if( !GetTrainingSet() )
        return false;

    return true;
}
```

（4）取得训练样本的存取路径——bool CNeuralData::GetSamplePaths

在 AddData()方法中已经得到了类别目录信息 m_vecDirs，根据此信息遍历第 *i* 类类别目录，可进一步获得该类训练样本文件的存取路径，并依次保存至 vector<vector<CString>>型成员 m_vecSamples 中，其中 m_vecSamples[*i*][*j*]用于保存第 *i* 类的第 *j* 个训练样本文件的存取路径。该函数的完整实现如下。

```
bool CNeuralData::GetSamplePaths()
{
    int nClass = m_vecDirs.size(); //类别数目

    for(int i=0; i<nClass; i++)
    {
        // 遍历第 i 类类别目录，将这些样本文件的存取路径保存至 vecFiles
        vector<CString> vecFiles; //某一类训练样本的存取路径

        // 查找目标为第 i 类类别目录下的全部 .bmp 图像文件
        CString strToFind = m_vecDirs[i];
        strToFind += "*.bmp";

        WIN32_FIND_DATA findData;
        HANDLE hFindFile;
```

```
                CString strSamplePath; //某个训练样本文件的存取路径
                hFindFile = ::FindFirstFile(strToFind, &findData);
                if(hFindFile != INVALID_HANDLE_VALUE)
                {
                    do
                    {
                        if(findData.cFileName[0] == '.')
                            continue;

                        if(!(findData.dwFileAttributes & FILE_ATTRIBUTE_DIRECTORY))
                        {
                            strSamplePath = m_vecDirs[i]; //取得类别目录
                            strSamplePath += findData.cFileName; //取得完整存取路径
                            vecFiles.push_back(strSamplePath); //添加到 vecFiles
                        }

                    }
                    while(::FindNextFile(hFindFile, &findData));

                    ::FindClose(hFindFile);
                }
                else
                {
                    AfxMessageBox("没有找到训练样本图像文件，请检查训练样本目录是否正确!");
                    return false;
                }

                if(vecFiles.size() == 0)// 类别目录为空
                    return false;

                m_vecSamples.push_back(vecFiles); //加入该类训练文件的存取路径向量到全部训练样本的向量
        }

        return true;
}
```

（5）取得整个训练集——bool CNeuralData::GetTrainingSet

该方法根据 m_vecSamples 中保存的路径信息读入训练样本图像，将图像数据按行存储为向量，保存至输入样本矩阵 m_SetIn，m_SetIn[m][n]中存储着第 m 个训练样本向量的第 n 维信息；与此同时，设置对应的输出向量 m_SetOut，程序中采用的是 1 of n 的输出层编码方案（参见 15.3.3 小节），因此对于第 i 类样本，将对应输出向量的第 i 维置为高值 0.9，其余各维均为低值 0.1，相应代码实现如下。

```
// 为第 i 类训练样本设定输出向量
vector<double> outputs(nClass, 0.1);
outputs[i] = 0.9;
```

GetTrainingSet( )函数的完整实现如下。

```
bool CNeuralData::GetTrainingSet()
{
        //清空输入样本矩阵和输出向量矩阵
        m_SetIn.clear();
        m_SetOut.clear();

        vector<double> vecInputs(m_nInputs, 0); //输入样本向量
        COCRImageProcess ocrImg; //OCR 图像处理对象
        int nClass = m_vecDirs.size(); //取得类别数目

        // 读入每一类的训练样本图像，转化为输入向量的形势，设定对应的类标签并编码为输出向量
        for(int i=0; i<nClass; i++)
        {
            int nSplInClass = m_vecSamples[i].size(); //该类样本数目
```

```
    // 为第 i 类训练样本设定输出向量
    vector<double> outputs(nClass, 0.1);
    outputs[i] = 0.9;

    for(int j=0; j<nSplInClass; j++)
    {
        // 设定第 i 类第 j 个样本的输出向量
        m_SetOut.push_back(outputs);

        // 设定第 i 类第 j 个样本的输入向量
        if(!ocrImg.AttachFromFile(m_vecSamples[i][j]))
        {
            CString strOut;
            strOut.Format("读入训练样本图像%s时发生错误!", m_vecSamples[i][j]);
            AfxMessageBox(strOut);
            continue;
        }

        int nDim=0; //输入向量的当前维
        int mm, nn;

        //样本尺寸校验
        if( (ocrImg.GetHeight() != m_rt.bottom) || (ocrImg.GetWidthPixel() != m_rt.
            right) )
        {
            AfxMessageBox("图像大小与预设定值不符!请重新设定DigitRec.h中的IMG_HEIGHT
                和 IMG_WIDTG。");
            return false;
        }

        //图像重采样并按行存储为向量
        for(int ii=m_rt.top; ii<m_rt.bottom; ii+=RESAMPLE_LEN)
        {
            for(int jj=m_rt.left; jj<m_rt.right; jj+=RESAMPLE_LEN)
            {
                int nGray = 0;
                for(mm=ii; mm<ii+RESAMPLE_LEN; mm++)
                {
                    for(nn=jj; nn<jj+RESAMPLE_LEN; nn++)
                        nGray += ocrImg.GetGray(nn, mm);
                }
                nGray /= RESAMPLE_LEN*RESAMPLE_LEN;

                vecInputs[nDim] = (double)nGray/255.0;

                nDim ++;
            }// for jj
        }// for ii

        // 设定第 i 类第 j 个样本的输入向量
        m_SetIn.push_back(vecInputs);
    }// for j
} // for i

return true;
}
```

注意到程序中使用的图像处理类为 COCRImage Process，而不是读者熟悉的 CImgProcess，这主要是为了满足系统扩展性的要求。COCRImageProcess 是 CImgProcess 的派生类，加入了专门针对字符图像的图像处理功能，详见 15.6 节。

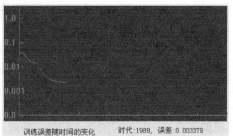

图 15.15 误差随时间变化曲线

15.4.6　误差跟踪类——CValueTrack

CValueTrack 类能够绘制网络的训练误差变化曲线，如图 15.15 所示。

完整的 CValueTrack 类定义如下，它位于 DigitRec 工程的 ValueTrack.h 头文件中。

```
class CValueTrack
{
public:
     CValueTrack(CWnd *pWnd);
     virtual ~CValueTrack();

     void AddValue(double val);
     void Draw();
     void Init()
     {
         m_nValue = 0;
     }

     CWnd *m_pWnd; //绘图窗体
     CRect m_rt; //绘图区矩形
     int m_nMaxValues; //绘图区能容纳的最大误差值个数
     double *m_pValues; //误差值数组
     double *m_pTemp; //临时误差值数组
     int m_nValue; //误差值索引

private:
     // 绘制相关的操作对象
     CBrush m_GroundBush;
     CBrush m_SelectBrush;
     CPen m_WavePen;
     CPen m_CoordinatePen;
     CPen m_ProcesslinePen;
     CPen m_LabelPen;
     CPen m_LabewavePen;
     CPen m_ProgramPen;
};
```

成员变量如下。

（1）CWnd 型变量 m_pWnd 是指向绘图窗体的指针。

（2）m_rt 为代表整个误差变化曲线绘图区的矩形。

（3）双精度型变量 m_pValues 是误差值动态数组，其下标对应于误差曲线图的横坐标（时间轴），数组元素值表示对应位置的误差值。

（4）m_pTemp 是临时的误差值动态数组，用于在某些操作中临时保存 m_pValues 的值。

（5）m_nMaxValues 是误差值动态数组 m_pValues 的维数。由于绘图区大小有限，仅能容纳有限长度的误差曲线，m_nMaxValues 对应于绘图区所能容纳的误差值个数。

（6）m_nValue 是误差值数组的索引，m_pValues[m_nValue]表示当前要绘制的误差值。

重要类成员函数如下。

（1）加入当前误差——CValueTrack::AddValue

该函数在 m_pValues 数组中加入当前的误差信息。如果当前误差值索引 m_nValue 已经大于等于绘图区所能容纳的误差值个数 m_nMaxValues，则表示整个绘图区已被误差曲线占据。此时需要将误差曲线整体前移 1 个位置，以便在最后的位置加入当前的误差值。该函数的完整实现如下。

```
void CValueTrack::AddValue(double val)
{
```

```
if(m_nValue >= m_nMaxValues) //当前绘图区已满
{
    // 整体前移 1 位
    memcpy(m_pTemp, m_pValues + 1, sizeof(double)*(m_nMaxValues-1));
    m_pTemp[m_nMaxValues-1] = val; //当前误差放入最后位置
    memcpy(m_pValues, m_pTemp, sizeof(double)*(m_nMaxValues));
}
else
{
    m_pValues[m_nValue++] = val;//加入当前误差
}
}
```

（2）绘制误差变换曲线——CValueTrack::Draw

该函数根据 m_pValues 中保存的信息在黑背景当中绘制绿色的误差曲线。注意为了观察误差的细微变换，纵轴（误差值）采用了非均匀的刻度。

```
void CValueTrack::Draw()
{
    CRect Rect;
    m_pWnd->GetClientRect(&Rect);
    CDC *pDC = m_pWnd->GetDC();

    int nBaseX = 25;
    int nWaveY = Rect.Height() - 10;

    HGDIOBJ pOldBrush = pDC->SelectObject(m_GroundBush);
    // 绘制黑色背景
    pDC->Rectangle(&Rect);

    HGDIOBJ pOldPen = pDC->SelectObject(m_CoordinatePen);

    // 绘制横向坐标轴
    pDC->MoveTo(nBaseX, nWaveY);
    pDC->LineTo(Rect.Width(), nWaveY);

    // 绘制纵向坐标轴
    pDC->MoveTo(nBaseX, nWaveY);
    pDC->LineTo(nBaseX, 0);

    // 绘制时间刻度
    int nXOrg = 0;
    int nPixelsPerUnit = 50;

    // 绘制横轴刻度
    CString str;
    int nRng = Rect.Width();

    for(int i=nBaseX; i<=nRng; i++)
    {
        if((i-nBaseX) % nPixelsPerUnit == 0)
        {
            // 刻度
            pDC->MoveTo(i, nWaveY);
            pDC->LineTo(i, nWaveY - 5);
        }
    }

    //绘制纵轴刻度
    nRng = nWaveY;
    int nn = 0;
    double dRule = 0; //刻度值 0 0.001 0.01 0.1 1
    int ySpan = nRng/4 - 5; //计算纵轴刻度间长度
```

```
pDC->SetBkColor(GROUND_RGB);
pDC->SetTextColor(COPEN_RGB);
for(i=nRng; i>=0; i--, nn++)
{
    if((nn) % ySpan == 0)
    {
        // 刻度
        pDC->MoveTo(nBaseX, i);
        pDC->LineTo(nBaseX + 7, i);
        if(dRule == 0.001)
            str.Format("%.3f",dRule);
        else if (dRule == 0.01)
            str.Format("%.2f",dRule);
        else
            str.Format("%.1f",dRule);
        if(dRule == 0)
            dRule = 0.001;
        else
            dRule *= 10;

        pDC->TextOut(nBaseX - 25, i-8, str);
    }
}

/////////// 绘制误差点//////////
pDC->SelectObject(m_WavePen);
if(m_nValue > 0)
    pDC->MoveTo(nBaseX, nRng - 3*ySpan);
for(i=0; i<m_nValue; i++)
{
    if(m_pValues[i] <= 0.001) // 0.0001 - 0.001
    {
        dRule = m_pValues[i]/(0.001/ySpan);
        pDC->SetPixel(i+nBaseX, nRng - dRule, WAVEPEN_RGB);
    }
    else if(m_pValues[i] <= 0.01) // 0.001 - 0.01
    {
        dRule = m_pValues[i]/(0.01/ySpan);
        pDC->SetPixel(i+nBaseX, nRng - (dRule + ySpan), WAVEPEN_RGB);
    }
    else  if(m_pValues[i] <= 0.1)// 0.01 - 0.1
    {
        dRule = m_pValues[i]/(0.1/ySpan);
        pDC->SetPixel(i+nBaseX, nRng - (dRule + ySpan*2), WAVEPEN_RGB);
    }
    else if(m_pValues[i] <= 1)// 0.1 - 1
    {
        dRule = m_pValues[i]/(1.0/ySpan);
        pDC->SetPixel(i+nBaseX, nRng - (dRule + ySpan*3), WAVEPEN_RGB);
    }
}

pDC->SelectObject(pOldPen);
pDC->SelectObject(pOldBrush);
m_pWnd->ReleaseDC(pDC);
}
```

15.4.7 训练对话框类——CTrainDlg

训练对话框类 CTrainDlg 负责与训练有关的设置，训练过程的启动、停止，训练结果的保存等，此外它还控制着包括误差曲线在内的训练信息的实时更新。

处在训练状态中的训练对话框如图 15.16 所示。

CTrainDlg 类的部分数据成员如下所示。

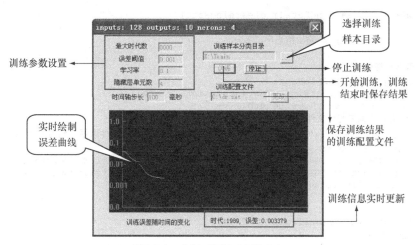

图 15.16　训练对话框（训练中）

```
UINT m_nTimer; //定时器 ID
CRect m_rt; //图像处理的矩形区域
CNeuralNet *m_pNet; //神经网络对象
CNeuralData m_data; //神经网络的数据对象
BOOL m_bStop; //停止训练标志
CString strDirTrain; //训练样本分类目录
CValueTrack *m_pTrack; //用于误差跟踪的对象
BOOL m_bInTraining; //是否处于训练中
```

CTrainDlg 类的部分重要成员函数说明如下。

（1）训练——CTrainDlg::OnButtonTrain

单击训练对话框上的"训练"按钮，触发 OnButtonTrain()函数，该函数根据用户设定的训练参数开始训练 m_pNet。训练开始前必须首先指定一个训练配置文件(.net 文件)，如果该配置文件已经存在，则程序将读取已有配置文件中的信息，从上一次训练停止的时代继续训练；如果指定的是一个新的配置文件，则开始一次新的训练。每次训练结束时，程序都会将训练成果保存至训练配置文件中。

下面给出 OnButtonTrain()函数的完整实现。

```
void CTrainDlg::OnButtonTrain()
{
    //更新 UI 状态
    ( (CButton* )GetDlgItem(ID_BUTTON_TRAIN) )->EnableWindow(false);
    ( (CButton* )GetDlgItem(ID_BUTTON_STOP) )->EnableWindow(true);
    EnableControls(false);

    int nOuputs = m_data.GetClassNum(); //输出单元数目(采用 1ofn 编码=类别数)
    int nInputs = m_data.GetInputNum(); //输入单元数目

    m_nTimer = SetTimer(1, m_nTimeStep, NULL); //设置定时器，一旦训练开始定时跟踪绘制误差
    UpdateData(true); //更新配置参数

    //创建网络
    if( m_pNet != NULL )
        delete m_pNet;
    m_pNet = new CNeuralNet(nInputs, nOuputs, m_nNeurons);

    //根据用户输入配置网络参数
    m_pNet->SetMaxEpoch(m_nMaxEpoch);
    m_pNet->SetMinError(m_dError);
```

```
    m_pNet->SetLearningRate(m_dLearningRate);

    CString strOut; //输出信息字符串

    //载入训练配置文件
    CString strTrainFilePath;
    m_EditTrainFile.GetWindowText(strTrainFilePath);
    if(strTrainFilePath.GetLength() == 0)
    {//没有指定训练配置文件，无法开始训练
        AfxMessageBox("请指定一个用于保存训练结果的训练配置文件以便开始训练!");
        m_bInTraining = false;
        ( (CButton* )GetDlgItem(ID_BUTTON_TRAIN) )->EnableWindow(true);
        ( (CButton* )GetDlgItem(ID_BUTTON_STOP) )->EnableWindow(false);
        EnableControls(true);
        return;
    }
    if(!LoadFromFile(strTrainFilePath))
    {//新的训练
        AfxMessageBox("没有找到匹配的训练配置文件或隐藏层单元数目发生变化!重新训练网络.");
        m_pTrack->Init();
    }
    else//继续上次训练
        m_pTrack->Draw();

    //更新配置参数
    UpdateData(true);

    //在对话框标题栏显示网络结构信息
    int nNeurons = m_pNet->GetNumNeuronsPerLyr(); //隐藏层单元数目
    strOut.Format("inputs: %d outputs: %d nerons: %d",
        nInputs, nOuputs, nNeurons);
    SetWindowText(strOut);

    //统计训练时间开始
    DWORD dwEsplise = ::GetTickCount();
    m_bInTraining = true; //开始训练
    m_pNet->Train(m_data.GetInputSet(), m_data.GetOutputSet());//训练

    //保存训练成果文件
    CString strFilePathName;
    m_EditTrainFile.GetWindowText(strFilePathName);
    SaveToFile(strFilePathName);

    KillTimer(m_nTimer);//删除计时器
    UpdateTrainInfo();//最后更新一次训练误差情况

    //统计训练时间结束
    dwEsplise = ::GetTickCount() - dwEsplise;

    strOut.Format(" 训练结束，用时: %d 秒", dwEsplise/1000);
    AfxMessageBox(strOut);

    //更新 UI 状态
    ( (CButton* )GetDlgItem(ID_BUTTON_TRAIN) )->EnableWindow(true);
    ( (CButton* )GetDlgItem(ID_BUTTON_STOP) )->EnableWindow(false);
    EnableControls(true);

    m_bInTraining = false; //训练结束
}
```

（2）实时更新训练信息——CTrainDlg::UpdateTrainInfo

该函数取得当前误差并绘制误差曲线，同时将当前的时代和误差信息显示在对话框底部。

```
void CTrainDlg::UpdateTrainInfo()
{
    // 取得当前误差并绘制误差曲线
    double dErr = m_pNet->GetError();
    m_pTrack->AddValue(dErr);
    m_pTrack->Draw();

    // 更新时代和误差信息,显示在对话框底部
    int nEpoch = m_pNet->GetEpoch();
    CString strOut;
    strOut.Format("时代:%d, 误差:%f", nEpoch, dErr);
    m_StaticShow.SetWindowText(strOut);
}
```

此外,还需要在 CTrainDlg:: OnTimer 函数中调用 UpdateTrainInfo()函数以达到定时更新的目的。OnTimer()中的调用片断如下。

```
if(m_bInTraining)
    UpdateTrainInfo(); // 定时跟踪绘制误差信息
```

15.4.8 测试对话框类——CTestDlg

测试对话框类 CTestDlg 负责与测试/识别有关的设置,利用它可以识别某一图像中的数字或测试网络对某一目录下全部图像的识别率,每次决策后还会显示出本次分类的置信度信息。执行一次分类后的识别对话框如图 15.17 所示。

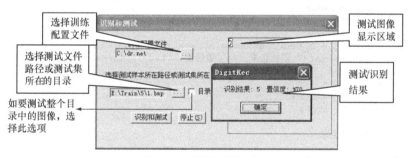

图 15.17 识别和测试对话框

CTestDlg 类的部分数据成员如下所示。

```
CNeuralNet *m_pNet; //神经网络对象
CNeuralData m_data; //神经网络的数据格式
double  m_dHighestOutput; //最大输出单元的响应
int m_nBestMatch; //识别出的类别
CRect m_rt; //图像处理的矩形区域
BOOL m_bInTest; //是否在测试(识别)中
COCRImageProcess m_Img; //待识别图像
vector<CString> m_vecClassNames; //类别名称信息
BOOL m_bReadyToRec; //是否可以进行识别
```

CTestDlg 类的 OnButtonRec()成员函数说明如下。

单击测试对话框上的"识别和测试"按钮,触发 OnButtonTest()函数。该函数利用之前训练过的网络(由训练配置文件指定)进行识别,如果是识别某一个图像,则程序将弹出对话框显示类别信息和本次识别的置信度;如果选中了测试对话框中的"目录"复选框,OnButtonRec()函数会对选定的测试目录中的所有 bmp 文件进行识别,并将结果保存至配置文件中。

下面给出 OnButtonRec()的完整实现。

```
void CTestDialog::OnButtonRec()
{
    CString strTrainFile;
    m_EditFile.GetWindowText(strTrainFile);//取得测试文件路径信息
    if(strTrainFile.GetLength() == 0)
    {
        AfxMessageBox("还没有选择识别文件或测试目录!");
        return;
    }
    if(!m_bReadyToRec)//没有指定训练配置文件
    {
        AfxMessageBox("请首先指定一个训练配置文件以便开始识别!");
        return;
    }

    m_bInTest = true; //测试中标志
    ( (CButton* )GetDlgItem(IDC_BUTTON_STOP) )->EnableWindow(true); //启用停止按钮

    BOOL bDir = m_CheckDir.GetCheck(); //是否选定目录测试选项

    if(!bDir) //测试一个文件
    {
        CString strFile;
        m_EditFile.GetWindowText(strFile);
        double dConfidence; //置信度
        int nClass = m_pNet->Recognize(strFile, m_rt, dConfidence); //识别
        CString str;
        CString strRec;
        if(nClass >= 0)
        {
            strRec = m_vecClassNames[nClass];
            str.Format(" 识别结果: %s  置信度: %%%d ", strRec, (int)(dConfidence*100));
        }
        else
            str = "识别失败!";
        MessageBox(str);
    }
    else //测试整个目录
    {
        WIN32_FIND_DATA findData;
        HANDLE hFindFile;
        CString str;

        //打开对话框，让用户选择一个保存识别结果的文件
        CFileDialog saveDlg(FALSE, "txt", "", NULL, "txt Files(*.txt)|*.txt||", NULL);
        if(saveDlg.DoModal() != IDOK)
        {
            ( (CButton* )GetDlgItem(IDC_BUTTON_STOP) )->EnableWindow(false);
//禁用停止按钮
            m_bInTest = false;
            return;
        }

        CString strRecFile = saveDlg.GetPathName(); //识别结果文件
        CFile file;
        if(!file.Open(strRecFile, CFile::modeCreate|CFile::modeWrite))
        {
            MessageBox(" create result file failed!");
            ( (CButton* )GetDlgItem(IDC_BUTTON_STOP) )->EnableWindow(false);
//禁用停止按钮
            m_bInTest = false;
            return;
        }
```

```
        CString strDir;
        m_EditFile.GetWindowText(strDir);; //取得测试目录路径信息
        if(strDir[strDir.GetLength() - 1] != '\\')
        {
            strDir += '\\';
        }

        CString szFileName = strDir;
        szFileName += "*.bmp"; //搜索目标为目录下的所有 bmp 文件

        str = " \r\n   识别结果为: \r\n \r\n";
        file.Write(str, str.GetLength());//写识别结果文件

        int nTotal = 0; //测试样本总数
        int nNotRec = 0; //识别失败的次数
        double dConfidence; //置信度
        CGray ImageTmp;

        hFindFile = ::FindFirstFile(szFileName, &findData);
        if(hFindFile != INVALID_HANDLE_VALUE)
        {
            do
            {
                // 名称为 "." 的目录代表本目录，名称为 ".." 的目录代表上一层目录
                if(findData.cFileName[0] == '.')
                    continue;

                if(!(findData.dwFileAttributes & FILE_ATTRIBUTE_DIRECTORY))
                {// 找到的不是目录而是文件
                    str = strDir;
                    str += findData.cFileName;

                    int nClass = m_pNet->Recognize(str, m_rt, dConfidence);

                    CString strRec = "识别失败!";
                    if(nClass >= 0)
                        strRec = m_vecClassNames[nClass];
                    else
                        nNotRec ++;

                    CString strToWrite;
                    strToWrite.Format(" 文件: %s 类别标号: %s 置信度: %%%d \r\n",
                        findData.cFileName, strRec, (int)(dConfidence*100));
                    file.Write(strToWrite, strToWrite.GetLength()); //写入识别结果文件

                    nTotal ++; //样本总数+1
                }

            }while(::FindNextFile(hFindFile, &findData));
            ::FindClose(hFindFile);
        }

        str.Format("\r\n 识别结束, 总数: %d, 失败: %d \r\n", nTotal, nNotRec);
        file.Write(str, str.GetLength());
        file.Close();

        MessageBox(str);//显示测试信息

        ShellExecute(m_hWnd, "open", "notepad.exe", strRecFile, NULL, SW_SHOW);
        //打开识别结果文件
    }

    m_bInTest = false; //测试结束
}
```

15.5 基于 ANN 的数字字符识别系统——DigitRec 的测试

本节对 DigitRec 系统进行最基本的测试。通过学习，读者可掌握 DigitRec 系统的使用方法。

运行 DigitRec 后，程序主界面如图 15.18 所示，系统主要功能都集成在"神经网络数字识别"菜单中。

15.5.1 训练

单击"神经网络数字识别"菜单下的"训练"命令，将打开训练对话框。设定最大训练时代数为 8000，误差阈值 0.001，学习率为 0.1，隐藏层单元数目为 4；选择训练样本分类目录所在的位置（对于本节的数据集就是"Train"文件夹所在的位置）；新建一个配置文件"dr1.net"，如图 15.19 所示。

图 15.18 DigitRec 系统主界面

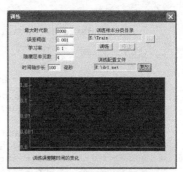

图 15.19 训练相关参数的设置

单击"训练"按钮，由于"dr1.net"是新的配置文件，系统提示需要重新训练网络，单击"确定"后训练开始。当梯度下降算法迭代到之前设定的最大时代数 8000 时，训练结束，显示此时的误差为 0.003341，训练过程总共耗时 35s，如图 15.20 所示。

15.5.2 测试

单击"神经网络数字识别"菜单下的"识别和测试"命令，打开识别和测试对话框。选择在 15.5.1 小节得到的训练配置文件"dr1.net"，勾选"目录"复选框，接着选择测试集目录（这里为"E:\Testset"），单击"识别和测试"按钮，在弹出的另存为对话框中选择要保存识别结果的文本文件（这里为"result.txt"），如图 15.21 所示。

图 15.20 训练结果

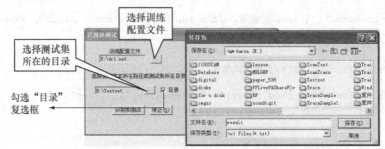

图 15.21 测试独立测试集上的识别率

单击"保存"按钮，开始识别，结束后弹出识别信息对话框，显示总共对 10 个测试样本进行了识别，全部识别成功（没有识别不出结果的情况），如图 15.22 所示。

单击"确定"按钮，将打开识别结果文件（这里为"result.txt"），其中列出了对每一个样本文件的识别结果和置信度信息，如图 15.23 所示。

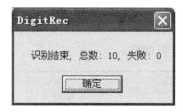

图 15.22　识别情况信息

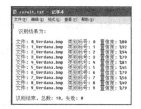

图 15.23　识别结果文件

可以看到，网络对独立测试集中的 10 个样本全部识别正确，这主要是因为训练集与测试集都相当理想（无噪声且大小经过归一化的二值图像），且测试集图像中的数字只是与训练集中的字体不同。

15.6　改进的 DigitRec

到目前为止，DigitRec 系统还只能在最为理想的情况下工作，训练图片与测试图片均为不含有噪声且大小经过归一化的二值图像，这不得不说是一个遗憾。读者希望 DigitRec 可以像一个真正的 OCR 系统那样，接受更为实际的输入图像，如来自扫描仪或数码相机的印刷体数字字符图像甚至是手写体数字字符图像。通过将必要的图像处理技术引入到 DigitRec 系统中来，上述需求都是可以实现的。

15.6.1　数字字符图像的预处理类——COCRImageProcess

在通用图像处理类 CImgProcess 的基础上派生出数字字符识别的图像处理类 COCRImageProcess，它在一些通用处理算法的基础上进一步封装了专门针对数字字符图像预处理的方法。

> 💡提示　　在今后的工程实践中，读者可仿照 COCRImageProcess 类从 CImgProcess 派生出针对特定问题的图像处理类。

COCRImageProcess 类的完整定义如下。

```
//从通用图像处理类 CImgProcess 派生，专门负责数字识别系统图像预处理的类
class COCRImageProcess  : public CImgProcess
{
public:
    COCRImageProcess();
    virtual ~COCRImageProcess();

    //几何变换
    void SlopeAdjust(COCRImageProcess* pTo); //目标对象（字符）整体倾斜度调整
    vector<RECT> ObjectSegment(); //对象（字符）分割
    void ObjectNorm(COCRImageProcess* pTo, int nTargWidth, int nTargHeight, vector
<RECT> &vecRT); //对象（字符）大小归一化
    void ObjectAlign(COCRImageProcess* pTo, vector<RECT> &vecRT);
    //目标对象（字符）的紧缩对齐

    //点运算
```

```
    RECT RgnZoom(COCRImageProcess* pTo, int nTargWidth, int nTargHeight, LPRECT
lpRect);//图像中某个区域的缩放
};
```

为在工程中使用 COCRImageProcess，需在 stdafx.h 中包含该类的头文件 OCRImageProcess.h。

```
#include "./OCRImageProcess/OCRImageProcess.h"
```

15.6.2　输入图像的预处理——实现

如图 15.24 所示为一幅来自扫描仪的印刷体数字字符图像。

图 15.24　扫描图像 scanDigit.bmp

1. 预处理步骤

图 15.24 是一幅带有噪声的 RGB 图像，其中的数字具有不同的字体，大小和间距不一且排列具有一定的倾斜度。为得到归一化的训练集合，需要对图像进行如下的预处理。

（1）RGB 位图（24 位）的灰度化

首先需要将直接由扫描仪得到的 RGB 图像转化为大多数图像处理算法能够处理的灰度图像，但这里并不需要显示地转换，因为 CImg 类的 GetGray() 函数中隐含了将 RGB 图像灰度化的逻辑。

（2）灰度图像二值化

为将图像中的目标字符同背景区域分离，应进行灰度图像的二值化处理，二值化的阈值可由用户在 "图像预处理" 对话框中指定，默认为 145。

二值化处理的相应代码如下。

```
m_OCRImg.Threshold(&m_OutOCRImg, nThres); //二值化处理
//其中 nThres 是由用户在 "图像预处理" 对话框中设定的二值化阈值
```

以 145 为阈值进行二值化处理后的效果如图 15.25 所示。

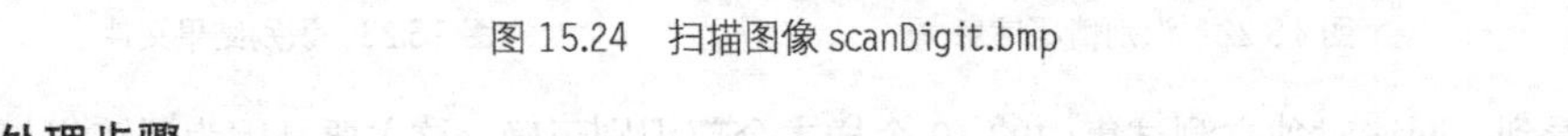

图 15.25　二值化图像

（3）去除噪声

在图 15.25 中，一些噪声也被二值化为图像的前景部分（黑色），这会给后续预处理步骤造成很多困难，为此需要利用基于连通区域的方法去除离散或成片噪声。由于读者有关于字符大小的先验知识，因此可认为大小为<lowerThres 或者>upperThres 的连通区为可能的噪声区域，应将它们从图像中清除。

COCRImageProcess 类的 DelScatterNoise() 函数可实现上述的去噪声功能，它可以方便地从 CImgProcess 类的 PixelImage() 函数改写而来，其中同样调用了 TestConnRgn() 函数检测连通区的大小。

下面给出 DelScatterNoise () 函数的完整实现。

```
/********************
void COCRImageProcess::DelScatterNoise(COCRImageProcess* pTo, int lowerThres, int
upperThres)
功能:       去除图像中的离散噪声:滤除大小低于 lowerThres 的连通区域;滤除大小超过 upperThres 的连通
区域;其他保留
注:         只能处理 2 值图像
参数:       COCRImageProcess* pTo: 目标图像的 COCRImageProcess 指针
```

```
        lowerThres: 下限阈值
        upperThres: 上限阈值
返回值:   无
*********************/
void COCRImageProcess::DelScatterNoise(COCRImageProcess* pTo, int lowerThres, int
upperThres)
{

    if(upperThres < lowerThres)
    {
        AfxMessageBox("上限阈值必须大于下限阈值! ");
        return;
    }

    if(lowerThres < 0)
        lowerThres = 0;
    if(upperThres > 1500)
        upperThres = 1500; //为防止深度递归栈益处，限定 upperThres 的最大值为1000

    COCRImageProcess image_bkp = *this;
    COCRImageProcess image_res = *pTo;

    int nHeight = pTo->GetHeight();
    int nWidth = pTo->GetWidthPixel();

    int i,j;
    unsigned char pixel;
    LPBYTE lpVisited = new BYTE[nHeight*nWidth]; //标记该位置是否已被访问过

    for(i=0;i<nHeight*nWidth;i++)
        lpVisited[i] = false; //初始访问标记数组

    int curConnRgnSize = 0; //当前发现的连通区的大小

    int nPtArySize = upperThres + 10; //记录访问点坐标数组的大小，是一个不能小于 upperThres 的量
    CPoint* ptVisited;//记录对于连通区的一次探查中访问过的点的坐标
    ptVisited = new CPoint[nPtArySize];

    int k = 0;

    for(i=0;i<nHeight;i++)
    {
        for(j=0;j<nWidth;j++)
        {

            for(k=0;k<curConnRgnSize;k++)
                lpVisited[ptVisited[k].y*nWidth + ptVisited[k].x] = false;
//还原 lpVisited 数组

            curConnRgnSize = 0; //重置为 0

            pixel = image_bkp.GetGray(j, i);

            if( pixel == 0 ) //找到1个黑像素，进而探查该像素所处的连通区域的大小
            {
                int nRet = TestConnRgn(&image_bkp, lpVisited, nWidth, nHeight, j, i,
ptVisited, lowerThres, upperThres, curConnRgnSize);

                if( (nRet == 1) || (nRet == -1) ) // >upperThres or <lowerThres
                {
                    //滤除
                    for(k=0; k<curConnRgnSize; k++)
                    {
```

```
                                          image_res.SetPixel(ptVisited[k].x, ptVisited[k].y, RGB(255,
                                          255, 255));
                                     }
                                }
                           }

                    }// for j
              }// for i

              *pTo = image_res;

              delete []lpVisited;
              delete []ptVisited;
}
```

调用 DelScatterNoise() 函数去除噪声的相应代码如下。

```
m_OCRImg.DelScatterNoise(&m_OutOCRImg, nLower, nUpper);//去除离散噪声点
//其中 nLower 和 nUpper 分别为噪声尺寸的上、下限,可由用户在"图像预处理"对话框中指定。小于 nLower
//和大于 nUpper 的连通区域被认为是噪声
```

去除噪声处理后的效果如图 15.26 所示。

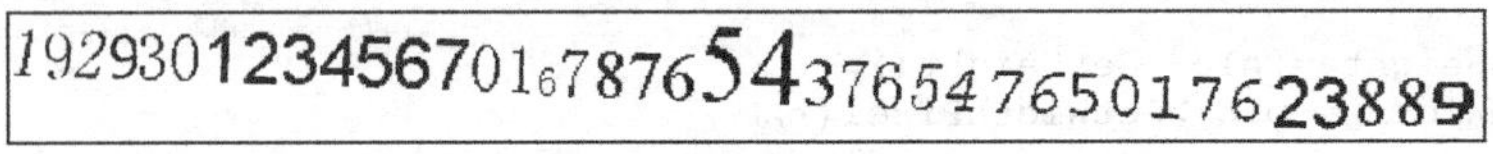

图 15.26　去除噪声后的图像

(4)整体倾斜度调整——COCRImageProcess::SlopeAdjust

扫描图像中的数字可能存在一定程度的倾斜,需要进行适当的调整以使得字符都处于同一水平位置,这样既有利于后续的字符分割也可以降低字符识别时的难度。

一般来说,对于若干字符组成的图像,如果左右两边字符像素的平均位置有比较大的起落,就说明图像存在倾斜。因此可以根据图像左、右两边的黑色像素的平均高度进行调整。

算法首先逐行扫描左半和右半部分图像,分别计算出其黑色像素的平均加权高度(给靠两边的像素更多的权重);在此基础上计算出斜率,根据斜率重新组织图像,这实际上是一个从新图像到旧图像的像素映射过程,属于图像几何变换的范畴,其程序结构类似于第 4 章学习过的大部分几何变换算法。

下面给出 SlopeAdjust() 算法的完整实现。

```
/*********************
void COCRImageProcess::SlopeAdjust(COCRImageProcess* pTo)
功能:        调整图像中前景物体的倾斜度,使其尽量处于一个水平位置上。比较适合于横向分布的物体,如字符的
调整
注:          只能处理 2 值图像
参数:        COCRImageProcess* pTo:目标图像的 COCRImageProcess 指针
返回值:      无
*********************/
void COCRImageProcess::SlopeAdjust(COCRImageProcess* pTo)
{
    int i,j;
    double dAvgLHeight = 0; //图像左半部分前景物体的平均高度
    double dAvgRHeight = 0; //图像右半部分前景物体的平均高度

    //取得图像的高和宽
    int nHeight = GetHeight();
    int nWidth = GetWidthPixel();
    int nGray;
    int nWeightSum = 0; //统计平均加权高度时的权重和

    //逐行扫描左半部分图像,计算黑色像素的平均加权高度
```

```
for(i=0; i<nHeight; i++)
{
    for(j=0; j<nWidth/2; j++)
    {
        nGray = GetGray(j, i);
        if(nGray == 0)//是前景物体（黑）
        {
            //计算高度的加权和，给靠两边的像素分配更多的权重
            nWeightSum += nWidth/2 - j;
            dAvgLHeight += i*(nWidth/2 - j);
        }
    }//for j
}//for i

dAvgLHeight /= nWeightSum; //平均加权高度
nWeightSum = 0;

//逐行扫描右半部分图像，计算黑色像素的平均加权高度
for(i=0; i<nHeight; i++)
{
    for(j=nWidth/2; j<nWidth; j++)
    {
        nGray = GetGray(j, i);
        if(nGray == 0)//是前景物体（黑）
        {
            //计算高度的加权和，给靠两边的像素分配更多的权重
            nWeightSum += j - nWidth/2;
            dAvgRHeight += i*(j - nWidth/2);
        }
    }//for j
}//for i

dAvgRHeight /= nWeightSum;
double dSlope = (dAvgLHeight - dAvgRHeight) / (nWidth/2); //计算斜率

int nYSrc; //y 的源坐标

//扫描新图像，根据斜率得到的新旧图像的映射关系为每一个像素赋值
for(i=0; i<nHeight; i++)
{
    for(j=0; j<nWidth; j++)
    {
        //找到与新图像的当前点对应的旧图像点的水平坐标(以水平方向中点为中心)
        nYSrc = int(i - (j - nWidth/2) * dSlope);
        if( nYSrc < 0 || nYSrc >= nHeight ) //对应点在不在图像区域之内
            nGray = 255;
        else
            nGray = GetGray(j, nYSrc);
            pTo->SetPixel(j, i, RGB(nGray, nGray, nGray));
//根据源图像对应点像素值为新图像像素赋值
    }//for j
}//for i
}
```

调用 SlopeAdjust()函数实现倾斜度调整的相应代码如下：

```
m_OCRImg.SlopeAdjust(&m_OutOCRImg); //倾斜度调整
```

经过倾斜度调整的图像如图 15.27 所示。

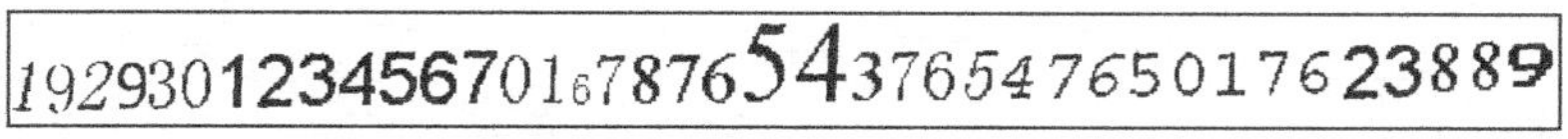

图 15.27 倾斜度调整后的图像

（5）字符分割——COCRImageProcess::ObjectSegment

ANN 在训练和识别时都只能将 1 个单独的数字作为样本，因此对于扫描图像中的多个连续数字需要进行分割。

字符分割可以按照如下步骤进行。

① 确定图像中字符的大致高度范围：先自下向上对图像进行逐行扫描直到遇到第一个黑色像素，记录下行号；然后再自上向下对图像进行逐行扫描直到找到第一个黑色像素，记录下行号。这两个行号就标识出了字符大致的高度范围。

② 确定每个字符的左起始和右终止位置：在第①步得到的高度范围内自左向右进行逐列扫描，遇到第一个黑色像素时认为是字符分割的起始位，然后继续扫描，直到遇到有一列中没有黑色像素，认为是这个字符的右终止位置，准备开始下一个字符的分割。按照上述方法继续扫描，直到扫描至图像的最右端。这样就得到了每个字符的比较精确的宽度范围。

③ 在已知的每个字符比较精确的宽度范围内，再按照第①步的方法，分别自上而下和自下而上的逐行扫描来获取每个字符精确的高度范围。

字符分割算法 ObjectSegment( ) 的完整实现如下，函数返回一个 RECT 向量，其中包含了各个分割后字符的轮廓矩形。

```
/*********************
vector<RECT> COCRImageProcess::ObjectSegment( )
功能:        对前景目标（如字符）进行划分，将各个字符轮廓矩形返回
注:          只能处理 2 值图象
参数:        无
返回值:      vecRECT：包含各个字符轮廓矩形的 RECT 向量
*********************/
vector<RECT> COCRImageProcess::ObjectSegment()
{
    vector<RECT> vecRoughRECT; //粗略对象轮廓的矩形向量数组
    vector<RECT> vecRECT; //精化后对象轮廓的矩形向量数组

    //清空用来表示每个对象区域的 vector
    vecRoughRECT.clear();
    vecRECT.clear();

    int i, j;
    int nHeight = GetHeight();
    int nWidth = GetWidthPixel();

    int nTop, nBottom; // 整体前景区域的上下边界
    int nGray; //像素灰度
    int nObjCnt = 0; //对象数目

    //从上向下逐行扫描，找到整体前景区域的上边界
    for(i=0; i<nHeight; i++)
    {
        for(j=0; j<nWidth; j++)
        {
            nGray = GetGray(j, i);
            if(nGray == 0)
            {
                nTop = i;
                i = nHeight; //对 i 赋大值，使得在 break 跳出内层循环后，直接可以再跳出外层循环
                break;
            }
        }// for j
    }// for i
```

```
    //从下向上逐行扫描，找到整体前景区域的下边界
    for(i=nHeight-1; i>=0; i--)
    {
        for(j=0; j<nWidth; j++)
        {
            nGray = GetGray(j, i);
            if(nGray == 0)
            {
                nBottom = i;
                i = -1; //对 i 赋小值，使得在 break 跳出内层循环后，直接可以再跳出外层循环
                break;
            }
        }// for j
    }// for i

    bool bStartSeg = false; //是否已开始某一个对象的分割
    bool bBlackInCol; //某一列中是否包含黑色像素

    RECT rt;

    //按列扫描，找到每一个目标的左、右边界
    for(j=0; j<nWidth; j++)
    {
        bBlackInCol = false;
        for(i=0; i<nHeight; i++)
        {
            nGray = GetGray(j, i);
            if( nGray == 0 )
            {
                bBlackInCol = true; //该列中发现黑点
                if(!bStartSeg) //还没有进入一个对象的分割
                {
                    rt.left = j;

                    bStartSeg = true; //目标分割开始
                }
                else //仍处于某一个对象之内
                    break;
            }// if( gray == 0 )
        }// for i

        if( j == (nWidth-1) ) //扫描到最右一列了,说明整个图像扫描完毕
            break;
        if(bStartSeg && !bBlackInCol)
//正处在分割状态且扫描完一列都没有发现黑像素，表明当前对象分割结束
        {
            rt.right = j; //对象右边界确定

            //对象的粗略上下边界（有待精化）
            rt.top = nTop;
            rt.bottom = nBottom;

            ::InflateRect(&rt, 1, 1); //矩形框膨胀 1 个像素，以免绘制时压到字符

            vecRoughRECT.push_back(rt); //插入 vector

            bStartSeg = false; //当前分割结束
            nObjCnt ++; //对象数目加 1
        }

        //进入下一列的扫描
    }// for j
```

```
        RECT rtNew; //存放精化对象区域的矩形框

        //由于已经得到了精确的左、右边界，现在可以精化矩形框的上下边界
        int nSize = vecRoughRECT.size();
        for(int nObj=0; nObj<nSize; nObj++)
        {

            rt = vecRoughRECT[nObj];

            rtNew.left = rt.left - 1;
            rtNew.right = rt.right + 1;

            //从上向下逐行扫描确定上边界
            for(i=rt.top; i<rt.bottom; i++)
            {
                for(j=rt.left; j<rt.right; j++)
                {
                    nGray = GetGray(j, i);
                    if(nGray == 0)
                    {
                        rtNew.top = i-1;
                        i = rt.bottom;
                        //对 i 赋大值，使得在 break 跳出内层循环后，直接可以再跳出外层循环
                        break;
                    }
                }// for j
            }//for i

            //从下向上逐行扫描确定下边界
            for(i=rt.bottom-1; i>=rt.top; i--)
            {
                for(j=rt.left; j<rt.right; j++)
                {
                    nGray = GetGray(j, i);
                    if(nGray == 0)
                    {
                        rtNew.bottom = i+1;
                        i = rt.top-1;
                        //对 i 赋小值，使得在 break 跳出内层循环后，直接可以再跳出外层循环
                        break;
                    }
                }// for j
            }//for i

            vecRECT.push_back(rtNew);
        }//for nObj

        return vecRECT; //返回包含了各个分割后字符的轮廓矩形
}
```

调用 ObjectSegment()函数实现字符分割的相应代码如下。

```
m_vecRT = m_OCRImg.ObjectSegment(); //字符分割
```

字符分割后的效果如图 15.28 所示。

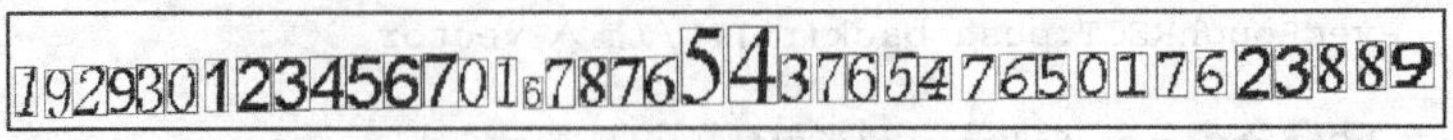

图 15.28 字符分割效果

（6）字符归一化——COCRImageProcess::ObjectNorm

扫描图像中的数字字符可能大小不一,而后续 ANN 的训练和识别都需要统一尺寸的字符对象,因此有必要对字符进行归一化处理,使其具有相同的尺寸。

　　归一化函数 ObjectNorm()使用在字符分割中获得的矩形轮廓向量作为输入，对于每个包含字符的矩形轮廓区域，以该矩形 rt 为参数调用 RgnZoom()函数来缩放该矩形区域中的像素到 *nTargHeight* ×*nTargWidth* 的标准大小。

　　函数的具体实现如下。

```
/********************
void COCRImageProcess::ObjectNorm(COCRImageProcess* pTo, int nTargWidth, int nTargHeight,
vector<RECT> &vecRT)
功能：       对各个对象进行尺寸的归一化处理，以他们具有相同的宽和高，以方便特征的提取。
            应在提取了对象轮廓矩形之后使用
注：         只能处理 2 值图像
            需要矩形轮廓向量作为输入参数，应在提取了对象轮廓矩形之后使用
参数：       COCRImageProcess* pTo: 目标图像的 COCRImageProcess 指针
            nTargWidth: 归一化的目标宽度
            nTargHeight: 归一化的目标高度
            vecRT: 表示字符分割的矩形向量数组
返回值：     无
********************/
void COCRImageProcess::ObjectNorm(COCRImageProcess* pTo, int nTargWidth, int nTargHeight,
vector<RECT> &vecRT)
{
    pTo->InitPixels(255); //目标图像置白
    int nSize = vecRT.size(); //取得对象(字符)矩形轮廓数目

    //缩放每个轮廓矩形到标准尺寸
    for(int nObj=0; nObj<nSize; nObj++)
    {
        RECT rt = vecRT[nObj]; //取得一个轮廓矩形
        vecRT[nObj] = RgnZoom(pTo, nTargWidth, nTargHeight, &rt);
    }
}
```

　　其中 RgnZoom()函数用于实现对图像中某个区域的缩放，缩放目标区域是与字符矩形区域左上角点相同，宽为 *nTargWidth* 像素，高为 *nTargHeight* 像素的矩形。算法首先根据字符矩形的宽高和目标的宽高，计算出水平方向的缩放因子 *dXScale* 和竖直方向的缩放因子 *dYScale*；而后在输出图像的目标区域中逐行扫描，计算出对应的原坐标，完成像素映射，实现缩放。其实现代码如下。

```
/********************
void COCRImageProcess::RgnZoom(COCRImageProcess* pTo, int nTargWidth, int nTargHeight,
LPRECT lpRect)
功能：       将 pTo 指向的图像中由 lpRect 指示的矩形区域缩放置 nTargWidth 宽，nTargHeight 高
注：         只能处理 2 值图像，nTargWidth 和 nTargHeight 给出的大小不能超出图像范围
参数：       COCRImageProcess* pTo: 目标图像的 COCRImageProcess 指针
            nTargWidth: 归一化的目标宽度
            nTargHeight: 归一化的目标高度
            lpRect: 标准化缩放之前的轮廓矩形
返回值：     缩放后的区域矩形
********************/
RECT COCRImageProcess::RgnZoom(COCRImageProcess* pTo, int nTargWidth, int nTargHeight,
LPRECT lpRect)
{
    RECT retRT; //缩放后的区域矩形
    double dXScale; //水平方向的缩放因子
    double dYScale; //竖直方向的缩放因子
    int i, j;

    //确定缩放系数
```

```
        dXScale = (double)nTargWidth / (lpRect->right - lpRect->left + 1);
        dYScale = (double)nTargHeight / (lpRect->bottom - lpRect->top + 1);

        int nSrc_i, nSrc_j; //映射源坐标

        retRT.top = lpRect->top;
        retRT.bottom = retRT.top + nTargHeight;
        retRT.left = lpRect->left;
        retRT.right = retRT.left + nTargWidth;

        //对新图像逐行扫描，通过像素映射完成缩放
        for(i=retRT.top; i<retRT.bottom; i++)
        {
            for(j=retRT.left; j<retRT.right; j++)
            {
                //计算映射的源坐标(最近邻插值)
                nSrc_i = retRT.top + int( (i-retRT.top) / dYScale ) ;
                nSrc_j = retRT.left + int( (j-retRT.left) / dXScale ) ;

                //对应像素赋值
                int nGray = GetGray(nSrc_j, nSrc_i);
                pTo->SetPixel( j, i, RGB(nGray, nGray, nGray) );
            }//for j
        }//for i

        return retRT;
}
```

调用 **ObjectNorm** ()函数实现字符大小归一化的相应代码如下。

```
m_OutOCRImg.ImResize(2*m_OCRImg.GetHeight(), 2*m_OCRImg.GetWidthPixel());//扩大目标图像，
防止归一化后超出范围
m_OCRImg.ObjectNorm(&m_OutOCRImg, IMG_WIDTH, IMG_HEIGHT, m_vecRT); //归一化为统一大小
//其中 IMG_WIDTH 和 IMG_HEIGHT 分别为预设的图像标准宽、高，在 DigitRec.h 中被定以; m_vecRT 是视
//图类中保存字符矩形的向量数组
```

> **注意**　由于归一化会改变字符的大小，在调用 ObjectNorm()函数之前，需要首先调用 ImResize()函数将图像尺寸扩大一倍，以防字符在改变大小后超出图像范围。

经过归一化处理的字符图像如图 15.29 所示。

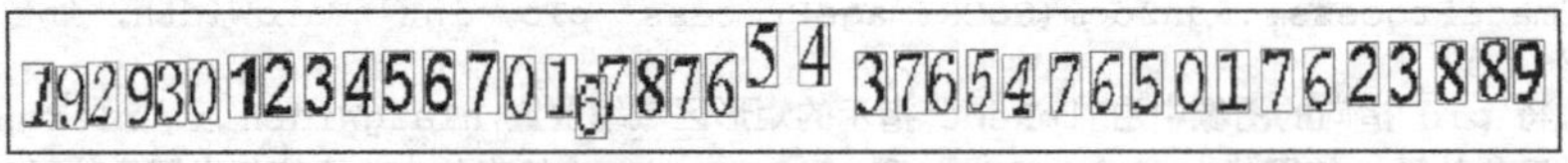

图 15.29　字符归一化效果

（7）字符的紧缩对齐

经过归一化处理后的字符在图像中的排列没有规律，这给后续的字符样本提取增加了工作量。因此，这里还要对字符进行紧缩和对齐，ObjectAlign()用于完成此项工作，其完整实现如下。

```
/********************
void COCRImageProcess::ObjectAlign(COCRImageProcess* pTo, vector<RECT> &vecRT)
功能:      目标对象（字符）的紧缩和对齐，归一化之后使用
注:        只能处理 2 值图像
参数:      COCRImageProcess* pTo: 目标图像的 COCRImageProcess 指针
           vecRT: 表示字符分割的矩形向量数组
返回值:     无
********************/
void COCRImageProcess::ObjectAlign(COCRImageProcess* pTo, vector<RECT> &vecRT)
{
```

```
        pTo->InitPixels(255); //目标图像置白

        int nHeight = GetHeight();
        int nWidth = GetWidthPixel();
        int i, j;

        int nSize = vecRT.size(); //取得对象(字符)矩形轮廓数目

        int nNormW, nNormH; //归一化之后的统一矩形宽、高
        //取得归一化之后的统一矩形宽、高
        if( nSize > 0 )
        {
            nNormW = vecRT[0].right - vecRT[0].left + 1;
            nNormH = vecRT[0].bottom - vecRT[0].top + 1;
        }
        else //没有轮廓矩形, 直接返回
            return;

        int nSrc_i, nSrc_j; //映射源坐标
        RECT rt, rtNew;
        int nMargin = 2; //紧缩对齐后的图像留出左、上边界距

        //依次调整每个轮廓矩形区域的位置
        for(int nObj=0; nObj<nSize; nObj++)
        {
            rt = vecRT[nObj];

            //紧缩对齐后的轮廓矩形, 从图像左上角开始, 从左至右依次排列
            rtNew.left = nObj * nNormW + nMargin; //左边界
            rtNew.right = (nObj+1) * nNormW + nMargin; //右边界
            rtNew.top = 0 + nMargin; //上边界
            rtNew.bottom = nNormH + nMargin; //下边界

            vecRT[nObj] = rtNew;

            //将原矩形框内的像素映射到新的矩形框中
            for(i=0; i<nNormH; i++)
            {
                for(j=nObj*nNormW; j<(nObj+1)*nNormW; j++)
                {
                    //计算映射源坐标
                    nSrc_i = rt.top + i;
                    nSrc_j = rt.left + j - nObj*nNormW;

                    //复制像素
                    int nGray = GetGray(nSrc_j, nSrc_i);
                    pTo->SetPixel(j+nMargin, i+nMargin, RGB(nGray, nGray, nGray));
                }// for j
            }// for i
        }//for nObj

    }
```

调用 ObjectAlign()函数实现字符紧缩对齐的相应代码如下。

```
m_OCRImg.ObjectAlign(&m_OutOCRImg, m_vecRT); //字符对齐
```

经过紧缩和对齐的字符图像如图 15.30 所示。

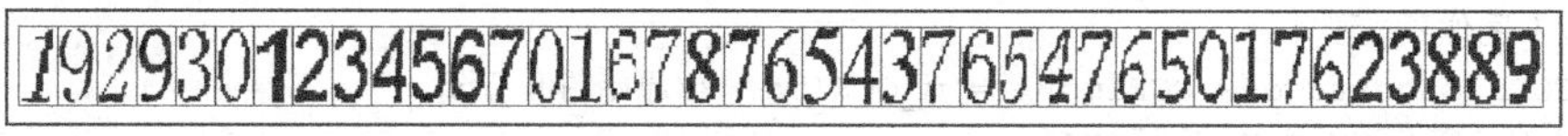

图 15.30　紧缩对齐后的效果

（8）保存训练/测试样本

在得到数字紧缩对齐的图像后，需要将各个矩形区域中的数字分别保存为单独的图像文件，得到和 15.3.2 小节中相同的数据集，以便程序可以直接使用。此时可以分为训练图像的预处理和测试图像的预处理两种情况来考虑：处理训练图像时需要根据各个数字所属的类别（由用户在"图像预处理"对话框中指定包含训练样本类标签的文本文件）将它们分门别类地保存至训练分类目录（由用户指定）；而处理测试图像时只需要将各个数字全部保存至测试目录（由用户指定）。

> 💡提示
>
> 对应于某个训练样本图像，在包含训练样本类标签的文本文件中，只需以空格分割开按照图像中从左到右的顺序排列的各个数字的类别标号即可。例如对于图 15.24，对应的类标签文件 labels 的内容为：
>
> 1 9 2 9 3 0 1 2 3 4 5 6 7 0 1 6 7 8 7 6 5 4 3 7 6 5 4 7 6 5 0 1 7 6 2 3 8 8 9

保存训练/测试样本的相应代码如下，其中 bTrain 是根据用户在"图像预处理"对话框中的输入而得到的 bool 型变量，为 true 表示训练图像的预处理，false 表示测试图像的预处理。

```
if(bTrain) //是否是训练模式
    SaveToTrainDIR(strDIR); //保存至训练分类目录
else
    SaveToTestDIR(strDIR); //保存至测试目录
```

2. 预处理函数

视图类函数 OnPreprocess() 封装了上述 8 个预处理步骤，其具体实现如下。

```
void CDigitRecView::OnPreprocess()
{
    //取得预处理相关的参数
    int nThres; //二值化的阈值
    int nUpper, nLower; //去除离散噪声时的上、下限（大于 nUpper 或小于 nLower 的被作为噪声滤除）
    CString strLabelFilePath; // 类别标签文件的路径信息
    CString strDIR; //保存训练样本的分类目录
    bool bTrain; //是否是训练集合的预处理

    CPreprocessDlg DlgPara;
    if( dlgPara.DoModal() != IDOK)
        return;
    else
    //从对话框中取得用户的设置
        nThres = dlgPara.m_nThres; //二值化阈值
        nUpper = dlgPara.m_nUpper; //去除噪声时的连通区域上限
        nLower = dlgPara.m_nLower; //去除噪声时的连通区域下限
        strLabelFilePath = dlgPara.m_strClassLabel; //训练集样本的类标签文件
        strDIR = dlgPara.m_strTrainFile; //训练或测试集的目录
        bTrain = dlgPara.bTrain; //训练模式还是测试模式
    }

    // 从类别标签文件读取类别标签信息
    if(bTrain)
        ReadClassLabels(strLabelFilePath);

    // 图像预处理
    COCRImageProcess OCRImgBk = m_OCRImg; //原始图像备份
    m_OutOCRImg = m_OCRImg;
```

```
        m_OCRImg.Threshold(&m_OutOCRImg, nThres); //二值化处理
        m_OCRImg = m_OutOCRImg;

        m_OCRImg.DelScatterNoise(&m_OutOCRImg, nLower, nUpper);//去除离散噪声点
        m_OCRImg = m_OutOCRImg;

        m_OCRImg.SlopeAdjust(&m_OutOCRImg); //倾斜度调整
        m_OCRImg = m_OutOCRImg;

        m_vecRT = m_OCRImg.ObjectSegment(); //字符分割

        m_OutOCRImg.ImResize(2*m_OCRImg.GetHeight(), 2*m_OCRImg.GetWidthPixel());
        //扩大目标图像，防止归一化后超出范围
        m_OCRImg.ObjectNorm(&m_OutOCRImg, IMG_WIDTH, IMG_HEIGHT, m_vecRT);
        //归一化为统一大小
        m_OCRImg = m_OutOCRImg;

        m_OCRImg.ObjectAlign(&m_OutOCRImg, m_vecRT); //字符对齐

        m_OCRImg = OCRImgBk; //复原原始图像

        m_bOut = 1; //切换到显示输出图像的模式
        Invalidate();

        if(bTrain)//是否是训练模式
            SaveToTrainDIR(strDIR); //保存至训练分类目录
        else
            SaveToTestDIR(strDIR); //保存至测试目录
}
```

上述程序运行后，首先弹出对话框，让用户输入相关参数。读者可以通过光盘示例程序 DigitRec 中的菜单命令"神经网络数字识别→预处理"来观察处理效果。

15.6.3　输入图像的预处理——测试

运行 DigitRec 后，打开一幅扫描数字字符图像（这里为 scanDigit.bmp，读者可在随书光盘的 "\chapter15"目录中找到该文件），单击"神经网络数字识别"菜单下的"预处理"命令，弹出"图像预处理"对话框，如图 15.31 所示。

1. 训练图像的预处理

在"图像预处理"对话框中，设定二值化阈值以及去除离散噪声时的连通区域的上、下限信息（这里保留默认的设置）；接着选择包含训练样本类别标签的文件和训练分类目录的位置；最后选择"训练"单选按钮，如图 15.32 所示。

单击"确定"按钮，将触发 OnPreprocess()函数进行训练图像的预处理，并将预处理结果分门别类地保存至训练分类目录中（这里为 "E:\ScanTrain"）。

预处理后的字符效果如图 15.33 所示。

此时在训练分类目录（"E:\ScanTrain"）中出现了 10 个子目录，每个子目录对应一个类别，其中包含了该类的所有训练样本，如图 15.34 所示。

图 15.31　图像预处理对话框

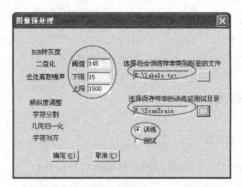

图 15.32 训练样本预处理时对话框的设置

图 15.33 预处理结果

2. 测试图像的预处理

需要对测试图像进行和对训练图像相同的预处理。运行 DigitRec，打开一幅测试图像（这里为 scanDigit_test.bmp，读者可在随书光盘的 "\chapter15" 目录中找到该文件）；单击 "神经网络数字识别" 菜单下的 "预处理" 命令，在弹出的 "图像预处理" 对话框中，设定和训练图像预处理时相同的二值化阈值以及去除离散噪声时的连通区域的上、下限信息；接着选择测试目录的位置；最后选择 "测试" 单选按钮，如图 15.35 所示。

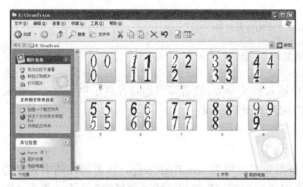

图 15.34 训练分类目录（缩略图模式）

图 15.35 测试样本预处理时对话框的设置

单击 "确定" 按钮，将触发 OnPreprocess() 函数进行测试图像的预处理，并将预处理结果保存至测试目录（这里为 "E:\ScanTest"）中。

15.7 神经网络参数对训练和识别的影响

本节主要通过实验来考察如隐藏层单元数目、学习率以及训练时代数目等参数对于系统训练和识别的影响。

15.7.1 隐藏层单元数目的影响

下面考察对于 15.6 节中得到的训练和测试集，当 ANN 的隐藏层单元数目分别为 4 和 10 时对于训练进程和测试集上识别率的影响。

1. 对于训练进程的影响

设定最大训练时代数为 8000，误差阈值 0.001，学习率为 0.1，隐藏层单元数目为 4；选择训练样本分类目录所在的位置（这里为 "E:\ScanTrain"）；新建一个配置文件 "hidden_4.net"。

训练开始后，当梯度下降算法迭代到设定的最大时代数 8000 时，训练结束，此时的误差为 0.003387，训练过程总共耗时 33s。误差随时间变化的曲线如图 15.36 所示。

将隐藏层单元增加至 10 个，其他参数不变，新建一个配置文件 "hidden_10.net"。训练历时 14s 就在第 1688 次迭代时达到误差要求，从而提前结束。此时的误差随时间变化曲线如图 15.37 所示。

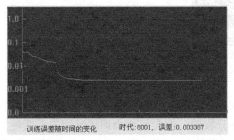
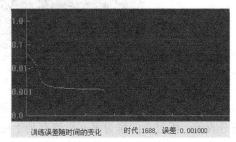

图 15.36 隐藏层单元数目为 4 时训练误差的变化曲线   图 15.37 隐藏层单元数目为 10 时训练误差的变化曲线

当隐藏层单元增加至 30 个时，训练在 481 次迭代时结束，历时 11s。

当隐藏层单元增加至 100 个时，训练在 347 次迭代时结束，历时 26s。过多的隐藏层单元使得网络权值数剧增，从而导致训练时间的增加。

> **注意**　由于每次训练的初始权值是随机得到的，按照上面的参数设定重复本实验时，可能得到不完全相同的结果。

2. 对于测试集识别率的影响

分别使用上面训练的 4 个网络对测试集（这里为 "E:\ScanTest"）中的 20 个样本进行识别的结果如表 15.2 所示。

表 15.2　　　　　　　　不同隐藏层单元数目的 4 个 ANN 在测试集上的识别率

ANN 的配置文件	测试集上的识别率
hidden_4.net	85%
hidden_10.net	95%
hidden_30.net	95%
hidden_100.net	95%

可以看到，一味地增加隐藏层数目并不一定能提高识别率，反而会导致训练时间的增加。并且过多的网络权值容易造成对训练样本的过度拟合（详见 15.7.3 小节）。

15.7.2 学习率的影响

设定最大训练时代数为 100000，误差阈值 0.002，学习率为 0.2，隐藏层单元数目为 4；新建一个配置文件 "drEita.net"。

单击 "训练" 按钮开始训练后，可以发现在训练初期（时代数目<1000）收敛速度很快；接着收敛速度开始放缓，并在时代数为 6000 左右时变得相当缓慢；随着训练的持续进行，当时代数达到 20000 左右时，甚至明显出现了类似于图 15.7（c）中的误差不降反增的情况，如图 15.38 所示，这是由相对较大的学习率 η 所造成的。

> **注意**　由于每次训练的初始权值是随机得到的，按照上面的参数设定重复本实验时，可能得到不尽相同的结果，但主要的误差变化趋势是一致的。

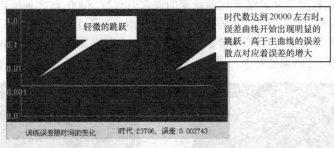

图 15.38　误差变化

以上情况说明了较大的学习率 η 能够在训练初期加快收敛进程，然而在训练后期却会妨碍误差的充分收敛；而过小的学习率 η 虽然有利于后期的充分收敛，但会使整个训练过程收敛缓慢。

为此，在训练初期首先使用较大的 η；当误差难以继续减小时，单击"停止"按钮暂停训练；将学习率重新设定为 0.1 继续训练，此时误差不再跳跃，而是开始继续减小；随着训练的进行，当误差又开始在某个值附近"徘徊"时，可以根据情况进一步减小 η 的值（如 0.05）。

15.7.3　训练时代数目的影响

1. 实验分析

分别设定最大训练时代数为 8000、12000 和 20000，其他保留默认设置，将训练得到的 3 个网络分别用于分类测试集合（"E:\ScanTest"）的结果如表 15.3 所示。

表 15.3　　　　　　　　不同训练时代数目的 3 个 ANN 在测试集上的识别率

网络 ID	ANN 的配置文件	训练时代数	训练误差	测试集上的识别率
1	hidden_4.net	8000	0.003387	85%
2	hidden_4_epoch_12000.net	12000	0.003027	90%
3	hidden_4_epoch_20000.net	20000	0.002893	75%

从表 15.3 中可以看出随着训练时代数的增加，训练误差不断减小，但测试集上的错误率却先减小，后增加，表明一味增加训练时代数将造成网络对于训练集的过度拟合。

2. 过度拟合（Overfit）和停止判据

图 15.39 展示了两个比较典型的反向传播算法应用中误差 E 是如何随着训练时代数变化的。在图 15.39（a）、图 15.39（b）中，由"•"组成的曲线显示了在训练集合上的误差 E 随训练时代数的增加而单调下降；而由"+"组成的曲线是在独立测试集上误差 E 的变化情况，这条曲线衡量了网络的泛化精度。

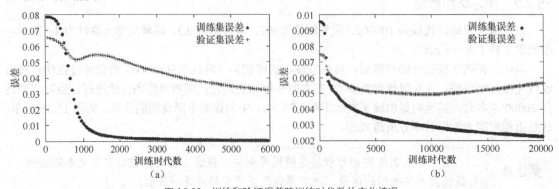

图 15.39　训练和验证误差随训练时代数的变化情况

从图 15.39 中可以注意到图 15.39（a）中的测试误差总体呈持续下降趋势，但图 15.39（b）中则出现在测试集上的误差 E 先下降，后上升的过度拟合现象。这是因为网络权值拟合了训练样本的特殊性，而这些特殊性对于一般样本不具有代表性。正是 ANN 网络中的大量权值为拟合训练样本的特殊性提供了很大"便利"。

过度拟合一般在训练的后期开始出现，这是因为 Sigmoid 函数在小输入情况下的类似"线性"，而将网络权值初始化为一些小的随机数，使得在训练初期形成的决策面通常是比较平滑的。而随着训练的进行，一些权值开始增加，Sigmoid 函数的非线性特征也开始显现，造成决策面的复杂程度不断提高，最终导致在训练后期决策面变得过度复杂，甚至拟合了训练数据中的噪声和训练样本中没有代表性的特征，导致了过度拟合的出现。

为防止过度拟合，不应当一味地追求训练误差的最小化，DigitRec 中通过设定一个最大时代数目来限制训练的过度进行。然而，对于最大时代数的指定还缺乏一个客观的原则来指导，交叉验证为读者提供了这样一种确定训练时代数目的方法。

3. 交叉验证（Cross Validation，CV）

为了有效防止过度拟合的出现，一个被广泛采用的方法是 k 折交叉验证（k-fold Cross Validation），它每次使用数据的不同分割作为训练集合和测试集合，然后对结果进行平均。例如，对于含有 N 个样本的数据集，首先分割为 k 个不相交的子集，每个子集 N/k 个样本。然后，运行 k 次交叉验证过程，每次使用 1 个不同的子集作为测试集，将其余的 k-1 个子集合并作为训练集。每次交叉验证的目标都是找到能够在测试集上产生最小误差的训练时代数，因为这是网络对于独立的测试集合性能评估的最好标准。

具体实现时需要在训练中权值更新的同时总是保留到目前为止性能最好（对测试集误差最低）的权值的备份，以一定的训练时代数作为阈值 T，一旦训练新得到的权值在测试集上的误差比保存的当前最佳权值误差高，并且当前时代数大于 T，训练就被终止。此时，返回到目前为止对应于最小测试集误差的训练时代数 e_i（$i=1,2,\ldots,k$）作为第 i 次交叉验证的最优训练时代数。当所有 k 次交叉验证结束后，计算这些 e_i 的均值 $\bar{e} = (\sum_{i=1}^{k} e_i)/k$，最后运行一次反向传播算法，将所有 N 个样本作为训练集合（此时没有测试集合），训练时代数为 $\bar{e}$，将得到的模型作为最终的 ANN 分类模型。

第16章 支持向量机

支持向量机（Support Vector Machine，SVM）是在统计学习理论的基础上发展起来的新一代学习算法，它在文本分类、手写识别、图像分类、生物信息学等领域中获得较好的应用。相比于容易过度拟合训练样本的人工神经网络，支持向量机对于未见过的测试样本具有更好的推广能力（Generalization Ability）。

本章的知识和技术热点
（1）SVM 的理论基础
（2）核函数
（3）SVM 推广到多类问题的 3 种策略

本章的典型案例分析
基于 PCA 和 SVM 的人脸识别系统

16.1 支持向量机的分类思想

传统模式识别技术只考虑分类器对训练样本的拟合情况，以最小化训练集上的分类错误为目标，通过为训练过程提供充足的训练样本来试图提高分类器在未见过的测试集上的识别率。然而，对于少量的训练样本集合来说，不能保证一个很好地分类了训练样本的分类器也能够很好地分类测试样本。在缺乏代表性的小训练集情况下，一味地降低训练集上的分类错误就会导致过度拟合。

支持向量机以结构化风险最小化为原则，即兼顾训练误差（经验风险）与测试误差（期望风险）的最小化，具体体现在分类模型的选择和模型参数的选择上。

1. 分类模型的选择

要分类如图 16.1（a）所示的两类样本，可以看到图中的曲线可以将图 16.1（a）中的训练样本全部分类正确，而直线则会错分两个训练样本；然而，对于图 16.1（b）中的大量测试样本，简单的直线模型却取得了更好的识别结果。应该选择什么样的分类模型呢？

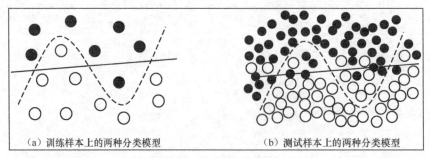

(a) 训练样本上的两种分类模型　　　　　(b) 测试样本上的两种分类模型

图 16.1　分类模型的选择

　　图 16.1 中复杂的曲线模型过度拟合了训练样本,因而在分类测试样本时效果并不理想。在第 14.1.5 小节,了解到通过控制分类模型的复杂性可以防止过度拟合,因此 SVM 更偏爱解释数据的简单模型——二维空间中的直线、三维空间中的平面和更高维空间中的超平面。

2. 模型参数的选择

　　如图 16.2 所示为二维空间中的两类样本,可以采用图 16.2(a)中的任意直线将它们分开。哪条直线才是最优的选择呢?

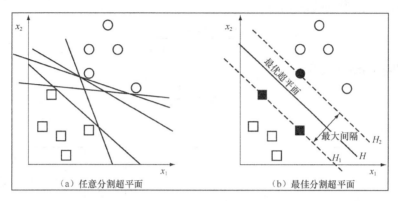

图 16.2　分割超平面

　　直观上,距离训练样本太近的分类线将对噪声比较敏感,且对训练样本之外的数据不太可能归纳得很好;而远离所有训练样本的分类线将可能具有较好的归纳能力。设 H 为分类线,$H1$、$H2$ 分别为过各类中离分类线最近的样本且平行于分类线的直线,则 $H1$ 与 $H2$ 之间的距离叫作分类间隔(又称为余地,Margin)。所谓最优分类线就是要求分类线不但能将两类正确分开(训练错误率为 0),而且使分类间隔最大,如图 16.2(b)所示。分类线的方程为 $w^{\mathrm{T}}x + b = 0$。

　　图 16.2 只是在二维情况下的特例——最优分类线,在三维空间中则是具有最大间隔的平面,更为一般的情况是最优分类超平面。实际上,SVM 正是从线性可分情况下的最优分类面发展而来的,其主要思想就是寻找能够成功分开两类样本并且具有最大分类间隔的最优分类超平面。

　　寻找最优分类面的算法最终将转化成为一个二次型寻优问题,从理论上说,得到的将是全局最优点,解决了在神经网络方法中无法避免的局部极值问题。

16.2

支持向量机的理论基础

　　本节主要介绍 SVM 的理论基础和实现原理,将分别阐述线性可分、非线性可分以及需要核函数映射的这 3 种情况下的 SVM。最后还将学习如何将 SVM 推广至多类问题。

16.2.1　线性可分情况下的 SVM

　　如果用一个线性函数(如二维空间中的直线、三维空间中的平面以及更高维数空间中的超平面)可以将两类样本完全分开,就称这些样本是线性可分(Linearly Separable)的。反之,如果找不到一个线性函数能够将两类样本分开,则称这些样本是非线性可分的。

　　一个简单的线性可分与非线性可分的例子如图 16.3 所示。

　　已知一个线性可分的数据集 $\{(\vec{x}_1, y_1), (\vec{x}_2, y_2), ..., (\vec{x}_N, y_N)\}$,样本特征向量 $\vec{x} \in R^D$,即 $\vec{x}$ 是 D 维实数空间中的向量;类标签 $y \in \{-1, +1\}$,即只有两类样本,此时通常称类标签为+1 的样本为正例,称类标签为 -1 的样本为反例。

现在要对这两类样本进行分类。目标就是寻找最优分割超平面,即根据训练样本确定最大分类间隔的分割超平面,设最优超平面方程为 $\vec{w}^{\mathrm{T}}\vec{x}+b=0$,根据点到平面的距离公式,样本 $\vec{x}$ 与最佳超平面($\vec{w}$,b)之间的距离为 $\dfrac{|\vec{w}^{\mathrm{T}}\vec{x}+b|}{\|\vec{w}\|}$,注意通过等比例地缩放权矢量 $\vec{w}$ 和偏差项 b,则最佳超平面存在着许多解,对超平面进行规范化,选择使得距超平面最近的样本 $\vec{x}_k$ 满足 $|\vec{w}^{\mathrm{T}}\vec{x}_k+b|=1$ 的 $\vec{w}$ 和 b,即得到规范化超平面。

此时从最近样本到边缘的距离为:

$$\frac{|\vec{w}^{\mathrm{T}}\vec{x}_k+b|}{\|\vec{w}\|}=\frac{1}{\|\vec{w}\|} \tag{16-1}$$

且分类间隔(余地)变为:

$$m=\frac{2}{\|\vec{w}\|} \tag{16-2}$$

如图 16.4 所示。

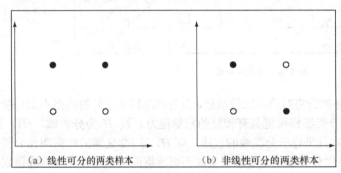

图 16.3　线性可分与非线性可分　　　　图 16.4　最佳分割超平面的分类间隔

至此,问题逐渐明朗化,目标是寻找使得式(16-2)最大化的法向量 $\vec{w}$,之后将 $\vec{w}$ 代入关系式 $|\vec{w}^{\mathrm{T}}\vec{x}_k+b|=1$,即可得到 b。

最大化式(16-2)等价于最小化:

$$J(\vec{w})=\frac{1}{2}\|\vec{w}\|^2 \tag{16-3}$$

除此之外,还有以下的约束条件:

$$y_i(\vec{w}^{\mathrm{T}}\vec{x}_i+b)\geqslant 1,\quad \forall i\in\{1,2,\cdots,N\} \tag{16-4}$$

这是因为距离超平面最近的样本点 $\vec{x}_k$ 满足 $|\vec{w}^{\mathrm{T}}\vec{x}_k+b|=1$,而其他样本点 $\vec{x}_i$ 距离超平面的距离 $d(\vec{x}_i)$ 要大于等于 $d(\vec{x}_k)$,因此有:

$$|\vec{w}^{\mathrm{T}}\vec{x}_i+b|\geqslant 1 \tag{16-5}$$

具体地说,设定正例所在的一侧为超平面的正方向,则对于正例(对应类标签 y_i 为 $+1$ 的样本 $\vec{x}_i$)有:

$$(\vec{w}^{\mathrm{T}}\vec{x}_i+b)\geqslant 1 \tag{16-6}$$

而对于反例(对应类标签 y_i 为 -1 的样本 $\vec{x}_i$)有:

$$(\vec{w}^{\mathrm{T}}\vec{x}_i+b)\leqslant -1 \tag{16-7}$$

在式(16-6)和式(16-7)的两端分别乘以对应其 $\vec{x}_i$ 的类标签 y_i,由于对应式(16-6)和式(16-7)的 y_i 分别为 $+1$ 和 -1,因此得到式(16-4)中统一形式的表达式。

注意到式(16-3)中的目标函数 $J(\vec{w})$ 是二次函数,意味着只存在一个全局最小值,因此不必再像在神经网络的优化过程中那样担心搜索陷入局部极小值。现在要做的就是在式（16-4）的约束条件下找到能够最小化式（16-3）的超平面方向量 $\vec{w}$。这是一个典型的条件极值问题，可以使用在高等数学中学习过的拉格朗日乘数法求解。

通过对式（16-4）中的每一个约束条件乘上一个拉格朗日乘数 α_i，然后带入式（16-3）中，可将此条件极值问题转化为下面的不受约束的优化问题，即关于 $\vec{w}$、b 和 α_i（$i=1,2,\cdots,N$）来最小化 L。

$$L(\vec{w},b,\alpha) = \frac{1}{2}\|\vec{w}\|^2 - \sum_{i=1}^{N}\alpha_i[y_i(\vec{w}^T\vec{x}_i + b) - 1], \quad \alpha_i \geqslant 0 \tag{16-8}$$

求 L 对 $\vec{w}$ 和 b 的偏导数，并令其等于零：

$$\frac{\partial L(\vec{w},b,\alpha)}{\partial \vec{w}} = 0 \Rightarrow \vec{w} = \sum_{i=1}^{N}\alpha_i y_i \vec{x}_i \tag{16-9}$$

$$\frac{\partial L(\vec{w},b,\alpha)}{\partial b} = 0 \Rightarrow \sum_{i=1}^{N}\alpha_i y_i = 0 \tag{16-10}$$

展开式（16-8），得：

$$L(\vec{w},b,\alpha) = \frac{1}{2}\vec{w}^T\vec{w} - \sum_{i=1}^{N}\alpha_i y_i \vec{w}^T x_i - b\sum_{i=1}^{N}\alpha_i y_i + \sum_{i=1}^{N}\alpha_i \tag{16-11}$$

再将式（16-9）和式（16-10）代入式（16-11），得：

$$L(\vec{w},b,\alpha) = \frac{1}{2}\vec{w}^T(\sum_{i=1}^{N}\alpha_i y_i \vec{x}_i) - \vec{w}^T\sum_{i=1}^{N}\alpha_i y_i \vec{x}_i - 0 + \sum_{i=1}^{N}\alpha_i$$

$$= -\frac{1}{2}(\sum_{i=1}^{N}\alpha_i y_i \vec{w}^T\vec{x}_i) + \sum_{i=1}^{N}\alpha_i$$

$$= -\frac{1}{2}\sum_{i=1}^{N}\alpha_i y_i(\sum_{j=1}^{N}\alpha_j y_j \vec{x}_j)^T\vec{x}_i + \sum_{i=1}^{N}\alpha_i$$

$$= -\frac{1}{2}\sum_{i=1}^{N}\sum_{j=1}^{N}\alpha_i\alpha_j y_i y_j \vec{x}_i^T\vec{x}_j + \sum_{i=1}^{N}\alpha_i$$

上式与 $\vec{w}$、b 无关，仅为 α_i 的函数，记为：

$$L(\alpha) = -\frac{1}{2}\sum_{i=1}^{N}\sum_{j=1}^{N}\alpha_i\alpha_j y_i y_j \vec{x}_i^T\vec{x}_j + \sum_{i=1}^{N}\alpha_i \tag{16-12}$$

此时的约束条件为：$\alpha_i \geqslant 0$ 并且 $\sum_{i=1}^{N}\alpha_i y_i = 0$ \tag{16-13}

这是一个拉格朗日对偶问题，而该对偶问题是一个关于 α 的凸二次规划问题，可借助一些标准的优化技术求解，这里不再详细讨论。

> **注意** 原始问题的复杂度由维度决定（$\vec{w}$ 是平面法向量，对每维有 1 个系数），然而对偶问题由训练数据的数目决定（每个样本存在一个拉格朗日乘数 α_i）；此外，在式（16-12）中，训练数据只作为点积的形式出现。

在解得 α 之后，最大余地地分割超平面的参数 $\vec{w}$ 和 b 便可由对偶问题的解 α 来确定：

$$\vec{w} = \sum_{i=1}^{N}\alpha_i y_i x_i \tag{16-14}$$

在样本线性可分的情况下，由于有关系式$|\vec{w}^T\vec{x}_k+b|=1$，其中$\vec{x}_k$是任意一个距离最优分类超平面最近的向量，即可使$|\vec{w}^T\vec{x}_k+b|$取到最小值的$\vec{x}_k$之一，故可将$\vec{w}$和$\vec{x}_k$代入上式，从而求出b：

$$b=1-\min_{y_i=+1}(\vec{w}\cdot\vec{x}_i) \quad 或 \quad b=-1-\max_{y_i=-1}(\vec{w}\cdot\vec{x}_i)$$

更一般地情况下（包括 16.2.2 小节的非线性可分的情况），由于两类样本中与分割超平面(w,b)的最近距离不再一定是 1 且可能不同，因而 b 为：

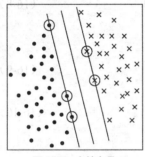

$$b=-\frac{1}{2}(\min_{y_i=+1}(w\cdot x_i)+\max_{y_i=-1}(w\cdot x_i)) \qquad (16\text{-}15)$$

式（16-15）包含了线性可分时的情况。

根据优化解的性质(Karush‐Kuhn‐Tucker Conditions)，解α必须满足：

$$\alpha_i[y_i(\vec{w}^T\vec{x}_i+b)-1]=0, \quad \forall i=1,2,\cdots,N \qquad (16\text{-}16)$$

因此对于每个样本，必满足：$\alpha_i=0$ 或 $y_i(\vec{w}^T\vec{x}_i+b)-1=0$。从而对那些满足$y_i(\vec{w}^T\vec{x}_i+b)-1\neq0$的样本$\vec{x}_i$对应的$\alpha_i$，必有$\alpha_i=0$；而只有那些满足$y_i(\vec{w}^T\vec{x}_i+b)-1=0$的样本$\vec{x}_i$对应的$\alpha_i$，才能有$\alpha_i>0$。这样，$\alpha_i>0$只对应那些最接近超平面（$y_i(\vec{w}^T\vec{x}_i+b)-1=0$）的点$\vec{x}_i$，这些点被称为**支持向量**，如图 16.5 所示。

图 16.5 支持向量
注：两类样本的支持向量分别用"O"圈出

> **注意**
> 在式(16-14)中，所有$\alpha_i=0$的样本$\vec{x}_i$对于求和没有影响，只有支持向量（$\alpha_i\neq0$的样本$\vec{x}_i$）对最优分割超平面的定义有贡献，因此，完整的样本集合可以只使用支持向量来代替，将会得到相同的最优分割超平面。

求出上述各个系数α、$\vec{w}$、b对应的最优解α^*、$\vec{w}^*$、b^*后，得到如下的最优分类函数：

$$h(\vec{x})=\text{sgn}((\vec{w}^*\bullet\vec{x})+b^*)=\text{sgn}(\sum_{i=1}^{n}\alpha_i^* y_i(\vec{x}_i\cdot\vec{x})+b^*) \qquad (16\text{-}17)$$

其中，向量$\vec{x}$是待分类的测试样本，向量$\vec{x}_i$（$i=1,2,\cdots,N$）是全部 N 个训练样本。
注意在式（16-17）中测试样本$\vec{x}$与训练样本$\vec{x}_i$也是以点积的形式出现。

16.2.2　非线性可分情况下的 C-SVM

1. 约束条件

为处理样本非线性可分的情况，可以放宽约束，引入松弛变量$\varepsilon_i>0$，此时约束条件变为：

$$y_i(\vec{w}\cdot\vec{x}_i+b)\geqslant1-\varepsilon_i, \quad \varepsilon_i\geqslant0 \ (i=1,2,\cdots,N) \qquad (16\text{-}18)$$

即：

$$\begin{cases}\vec{w}\cdot\vec{x}_i+b\geqslant+1-\varepsilon_i, & y_i=+1(\vec{x}_i为正例)\\ \vec{w}\cdot\vec{x}_i+b\leqslant-1+\varepsilon_i, & y_i=+1(\vec{x}_i为反例)\end{cases}$$

图 16.6 可帮助读者理解ε_i的意义，具体可分为以下 3 种情况来考虑。

（1）当$\varepsilon_i=0$，约束条件退化为线性可分时的情况——$y_i(\vec{w}^T\vec{x}_i+b)\geqslant1$，这对应于分类间隔（余地）以外且被正确分类的那些样本，即图中左侧虚线以左（包括在左侧虚线上）的所有"●"形样本点以及位于右侧虚线以右的（包括在右侧虚线上）的所有"x"形样本点。

（2）当$0<\varepsilon_i<1$ 时，$y_i(\vec{w}^T\vec{x}_i+b)$是一个 0、1 之间的数，小于 1 意味着对于约束条件放宽到允许样本落在分类间隔之内，大于 0 则说明样本仍可被分割超平面正确分类，对应于图中标号

为 2 的样本。

（3）最终当 $\varepsilon_i > 1$ 时，$y_i(\vec{w}^T \vec{x}_i + b) < 0$，此时约束条件已放宽到可以允许有分类错误的样本，如图 16.6 所示的第 3 类样本。具体地说，图中标号为 3 的 "●" 形样本的 $1 < \varepsilon_i < 2$，而标号为 3 的 "x" 形样本的 $\varepsilon_i > 2$。

图 16.6 中标号为 1、2、3 的均为在线性不可分情况下的支持向量。由于在这种情况下允许样本落入分类间隔之内，常把这个分类间隔叫做软间隔（Soft Margin）。

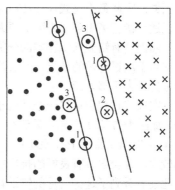

图 16.6 非线性可分情况下的最佳分割超平面

2. 目标函数

利用一个附加错误代价系数 C 后，目标函数变为：

$$f(\vec{w}, b, \varepsilon) = \frac{1}{2} \| \vec{w}^2 \| + C \sum_{i=1}^{N} \varepsilon_i \qquad (16\text{-}19)$$

注：标号 1，分类间隔支持向量，对应 $\varepsilon_i=0$；标号 2，非分类间隔支持向量（分类间隔中），对应 $0 < \varepsilon_i < 1$；标号 3，非分类间隔支持向量 $\varepsilon_i > 1$。

目标是在式（16-18）的约束下，最小化目标函数（式 16-19）。最小化目标函数的第 1 项也就等同于最大化分类间隔，这在介绍线性可分情况时已经阐述过了，而目标函数的第 2 项是分类造成的错误代价，只有对应于 $\varepsilon_i > 0$ 的那些 "错误" 样本才会产生代价（这里所说的 "错误" 并不仅仅是指被错误分类的标号为 3 的样本，也包括那些空白间隔之内的标号为 2 的样本）。事实上最小化此目标函数体现了最大分类间隔（最小化式（16-19）中的第 1 项）与最小化训练错误（最小化式（16-19）中的第 2 项）之间的权衡。

直观上读者自然希望 "错误" 样本越少越好，然而不要忘记这里的错误是训练错误，如果一味追求最小化训练错误，代价是就可能导得到一个小余地的超平面，这无疑会影响分类器的推广能力，在对测试样本分类时就很难得到满意的结果，这也属于一种过度拟合。通过调整代价系数 C 的值可以实现两者之间的权衡，找到一个最佳的 C 使得分类超平面兼顾训练错误和推广能力。

不同的 C 值对于分类的影响如图 16.7 所示。图 16.7（a）中的情况对应一个相对较大的 C 值，此时每错分一个样本 i（$\varepsilon_i > 0$）都会使式（16-19）中的第 2 项增大很多，第 2 项成为影响式（16-19）

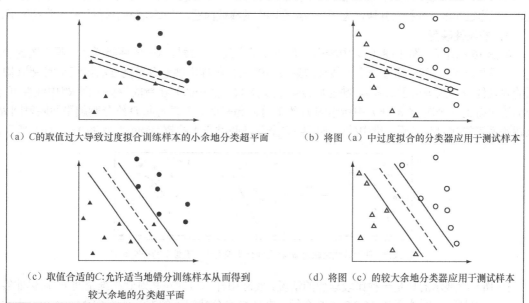

(a) C 的取值过大导致过度拟合训练样本的小余地分类超平面

(b) 将图（a）中过度拟合的分类器应用于测试样本

(c) 取值合适的 C：允许适当地错分训练样本从而得到较大余地的分类超平面

(d) 将图（c）的较大余地分类器应用于测试样本

图 16.7 惩罚项参数 C 的不同取值对于分类器性能的影响

的主要因素，因此最小化式（16-19）的结果是尽可能少地错分训练样本以使得第 2 项尽可能小，为此可以适当牺牲第 1 项（使第 1 项大一些，即使分类间隔小一些），于是导致了图 16.7（a）中一个较小间隔但没有错分训练样本的分类超平面；图 16.7（b）图展示了将图 16.7（a）中得到的分类超平面应用于测试样本的效果，可以看出由于分割超平面间隔较小，分类器的推广能力不强，对于测试样本的分类不够理想。

如果在训练过程中选择一个适当小一些的 C 值，此时最小化式（16-19）将兼顾训练错误与分类间隔。如图 16.7（c）所示，虽然有一个训练样本被错分，但得到了一个较大分类间隔的超平面；图 16.7（d）展示了将图 16.7（c）中得到的分类超平面应用于测试数据时的情形，可以看到由于分类间隔较大，分类器具有良好的推广能力，从而很好地分类了测试样本。

由此读者看到了选择合适的错误代价系数 C 的重要性，在 16.4.3 小节关于 SVM 综合案例的讨论中将提供一种切实可行的方法来选择 C 的取值。而正因为在这种处理非线性可分问题的方法中引入了错误代价系数 C，这种支持向量机常被称为 C-SVM。

3. 优化求解

类似于线性可分情况下的推导，最终得到下面的对偶问题。

在如下的约束条件下：

$$\sum_{i=1}^{N}\alpha_i y_i = 0, \quad 0 \leqslant \alpha_i \leqslant C, i=1,2,\cdots,N \qquad (16\text{-}20)$$

最大化 $L(\alpha)$：

$$L(\alpha) = \sum_{i=1}^{N}\alpha_i - \frac{1}{2}\sum_{i=1}^{N}\sum_{j=1}^{N}\alpha_i\alpha_j y_i y_j (\vec{x}_i \cdot \vec{x}_j) \qquad (16\text{-}21)$$

同样在利用二次规划技术解得最优的 α 的值 α^* 之后，可以计算出 w^* 和 b^* 的值，最终的决策函数与式（16-17）相同。

16.2.3　需要核函数映射情况下的 SVM

线性分类器的分类性能毕竟有限，而对于非线性问题一味放宽约束条件只能导致大量样本的错分，这时可以通过非线性变换将其转化为某个高维空间中的线性问题，在变换空间求得最佳分类超平面。

1. 非线性映射

如图 16.8 所示，图 16.8（a）中给出了是在 n 维空间中非线性可分的两类样本（限于图的表现能力，只画出了二维），通过一个非线性映射 $\psi: R^n \rightarrow R^D$ 将样本映射到更高维的特征空间 R^D（限于图的表现能力，只画出了二维），映射后样本 $\psi(\vec{x}_i)$（$i=1,2,\cdots,N$）在新的特征空间 R^D 中线性可分，经训练可得到一个图 16.8（b）中所示的 D 维的分割超平面。而再将此 D 维分割超平面映射回 R^n，该超平面可能就对应于原 n 维中的一条能够完全分开两类样本的超抛物面，如图 16.8（c）所示。

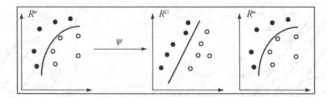

图 16.8　使用非线性映射 ψ 将已知样本映射到（高维）特征空间 R^D

图 16.8 所展示的只是一种比较理想的情况，实际中样本可能在映射到高维空间 R^D 后仍非线性可分，这时只需在 R^D 中采用 16.2.2 小节介绍的非线性可分情况下的方法训练 SVM。还有一点要说明的是在分类时，永远不需要将 R^D 中的分割超平面再映射回 R^n 当中，而是应让分类样本 $\vec{x}$ 也经非

线性变换 ψ 映射到空间 R^D 中，然后将 $\psi(\vec{x})$ 送入 R^D 中的 SVM 分类器即可。

2. 优化求解

类似于 16.2.1 小节中的推导，最终得到了下面的对偶问题。

在如下的约束条件下：

$$\sum_{i=1}^{N}\alpha_i y_i = 0, \quad 0 \le \alpha_i \le C, i = 1, 2, \cdots, N \tag{16-22}$$

最大化目标函数：

$$L(\alpha) = \sum_{i=1}^{N}\alpha_i - \frac{1}{2}\sum_{i=1}^{N}\sum_{j=1}^{N}\alpha_i\alpha_j y_i y_j(\psi(\vec{x}_i) \cdot \psi(\vec{x}_j)) \tag{16-23}$$

此时，因为有 $\vec{w} = \sum_{i=1}^{N}\alpha_i y_i\psi(\vec{x}_i)$

故最终的决策（分类）函数为：

$$h(\vec{x}) = \mathrm{sgn}(\vec{w} \cdot \psi(\vec{x}) + b) = \mathrm{sgn}(\sum_{i=1}^{N}\alpha_i y_i(\psi(\vec{x}_i) \cdot \psi(\vec{x})) + b), \quad \vec{w} \in R^D, b \in R \tag{16-24}$$

同样，由于对非支持向量而言其 $\alpha_i = 0$，所以上式可以写成：

$$h(x) = \mathrm{sgn}(\sum_{i \in SV}\alpha_i^* y_i(\psi(\vec{x}_i) \cdot \psi(\vec{x})) + b^*) \tag{16-25}$$

其中，SV 表示支持向量（Support Vector）的集合。

> **注意** 式（16-23）、式（16-24）在形式上同式（16-21）、式（16-17）非常相似，只是将原特征空间中的向量点积替换为原向量在非线性映射空间 R^D 中的映像之间的点积。

下面来看一个通过非线性映射将原本非线性可分问题变为映射空间中线性可分问题的实例。

【例 16.1】异或问题的 SVM

异或（XOR）问题是最简单的一个无法直接对样本特征向量采用线性判别函数来解决的问题，在 $\vec{x} = (1,1)^T$ 的点 1 和在 $\vec{x} = (-1,-1)^T$ 的点 3 属于类 w_1（图 16.9 中的实心圆点），在 $\vec{x} = (1,-1)^T$ 的点 2 和在 $\vec{x} = (-1, 1)^T$ 的点 4 属于 w_2（空心圆点）。

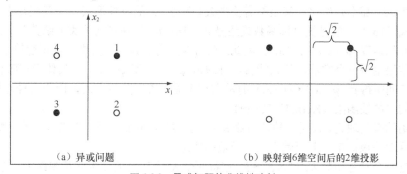

（a）异或问题　　　　　（b）映射到6维空间后的2维投影

图 16.9　异或问题的非线性映射

这样在二维空间 R^2 中，无法找到一条直线（R^2 中的线性分类器）可以将两类样本完全分开。通过使用 SVM 的方法，利用非线性映射 ψ 将这 4 个特征向量映射到更高维的空间 R^D 可以解决异或问题，在 R^D 中这 4 个特征向量是线性可分的。存在很多这样的 ψ 函数，这里选用一个最简单的且展开不超过 2 次的 ψ：

$$\vec{x} = (x_1, x_2) \xrightarrow{\quad\psi\quad} \vec{x}^6 = (1, \sqrt{2}x_1, \sqrt{2}x_2, \sqrt{2}x_1x_2, x_1^2, x_2^2),$$

其中，x_i 为特征向量 $\vec{x}$ 在第 i 维上的分量，$\sqrt{2}$ 是为了规范化。

通过映射 ψ，原二维空间中的 4 个点被分别映射至 6 维空间：

$$\vec{x} = (1,1) \xrightarrow{\psi} \vec{x}^6 = (1,\sqrt{2},\sqrt{2},\sqrt{2},1,1)$$

$$\vec{x} = (1,-1) \xrightarrow{\psi} \vec{x}^6 = (1,\sqrt{2},-\sqrt{2},-\sqrt{2},1,1)$$

$$\vec{x} = (-1,-1) \xrightarrow{\psi} \vec{x}^6 = (1,-\sqrt{2},-\sqrt{2},\sqrt{2},1,1)$$

$$\vec{x} = (-1,1) \xrightarrow{\psi} \vec{x}^6 = (1,-\sqrt{2},\sqrt{2},-\sqrt{2},1,1)$$

图 16.9（b）是训练样本 $\vec{x}$ 被映射到 6 维空间后的分布情况，由于无法画出 6 维空间，图中显示的是样本在第 2 和第 4 维度上的二维投影。很明显在这个 R^6 空间中可以找到最佳分割超平面 $g(x_1,x_2) = x_1 x_2 = 0$，且空白间隔为 $\sqrt{2}$，该超平面对应于原始特征空间的双曲线 $x_1,x_2 = \pm 1$。

下面给出求解的过程。

根据式（16-22），约束条件为：

$$\sum_{i=1}^{N} \alpha_i y_i = 0 \Rightarrow \alpha_1 - \alpha_2 + \alpha_3 - \alpha_4 = 0, \quad 0 \leqslant \alpha_k, (k = 1,2,3,4)$$

由于线性可分这里可不考虑代价系数 C。在此约束条件下，最大化式（16-23），即：

$$L(\alpha) = \sum_{i=1}^{4} \alpha_i - \frac{1}{2} \sum_{i=1}^{4} \sum_{j=1}^{4} \alpha_i \alpha_j y_i y_j x_i^6 x_j^6$$

显然，由于这个问题的对称性，可取 $\alpha_1 = \alpha_3$，$\alpha_2 = \alpha_4$。而且对于这个简单的问题，不必采用标准的二次规划技术，而是可以直接用解析的方法求解，将训练样本的特征向量 $\vec{x}$ 和对应的类标签 y 代入上式，解得：$\alpha_k^* = 1/8$，$k = 1,2,3,4$，从而可知这 4 个训练样本都是支持向量。

注意　　大多数 SVM 解决的问题支持向量总是远远少于样本总数，但由于例 16.1 中的异或（XOR）问题具有高度的对称性，4 个训练样本均为支持向量。

---

3. 核函数

例 16.1 成功地利用了非线性映射 ψ 解决了在原二维空间中非线性可分的异或问题，然而这只是一个简单的例子，计算所有样本的非线性映射并在高维空间中计算其点积常常是困难的。幸运地是，在一般情况下都不必如此，甚至不需要去关心映射 ψ 的具体形式。注意到在上面的对偶问题中，不论是式（16-23）的寻优目标函数式还是式（16-24）的决策（分类）函数都只涉及样本特征向量之间的点积运算 $\psi(x_i) \cdot \psi(x_j)$。因此，在高维空间实际上只需进行点积运算，而再高维数的向量的点积结果也是一个常数，那么能否抛开映射 $\psi(x_i)$ 和 $\psi(x_j)$ 的具体形式而直接根据 x_i 和 x_j 在原特征空间中得到 $\psi(x_i) \cdot \psi(x_j)$ 的常数结果呢？答案是肯定的，因为这种点积运算是可以用原特征空间中的核函数（Kernel）实现的。

根据泛函的有关理论，只要一种核函数 $K(x_i, x_j)$ 满足 Mercer 条件，它就对应某一变换空间（R^D）中的内积，这似乎很神奇。下面就引入核函数的概念。

核函数是一个对称函数 $K: R^n \times R^n \to R$，它将两个 R^n 空间中的 n 维向量映射为一个实数。Mercer 核函数计算高维空间中的点积：

$$K(x_i, x_j) = \psi(x_i) \cdot \psi(x_j)，\quad 其中 \psi : R^n \to R^D \tag{16-26}$$

这样如果能够在特征空间中发现计算点积的 Mercer 核函数，就可以使用该核函数代替支持向量机中的点积运算，而根本不用去关心非线性映射 ψ 的具体形式，因为在 SVM 训练和分类中的所有相关公式中，ψ 都没有单独出现过，总是以 $\psi(x_i) \cdot \psi(x_j)$ 的形式出现。

因此采用适当的内积核函数 $K(x_i, x_j)$ 就可以实现从低维空间向高维空间的映射，从而实现某一

非线性分类变换后的线性分类,而计算复杂度却没有增加。此时式（16-23）的优化目标函数变为:

$$L(\alpha) = \sum_{i=1}^{N}\alpha_i - \frac{1}{2}\sum_{i=1}^{N}\sum_{j=1}^{N}\alpha_i\alpha_j y_i y_j K(x_i,x_j)$$ （16-27）

而式（16-24）的决策（分类）函数也变为:

$$h(x) = \text{sgn}(\sum_{i\in SV}\alpha_i^* y_i K(x_i,x_j)+b^*)$$ （16-28）

常用的核函数有以下几类。

（1）线性核函数: $K(x,y)=x\cdot y$ （16-29）

（2）多项式核函数: $K(x,y)=(x\cdot y+1)^d$, $d=1,2,\cdots,N$ （16-30）

（3）径向基核函数: $K(x,y)=\exp(-\gamma\|x-y\|^2)$ （16-31）

（4）Sigmoid核函数: $K(x,y)=\tanh(b(x\cdot y)-c)$ （16-32）

16.4.4 小节将对这几种常用的核函数的各自特点以及如何选择适用于特定问题的核函数进行介绍,并对最为常用的径向基核函数的使用进行详细的阐述。

16.2.4 推广到多类问题

在之前的问题描述中读者可能也已经注意到,SVM是一个二分器,只能用于两类样本的分类。当然如果仅仅如此,SVM是不可能得到如此广泛的应用的。下面就来研究如何将二分SVM进行推广,使其能够处理多类问题。

有3种常用的策略可用于推广SVM解决多类问题,下面以一个4类问题为例进行说明。

1. 一对多的最大响应策略 (one against all)

假设有A、B、C、D四类样本需要划分。在抽取训练集的时候,分别按照如下4种方式划分。

（1）A所对应的样本特征向量作为正集（类标签为+1）,B、C、D所对应的样本特征向量作为负集（类标签为-1）。

（2）B所对应的样本特征向量作为正集,A、C、D所对应的样本特征向量作为负集。

（3）C所对应的样本特征向量作为正集,A、B、D所对应的样本特征向量作为负集。

（4）D所对应的样本特征向量作为正集,A、B、C所对应的样本特征向量作为负集。

对上述4个训练集分别进行训练,得到4个SVM分类器。在测试的时候,把未知类别的测试样本$\bar{x}$分别送入这4个分类器进行判决,最后每个分类器都有1个响应,分别为$f_1(\bar{x})$、$f_2(\bar{x})$、$f_3(\bar{x})$、$f_4(\bar{x})$,最终的决策结果为$\max(f_1(\bar{x}),f_2(\bar{x}),f_3(\bar{x}),f_4(\bar{x}))$,即4个响应中的最大者。

注意这里所说的响应是指决策函数$h(x)=\text{sgn}(\bar{w}\cdot\psi(\bar{x})+b)$在符号化之前的输出$f(\bar{x})=\bar{w}\cdot\psi(\bar{x})+b$,$h(\bar{x})$表示$\bar{x}$位于分割超平面的哪一侧,只反映了$\bar{x}$的类别,而$f(\bar{x})$还能体现出$\bar{x}$与分割超平面的距离远近（绝对值越大越远）,因此它能够反映出样本$\bar{x}$属于某一类别的置信度。例如,同样位于分割超平面正侧的两个样本,显然更加远离超平面的样本是正例的可信度较大,而紧贴着超平面的样本则很有可能是跨过分割超平面的一个反例。

2. 一对一的投票策略 (one against one with voting)

将A、B、C、D四类样本两类两类地组成训练集,即(A,B)、(A,C)、(A,D)、(B,C)、(B,D)、(C,D),得到6个（对于n类问题,为$n(n-1)/2$个）SVM二分器。在测试的时候,把测试样本$\bar{x}$依次送入这6个二分类器,采取投票形式,最后得到一组结果。投票是以如下方式进行的。

初始化: vote(A)= vote(B)= vote(C)= vote(D)=0。

投票过程: 如果使用训练集(A,B)得到的分类器将$\bar{x}$判定为A类,则vote(A)=vote(A)+1,否则vote(B)=vote(B)+1; 如果使用(A,C)训练的分类器将$\bar{x}$判定为A类,则vote(A)=vote(A)+1,否则

vote(*C*)=vote(*C*)+1；……如果使用(*C*,*D*)训练的分类器将 x̄ 判定为 *C* 类,则 vote(*C*)=vote(*C*)+1，否则 vote(*D*)=vote(*D*)+1。

最终判决：Max(vote(*A*), vote(*B*), vote(*C*), vote(*D*))。如有两个以上的最大值，则一般可简单地取第一个最大值所对应的类别。

3. 一对一的淘汰策略（one against one with eliminating）

这是在文献[10]中专门针对 SVM 提出的一种多类推广策略，实际上它也适用所有可以提供分类器置信度信息的二分器。该方法同样基于 1 对 1 判别策略解决多类问题，对于本节的 4 类问题，需训练 6 个分类器：(*A*,*B*)、(*A*,*C*)、(*A*,*D*)、(*B*,*C*)、(*B*,*D*)、(*C*,*D*)。

显然，对于这 4 类中的任意一类，如第 *A* 类中的某一样本，就可由(*A*,*B*)、(*A*,*C*)、(*A*,*D*)这 3 个二分器中的任意一个来识别，即判别函数间存在冗余。于是将这些二分器根据其置信度从大到小排序，置信度越大表示此二分器分类的结果越可靠，反之则越有可能出现误判。对这 6 个分类器按其置信度由大到小排序并分别编号，假设为 1# (*A*,*C*)，2# (*A*,*B*)，3# (*A*,*D*)，4# (*B*,*D*)，5# (*C*,*D*)，6# (*B*,*C*)。

此时，判别过程如下：

（1）设被识别对象为 *x*，首先由 1# 判别函数进行识别。若判别函数 *h*(*x*) = +1，则结果为类型 *A*，所有关于类型 *C* 的判别函数均被淘汰；若判别函数 *h*(*x*) = -1，则结果为类型 *C*，所有关于类型 *A* 的判别函数均被淘汰；若判别函数 *h*(*x*) = 0，为"拒绝决策"的情形，则直接选用 2# 判别函数进行识别。假设结果为类型 *C*，则所剩判别函数为 4# (*B*,*D*)，5# (*C*,*D*)和 6# (*B*,*C*)。

（2）被识别对象 *x* 再由 4# 判别函数进行识别。若结果为类型+1，淘汰所有关于 *D* 类的判别函数，则所剩判别函数为 6# (*B*,*C*)。

（3）被识别对象 *x* 再由 6# 判别函数进行识别。若得到结果为类型+1，则可判定最终的分类结果为 *B*。

那么，如何来表示置信度呢？对于 SVM 而言，分割超平面的分类间隔越大，就说明两类样本越容易分开，表明了问题本身较好的可分性。因此可以用各个 SVM 二分器的分类间隔大小作为其置信度。

在上述的一对一的淘汰策略中，每经一个判别函数就有某一类别被排除，与该类别有关的判别函数也被淘汰。因此，一般经过 *c*-1 次判别就能得到结果。然而，由于判别函数在决策时有可能会遇到"拒绝决策"的情形（*h*(*x*) = 0），此时，若直接令 *h*(*x*)为+1 或-1，而把它归于某一类，就可能导致误差。所以不妨利用判别函数之间所存在的冗余进行再决策，以减少这种因"拒绝决策"而导致的误判，一般再经过 1 或 2 次决策即可得到最终结果。

以上 3 种多类问题的推广策略在实际应用中一般都能取得满意的效果，相比之下第 2 种和第 3 种在很多情况下能取得更好的效果，在 16.4 节基于 MATLAB 的人脸识别系统中，将使用第 2 种一对一的投票策略解决多类问题。

> 提示：由两类向多类的推广不仅仅是在 SVM 中才会遇到的问题。在模式识别和机器学习领域还有很多天然的二分器，如线性感知器，Adaboost 等。一般来说，上面讨论的 3 种推广策略对于这些二分器同样适用。

16.3　SVM 的 MATLAB 实现

MATLAB 从 7.0 版本开始提供对 SVM 的支持，其 SVM 工具箱主要通过 svmtrain()和 svmclassify()两个函数封装了 SVM 训练和分类的相关功能。这两个函数十分简单易用，即使对于 SVM 的工作原理不是很了解的人也可以轻松掌握。本节将介绍 SVM 工具箱的用法并给出一个应用实例。

16.3.1　训练——svmtrain

函数 svmtrain()用来训练一个 SVM 分类器，常用的调用语法如下。

```
SVMStruct = svmtrain(Training, Group)
```

参数说明：

- Training 是一个包含训练数据的 m 行 n 列的 2 维矩阵，每行表示 1 个训练样本（特征向量），m 表示训练样本数目；n 表示样本的维数；
- Group 是一个代表训练样本类标签的 1 维向量，其元素值只能为 0 或 1，通常 1 表示正例，0 表示反例，Group 的维数必须和 Training 的行数相等，以保证训练样本同其类别标号的一一对应。

返回值：

SVMStruct 是训练所得的代表 SVM 分类器的结构体，包含有关最佳分割超平面的种种信息，如 α、$\vec{w}$ 和 b 等；此外，该结构体的 SupportVector 域中还包含了支持向量的详细信息，可以使用 SVMStruct.SupportVector 获得它们。而这些都是后续分类所需要的，如在基于 1 对 1 的淘汰策略的多类决策时为了计算出置信度，需要分类间隔值，可以通过 α 计算出 w 的值，从而得到分割超平面的空白间隔大小 $m = \dfrac{2}{\|\vec{w}\|}$。

除上述的常用调用形式外，还可通过<属性名', 属性值>形式的可选参数设置一些训练相关的高级选项，从而实现某些自定义功能，说明如下。

1.　设定核函数

Svmtrain()函数允许选择非线性映射时核函数的种类或指定自己编写的核函数，方式如下。

```
SVMStruct = svmtrain(..., 'Kernel_Function', Kernel_FunctionValue);
```

其中，参数 Kernel_FunctionValue 的常用合法取值如表 16.1 所示。

表 16.1　　　　　　　　参数 Kernel_FunctionValue 的合法取值

合法取值	含义
Linear	线性核函数（默认选项）
Polynomial	多项式核函数（默认阶数 d=3，d 的意义参见式（6-30））
rbf	径向基核函数
Function handle	以符号 "@" 开头的自己编写的核函数的句柄

例如读者希望采用径向基核函数训练 SVM，可以按照如下方式调用。

```
SVMStruct = svmtrain(Training, Group, 'Kernel_Function', 'rbf ');
```

此外，还可以设置与特定核函数相关的参数。如下面的调用表示选用 4 阶（$d = 4$）的多项式核函数来实现映射，训练 SVM。

```
SVMStruct = svmtrain(Training, Group, 'Kernel_Function', 'polynomial', 'Polyorder', 4);
```

注意设置的核函数参数必须与选用的核函数保持一致。

自定义核函数的相关内容如下。

有时读者需要使用自己的核函数计算在映射空间中的点积，此时可以将参数 Kernel_FunctionValue 设置为自己编写的核函数 kfun 的句柄，以 @kfun 的形式给出。

此时的核函数定义如下。

```
function K = kfun(X, Y)
```

其中，X、Y 分别为 m 行和 n 行的二维矩阵，它们拥有相同的列数 l，即自定义核函数需要计

算 X 中的 m 个 l 维向量与 Y 中的 n 个 l 维向量两两之间的核函数值，总共 $m \times n$ 个实数值结果，放在 $m \times n$ 的二维矩阵 K 中返回。

$K(i,j)$ 就表示向量 X（i, :）与向量 Y（j, :）在高维映射空间中的点积。

如果要向自定义核函数中传递参数，则核函数应定义如下。

```
function K = kfun(X, Y, P1, P2)
```

其中，X、Y 含义同上，而 $P1$、$P2$ 为核函数的参数，在调用时以@(X,Y) kfun$(X,Y,P1,P2)$ 的形式给出。

例如，要自定义一个式（16-32）中的 Sigmoid 核函数 $K(x,y) = \tanh(b(x \cdot y) - c)$，首先建立一个 kfun_sigmoid.m 文件，其中定义核函数 kfun_sigmoid 如下。

```
function K = kfun_sigmoid(X, Y, b, c)
% sigmoid 核函数, b, c 为其参数
K = tanh(b*(X*Y') - c);
```

调用时格式如下。

```
SVMStruct= svmtrain( Training, Group, 'Kernel_Function', @(X,Y) kfun_sigmoid(X,Y,1,0) );
```

2. 训练结果的可视化

当训练数据是二维时可利用'ShowPlot'选项来获得训练结果的可视化解释，调用形式如下。

```
svmtrain(..., 'ShowPlot', ShowPlotValue);
```

此时，只需设置 ShowPlotValue 的值为 1(true)即可。

3. 设定错误代价 C

在 16.2.2 小节讨论非线性可分情况下的 C-SVM 时，介绍了错误代价系数 C 对于训练和分类结果的影响，下面将给出设定 C 值的方法。由式（16-21）可知，引入 C 对于二次规划问题求解的影响仅仅体现在约束条件当中，因此通过在调用 svmtrain()时设置一个优化选项"boxconstraint"即可，调用形式如下。

```
SVMStruct = svmtrain(...,'boxconstraint',C);
```

其中，C 即为错误代价系数，默认取值为 Inf，表示错分的代价无限大，分割超平面将倾向于尽可能最小化训练错误。

通过适当地设置一个有限的 C 值，将得到一个如图 16.7(c)所示的软超平面。

16.3.2 分类——svmclassify

函数 svmclassify()利用训练得到的 SVMStruct 结构对一组样本进行分类，常用调用形式如下。

```
Group = svmclassify(SVMStruct, Sample);
```

参数说明：

- SVMStruct 是训练得到的代表 SVM 分类器的结构体，由函数 svmtrain()返回；
- Sample 是要进行分类的样本矩阵，每行为 1 个样本特征向量，总行数等于样本数目，总列数是样本特征的维数，它必须和训练该 SVM 时使用的样本特征维数相同。

返回值：

- Group 是一个包含 Sample 中所有样本分类结果的列向量，其维数与 Sample 矩阵的行数相同。

当分类数据是二维时可利用"ShowPlot"选项来获得分类结果的可视化解释，调用形式如下。

```
svmclassify(..., 'Showplot', ShowplotValue)
```

16.3.3 应用实例

下面的 MATLAB 实例使用 svmtrain()和 svmclassify()函数解决了一个二维空间中的两类问题。

【例 16.2】二维 SVM 的可视化解释。

本例使用 MATLAB 自带的鸢尾属植物数据集来将刚刚学习的 SVM 训练与分类付诸实践,数据集本身共 150 个样本,每个样本为一个 4 维的特征向量,这 4 维特征的意义分别为:花瓣长度、花瓣宽度、萼片长度和萼片宽度。150 个样本分别属于 3 类鸢尾属植物(每类 50 个样本)。实验中只用了前二维特征,这主要是为了便于训练和分类结果的可视化。为了暂时避开多类问题,将样本是哪一类的 3 类问题变成了样本是不是"setosa"类的两类问题。

相关代码如下。

```
load fisheriris % 载入 fisheriris 数据集
data = [meas(:,1), meas(:,2)]; % 取出所有样本的前 2 维作为特征

% 转化为 "是不是 setosa 类" 的 2 类问题
groups = ismember(species,'setosa');

% 利用交叉验证随机分割数据集
[train, test] = crossvalind('holdOut',groups);

% 训练一个线性的支持向量机,训练好的分类器保存在 svmStruct
svmStruct = svmtrain(data(train,:),groups(train),'showplot',true);

% 利用包含训练所得分类器信息的 svmStruct 对测试样本进行分类,分类结果保存到 classes
classes = svmclassify(svmStruct,data(test,:),'showplot',true);

% 计算测试样本的识别率
ans = nCorrect = sum( classes == groups(test,:) ); % 正确分类的样本数目
accuracy = nCorrect / length(classes) % 计算正确率
accuracy =
0.9867
```

上述程序的运行结果如图 16.10 所示。

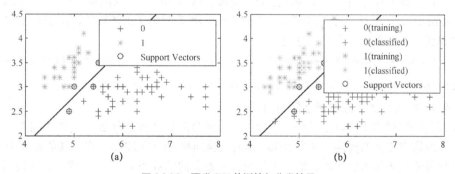

图 16.10 两类 SVM 的训练与分类结果

16.4 综合案例——基于 PCA 和 SVM 的人脸识别系统

人脸识别由于其在公安部门、安全验证系统、信用卡验证、档案管理和人机交互系统等方面的广阔应用前景,已经成为当前模式识别和人工智能领域的一个研究热点。本节将向读者展现一个极具吸引力的综合案例——基于 PCA 和 SVM 的人脸识别系统,在一步步深入问题的同时也给出了使用 SVM 解决问题的一般框架。

16.4.1　人脸识别简介

人脸识别技术就是以计算机为辅助手段，从静态图像或动态图像中识别人脸。问题一般可以描述为：给定一个场景的静态或视频图像，利用已经存储的人脸数据库确认场景中的一个或多个人。一般来说，人脸识别研究一般分为 3 个部分：从具有复杂背景的场景中检测并分离出人脸所在的区域；抽取人脸识别特征；然后进行匹配和识别。

虽然人类从复杂背景中识别出人脸及表情相当容易，但人脸的自动机器识别却是一个极具挑战性的课题。它跨越了模式识别、图像处理、计算机视觉以及神经生理学、心理学等诸多研究领域。

如同人的指纹一样，人脸也具有唯一性，可用来鉴别一个人的身份，人脸识别技术在商业、法律和其他领域有着广泛的应用。目前，人脸识别已成为法律部门打击犯罪的有力工具，在毒品跟踪、反恐怖活动等监控中有着很大的应用价值；此外，人脸识别的商业应用价值也正在日益增长，主要是信用卡或者自动取款机的个人身份核对。与利用指纹、手掌、视网膜、虹膜等其他人体生物特征进行个人身份鉴别的方法相比，人脸识别具有直接、友好、方便的特点，特别是对于个人来说没有任何心理障碍。

16.4.2　前期处理

实验数据集仍然采用 ORL 人脸库。由于每幅人脸图像均包括 112×92 个像素（参见 13.4.1 小节），巨大的维数打消了读者将每幅图像直接以其像素作为特征（ＡＮＮ数字字符识别中的做法）的念头。而实际上，由于原始图像各维像素之间存在着大量的相关性，这种做法也是没有必要的。因此需要首先通过主成分分析（PCA）的方法去除相关性，本书将在 13.4 节那个基于主成分分析（PCA）的人脸特征提取工作的基础上进行本实验，将 PCA 降维后得到的 20 维特征向量作为 SVM 分类的特征。

前期预处理工作的具体步骤如下。

（1）数据集的分割

将整个数据集分为两个部分——1 个训练集和 1 个测试集。具体地说，将每个人的 10 张面部图像分成两组，前 5 张放入训练集，另外 5 张用作测试。这样训练集与测试集各有 40×5 = 200 个人脸样本。

（2）读入训练图像

将每张图像按列存储为 1 个 10304 维的行向量。这样 400 个人共组成一个 400×10304 的二维矩阵 FaceContainer，每行 1 个人脸样本。ReadFeacs()函数封装了上述功能，由于在 13.4.2 小节已经介绍过该函数，这里只给出它的原型。

```
function[imgRow,imgCol,FaceContainer,faceLabel]=ReadFaces(nFacesPerPerson,nPerson,bTest)
// 调用时 bTest 为 true（1）表示读入测试样本；默认为 false（0），读入训练样本
```

（3）利用 PCA 降维去除像素之间的相关性

从全部的训练样本中提取主成分，实验中将主成分的数目确定为 20，正如 13.4.3 小节所做的那样。通过投影完成基的转换，每个 10304 维的人脸向量被降至 20 维，在后续的计算中将以此 20 维的特征向量来代表该人脸样本。这些工作由读者熟悉的函数 fastPCA()完成，其详细用法和实现细节请参见 13.3.4 小节。

16.4.3　数据规格化

数据规格化（Scaling）又称数据尺度归一化，就是将特征的某个属性（特征向量的某一维）的取值范围投射到一个特定范围之内，以消除数值型属性因大小范围不一而影响基于距离的分类方法结果的公正性。

1. 数据规格化的必要性

可以毫不夸张地说，Scaling 在一个模式识别问题中占据着举足轻重的地位，甚至关系到整个

识别系统的成败。然而不幸地是，如此重要的一个环节却往往易被初学者忽视。当读者在同一个数据集上应用了相同的分类器却得到远不如他人的结果时，首先请确定读者是否进行了正确的Scaling。通常进行 Scaling 一般有以下两点必要性。

（1）防止那些处在相对较大的数字范围（Numeric Ranges）的特征压倒那些处在相对较小的数字范围的特征。举例来说，读者拿到了一份体检报告的数据：其中的一个特征为身高，单位为米（m），这样该特征的数字范围可能就在[1.2, 2.5]，相对于用公斤（kg）作为单位的体重特征[35, 120]来说，身高特征无疑是处在一个相对很小的数字范围。而很多分类器，包括 SVM，都是基于欧氏距离的，这样如果选用这 2 维特征进行分类，处在小范围的身高由于对距离的计算没有什么贡献，分类器将几乎只根据体重特征来分类而不考虑样本间身高的差异。

图 16.11 给出了这种情况下的样本二维空间分布，这有助于理解数字范围差异是如何影响距离计算，进而影响基于欧氏距离的分类器的。很明显在图 16.11（b）中，样本之间几乎体现不出身高差异，假设两个人 A、B 分别高 1.6m 和 2m，体重相等；另外两人 C、D 身高相等，体重分别为 75kg 和 76kg。此时基于欧氏距离的分类器会认为 A、B 两人更为相似（空间欧氏距离为 0.4），而 C、D 两人则差异较大（空间欧氏距离为 1）。这显然与读者常规的判断相反。

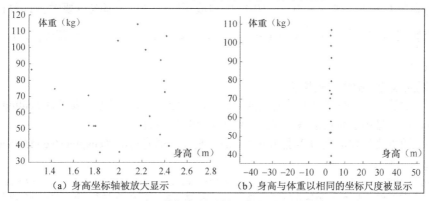

图 16.11　20 个人的体检数据样本在身高-体重二维空间分布

注：为便于说明问题样本点是等概率随机生成而不像一般真实数据那样成正态分布。

（2）避免计算过程中可能会出现的数字问题。例如在计算 SVM 的核函数时通常需要计算特征向量的内积（线性核函数以及多项式核函数），较大的特征取值可能造成最终的内积结果太大以至于超出计算机的表示范围而溢出。针对这种情况本书建议线性地缩放各个属性到统一的范围[-1，+1]或[0，1]。

还想顺便提及的一种需要 Scaling 解决的数字问题是在很多需要计算复合概率情况下（马尔可夫模型——Marcov Model），此时需要计算很多值的连乘积，由于概率取值都在 0 和 1 之间，这很有可能造成连乘积太小以至高精度浮点数都无法表示而下溢出。这就需要在每步运算之后对数据进行等比例的缩放，使计算中间结果始终保持在表示精度的范围以内。

2. 数据规格化方法

在训练之前，需要对训练集中的全体样本进行规格化。一般来说，有以下两种常见的数据规格化策略。

（1）最大最小规格化方法

该方法对被初始数据进行一种线性转换。设 $\min_A$ 和 $\max_A$ 分别为属性 A 的最小和最大值。最大最小规格化方法将属性 A 的一个值 v 映射为 v' 且有 $v' \in [new\_\min_A, new\_\max_A]$。具体映射计算公式如下：

$$v' = \frac{v - \min_A}{\max_A - \min_A}(new\_\max_A - new\_\min_A) + new\_\min_A \tag{16-33}$$

例如，属性"体重"的最大最小值分别是 40kg 和 120kg，利用最大最小规格化方法将属性 A 的值映射到[-1,1]的范围内，那么对属性 A 的值 75kg 将被转化为：

$$v' = \frac{75-40}{120-40}(1-(-1))+(-1) = -0.125$$

（2）零均值规格化方法

该方法是根据属性 A 的均值和偏差来对 A 进行规格化，可将训练集中的每个样本特征的均值统一变换为 0，并且都具有统一的方差（如 1.0）。属性 A 的 v 值可以通过以下计算公式获得其映射值 v'。

$$v' = \frac{v - \mu_A}{\sigma_A} \tag{16-34}$$

其中，μ_A 和 σ_A 分别为属性 A 的均值和方差。

✏️ 提示 ┊ 零均值规格化方法常用于属性 A 的最大值与最小值未知的情况。

当然，在测试阶段读者必须对测试样本应用同样的 Scaling 技术。比如说采用最大最小规格化方法将训练数据某一维从[-10, +10]线性缩放至[-1, +1]，那么也要对测试数据的该维应用相同的变换规则 $-1 + \frac{x-(-10)}{10-(-10)} \times (1-(-1))$，即如测试数据在该维上处在范围[-11，8]，应缩放至[-1.1，+0.8]。

3. 实现人脸特征数据的规格化

正是基于前述原因，在将降维后的数据交给 SVM 处理之前，首先需要进行 Scaling。这里选择第 1 种方法，线性地缩放特征的各个属性（维度）到[-1, +1]。

人脸特征数据规格化的完整实现如下，它被封装在随书光盘的"chapter16\code\FaceRec"目录下的 scaling.m 文件中。

```
function [SVFM, lowVec, upVec] = scaling(VecFeaMat, bTest, lRealBVec, uRealBVec)
% Input:  VecFeaMat --- 需要 scaling 的 m*n 维数据矩阵，每行一个样本特征向量，列数为维数
%         bTest --- =1: 说明是对于测试样本进行 scaling，此时必须提供 lRealBVec 和 uRealBVec
%                        的值，此二值应该是在对训练样本 scaling 时得到的
%                   =0: 默认值，对训练样本进行 scaling
%         lRealBVec --- n 维向量，对训练样本 scaling 时得到的各维的实际下限信息 lowVec
%         uRealBVec --- n 维向量，对训练样本 scaling 时得到的各维的实际上限信息 upVec
%
% output: SVFM --- VecFeaMat 的 scaling 版本
%         upVec --- 各维特征的上限(只在对训练样本 scaling 时有意义，bTest = 0)
%         lowVec --- 各维特征的下限(只在对训练样本 scaling 时有意义，bTest = 0)
if nargin < 2
    bTest = 0;
end

% 缩放目标范围[-1, 1]
lTargB = -1;
uTargB = 1;

[m n] = size(VecFeaMat);

SVFM = zeros(m, n);

if bTest
    if nargin < 4
        error('To do scaling on testset, param lRealB and uRealB are needed.');
    end
```

```
        if nargout > 1
            error('When do scaling on testset, only one output is supported.');
        end

        for iCol = 1:n
            if uRealBVec(iCol) == lRealBVec(iCol)
                SVFM(:, iCol) = uRealBVec(iCol);
                SVFM(:, iCol) = 0;
            else
                SVFM(:, iCol) = lTargB  +  ( VecFeaMat(:, iCol) - lRealBVec(iCol) ) /
( uRealBVec(iCol)-lRealBVec(iCol) ) * (uTargB-lTargB); % 测试数据的 scaling
            end
        end
    else
        upVec = zeros(1, n);
        lowVec = zeros(1, n);


        for iCol = 1:n
            lowVec(iCol) = min( VecFeaMat(:, iCol) );
            upVec(iCol) = max( VecFeaMat(:, iCol) );
            if upVec(iCol) == lowVec(iCol)
                SVFM(:, iCol) = upVec(iCol);
                SVFM(:, iCol) = 0;
            else
                SVFM(:, iCol) = lTargB  +  ( VecFeaMat(:, iCol) - lowVec(iCol) ) /
( upVec(iCol)-lowVec(iCol) ) * (uTargB-lTargB); % 训练数据的 scaling
            end
        end
    end
```

16.4.4 核函数的选择

到目前为止，要送入 SVM 的数据已经准备就绪，但在"启动"SVM 让它为读者工作之前仍有两个问题摆在面前：①选择哪一种核函数（Kernel）；②确定核函数的参数以及错误代价系数 C 的最佳取值。下面先来解决第 1 个问题，第 2 个问题留到 16.4.5 中。

由于只有 4 种常用的核函数（参见 16.2.3 小节），将它们依次尝试并选择对测试数据效果最好的一个似乎也是个行得通的方法，但后续的参数选择问题将使这成为一个复杂的排列组合问题，而远远不是 4 种可能那么简单。

尽管最佳核函数的选择一般与问题自身有关，但还是有规律可循的。建议初学者在通常情况下优先考虑径向基核函数（RBF）：

$$K(x,y) = \exp(-\gamma \| x-y \|^2)$$

这主要基于以下考虑。

（1）作为一种对应于非线性映射的核函数，RBF 能够处理非线性可分的情况。

（2）线性核函数是 RBF 核函数的一种特殊情况，即通过适当地选择参数（γ,C），RBF 核函数总可以得到与带有错误代价参数 C 的线性核函数相同的效果，反之当然不成立。

（3）在选择某些参数的情况下，Sigmoid 核函数 $K(x,y) = \tanh(b(x \cdot y)-c)$ 的行为也类似于 RBF 核函数，而且选择 Sigmoid 核函数就有 2 个与之有关的参数 b、c 需要确定。

（4）多项式核函数需要计算内积，而这有可能产生溢出之类的计算问题。

工具箱中的 RBF 核函数无法灵活地选择参数，为了方便设置参数 γ，本节编写了自己的 RBF 核函数 kfun_rbf()，函数的完整实现位于随书光盘"chapter16\code\FaceRec\Kernel"目录下的 kfun_rbf.m 文件中。

```
function K = kfun_rbf(U, V, gamma)
% rbf 核函数

[m1 n1] = size(U);
[m2 n2] = size(V);

K = zeros(m1, m2);

for ii = 1:m1
    for jj = 1:m2
        K(ii, jj) = exp( -gamma * norm(U(ii, :)-V(jj, :))^2 );
    end
end
```

16.4.5　参数选择

在选择了 RBF 核的情况下总共有两个参数需要确定，RBF 核自身的参数 γ 以及错误代价系数 C。这个问题本身就是一个优化问题，变量是 C 和 γ，目标函数值就是 SVM 对于测试集的识别率。困难在于很难用变量 C 和 γ 写出目标函数的表达式，因此不适于采用一般的优化策略。幸好在 LibSVM（参见16.5.2 小节）中林智仁(Chih-Jen Lin)博士为读者提供了一个非常实用的基于交叉验证和网格搜索的参数选择方法，并提供了相应的工具 grid.py，具体可参见文献[13]。随后将结合人脸识别的问题给出参数搜索工具的使用方法，读者将学习到如何在基于 MATLAB 的 SVM 应用中获得工具 grid.py 的有力帮助。

1.　数据集格式化

要利用 LibSVM 的参数选择工具 grid.py，首先需要把数据集格式化为 grid.py 所要求的形式，即为如下格式的文本文件：

<类标签> <特征索引 1>:<特征值 1> <特征索引 2>:<特征值 2> … <特征索引 n>:<特征值 n>

…
…
…

其中，每行对应一个样本实例。

对于分类问题，<类标签>是一个表示类别标号的整数，其后的"<特征索引>:<特征值>" 对儿给出了每一维的特征取值，<特征索引>是一个从 1 开始逐渐递增的整数，<特征值>是一个实数。

本书编写的 export()函数用于从 MATLAB 导出 LibSVM 能够使用的数据，它被封装在随书光盘 "chapter16\code\FaceRec\exportLibSVM" 目录下的 export.m 文件中。其相应代码如下。

```
function export(strMat, strLibSVM)
% 将以参数 strMat 指定的文件（.mat 文件）中的数据导出为能够被 LibSVM 使用的格式（.txt 文件），生成的
文件名由参数 strLibSVM 指定
%
% 输入: strMat --- 源文件名（包括路径），'.mat'文件，默认为'../Mat/trainData.mat',其中必须包含
训练数据
%                 TrainData 和类标签 trainLabel，该文件可在训练 SVM 过程中生成
%       strLibSVM --- 目标文件名（包括路径），'.txt'文件，默认为'trainData.txt'

if nargin < 1
    strMat = '../Mat/trainData.mat';
    strLibSVM = 'trainData.txt';
elseif nargin < 2
    strLibSVM = 'trainData.txt';
end

[fid, fMsg ] = fopen(strLibSVM, 'w'); % 建立目标输出文件
```

```
if fid == -1
    disp(fMsg );
    return
end

strNewLine = [13 10]; % 换行
strBlank = ' ';

load(strMat)

[nSamp, nDim] = size( TrainData );


for iSamp = 1:nSamp
    fwrite(fid, num2str(trainLabel(iSamp)), 'char');

    for iDim = 1:nDim
        fwrite(fid, strBlank, 'char');
        fwrite(fid, [num2str(iDim) ':'], 'char');
        fwrite(fid, num2str(TrainData(iSamp, iDim)), 'char');
    end

    fwrite(fid, strNewLine, 'char');
end


fclose(fid);
```

上述程序执行后，第 2、3 个人的人脸样本对应于 trainData.txt 中的如下两行。

......

2 1:0.17762 2:0.054549 3:0.68467 4:-0.032753 5:-0.076314 6:-0.1758 7:0.37941 8:-0.039629 9:-0.54754 10:0.091465 11:0.13723 12:0.19647 13:0.36674 14:-0.50934 15:0.7817 16:-0.22577 17:0.070353 18:0.10225 19:-0.26392 20:0.01075

3 1:-0.10874 2:-0.239 3:-0.16797 4:-0.26408 5:0.53417 6:0.48635 7:-0.11967 8:-0.051977 9:-0.030884 10:-0.60206 11:-0.27395 12:-0.36117 13:0.23001 14:0.082984 15:0.13227 16:0.090856 17:-0.25932 18:0.094344 19:-0.59063 20:0.90311

......

2. 搜索参数

参数搜索工具 grid.py 是 python 的脚本文件，所以首先系统必须安装 python。此外搜索过程中还要用到工具 gnuplot.exe 以便将搜索过程可视化。关于 python 和 gnuplot 读者都可以在互联网上找到。

在开始菜单运行命令窗口中输入 cmd 命令，打开命令提示符后，转移至 grid.py 所在的目录，在命令行中输入命令 "grid.py trainData.txt"，如图 16.12 所示。

如果命令运行中出现问题，很可能是 grid.py 中的路径设置需要修正，以便 grid.py 可以找到 svmtrain.exe 和 pgnuplot.exe 的位置。图 16.13 给出了路径设置的方法：打开 grid.py 文件，修改字母 "r" 后面引号中的路径到 svmtrain.exe 和 pgnuplot.exe 所在的路径即可。图中的路径设置对应于 svmtrain.exe 和 pgnuplot.exe 与 grid.py 处在相同目录下的情况。

回车后开始自动参数搜索，搜索结果如图 16.14 所示的倒数第 2 行，得到最佳的 C 值为 128，最佳 γ（图中为 g）为 0.0078125，训练集上交叉验证的识别率为 97.5%。

图 16.12　运行 grid.py

图 16.13 grid.py 中的路径设置   图 16.14 grid.py 中的路径设置

16.4.6 构建多类 SVM 分类器

16.2.4 小节已经介绍了如何应用 1 对 1 的投票策略将 SVM 推广至多类问题，下面给出该方法的实现细节。本节编写了函数 multiSVMTrain()和 multiSVMClassify()作为标准 SVM 工具箱的扩展，从而得到可以解决多类问题的 SVM。

1. 多类问题的训练

在多类 SVM 训练阶段，本节要做的就是用 n=40 类样本构建 $n(n-1)/2$ 个 SVM 二分器，把每个 SVM 二分器的训练结果（SVMStruct 结构体）都保存到一个结构体的细胞数组 CASVMStruct 中，具体地说，CASVMStruct{ii}{jj}中保存着第 ii 类与第 jj 类两类训练得到的 SVMStruct。最终将多类 SVM 分类时需要的全部信息保存至结构体 multiSVMStruct 中返回，可以说 multiSVMStruct 中包含了本节的训练成果。

multiSVMTrain()的完整实现如下，它被封装在随书光盘 "chapter16\code\FaceRec\SVM" 目录下的 multiSVMTrain.m 文件中。

```
function multiSVMStruct = multiSVMTrain(TrainData, nSampPerClass, nClass, C, gamma)
% 采用 1 对 1 投票策略将 SVM 推广至多类问题的训练过程，将多类 SVM 训练结果保存至 multiSVMStruct 中
%
% 输入:--TrainData:每行是一个样本人脸
%       --nClass:人数，即类别数
%       --nSampPerClass:nClass*1 维的向量，记录每类的样本数目，如 nSampPerClass(iClass)
%         给出了第 iClass 类的样本数目
%       --C:错误代价系数，默认为 Inf
%       --gamma:径向基核函数的参数 gamma，默认值为 1
%
% 输出:--multiSVMStruct:一个包含多类 SVM 训练结果的结构体

% 默认参数
if nargin < 4
    C = Inf;
    gamma = 1;
elseif nargin < 5
    gamma = 1;
end

%开始训练，需要计算每两类间的分类超平面，共(nClass-1)*nClass/2 个
for ii=1:(nClass-1)
    for jj=(ii+1):nClass
        clear X;
        clear Y;
        startPosII = sum( nSampPerClass(1:ii-1) ) + 1;
        endPosII = startPosII + nSampPerClass(ii) - 1;
        X(1:nSampPerClass(ii), :) = TrainData(startPosII:endPosII, :);
```

```
            startPosJJ = sum( nSampPerClass(1:jj-1) ) + 1;
            endPosJJ = startPosJJ + nSampPerClass(jj) - 1;

            X(nSampPerClass(ii)+1:nSampPerClass(ii)+nSampPerClass(jj),:)=TrainData
            (startPosJJ: endPosJJ, :);

            % 设定两两分类时的类标签
            Y = ones(nSampPerClass(ii) + nSampPerClass(jj), 1);
            Y(nSampPerClass(ii)+1:nSampPerClass(ii)+nSampPerClass(jj)) = 0;

            % 第 ii 个人和第 jj 个人两两分类时的分类器结构信息
            CASVMStruct{ii}{jj}= svmtrain( X, Y, 'Kernel_Function', @(X,Y) kfun_rbf(X,Y,
gamma),'boxconstraint', C );
        end
end

% 已学得的分类结果
multiSVMStruct.nClass = nClass;
multiSVMStruct.CASVMStruct = CASVMStruct;

% 保存参数
save('Mat/params.mat', 'C', 'gamma');
```

2. 多类问题的分类

在多类 SVM 分类阶段，让测试样本依次经过训练得到的 $n(n-1)/2$ 个（$n = 40$）个 SVM 二分器，通过投票决定其最终类别归属。

multiSVMClassify()的实现如下，它被封装在随书光盘"chapter16\code\FaceRec\SVM"目录下的 multiSVMClassify.m 文件中。

```
function class = multiSVMClassify(TestFace, multiSVMStruct)
% 采用 1 对 1 投票策略将 SVM 推广至多类问题的分类过程
% 输入:--TestFace:测试样本集。m*n 的 2 维矩阵，每行一个测试样本
%       --multiSVMStruct: 多类 SVM 的训练结果，由函数 multiSVMTrain 返回，默认是从
Mat/multiSVMTrain.mat 文件中读取
%
% 输出:--class: m*1 列向量,对应 TestFace 的类标签

% 读入训练结果
if nargin < 2
    t = dir('Mat/multiSVMTrain.mat');
    if length(t) == 0
        error('没有找到训练结果文件，请在分类以前首先进行训练！');
    end
    load('Mat/multiSVMTrain.mat');
end

nClass = multiSVMStruct.nClass; % 读入类别数
CASVMStruct = multiSVMStruct.CASVMStruct; % 读入两两类之间的分类器信息

%%%%%%%%%%%%%投票策略解决多类问题 %%%%%%%%%%%%%%%%%%
m = size(TestFace, 1);
Voting = zeros(m, nClass); % m 个测试样本，每个样本 nPerson 个类别的投票箱

for iIndex = 1:nClass-1
    for jIndex = iIndex+1:nClass
        classes = svmclassify(CASVMStruct{iIndex}{jIndex}, TestFace);

        % 投票
        Voting(:, iIndex) = Voting(:, iIndex) + (classes == 1);
        Voting(:, jIndex) = Voting(:, jIndex) + (classes == 0);
```

```
        end % for jClass
    end % for iClass

    % final decision by voting result
    [vecMaxVal, class] = max( Voting , [ ], 2 );
    %display(sprintf('TestFace 对应的类别是:%d',class));
```

16.4.7 实验结果

终于一切就绪，相信读者已经迫不及待地想看到分类器对于每个人的后 5 张图片的识别效果了。本节将有关这个人脸识别系统实现的所有文件都存放在随书光盘的 "chapter16\code\FaceRec" 目录中，作为一个完整的工程。图 16.15 给出了工程的目录清单。

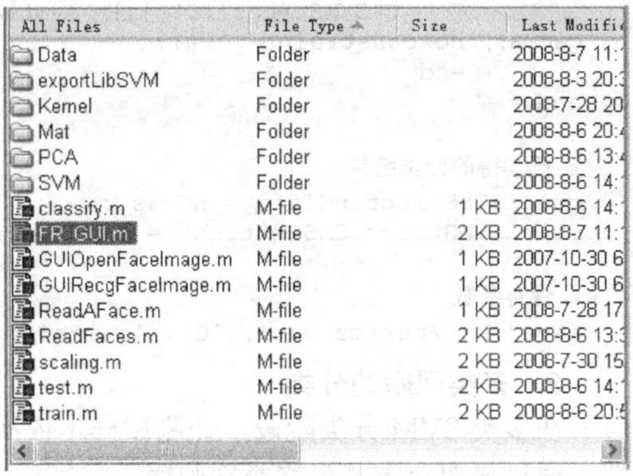

根目录下主要是一些驱动文件，它们的作用是调用封装好的功能函数以完成系统某一部分的特定功能。有些函数像 ReadFaces.m 以及 scaling.m 之前已经介绍过了，其余的将在剩下的讨论中给予说明。各个目录的内容如下。

图 16.15　FaceRec 工程一览

（1）Data/：存放着 ORL 人脸库图像文件(.pgm)。

（2）exportLibSVM/：包含文件 export.m，并存放导出的 LibSVM 格式的文件。

（3）Kernel/：存放自定义的核函数，现有两个文件 kfun_rbf.m 和 kfun_sigmoid.m。

（4）Mat/：存放所有的 .mat 数据文件。

（5）PCA/：fastPCA.m 和 visualize_pc.m，这是本书在第 13 章中建立的 PCA 工具箱。

（6）SVM/：多类 SVM 工具箱，包括 multiSVMTrain.m 和 multiSVMClassify.m 两个文件。

本节编写了图形界面程序 FR_GUI 以方便读者驱动整个实验，实现如下。

```
% FR_GUI.m

global h_axes1;
global h_axes2;
h_f = figure('name', '基于 PCA 和 SVM 的人脸识别系统');

h_textC = uicontrol(h_f, 'style', 'text', 'unit', 'normalized', 'string', 'C=',
'position',...
    [0.05 0.7 0.1 0.06]);
h_editC = uicontrol(h_f, 'style', 'edit', 'unit', 'normalized', 'position', [0.05 0.6 0.1
0.06],...
    'callback', 'C = str2num(get(h_editC, ''string''))');
h_textGamma = uicontrol(h_f, 'style', 'text', 'unit', 'normalized', 'string', 'gamma=',
'position',...
    [0.05 0.5 0.1 0.06]);
h_editGamma = uicontrol(h_f, 'style', 'edit', 'unit', 'normalized', 'position', [0.05 0.4
0.1 0.06],...
    'callback', 'gamma = str2num(get(h_editGamma, ''string''))');

% 取得参数 C 和 gamma 的当前值，即最近一次训练所使用的值
t = dir('Mat/params.mat');
if length(t) == 0
    % 没有找到参数文件
    C = Inf;
    gamma = 1
else
```

```
        load Mat/params.mat;
end

set(h_editC, 'string', num2str(C));
set(h_editGamma, 'string', num2str(gamma));

h_axes1 = axes('parent', h_f, 'position', [0.25 0.23 0.32 0.6], 'visible', 'off');
h_axes2 = axes('parent', h_f, 'position', [0.62 0.23 0.32 0.6], 'visible', 'off');
h_btnOpen = uicontrol(h_f, 'style', 'push', 'string', '打开', 'unit', 'normalized',...
    'position', [0.32 0.1 0.18 0.1], 'callback', 'GUIOpenFaceImage');
h_btnRecg = uicontrol(h_f, 'style', 'push', 'string', '识别', 'unit', 'normalized',...
    'position', [0.67 0.1 0.18 0.1], 'callback', 'GUIRecgFaceImage');
h_btnRecg = uicontrol(h_f, 'style', 'push', 'string', '训练', 'unit', 'normalized',...
    'position', [0.32 0.83 0.18 0.1], 'callback', 'train(C, gamma)');
h_btnRecg = uicontrol(h_f, 'style', 'push', 'string', '测试', 'unit', 'normalized',...
    'position', [0.67 0.83 0.18 0.1], 'callback', 'test');
```

在 Matlab 命令窗口中输入：

```
%将工程所在文件夹 FaceRec 添加到系统路径列表
>> addpath(genpath('F:\doctor research\Matlab Work\FaceRec'))
>> FR_GUI
```

上述命令运行后将启动了如图 16.16 所示 GUI 识别
程序。

1. 训练

在程序主界面左侧的编辑框可以设置参数 C 和 γ（图
中的 gamma），由于在开始时还没有进行训练，C 和
gamma 分别取其默认值 Inf 和 1，以后编辑框中总是显
示最近一次训练时所采用的 C 和 gamma 值。

单击"训练"按钮会调用函数 train(C, gamma)，其
中包括了读入人脸数据、PCA 降维、数据规格化以及训
练多类 SVM 等功能。

train() 函数的完整实现如下，它位于工程目录下的
train.m 文件中。

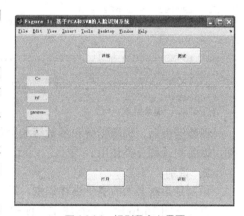

图 16.16　识别程序主界面

```
function train(C, gamma)
% 整个训练过程，包括读入图像，PCA 降维以及多类 SVM 训练，各个阶段的处理结果分别保存至文件：
%    将 PCA 变换矩阵 W 保存至 Mat/PCA.mat
%    将 scaling 的各维上、下界信息保存至 Mat/scaling.mat
%    将 PCA 降维并且 scaling 后的数据保存至 Mat/trainData.mat
%    将多类 SVM 的训练信息保存至 Mat/multiSVMTrain.mat

global imgRow;
global imgCol;

display(' ');
display(' ');
display('训练开始...');

nPerson=40;
nFacesPerPerson = 5;
display('读入人脸数据...');
[imgRow,imgCol,FaceContainer,faceLabel]=ReadFaces(nFacesPerPerson,nPerson);
save('Mat/FaceMat.mat', 'FaceContainer')
display('............................');

nFaces=size(FaceContainer,1);%样本（人脸）数目
```

```
display('PCA 降维...');
[pcaFaces, W] = fastPCA(FaceContainer, 20); % 主成分分析 PCA
% pcaFaces 是 200*20 的矩阵，每一行代表一张主成分脸(共 40 人，每人 5 张)，每个脸 20 个维特征
% W 是分离变换矩阵，10304*20 的矩阵
visualize_pc(W);%显示主成分脸
display('.............................');

X = pcaFaces;

display('Scaling...');
[X,A0,B0] = scaling(X);
save('Mat/scaling.mat', 'A0', 'B0');

% 保存 scaling 后的训练数据至 trainData.mat
TrainData = X;
trainLabel = faceLabel;
save('Mat/trainData.mat', 'TrainData', 'trainLabel');
display('.............................');


for iPerson = 1:nPerson
    nSplPerClass(iPerson) = sum( (trainLabel == iPerson) );
end

multiSVMStruct = multiSVMTrain(TrainData, nSplPerClass, nPerson, C, gamma);
display('正在保存训练结果...');
save('Mat/multiSVMTrain.mat', 'multiSVMStruct');
display('.............................');
display('训练结束。');
```

训练结束后，训练结果和参数等相关信息都会自动记入"Mat"文件夹下的相关 .mat 数据文件，以备测试和分类使用。

2. 识别

识别是指对某人的身份进行识别，即分类一个特定样本。

首先在图 16.16 所示的程序主界面中单击"打开"按钮，触发 GUIOpenFaceImage 过程，在弹出的"打开文件"对话框中选定待识别者的图像后（这里是第 18 个人的第 8 幅图像），打开的图像如图 16.17 所示。

单击"识别"按钮，此时会调用过程 GUIRecgFaceImage，进而调用函数 classify()。识别结果如图 16.18 所示，右侧显示的为识别出的人的第 1 幅图像，可见系统正确识别出此人的身份。

图 16.17　打开待识别者面部图像

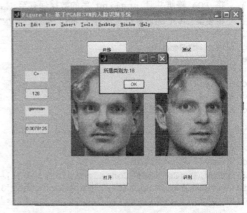

图 16.18　通过面部信息进行身份识别

识别中涉及的过程和函数如下。

（1）GUIOpenFaceImage 过程

```
% GUIOpenFaceImage.m
global filepath;
[filename, pathname] = uigetfile({'*.pgm;*.jpg;*tif', ' (*.pgm), (*.jpg), (*.tif)'; ...
    '*.*', 'All Files(*.*)' }, 'Select a face image to be recognized');
if filename ~ =0
    filepath = [pathname,filename];
    axes(h_axes1);
    imshow(imread(filepath));
end
```

（2）GUIOpenRecgImage 过程

```
% GUIRecgFaceImage.m
nClass = classify(filepath);
msgbox( ['所属类别为:',num2str(nClass)] );
axes(h_axes2);
f = imread(['Data/ORL/S',num2str(nClass),'/1.pgm']); % 打开该人的第 1 幅图像
imshow(f);
```

（3）classify( )函数

```
% classify.m
function nClass = classify(newFacePath)
% 整个分类（识别）过程
% 输入：--newFacePath：待识别图像的存取路径
% 输出：--nClass：识别出的类别标号

display(' ');
display(' ');
display('识别开始...');

% 读入相关训练结果
display('载入训练参数...');
load('Mat/PCA.mat');
load('Mat/scaling.mat');
load('Mat/trainData.mat');
load('Mat/multiSVMTrain.mat');
display('............................');

xNewFace = ReadAFace(newFacePath); % 读入一个测试样本
xNewFace = double(xNewFace);
xNewFace = (xNewFace-meanVec)*V; % 经过 pca 变换降维
xNewFace = scaling(xNewFace,1,A0,B0);

display('身份识别中...');
nClass = multiSVMClassify(xNewFace);
display('............................');
display(['身份识别结束，类别为：' num2str(nClass), '。']);
```

3. 测试

测试是指分类所有的测试样本（40 个人的后 5 张图像，共 200 个样本），并计算识别率。在如图 16.16 所示的程序主界面中单击"测试"按钮，将触发 test()函数，运行情况如图 16.19 所示。

结果显示对于测试集合的 200 个全新样本，SVM 取得了 81.5%的识别正确率。考虑到数据集中的前、后 5 张图片之间存在一定的姿态、表情等因素的差异，这样的识别率是完全可以接受的。要进一步提高识别率，可以从两个方面着手：一是选取更具区分能力（Most Discriminative）的特征，二是改善分类器本身的性能。

由于在上述训练过程中使用了默认的参数 C 和 gamma，首先想到采用 16.4.3 小节中得到的最优参数重新训练，以改进多类 SVM 分类器。设置 C 为 128，gamma 为 0.0078125，如图 16.20 所示。

图 16.19　测试结果

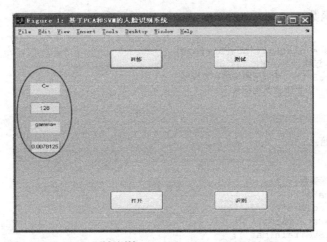

图 16.20　重新训练 $C = 128$，gamma = 0.0078125

单击"训练"按钮，重新训练分类器，结果如图 16.21 所示。

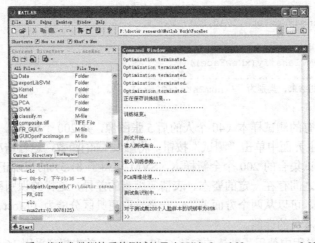

图 16.21　采用优化参数训练后的测试结果（85%）$C = 128$，gamma = 0.0078125

可以看到，此时的识别率为 85%，高于此前的 81.5%，这样就从实验角度证明了参数优化对提高分类器推广能力的作用。

通过选取更具区分能力的特征来提高识别率是一个更为复杂的话题，第 13 章中曾多次强调过所选择的特征对于分类的决定作用。就本节的人脸识别系统而言，可以在 PCA 处理时尝试不同的维数，观察特征维数对于识别率的影响，当然也会存在一个所谓的最佳维数；此外，在 13.5 节中介绍 LBP 特征时曾指出了 LBP 特征用于人脸识别问题的优越性，现在可以从实验的角度来考察其效果。这些任务就留给有兴趣的读者。

测试中涉及的 test()函数的实现如下，它位于工程目录下的 test.m 文件中。

```
function test()
% 测试对于整个测试集的识别率
%
% 输出: accuracy --- 对于测试集合的识别率

display(' ');
display(' ');
display('测试开始...');

nFacesPerPerson = 5;
nPerson = 40;
bTest = 1;
% 读入测试集合
display('读入测试集合...');
[imgRow,imgCol,TestFace,testLabel] = ReadFaces(nFacesPerPerson, nPerson, bTest);
display('.............................');

% 读入相关训练结果
display('载入训练参数...');
load('Mat/PCA.mat');
load('Mat/scaling.mat');
load('Mat/trainData.mat');
load('Mat/multiSVMTrain.mat');
display('.............................');

% PCA 降维
display('PCA 降维处理...');
[m n] = size(TestFace);
TestFace = (TestFace-repmat(meanVec, m, 1))*V; % 经过 pca 变换降维
TestFace = scaling(TestFace,1,A0,B0);
display('.............................');

% 多类 SVM 分类
display('测试集识别中...');
classes = multiSVMClassify(TestFace);
display('.............................');

% 计算识别率
nError = sum(classes ~= testLabel);
accuracy = 1 - nError/length(testLabel);
display(['对于测试集 200 个人脸样本的识别率为', num2str(accuracy*100), '%']);
```

16.5 SVM 在线资源

作为本章的最后一节，下面介绍两个非常优秀的 SVM 在线资源供读者学习和研究，在今后的工程实践中也可以十分方便地使用它们。

16.5.1　MATLAB 的 SVM 工具箱

互联网上可以搜索到很多优秀 MATLAB 的 SVM 工具箱，本书为读者推荐一个由 Steve Gunn (srg@ecs.soton.ac.uk)编写的 SVM 工具箱，它实现的功能相对集中（支持分类和回归），代码简洁明了，给出了之前介绍的 C-SVM 的标准实现，二次规划由一个库 qp.dll 完成，非常适合于初学者理解和掌握，同时它还支持多种核函数。通过对错误代价系数 C 进行设置读者还可在最大分类间隔与最小化训练错误代价之间做出权衡。

> **注意**　通过 MATLAB 编写的 SVM 程序训练一个大样本集合可能导致函数运行缓慢并需要大量的内存。如果在此过程中提示内存不足或者优化过程需要太多的时间，请尝试分割为小一些的样本集合并使用交叉验证的方法来测试分类器性能。

16.5.2　LibSVM 的简介

LibSVM 是台湾大学林智仁（Chih-Jen Lin）博士等开发设计的一个操作简单、易于使用、快速有效的通用 SVM 软件包，可以解决多种 SVM 的相关分类，当然其中也包括读者之前讨论的 C-SVM。提供了线性、多项式、径向基和 Sigmoid 四种常用的核函数供选择，采用基于一对一的投票策略解决多类问题，此外还提供了通过交叉验证自动选择最佳参数的实用功能（16.4.5 小节）以及对不平衡样本加权和多类问题的概率估计等。

LibSVM 是一个开源的软件包，需要者都可以免费地从网上搜索获得。它不仅提供了 LibSVM 的 C++语言的算法源代码，还提供了 Python、Java、R、MATLAB、Perl、Ruby、LabVIEW 以及 C#.net 等各种语言的接口，可以方便地在 Windows 或 UNIX 平台下使用。此外，软件包中还提供了 Windows 平台下的可视化操作工具 SVM-toy，在进行模型参数选择时可以绘制出交叉验证精度的等高线图。

LibSVM 是以源代码和可执行文件两种方式给出的。如果是 Windows 系列操作系统，可以直接使用软件包提供的程序，也可以进行修改编译；如果是 Unix 类系统，则必须自行编译。LIBSVM 在给出源代码的同时还提供了 Windows 操作系统下的可执行文件，包括进行支持向量机训练的 svmtrain.exe，根据已获得的支持向量机模型对数据集进行预测的 svmpredict.exe，以及对训练数据与测试数据进行规格化操作的 svmscale.exe。它们都可以直接在 DOS 环境中使用。

下载附带的帮助文件中有 LibSVM 的详细使用方法并配有使用示例，相应的 pdf 文档中还给出了使用 LibSVM 的框架[13,14]，其实这也是利用 SVM 解决实际问题的一个通用框架。在 16.4 节本书正是遵循这一框架来解决问题的。

第 17 章 AdaBoost

第 17 章　AdaBoost

AdaBoost 算法是机器学习中一种重要的特征分类算法，已被广泛应用于人脸检测和图像检索等应用中。除此之外，该算法也经常用于特征选择和特征加权。例如，在表情识别中经常需要利用 AdaBoost 算法对多尺度、多方向的高维 Gabor 幅值图像进行筛选。

本章的知识和技术热点

（1）AdaBoost 分类思想

（2）AdaBoost 理论基础

（3）AdaBoost 的 MATLAB 实现

本章的典型案例分析

基于 AdaBoost 的面部图像男女性别分类

17.1　AdaBoost 分类思想

AdaBoost 是一种迭代算法，其核心思想是针对同一个训练集训练不同的分类器（弱分类器），然后把这些弱分类器集合起来，构成一个更强的最终分类器（强分类器）。也就是说如果一种东西用一个特征分不开，那可以多找几个特征，把这几个特征组合起来就可以得到逐渐增强的分类器。既然特征能将读者感兴趣的物体和其他对象分辨出来，那如何组织它们呢？AdaBoost 就提供了一种很好的组织方法。

1. AdaBoost 算法的提出背景

在机器学习领域，最早提出的较为经典的 Boosting 算法是一种通用的学习算法，这一算法可以提升任意给定的学习算法的性能。其思想源于 1984 年 Valiant 提出的"可能近似正确"（Probably Approximately Correct，PAC）学习模型，在 PAC 模型中定义了两个概念：强学习算法和弱学习算法。其概念是：如果一个学习算法通过学习一组样本，识别率很高，则称其为强学习算法；如果识别率仅比随机猜测高，则称为弱学习算法。

1989 年，Kearns 和 Valiant 研究了 PAC 学习模型中弱学习算法和强学习算法两者之间的等价问题，即任意给定仅仅比随机猜测稍好（准确率大于 0.5）的弱学习算法，是否可以提升为强学习算法？若两者等价，则只需寻找一个比随机猜测稍好的弱学习算法，然后将其升为强学习算法，从而不必花大力气去直接寻找强学习算法。就此问题，Schapire 于 1990 年首次给出了肯定的答案。他主张这样一个观点：任一弱学习算法可以通过加强提升到一个任意正确率的强学习算法，并通过构造一种多项式级的算法来实现这一加强过程。这就是最初的 Boosting 算法的原型。Freund 于 1991 年提出了另外一种效率更高的 Boosting 算法。但此算法需要提前知道弱学习算法正确率的下限，因而应用范围十分有限。

Freund 和 Schapire 于 1995 年改进了 Boosting 算法，取名为 AdaBoost 算法。该算法不需要提前知道所有关于弱学习算法的先验知识，同时运算效率比较高。AdaBoost 即 Adaptive Boosting，它能自适应地调整弱学习算法的错误率，经过若干次迭代错误率能达到预期的效果。另一方面，它不需要精确知道样本空间分布，在每次弱学习后调整样本空间分布，更新所有训练样本的权重，把样本空间中被正确分类的样本权重降低，被错误分类的样本权重提高，这样下次弱学习时就能更关注这些被错误分类的样本。该算法可以很容易地应用到实际问题中，因此已经成为最流行的 Boosting 算法。

AdaBoost 算法是 Ferund 和 Schapire 根据在线分配算法提出的，他们详细地分析了 AdaBoost 算法错误率的上界，以及为了使强分类器达到错误率的要求，算法所需要的最多迭代次数等相关问题。与 Boosting 算法不同的是，AdaBoost 算法不需要预先知道弱学习算法学习正确率的下限即弱分类器的误差，并且最后得到的强分类器的分类精度依赖于所有弱分类器的分类精度，这样可以深入挖掘弱分类器算法的能力。

2. AdaBoost 算法的分类模型

随机猜测一个回答是或否的问题，都会有 50%的正确率。如果一个假设能够稍微地提高猜测正确的概率，那么这个假设就是弱学习算法，得到这个算法的过程称为弱学习。可以使用半自动化的方法为好几个任务构造弱学习算法，构造过程需要数量巨大的假设集合，这个假设集合是基于某些简单规则的组合和对样本集的性能评估而生成的。如果一个假设能够显著地提高猜测正确的概率，那么这个假设就称为强学习。

在前面的第 16 章中，我们了解了支持向量机的分类模型，对于图 16.1 所示的分类样本，为了避免曲线模型对样本的过度拟合，将分类模型简单化，选择了直线分类模型。事实上，AdaBoost 算法采用的分类模型更简单，它只是选取比随机猜测稍好的分类模型，只是需要经过多次训练，从而得到较好的分类结果。

AdaBoost 是一种迭代算法，其核心思想是针对同一个训练集训练不同的分类器（弱分类器），然后把这些弱分类器集合起来，构成一个更强的最终分类器（强分类器）。其算法本身是通过改变数据分布来实现的，它根据每次训练集之中每个样本的分类是否正确，以及上次的总体分类的准确率，来确定每个样本的权值。将修改过权值的新数据集送给下层分类器进行训练，最后将每次训练得到的分类器最后融合起来，作为最后的强分类器。使用 AdaBoost 分类器可以排除一些不必要的训练数据特征，并将重点放在关键数据的训练上面，因此 AdaBoost 算法也是特征选择和特征加权的有利工具。

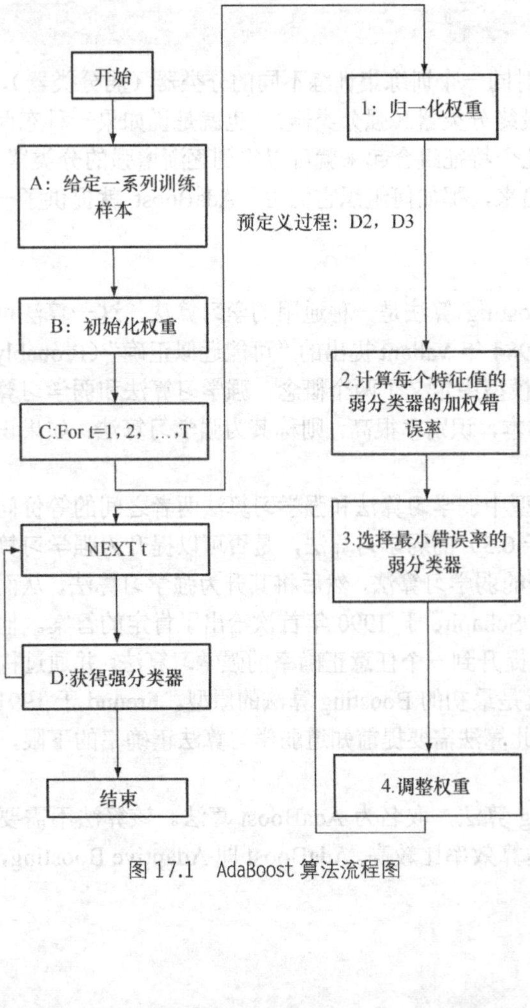

3. AdaBoost 算法流程

AdaBoost 算法针对不同的训练集训练同一个基本分类器（弱分类器），然后把这些在不同训练集上得到的分类器集合起来，构成一个更强的最终的分类器（强分类器）。理论证明，只要每个弱分类器分类能力比随机猜测要好，当其个数趋向于无穷个数时，强分类器的错误率将趋向于零。其结构流程图如图 17.1 所示。

图 17.1　AdaBoost 算法流程图

17.2 AdaBoost 理论基础

在某些机器学习问题中，往往发现正确的经验估计比较容易，而发现单个非常准确的预测比较困难。因此通常采用这样的算法：选择一个较小的训练样本子集合，获得近似的经验估计；选择第二个较小的训练样本子集合，获得第二个经验估计；重复上述过程若干次。

在这个过程中，存在两个不可避免的问题：①在每次重复中如何选择训练样本子集合？②如何将若干个经验估计转换成单个预测规则？

Boosting 算法是将若干近似经验估计转换成高度准确的预测规则的一般算法。从模式分类角度上看，是把若干个"弱"分类器组合成"强"分类器的算法。也就是说，在学习概念时，只要找到比随机猜测略好的弱学习算法，就可以将其提升为强学习算法，而不必直接去寻找通常情况下很难获得的强学习算法。下面本节简要介绍一下 Boosting 算法的训练过程。

（1）给定弱分类器和训练集 $X = \{(x_1, y_1), (x_2, y_2), (x_3, y_3), \cdots, (x_n, y_n)\}$，$\{x \mid x_i \in X\}$ 表示训练样本集合，该集合带有类别标号，其中，样本 x_i 对应的类别标号为 $y_i \in Y = \{+1, -1\}$，此时表示二值分类问题，是多类问题的扩展，+1 表示正例，-1 表示反例。

（2）初始化，训练集初始分布为 $1/m$，每个训练例的权重为 $1/m$。

（3）调用弱分类器，对训练集进行训练，得到弱假设序列:h_i。

（4）经过 T 次迭代，每次迭代根据训练错误率更新训练集权重，给错误分类的训练例赋予较大权重，此后按照新的分布进行训练；从而得到新的假设序列 $h_1, h_2 \ldots h_t$。

（5）经过带权重的投票方式最终得到一个假设 H。带权重的投票方式可以自动调整 H 的精确性，给定弱分类器的前提下，随着迭代次数的增加，最终得到的假设的错误率按照指数规律递减。

AdaBoost（Adaptive Boosting）作为 Boosting 算法的改进版本，在效率上同传统 Boosting 算法几乎相同，但不需要任何关于弱学习器的先验知识，因而更容易应用到实际问题当中。下面就是 AdaBoost 算法的形式化描述。

给定训练集：$(x_1, y_1), \cdots, (x_N, y_N)$，其中 $y_i \in \{1, -1\}$，表示 x_i 的正确的类别标签，$i = 1, \cdots, N$。训练集上样本的初始分布：

$$D_1(i) = \frac{1}{N} \tag{17-1}$$

对 $t = 1, \cdots, T$，在分布寻找 D_t 上寻找具有最小错误率的弱分类器 $h_t : X \to \{-1, 1\}$，其中，某弱分类器在分布 D_t 上的错误率为：

$$\varepsilon_t = \mathrm{P}_{D_t}\left(h_t(x_i) \neq y_i\right) \tag{17-2}$$

计算该弱分类器的权重系数：

$$\alpha_t = \frac{1}{2} \ln\left(\frac{1 - \varepsilon_t}{\varepsilon_t}\right) \tag{17-3}$$

更新训练样本的分布：

$$D_{t+1}(i) = \frac{D_t(i) \exp\left(-\alpha_t y_i h_t(x_i)\right)}{Z_t} \tag{17-4}$$

其中，Z_t 为归一化常数。
最后的强分类器为：

$$H_{\text{final}}(x) = \mathrm{sign}\left(\sum_{t=1}^{T} \alpha_t h_t(x)\right) \tag{17-5}$$

训练误差分析如下。

记 $\varepsilon_t = \frac{1}{2} - \gamma_t$，由于弱分类器的错误率总是比随机猜测小（随机猜测的分类器的错误率为 0.5），所以 $\gamma_t > 0$，则训练误差为：

$$R_{tr}(H_{final}) \leqslant \exp\left(-2\sum_{t=1}^{T}\gamma_t^2\right) \tag{17-6}$$

记 $\forall t, \gamma \geqslant \gamma_t > 0$，则 $R_{tr}(H_{final}) \leqslant e^{-2\gamma^2 T}$，说明了随着训练轮数 T 的增加，训练误差上界将不断减小。

下面的例 17.1 说明了 AdaBoost 算法的计算过程。

【例 17.1】一个两类样本的 AdaBoost 学习过程，样本分布如图 17.2 所示。

图 17.2 中，"+" 和 "−" 分别表示两种类别，在这个过程中，本节使用水平或者垂直的直线（弱分类器）作为分类器，来进行分类。

第一轮：在本轮中样本分布 D_1 = [0.1 0.1 0.1 0.1 0.1 0.1 0.1 0.1 0.1 0.1]，能够最好分开两类样本（最小化训练错误）的弱分类器 h_1 是如图 17.3 所示的一条竖直分割线，其中划圈的样本表示被分错的。通过适当加大被错分样本的权重，得到一个新的样本分布 D_2（图 17.4，其中比较大的 "+" 表示对该样本做了加权）。

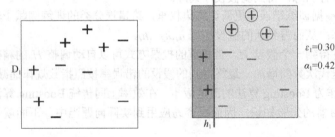
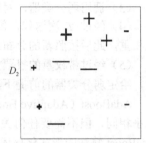

$\varepsilon_1 = 0.30$
$\alpha_1 = 0.42$

图 17.2 样本分布图　　　　图 17.3 弱分类器 h_1　　　　图 17.4 D_2 新样本分布

经本轮弱分类器分类后，由于样本平均分布，分类错误率 ξ_1 为 3/10=0.3，加权系数 $\alpha_1 = \frac{1}{2}\ln(\frac{1-\xi_1}{\xi_1}) = 0.42$。

第二轮：同样选择能够最小化分类错误的弱分类器，这里变成了图 17.5 中所示的竖线 h_2。可以看到，由于第一轮中错分的 3 个样本权重得到了增加，本轮迭代中它们全部被正确分类。经过本轮得到一个新的如图 17.6 所示的样本分布 D_3，其中又增加了本轮错分样本的权重，被正确分类样本的分布则相对减小。

直观上看，第二轮中错分的样本数目仍然为 3 个，但由于本轮各个样本不再是平均分布，在第一轮中被错分的样本权重变为 $0.1 \times \exp(\alpha_1) = 0.1522$，而分对的样本权重变为 $0.1 \times \exp(-\alpha_1) = 0.0657$，归一化系数 $Z_t = 3 \times 0.1522 + 7 \times 0.0657 = 0.9165$，因此在本轮样本分布 D_2 上的分类错误率 $\xi_2 = 0.0657/0.9165 \times 3 = 0.21$（第二轮错分的 3 个样本分布权重均为 0.0657），根据式（17-3）计算出 $\alpha_2 = 0.65$。

第三轮：同前 2 轮，得到一个弱分类器 h_3，如图 17.7 所示，用同第二轮的方法计算出 $\varepsilon_3 = 0.14$，$\alpha_3 = 0.92$。

最后，依据 3 轮训练得到的加权系数，整合所有弱分类器为一个强分类器，如图 17.8 所示，注意到错误率越小的那一轮迭代所对应的加权系数越大，说明在整合过程中倾向于听取那些分类效果更好的弱分类器的意见。从结果看，所有样本都被正确划分，说明即使是简单的弱分类器，合理整合起来也能获得理想的分类效果。

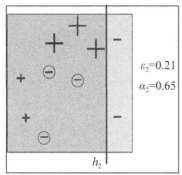

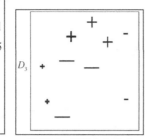

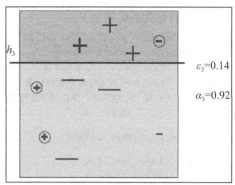

图 17.5　弱分类器 h_2　　　　图 17.6　新样本分布 D_3　　　　图 17.7　弱分类器 h_3

AdaBoost 算法具有两个比较好的特性：一是训练的错误率上界，随着迭代次数的增加，会逐渐下降；二是 AdaBoost 算法随着训练迭代次数的增加，不易出现过度拟合的问题。

在前面的问题的描述中，读者注意到 AdaBoost 算法主要用以解决两分类问题，这一点与第 16 章中介绍的 SVM 算法相似。因此，可以使用本书在第 16 章中介绍的几种策略将 AdaBoost 推广到多类问题，这里不再赘述。

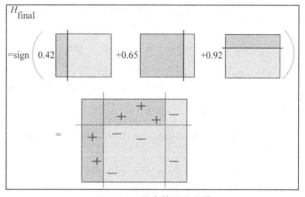

图 17.8　整合的强分类器

17.3　构建 AdaBoost 的 MATLAB 工具箱

在介绍完前面的理论知识后，这节重点讨论 AdaBoost 的 MATLAB 实现方法。目前，MATLAB 自带工具箱中尚没有专门编写的 AdaBoost 算法的相关程序。本节，将带领读者一起构建自己的 AdaBoost 工具箱。

主要函数的构建

了解了 AdaBoost 的主要思想和算法流程，下面就结合 17.2 节介绍的 AdaBoost 算法理论来给出 AdaBoost 工具箱中的重要函数实现。读者可以在随书附赠光盘的"chapter17\Code\Adaboost_std"目录下找到 AdaBoost 工具箱的实现文件。

1. weakLearner()函数

通过调用该函数构建弱分类器，采用的弱分类思想如下。

（1）对于训练样本的每一维特征，分别计算两类样本在该维上的均值 $m1$ 和 $m2$。

（2）以$(m1+m2)/2$ 作为分割阈值，对训练样本进行分类，将大于域值的单元所对应的样本判定为一类并将其分类标签设为+1，小于域值的单元所对应的样本判定为另一类并将其分类标签设为-1。通过将前面得到的分类标签与训练集固有的标签进行比较，得到采用该维特征作为分类特征时的识别率。

（3）重复步骤（1）和步骤（2），最终选择具有最小错误率的特征作为弱分类器的分类特征，以采用该维特征时得到的识别率作为弱分类器的识别率。

函数具体代码实现如下。

```
function WL = weakLearner(w, TrainData, label)
% input: w - 加权后的样本分布
%        TrainData - 训练样本集
%        label - 训练样本的类标签集
% output: WL - 结构体,保存弱分类器向量相关信息
%              WL.

[m n] = size(TrainData);

pInd = (label == 1);
nInd = (label == -1);

for iFeature = 1:n

    pMean = pInd' * TrainData(:, iFeature) / sum(pInd);
    nMean = nInd' * TrainData(:, iFeature) / sum(nInd);

    thres(iFeature) = (pMean + nMean) / 2; %取两个类样本的总均值作为分类的阈值

    nRes = TrainData(:, iFeature) >= thres(iFeature);
    pRes = TrainData(:, iFeature) < thres(iFeature);
    nRes = -1 * nRes;
    res = pRes + nRes;

    error(iFeature) = w * ( label ~= res);
end

[val, ind] = max(abs(error-0.5));
if error(ind) > 0.5

    error(ind) = 1 - error(ind);
    WL.direction = -1;% 将此次划分的结果取反作为划分的正确结果
else
    WL.direction = 1;
end
%记录弱分类的相关信息
WL.iFeature = ind;%所取特征维的维数
WL.error = error(ind);%该假设下的错误率
WL.thres = thres(ind);%该假设所取的阈值
```

值得注意的是,最小的错误率并不是单指的错误率的实际值最小,而是取错误率与 0.5 的差的绝对值最大的那个错误率(即实际错误率最小或最大)作为选取某维特征的依据。当这样找到的最"小"的错误率(实际上是最大错误率)的实际值大于 0.5 时,则将变量 WL.direction 设为-1,用以表示将此次划分的结果取反作为划分的正确结果。这是因为,这里进行的只是 A、B 两类的划分,故不是 A 类便是 B 类,无论是将大部分 A 类的分为了 B 类,又或是将大部分的 B 类分为了 A 类,仅需改变分类之后的标签即可得到正确率较高的划分结果。

2. AdaBoost()函数

该函数为训练函数。在该函数中,首先利用样本标签初始化权重向量得到初始分布 w,让两类各自计算权重以保证每次分类时都能充分地考虑到类别不同所造成的影响,否则,若一方的数量过多,则可能由于样本数目的不同使得样本总数较少的一方难以对于总体的划分产生应有的影响。

其次,通过利用该函数中经过的 T 次迭代,参照本书 17.2 中所介绍的方法,按照式(17-3)计算该弱分类器的权重系数,并按照式(17-4)在每次迭代中根据训练错误率更新训练集权重,给错误分类的训练例赋予较大权重,然后按照新的分布进行训练,从而得到新的假设序列 CABoosted{1}, CABoosted{2},…CABoosted{i}。

经过带权重的投票方式最终得到一个假设 CABoosted。带权重的投票方式可以自动调整 CABoosted 的精确性，给定弱分类器的前提下，随着迭代次数的增加，最终得到的假设的错误率按照指数规律递减。

函数具体代码实现如下。

```
function CABoosted = adaBoost( TrainData, label, nIter )
% Training : 根据 boosting 算法把若干个 "弱" 分类器组合成 "强" 分类器
% Input:
%      TrainData -训练数据
%      label - 类标签
%      nIter - 算法迭代次数，即弱分类器个数

pInd = find(label == 1);
nInd = find(label == -1);
nP = length(pInd);
nN = length(nInd);

w(pInd) = 1 / (2 * nP);
w(nInd) = 1 / (2 * nN);

eps = 0.001;


% 建立 nIter 个弱分类器分量，组成一个强分类器
for iIt = 1:nIter
    % 归一化 w
    w = w / sum(w);


    WL = weakLearner(w,TrainData,label);%获取弱假设
    CABoosted{iIt}.classifier = WL;


    nRes = TrainData(:, WL.iFeature) >= WL.thres;
    pRes = TrainData(:, WL.iFeature) < WL.thres;
    nRes = -1 * nRes;
    res = pRes + nRes;

    if WL.direction == -1
        res = -1 * res;
    end


    alfa(iIt) = (1/2) * log( (1-WL.error) / (WL.error + eps) ); %计算加权系数
    w = w .* exp( -alfa(iIt) * (label .* res) )';%更新分布

    CABoosted{iIt}.alfa = alfa(iIt);

    if WL.error < eps
        break;
    end
end
end
```

3. AdaBoostClassify（ ）函数

该函数为测试（分类）函数，它通过传入的分类器相关信息 CABoosted（由学习得到），实现将若干弱分类的近似经验估计转换成"强"分类器的高度准确的预测，完成对传入数据集 Data 的分类并将分类结果返回给 classLabel 输出。其中，另一个函数输出 *sum* 是尚未经过符号化的弱分类器加权"投票"结果，可以作为置信度信息使用；而 *sum* 经过符号化之后就是式（17-5）中的 H_{final}。

函数具体代码实现如下。

```
function [classLabel, sum] = adaBoostClassify( Data, CABoosted )
% Input:
%       Data - 待分类数据矩阵，每行一个样本
%       CABoosted - CellArray 类型，记录这每个分类器的相关信息
% Output:
%       classLabel - Data 的类标号
%   sum - 可以作为分类置信度信息

[m n] = size(Data);

sum = zeros(m, 1);

nWL = length(CABoosted);

for iWL = 1:nWL%利用前面得到的弱分类来进行识别，并最终得到一个高度准确的预测
    WL = CABoosted{iWL}.classifier;
    alfa = CABoosted{iWL}.alfa;
    nRes = Data(:, WL.iFeature) >= WL.thres;
    pRes = Data(:, WL.iFeature) < WL.thres;
    nRes = -1 * nRes;
    res = pRes + nRes;

    if WL.direction == -1
        res = -1 * res;
    end

    sum = sum + alfa * res;%将每次得到的弱分类的近似经验估计，通过综合估计转换成高度准确的预测
end

classLabel = -1* ones(m, 1);
ind = find(sum >= 0);

classLabel(ind) = 1;
```

17.4 MATLAB 综合案例——基于 AdaBoost 的面部图像男女性别分类

通过前面对于 AdaBoost 算法的介绍的了解，想必读者已对该算法有了初步的认识。本节将通过利用 AdaBoost 工具箱实现基于 AdaBoost 算法的对于图像的性别识别。

17.4.1 关于数据集

本案例所用数据集位于本书配套光盘中 Chapter17/AdaboostGender 目录下的 faces.mat 文件中，使用 load 命令加载后如图 17.9 所示。

```
>> load faces.mat
>> whos
   Name            Size            Bytes  Class     Attributes

   faces          51x18750       7650000  double
   faces_label    51x1               408  double
   new_faces      27x18750       4050000  double
   new_label      27x1               216  double
```

图 17.9 faces.mat 数据集

其中，faces 和 new_faces 为面部图像数据。

faces 矩阵中每行为一个面部图像的行向量表示，整个矩阵共包含 51 个维度为 18750（150 行，125 列）的面部图像，是本例采用的训练数据；new_faces 中包含 27 个同样维度的测试用面部图像。可以使用 Display_image()函数将图像原始面部图像显示出来，如下命令显示了训练集中第一行对应的图像，如图 17.10 所示。

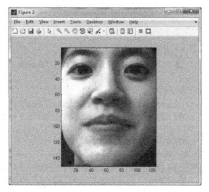

图 17.10　第一行对应的图像

```
>> Display_image(faces(1, :), 150, 125)
```

faces_label 和 new_label 两个文件分别为训练样本和测试样本的类标签文件，其中每一行所取的值代表了对应在图像数据集中的相同行号的样本所具有的性别分类，其中，值为 1 的代表女性，值为-1 的代表男性。

17.4.2　数据的预处理

由于本例所采用的 Adaboost 弱分类器是在每一个维度上进行二分，过高的维度意味着过多的弱分类器数目，会大大增加分类复杂度。因此，首先采用简单的重采样技术对原始数据从 18750 维降维到 750 维。实现这一下采样的 preprocess.m 文件如下。

```
load faces.mat

faces_small = imresize(faces, [51, 750], 'bilinear');
new_faces_small = imresize(faces, [27, 750], 'bilinear');

save('faces_small.mat', 'faces_small', 'new_faces_small', 'faces_label', 'new_label');
```

17.4.3　算法流程实现

在前面介绍的基础上，按照实验的整个流程分为以下几个步骤。

（1）读入训练样本和确定"弱"分类器的个数。

读入数据集文件 faces_small.mat,通过参数的传递确定"弱"分类器的个数，默认值为 500。

（2）调用弱分类器，得到弱假设序列。

调用 17.3.1 小节所构建的工具箱中的 weakLearner()函数，通过传入该次弱分类所用的分布，训练样本数据及训练样本标签，得到该次弱假设的相关信息保存在结构体 WL 中并返回给弱假设 CABoosted{i}。

（3）根据前面得到的弱假设序列，迭代得到假设。

利用 17.3.1 小节中学过的函数 AdaBoost()，根据前面得到的弱假设序列，计算加权系数及新的分布再次重复步骤 2 中的操作。

（4）根据前面得到的假设，对训练样本及测试样本进行分类识别，最终得到一个"强"分类器的高度准确的预测。

调用工具箱中的函数 AdaBoostClassify ()，通过前面得到的假设，先后对训练样本及测试样本进行分类识别，并返回预测分类的最终结果，通过与样本原来对应的标签进行比较计算出识别的错误率。

上述算法流程的实现被封装在 main.m 文件中，如下所示。

```
function [errTrain, errTest] = main(nWL)
% 输入：nWL - 训练迭代的轮数
% 输出：errTrain - 训练集的错误率
%       errTest - 测试集的错误率

load('faces_small.mat');
```

```
if nargin == 0
    nWL = 500;
end
% 训练过程
CABoosted = adaBoost( faces_small, faces_label, nWL );

% 对于训练样本
classLabel = adaBoostClassify( faces_small, CABoosted );
errTrain = sum(classLabel ~= faces_label) / length(faces_label);

clear classLabel
% 对于测试样本
classLabel = adaBoostClassify( new_faces_small, CABoosted );
errTest = sum(classLabel ~= new_label) / length(new_label);
```

在 MATLAB 命令行界面调用 main()函数，默认迭代 500 轮后，得到的训练样本识别错误率为 0，而测试样本为 18.5%。

```
>> [errTrain, errTest] = main
errTrain =
     0
errTest =
     0.1852
```

本节案例虽然已经实现了基于 Adaboost 算法的面部图像性别识别，但是测试样本集的识别率还不够理想，读者可以从弱分类器的实现方法以及如何将弱分类结果更好地综合成"强分类"等方面开展下一步的研究。而事实上，构建适合于具体问题的弱分类器正是 Adaboost 技术应用的关键。

参考文献

［1］[美]冈萨雷斯，等．数字图像处理．第二版．阮秋琦，等译．北京：电子工业出版社，2003.

［2］[美]迪达，等．模式分类．李宏东，等译．北京：机械工业出版社，2003.

［3］何斌，马天予，等．Visual C++数字图像处理．第二版．北京：人民邮电出版社，2002.

［4］四维科技，编．Visual C++/Matlab 图像处理与识别实用案例精选．北京：人民邮电出版社，2004.

［5］王艳平，张铮著．Windows 程序设计．第二版．北京：人民邮电出版社，2008.

［6］ AT&T Laboratories Cambridge.ORL Face database[DB/OL].

［7］A Timo, H Abdenour, P Matti, "Face description with Local Binary Patterns: Application to Face Recognition", IEEE Transactions on Pattern Analysis and Machine Intelligence, Vol28, 2006.12.

［8］张铮，赵政等。Expression Recognition Based on Multi-scale Block Local Gabor Binary Patterns with Dichotomy Dependant Weights，Springer's LNCS 5553，2009.

［9］张铮，赵政等．基于二维 MB-LGBP 特征的表情识别.计算机应用，2009.

［10］王宏漫，欧宗瑛．采用 PCA / ICA 特征和 SVM 分类的人脸识别．计算机辅助设计与图形学学报．2003.15(4):416-420.

［11］张铮，白刚，赵政．3D Representative Face and Clustering Based Illumination Estimation for Expression Recognition，Springer's LNCS 5553，2009.

［12］张铮．基于三维特征脸模型的光照参数估计．大视野期刊．湖南：人民出版社，2008.

［13］Chih-Wei Hsu, Chih-Chung Chang, and Chih-Jen Lin．A Practical Guide to Support Vector Classification.

［14］Chih-Chung Chang and Chih-Jen Lin. LIBSVM: a Library for Support Vector Machines.Last updated: June 14, 2007.